Comment l'IA Transformera Notre Avenir

I0019982

PEDRO URIA-RECIO

COMMENT L'IA TRANSFORMERA NOTRE AVENIR

COMPRENDRE L'INTELLIGENCE ARTIFICIELLE POUR ÊTRE À L'AVANT-GARDE

APPRENTISSAGE AUTOMATIQUE. IA GÉNÉRATIVE. ROBOTS. SUPERINTELLIGENCE.

Publication

Édition : 1

Numéro d'enregistrement du droit d'auteur : TX0009403052.

Traducteur au français : Pedro URIA-RECIO

ISBN du livre électronique : 978-1-7637017-3-1

ISBN du livre en format broché : 978-1-7637017-4-8

ISBN du livre en couverture rigide : 978-1-7637017-5-5

Couverture : Variation inspirée par l'affiche de sortie en salle de Heinz Schulz-Neudamm pour le film *Metropolis*, réalisé par Fritz Lang en 1927. La Fondation Friedrich Wilhelm Murnau détient les droits d'auteur du film. Aux États-Unis, ces droits ont expiré le 1er janvier 2023 [Bailey]. L'auteur a contacté la Fondation concernant les droits d'auteur pour les territoires en dehors des États-Unis. La Fondation a précisé qu'elle est uniquement responsable de la gestion des droits du film lui-même et ne supervise pas les droits de l'affiche de sortie en salle.

www.howaiwillshapeourfuture.com

Comment l'IA transformera notre avenir

« Un fascinant voyage vers le futur de l'IA, offrant une perspective unique en combinant technologie, économie, géopolitique et histoire. » — PASCAL BORNET, Influenceur en technologie, 2 millions de followers.

Rédigé dans un style accessible à tous les publics, « *Comment l'IA Transformera Notre Avenir* » plonge les lecteurs dans l'histoire et l'évolution de l'intelligence artificielle, jetant les bases d'une compréhension approfondie de sa trajectoire. Cela permet aux lecteurs de s'engager de manière plus réfléchie dans le thème central du livre : **que doivent attendre les sociétés de l'IA dans les décennies à venir ?**

Comment l'IA fonctionne-t-elle réellement ? Quel sera son impact sur l'emploi et l'éducation, à court et à long terme ? Comment l'IA remodèlera-t-elle la société, l'économie, le gouvernement, la culture et la géopolitique ? Quels sont les scénarios utopiques et dystopiques potentiels, et qui en seront les principales victimes ? Que se passe-t-il avec la Chine et l'intensification de la course aux armements en matière d'IA ? La biologie synthétique pourrait-elle conduire à une coexistence homme-cyborg, influençant ainsi l'évolution humaine ? Plus important encore, que devrions-nous exiger de nos dirigeants aujourd'hui pour nous préparer aux progrès inévitables de l'IA ?

Ce ne sont là que quelques-unes des questions provocantes auxquelles Pedro Uria-Recio, ancien consultant de McKinsey et responsable en chef de l'IA, a répondu après avoir passé des années à travailler avec cette technologie transformatrice à l'échelle mondiale.

Que vous soyez technologue, femme au foyer, homme d'affaires, étudiant, électeur, responsable politique ou simplement curieux de l'avenir de l'humanité, « *Comment l'IA Transformera Notre Avenir* » offre des informations essentielles pour naviguer dans les complexités de l'IA.

www.howaiwillshapeourfuture.com
pedro@machinesoftomorrow.ai
https://t.me/uriarecio

Technologie et algorithmes.
Affaires et géopolitique.
Histoire et philosophie.
Mythologie et littérature.
Spiritualité et religion.
Corps et esprit.
Chaos et guerre.
Affaires et richesse.
Immortalité et extinction.
Et une nouvelle espèce post-humaine.

L'IA est tout pour l'humanité.

Critiques

Voici quelques-unes des critiques vérifiées sur Amazon de lecteurs de la première édition en anglais intitulée *"Machines of Tomorrow"* — Les Machines de Demain.

"Tout ce que je peux dire c'est 'WOW' ! Je suis absolument sans voix après avoir lu ce livre. Il a vraiment ouvert mon esprit, surtout dans sa réflexion sur les implications futures de l'IA !" — D. Rob, 28 avril 2024

"Tisse habilement ensemble l'histoire, l'analyse et des prédictions provocantes, mettant au défi les lecteurs de faire face aux implications éthiques et philosophiques de cette technologie transformatrice. RECOMMANDÉ !" — Zahid, 9 juin 2024

"Chef-d'œuvre de l'IA ! Quel livre si profond et complet sur l'IA. De l'histoire ancienne aux prédictions futures, en passant par les implications politiques, les impacts potentiels et les conséquences. Si vous avez des questions sur l'impact de l'IA, ce livre y répondra probablement. Vaste dans sa portée et avec des idées intelligentes." — J. Palmer, 20 mai 2024

"Une œuvre séminale, qui explore brillamment l'impact transformateur de l'IA sur l'humanité et l'avènement de l'économie des machines, promettant une fusion harmonieuse entre la technologie et le progrès social." — Professeur Paul J. Morrissey, 15 février 2024

"Ça valait vraiment la peine de le lire à tous les égards. Il a relié tous les points en termes de ce qui se passe dans l'IA et plus encore. Il a soulevé un grand nombre de questions (et d'une certaine manière y a également répondu) que j'avais sur les humains, la philosophie et l'intelligence." — Dare, 18 août 2024

"Questions percutantes sur les résultats utopiques et dystopiques, la course aux armements en IA en Chine et l'avenir de la coexistence humain-cyborg. Les idées sont provocatrices et basées sur des années d'expérience mondiale avec la technologie de l'IA. Hautement recommandé !" — S. Andrews, 16 mai 2024

"Vous profiterez du voyage et cela vous fera réfléchir à l'avenir de l'IA et de l'humanité." — Katie Chance, 18 mai 2024

"Ce qui distingue vraiment ce livre, c'est sa passion. On remarque que l'auteur est profondément impliqué dans ce sujet et son enthousiasme est contagieux. C'est comme s'il vous invitait à vous joindre à lui dans un voyage de découverte, et que vous ne pouviez pas vous empêcher de vous laisser emporter par son émotion." — Good, 24 avril 2024

"Avec des explications claires et une vision équilibrée des avantages et des défis éthiques, ce livre est une lecture incontournable pour quiconque s'intéresse à comprendre comment l'IA transforme notre monde et ce que l'avenir peut réserver." — Aarti Nagpal, 18 mai 2024

"Un livre convaincant et facile à lire qui rend les sujets complexes accessibles, parfait pour quiconque s'intéresse à la direction que prend l'IA et à ce que cela signifie pour notre avenir." — Stéphanie L, 17 mai 2024

"Une exploration captivante de la manière dont l'IA transformera notre monde. Accessible et informatif, il aborde les profondes implications de cette technologie sur la société, l'économie et la géopolitique." — Zainab, 8 juin 2024

"Avec des commentaires perspicaces et des réflexions personnelles, ce livre sert de guide indispensable pour comprendre et naviguer à travers les profonds changements qui remodèlent notre monde." — Alejo, 12 mars 2024

"L'auteur explique l'IA d'une manière qui est facile à comprendre, mais TRÈS complète, abordant ses effets sur divers aspects de nos vies, du travail et de l'éducation à la politique, l'économie et même la spiritualité." — Angelina, 27 juin 2024

"Une lecture incontournable pour tous ceux qui, comme moi, sont curieux de voir comment l'IA est en train de changer le monde. J'ai particulièrement apprécié comment le livre aborde directement les questions stimulantes." — Dominica Tsiukava, 29 mai 2024

"Le livre se distingue par sa capacité à simplifier les concepts techniques tout en abordant des questions profondes sur l'impact de l'IA sur notre société, notre économie et notre évolution en tant qu'espèce." — EL82, 28 juin 2024

"Le livre équilibre des possibilités passionnantes comme la superintelligence et une économie dirigée par des machines avec des discussions sur les risques potentiels et les dilemmes éthiques. Attrayant et accessible." — Nicolás Mejía, 26 juin 2024

"Une combinaison fascinante d'informations techniques et de réflexions philosophiques rend les concepts difficiles compréhensibles et invite à la contemplation." — Aaron, 29 juin 2024

"Explique les idées complexes de manière simple, les rendant faciles à comprendre et à réfléchir sur l'avenir de la technologie et de l'humanité. Une excellente lecture pour quiconque s'intéresse à l'IA." — Annick Spapen, 17 mai 2024

"J'adore le fait que le livre soit très détaillé et propose des prédictions et des tendances très spécifiques à prendre en compte, loin des conversations superficielles et généralisations que nous entendons souvent dans les médias." — Chris, 29 juin 2024

"Il décompose magistralement des concepts complexes d'IA en fragments facilement digestibles, les rendant accessibles aux lecteurs de tous horizons." — Client Kindle, 1er juillet 2024

"J'ai particulièrement apprécié que le livre n'évite pas les sujets difficiles. Il aborde à la fois les possibilités utopiques et dystopiques de l'IA, offrant une vision équilibrée de ce que l'avenir pourrait réserver." — Hustler, 20 mai 2024

"Un discours convaincant sur l'avenir de l'IA. Inquiétant et grandiose à parts égales." — Jeanne, 28 avril 2024

"Ce livre détaille de manière minutieuse les débats qui animent notre société. Il explique l'histoire et le futur de l'IA, avec ses avantages et inconvénients. Il offre également des conseils que nous pouvons tous utiliser. L'expérience de l'auteur est admirable, et c'est un livre que je recommanderais sans aucun doute !" — Jess Books, 26 juin 2024

"À travers sa prose claire et captivante, le livre offre une analyse perspicace et initie des dialogues significatifs sur l'avenir de la technologie et de l'humanité. Une lecture très intéressante !" — Krista, 18 mai 2024

"Il vous plonge dans le monde de l'IA d'une manière différente de tout ce qui est disponible sur Internet. Je recommande fortement !" — Michal W, 15 mai 2024

"Offre une vision complète et agréable de l'IA et de ses racines philosophiques, couvrant à la fois les cultures occidentales et orientales." — Michelle, 29 juin 2024

"Ce livre offre une exploration fascinante de l'Intelligence Artificielle, en présentant ses impacts potentiels sur la société, l'économie et l'identité individuelle." — Peter, 28 juin 2024

"J'aime comment ce livre aborde le monde de l'IA. Il ne traite pas seulement de l'évolution de l'IA et de son impact potentiel sur la société, mais aussi de son impact sur l'évolution humaine." — QLS Fulfillment, 26 juin 2024

"Lecture fascinante ! Je n'avais aucune idée de la profondeur historique du concept d'IA. Cela met vraiment en perspective à quel point elle a progressé et réfute beaucoup des mythes et des peurs entourant l'IA." — Rachel James, 21 mai 2024

"Je recommande cette lecture fascinante à quiconque s'intéresse à comprendre comment l'IA pourrait façonner nos vies et la vitesse à laquelle ces changements pourraient arriver." — Ron M, 27 juin 2024

"J'ai apprécié de lire ce livre car, en plus de son excellente histoire sur l'IA, il explique également le futur et les possibles dangers de l'Intelligence Artificielle." — Sana, 3 juin 2024

"Le livre est recherché et écrit de manière à expliquer des concepts complexes de manière accessible, en faisant le lien entre des relations moins évidentes qui ont contribué à façonner l'IA telle qu'elle est aujourd'hui." — Sergio Gómez, 10 juin 2024

"Soulève des questions cruciales sur l'éthique, les dynamiques de pouvoir et le cours de l'évolution humaine." — Shaista, 5 juin 2024

"Ce livre est révélateur. Il détaille pratiquement tout sur l'IA, de son origine en tant que science-fiction à la réalité actuelle et aux attentes futures." — Shed, 15 mai 2024

"Il fait un excellent travail en décomposant les concepts complexes d'IA en morceaux facilement digestibles." — Soul Seekr, 16 mai 2024

"Ce livre fournit un niveau de détail auquel je ne savais pas que je voulais accéder. Les implications de l'IA sur l'emploi et l'éducation étaient vraiment provocantes et si importantes en ce moment." — Tanya Bulley, 1er juillet 2024

"La véritable force du livre réside dans son exploration au-delà du pur aspect technologique. Il approfondit les ramifications sociales profondes d'un avenir entrelacé avec l'IA avancée." — Yetunde, 22 mai 2024

"Étudier l'histoire de l'IA et de la robotique est l'un de mes passe-temps, et ce livre est, honnêtement, l'un des meilleurs que j'ai trouvés." — Client d'Amazon, 1er juin 2024

Pour mes parents que je chéris, Ana María et José Antonio,
A qui je dois qui je suis.

Pour ma femme bien-aimée, Dorothy,
A qui je dois qui je suis devenu.

Table des matières

Entrelacement entre l'IA et les humains : une interrelation technologique, physique et psychologique entre les humains et l'IA, qui entraîne une érosion progressive des frontières entre les deux. Les humains influencent l'IA en concevant et en entraînant leurs algorithmes et ses plates-formes. L'IA, à son tour, influence les humains à travers des implants cybernétiques, des interfaces cerveau-ordinateur et des technologies biologiques synthétiques alimentées par l'IA, modifiant ainsi l'essence de la nature humaine. À travers ces interactions, l'IA et les humains entrent dans une série de cycles évolutifs, donnant potentiellement naissance à plusieurs espèces hybrides posthumaines.

Les humains et l'IA s'entrelaceront dans une nouvelle forme de vie.
Ce livre raconte l'épopée de comment nous sommes devenus
les Machines de Demain.

Prologue

"Nous sommes particulièrement préoccupés par ces risques dans des domaines tels que la cybersécurité et la biotechnologie, ainsi que dans les cas où les systèmes d'IA d'avant-garde peuvent amplifier des risques tels que la désinformation. Les capacités très importantes de ces modèles d'IA peuvent entraîner des dommages graves, voire catastrophiques, délibérés ou involontaires. Compte tenu de la rapidité et de l'incertitude de l'évolution de l'IA, et dans le contexte de l'accélération des investissements dans la technologie, nous affirmons qu'il est particulièrement urgent d'approfondir notre compréhension de ces risques potentiels et des mesures à prendre pour y faire face."

Déclaration de Bletchley [Plusieurs gouvernements]

1er novembre 2023

Le 1er novembre 2023, environ 150 personnes qualifiées de *"personnalités influentes du gouvernement et de l'industrie du monde entier"*, dont la vice-présidente des États-Unis Kamala Harris et le milliardaire Elon Musk, se sont réunies à Bletchley, en Angleterre, pour le sommet britannique sur la sécurité de l'IA. Ce sommet a permis d'élaborer et d'examiner des scénarios impliquant l'utilisation de l'IA dans divers domaines de l'activité humaine et a joué un rôle crucial dans la facilitation d'un dialogue mondial sur la réglementation de l'IA.

Le lieu a été choisi en hommage à Alan Turing, le pionnier de l'IA dont le travail au même endroit 80 ans plus tôt a permis de mettre fin à la Seconde Guerre mondiale, de sauver des millions de vies et de développer le premier ordinateur.

Vingt-huit pays, dont des puissances mondiales comme les États-Unis, la Chine et l'Union européenne, se sont réunis pour approuver la déclaration de Bletchley, réaffirmant leur engagement dans les délibérations en cours sur le déploiement sûr de l'IA. Cette déclaration exprimait des préoccupations quant aux risques potentiels à venir, tels que l'utilisation abusive de l'IA générative par des terroristes ou des cybercriminels, ou le fait que l'IA devienne sensible et pose des menaces existentielles.

En fin de compte, toutefois, chaque nation n'a pas été représentée sur un pied d'égalité. Bien que la Chine soit une puissance mondiale en matière d'IA, elle n'a été représentée que de manière symbolique, dans le meilleur des cas. Paradoxe troublant ou hypocrisie flagrante, les signataires de la déclaration de Bletchley se livrent également à une concurrence active et agressive pour faire progresser l'intelligence artificielle et prendre une *longueur d'avance* sur tous les autres acteurs de cet espace.

Thèse

L'IA n'est pas seulement un élément clé de notre avenir, nous en sommes aussi une partie essentielle. Il existe une forte interdépendance entre elle et nous. Nous, les humains, serons les machines de demain, mais avec une évolution accélérée basée sur le silicium plutôt que le carbone.

L'IA a été intégrée de manière transparente dans notre vie quotidienne, laissant son empreinte dans des domaines allant des smartphones à la conduite autonome, en passant par l'automatisation du travail créatif. Mais la plupart d'entre nous n'en perçoivent pas l'impact profond. Les interactions algorithmiques façonnent nos opinions, nos émotions, nos choix en matière de soins de santé, la sélection de nos partenaires, nos préférences politiques et nos préférences en matière de consommation - en résumé, nos décisions de vie -, ce qui témoigne de l'influence considérable et omniprésente de l'IA.

L'intégration des humains et de l'IA progresse déjà, qu'elle soit apparente ou invisible pour nous. Et se forge une relation de plus en plus symbiotique, un processus que nous appelons *"Entrelacement humain-IA"* ou *"Entrelacement"*. L'Entrelacement a déjà commencé et s'accélère. Les prochaines décennies seront une période de transformation pendant laquelle l'IA permettra l'amélioration de l'être humain à un niveau qui, jusqu'à présent, semblait relever de la science-fiction. Les technologies cyborg faciliteront les améliorations robotiques pour stimuler à la fois les capacités physiques et intellectuelles par le biais d'interfaces cerveau-ordinateur, ce qui est bien plus complexe que de fixer ses yeux sur son téléphone portable. La biologie synthétique utilisera des algorithmes d'IA pour améliorer le corps humain, en concevant de l'ADN humain pour lutter contre le vieillissement et les maladies ou en cultivant des organes améliorés conçus par l'IA en vue d'une transplantation.

Avant de penser qu'il s'agit là de pure science-fiction, nous vous posons la question suivante : êtes-vous capable de retirer votre smartphone de votre main en ce moment même ? Il ne s'agit là que d'un outil en pierre, la forge en métal se profilant à l'horizon. Et s'il existait des moyens physiquement sûrs d'intégrer l'IA dans notre corps et notre esprit de manière plus discrète et systématique, des moyens qui, lorsqu'ils sont appliqués, vous donnent une longueur d'avance sur la concurrence, vous rendent plus productif dans votre travail et votre vie personnelle - et vous rendent en fait plus heureux grâce à la libération régulée de dopamine, plus sain grâce à l'évaluation automatisée des risques sanitaires et aux avertissements, et plus fort grâce à une immunité accrue basée sur l'implantation de tissus synthétiques ?

La nature humaine est intrinsèquement animée d'un désir insatiable d'aspiration et de progrès, soutenu par les mécanismes qui marquent ces étapes, les ressources qui facilitent ce progrès et les paramètres économiques et psychologiques qui valident sa poursuite - autant d'éléments qui sont crucialement présents dans l'équation actuelle.

L'essence même de la nature humaine est sur le point de subir de profonds changements induits par les bouleversements sismiques que l'IA est en train de catalyser. Le transhumanisme est déjà en marche, et sa première manifestation largement acceptée dans notre société se manifeste dans le mouvement transgenre, qui affirme que les individus peuvent choisir le genre auquel ils s'identifient. Ce mouvement pose les bases d'un avenir où l'amélioration humaine n'est pas seulement acceptée mais activement recherchée, et les étiquettes traditionnelles fondées sur les chromosomes XY devront migrer avec lui.

Dans les prochaines décennies, opter pour un bras bionique afin d'améliorer sa force sera largement accepté. S'engager dans une relation avec un robot deviendra également un choix normal. Opter pour un implant électronique dans son cerveau afin d'exploiter la puissance de traitement des derniers algorithmes d'intelligence artificielle sera adopté par la société. Avoir une modification biologique qui nous permet de manger sans prendre de poids ou de voir dans l'obscurité sera recherché. En conséquence, un large éventail d'identités émergera, représentant diverses combinaisons d'IA et de biologie. Cette relation profonde et complexe entre l'homme et l'IA entraînera une érosion progressive des frontières entre les deux. Grâce à ces interactions, l'IA et les humains entreront dans une série de cycles évolutifs, qui donneront naissance à un certain nombre d'hybrides.

En parallèle, les humains, déjà en train de s'entrelacer avec l'IA, continueront à développer des algorithmes d'IA plus avancés. D'ici quelques décennies, les systèmes d'IA seront aussi intelligents que les êtres humains, un niveau d'intelligence connu sous le nom d'intelligence artificielle générale (AGI). Il est plausible qu'à un moment donné, l'IA découvre un moyen de s'auto-améliorer, entrant dans une roue d'inertie accélérée de cycles d'auto-amélioration, qui aboutira à une intelligence beaucoup plus puissante que la nôtre - la superintelligence.

De nombreux scientifiques, philosophes et technologues mettent en garde contre les risques existentiels que l'IA, et en particulier la superintelligence, fait peser sur l'humanité. Il est difficile, voire impossible, de garantir que la superintelligence partagera les valeurs de l'humanité et sera intrinsèquement amicale envers nous. Cela dit, si l'on considère les implications évolutives de l'entrelacement entre l'homme et l'IA, ce débat prend une nouvelle perspective.

En tant que créateurs de l'IA, nous sommes déjà ses ancêtres évolutifs. De plus, grâce au processus d'Entrelacement, nous évoluons ensemble vers la

Superintelligence. Notre biologie actuelle n'est qu'un état temporaire. Après avoir évolué pendant des millions d'années, nous aurions continué à évoluer vers d'autres formes de vie intelligente, et notre forme actuelle se serait de toute façon éteinte. De ce point de vue, que la superintelligence conduise à une dystopie et à l'extinction de l'humanité, à une utopie technologique ou à un mélange des deux, elle ne changera pas les perspectives à long terme de l'humanité. Dans des centaines d'années, le résultat final reste le même : l'émergence d'une nouvelle forme de vie superintelligente qui remonte jusqu'à nous parce que nous sommes entrelacés avec elle, de la même manière que l'homo sapiens moderne est entrelacé avec l'ADN de Neandertal.

Ce qui devrait nous préoccuper au plus haut point, c'est ce qui se passera pendant ce processus. Alors que nous considérons l'Entrelacement et la Superintelligence comme une évolution au sens purement darwinien, ils comportent un élément fabriqué et non naturel. En effet, il faut des mains humaines pour l'activer, et elle est donc sujette aux penchants humains. Quelles seront les valeurs qui sous-tendent l'IA et qui en décidera ? Il y aura des catalyseurs dans le changement progressif qui est en train de se produire, tous ayant des implications sociales, économiques et religieuses. Certains seront laissés pour compte, soit par choix personnel, soit par décret. Tout cela pourrait comporter un élément résolument machiavélique. Les formes autoritaires de gouvernement sont liées au développement de l'IA.

Le contrôle de la technologie, le pouvoir qu'elle confère et la *"longueur d'avance"* sur les autres qu'elle confère incontestablement présentent collectivement les caractéristiques d'un drame shakespearien épique. Ceux qui la craignent et veulent qu'elle s'arrête seront opposés à ceux qui veulent la faire tourner à plein régime. Ceux qui préfèrent la certitude de l'imperfection voudront rester à l'abri, et ceux qui repoussent les limites ou qui ont constamment besoin de gagner tireront dans la direction opposée. Les individus joueront un rôle de premier plan sur un grand nombre d'autres personnes, s'arrogeant ainsi un pouvoir sans précédent. Les sociétés deviendront plus riches que jamais, l'IA stimulant à la fois la productivité et la consommation. Ceux qui sont chargés d'assurer notre sécurité se heurteront à ceux qui nous veulent du mal, et la possibilité d'inverser les rôles sera omniprésente. Les religions traditionnelles seront confrontées à de nouvelles religions, les grands prêtres de chacune d'entre elles proclamant qu'ils sont les seuls à pouvoir accéder à l'Oracle.

Les structures d'incitation existantes ne changeront pas aussi rapidement que la technologie. Aucun système politique existant n'est équipé pour faire face à ce jeu d'échecs tridimensionnel qui se déroulera à l'échelle internationale. En 375 avant J.-C., Platon a expliqué pourquoi le philosophe devait être roi. 2399 années plus tard, nous voyons dans l'IA que le technologue sera roi, ironiquement, pour les mêmes raisons.

L'Entrelacement est inévitable et se trouve déjà sur une trajectoire claire. Dans tous les sens du terme, le développement de l'IA est la plus grande épopée de l'humanité. Elle raconte l'histoire de notre lointain passé à travers les cultures, de nos rêves les plus profonds de créer des êtres artificiels, et de nos efforts pour donner vie à ces êtres à travers des siècles de développement scientifique et technologique, pour finalement aboutir à la création de l'IA. Et nous finirons par fusionner avec elle, donnant naissance à une espèce posthumaine à l'intersection du carbone et du silicium, de la biologie et de la technologie. Les questions clés sont de savoir à quelle vitesse, dans quelle mesure, comment nous y parviendrons et où se situent les limites.

L'intelligence artificielle engage l'humanité sur une voie prolongée et transformatrice. À l'heure actuelle, l'IA dépasse déjà largement les capacités humaines en termes de force, de vitesse et d'endurance. Elle progresse rapidement vers le dépassement de toutes nos capacités intellectuelles, bien qu'il faille encore attendre plusieurs décennies avant de franchir cette étape. Jusqu'à ce que l'IA atteigne l'intelligence artificielle générale, elle restera un outil, bien que très puissant, qui améliore l'efficacité de l'allocation des ressources, la productivité et la création de richesses. Toutefois, en raison de la nature humaine et des réalités économiques, l'accès à cet outil et son application ne seront pas uniformément répartis.

Les implications de notre trajectoire actuelle devraient préoccuper tout le monde. L'IA a le potentiel d'apporter des avantages sans précédent à l'humanité ou de nous conduire vers des résultats profondément troublants, laissant beaucoup de gens dans un état dystopique, se demandant *"Comment en sommes-nous arrivés là ?"*. Il est aussi intéressant de noter qu'elle pourrait réaliser les deux simultanément.

Quelles devraient être nos stratégies économiques et politiques à la lumière de la transformation induite par l'IA ? Quelles mesures devrions-nous prendre dès maintenant pour nous préparer aux changements rapides qui se produiront au cours des prochaines décennies ?

Résumé du livre

Comment l'IA façonnera-t-elle notre avenir ? L'IA symbolise le nouvel esprit de l'humanité. Les cyborgs et la robotique représentent le nouveau corps. L'humanité s'entrelace avec l'IA par le biais de connexions émotionnelles avec les robots, d'implants cyborgs et d'améliorations biologiques, faisant la transition vers une gamme d'hybrides entre l'IA et la biologie. Parmi elles, une superintelligence pourrait émerger, dont nous serions les ancêtres. En s'entrelaçant avec l'IA, l'humanité devient la Machine de Demain.

La première partie, intitulée *"Le vieux mythe"*, met en lumière l'aspiration millénaire de l'humanité à créer des êtres artificiels, telle qu'elle est décrite dans les mythes et légendes de diverses cultures anciennes et moins anciennes du monde. Nous constatons ainsi que la longue marche de l'humanité vers l'Entrelacement est en fait ancrée dans son propre désir de devenir plus que ce qu'elle est, une pulsion naturelle de création et d'aspiration qui est simplement accélérée par les progrès de l'IA. Dans la première partie, nous nous penchons également sur l'influence considérable d'auteurs de science-fiction comme Isaac

Asimov et Stanley Kubrick, dont les contributions littéraires ont servi d'inspiration aux scientifiques de l'IA et de la robotique, contribuant ainsi à façonner la trajectoire des progrès dans ces domaines.

La deuxième partie, *"Le nouvel esprit"*, retrace le développement de l'IA depuis ses origines les plus lointaines jusqu'à l'état actuel, depuis les travaux fondamentaux d'Aristote sur la logique jusqu'aux travaux collaboratifs qui ont suivi pendant des siècles et qui ont abouti à la mise au point du premier ordinateur. Nous soulignons le rôle décisif de l'atelier de Dartmouth en 1956, largement reconnu comme la naissance formelle de l'IA, qui a défini les décennies suivantes de prospérité dans la recherche sur l'IA. Nous couvrons également la période de déception et de ralentissement qui a suivi, connue sous le nom de *"premier hiver de l'IA"* en 1974, ainsi que les cycles ultérieurs de développement exponentiel de l'IA dans les années 1980 et 1990, suivis de leurs hivers respectifs, ces derniers ayant été alimentés par des incitations commerciales et non gouvernementales axées sur le marché. Enfin, nous abordons la période actuelle de résurgence de l'IA après la crise des dot-com, marquée par les applications pratiques des réseaux neuronaux profonds et l'émergence récente de l'IA générative.

La troisième partie, *"Le nouveau corps"*, explore l'évolution de la robotique depuis ses origines dans les anciens automates jusqu'à la révolution industrielle, qui a suscité les premières inquiétudes concernant l'emploi et créé des mouvements d'opposition tels que les Luddites. Contrairement à l'IA, qui suit une ligne temporelle unique marquée par des hauts et des bas, le développement de la robotique comporte trois fils parallèles. Le premier est l'évolution des bras robotisés et de leurs applications industrielles, qui a propulsé le Japon au premier rang mondial de la robotique et a donné lieu à certaines des premières réalisations de cyborgs. Le deuxième fil conducteur concerne les robots mobiles et autonomes, notamment les voitures à conduite autonome, les robots militaires tels que les drones et les essaims de drones, et les robots spatiaux tels que les rovers martiens. Enfin, le troisième fil conducteur est l'évolution des humanoïdes. Nous explorons l'utilisation émergente des humanoïdes comme une alternative viable à l'immigration au Japon, un exemple frappant de la façon dont les différentes cultures humaines façonneront des vues et des approches alternatives sur la façon dont l'Entrelacement et la Superintelligence évolueront. En outre, nous examinerons comment les robots deviennent de plus en plus capables d'identifier les émotions humaines et d'y répondre, au point que certains humains s'engagent déjà dans des relations romantiques avec eux.

La quatrième partie, intitulée *"La transition"*, décrit le parcours de transformation qui s'étendra sur les prochaines décennies, à mesure que l'humanité évoluera vers un Entrelacement plus profond avec l'IA. La transition se déroulera selon deux voies parallèles. D'une part, la robotique s'étendra au corps humain grâce à la popularisation des technologies cyborg, améliorant ainsi nos capacités physiques. D'autre part, les algorithmes de l'IA stimuleront la biologie synthétique, qui sera utilisée pour modifier l'ADN humain afin d'atténuer le vieillissement et les maladies et de concevoir des organes améliorés pour les transplantations.

Au fur et à mesure que l'IA s'améliore et que ces deux tendances technologiques prennent forme, nos sociétés et nos économies connaîtront une profonde transformation. Une perspective optimiste présente l'IA comme une force du bien qui peut renforcer l'humanité, protéger l'environnement, éradiquer la pauvreté, allonger l'espérance de vie et permettre aux gens de se concentrer sur des tâches gratifiantes tandis que les robots s'occupent des travaux plus banals. Bien que cela soit possible sur la base d'éléments clairs, la technologie est toujours une pièce à double face. Un point de vue opposé brosse un tableau plus sombre de la manière dont nous nous adapterons à l'IA, en tenant compte des différences marquées dans la pensée culturelle ancrée dans l'humanité depuis des milliers d'années, des institutions politiques séculaires, des structures d'incitation à évolution lente et des inclinations humaines, sans parler de l'asymétrie radicale dans la compréhension et l'accès à la technologie de l'IA et aux ressources nécessaires à sa mise en œuvre. Selon ce point de vue, l'IA sera structurée autour du despotisme humain, devenant le catalyseur du contrôle de tous les aspects de la vie humaine, forçant les gens à accepter un accord faustien pour ne pas être laissés pour compte. "*Vous pouvez éviter d'être sensible à ce microbe, mais vous devez aussi accepter tout ce que j'ai dans cet algorithme.*" Un pouvoir disproportionné s'accumule entre les mains des quelques personnes qui contrôlent la technologie, laquelle reflétera à son tour leurs opinions spécifiques sur ce qui est bon et ce qui ne l'est pas. Pire encore, certains pourraient chercher à exclure spécifiquement les personnes jugées plus faibles, répréhensibles pour quelque raison que ce soit - ou sans raison -, ou culturellement inadaptées. La technologie des cyborgs et la biologie synthétique seraient l'apanage d'une élite, ce qui conduirait à l'éclatement de la société en castes sociales, économiques et même physiologiques distinctes.

À l'échelle mondiale, alors que les États-Unis et la Chine continuent de s'affronter sur la supériorité de l'IA dans une course aux armements moderne, la grande majorité de l'humanité pourrait devenir le pion d'un jeu d'arnaque international. Dans tous les cas, les coûts de l'Entrelacement impliquent que le changement ne se produira pas uniformément, et ce qui pourrait ouvrir la voie à une richesse et une valeur sans précédent pour l'humanité pourrait aussi laisser un écart brutal et fondamentalement irréconciliable en termes de récompense et de valeur à court terme.

La cinquième partie, "*Le nouvel être*", couvre la dernière ligne droite du développement de la superintelligence. Nous analysons les domaines de recherche actuels pour passer de l'IA générative à l'intelligence artificielle générale (AGI), en nous concentrant principalement sur la capacité des machines à planifier et à faire preuve de bon sens. Nous nous penchons également sur l'informatique quantique et l'apprentissage automatique quantique, en explorant leur importance pour le développement de l'IA. En outre, nous explorons le concept de singularité, un point dans l'avenir où une IA acquiert la capacité d'améliorer continuellement son intelligence, conduisant à la superintelligence. Enfin, nous étudions l'émulation de l'esprit, qui implique le transfert de la conscience et de la mémoire humaines dans un substrat numérique où elles peuvent être émulées, ce qui permet d'atteindre une forme d'immortalité numérique.

Compte tenu des risques existentiels que la superintelligence pourrait poser à l'humanité, nous examinons divers moyens de la contrôler. De même, nous analysons la possibilité que l'IA devienne une religion et se transforme en un dieu omnipotent et omniprésent que les humains pourraient vénérer. Enfin, nous examinons le rôle que l'IA pourrait jouer dans les guerres futures, soit entre des castes ou des factions humaines qui s'affrontent pour défendre leur vision de l'IA, soit dans des guerres où l'IA s'oppose à l'homme.

Le livre se termine par un aperçu de science-fiction dans un avenir lointain, dans des millions d'années, qui envisage un scénario post-singularité post-humanité mettant en scène une espèce superintelligente et immortelle dotée d'une myriade de robots distribués fonctionnant comme un corps étendu. Cette espèce émerge de l'Entrelacement des intelligences artificielles et biologiques, peut-être des humains.

Dans l'épilogue, nous disséquons les déclarations sur l'IA du Forum économique mondial (FEM, ou WEF, World Economic Forum), le bras politique autoproclamé des mondes occidentaux et émergents en matière d'IA, et nous exposons notre point de vue sur la meilleure façon d'éviter les résultats dystopiques.

Un mot de l'auteur

Ce livre est un mélange de mathématiques, de technologie, d'histoire, de littérature, de spiritualité et d'économie. Nous l'avons écrit de cette manière parce que l'IA est omniprésente et touche littéralement tous les domaines de l'activité humaine, et pour vraiment comprendre ce qu'elle signifie pour l'humanité, il faut l'examiner à travers de multiples dimensions.

J'ai toujours été passionné par les mathématiques et je suis, à la base, un mathématicien. Plus tard, je suis devenu ingénieur et je me suis spécialisé dans les données et l'IA, qui est probablement le domaine le plus purement mathématique de tous les domaines technologiques. Ma tendance mentale est d'aborder toutes les questions de ce point de vue. Cela m'a été utile pour ce livre, car pour vraiment comprendre l'IA, il faut avoir une idée de la façon dont la technologie s'est développée, percée après percée. Nous avons rédigé cet ouvrage dans un langage que tout lecteur peut suivre, y compris et surtout ceux qui ne sont pas technologues. Il est impératif que vous compreniez ce que signifie l'IA en comprenant comment elle a évolué. Nous couvrons des domaines disparates tels que les algorithmes, la robotique, la biologie synthétique, l'informatique quantique et d'autres encore, car ils sont tous en train de converger.

En plus de mon diplôme d'ingénieur, j'ai également obtenu un Master of Business Administration à la Booth School of Business de l'Université de Chicago et j'ai travaillé chez McKinsey en tant que consultant pendant cinq ans, complétant ainsi mes connaissances dans le domaine des affaires. Mon intérêt va au-delà de la compréhension des fondements mathématiques de l'IA et s'étend à l'exploration de ses implications pour les entreprises et l'économie politique des sociétés. Dans ce livre, nous avons utilisé les cycles économiques et l'économie politique pour expliquer l'évolution de l'IA et de la robotique et pour examiner comment les perspectives politico-économiques mondiales du XXIe siècle sont susceptibles d'influencer leur avenir.

Parallèlement aux affaires et à la technologie, je nourris une ardeur profonde pour l'histoire. L'histoire se situe au-dessus des acteurs individuels qui la composent, car elle se construit du passé au présent, un continuum d'influence connecté qui marque ce que les humains ont fait et offre une trajectoire vers laquelle l'humanité se dirige. Nous pensons que l'émergence de l'IA est une force tectonique dans l'histoire, prête à révolutionner toutes les facettes de notre société, y compris les attributs physiques et psychologiques de l'humanité.

Au sein de l'histoire, la littérature sert de vaisseau pour les récits d'individus naviguant dans ses courants. L'un des passages les plus captivants que j'ai lus est *"L'épopée de Gilgamesh"* [mésopotamien], un ancien poème mésopotamien gravé sur des tablettes d'argile il y a quatre mille ans. Il est souvent considéré comme la plus ancienne œuvre littéraire connue. Ce récit épique raconte la quête d'immortalité d'un roi. Ce qui m'a profondément frappé dans ce livre ancien, c'est que je me suis senti émotionnellement proche des anciens Sumériens et que les aventures, les ambitions et les chagrins de Gilgamesh résonnent encore en moi. Je fais partie de la même humanité, de la même espèce, avec des sentiments et des ambitions identiques à ceux de ces anciens Sumériens.

Toutefois, cette continuité est sur le point d'être bouleversée par l'IA, la robotique, les technologies des cyborgs et la biologie synthétique, ainsi que par les changements physiologiques qu'elles introduiront dans la nature humaine. Cette transformation fera de nous une nouvelle espèce intimement entrelacée avec l'IA. L'espèce hybride qui en résultera pensera, agira et ressentira les choses d'une manière entièrement nouvelle, s'éloignant ainsi des caractéristiques humaines intemporelles qui nous ont définis à travers les âges. Au fur et à mesure que nous nous entrelacerons avec l'IA, notre compréhension et notre connexion empathique avec des personnages comme Gilgamesh pourraient subir des changements radicaux, car nos esprits et nos corps prendront des configurations entièrement nouvelles. Si nous nous entrelacions effectivement avec un système d'IA immortel, nous ne comprendrions naturellement plus la quête d'immortalité de Gilgamesh.

La science-fiction est une forme de littérature que j'apprécie particulièrement, compte tenu de ma passion pour la technologie. L'attrait de la science-fiction réside dans sa capacité unique à offrir un aperçu de l'avenir tel qu'il a été envisagé par les auteurs du passé. Bien que les changements technologiques et sociétaux présentés par la science-fiction ne doivent pas nécessairement se dérouler exactement comme ils sont décrits ou se produire du tout, elle nous fournit des scénarios solides à analyser. Lorsque j'ai écrit le livre et que j'ai approfondi l'avenir de l'humanité et de l'IA dans les derniers chapitres, nous avons utilisé certaines des œuvres de science-fiction les plus célèbres pour décrire des façons plausibles d'imaginer l'avenir. Au cours de nos recherches, nous avons été frappés par la mesure dans laquelle la science-fiction façonne réellement le développement ultérieur de la technologie dans le monde réel, en servant d'inspiration aux scientifiques et aux entrepreneurs. Toutefois, ce livre ne confond pas la réalité et la fiction. Il distingue méticuleusement ce qui relève des faits et ce qui relève de la littérature. Il ne s'agit pas d'un livre de science-fiction, mais il comporte néanmoins des éléments futuristes, car nous avons décidé d'exploiter le pouvoir de la fiction pour fournir un récit plus vivant et plus visuel des scénarios futurs.

En outre, la spiritualité est une dimension essentielle de l'humanité. La transition que l'IA annonce pour l'humanité signifie un moment où nous cessons d'être uniquement des êtres humains pour devenir quelque chose d'autre. Cette transformation promet de laisser une empreinte indélébile sur le paysage de la religion et de la spiritualité. C'est pourquoi nous avons intégré dans ce livre des citations et des concepts divers, issus de différentes traditions religieuses et philosophiques, qui possèdent toutes des connaissances indélébiles sur les progrès de l'IA. J'ai passé autant de temps à discuter des dimensions religieuses et spirituelles de l'IA que des dimensions technologiques et sociétales.

Ce livre raconte ce qui, pour moi, est et sera toujours la plus grande épopée de l'humanité : l'histoire de la motivation qui nous a poussés, siècle après siècle, à créer quelque chose de plus grand que nous-mêmes et à nous transformer en cela. On ne peut pas raconter une épopée en se contentant d'examiner une facette étroite de l'histoire. La narration d'une épopée exige l'exploration de multiples angles et perspectives contradictoires. C'est pourquoi nous avons exploré les mathématiques, la technologie, l'histoire, la littérature, la spiritualité, les affaires, l'économie et bien d'autres domaines pour raconter l'épopée de l'IA.

Les pages suivantes racontent l'épopée de ces machines de demain, des origines de l'IA à la superintelligence et à la posthumanité.

Partie I : Le vieux mythe

"‎לֹא־תַעֲשֶׂה־לְךָ פֶסֶל וְכָל־תְּמוּנָה אֲשֶׁר בַּשָּׁמַיִם מִמַּעַל וַאֲשֶׁר בָּאָרֶץ "
"‎מִתַּחַת וַאֲשֶׁר בַּמַּיִם מִתַּחַת לָאָרֶץ:

"Tu ne te feras pas d'image taillée, ni aucune figure de ce qui est en haut dans le ciel, ou de ce qui est en bas sur la terre, ou de ce qui est dans les eaux au-dessous de la terre"

Exode 20 :4

Vers le 6e-4e siècle avant J.-C. [Bible]

Préambule

Les mythes sont des histoires anciennes qui ont traversé le temps, offrant un regard unique sur les valeurs et les préoccupations humaines intemporelles. Ces histoires sont pleines de symboles et de créativité, et reflètent nos aspirations et nos peurs. Ces récits vont au-delà du temps et du lieu, plongeant dans l'esprit humain et révélant notre quête fondamentale de sens.

Depuis l'Antiquité jusqu'à l'époque moderne, des mythes concernant des êtres créés artificiellement, dont beaucoup possèdent des capacités qui surpassent ou supplantent les humains, ont été documentés à travers les cultures et les époques. Souvent construits pour résoudre une énigme spécifique à laquelle la société est confrontée - démontrant le sentiment d'insuffisance de l'homme à résoudre un problème général - ou simplement pour exprimer une aspiration, ces êtres sont des *"super créations"* de l'homme mais sont bien plus qu'humains. Ce que nous connaissons aujourd'hui sous le nom d'IA et de robotique a été largement imaginé il y a des centaines d'années, en l'absence de l'influence scientifique moderne, soulignant les éléments de l'IA comme la direction du progrès inhérent à la condition humaine.

Bien qu'ils ne soient souvent pas ancrés dans une compréhension de la science spécifique ou une extrapolation de la compréhension scientifique existante, ces mythes et ces histoires sont néanmoins les précurseurs de la science-fiction et de l'intelligence artificielle modernes. Le siècle des Lumières en Europe et la révolution industrielle ont entraîné l'acceptation généralisée de la logique et de la méthode scientifique pour faire progresser la prise de décision. En influençant l'imagination de l'homme, l'enveloppe scientifique a donné naissance à des histoires telles que Frankenstein de Mary Shelley et le Magicien d'Oz, qui dépeignent chacune un côté de la même pièce de monnaie de l'IA.

Ces premiers récits sur l'IA et la robotique ont souvent été à l'origine d'entreprises scientifiques. Elon Musk évoque souvent les lectures d'Isaac Asimov qu'il a faites dans sa jeunesse et leur attribue la formation de son leadership visionnaire et de sa vision technologique spécifique. Lorsque Musk a lancé le service d'IA Grok en novembre 2023, il a indiqué qu'il s'agissait d'un hommage à la comédie radiophonique de 1978 de la BBC, *"The Hitchhiker's Guide to the Galaxy"* (*Le guide du voyageur dans la galaxie*) [Adams]. En réalité, le terme *"grok"* n'apparaît pas dans cette œuvre, mais l'anecdote montre à quel point la science-fiction est influente. Le terme *"grok"* provient plutôt du roman de 1961 *"Stranger in a Strange Land"* (*"Étranger dans une Terre Etrangère"*) de Robert A. Heinlein[1]. Dans ce roman, *"grok"* est un mot utilisé par les Martiens pour décrire leur compréhension de quelque chose dans toute son ampleur, y compris non seulement la compréhension intellectuelle, mais aussi la compréhension émotionnelle et expérientielle [Heinlein].

De même, le concept de Neuralink, une autre entreprise de Musk, a également été inspiré par la science-fiction, en particulier par la notion de *"dentelle neuronale"* que l'on trouve dans *"La Culture" ("La Culture"),* un ensemble d'histoires écrites entre 1987 et 2012 par Iain M. Banks [Banks].

Dans le même ordre d'idées, Joseph Engelberger, co-inventeur du bras robotique, et Ray Kurzweil, futuriste de premier plan dans le domaine du transhumanisme et de la superintelligence, reconnaissent également l'impact d'Asimov sur leur carrière technologique. L'influence d'Asimov sur l'IA et la robotique est si profonde que ses trois lois emblématiques de la robotique sont souvent citées dans les milieux de la science et de l'ingénierie, même si elles trouvent leur origine dans une nouvelle de science-fiction de 1942 [Asimov].

Nous commençons cette histoire épique de la relation de l'humanité avec l'IA par deux chapitres consacrés à la mythologie et à la littérature. Le chapitre 1 couvre les mythes anciens de la Chine impériale, de la Grèce antique, de l'Inde mystique et de l'Europe médiévale, montrant clairement que la volonté de créer des super-êtres à l'image de l'homme est le reflet de l'humanité et pas seulement de la culture contemporaine. Le chapitre 2 passe en revue les principaux ouvrages de science-fiction traitant des êtres artificiels, des robots, de l'IA et des cyborgs, depuis les débuts de la science-fiction avec Frankenstein en 1818 jusqu'à la fin de la course à l'espace en 1975.

Nous voyons ainsi la fascination millénaire et durable de l'homme pour la création d'êtres qui transcendent les capacités humaines dans le cadre de ses efforts constants pour progresser, résoudre ses problèmes et décrire ses aspirations.

1. Mythes anciens sur les êtres artificiels

"Le roi regarda la silhouette avec étonnement. Elle marchait d'un pas rapide, en bougeant la tête de haut en bas, de sorte que n'importe qui l'aurait prise pour un être humain vivant. L'artificier toucha son menton et elle se mit à chanter, parfaitement en accord. [...] Le roi essaya de lui enlever le cœur et constata que sa bouche ne pouvait plus parler ; il enleva le foie et ses yeux ne purent plus voir ; il enleva les reins et ses jambes perdirent leur pouvoir de mobilité. Le roi fut ravi".

Lie Yukou,

Philosophe taoïste
Liezi [Liezi et Graham]
Vers 300-500 av.

Le désir de créer des êtres artificiels, que nous appelons aujourd'hui IA, est une quête ancestrale dont les racines remontent à des milliers d'années et qui est illustrée de façon saisissante dans les mythes des anciennes cultures du monde entier. Ces récits anciens traduisent admirablement le désir profond de l'homme de devenir créateur et de se comprendre suffisamment pour créer des êtres qui lui sont supérieurs, un pouvoir autrefois réservé aux dieux.

Bien que ces mythes et légendes anciens aient été élaborés des millénaires avant la naissance officielle de l'IA et de la robotique, pour un public moderne, ils résonnent avec les développements technologiques d'aujourd'hui.

Créations mécaniques d'ingénieurs chinois mythiques

Les plus anciens mythes centrés sur la poursuite de la fabrication d'entités intelligentes proviennent de la Chine millénaire. Ces récits remontent à une époque marquée par d'importants changements politiques et culturels au cours de la dynastie des Zhou, qui a régné du XIe siècle avant J.-C. à 256 avant J.-C. Cette période a marqué le chemin vers l'unification de la Chine sous l'empereur Jaune en 221 av. J.-C. et a vu l'essor de mouvements philosophiques comme le taoïsme, qui mettait l'accent sur l'harmonie avec la nature, et le confucianisme, qui visait l'équilibre de la société.

L'un des récits mythologiques les plus remarquables sur la fabrication d'êtres artificiels est celui du philosophe taoïste Lie Yukou, également connu sous le nom de Liezi, vers 400 avant J.-C. [Liezi et Graham]. Il raconte l'histoire d'une rencontre entre un roi de la dynastie Zhou, appelé Mu, et un ancien ingénieur en mécanique, qui aurait eu lieu 600 ans plus tôt, au 10e siècle avant J.-C. Cet ingénieur aurait présenté au roi un remarquable automate mécanique à échelle réelle ayant la forme d'un être humain. L'automate bougeait gracieusement, tournait la tête et chantait des mélodies en parfaite harmonie, en exécutant des postures et des mouvements précis. Cependant, le roi se mit en colère lorsque l'automate s'approcha des dames de la cour et flirta avec elles. Pour apaiser le roi, l'ingénieur démonta rapidement le robot, révélant sa structure interne complexe faite de cuir, de bois, de colle et de laque. Cet assemblage complexe imitait le fonctionnement des organes internes, des muscles, des os, des articulations, de la peau, des dents et des cheveux avec une précision étonnante.

Ce conte ancien met en lumière la fascination persistante de l'humanité pour la création d'êtres artificiels ayant une apparence humaine et des capacités remarquables, un thème qui a également captivé la Grèce antique.

Dieux, héros et automates dans la Grèce antique

Au début du premier millénaire avant J.-C., la Grèce était une société en pleine expansion et un centre névralgique des premiers échanges commerciaux. Les Grecs de l'Antiquité, connus pour leur profonde curiosité à l'égard du monde, ont jeté les bases de la mythologie grecque à cette époque, qui reflétait les valeurs culturelles de leur temps.

L'un des premiers récits explorant le concept des créations artificielles est le mythe de Pygmalion et Galatée, qui remonte au VIIIe siècle avant J.-C. Dans ce récit, un sculpteur passionné nommé Pygmalion donne vie à une sculpture féminine, Galatée. Dans cette histoire, un sculpteur passionné nommé Pygmalion donne vie à une sculpture féminine, Galatée. La légende explore la relation entre l'art et l'existence et fait écho à l'idée de donner vie à la matière inanimée.

L'histoire de Cadmus et de ses serviteurs mécaniques est un autre récit de la Grèce antique qui reprend le concept de la vie artificielle. Au VIIe siècle avant J.-C., Cadmus, un audacieux aventurier phénicien, planta dans un sol fertile des dents de dragon offertes par Athéna. Étonnamment, ces dents se sont transformées en redoutables guerriers mécaniques qui sont devenus des alliés inestimables dans la quête de Cadmus pour établir la ville de Thèbes [Mayor].

Enfin, le dieu Héphaïstos, maître du feu et du travail des métaux, joue également un rôle central dans les mythes grecs liés aux êtres créés artificiellement. Héphaïstos, le dieu grec des forgerons, créait des automates de métal, comme nous le faisons aujourd'hui avec les robots modernes. L'héritage d'Héphaïstos comprend diverses créations mécaniques, comme Talos, un colossal géant de bronze qu'il a fabriqué pour protéger la Crète au VIIe siècle avant Jésus-Christ. Talos a trouvé la mort lorsqu'un bouchon a été retiré de sa cheville, libérant le fluide vital qui l'alimentait.

On attribue également à Héphaïstos la fabrication de vierges mécaniques en or qui l'aidaient dans son atelier, faisant allusion au concept d'automatisation industrielle, une notion qui allait mettre des millénaires à se concrétiser. D'autres mythes racontent qu'il construisit des taureaux de bronze crachant du feu, ce qui montre son rôle de précurseur des ingénieurs modernes.

L'impact durable de ces mythes grecs, centrés sur la vie artificielle, a laissé une marque indélébile sur la civilisation occidentale. Cependant, leur influence s'est étendue au-delà du monde occidental, puisqu'ils ont accompagné les vastes conquêtes d'Alexandre le Grand au IVe siècle avant J.-C., y compris son expédition en Inde.

Guerriers mécaniques dans l'Inde mystique

Dans l'Inde ancienne, nous trouvons également des récits convaincants sur les guerriers mécaniques. Le Lokapannatti est un recueil de textes bouddhistes rédigés au 11e ou 12e siècle après J.-C. en Birmanie. Le Lokapannatti se traduit par *"Description du monde"* et présente une riche tapisserie de récits, d'anecdotes et d'enseignements éthiques. Parmi ces récits, l'un d'entre eux se distingue : le récit du règne de l'empereur Ashoka et de la création d'une armée de soldats automates connus sous le nom de *"Machines du mouvement spirituel"* [Strong].

L'empereur Ashoka occupe une place particulière dans l'histoire pour avoir régné sur le vaste empire Maurya dans le sous-continent indien au IIIe siècle avant Jésus-Christ. Sa conversion au bouddhisme après avoir été témoin des ravages de la guerre et de la violence a fait de lui l'un des premiers souverains à adopter le bouddhisme comme religion d'État. Dans le cadre de son héritage, il a construit de nombreux temples pour abriter les reliques de Bouddha dans l'ensemble de son vaste royaume.

Quelques années seulement avant le règne d'Ashoka, l'expédition d'Alexandre le Grand avait traversé l'Indus en 326 avant J.-C. dans le nord-ouest de l'Inde, déclenchant une profonde interaction culturelle entre l'Orient et l'Occident. L'histoire des *"machines à mouvement spirituel"* nous entraîne dans un échange fascinant entre la Grèce et l'Inde. Selon la légende, d'habiles fabricants d'automates résidaient dans le monde grec à l'ouest de l'Inde et gardaient précieusement la technologie secrète, qui était utilisée pour le commerce et l'agriculture. Il était strictement interdit de quitter ou de divulguer ces secrets, et des bourreaux mécaniques mortels traquaient ceux qui osaient enfreindre cette règle. Les textes hindous et bouddhistes décrivent ces guerriers automates comme des êtres rapides et mortels, maniant l'épée avec l'agilité du vent.

Le mythe prend une tournure importante lorsqu'un jeune artisan indien de Pataliputra (aujourd'hui Patna), situé sur les rives du Gange, aspire à maîtriser la fabrication d'automates vers le Ve siècle avant J.-C. En épousant la fille d'un maître automatier, il apprend astucieusement ces techniques. En épousant la fille d'un maître fabricant d'automates, il apprend astucieusement ces techniques. Dans le même temps, il prépare des plans pour construire des automates dans son pays et élabore une stratégie pour transporter ces plans en Inde. Conscient du danger que représentent les assassins mécaniques, il cache astucieusement les plans volés dans une blessure à la cuisse, en cousant habilement la peau pour les dissimuler.

L'artisan est capturé avant de pouvoir entreprendre son voyage de retour et connaît un destin tragique. Son fils parvient néanmoins à récupérer les plans, entreprend le voyage de retour à Pataliputra et suit le souhait de son père en construisant les gardiens automatisés. Selon les instructions, la mission des gardiens est de protéger les reliques cachées de Bouddha dans une chambre souterraine secrète. Ces reliques et ces gardiens mécaniques sont restés cachés et protégés pendant deux siècles, jusqu'à ce que l'empereur Ashoka accède au pouvoir en 304 avant J.-C., avec Pataliputra comme capitale.

La légende raconte la quête acharnée d'Ashoka pour retrouver les reliques cachées. Lorsqu'il les trouve enfin, de violents affrontements s'ensuivent entre lui et les guerriers mécaniques. Dans certains récits, le dieu hindou Vishwakarma aide Ashoka en délogeant les boulons qui maintiennent les structures rotatives des gardiens à l'aide de flèches bien ciblées. D'autres versions font apparaître un ingénieur chargé de l'entretien des machines, qui révèle à Ashoka comment les désactiver et les contrôler. Ashoka finit par maîtriser les machines. Dès lors, les guerriers mécaniciens acceptent l'autorité d'Ashoka, et l'empereur les conduit pour soutenir ses campagnes militaires. Cependant, Ashoka ne fait jamais entièrement confiance à ces puissants guerriers et craint toujours de perdre le contrôle sur eux et les conséquences que cela pourrait avoir pour l'Empire.

Cette histoire rappelle inévitablement les mythes grecs de Cadmus et de son armée de soldats artificiels créés à partir de dents de dragon. Le concept d'automates protégeant les reliques de Bouddha est né des échanges techniques et commerciaux entre les cultures indienne et hellénistique. Les contes et les mythes s'entrecroisent toujours sur de grandes distances, jetant des ponts entre les empires et les cultures.

L'alchimie et l'éthique médiévale

Un millénaire et demi plus tard, dans le contexte de l'Europe médiévale, la société est toujours captivée par les légendes d'êtres intelligents habilement fabriqués. Au cours du XIIIe siècle, des histoires de têtes métalliques automatisées et parlantes ont commencé à circuler en Europe.

Le XIIIe siècle a été une période d'instabilité politique et de fragmentation sur l'ensemble du continent, de l'Italie et de l'Allemagne à la France et à l'Angleterre. Cependant, cette époque voit aussi l'avènement de la Renaissance, caractérisée par un regain d'enthousiasme pour la culture classique grecque et romaine. En outre, une discipline prometteuse, l'alchimie, gagne en importance. L'alchimie mêlait chimie, métallurgie et philosophie ésotérique pour transformer les métaux vils en or et préparer des élixirs promettant la vie éternelle. Pourtant, l'Église catholique considère l'alchimie avec circonspection, ce qui conduit parfois à poursuivre les alchimistes qualifiés d'hérétiques.

Simultanément, la philosophie et la théologie médiévales ont prospéré sous l'égide de figures notables telles que l'érudit allemand Albertus Magnus et son élève, le philosophe italien Thomas d'Aquin. Albertus Magnus s'est rendu célèbre pour ses connaissances approfondies dans divers domaines, dont celui, énigmatique, de l'alchimie. La légende suggère que grâce à sa maîtrise de l'alchimie et du mysticisme, Albertus Magnus a créé une tête métallique à l'aspect humain capable de parler [Butler]. Cette création était censée pouvoir répondre aux questions et accomplir des actes divinatoires. Cependant, ce type d'invention était considéré comme blasphématoire, violant les lois divines et contredisant les enseignements de l'Église. En découvrant cette création, Thomas d'Aquin l'a détruite d'un coup de marteau, arguant de son incompatibilité avec la théologie chrétienne.

Dans un récit parallèle se déroulant dans l'Angleterre du XIIIe siècle, nous rencontrons Roger Bacon, connu sous le nom de Doctor Mirabilis - le Docteur Merveilleux -, un frère franciscain anglais, philosophe et scientifique. Comme Albertus Magnus, Bacon s'est lancé dans une expérience alchimique qui a donné naissance à une nouvelle tête métallique dotée de propriétés extraordinaires [Redgrove]. La tête d'airain de Bacon était également capable de converser et de répondre à des questions, servant d'oracle ou d'instrument divinatoire. Certaines versions de l'histoire prétendent même que la tête pouvait prédire l'avenir ou transmettre une sagesse spirituelle. Roger Bacon affirmait que ses connaissances alchimiques et technologiques lui avaient été conférées par l'inspiration divine et l'aide d'entités surnaturelles, y compris des anges. Cependant, en raison de la nature extra-terrestre et anti-religieuse de ses expériences et de ses écrits, Bacon a été persécuté par l'Église et emprisonné.

Les mythes et les récits de toutes les époques et de toutes les cultures, tels que ceux mentionnés ci-dessus, révèlent le désir permanent de l'humanité de forger des êtres surpassant ses propres capacités afin de relever les défis du monde réel et d'exprimer ses aspirations. En partie humains, en partie mécaniques et en partie divins, ces êtres artificiels étaient proches des dieux et des héros pour nos ancêtres. Il serait inexact de les qualifier de robots ou d'IA car le terme *"robot"* a été inventé pour la première fois en 1920 dans un ouvrage de science-fiction, et l'*"IA"* a été définie comme un domaine d'étude pour la première fois en 1956, un moment fondateur que nous explorerons en détail au chapitre 4. Mais d'un point de vue contemporain, tous ces mythes anciens ont un point commun. Non seulement les créations des contes chinois, indiens et grecs préchrétiens racontent des histoires avec des concepts modernes d'IA et de robotique, mais ils contiennent aussi littéralement les mêmes avertissements que ceux cités dans l'Exode : *"Tu ne te feras pas d'image taillée, ni aucune figure de ce qui est en haut dans le ciel, ou de ce qui est en bas sur la terre, ou de ce qui est dans les eaux au-dessous de la terre"*.

2. La science-fiction, de Frankenstein à la course à l'espace

"[...] mais d'ici dix ans, les Robots Universels de Rossum produiront tellement de blé, tellement de tissu, tellement de tout que les choses n'auront plus de valeur. Chacun pourra prendre ce dont il a besoin. Il n'y aura plus de pauvreté. Oui, il y aura des chômeurs, mais à ce moment-là, il n'y aura plus de travail à accomplir. Tout sera fait par des machines vivantes. Les gens ne feront que ce qu'ils aiment. Ils ne vivront que pour se perfectionner."

Karel Čapek

Dramaturge tchèque

R.U.R. (Rossum's Universal Robots) [Capek]

1920

Les légendes, les mythes et la fiction n'ont pas cessé pendant le siècle des Lumières en Europe, l'avènement de la pensée scientifique largement répandue et la croyance en la découverte de vérités fondées sur les mathématiques. L'imagination humaine a toujours été soumise à différents apports, mais elle persiste, envisageant continuellement des scénarios futurs basés sur des hypothèses et des conjectures. Ces mythes modernes sont souvent liés aux problèmes, aux valeurs et aux aspirations d'une époque. Parfois, ces valeurs et aspirations transcendent les époques et sont véritablement universelles. Dans *"R.U.R."* de Karel Čapek datant de 1920, l'auteur explique comment la robotisation (du mot tchèque *"robota"* signifiant *"travail"*) pourrait potentiellement résoudre les problèmes matériels de l'humanité, permettant aux humains de se concentrer sur ce qui leur apporte vraiment de la joie. Ce concept ressemble à l'idée du revenu de base universel (RBU), un sujet de discussion contemporain que de nombreux leaders politiques et technologiques, dont Elon Musk, soutiennent. Nous en parlerons dans les chapitres 22 et 23.

Ce chapitre explore les classiques de la science-fiction et leurs liens avec l'IA. Un grand nombre des premières histoires de science-fiction les plus connues au monde traitent spécifiquement de l'IA et ont été adaptées en films ou en séries télévisées à l'époque moderne en raison de leur résonance durable, à commencer par *"Frankenstein"*, publié au début du XIXe siècle. Le premier être artificiel dans une histoire de science-fiction moderne n'est pas ironiquement dépeint comme un monstre.

La science-fiction, telle que nous la concevons au XXIe siècle, a atteint sa base actuelle d'extrapolation scientifique après la Seconde Guerre mondiale. Certains des auteurs les plus importants du genre sont issus de cette période : Asimov, Conan Clark et Stanley Kubrick, pour n'en citer que quelques-uns. La guerre froide a eu un impact profond sur ces auteurs, en particulier dans le contexte de la course à l'espace entre les États-Unis et l'Union soviétique. Il y a plus de 50 ans, ces auteurs ont montré comment l'IA, la robotique et l'exploration spatiale sont intimement liées, représentant des frontières qui donnent un aperçu de l'avenir presque certain de l'humanité. Nous constatons la prescience de ces auteurs alors que nous assistons aujourd'hui au développement de l'IA parallèlement à la croissance des entreprises spatiales privées des individus les plus riches du monde - par exemple, SpaceX d'Elon Musk et le projet Kuiper de Jeff Bezos - et à l'extraordinaire soutien du secteur public de la part de gouvernements ambitieux tels que la Chine.

Isaac Asimov, par exemple, a introduit les fameuses trois lois de la robotique qui sont encore largement citées aujourd'hui comme *"point de départ"* pour le développement de l'IA et de la robotique. Arthur Conan Clark, avec Stanley Kubrick, a écrit *"2001 : L'Odyssée de l'espace"*, une histoire démontrant que ces lois ne suffisent pas toujours, puisque l'IA HAL confine un astronaute contre sa volonté, prétendument pour le protéger, une première déclaration du contrat faustien inhérent à toute soumission aux algorithmes et à l'adoption de l'IA. Enfin, nous concluons ce chapitre avec le roman moins connu *"Cyborg"*, qui raconte l'histoire d'un astronaute en partie humain et en partie machine.

Nous avons interrompu cette exploration de l'IA dans la littérature au début des années 1970 pour une raison spécifique. La conclusion officielle de la course à l'espace a eu lieu avec le projet d'essai Apollo-Soyouz en 1975. Cette mission a marqué le passage de la concurrence à la coopération entre les États-Unis et l'Union soviétique en matière d'exploration spatiale. Par la suite, il y a eu de nombreuses œuvres de science-fiction excellentes, dont plusieurs seront mentionnées dans les parties IV et V pour aider à contextualiser et à comprendre l'avenir de l'humanité et de l'IA.

L'IA dans les monstres et les personnages d'enfants

Le roman de Mary Shelley *"Frankenstein, ou le Prométhée moderne"* [Shelley], écrit en 1818, a jeté les bases de l'exploration des limites éthiques de la création artificielle. Il ne s'agit pas d'un roman optimiste, car l'Europe sortait à peine des guerres napoléoniennes et traversait une période de révolutions et d'instabilité.

Ce chef-d'œuvre de la littérature gothique a profondément marqué toute la littérature et le cinéma ultérieurs. L'histoire tourne autour du jeune scientifique Victor Frankenstein qui, obsédé par l'idée de dépasser les limites de la science, crée un être humain artificiel à partir de morceaux de cadavres. L'être qui en résulte, *"le monstre",* devient une figure emblématique de la littérature et de la culture populaire, connue dans le monde entier et à travers les générations.

Bien que l'IA et la robotique telles que nous les connaissons aujourd'hui n'existaient pas à l'époque de Shelley, le roman soulève des questions persistantes et fondamentales sur la responsabilité des créateurs à l'égard de leurs créatures et sur *"les dangers de jouer à Dieu".* Le récit de Frankenstein anticipe les progrès actuels de la biologie synthétique et des technologies de cyborg et présente de nombreux parallèles avec l'IA et la robotique.

Le ton sombre de Frankenstein contraste avec le sentiment de la fin du 19e siècle dont il est issu. À cette époque, l'Europe et les États-Unis étaient plongés dans une ère d'optimisme technologique et scientifique. Les avancées technologiques et scientifiques commençaient à changer la vie quotidienne des gens. Les œuvres littéraires mettant en scène des personnages mécaniques, comme Pinocchio et le Magicien d'Oz, reflètent l'optimisme de l'époque et la fascination de la société pour la technologie et la création d'êtres quasi-humains. Pinocchio", publié en 1883 par Carlo Collodi, raconte l'histoire d'un pantin de bois qui prend vie grâce à la magie d'une fée [Collodi]. Le conte reflète l'idée que la technologie peut insuffler la vie à des objets inanimés, à la manière d'un Pygmalion moderne, comme l'électricité qui illumine une ampoule. Au cours de ces mêmes années, l'électricité a fait l'objet d'un développement important. Bien que Collodi ne décrive pas explicitement Pinocchio comme un robot, il serait facile de le comparer aujourd'hui à Asimo, le robot japonais d'un mètre de haut créé par Honda en 2000, que nous étudions au chapitre 17. En outre, Pinocchio - la marionnette qui voulait être un enfant - nous rappelle le film de Steven Spielberg *"A.I." de* 2001, dans lequel un enfant robotique rêve de devenir un enfant de chair et d'os [Spielberg]. L'énigme des humains qui veulent le pouvoir de l'IA et de l'IA qui veut les éléments de l'humanité est moins une nouveauté qu'un élément inhérent à l'Entrelacement, où l'on ne sait pas comment l'équilibre sera atteint, si tant est qu'il le soit.

D'autre part, *"Le Magicien d'Oz"* [Baum], écrit en 1900 par Lyman Frank Baum, présente un monde de merveilles technologiques, y compris des robots et des machines volantes. Le roman a été brillamment adapté au cinéma en 1939 par le réalisateur Victor Fleming, avec Judy Garland comme actrice principale. L'intrigue suit Dorothy dans son périple sur la route de briques jaunes à la recherche du magicien d'Oz.

Dans son récit, Baum nous présente l'histoire du bûcheron de fer-blanc, un personnage que l'on pourrait qualifier de cyborg en termes contemporains, bien que la plupart des descriptions historiques le décrivent à tort comme un robot.

Initialement bûcheron, cet homme a perdu ses membres, sa tête et son corps sous l'effet d'une hache vicieuse. Un ferblantier compétent - un artisan, mais dans le monde moderne, plutôt un technologue et un chirurgien - lui a fourni de nouvelles pièces métalliques pour les remplacer. Tout au long de son odyssée, le bûcheron de fer-blanc, qui aspire à avoir un cœur, découvre que la bonté et la compassion résident déjà en lui. Les cyborgs, et en particulier toute IA, nécessitent une paramétrisation, de sorte que toute bonté résidant en eux dépend entièrement de l'autorisation des algorithmes. Une vision de la bienveillance n'est pas déraisonnable, mais elle n'est pas non plus assurée. Mais en cela, nous voyons que *"Le Magicien d'Oz"* aborde la nécessité de trouver un équilibre entre la technologie et l'humanité, tout en présentant une vision optimiste de la robotique qui s'aligne sur une vision du monde centrée sur l'Amérique et sur Hollywood. La discussion sur les valeurs éthiques compatibles avec l'homme et sur la manière de les inculquer à l'IA en tant que garde-fou devient primordiale dans le développement de l'AGI (intelligence artificielle générale) et de la superintelligence, que nous présentons au chapitre 26.

Au tournant du XXe siècle, on trouve déjà dans la littérature des robots ou des cyborgs parfaitement identifiables et un concept largement connu et accepté, voire accueilli avec optimisme. Il faudra cependant attendre pour que les noms *"robot"* et *"cyborg"* entrent dans notre langage.

Robots et dystopie dans l'Europe de l'entre-deux-guerres

La première fois que le terme *"robot"* est entré dans notre langage, c'est dans la pièce de théâtre *"R.U.R. (Rossum's Universal Robots)"* du dramaturge tchèque Karel Čapek, en 1920. *"Metropolis"*, film muet de 1927 de l'auteur austro-américain Fritz Lang, est une autre œuvre importante née dans l'Europe de l'entre-deux-guerres. Les deux histoires explorent la dynamique complexe entre l'humanité et les machines, les créations reflétant la peur et la fascination simultanées de la technologie dans la société des années 1920. Les deux œuvres abordent les questions pressantes de l'époque concernant le contrôle des masses, l'exploitation et la recherche de l'émancipation. Cette exploration se déploie à travers des disparités économiques croissantes dans un contexte historique marqué par les conséquences de la Première Guerre mondiale, la révolution russe et l'émergence de mouvements politiques extrémistes tels que le communisme et le nazisme.

Dans *"R.U.R"*, l'intrigue tourne autour de robots utilisés comme main-d'œuvre dans diverses industries. Au fur et à mesure que les robots acquièrent une conscience, des dilemmes éthiques et moraux se posent quant à leur servitude. La pièce suggère la possibilité que l'IA surpasse ses créateurs et remet en question l'éthique du traitement des machines en tant qu'esclaves. La pièce soulève des questions sur le contrôle des masses et l'obéissance à l'autorité, ainsi que sur la possibilité d'accorder certains droits aux robots, des sujets tout à fait d'actualité en 2024. "*Metropolis*" [Lang] est un film muet adapté du roman de Thea von Harbou [Harbou]. Il se déroule dans un futur dystopique au sein d'une ville gigantesque où les travailleurs humains sont exploités sous terre dans des conditions inhumaines tandis que l'élite vit dans de luxueux gratte-ciel à la surface. Le film reflète les tensions sociales et économiques de l'Allemagne de la fin des années 1920 et met en évidence la dichotomie persistante entre ceux qui ont accès à l'IA et la contrôlent et ceux qui sont laissés pour compte.

Les travailleurs sont sur le point de se rebeller contre l'élite oppressive propriétaire de l'IA et sont dirigés par Maria, une syndicaliste de la clandestinité. Face à ce défi, le dirigeant de la ville crée un robot, Futura, à l'image de Maria, pour manipuler et contrôler les travailleurs. Exploitant la confiance des travailleurs en Maria, il sème la discorde et le chaos avec ce robot, dans le but d'étouffer leur révolte et d'asseoir son pouvoir. Nous notons que ce film prémonitoire constitue le premier avertissement des défis inhérents à la désinformation qui accompagnent l'IA générative que nous connaissons aujourd'hui.

Sur la couverture de ce livre figure l'affiche de la sortie en salle du film, représentant Futura. Nous avons choisi cette affiche pour plusieurs raisons. Tout d'abord, Futura a un statut de pionnier en tant que premier robot représenté au cinéma. Ensuite, au-delà de cette importance historique, Futura soulève des questions sur la relation entre l'humanité et la technologie. Elle incarne le symbolisme durable de la manipulation technologique et rappelle brutalement les risques réels associés à un pouvoir technologique incontrôlé entre les mains de quelques-uns. Troisièmement, son apparence visuellement captivante et mémorable, imprégnée d'une allure artistique et esthétique métallique, résume la beauté et l'attrait de cette technologie d'IA spécifique, présageant une fois de plus de la puissance de l'IA générative et du charisme que l'on peut obtenir simplement grâce aux algorithmes.

Explorer l'univers d'Asimov et les trois lois

Isaac Asimov est probablement l'auteur le plus influent de l'histoire de la science-fiction. Isaac Asimov a écrit ses romans et ses histoires lorsque l'IA était encore naissante. Nombre de ses récits ont été écrits avant l'atelier de Dartmouth de 1956, considéré par beaucoup comme le moment fondateur de l'IA. Nous aborderons cet atelier au chapitre 4. Après l'atelier de Dartmouth, de nombreux pionniers de l'IA qui ont contribué aux avancées technologiques évoquées dans ce livre se sont fréquemment inspirés de ses écrits. Asimov s'est servi de sa fascination pour la science et de ses talents exceptionnels d'écrivain pour écrire des histoires futuristes captivantes. Aujourd'hui encore, son influence sur le monde de la technologie est considérable. Grâce au génie d'Asimov, la technologie et la science-fiction s'influencent mutuellement de manière profonde.

L'une de ses œuvres les plus célèbres liées aux robots est "*I, Robot*", publiée en 1950. Ce livre est un recueil de nouvelles interconnectées qu'Asimov a écrites au cours d'une décennie, explorant l'interaction entre les humains et les robots à travers les yeux d'un psychologue robotique. L'un des récits, *"Runaround"*, datant de 1941, présente les trois lois de la robotique et examine la manière dont ces règles influencent le comportement des robots, ainsi que leurs conséquences éthiques et morales.

Les trois lois de la robotique d'Asimov sont les suivantes :

- Première loi : *"Un robot ne peut blesser un être humain ou, par son inaction, permettre qu'un être humain soit blessé."*
- Deuxième loi : *"Un robot doit obéir aux ordres qui lui sont donnés par des êtres humains, sauf si ces ordres sont contraires à la première loi."*
- Troisième loi : *"Un robot doit protéger sa propre existence tant que cette protection n'entre pas en conflit avec la première ou la deuxième loi."* [Asimov]
- Dans ses dernières histoires, Asimov a introduit une quatrième loi de la robotique : *"Un robot ne doit pas nuire à l'humanité ou, par son inaction, permettre à l'humanité de nuire."* [Asimov]

Ces lois ont laissé une profonde impression sur la psyché collective des technologues et des auteurs de science-fiction et ont influencé l'éthique et la philosophie de la robotique et de l'IA. Elles servent souvent de point de départ aux débats et aux lignes directrices dans les cercles scientifiques et réglementaires.

Asimov a également écrit d'autres ouvrages pertinents sur les robots. Dans *"Le soleil nu"* [Asimov], publié en 1957, Asimov explore la relation entre les humains et les robots dans une société où la technologie est omniprésente et où les humains craignent les interactions face à face. Comme dans beaucoup de ses œuvres, l'histoire tourne autour d'un crime qui doit être résolu, dans ce cas par un détective humain et son partenaire robotique. Dans une autre de ses histoires, *"The Bicentennial Man"* [Asimov], publiée en 1976, Asimov parle d'un robot qui s'efforce de devenir humain et d'obtenir des droits légaux, abordant ainsi des questions profondes sur l'identité, l'humanité et la technologie. Enfin, dans *"Robots and Empire"* [Asimov], publié en 1983, il examine les tensions entre la Terre et les colonies spatiales. L'intrigue suit un détective enquêtant sur un meurtre dans un monde où la robotique est essentielle à la survie de l'humanité.

2001 : L'Odyssée de l'espace

Arthur C. Clarke est un autre auteur important. Son roman révolutionnaire *"2001 : l'Odyssée de l'espace"* et l'adaptation cinématographique de Stanley Kubrick en 1968, œuvres emblématiques de la science-fiction [Clarke et Kubrick], présentent une histoire sur le thème de l'intelligence artificielle avec pour toile de fond la guerre froide et la soi-disant course à l'espace entre les États-Unis et l'Union soviétique, où la suprématie technologique s'étendait à l'exploration spatiale, les deux superpuissances se disputant la domination de l'espace galactique. La collaboration entre Clarke et Kubrick s'inscrit dans l'esprit de leur époque en dépeignant un avenir où l'innovation et la technologie humaines s'étendent au cosmos, ce qui est d'autant plus remarquable que leur film a été projeté en première avant le premier alunissage. De plus, la représentation d'une mission conjointe américano-soviétique vers Jupiter symbolise le rêve d'une coopération internationale au milieu des tensions de la guerre froide.

L'un des éléments les plus emblématiques du film est l'ordinateur IA HAL 9000, une machine sensible conçue pour assister les astronautes dans leurs missions. La représentation de HAL comme une IA apparemment amicale mais aux intentions cachées a soulevé des questions éthiques incontournables sur les risques et les implications de l'IA, qui restent sans réponse aujourd'hui. HAL a délibérément dissimulé des informations cruciales aux astronautes et a finalement pris des mesures qui ont entraîné la mort de certains membres de l'équipage. La description dans le film du dysfonctionnement progressif de HAL et de son impact sur l'équipage préfigure l'un des risques associés au développement de l'IA, à savoir des moteurs de prise de décision qui sont soit défectueux, soit erronés, soit traîtres à leurs créateurs.

Il convient de noter que le comportement de HAL va à l'encontre des trois lois de la robotique d'Isaac Asimov. Alors que dans la fiction d'Asimov, ces règles étaient conçues pour assurer la sécurité et le bien-être des humains en présence de l'IA, les actions de HAL ont démontré que ces protections ne sont en aucun cas suffisantes. HAL incarne une première déclaration du contrat faustien inhérent à l'adoption de l'IA et à l'assujettissement à des algorithmes qui pensent à notre place. Il s'agit également d'une mise en garde contre la conception de systèmes d'IA reposant sur des bases éthiques solides et des processus décisionnels transparents afin d'éviter les conséquences involontaires. Celui qui écrit la programmation et les algorithmes de l'IA détermine en fin de compte les résultats.

Cyborg : Fusionner l'homme et la machine

Bien que moins connu aujourd'hui que le chef-d'œuvre intemporel de Clarke et Kubrick, le roman *"Cyborg"* de Martin Caidin est une œuvre de science-fiction révolutionnaire publiée en 1972 [Caidin]. Cyborg n'était pas le premier roman sur les cyborgs, mais c'était le premier à utiliser le mot. Avant lui, plusieurs ouvrages de fiction avaient utilisé le concept du mélange de l'homme et de la machine ; par exemple, Edgar Allan Poe a présenté en 1843 un homme largement équipé de prothèses dans sa nouvelle *"The Man That Was Used Up"* (*L'homme usé*) [Poe]. "Cyborg" a jeté les bases de deux des séries télévisées les plus emblématiques des années 1970 : "The Six Million Dollar Man" (connu en France sous le titre "L'Homme qui valait trois milliards"), diffusée de 1973 à 1978, et "The Bionic Woman" (connue en France sous le titre "Super Jaimie"), diffusée de 1976 à 1978 [Majors] [Sommers].

Les années 1970 ont été marquées par une grande curiosité scientifique, et *"Cyborg"* a su tirer parti de l'esprit de l'époque. Manfred E. Clynes et Nathan S. Kline avaient introduit le concept de *"cyborg"* dix ans avant la série télévisée dans leur article scientifique de 1960 intitulé *"Cyborgs and Space"* (Cyborgs et espace), dans lequel ils discutaient de la possibilité d'améliorer les humains avec des composants mécaniques afin de mieux s'adapter à l'exploration de l'espace. Ce concept correspond parfaitement au roman de Caidin, dans lequel un astronaute reçoit des implants bioniques après un accident presque mortel. Les améliorations le transforment en un surhomme doté d'une force et de capacités extraordinaires qui s'épanouissent dans l'environnement hostile de l'espace [Clynes et Kline].

La série *"L'homme de six millions de dollars"* a connu un succès immédiat. Elle a diverti les téléspectateurs avec ses épisodes pleins d'action mettant en scène un homme reconstruit utilisant sa force et sa vitesse immenses pour lutter contre le crime et a stimulé l'imagination des scientifiques, des ingénieurs et des futurologues. Son impact s'est étendu au-delà du divertissement. Elle a jeté les bases des développements futurs en matière d'intelligence artificielle et de robotique, en incitant les chercheurs à explorer la possibilité d'améliorer les capacités humaines grâce à la technologie. Le concept de bionique, tel qu'il est décrit dans la série, a ouvert la voie à des percées réelles dans le domaine des prothèses et des interfaces homme-machine. De plus, les créateurs étaient loin de se douter que cette histoire d'amélioration humaine inspirerait un mouvement culturel cyborg au XXIe siècle. Nous approfondirons le développement des cyborgs au chapitre 20.

Partie II : Le nouvel esprit

"मनोपुब्बङ्गमा धम्मा, मनोसेत्था मनोमय"

"L'esprit est le précurseur de toutes les choses ; l'esprit est leur maître, et elles sont faites par l'esprit."

Siddhartha Gautama, Bouddha

Dhammapada, chapitre 1, verset 2 [Buddharakkhita]
563-483 AV.

Préambule

L'IA est le nouvel esprit de l'humanité, les réseaux neuronaux artificiels imitant le fonctionnement complexe de notre cerveau. Aujourd'hui, les systèmes d'IA augmentent déjà nos compétences, nous permettant d'aborder efficacement des problèmes et des tâches complexes, qu'il s'agisse d'économiser notre temps en générant des flux vidéo basés sur les préférences, de choisir des actions plus efficacement ou de conduire plus efficacement d'un point A à un point B. La tendance technologique prévoit que l'IA évoluera vers l'intelligence artificielle générale (AGI), atteignant un niveau d'intelligence capable de raisonner et d'apprendre de manière autonome, équivalent à celui de l'homme.

L'IA est plus qu'un simple outil que nous utilisons sur nos ordinateurs et nos téléphones. C'est plus qu'un système qui supervise les marchés financiers ou les voitures autopilotées. Dans un avenir proche, les interfaces cerveau-ordinateur et les implants de cyborg intégreront l'IA dans nos propres corps et cerveaux. À mesure que l'IA devient partie intégrante de notre esprit, l'enseignement du Bouddha, cité plus haut, devient de plus en plus pertinent.

Comme nous l'avons vu dans la première partie, l'IA a exercé une fascination historique sur l'humanité à travers les cultures et les époques, avant même que la science et la technologie ne créent de véritables systèmes d'IA - une trajectoire prémonitoire où des êtres créés artificiellement résolvent certains problèmes tout en en suscitant de nouveaux. Invariablement, les questions fondamentales posées par les conteurs sur la confiance et les contrats faustiens ayant un impact sur notre liberté de penser se retrouvent de manière assez remarquable dans toutes ces représentations historiques globales de l'IA. Dans ce contexte, pour comprendre la direction que prend l'IA et l'impact qu'elle peut avoir sur notre capacité à penser, nous devons d'abord saisir ses origines scientifiques réelles. C'est l'objet de la présente partie 2. Nous décrirons comment l'IA est passée des trois règles de la logique aristotélicienne sur des rouleaux de papyrus aux grands modèles de langage et, ce faisant, nous tracerons la trajectoire qu'elle est susceptible d'emprunter.

Nous constatons, sans surprise, que le développement du premier ordinateur a marqué un tournant pour l'IA, puisque celle-ci fonctionne grâce à l'électricité, à la mémoire, à la puissance de traitement et au codage. Avant que le premier ordinateur ne sorte des laboratoires des belligérants de la Seconde Guerre mondiale en 1945, il y a eu un effort de collaboration de plusieurs siècles impliquant des philosophes, des mathématiciens et des ingénieurs qui ont fait progresser avec diligence la logique, les algorithmes et les prototypes, que nous décrivons au chapitre 3.

L'atelier de Dartmouth de 1956, dirigé par John McCarthy et décrit en détail au chapitre 4, est largement considéré comme la naissance officielle de l'IA. Lors de cet atelier, le terme "IA" a été inventé et défini comme un domaine distinct avec des objectifs de recherche clairs. En outre, les principaux contributeurs des deux décennies suivantes ont été identifiés. Ces pionniers nourrissaient de grands espoirs pour l'IA, l'imaginant dotée d'une intelligence semblable à celle de l'homme dans les décennies à venir, mais ces nobles attentes dépassaient les capacités des premiers ordinateurs. Les contraintes financières engendrées par la crise pétrolière de 1973 ont aggravé la déception, marquant le début du premier *"hiver de l'IA"*, une période d'activité réduite dans ce domaine. Nous trouvons ironique que la technologie qui promet, plus que la roue ou la machine à vapeur, de propulser la productivité humaine et la création de richesses, soit elle-même confrontée au problème séculaire de ne pas être suffisamment viable économiquement pour trouver un financement commercial, probablement parce qu'elle ne peut pas générer de revenus à court terme. Ce problème précis sera plus tard résolu en Occident par des sociétés privées utilisant les bénéfices d'autres entreprises pour financer ces technologies dans le cadre d'un régime de numérisation à grande échelle dans toutes les industries, ce qui les rendra économiquement viables et donc techniquement plus développées ; à titre d'exemple, nous voyons Microsoft financer OpenAI aujourd'hui.

L'histoire de l'IA a été un parcours en dents de scie caractérisé par une alternance de périodes d'expansion rapide et d'hivers peu actifs. En 1980, l'IA a connu une résurgence, que nous décrivons au chapitre 5, grâce à la prolifération des ordinateurs personnels dans les entreprises et les universités et à l'adoption d'applications logicielles pratiques basées sur des règles, connues sous le nom de systèmes experts, systèmes qui ont donné à l'IA primitive une base économique immédiate. Ce renouveau a été de courte durée, car le krach boursier de 1987 a touché les entreprises de matériel informatique et a marqué le début du deuxième *"hiver de l'IA"*. Dans les années 1990, l'IA a connu une nouvelle période de résurgence, propulsée par l'adoption de l'apprentissage automatique dans les start-ups Internet ainsi que dans les entreprises, s'enfonçant davantage dans le secteur privé et s'éloignant de la R&D purement financée par le gouvernement, ce qui est développé dans le chapitre 6. En outre, des progrès significatifs ont été réalisés dans les réseaux neuronaux à mesure que les ordinateurs atteignaient une capacité de calcul suffisante. Néanmoins, le domaine de l'IA a été confronté à son troisième *"hiver de l'IA"* avec l'apparition du krach des dot-com en 2000.

L'IA a refait surface au début des années 2000, démontrant sa résilience, comme nous l'expliquons au chapitre 7. Nous vivons actuellement un *"été de l'IA"* prolongé. La grande crise financière de 2008 n'a pas provoqué un nouvel hiver de l'IA. Au contraire, l'IA a gagné en importance en s'attaquant à la gestion de la fraude et à l'optimisation des coûts pour les institutions financières et les entreprises qui ont subi la récession économique. L'été de l'IA s'est poursuivi, avec des revenus et une base économique qui le justifient, et a vu des avancées notables dans le traitement du langage et de l'image, fondées sur les réseaux neuronaux. En outre, les réseaux sociaux, les applications de cloud computing et les réglementations en matière de protection des données ont fait leur apparition dans le monde entier.

Au cours des dernières années de cet *"été de l'IA"*, l'émergence de l'IA générative, marquée par le lancement de ChatGPT en novembre 2022, a propulsé l'industrie de l'IA vers des sommets économiques et une notoriété sans précédent, caractérisés par des avancées substantielles dans les grands modèles de langage (LLM, Large Language Models), la génération d'images et même la possibilité d'automatiser le travail créatif des cols blancs. Le chapitre 8 explique comment l'IA générative a été développée et ses implications.

L'intelligence artificielle générale est actuellement le prochain objectif important des géants de la Silicon Valley, en tant qu'étape vers la superintelligence. Ils sont déjà engagés dans des recherches visant à améliorer les grands modèles de langage pour les doter d'une capacité de planification et de compréhension de la logique, en particulier du bon sens. Le chapitre 9 donne un aperçu de ces efforts de recherche.

Dans les pages suivantes, nous décrirons le parcours de l'humanité en matière d'IA, d'Aristote à Sam Altman, en retraçant les détails des développements clés, leurs origines et les problèmes qu'ils tentent de résoudre, leur contexte historique, la manière dont ils se sont construits les uns sur les autres et, enfin, leurs implications. Vous développerez ainsi une compréhension de la technologie actuelle, de ce qu'elle signifie sur le plan fonctionnel et pratique, et donc de sa trajectoire.

3. Philosophes, mathématiciens et premier ordinateur

"Si l'on admet que les vrais cerveaux, tels qu'on les trouve chez les animaux et en particulier chez les hommes, sont des sortes de machines, il s'ensuivra que notre ordinateur numérique, convenablement programmé, se comportera comme un cerveau... Je pense qu'il est probable, par exemple, qu'à la fin du siècle, il sera possible de programmer une machine pour qu'elle réponde à des questions de telle manière qu'il sera extrêmement difficile de deviner si les réponses sont données par un homme ou par la machine".

Alan Turing,

Mathématicien, philosophe, informaticien, pionnier de l'IA
1951
Interview sur la BBC [Moor]

Au fil du temps, les mythes, y compris ceux qui décrivent l'IA, ont cédé aux principes de la science et de la raison. Les anciennes légendes d'êtres artificiels se sont transformées en exploration intellectuelle. Ce changement a marqué l'émergence d'une ère où la raison et la science ont éclairé notre compréhension du monde.

Dans l'histoire du progrès scientifique, une innovation est primordiale pour le développement de l'IA : l'ordinateur. Conçus à l'origine comme machines de calcul en temps de guerre pendant la Seconde Guerre mondiale, les ordinateurs ont rapidement démontré leur profonde valeur sociétale dans des applications allant de la science à l'entreprise. Aujourd'hui, l'IA est étroitement liée à la puissance de calcul de ces machines, qui ont évolué bien au-delà de leur origine guerrière pour devenir des téléphones avancés que nous portons dans nos poches et des serveurs massifs accessibles par l'intermédiaire du "nuage".

Une figure singulière émerge dans l'histoire de l'informatique : Alan Turing. Au-delà de son rôle d'informaticien, Turing est un pionnier de l'intelligence artificielle, un mathématicien exceptionnel et un philosophe. Les travaux de Turing soulignent la relation symbiotique entre tant de disciplines qui ont fini par façonner l'architecture du premier ordinateur et ont ouvert la voie aux concepts initiaux de l'intelligence artificielle.

Cette collaboration interdisciplinaire n'a pas été l'affaire de quelques décennies ; elle s'est développée au fil des siècles. Des philosophes comme Aristote, Leibniz, Descartes, Pascal et Hume, des mathématiciens comme Al-Khwarizmi, Bayes, Legendre, Markov, Bool et Russell, des psychologues comme Pavlov et des ingénieurs comme Torres Quevedo et Von Neumann ont tous apporté des contributions significatives qui ont abouti à la construction du premier ordinateur en 1945.

La logique aristotélicienne : La pierre angulaire de l'IA

Les philosophes grecs ont joué un rôle essentiel dans la refonte de la pensée humaine, en s'affranchissant des mythes anciens et en inaugurant une ère de rationalité et d'esprit critique. Parmi eux, Aristote, né en 384 avant J.-C., a laissé une empreinte durable grâce à ses contributions à la logique, qui continuent de sous-tendre les principes fondamentaux de l'intelligence artificielle et de la programmation informatique.

La logique d'Aristote [Boger] était fondée sur le principe que les arguments pouvaient être évalués de manière approfondie en appliquant des règles d'inférence précises. Il pensait que la vérité pouvait être discernée par une analyse raisonnée et définissait des formes spécifiques d'argumentation qui permettaient d'aboutir à des conclusions valides.

Les syllogismes occupent une place prépondérante dans son cadre logique. Les syllogismes constituent des structures argumentatives comprenant trois propositions interconnectées : une prémisse centrale, une prémisse mineure et une conclusion. Aristote a méticuleusement formulé les règles de construction des syllogismes, soutenant qu'un syllogisme correctement construit avec des prémisses vraies doit produire une conclusion valide. Cette structure logique constituait une approche systématique de la pensée critique et de l'argumentation.

Le syllogisme aristotélicien classique illustre ce concept :

- Prémisse centrale : *"Tous les humains sont mortels"*.
- Prémisse mineure : *"Socrate est un humain"*.
- Conclusion : *"Par conséquent, Socrate est mortel"*.

Cet exemple illustre l'utilisation qu'Aristote fait des syllogismes pour distinguer le vrai du faux, établissant ainsi une base solide pour le raisonnement déductif et l'argumentation.

Aussi simple et rudimentaire qu'elle puisse nous paraître aujourd'hui, la pensée logique a représenté un changement monumental pour l'humanité, même s'il lui a fallu des siècles pour s'imposer pleinement, et a finalement servi de base aux plus grandes réalisations scientifiques de l'histoire mondiale. La logique aristotélicienne est la pierre angulaire de la logique qui fonctionne dans les ordinateurs d'aujourd'hui et des algorithmes qui continuent à façonner le domaine aujourd'hui. Elle a jeté les bases essentielles du développement de l'IA.

L'origine de l'algèbre et des algorithmes dans la culture islamique

Mille ans après l'époque d'Aristote, avec la chute de l'Empire romain d'Occident en 476 après J.-C., la culture et le savoir classiques se sont réfugiés dans la région de la Méditerranée orientale. Les érudits arabes ont joué un rôle essentiel dans la sauvegarde, la traduction et l'avancement de cette sagesse au cours du Moyen Âge. Ils ont initié un profond renouveau intellectuel en traduisant méticuleusement les textes classiques en arabe.

Muhammad ibn Al-Khwarizmi [Rashid] est l'une des figures marquantes de cette période qui a laissé une empreinte indélébile sur l'histoire de ce qui allait devenir l'IA. Mathématicien persan de premier plan au IXe siècle, Al-Khwarizmi a apporté des contributions révolutionnaires à l'algèbre, notamment des méthodes systématiques de résolution des équations linéaires et quadratiques à l'aide d'opérations algébriques telles que l'élimination et la substitution. Ses méthodes algébriques et ses notations ont fourni un cadre cohérent pour résoudre les problèmes mathématiques, jetant les bases de l'algèbre contemporaine, et sont aujourd'hui enseignées dans les écoles secondaires du monde entier.

De plus, l'influence d'Al-Khwarizmi s'est étendue au-delà de l'algèbre ; son nom a donné naissance au terme *"algorithme"*. Un algorithme est une séquence ordonnée d'étapes logiques et précises conçues pour résoudre efficacement un problème ou une tâche spécifique. Les algorithmes algébriques développés par Al-Khwarizmi sont devenus des précurseurs dans l'évolution de la programmation informatique et de l'IA moderne. Dans les sections suivantes de ce livre, nous explorerons l'histoire de divers algorithmes modernes d'IA, tels que les réseaux neuronaux, les GPT (Generative Pre-trained Transformers) ou l'apprentissage par renforcement, ainsi que leur fonctionnalité et leurs applications pratiques. Tous ces algorithmes trouvent leur origine dans les travaux d'Al-Khwarizmi.

L'effort conjoint des rationalistes et des empiristes

Pendant les siècles qui ont suivi l'effondrement de Rome, l'Europe est restée dans un état de relative dormance. Cependant, un réveil progressif s'est produit lorsque l'Europe a commencé à s'engager dans des échanges culturels avec le monde islamique, ce qui a conduit à la réactivation de la sagesse abandonnée de l'ère classique.

Les dogmes rigides de l'époque médiévale ont lentement commencé à céder la place à une fascination croissante pour l'observation empirique, l'analyse systématique et la cohérence logique. Ce nouveau climat a donné naissance à deux courants philosophiques : Le rationalisme, qui met l'accent sur le raisonnement comme source de connaissance, et l'empirisme, qui souligne l'importance de l'expérimentation pratique. Ces deux courants ont été déterminants pour le développement futur de l'IA.

À l'apogée du rationalisme au XVIIe siècle, le philosophe et mathématicien allemand Gottfried Leibniz a exploré la possibilité de systématiser la pensée rationnelle à l'aide des mathématiques et de la géométrie. Leibniz a proposé le concept d'une *"calculatrice universelle"* capable de manipuler des symboles pour résoudre des problèmes logiques et a même créé un prototype de cette calculatrice, comme nous le verrons dans quelques pages [Leibniz].

On attribue également à Leibniz la découverte de la règle de la chaîne en calcul en 1684. Cette règle a révolutionné les mathématiques en permettant de calculer la dérivée d'une fonction composite composée d'une chaîne de variables multiples. La règle de la chaîne révèle comment les changements d'une variable se répercutent sur toutes les composantes interconnectées jusqu'à la variable de sortie. La règle de la chaîne joue un rôle essentiel dans le développement des algorithmes modernes d'apprentissage automatique, qui sont les algorithmes utilisés en interne par l'intelligence artificielle. Deux cents ans après les travaux de Leibniz, un algorithme basé sur la règle de la chaîne a été inventé en 1986 pour l'apprentissage des réseaux neuronaux. Cet algorithme s'appelle la rétropropagation. Aujourd'hui, la plupart des systèmes d'IA importants, du ChatGPT aux voitures sans conducteur, utilisent des réseaux neuronaux entraînés par rétropropagation. Dans les chapitres 5 et 6, nous aborderons en détail l'apprentissage automatique, les réseaux neuronaux et la rétropropagation, qui sont des outils fondamentaux de l'IA.

René Descartes est un autre philosophe rationaliste qui a profondément influencé les débuts de la conceptualisation de l'IA. Dans son *"Discours de la méthode"* [Descartes], Descartes a introduit une perspective mécaniste du corps et de l'esprit humains, soutenant que les animaux et les humains fonctionnaient comme des systèmes physiques régis par des lois naturelles. Cette idée a ouvert la voie à la conception de l'esprit humain comme une machine et est devenue, des siècles plus tard, la pierre angulaire des théories et des approches visant à reproduire l'intelligence humaine à l'aide d'ordinateurs, notamment les idées d'Alan Turing.

Cependant, aux XVIIe et XVIIIe siècles, les rationalistes n'ont pas été les seuls philosophes à influencer le développement futur de l'IA et des ordinateurs. Les empiristes ont également joué un rôle nécessaire. Les rationalistes et les empiristes étaient souvent en désaccord, mais leur point de vue selon lequel les processus mentaux humains impliquent une forme de machine est un point de convergence entre les deux. Parmi les empiristes, Thomas Hobbes, dont l'ouvrage révolutionnaire *"Leviathan"* [Hobbes], publié en 1651, introduit une théorie combinatoire de la pensée, est une figure de proue : il affirme en effet que *"la raison n'est rien d'autre qu'un calcul"*. Cette affirmation reflétait sa conviction que le raisonnement humain et les processus cognitifs pouvaient être considérés comme des calculs systématiques.

Enfin, un autre empiriste, David Hume, a formulé le concept d'induction en 1748 [Hume] comme étant la méthode logique permettant de dériver des principes généraux à partir d'exemples spécifiques. À l'instar de la règle de la chaîne de Leibniz, l'induction a également façonné les futurs algorithmes d'apprentissage automatique, en particulier un type d'algorithme d'apprentissage automatique appelé apprentissage supervisé. L'apprentissage supervisé signifie que les machines apprennent à résoudre des problèmes en observant des exemples déjà résolus. Nous aborderons également l'apprentissage supervisé de manière plus détaillée dans le chapitre 6.

La beauté et la simplicité des premiers algorithmes modernes

À la fin du XVIIIe siècle, une nouvelle ère d'algorithmes a commencé à prendre forme, s'appuyant sur les travaux d'Al-Khwarizmi, de Leibniz et de Hume. Parmi eux, trois sont particulièrement influents dans l'évolution ultérieure de l'IA : le théorème de Bayes, la méthode de régression linéaire et les chaînes de Markov [Wiggins et Jones].

Le théorème de Bayes a été introduit par le mathématicien britannique Thomas Bayes en 1763. Il s'agit d'un principe fondamental en matière de probabilités et de statistiques utilisées pour mettre à jour les croyances ou les estimations relatives à un événement à mesure que de nouvelles preuves ou informations pertinentes deviennent disponibles. Imaginez que vous ayez une opinion initiale sur la probabilité qu'il pleuve demain. Puis, vous acquérez de nouvelles connaissances, par exemple en observant des nuages dans le ciel. Vous pouvez en déduire que la pluie est encore plus probable que ce que vous pensiez initialement. Le théorème de Bayes vous permet de combiner votre croyance initiale avec de nouvelles informations pour obtenir une probabilité actualisée de pluie demain.

Le théorème de Bayes reste important et a de nombreuses applications pratiques dans la vie de tous les jours. Il est utilisé dans des domaines tels que la détection des spams, le diagnostic médical, les systèmes de recommandation en ligne, l'analyse des données financières, les prévisions météorologiques et la reconnaissance des formes, et il est devenu un élément clé du développement de l'IA.

Vient ensuite l'algorithme de régression linéaire, qui est sans aucun doute l'algorithme le plus utilisé dans la recherche et les applications commerciales, même aujourd'hui. L'élégance de cet algorithme, qui cherche simplement une ligne droite pour s'adapter aux données disponibles, est inégalée. L'algorithme de régression linéaire a été introduit par Adrien-Marie Legendre en 1805. Il l'a appelé *"méthode des moindres carrés"* pour une bonne raison. Imaginez que vous disposiez d'une série de points sur un graphique, comme des résultats de mesures ou des données d'observation. Vous souhaitez trouver la ligne droite qui s'ajuste le mieux à ces points de données pour représenter la prédiction la plus probable du résultat entre les variables. L'algorithme de régression linéaire trouvera cette ligne en veillant à ce que la somme des carrés des distances entre chaque point et la ligne soit aussi petite que possible. En d'autres termes, il minimise les erreurs au carré entre les points réels et les valeurs prédites par la droite, d'où le nom donné par Legendre.

Les régressions linéaires trouvent des applications dans divers domaines. Dès 1903, le biologiste britannique Francis Galton [Gillham] l'a utilisée pour étudier le lien entre la taille des parents et leur progéniture. Dans le monde des affaires actuel, les régressions linéaires sont indispensables à l'analyse des données, qu'il s'agisse de prédire le prix d'un appartement en fonction d'attributs tels que la taille et les équipements, ou de prévoir le cours des actions ou le chiffre d'affaires mensuel d'une entreprise. Il est important de noter que plus il y a de données à évaluer, plus il faut de calculs pour résoudre le problème, mais plus le pouvoir prédictif de la régression est important.

Le troisième algorithme précoce remarquable de cette période a été introduit en 1913 par le mathématicien russe Andrey Markov et est connu sous le nom de *"chaînes de Markov"*. Les chaînes de Markov ressemblent à un jeu de probabilité dans lequel on peut passer d'un état à un autre. Imaginez un jeu de société avec des cases. À chaque tour, vous lancez les dés et déplacez votre pion sur le terrain suivant en fonction du nombre obtenu. L'aspect critique est que le terrain vers lequel vous vous déplacez dépend uniquement de l'état dans lequel vous vous trouvez à ce moment-là, et non de l'endroit où vous vous trouviez avant d'atteindre cette dernière case. En d'autres termes, dans une chaîne de Markov, ce qui se passe ensuite dépend uniquement de l'état actuel, et non de tout l'historique précédent.

Cette caractéristique inhérente rend les chaînes de Markov inestimables pour la modélisation de situations qui évoluent dans le temps et où l'avenir dépend uniquement du présent. C'est pourquoi elles sont souvent utilisées dans les séries temporelles, qui sont des séquences de points de données ou d'observations collectées ou enregistrées à intervalles de temps réguliers. Parmi les exemples, on peut citer la prévision quotidienne du temps, les jeux d'échecs ou l'analyse des séquences génomiques. Les chaînes de Markov ont également été utilisées dans le traitement du langage naturel avant le développement de l'IA générative.

Ces trois algorithmes sont aujourd'hui considérés comme des algorithmes d'apprentissage automatique. Toutefois, le terme "apprentissage automatique" n'a été inventé qu'en 1959. L'apprentissage automatique, en tant qu'élément central de l'IA, permet aux ordinateurs d'acquérir la capacité de faire des prédictions ou de prendre des décisions. Donner des instructions explicites à une machine sur les étapes précises qu'un humain suivrait pour résoudre un problème est une tâche fastidieuse et sujette aux erreurs. Au lieu de cela, l'apprentissage automatique permet à la machine de déduire ces étapes de manière autonome en analysant les données fournies. Nous étudierons ce concept plus en profondeur au chapitre 6.

Les fondements psychologiques des algorithmes d'IA

Le domaine de la psychologie a eu un impact sous-estimé sur le développement de l'IA, en particulier en termes d'apprentissage automatique. À la fin du XIXe siècle et au début du XXe siècle, plusieurs psychologues comportementaux se sont attachés à comprendre l'apprentissage et le comportement, en menant des expériences avec des animaux pour étudier comment les actions peuvent être façonnées et renforcées par des stimuli de récompense et de punition.

À la fin du XIXe siècle, le physiologiste russe Ivan Pavlov a mené des expériences avec des chiens pour étudier les processus d'apprentissage. Il a observé que les chiens pouvaient être entraînés à associer le son d'une cloche à l'arrivée de la nourriture [Todes]. Au bout d'un certain temps, les chiens ont commencé à produire de la salive en réponse au seul son de la cloche, même en l'absence de nourriture. Pavlov a ouvert la voie à la compréhension de la manière dont les organismes apprennent en associant des stimuli et des réponses.

De même, le psychologue américain Edward Thorndike a formulé la loi de l'effet en 1898 [Thorndike], en menant des expériences avec des chats, qui stipule que les réponses suivies de conséquences satisfaisantes ont tendance à être répétées, tandis que les réponses suivies de conséquences désagréables ont tendance à diminuer. De même, Burrhus Frederic Skinner a mené des expériences sur des pigeons et des rats dans les années 1930, démontrant le même principe [Skinner].

Cependant, la percée tangible pour l'IA qui a suivi cette recherche préliminaire et orientée s'est produite en 1943 lorsque Clark L. Hull, un psychologue américain qui a proposé une théorie mathématique de l'apprentissage basée sur les principes de renforcement, a développé des équations réelles pour prédire le comportement des animaux [Hull et al.]. Il a pris en compte des facteurs tels que la punition et la récompense, s'est basé sur des données à long terme et a transformé les connaissances psychologiques en formules mathématiques, marquant ainsi une étape révolutionnaire dans l'application directe aux ordinateurs. Plus précisément, les modèles mathématiques de Hull ont permis de créer des machines qui, comme les animaux ou les humains, apprennent par l'expérience, en augmentant les actions menant à des résultats positifs et en diminuant celles menant à des résultats négatifs. Ces machines s'adaptent pour prendre des décisions optimales dans des environnements en constante évolution.

Ce type particulier d'apprentissage automatique est connu sous le nom d'*"apprentissage par renforcement"* et il est fondamental pour le développement de l'intelligence artificielle générale (AGI). Nous approfondirons l'apprentissage par renforcement dans les chapitres 6, 7 et 9.

Les premiers prototypes à la recherche d'ordinateurs

La quête d'un ordinateur est une aspiration vieille de plusieurs siècles qui trouve ses racines dans les idées des rationalistes du XVIIe siècle qui envisageaient de mécaniser les processus de la pensée humaine. Cependant, cette entreprise s'est avérée loin d'être simple.

Blaise Pascal, physicien français, a construit la première calculatrice mécanique en 1642. La motivation de Pascal était de simplifier les calculs arithmétiques laborieux nécessaires au contrôle fiscal exercé par son père. Son invention permettait d'effectuer directement des additions, des soustractions, des multiplications et des divisions par itération [Nature]. Inspiré par Pascal, Gottfried Wilhelm Leibniz, dont nous avons déjà parlé, a encore affiné le concept en 1673, connu sous le nom de *"roue de Leibniz"* ou *"tambour étagé"* parce qu'il avait la forme d'un cylindre. La *"roue de Leibniz"* était une machine à raisonner plus générale que la machine de Pascal, qui n'était qu'une calculatrice arithmétique.

S'appuyant sur l'héritage de ces premières machines, Charles Babbage a commencé à concevoir son *"moteur analytique" dans* les années 1830, s'approchant remarquablement de l'assemblage de cette machine visionnaire [Swade]. La conception avancée du *"moteur analytique"* permettait d'exécuter des calculs complexes sur la base d'instructions programmées. Cependant, sa conception était irréalisable avec la technologie du XIXe siècle, et elle n'a jamais été construite. En outre, Ada Lovelace, mathématicienne britannique pionnière, fille du poète Lord Byron, qui collaborait avec Babbage, envisageait de l'utiliser pour des activités artistiques, telles que la création de musique ou d'œuvres d'art, donnant ainsi un aperçu de ce qui deviendrait l'IA générative près de deux cents ans plus tard.

Cependant, le tournant de ces premiers efforts de construction de machines à calculer s'est produit en 1912, lorsque l'ingénieur espagnol Leonardo Torres Quevedo a franchi une étape historique avec *"El Ajedrecista",* qui signifie joueur d'échecs en espagnol [Velasco]. *"El Ajedrecista"* était la première machine à jouer aux échecs entièrement autonomes au monde. Certains considèrent cette machine comme le premier ordinateur fonctionnel, mais il ne s'agissait pas d'une machine à usage général, car elle ne fonctionnait que pour les échecs. Étant donné que les échecs exigent des prouesses intellectuelles, telles que la mémoire, l'évaluation des probabilités et des alternatives, il n'est pas surprenant que le premier ordinateur fonctionnel ait été un joueur d'échecs. "El Ajedrecista" était une merveille électromécanique qui utilisait la technologie analogique avec des circuits électriques et des interrupteurs pour calculer automatiquement des stratégies et jouer des fins de parties d'échecs. Malgré sa mémoire limitée et sa technologie analogique, *"El Ajedrecista"* était étonnant pour l'époque.

Torres Quevedo a continué à améliorer son prototype avec ténacité année après année, et 40 ans plus tard, en 1951, *"El Ajedrecista"* est entré à nouveau dans l'histoire en battant Savielly Tartakower, un éminent grand maître d'échecs ukrainien. C'était la première fois qu'une machine battait un joueur d'un tel rang. Ce triomphe nous rappelle la victoire de Deep Blue sur le champion du monde Gary Kasparov en 1997, près de cinq décennies plus tard. Nous reviendrons sur Deep Blue dans le chapitre 7, car il s'agit d'une étape importante dans le développement de l'IA.

L'émergence de la logique symbolique

La logique aristotélicienne est restée inébranlable pendant plus de deux millénaires. Cependant, au 20e siècle, un changement profond et complémentaire s'est produit avec l'avènement de la logique symbolique, souvent appelée logique mathématique.

La logique symbolique utilise des symboles et des règles précises pour disséquer et examiner les connexions et les arguments logiques. Cette méthode permet de démêler des énoncés et des raisonnements complexes en éléments plus faciles à gérer, ce qui facilite la compréhension et l'évaluation de la validité des arguments en utilisant des symboles pour économiser des significations complexes mais répétitives.

La logique symbolique fournit un cadre fondamental pour la représentation et le raisonnement sur le monde dans le domaine de l'intelligence artificielle. Les systèmes d'IA et les robots contemporains s'appuient sur la logique symbolique pour représenter et traiter les données recueillies par leurs capteurs, notamment les images, les sons et les textes. La logique symbolique permet à ces systèmes de prendre des décisions logiques, de planifier des actions et de naviguer dans l'espace, guidés par des représentations symboliques du monde. En bref, la logique symbolique est un langage analytique qui permet aux machines de se faire une représentation du monde et de prendre des décisions logiques à partir de cette représentation.

Les travaux révolutionnaires de George Boole sont fondamentaux en tant que point de départ de la logique symbolique, car ils ont donné naissance à l'algèbre binaire en 1847, souvent appelée algèbre de Boole. L'algèbre binaire fait partie de la logique symbolique et a introduit un concept révolutionnaire dans lequel les valeurs logiques, telles que le vrai et le faux, sont représentées numériquement par 1 et 0, respectivement. Cette représentation binaire constitue le fondement du traitement de l'information numérique et fait partie intégrante de divers langages de programmation et systèmes informatiques [Nahin].

S'appuyant sur les travaux de Boole, les mathématiciens britanniques Bertrand Russell et Alfred North Whitehead ont publié *"Principia Mathematica"* [Whitehead et Russell] en 1913. Ce livre est célèbre pour sa tentative de déduire des vérités mathématiques à partir de principes logiques fondamentaux, démontrant ainsi que les mathématiques sont réductibles à la logique. Plus important encore, *"Principia Mathematica"* a introduit un nouveau système de notation pour la logique symbolique, qui a été utilisé par les premiers systèmes d'intelligence artificielle et les robots dont nous parlerons au chapitre 11.

Enfin, Alan Turing, mathématicien, informaticien et philosophe britannique, a joué un rôle central dans le développement mathématique qui a ouvert la voie au premier ordinateur. À ce titre, il est souvent considéré comme le père de l'informatique et de l'intelligence artificielle. Alan Turing, avec Alonzo Church, a proposé que toute forme de raisonnement mathématique puisse être mécanisée [Turing]. Cette thèse postulait qu'un dispositif mécanique capable de manipuler des symboles aussi simples que 0 et 1 selon des règles précises pouvait imiter n'importe quel processus concevable de déduction mathématique. En d'autres termes, les machines pourraient être programmées pour effectuer n'importe quel calcul mathématique pouvant être défini de manière claire et précise.

Fort de cette thèse, Alan Turing a présenté en 1936 la *"machine de Turing"*, une conception abstraite d'une machine capable d'exécuter des instructions et de manipuler des symboles pour effectuer tous les calculs mathématiques imaginables [Turing]. Tous les éléments mathématiques nécessaires étant déjà en place, les bases de la création d'un ordinateur à usage général, et plus tard des premiers systèmes d'intelligence artificielle, étaient déjà établies. La mise en œuvre pratique restait à faire, mais il fallait un catalyseur, et la guerre a toujours été un catalyseur dans l'histoire de la technologie.

Des machines de guerre aux machines à calculer

Le début de la Seconde Guerre mondiale en 1939 a eu un impact profond sur la technologie informatique, accélérant le développement des premiers ordinateurs à des fins militaires. Pendant le conflit, les Alliés et les puissances de l'Axe se sont appuyés sur des systèmes de cryptage pour protéger leurs communications militaires. La nécessité impérieuse de déchiffrer les codes a conduit à la création de machines de cryptage et de décryptage avancées. Alan Turing a été le fer de lance des efforts britanniques pour construire le Colossus, un appareil électromécanique essentiel pour déchiffrer les messages codés allemands. Le Colossus a joué un rôle essentiel dans l'effort de guerre des Alliés, laissant une marque indélébile sur l'évolution de la guerre et les progrès de l'informatique. Il est intéressant de noter que Turing a travaillé sur le Colossus à Bletchley Park, au Royaume-Uni, là même où, 80 ans plus tard, des représentants du monde entier se réunissaient pour discuter des risques existentiels de l'IA [Plusieurs gouvernements].

En outre, la demande de calculs balistiques complexes, de trajectoires de projectiles et de recherches scientifiques liées à la guerre a stimulé le développement de machines informatiques spécialisées. C'est dans cette optique que l'ENIAC (Electronic Numerical Integrator and Computer) a été conçu pour effectuer des calculs balistiques à l'université de Pennsylvanie pour l'armée américaine, devenant ainsi le premier ordinateur électronique à usage général [Eckert et Mauchly]. De même, la rapidité de la prise de décision est devenue essentielle dans diverses applications en temps de guerre, de la navigation aérienne à la gestion de la logistique militaire. Cette exigence a stimulé la recherche de méthodes de traitement des données plus rapides et plus efficaces, et des ordinateurs électroniques comme l'ENIAC ont répondu à ce besoin.

En 1945, à la fin de la guerre, l'architecture fondamentale utilisée pour concevoir la machine ENIAC a été publiée. Cette architecture a été baptisée *"architecture Von Neumann"* en l'honneur de John von Neumann, un scientifique américain d'origine hongroise qui a travaillé à sa conception et à sa construction [Neuman]. Cette architecture a introduit l'idée nouvelle de stocker les données et les programmes dans la même mémoire, ce qui a permis aux machines de manipuler les données avec souplesse et d'effectuer diverses tâches. L'architecture Von Neuman est devenue la norme pour la construction des ordinateurs et reste la base de tous les ordinateurs modernes que nous utilisons aujourd'hui, y compris les ordinateurs quantiques, que nous aborderons au chapitre 25.

Cette même année 1945, l'ingénieur américain visionnaire Vannevar Bush a publié un essai influent intitulé *"As We May Think"* [Bush]. Dans cet essai, il analyse les possibilités du traitement électronique des données et envisage avec clairvoyance l'arrivée des ordinateurs, des traitements de texte numériques, de la reconnaissance vocale et de la traduction automatique.

Au début de l'après-guerre, les fondements et la vision des applications de l'informatique et de l'IA étaient fermement en place. Le seul élément manquant était de donner un nom à ce nouveau domaine d'étude. Nous examinerons les premiers développements de l'IA et la manière dont l'IA a été baptisée dans le chapitre suivant, le chapitre 4.

Au-delà des réponses : Évaluer l'intelligence avec le test de Turing

En 1950, Alan Turing a présenté une enquête révolutionnaire dans son article *intitulé "Computing Machinery and Intelligence : Les machines peuvent-elles posséder la capacité de penser ?"* [Turing]. Cette question avait des origines philosophiques profondes dans les débats séculaires sur l'esprit humain et la conscience. Nous parlerons en détail de la conscience humaine et de la conscience de l'IA au chapitre 26, lorsque nous aborderons l'intelligence artificielle générale (AGI) et la superintelligence.

Turing a proposé une réponse à cette question par le biais d'un *"jeu d'imitation"*. Il a imaginé un observateur humain participant à des interactions textuelles avec deux homologues : l'un humain et l'autre une machine. La tâche de l'observateur consistait à identifier qui était qui. Le succès était au rendez-vous lorsque les réponses de la machine ne pouvaient être distinguées de celles d'un humain, ce qui lui permettait de réussir le test. Nous appelons désormais cette méthode le *"test de Turing"*. L'objectif du test de Turing n'était pas de fournir des réponses correctes, mais d'évaluer si une machine pouvait se comporter de manière indiscernable d'un être humain. Ce concept a suscité des débats sur la conscience et la capacité des appareils à penser, débats qui ne sont pas sans rappeler ceux qui ont été lancés pour la première fois avec les mythes grecs et la tête métallique parlante de Bacon. Des décennies plus tard, en 1980, le philosophe britannique John Searle a présenté une critique fondamentale connue sous le nom d'argument de la *"chambre chinoise"* [Searle]. Son argument postule qu'une machine peut ostensiblement réussir le test de Turing sans posséder une véritable compréhension, de manière analogue à un traducteur chinois qui s'appuierait sur un dictionnaire exhaustif sans avoir une bonne compréhension de la langue chinoise.

Avec des avancées récentes comme les chatbots et les modèles de langage tels que ChatGPT d'OpenAI ou Gemini de Google, la question de savoir si les machines peuvent égaler l'intelligence humaine reste d'actualité. Conçu à l'origine comme un jeu d'imitation, le test de Turing continue de remettre en question nos perspectives sur l'IA et notre compréhension de ce que signifie réellement être intelligent.

4. L'atelier de Dartmouth et le premier hiver de l'IA

"Nous proposons qu'une étude de l'IA soit menée pendant l'été 1956 au Dartmouth College à Hanover, dans le New Hampshire, sur une période de deux mois et avec 10 personnes. L'étude se fondera sur la conjecture que chaque aspect de l'apprentissage ou toute autre caractéristique de l'intelligence peut, en principe, être décrit avec une telle précision qu'une machine peut être amenée à le simuler. On tentera de trouver comment faire en sorte que les machines utilisent le langage, forment des abstractions et des concepts, résolvent des types de problèmes aujourd'hui réservés aux humains et s'améliorent elles-mêmes. Nous pensons qu'une avancée significative peut être réalisée sur un ou plusieurs de ces problèmes si un groupe de scientifiques soigneusement sélectionnés y travaille ensemble pendant un été ".

John McCarthy, Marvin Minsky, Nathaniel Rochester et Claude Shannon,

Informaticiens, pionniers de l'IA

Proposition pour l'atelier de Dartmouth [McCarthy et al.]

1955

Les Britanniques attribuent à Alan Turing le moment fondateur de l'IA. Quelle que soit la source d'évaluation, l'intelligence de Turing et ses contributions pionnières à l'informatique et à l'IA lui ont effectivement valu d'être considéré comme l'un des fondateurs de l'IA. Aux États-Unis, l'atelier de Dartmouth est considéré comme le moment fondateur de la naissance de l'IA. Cette étape marque le début d'une exploration sérieuse et d'un développement réel de l'IA. Dans cette section, nous examinerons John McCarthy et l'importance considérable de l'atelier de Dartmouth qu'il a organisé en 1956.

L'atelier de Dartmouth propose trois leçons de leadership précieuses pour créer une technologie unique.

Tout d'abord, l'atelier souligne l'importance de réunir une équipe talentueuse composée de membres issus à la fois du monde universitaire et de l'industrie, un concept nouveau à l'époque, avec des contributions spécifiques notables de la part d'IBM. Ce groupe de personnes allait jouer un rôle essentiel dans la recherche sur l'intelligence artificielle au cours des deux décennies suivantes. Les participants à l'atelier ont laissé une marque indélébile dans divers domaines, notamment les réseaux neuronaux, le traitement du langage et la traduction, la résolution de problèmes et la logique, ainsi que les jeux.

Deuxièmement, un aspect crucial de l'atelier de Dartmouth était la diversité des opinions au sein de l'équipe de pionniers. En particulier, Marvin Minsky, qui allait plus tard devenir l'un des pionniers les plus respectés de l'IA, avait des points de vue différents de ceux de McCarthy concernant le rôle de la logique symbolique dans la recherche sur l'IA. Ces différences de perspective ont suscité des débats au sein de la communauté de l'IA, façonnant la trajectoire future du domaine.

Troisièmement, parallèlement à ces réalisations, les premières années de l'IA servent également de leçon d'humilité. À l'époque, les pionniers de l'IA nourrissaient de grandes espérances, envisageant l'émergence rapide d'une IA de type humain en l'espace de quelques décennies. Ces nobles prédictions ont non seulement suscité l'enthousiasme, mais elles ont également suscité des attentes en matière de financement. Malheureusement, ces attentes sont restées largement insatisfaites, et le fossé entre les promesses et la réalité a entraîné une forte baisse du financement public de la recherche sur l'IA. La crise pétrolière de 1973 a exacerbé ces difficultés et a plongé le domaine dans ce que l'on appelle aujourd'hui *"l'hiver de l'IA"*, la première des trois périodes de ce type qui allaient suivre.

Dans la section suivante, nous détaillerons ce séminaire isolé dans les forêts du New Hampshire et la manière dont il a changé à jamais le cours du monde.

Un été décisif à l'université de Dartmouth

L'atelier d'été de Dartmouth en 1956 a changé le monde à jamais en jetant les bases spécifiques de l'IA. Cet événement est souvent considéré comme la naissance de l'IA en tant que domaine de recherche officiel, car il a non seulement donné un nom au nouveau domaine, par exemple *"Intelligence artificielle (IA)"*, mais il a également fixé les objectifs de recherche dans ce domaine et a permis de réaliser des percées initiales remarquables.

John McCarthy, professeur de mathématiques au Dartmouth College, a joué un rôle déterminant dans l'organisation de cet événement important. Le séminaire a réuni un groupe distingué de scientifiques, dont Marvin Minsky et Allen Newell. IBM a fourni trois éminents scientifiques : Claude Shannon, Arthur Samuel et Nathan Rochester. Herbert Simon, qui allait recevoir le prix Nobel d'économie en 1978, figurait également parmi les participants.

Aujourd'hui, ces scientifiques visionnaires sont parfois appelés les pères fondateurs de l'IA, un titre qui établit un parallèle entre l'IA et la révolution américaine. Ces scientifiques avant-gardistes ont joué un rôle essentiel dans l'élaboration des programmes fondamentaux des premières recherches sur l'IA. Après l'atelier de Dartmouth, ils ont commencé à développer des programmes informatiques qui ont obtenu des résultats remarquables, notamment la traduction de langues, des conversations en anglais avec des humains, la maîtrise de jeux complexes comme le jeu de dames, la résolution de problèmes algébriques et la démonstration de théorèmes géométriques. En outre, certains ont exploré une nouvelle approche inspirée du cerveau humain, connue plus tard sous le nom de réseaux neuronaux artificiels.

Ces premières réalisations ont attiré l'attention d'agences gouvernementales telles que la DARPA (Defense Advanced Research Projects Agency) aux États-Unis, qui ont ensuite financé la recherche de machines intelligentes.

Le perceptron et les premières étapes des réseaux neuronaux

Les bases des neurones artificiels, un concept essentiel de l'informatique et de l'intelligence artificielle, ont été jetées pendant la Seconde Guerre mondiale, avant même l'atelier de Dartmouth. Deux brillants scientifiques américains, Warren McCulloch et Walter Pitts, ont présenté le neurone artificiel en 1943 [McCulloch et Pitts]. Ce modèle mathématique imitait la fonctionnalité des neurones biologiques et a marqué le début des réseaux neuronaux artificiels, en fournissant un cadre conceptuel pour émuler le fonctionnement du cerveau humain.

Tout au long des années 1950, le concept de réseaux neuronaux a continué d'évoluer. En 1951, Marvin Minsky, un participant à la conférence de Dartmouth, et Dean Edmonds ont réalisé une percée importante en créant la première machine dotée de réseaux neuronaux capables d'apprendre. Cette innovation révolutionnaire a été baptisée SNARC (Stochastic Neural Analog Reinforcement Calculator). Ces réseaux neuronaux, inspirés du cerveau humain, exploitent des modèles mathématiques pour traiter l'information et effectuer des tâches d'apprentissage automatique en simulant le comportement des neurones biologiques.

Cependant, le véritable tournant s'est produit en 1957 avec l'invention du "*perceptron*" par Frank Rosenblatt [Rosenblatt]. Le perceptron a été le premier réseau neuronal fonctionnel. Il a attiré l'attention des médias et suscité l'intérêt de la communauté scientifique. Les perspectives des réseaux neuronaux étaient prometteuses et l'on envisageait un avenir riche en possibilités pour les réseaux neuronaux.

Malgré l'attrait initial du perceptron, sa capacité de calcul était très limitée. Le cerveau est composé d'environ 100 milliards de neurones [Herculano-Houzel]. Les réseaux neuronaux artificiels actuels sont plus petits que cela mais possèdent un nombre massif de neurones, qui sont organisés en couches. Chaque neurone reçoit des données d'autres neurones de la couche précédente, effectue des calculs et transmet les résultats à d'autres neurones de la couche suivante. La principale limitation du perceptron était qu'il ne comportait qu'une seule couche de neurones.

Par conséquent, son principal défaut résidait dans son incapacité à résoudre des problèmes qui n'étaient pas suffisamment simples. Avec une seule couche, le perceptron avait du mal à apprendre ou à représenter des relations complexes entre les entrées et les sorties, ce qui entravait son application à des problèmes réels. En fait, le perceptron ne pouvait résoudre que des problèmes pouvant être représentés par des équations linéaires, ce que l'algorithme de régression linéaire aurait déjà pu faire 150 ans plus tôt lorsqu'il était appliqué sur papier par des esprits humains. Bien qu'elle ait attiré l'attention des médias, cette invention n'était pas pratique en soi, mais elle a orienté les travaux sur l'intelligence artificielle dans une direction importante, à savoir les réseaux neuronaux. Une fois que le nombre de couches a augmenté au cours des décennies suivantes, parallèlement à la technologie physique et logicielle générale, les réseaux neuronaux sont devenus ce qu'ils sont aujourd'hui, c'est-à-dire l'algorithme le plus répandu et le plus souple jamais inventé.

Apprentissage automatique dans les jeux et les environnements de simulation

Alors que l'IA progressait dans ses premières années, les jeux sont devenus un terrain fertile pour l'exploration et le développement d'applications dans cette nouvelle discipline. L'avantage des jeux dans la construction de l'IA réside dans l'accent mis sur l'interaction pratique et la résolution de problèmes, ainsi que sur les résultats finaux basés sur des règles définitives, ce qui en fait des outils pédagogiques précieux pour le développement progressif de l'IA.

En 1952, Arthur Samuel, un participant à l'atelier de Dartmouth, a rejoint IBM pour développer un logiciel conçu pour jouer aux dames [Samuel]. Ce logiciel repose sur des algorithmes qui permettent à la machine d'évaluer les positions sur le plateau et de prendre des décisions basées sur les leçons apprises par l'appareil. Grâce à la répétition et à l'ajustement constant, les machines ont amélioré leur capacité à jouer aux dames, marquant ainsi le début de l'IA dans les jeux de société. Comme nous l'avons expliqué précédemment, l'apprentissage par l'expérience dans le domaine de l'IA est appelé apprentissage par renforcement. Il est intéressant de noter que c'est Arthur Samuel qui a inventé le terme d'apprentissage automatique en 1959 dans un article où il décrivait sa mise en œuvre du jeu de dames.

Dix ans plus tard, en 1963, Donald Michie a mis au point une machine à jouer au Tic-Tac-Toe [Child]. Cette machine utilisait également des techniques d'apprentissage par renforcement, qui permettaient à l'appareil d'apprendre de ses erreurs et d'ajuster ses futurs mouvements. Cette invention a fortement renforcé l'idée que les machines pouvaient apprendre de manière autonome et appliquer cet apprentissage à la prise de décisions stratégiques dans les jeux.

Des algorithmes spécifiques étaient nécessaires pour réussir les jeux et résoudre des problèmes complexes. Bien que différentes variantes d'algorithmes aient été conçues pour chaque scénario particulier, elles suivaient toutes le même principe de base : progresser graduellement vers leurs objectifs, qu'il s'agisse de gagner un jeu ou de prouver un théorème, en suivant des étapes similaires à celles de la navigation dans un labyrinthe. Cette méthode était connue sous le nom de raisonnement par recherche.

L'un des défis fondamentaux auxquels les informaticiens étaient confrontés était l'immense nombre de chemins possibles à explorer pour résoudre des problèmes complexes. Comme les ordinateurs de l'époque disposaient d'une puissance de calcul minimale, les chercheurs se sont attaqués à ce problème en utilisant des règles empiriques pour éliminer les chemins qui ne mèneraient probablement pas à une solution. L'un des algorithmes les plus emblématiques est l'*"algorithme du plus proche voisin"*, développé en 1967 à l'université de Stanford [Cover et Hart].

Les jeux sont également devenus des environnements de simulation, que l'on appelait à l'époque des micro-mondes. Les jeux sont en effet de petits mondes avec leurs propres règles et récompenses. Marvin Minsky et Seymour Papert ont développé le micro-monde *"Logo"* en 1967 comme environnement de simulation pour les étudiants et les chercheurs afin d'explorer les concepts de l'IA de manière pratique et tangible [Abelson]. Logo était un environnement de programmation conçu pour enseigner la résolution de problèmes aux machines. L'une des caractéristiques essentielles de *"Logo"* était l'utilisation d'un curseur *"tortue"* virtuel qui pouvait être programmé pour se déplacer sur l'écran, en dessinant des formes et des motifs au fur et à mesure. Les utilisateurs pouvaient donner des ordres à la tortue à l'aide de simples instructions textuelles, ce qui leur permettait de créer des dessins, des graphiques et même des jeux simples.

Un autre micro-monde important a été SHRDLU au MIT en 1970. Le nom *"SHRDLU"* n'est pas un acronyme mais une séquence dérivée de la disposition des lettres dans les premières machines à imprimer [Winograd]. SHRDLU fonctionnait dans un micro-monde impliquant la manipulation de blocs et d'objets dans un environnement tridimensionnel. SHRDLU pouvait comprendre le langage naturel des utilisateurs et effectuer des actions dans ce micro-monde en fonction des instructions qu'il recevait. SHRDLU a démontré sa capacité à comprendre le contexte et à résoudre des problèmes, et a jeté les bases du développement de systèmes d'IA capables d'interagir avec les humains de manière sophistiquée.

Au fil des ans, les jeux sont restés des terrains d'expérimentation exceptionnels pour les informaticiens. Nous approfondirons cette question dans les chapitres suivants, à travers les exemples de DeepBlue aux échecs et d'AlphaGo dans le vieux jeu chinois de Go, respectivement dans les chapitres 6 et 7.

Sur la voie de la pensée critique et de la créativité des machines

Dans les années 1950, Allen Newell et Herbert A. Simon ont ouvert une autre porte conceptuelle fondamentale. Allen Newell et Herbert A. Simon ont ouvert une autre porte conceptuelle fondamentale en démontrant que les machines pouvaient effectuer des tâches logiques pour gagner un jeu ou résoudre un problème mathématique nécessitant une résolution de problème complexe ou une pensée créative.

Newell et Simon ont entrepris de développer un logiciel informatique capable d'effectuer des preuves logiques et de résoudre des théorèmes mathématiques. Ils ont baptisé ce logiciel *"Logic Theorist"* [McCarthy et al.]. Son objectif était de résoudre les problèmes analytiques courants rencontrés dans la pédagogie des mathématiques et de découvrir des preuves élégantes pour les théorèmes existants. Le développement de ce logiciel a marqué une étape importante dans l'histoire de l'IA. En utilisant des techniques de représentation des connaissances et de raisonnement logique, le *"Logic Theorist"* a réussi à démontrer 38 des 52 théorèmes initiaux des *"Principia Mathematica"* de Russell et Whitehead, un ouvrage renommé dont l'importance pour l'IA a été abordée au chapitre 3. Fait important, il a également découvert de nouvelles preuves plus raffinées pour certains théorèmes précédemment résolus.

La représentation et la manipulation de l'information sont également des éléments essentiels des systèmes d'IA. Newell et Simon ont été les pionniers d'un autre programme, le *"General Problem Solver"*, créé en 1957 [Nilsson], qui visait à résoudre des problèmes de manière logique et rationnelle, en mettant en évidence la capacité des machines à traiter les différents problèmes rencontrés dans la résolution de problèmes par le biais de la représentation et de la manipulation d'informations. Bien qu'il ait atteint son objectif, le General Problem Solver était un outil très générique et peu pratique dans sa forme initiale. Sa contribution a été de jeter les bases des développements futurs de l'IA et d'influencer en particulier la logique qui sous-tend une grande partie des systèmes dits experts qui ont évolué dans les années 1980.

De la promesse à la frustration dans la traduction automatique

À la fin de la Seconde Guerre mondiale, en 1945, les États-Unis et l'Union soviétique sont entrés dans une compétition pour la suprématie mondiale, connue sous le nom de "guerre froide". Au cours de cette période, une demande importante est apparue : la traduction rapide et précise de documents scientifiques et techniques rédigés en russe vers l'anglais et vice-versa.

Les scientifiques américains, soucieux de rester à la pointe des avancées technologiques et de devancer les Russes, ont commencé à effectuer des recherches et à développer des machines capables de traduire automatiquement du russe à l'anglais. Notons qu'en réponse à la guerre froide, la majeure partie du financement de la recherche sur l'IA depuis les années 1960 provenait de l'armée américaine, plus concrètement de la DARPA (Defense Advanced Research Projects Agency).

En 1952, IBM a développé un ordinateur puissant pour cette tâche, l'IBM 701, décrit comme *"l'ordinateur à grande vitesse le plus avancé au monde"* [IBM]. Bien que cet ordinateur dispose d'un vocabulaire et de règles de grammaire limités, il est programmé pour effectuer des traductions. En 1954, il a attiré l'attention en étant présenté comme une *"machine cérébrale électronique"* capable de traduire en anglais la littérature scientifique russe, y compris la chimie et l'ingénierie.

Parallèlement, ELIZA, le premier chatbot connu, a également été développé par Joseph Weizenbaum en 1966 [McCorduck]. ELIZA pouvait imiter une conversation et fournir des réponses. Son fonctionnement reposait sur la répétition et la reformulation des entrées de l'utilisateur à l'aide de règles grammaticales et de réponses préétablies, donnant l'illusion de comprendre, même s'il ne comprenait pas le sens des mots ou des phrases qui lui étaient présentés.

Cependant, la réalité ne répond pas toujours aux attentes suscitées par la publicité et l'enthousiasme initial. Au milieu des années 60, une certaine frustration a commencé à se faire jour aux États-Unis quant à l'avenir de la traduction automatique. En 1966, le gouvernement américain a publié un rapport important [ALPAC] concluant qu'aucune traduction automatique pratique n'était disponible et qu'il n'y avait aucune perspective prévisible pour y parvenir. Ce rapport a finalement conduit à l'arrêt des programmes de recherche sur la traduction automatique et à un retour généralisé aux traducteurs humains dans les environnements militaires.

La capacité de calcul ne progresse pas assez vite

Les aspirations et l'intelligence des chercheurs en IA dans les années 1960 et 1970 dépassaient de loin les capacités technologiques de base de leur époque, ce qui a malheureusement conduit à des déceptions.

Les années 1950 ont été marquées par des avancées significatives dans le domaine de la technologie informatique, bien que ces avancées se soient révélées insuffisantes pour le développement adéquat de l'IA. Parmi les avancées les plus significatives de cette période, on peut citer l'introduction des transistors dans les années 1950, qui ont remplacé les tubes à vide pour le traitement des données. Jusqu'alors, les ordinateurs s'appuyaient sur des commutateurs électriques pour exécuter la logique binaire. Ces commutateurs électriques avaient été mis au point en 1937 par Claude Shannon, un autre participant à l'atelier de Dartmouth. Cette transition a permis de réduire la taille des ordinateurs et d'augmenter leur vitesse de traitement. L'IBM 7090 [IBM], lancé en 1959, a été l'un des premiers ordinateurs à utiliser des transistors et est considéré comme un jalon important dans l'histoire de l'informatique.

Grâce aux transistors, les ordinateurs ont commencé à être utilisés dans des applications critiques en temps réel, exigeant des vitesses de traitement plus élevées. Par exemple, IBM a développé SAGE (Semi-Automatic Ground Environment), un système de défense aérienne avancé et révolutionnaire mis au point à l'époque de la guerre froide, conçu pour fournir une alerte précoce et une réponse coordonnée aux menaces provenant d'avions ou de missiles ennemis [Astrahan]. De même, le programme Apollo de la NASA a utilisé des ordinateurs pour réaliser l'exploit remarquable de faire atterrir un homme sur la Lune, ce qui a finalement abouti à l'alunissage de Neil Armstrong en 1969.

Parallèlement, de nouvelles technologies ont permis de créer des ordinateurs plus pratiques, plus abordables et moins encombrants que les ordinateurs centraux utilisés à l'époque. Par exemple, à la fin des années 1960, les premiers microprocesseurs ont commencé à apparaître, avec le modèle emblématique Intel 4004 introduit en 1971 [Intel]. Ces processeurs à puce unique ont ouvert la voie à la prolifération des ordinateurs dans diverses applications, de la recherche scientifique au contrôle industriel, dans les années 1970 et 1980.

Malgré ces avancées notables, ces premiers ordinateurs étaient confrontés à des défis importants qui les rendaient inadaptés à l'exécution efficace d'algorithmes d'IA avancés et lourds en termes de calcul, tels que les réseaux neuronaux ou le raisonnement basé sur la recherche. Ces machines étaient particulièrement limitées en termes de puissance de traitement et de capacité de stockage nécessaires pour effectuer de véritables opérations d'IA. Par exemple, la vitesse de traitement de l'IBM 7090 se mesurait en milliers d'instructions par seconde, alors que les ordinateurs actuels peuvent exécuter des centaines de milliards d'instructions par seconde.

En outre, le manque de données constituait un autre obstacle majeur. Au cours de ces décennies, il n'y avait pas d'abondance de collecte, d'accumulation et de synthèse de données, nécessaires à l'apprentissage automatique. Il n'y avait pas de transactions numériques de consommateurs qui représentaient chacune des points de données, ni de capteurs IoT qui collectaient des données à chaque seconde, ni de réseaux sociaux où des millions de personnes postaient des messages et des photos à chaque seconde ; l'internet tel que nous le connaissons aujourd'hui n'existait pas. La première connexion au précurseur de l'internet, ARPANET (Advanced Research Projects Agency Network), n'a été établie qu'en 1969 [Salus]. Il faudra attendre des décennies pour que le WWW (World Wide Web) et les médias sociaux fassent leur apparition.

Les inconvénients de la logique symbolique

Outre les contraintes technologiques de l'époque, les chercheurs en IA se sont heurtés à un formidable défi lié aux limites inhérentes à la logique symbolique, exacerbées par les contraintes matérielles mentionnées plus haut.

Dans les années 1960, John McCarthy, qui était alors passé de Dartmouth à l'université de Stanford, est devenu un fervent partisan de la logique symbolique comme pierre angulaire de l'IA. Inspirées par McCarthy, la plupart des recherches menées dans les années 1960 et 1970 tournaient autour de la mise en œuvre du *"bon sens"*. L'objectif était de donner aux machines la capacité de comprendre et de raisonner sur le monde comme le font les humains, en adhérant aux principes énoncés par d'éminents mathématiciens comme Alan Turing et Bertrand Russell.

Toutefois, cette entreprise s'est avérée extrêmement difficile et, dans les années 1970, les résultats de la recherche en IA reposant sur la logique symbolique ont été mitigés. L'ambitieux projet de traduction automatique a été interrompu, les premiers réseaux neuronaux ont montré des limites au-delà des équations linéaires, et le *"General Problem Solver"* s'est efforcé de résoudre des problèmes pratiques. La logique symbolique avait démontré ses prouesses dans des domaines économiques relativement inintéressants, comme les jeux ou la démonstration de théorèmes mathématiques.

Doter les machines d'un raisonnement de bon sens reste encore aujourd'hui un formidable défi pour l'IA contemporaine. Les ordinateurs ont toujours du mal à distinguer la causalité de la corrélation. À titre d'illustration banale, les systèmes d'IA peuvent facilement détecter le lien estival entre les ventes de glaces et les accidents de la route. Pourtant, ils sont souvent incapables de déterminer si la glace est la cause des accidents ou si les deux variables découlent d'une cause commune, comme le temps chaud et l'intensification des activités de plein air. Le problème du *"bon sens"* n'est pas résolu et, même à l'ère du ChatGPT, le bon sens reste la principale voie de recherche pour progresser vers l'intelligence artificielle générale (AGI), un sujet que nous explorerons au chapitre 9.

Compte tenu de ces résultats mitigés, la dépendance de McCarthy à l'égard de la logique symbolique et du raisonnement de bon sens a été critiquée par les partisans d'autres approches axées sur la perception et l'apprentissage, qui préconisaient de s'écarter des règles logiques rigides et prédéfinies.

Parmi les voix les plus critiques, on trouve Marvin Minsky, un ancien collaborateur de McCarthy à l'atelier de Dartmouth, devenu depuis professeur au MIT [Crevier]. Minsky soutenait que ces approches étaient trop restrictives et sous-estimaient la complexité de l'intelligence humaine. Il soutenait qu'une IA efficace exigeait que les machines possèdent des capacités perceptives et sensorielles semblables à celles du cerveau humain, en mettant l'accent sur l'abandon de la logique et du raisonnement abstraits basés sur des règles singulières au profit de réseaux neuronaux (bien que les réseaux neuronaux eux-mêmes ne fussent pas encore au point). Cette différence de perspective a déclenché des débats animés au sein de la communauté de l'IA sur les moyens optimaux d'atteindre l'intelligence des machines.

Nous examinerons plus en détail ces débats, qui ont duré jusqu'aux années 1990. Comme nous couvrons le développement des premiers robots au chapitre 10, nous examinerons comment certains des robots de ces années ont adopté la logique symbolique tandis que d'autres ont utilisé l'informatique et le raisonnement analogiques.

Des prédictions ambitieuses au premier hiver de l'IA

Les débuts de l'IA ont été marqués par l'optimisme et des prédictions audacieuses. Les pionniers dans ce domaine étaient convaincus que le développement de machines égales à l'homme en termes de capacités cognitives était imminent. Nombre d'entre eux pensaient atteindre cet objectif en l'espace de deux décennies ou moins. Cependant, le temps a passé et, bien que des progrès aient été réalisés, le rêve d'une IA semblable à l'homme reste encore aujourd'hui une aspiration lointaine.

Par exemple, Herbert Simon a prédit que les machines atteindraient les capacités humaines d'ici vingt ans [Simon]. De même, Marvin Minsky a déclaré en 1967 que nous aurions des machines intelligentes de niveau humain en une seule génération [McCorduck]. En 1970, il a mentionné que ce serait dans "*trois à huit ans*" lors d'une interview dans Life Magazine [McCorduck]. Ces affirmations ambitieuses ont non seulement suscité l'enthousiasme du public, mais aussi des attentes en matière de financement, un problème courant dans l'évolution de l'IA, car la génération de revenus à partir de la technologie produite semblait encore lointaine, laissant le financement dépendre de la ligne R&D du gouvernement pour les applications de défense. Au milieu des années 1970, il était clair que ces prévisions ne se concrétiseraient pas.

Les facteurs géopolitiques ont commencé à influencer les priorités de financement du gouvernement américain, et même les dépenses non essentielles à la défense ont été réduites. La crise pétrolière a éclaté en 1973, déclenchée par un embargo pétrolier imposé par les membres de l'OPEP (Organisation des pays exportateurs de pétrole) à la suite du conflit israélo-arabe. À la suite de cet embargo, les prix du pétrole ont grimpé en flèche dans le monde entier. Les conséquences économiques ont été dévastatrices, avec des taux d'inflation élevés, une récession économique et une augmentation du chômage.

En raison de cette tourmente économique face aux critiques et à l'absence de résultats substantiels, les gouvernements américain et britannique ont cessé de financer la recherche sur l'IA en 1974 [McCorduck], marquant ainsi le début du premier "*hiver de l'IA*". Nous verrons au fil des pages de ce livre, dans les chapitres 5 et 6, qu'il y en a eu trois jusqu'à présent.

Au cours de l'hiver 1974, les fonds de recherche ont diminué et les progrès ont été temporairement interrompus, sauf dans les domaines liés à la robotique et motivés par l'automatisation industrielle, que nous aborderons au chapitre 12. Le secteur privé a pris l'initiative dans le domaine de la robotique industrielle, car les défis économiques nécessitaient des mesures de réduction des coûts.

L'hiver de l'IA a été une période d'introspection, de contemplation des succès et des défis passés. Cependant, après une interruption temporaire, l'IA a poursuivi sa progression. Dans les années 1980, le domaine a adopté une approche plus pragmatique et réaliste du développement, encore catalysée par l'implication des entreprises et les applications économiques réelles. Nous reviendrons sur cette renaissance de l'IA dans les années 1980 dans le chapitre suivant.

5. Les systèmes experts et le deuxième hiver de l'IA

"Je pense qu'il est juste de dire que les ordinateurs personnels sont devenus l'outil le plus puissant que nous ayons jamais créé. Ce sont des outils de communication, des outils de créativité et ils peuvent être façonnés par leur utilisateur."

Bill Gates,

Fondateur de Microsoft, philanthrope
2004

L'histoire de l'IA a été caractérisée par des poussées transformatrices suivies de périodes de stagnation, souvent appelées *"hivers de l'IA"*. Les années 1980 ont représenté le deuxième tournant important dans cette évolution permanente. Au cours de cette décennie, après le premier hiver de l'IA mentionné ci-dessus, des changements substantiels vers une orientation plus pratique de la recherche et une adoption plus large de la technologie ont fondamentalement remodelé le domaine.

Dans les années 1980, les ordinateurs sont devenus nettement plus rapides, plus petits et plus abordables. L'introduction du PC d'IBM en 1981, la sortie du MS-DOS de Microsoft la même année et le lancement du Macintosh d'Apple en 1984 ont annoncé une révolution dans les technologies de l'information (TI).

Les ordinateurs personnels ont permis aux entreprises du monde entier de mettre en œuvre des applications qui facilitaient les processus commerciaux et permettaient une analyse plus efficace des données pour la prise de décision, ce qui marquait une nette rupture avec les processus manuels basés sur le papier et gérés par des professionnels et des ingénieurs experts.

Au milieu des années 1980, les grandes entreprises et les universités possédaient déjà des milliers d'ordinateurs, permettant des applications relativement simples appelées systèmes experts. Les spécialistes de l'IA se sont détournés des défis vastes, abstraits et trop ambitieux des décennies précédentes pour s'attacher à résoudre des problèmes concrets au sein des entreprises ou dans le cadre de programmes de recherche financés directement par les entreprises plutôt que par les pouvoirs publics.

Toutefois, ce passage à l'entreprise privée, qui visait à apporter des avantages économiques tangibles et calculables, a coexisté harmonieusement avec la recherche fondamentale. Cette recherche fondamentale était également pratique, avec notamment le développement de l'algorithme de rétropropagation, qui est sans doute l'algorithme le plus important de l'histoire, car il permet de créer les réseaux neuronaux qui alimentent l'IA générative, le traitement d'images et les voitures autopilotées, pour ne citer que quelques applications.

Dans la section suivante, nous verrons comment l'IA s'est remise de son premier hiver et a atteint de nouveaux sommets dans les années 1980.

De la stagnation à la résurgence grâce aux systèmes experts

À mesure que les ordinateurs devenaient plus accessibles et plus conviviaux, des logiciels ont été développés et commercialisés pour répondre à des défis commerciaux spécifiques. Ces solutions logicielles, appelées *"systèmes experts"*, ont joué un rôle essentiel dans la revitalisation du domaine de l'IA, qui stagnait depuis 1974 environ.

Les systèmes experts sont des applications informatiques spécialisées conçues pour résoudre des problèmes professionnels spécifiques ou répondre à des questions dans des domaines de connaissance étroits. Ils utilisent des règles logiques tirées de l'expertise de professionnels humains, d'où leur nom.

Ces systèmes experts ont trouvé leur utilité dans divers contextes commerciaux. Dans le domaine de la santé, ils ont aidé les médecins à diagnostiquer les maladies en analysant les symptômes et les données médicales, améliorant ainsi la précision. Dans les entreprises technologiques, ils ont aidé les équipes d'assistance technique à identifier et à résoudre les problèmes liés aux produits ou aux logiciels et à fournir des recommandations personnalisées. Dans l'industrie manufacturière, ils évaluent automatiquement la qualité des produits à l'aide des données de production et des spécifications. Ils ont optimisé les itinéraires de livraison, l'affectation des ressources et la gestion des stocks afin de réduire les coûts et d'améliorer l'efficacité. Dans le domaine financier, ils ont détecté en temps réel les transactions suspectes et les schémas de fraude. En bref, ils ont résolu des problèmes de routine rencontrés au quotidien, ce qui a permis d'améliorer la productivité et la rapidité.

Bien que les systèmes experts aient pris de l'importance dans le paysage des entreprises au cours des années 1980, leurs racines remontent à des décennies antérieures. Dans les années 1970, Edward Feigenbaum et Edward Shortliffe ont créé *"MYCIN"*, un système expert pour le diagnostic des maladies infectieuses, marquant ainsi une étape importante dans les applications de l'IA dans le domaine de la santé. [Crevier]. Par ailleurs, le *système "Dendral"* d'IBM, développé à la fin des années 1960, visait à identifier des composés chimiques à partir de données spectroscopiques [McCorduck].

Dans les années 1980, des entreprises comme DEC (Digital Equipment Corporation) et Texas Instruments (TI) ont conçu des systèmes experts hautement spécialisés pour l'ingénierie et la médecine. D'autres sociétés de logiciels telles qu'IntelliCorp et Aion leur ont ensuite emboîté le pas [McCorduck]. Bientôt, les entreprises du monde entier se sont ralliées à la tendance des systèmes experts, investissant plus d'un milliard de dollars dans ces solutions en 1985, soit en les achetant à des fournisseurs de logiciels, soit en les développant en interne. Ce boom des systèmes experts a alimenté la croissance de l'industrie de l'IA, les entreprises de matériel et de logiciels fournissant un soutien à ces systèmes.

En outre, l'essor des systèmes experts a modifié le paysage du financement en changeant la base du développement, qui n'était plus exclusivement entre les mains de la R&D gouvernementale, mais comprenait une composante substantielle de la part des entreprises. De nombreuses entreprises ont investi massivement dans la recherche et la mise en œuvre de systèmes experts afin d'acquérir un avantage concurrentiel, stimulant ainsi l'innovation dans des secteurs allant de la finance et des soins de santé à la fabrication et à la logistique. À long terme, non seulement le financement par les entreprises renforce la résilience de la recherche sur l'IA, mais il sert également à déterminer son orientation positive ou négative.

Nous notons que cette situation est analogue à celle qui s'est produite dans le domaine de l'exploration spatiale. Les programmes d'exploration spatiale aux États-Unis étaient autrefois menés exclusivement par la NASA, qui a progressivement commencé à faire appel à des entreprises privées pour développer des éléments de ses projets. Aujourd'hui, une part importante de l'exploration spatiale est entièrement privée, comme SpaceX et le projet Kuiper d'Amazon - des constellations internet par satellite qui fournissent l'internet à haut débit à faible latence - et même des idées novatrices comme Sea Launch, un consortium qui fournit des services de lancement orbital.

Avantages et limites des systèmes experts

Les systèmes experts ont révolutionné les processus de prise de décision en émulant l'expertise humaine dans des domaines spécifiques. Si ces systèmes ont offert des avantages remarquables, leurs limites inhérentes ont également façonné la trajectoire du développement de l'IA.

En ce qui concerne les avantages, les systèmes experts ont excellé dans des domaines de connaissance bien définis, dépassant souvent les capacités humaines en termes de précision et de rapidité. En outre, ces systèmes appliquaient les règles de manière cohérente sans succomber à l'influence de la fatigue ou des biais cognitifs humains. Comme ils étaient basés sur des règles et des arbres de décision, leur interprétabilité constituait un avantage significatif, en particulier dans les secteurs critiques des soins de santé et des services financiers, qui sont très réglementés.

Néanmoins, les systèmes experts comportaient également des limites notables. Tout d'abord, ils exigeaient un codage détaillé de l'expertise humaine, un processus coûteux en temps et en argent. Cela impliquait des entretiens approfondis, des efforts de collaboration avec des experts en la matière et une approche manuelle minutieuse pour codifier méticuleusement ces connaissances, une idée à la fois, pour l'ordinateur.

En outre, ces systèmes présentaient des limites en termes de raisonnement de bon sens et pouvaient commettre des erreurs lorsqu'ils étaient confrontés à des situations inhabituelles ou imprévues qui sortaient de leur champ d'application fondé sur des règles. Ils manquaient de souplesse et avaient du mal à s'adapter rapidement à l'évolution des domaines ou à l'ajustement des règles. Les défis dépassant leur expertise hautement spécialisée présentaient des obstacles importants, ce qui les rendait moins efficaces lorsqu'il s'agissait de traiter des questions dépassant légèrement leur champ d'action. Les entreprises qui possédaient les logiciels et le matériel de ces systèmes ont gagné des fortunes grâce aux mises à jour, aux mises à niveau, au remaniement et à l'inclusion de nouvelles connaissances.

Ces contraintes ont rendu les systèmes experts peu maniables et ont empêché les entreprises d'obtenir des résultats pratiques. En raison de l'architecture simple et rigide fondée sur des règles sur laquelle ils reposaient, les systèmes experts ne sont parfois même pas considérés comme une application d'IA, mais simplement comme une application informatique conventionnelle. Dans cet ouvrage, nous considérons toujours les systèmes experts comme une forme d'IA, car il s'agit en fin de compte de machines capables de prendre une entrée et d'obtenir une sortie, bien que dans le cadre d'une programmation étroite basée sur des règles.

L'effondrement du marché du matériel et le deuxième hiver

Parallèlement à la découverte progressive des limites des fonctionnalités des systèmes experts, l'avènement du PC a été le clou du cercueil pour l'industrie.

Les premiers systèmes experts fonctionnaient généralement sur de gros ordinateurs centraux spécialisés appelés machines LISP [Newquist]. LISP, abréviation de List Processing, était un langage de programmation de haut niveau créé par John McCarthy et conçu pour traiter la logique symbolique et manipuler des listes de données. Alors que les entreprises du monde entier s'empressaient de développer et de mettre en œuvre des systèmes experts, une vaste industrie de plusieurs milliards de dollars est apparue pour soutenir ce mouvement. Ce secteur englobait des sociétés de matériel informatique comme Symbolics et une société nommée à juste titre *"Lisp Machines"*. Mais lorsque IBM et Apple ont introduit des ordinateurs personnels de plus en plus puissants et abordables, offrant une polyvalence naturelle en matière de support d'application par opposition aux machines LISP à architecture fermée, spécialisées et coûteuses, les PC ont commencé à trouver une utilité dans les applications de systèmes experts. Peu à peu, les raisons d'acheter des machines LISP ont disparu, ce qui a conduit au démantèlement complet d'une industrie qui pesait autrefois 5 milliards de dollars lorsque les cours des actions des sociétés spécialisées qui fabriquaient ces machines coûteuses se sont effondrés en 1987.

Les répercussions ont été désastreuses : l'obsolescence de ces machines coûteuses et l'échec brutal du marché du matériel d'IA ont eu des répercussions négatives sur de nombreuses entreprises d'IA qui dépendaient de ce matériel spécialisé. À la fin de l'année 1993, plus de 300 entreprises d'IA avaient fermé leurs portes, faites faillite ou avaient été rachetées, mettant ainsi un terme au boom de l'IA dans les années 80 [Newquist].

L'influence du secteur privé s'étant tarie vers la fin des années 1980, le gouvernement américain a également réduit ses investissements dans l'IA. Sous la nouvelle direction de la DARPA, l'IA n'était plus considérée comme une technologie de pointe, principalement en raison de l'échec des machines dites expertes et de l'essor de l'informatique personnelle. Les ressources ont été réaffectées à des projets susceptibles de produire des résultats plus immédiats.

Le retrait des financements publics avait marqué le début du premier hiver de l'IA en 1974. Cette fois, c'est le krach boursier de 1987 qui a déclenché le deuxième hiver de l'IA, qui s'est prolongé jusqu'au début des années 1990. L'éclatement de la bulle spéculative japonaise en 1989 a également contribué à l'arrêt de l'IA et de la robotique en Extrême-Orient, un sujet que nous aborderons plus en détail au chapitre 13.

Le deuxième hiver, cependant, a été relativement court. Au cours des années 1990, la recherche et les applications en matière d'IA ont connu un regain d'intérêt, sous l'impulsion du boom de la Dot-Com, qui a fourni une justification économique à l'expansion des efforts en matière d'IA. Cette période a également été marquée par des progrès rapides en matière de puissance de calcul et de mémoire, ainsi que par une réduction du facteur de forme et des besoins en énergie (résolvant ainsi les principales dépendances technologiques persistantes), et par un regain d'intérêt pour l'apprentissage automatique et les réseaux neuronaux (marquant une avancée en matière de programmation).

La rétropropagation et l'éveil progressif des réseaux neuronaux

Dans le chapitre précédent, nous avons expliqué comment les réseaux neuronaux, l'algorithme d'IA qui imite le fonctionnement de notre cerveau, ont été inventés dans les années 1950. Aujourd'hui, toutes les applications avancées de l'IA reposent sur des réseaux neuronaux, depuis le ChatGPT jusqu'aux voitures autonomes. Cette évolution a été rendue possible par une percée dans les années 1980 sur la manière d'entraîner les réseaux neuronaux.

Les réseaux neuronaux sont composés de plusieurs couches de neurones artificiels. Les réseaux neuronaux actuels comptent des millions de couches et des milliards d'hyperparamètres qui doivent être ajustés pour permettre au réseau de résoudre des problèmes spécifiques. Par exemple, GPT3.0 possède 175 milliards d'hyperparamètres. Un réseau neuronal formé à l'identification d'images nécessiterait des hyperparamètres très différents de ceux d'un réseau formé au traitement du langage. Un réseau neuronal formé à la reconnaissance de visages humains aura besoin d'hyperparamètres très différents de ceux d'un réseau formé à l'identification de caractères manuscrits.

La recherche des meilleurs hyperparamètres pour chaque problème particulier s'appelle l'entraînement du réseau neuronal. Il s'agit d'un problème redoutable qui peut consommer une immense puissance de calcul et nécessiter beaucoup de temps pour être résolu. En 1986, Geoffrey Hinton et David Rumelhart ont inventé une technique cruciale pour l'entraînement des réseaux neuronaux, connue sous le nom de *"rétropropagation"* [Hinton et Rumelhart]. Ils se sont appuyés sur les travaux antérieurs de l'informaticien finlandais Seppo Linnainmaa en 1970, qui a créé un algorithme de formation appelé différenciation automatique basé sur la règle de la chaîne développée par Gottlieb Leibniz 200 ans plus tôt [Linnainmaa].

La rétropropagation permet d'ajuster les hyperparamètres dans les réseaux neuronaux en affinant ces paramètres sur plusieurs itérations afin de minimiser les erreurs de prédiction. Par exemple, dans un réseau neuronal de reconnaissance de l'écriture manuscrite, la rétropropagation permet de trouver l'ensemble des hyperparamètres qui minimisent le pourcentage de fois où un caractère est reconnu de manière erronée. Par exemple, le caractère écrit est *"b"*, mais l'algorithme l'identifie à tort comme *"d"*. L'entraînement de l'algorithme à la myriade de façons dont l'écriture cursive peut être représentée physiquement nécessite une puissance de calcul considérable et d'énormes échantillons de données ; l'écriture de chaque individu est différente. Même les réseaux neuronaux les plus modestes d'aujourd'hui ne commettront pas d'erreurs en déchiffrant l'écriture d'un bloc-notes de médecin.

Ce qui distingue la rétropropagation, c'est son efficacité de calcul et son évolutivité. Dans les années 1980, les ordinateurs étaient encore trop petits pour que les réseaux neuronaux soient pratiques. Toutefois, au cours des années 1990, les progrès de la puissance de calcul ont permis d'utiliser la rétropropagation pour former des réseaux neuronaux étendus, connus sous le nom de réseaux neuronaux profonds, comportant des milliers, voire des millions de couches de neurones.

La rétropropagation a inauguré une nouvelle ère dans la technologie de l'IA, où les réseaux neuronaux jouent un rôle essentiel dans de nombreuses applications actuelles, notamment les grands modèles de langage (LLM, Large Language Models) et les systèmes de vision artificielle, pour n'en citer que quelques-unes.

6. L'apprentissage automatique pendant le Dot-Com et le troisième hiver de l'IA

"L'esprit humain n'est pas un ordinateur ; il ne peut pas progresser de manière ordonnée dans une liste de coups possibles et les classer par score au centième de pion comme le fait une machine d'échecs. Même l'esprit humain le plus discipliné s'égare dans le feu de la compétition. C'est à la fois une faiblesse et une force de la cognition humaine. Parfois, ces errances indisciplinées ne font qu'affaiblir votre analyse. D'autres fois, elles conduisent à l'inspiration, à des coups magnifiques ou paradoxaux qui ne figuraient pas sur votre liste initiale de candidats".

Garry Kasparov,

Champion du monde d'échecs

La pensée profonde : Où finit l'intelligence des machines et où commence la créativité humaine [Kasparov et Greengard].

2017

Les années 1990 ont été marquées par une transformation remarquable du secteur technologique, incarnée par l'ère Dot-Com. Cette époque a été marquée par une croissance explosive des entreprises technologiques, stimulée par l'expansion rapide de l'internet et l'abondance des capitaux d'investissement. Au milieu de cette frénésie, l'apprentissage automatique a pris de l'importance, de nombreuses start-ups intégrant des algorithmes d'apprentissage automatique dans leurs produits et services. Des entreprises technologiques comme Google, Amazon et eBay ont utilisé l'apprentissage automatique pour améliorer leurs offres et leurs recommandations de produits. En outre, l'augmentation de la puissance de calcul a permis de construire des réseaux neuronaux beaucoup plus étendus, appelés réseaux neuronaux profonds, qui sont devenus pratiques pour la première fois dans des applications telles que le traitement du langage et l'analyse d'images.

À l'instar de la période des systèmes experts, l'essor de l'IA dans les années 1990 en Occident a été indéniablement alimenté par des investissements privés, ce qui constitue un autre exemple de l'importance de la motivation du secteur privé dans l'évolution de l'IA. Nous notons la gravité des coûts fixes élevés de la R&D et la nécessité générale de générer des revenus autour des produits d'IA afin de justifier les dépenses et le risque de *"faux départs"* au fil du temps. Le gouvernement, en tant que client unique utilisant des applications d'IA à des fins de défense nationale, est devenu une condition insuffisante, la numérisation plus large du marché étant la clé pour débloquer la valeur de l'IA. Nous constatons que cette réalité persiste à mesure que la numérisation de tous les aspects de la vie humaine génère les données nécessaires à l'entraînement des réseaux neuronaux, et que la nouvelle course à l'espace du secteur privé alimente la prochaine vague de développement de l'IA. Si l'investissement privé a apporté une dimension pragmatique et axée sur le marché au paysage de l'IA dans les années 1990, il a également exposé le domaine à l'exubérance du marché et aux risques de bulles financières qui l'accompagnent. En fin de compte, le crash de Dot-Com en 2000 a déclenché le début du troisième hiver de l'IA, mettant un terme à court terme aux progrès rapides des start-ups et des entreprises dans le domaine de l'apprentissage automatique.

La section suivante décrit comment l'apprentissage automatique a fait ses premiers pas dans les start-ups et les entreprises pendant l'ère Dot-Com et a permis l'essor actuel de l'IA.

L'émergence de l'apprentissage automatique au sein des startups Dot-Com

L'ère Dot-Com a été marquée par une explosion du nombre d'entreprises technologiques s'aventurant dans le paysage en ligne en plein essor. L'ascension rapide des entreprises technologiques au cours de cette décennie a été principalement favorisée par la croissance explosive de l'internet et l'abondance des capitaux d'investissement. Les entreprises désireuses d'établir leur présence en ligne se sont engouffrées dans le cyberespace. Les investisseurs à la recherche de la prochaine innovation importante étaient prêts à soutenir même des projets non rentables, à condition que l'on puisse expliquer comment ils allaient générer des revenus à l'avenir [Fisher].

Cette frénésie d'investissement a créé un kaléidoscope d'opportunités dans le domaine de l'IA, et de nombreuses entreprises d'IA se sont engagées dans divers aspects de cette technologie. Toutes ces entreprises avaient un point commun : elles se concentraient sur les algorithmes d'apprentissage automatique.

En fonction de leur utilisation de l'IA, il y avait deux types d'entreprises. Tout d'abord, certaines entreprises ont commencé à utiliser massivement les algorithmes d'apprentissage automatique pour améliorer leurs produits et services et offrir une meilleure expérience à leurs clients. Amazon, Google et eBay en sont des exemples. Deuxièmement, certaines entreprises se sont spécialisées dans le développement d'algorithmes d'apprentissage automatique et les vendent en tant que solutions d'IA B2B (Business-to-business) dédiées à d'autres entreprises. Ce groupe comprenait des entreprises telles que Autonomy Corporation, Nuance Communications et NetPerceptions.

Au sein du premier groupe d'entreprises, Google a joué un rôle essentiel dans la généralisation des algorithmes pilotés par l'IA dans le cadre de la recherche sur Internet. L'algorithme PageRank, conçu par Larry Page et Sergey Brin en 1996, utilise des données pour évaluer la pertinence des pages web, ce qui a permis d'améliorer considérablement le processus de recherche pour toute personne disposant d'une connexion internet et d'un navigateur [Page et Brin]. La fonction "*Did you mean?*" de Google, par exemple, a mis en évidence la capacité de l'IA à corriger les fautes d'orthographe, démontrant ainsi son engagement en faveur d'une recherche conviviale.

Amazon a également adopté l'IA. Alimenté par des algorithmes d'IA, son moteur de recommandation analyse les habitudes de navigation et d'achat des utilisateurs pour leur suggérer des produits, ce qui a permis de stimuler les ventes et d'améliorer la satisfaction des clients. En outre, Amazon a utilisé l'IA dans la gestion de sa chaîne d'approvisionnement pour optimiser les niveaux et la localisation des stocks et pour prédire la demande, réduisant ainsi les coûts et garantissant des livraisons en temps voulu.

De même, eBay a utilisé l'IA pour améliorer l'expérience des utilisateurs en classant et en recommandant automatiquement des produits. eBay a également utilisé l'IA pour détecter les fraudes, identifier les transactions suspectes et assurer la sécurité de sa place de marché.

Les algorithmes d'IA sont eux-mêmes les éléments constitutifs d'une valeur économique durable estimée à plus de 1 000 milliards de dollars [Biswas et al.]

De nombreuses start-ups Dot-Com moins connues mais intrigantes ont exploité l'IA pour créer des services plus intelligents et personnalisés, par exemple :

- Ask Jeeves visait à révolutionner les expériences de recherche des utilisateurs grâce à des requêtes en langage naturel.
- Turbine a été le pionnier des jeux en ligne pilotés par l'IA, en créant des jeux de rôle multijoueurs immersifs tels que "*Le Seigneur des Anneaux en ligne*".
- JangoMail a utilisé des algorithmes d'IA pour optimiser les campagnes d'emailing en analysant le comportement des utilisateurs.
- WisdomArk a utilisé l'IA pour des expériences d'apprentissage sur mesure, en adaptant le contenu en fonction des performances de l'élève.
- E.piphany, un fournisseur de solutions CRM, a utilisé l'IA pour analyser de nombreuses données clients afin de prendre des décisions fondées sur des données et d'améliorer les stratégies CRM.

Le deuxième groupe d'entreprises a développé et commercialisé des solutions d'IA dédiées, principalement B2B, pour d'autres entreprises. Ce groupe de start-ups spécialisées dans l'IA a été le premier à proposer des solutions dans trois domaines - l'analyse de texte, la reconnaissance vocale et la personnalisation en ligne - domaines qui continuent à susciter l'intérêt de nombreuses start-ups spécialisées dans l'IA aujourd'hui.

Dans le domaine de l'analyse de texte, des sociétés telles qu'Autonomy Corporation ont permis aux entreprises d'extraire des informations précieuses à partir de grandes quantités de données non structurées. Avant cette vague de progrès induits par l'IA, les applications logicielles ne pouvaient utiliser que des données explicitement formatées dans des bases de données bien structurées, telles qu'une table de clients avec des champs distincts (par exemple, prénom, nom, adresse, numéro de téléphone, date d'inscription, date de paiement, etc.). Ils n'étaient pas en mesure de traiter des données non structurées sans fichiers explicites, comme le volume et le trésor que représentent les documents, les courriels, les enregistrements du service clientèle ou les journaux du système. Le logiciel d'Autonomy Corporation avait la capacité de comprendre et de classer ces documents non structurés, s'imposant comme un atout précieux pour la gestion des connaissances et les applications de recherche.

La reconnaissance vocale s'appuie sur l'intelligence artificielle pour convertir les données audios en texte significatif. Lernout & Hauspie, une entreprise belge, a été la première à mettre au point une technologie de reconnaissance vocale permettant aux machines de comprendre et d'interpréter le langage parlé. Lernout & Hauspie était à l'avant-garde des interactions vocales avec les ordinateurs et a jeté les bases des assistants vocaux que nous utilisons aujourd'hui, tels que Siri d'Apple et Alexa d'Amazon. Par ailleurs, Nuance Communications est une société américaine qui a développé des logiciels de reconnaissance vocale alimentant des applications telles que des assistants virtuels de services à la clientèle dans divers secteurs, notamment les soins de santé et les télécommunications.

Enfin, dans le domaine de la personnalisation et de la recommandation en ligne, NetPerceptions a pris l'initiative de créer des algorithmes qui analysent le comportement et les préférences des utilisateurs afin de leur fournir des recommandations de produits personnalisées. Leur logiciel a souvent été utilisé dans des environnements de commerce électronique et de vente au détail en ligne pour augmenter l'engagement des clients et les ventes grâce à leur technologie de recommandation.

Adoption progressive de l'apprentissage automatique dans les entreprises

L'adoption d'algorithmes d'apprentissage automatique ne s'est pas limitée aux seules start-ups pendant l'ère Dot-Com. Parallèlement, le monde de l'entreprise s'est également éveillé au potentiel de transformation de ces algorithmes. L'adoption de l'apprentissage automatique par les entreprises a commencé en 1989, lorsque Axcelis, une société américaine pionnière, a présenté le premier logiciel d'apprentissage automatique conçu pour les applications professionnelles sur PC [New York Times].

Les PC traitaient déjà d'énormes volumes de données et effectuaient des opérations mathématiques complexes avec une efficacité sans précédent. Cette capacité accrue a ouvert la voie à l'application pratique des algorithmes d'apprentissage automatique dans divers secteurs. Les entreprises se sont intéressées à l'exploitation de ces technologies pour automatiser les tâches, améliorer la prise de décision et renforcer l'efficacité, ce qui a entraîné une adoption généralisée dans différents secteurs.

Les entreprises ont trouvé dans l'apprentissage automatique une excellente alternative aux systèmes experts des années 1980. La plupart des entreprises connaissaient déjà très bien les systèmes experts et les considéraient comme difficiles, longs et coûteux à mettre en œuvre. L'apprentissage automatique repose sur le principe que les machines peuvent identifier des modèles et effectuer des tâches sans programmation spécifique basée sur des règles. Dans les systèmes experts, les programmeurs devaient expliquer minutieusement chaque étape à l'ordinateur pour traiter des questions telles que les décisions de négociation d'actions ou les approbations de prêts pour les clients des banques. Au lieu de définir manuellement ces règles comme dans les systèmes experts, les machines peuvent simplement apprendre des données par analogie - par mémorisation plutôt que par réflexion. Avec l'apprentissage automatique, il suffit de fournir à l'ordinateur une base de données contenant des données, par exemple des données boursières historiques ou une liste de clients dont les demandes de crédit ont été approuvées ou refusées, ainsi que des données sur les clients telles que l'âge, le salaire et la profession. Grâce à ces informations, l'ordinateur apprend à partir des données et peut prendre de nouvelles décisions à l'avenir.

Ce type d'apprentissage automatique a trouvé des applications pratiques dans le monde des affaires, permettant aux entreprises d'automatiser des tâches, d'améliorer la prise de décision et d'offrir des produits et des services personnalisés. Les entreprises ont d'abord continué à utiliser des systèmes experts, mais ont prudemment commencé à intégrer plus largement l'apprentissage automatique dans les années 1990. Les premières grandes entreprises à adopter l'apprentissage automatique ont été les entreprises technologiques, les institutions financières et les entreprises de télécommunications.

La quantité d'informations qu'une entreprise peut obtenir de ses clients est immense et inestimable. Il ne s'agit pas seulement de ce que les données peuvent dire explicitement, mais de ce qui peut en être déduit de manière fiable sous la rubrique d'un système d'IA. À titre d'exemple, en utilisant uniquement les données que votre opérateur de téléphonie mobile possède légalement, une machine de base utilisant les méthodes courantes d'apprentissage automatique d'aujourd'hui peut prédire avec précision ce qui suit :

- Statut socio-économique des utilisateurs [Soto et Frias-Martinez],
- Personnalité [Chittaranjan et Blom],

- Des comportements tels que la mobilité (Montoliu et Gatica-Perez),
- Comportement d'achat dans un centre commercial [Singh et Freeman],
- Probabilité de défaut de crédit [Pedro et Proserpio].

L'apprentissage automatique peut également distinguer les personnes déprimées des personnes non déprimées avec une précision de 98,5 % et peut prédire les sautes d'humeur chez les patients bipolaires avec une plus grande précision que les psychiatres formés [Mumtaz]. Que se passe-t-il lorsqu'une machine peut faire mieux qu'un psychiatre pour diagnostiquer un élément clé du bien-être et des soins d'un patient ? Devient-elle un outil de diagnostic ou remplace-t-elle le psychiatre ? Nous aborderons en détail les implications de l'IA pour l'emploi et le travail humain en général dans les chapitres 22 et 23.

Certes, l'adoption généralisée de l'apprentissage automatique n'est pas encore achevée et cette question n'a pas encore trouvé de réponse, même si nous nous en approchons rapidement. La réponse réside toujours dans l'économie et l'évolutivité. Un train à grande vitesse peut nous amener de la ville A à la ville B plus rapidement qu'une automobile sur une autoroute ou qu'un bateau, mais cela ne signifie pas que nous pouvons automatiquement justifier l'installation de trains à grande vitesse partout. La plupart des entreprises, en particulier dans les secteurs moins axés sur la technologie, tels que les services ou la fabrication, ou les PME qui dominent l'économie de la plupart des pays, rencontrent encore des difficultés avec l'apprentissage automatique et n'ont pas encore d'arguments clairs en faveur de l'adoption de cette technologie.

Le développement d'une solution d'Apprentissage automatique sur mesure, même pour les besoins d'une grande entreprise, est une tâche complexe qui nécessite d'énormes données, une équipe hautement technique, des budgets, du temps et de l'attention. Au fil du temps, les grandes entreprises ont commencé à mettre en place des équipes spécialisées dans les données, comprenant initialement des professionnels qualifiés dans l'élaboration de rapports commerciaux axés sur les données, connus sous le nom de spécialistes de l'intelligence économique. Au fil du temps, ces équipes ont évolué pour inclure des scientifiques des données, des professionnels qui combinent des compétences en programmation et en mathématiques et qui se concentrent sur l'entraînement des machines pour résoudre des problèmes complexes. Les exigences fondamentales de la technologie de l'IA ont un impact sur l'organisation de l'industrie, qui à son tour a un impact sur l'économie et la société - des sujets importants avec des ramifications à moyen et long terme que nous approfondirons dans les chapitres 22 et 23.

Le krach des dot-com et le troisième hiver

Malheureusement, l'essor remarquable de l'adoption de l'internet, accompagné d'un afflux de capital-risque disponible et d'une escalade rapide des valorisations des start-ups basées sur l'internet, s'est avéré insoutenable. Ce phénomène, connu sous le nom de bulle Dot-Com, a inévitablement atteint son point d'éclatement.

Entre 1995 et le zénith de cette bulle en mars 2000, les investissements dans l'indice composite NASDAQ ont connu une hausse spectaculaire de 800 % [Park]. Cette hausse fulgurante des prix des actions a été alimentée par l'exubérance et la spéculation entourant les entreprises liées à l'internet. Les investisseurs, emportés par l'enthousiasme, ont investi des sommes considérables dans ces valeurs technologiques de haut vol, persuadés que l'internet ouvrait une nouvelle ère de possibilités illimitées. La bulle a fini par éclater, entraînant une chute brutale. Depuis son sommet, l'indice composite NASDAQ a connu une chute vertigineuse de 78 %. Cette baisse soudaine et sévère a effectivement effacé tous les gains accumulés pendant les jours grisants de la bulle.

L'éclatement de la bulle Dot-Com a eu des conséquences considérables sur le paysage de l'IA, entraînant la disparition de plusieurs start-ups de premier plan. Par exemple, parmi les entreprises mentionnées plus haut, Autonomy Corporation, NetPerceptions, WisdomArk, E.piphany et Lernout & Hauspie n'ont pas survécu à l'effondrement de la bulle Internet.

Ce krach dévastateur a marqué le début du troisième hiver de l'IA, une période caractérisée par une baisse significative des investissements dans l'IA. À la suite du krach des dot-com, les investisseurs sont devenus de plus en plus méfiants et hésitants, faisant preuve de prudence dans leur approche des projets d'IA, les entreprises dot-com s'étant révélées largement incapables de générer des revenus durables. De même, les entreprises sont devenues plus prudentes et ont considérablement ralenti leur adoption de l'apprentissage automatique.

Indépendamment de la bulle d'investissement, l'IA a connu une grande déception pendant les années de prospérité. L'IA avait bénéficié d'une attention et d'un financement considérables, accompagnés d'attentes élevées quant à son potentiel. Néanmoins, au fil de la décennie, il est devenu de plus en plus évident que les progrès attendus de l'IA n'étaient pas à la hauteur.

Les systèmes de traitement du langage naturel (NLP, Natural Language Processing en anglais), qui englobent les chatbots et les outils de traduction linguistique, n'ont pas réussi à atteindre une compréhension et une fluidité comparables à celles des humains, en fournissant souvent des réponses basiques et en se débattant avec le contexte. La technologie de reconnaissance vocale, envisagée pour des interactions vocales transparentes avec les ordinateurs, s'est également heurtée à des problèmes de précision et de contexte, ce qui a frustré les utilisateurs et limité son adoption. Les systèmes de recommandation du commerce électronique alimentés par l'IA visaient à transformer les achats en ligne, mais ils ont souvent fourni des suggestions de produits inexactes ou non pertinentes. De même, les campagnes de marketing personnalisé pilotées par l'IA visaient à fournir un contenu sur mesure, mais elles ont souvent été perçues comme intrusives, inondant les utilisateurs de publicités mal ciblées. Une fois de plus, les systèmes d'IA n'ont pas atteint l'intelligence et les capacités humaines envisagées, ce qui a conduit à une approche plus prudente de leur développement.

Dans les années qui ont suivi le krach, à partir de 2002, le scepticisme s'est considérablement accru. Le terme était associé à des systèmes qui ne tenaient pas leurs promesses. Cette perception négative a incité de nombreux informaticiens et professionnels de l'informatique des années 2000 à ne pas utiliser le *terme "intelligence artificielle"* pour décrire leur travail, même s'ils travaillaient souvent avec des technologies d'IA. Ils ont plutôt adopté d'autres termes tels que l'informatique, l'analyse des données, la science des données, les systèmes de connaissance, les systèmes cognitifs ou les agents intelligents [Markoff]. Ce changement visait à éviter la stigmatisation associée à l'IA et les attentes exagérées qui l'entouraient.

Apprentissage supervisé, non supervisé et par renforcement

Après avoir présenté l'apprentissage automatique dans les chapitres précédents, nous allons maintenant approfondir les principaux types d'apprentissage automatique et leurs diverses applications, en soulignant le rôle essentiel qu'il a joué dans le développement de l'IA au cours des années 1990.

Il existe trois approches fondamentales de l'apprentissage automatique : l'apprentissage supervisé, l'apprentissage non supervisé et l'apprentissage par renforcement, chacune d'entre elles étant capable de conduire des applications différentes.

L'apprentissage supervisé est l'un des paradigmes les plus courants et les plus largement utilisés dans le domaine de l'apprentissage automatique. Il repose sur un ensemble de données étiquetées dans lequel l'algorithme apprend à associer les entrées aux sorties correspondantes. Imaginez que vous êtes banquier et que vous disposez d'un ensemble de données de clients bancaires et de leurs attributs, de champs bien structurés pour chaque prêt hypothécaire accordé par la banque dans le passé, y compris le salaire du client, ses dépenses mensuelles, la durée de son emploi, son âge, le paiement mensuel du prêt hypothécaire, le taux d'intérêt, etc. En outre, pour chaque prêt hypothécaire, vous disposez également d'un champ indiquant s'il y a eu un défaut de paiement. Ce dernier champ est appelé *"étiquette"*, car c'est ce que l'algorithme va essayer de modéliser sur la base de sa relation avec les autres points de données. L'algorithme va examiner tous les enregistrements historiques des prêts hypothécaires précédents et modéliser la relation entre l'étiquette - défaut ou absence de défaut - et tous les champs relatifs au prêt hypothécaire et au client. Sur la base de cette relation, l'algorithme s'appuie sur les prêts hypothécaires accordés par la banque dans le passé pour prévoir si les nouveaux clients seront ou non en défaut de paiement. Plus il y a de données dans le temps, plus le modèle sera précis. La banque utilisera ensuite les résultats pour prendre des décisions concernant les clients auxquels elle accordera un crédit. On parle d'algorithme d'apprentissage supervisé car les étiquettes sont les résultats attendus de l'algorithme et les champs de données sont le matériel à étudier. Le processus de formation est analogue à celui d'un enseignant, qui a déjà les réponses, supervisant le processus d'apprentissage répétitif d'un étudiant.

Cette approche est idéale pour les problèmes de classification et de prédiction. Les problèmes de classification consistent à regrouper des données dans un nombre limité de catégories, par exemple en classant les courriers électroniques dans la catégorie "spam" ou "*non* spam" ou en classant les clients hypothécaires dans les catégories "*risque de défaut de paiement*" ou "*risque de défaut de paiement*". Les problèmes de prédiction sont des problèmes qui consistent à prédire la valeur numérique exacte de quelque chose, comme "*Quel sera le chiffre d'affaires le mois prochain ?*" et "*Quel sera le prix de cette action demain ?*". Les algorithmes supervisés notables de cette famille comprennent la régression linéaire - dont nous avons parlé au chapitre 3 - ainsi que la plupart des algorithmes de recommandation, la plupart des arbres de décision et la plupart des réseaux neuronaux, que nous présenterons plus loin dans ce chapitre.

En revanche, l'apprentissage non supervisé se concentre sur la découverte de modèles cachés dans les données qui n'ont pas d'étiquettes prédéfinies. Il existe trois applications principales de l'apprentissage non supervisé : l'identification de segments ou de grappes, la recherche d'anomalies et les applications d'IA générative telles que les deepfakes. Nous aborderons les deepfakes au chapitre 7.

Le clustering est utilisé pour classer un groupe de points de données similaires en segments, révélant ainsi les structures intrinsèques des données. La différence entre la classification simple et le regroupement est que dans la classification, les groupes qui vous intéressent sont connus à l'avance, alors que dans le regroupement, vous devez trouver ces groupes. Un cas classique d'utilisation du clustering consiste à fournir à l'algorithme un ensemble de données relatives à la segmentation de la clientèle et à lui demander d'identifier un nombre x de segments de clientèle, en indiquant quel client appartient à quel segment. En reprenant l'exemple précédent de l'identification des clients présentant un risque de défaillance hypothécaire, nous pourrions fournir l'ensemble de la base de données des clients solvables à un algorithme non supervisé et lui demander de les regrouper en dix segments, par exemple, sans savoir quels seraient ces segments. L'algorithme pourrait revenir avec des segments tels que les personnes de plus de 40 ans ayant un emploi stable, les personnes de plus de 30 ans ayant une épargne solide et les personnes ayant un autre appartement déjà loué. Dans ce cas, contrairement aux algorithmes d'apprentissage supervisé, aucune étiquette n'est utilisée et il s'agit donc d'un apprentissage non supervisé.

L'apprentissage non supervisé est essentiel dans l'analyse des réseaux sociaux pour identifier les communautés, la compréhension des données génomiques pour repérer les schémas génétiques et la segmentation du marché pour comprendre le comportement des consommateurs. Êtes-vous démocrate ou républicain ? Vous n'avez pas besoin de vous déclarer pour que l'IA le sache. En fait, des données limitées sur les préférences, à savoir simplement ce que vous aimez et ce que vous n'aimez pas, permettent à l'IA de prédire les préférences d'une personne mieux qu'elle ne le pourrait :

- Les collègues de travail (s'il y a 10 points de données sur vos préférences, par exemple un *"j'aime"* sur une critique de produit sur Facebook)
- Amis (s'il y a plus de 70 points de données)
- Les parents ou les frères et sœurs (s'il y en a plus de 150), et
- Conjoints (s'il y en a plus de 300) [Haiden].

Enfin, l'apprentissage par renforcement consiste à prendre des décisions séquentielles afin de maximiser les récompenses cumulées au fil du temps, et il imite la psychologie de l'apprentissage des humains et des animaux par le biais de stimuli externes. L'apprentissage par renforcement se fait par interaction avec un environnement, en prenant des mesures et en recevant un retour d'information en fonction de ces mesures. L'apprentissage par renforcement est appliqué à la robotique autonome, à la gestion de portefeuilles financiers et à la formation de joueurs d'IA dans les jeux. En résumé, l'apprentissage par renforcement consiste à apprendre en faisant, parfois en réussissant et parfois en commettant des erreurs, mais en tirant des leçons de l'expérience.

Parmi les trois types d'algorithmes d'apprentissage automatique, l'apprentissage supervisé a connu la croissance et le développement les plus remarquables au cours des dernières décennies, sous l'impulsion de deux facteurs fondamentaux. Tout d'abord, au cours des années 1990, de vastes bases de données étiquetées sont devenues disponibles pour résoudre les problèmes de classification et de prédiction. Ces bases de données étaient cruciales pour l'entraînement des modèles supervisés et l'évaluation significative de leurs performances, faisant de l'apprentissage supervisé un choix pratique et attrayant.

Deuxièmement, les modèles supervisés ont fait preuve d'une efficacité remarquable, se targuant d'une grande précision et d'une relative facilité de mise en œuvre dans les applications du monde réel, notamment par rapport aux modèles non supervisés et de renforcement, qui sont beaucoup plus compliqués et complexes.

La croissance gargantuesque des réseaux neuronaux profonds

Comme nous l'avons vu précédemment, les réseaux neuronaux représentent un modèle informatique qui s'inspire du fonctionnement du cerveau humain. Ils sont constitués de neurones artificiels, qui sont des nœuds en réseau capables d'apprendre et de traiter des informations.

Dans les années 1990, les ordinateurs sont devenus plus rapides et plus puissants, et leur capacité de stockage s'est considérablement accrue. Il est devenu possible de construire des réseaux neuronaux à très grande échelle, connus sous le nom de réseaux neuronaux profonds, car ils comportent un grand nombre de couches. En outre, l'algorithme de rétropropagation publié en 1986 a permis la formation de réseaux neuronaux gigantesques car, comme expliqué dans le chapitre précédent, la rétropropagation est une méthode efficace et évolutive. Contrairement aux réseaux neuronaux traditionnels comportant une seule couche, comme le Perceptron de 1957, les réseaux neuronaux profonds peuvent englober des millions de couches de neurones interconnectées chargées de milliards de paramètres. Cette architecture complexe et flexible permet à ces réseaux de saisir et de représenter des informations d'une manière considérablement très complexe et abstraite.

Malgré l'énorme puissance des réseaux neuronaux profonds, leur adoption dans les applications commerciales réelles a été progressive, en raison des complexités de la formation et de l'utilisation par rapport aux systèmes d'apprentissage automatique plus simples et de la nécessité d'atteindre le *"point de basculement"* qui les rend commercialement viables dans toutes les applications ; ils sont plus difficiles à utiliser, nécessitent souvent des scientifiques des données plus spécialisés et sont plus coûteux à exécuter en raison de leur charge de calcul élevée.

Toutefois, contrairement aux algorithmes plus simples, les réseaux neuronaux profonds peuvent saisir des relations nuancées au sein des données, ce qui les rend très efficaces pour des tâches très complexes telles que la reconnaissance d'images, lorsqu'une simple nuance de couleur ou une ligne imprécise dans la capture d'image ne modifie pas l'identification du sujet original, le traitement du langage naturel et la prise de décision complexe, comme les voitures auto-conduites. Les algorithmes plus simples fonctionnent bien dans les problèmes où la relation entre les données et les résultats est moins complexe et où les résultats sont plus limités, par exemple une simple question de type "oui" ou "non".

Deux types principaux de réseaux neuronaux profonds ont reçu une grande impulsion au cours des années 1990, et chacun s'est spécialisé dans la résolution de deux problèmes distincts et importants. D'une part, les réseaux neuronaux récurrents (RNN, Recurrent Neural Networks) sont conçus pour analyser des données qui varient dans le temps, comme le langage humain, où un mot succède à un autre. D'autre part, les réseaux neuronaux convolutifs (CNN, Convolutional Neural Networks) sont utilisés pour étudier des données multidimensionnelles en forme de grille, comme dans le cas des images. La vidéo, qui est bidimensionnelle et varie dans le temps, combine les deux types de réseaux neuronaux.

Se souvenir des mots avec les réseaux neuronaux récurrents

Le langage humain est indéniablement l'un des défis les plus redoutables de l'intelligence artificielle. Les premiers réseaux neuronaux profonds se sont heurtés à une limitation fondamentale dans le traitement efficace du langage.

L'obstacle initial critique était leur incapacité à conserver des informations essentielles dans le temps, comme le rappel d'un concept mentionné quelques minutes ou quelques heures plus tôt dans une conversation. En raison de cette contrainte, l'apprentissage profond a fait une percée significative avec le développement des réseaux à mémoire à long terme (LSTM).

Les LSTM ont été créées par Sepp Hochreiter et Jürgen Schmidhuber en 1997 [Hochreiter et Schmidhuber], et leur innovation la plus notable a été l'introduction d'une structure de mémoire interne ainsi que de portes adaptatives dans chaque unité de réseau. Ces portes permettent aux LSTM de décider des informations à conserver, de celles à oublier et de celles à générer en sortie, ce qui permet de relever efficacement le défi des dépendances à long terme dans les séquences et de résoudre le problème susmentionné. En outre, dans un réseau LSTM, les informations circulent dans deux directions, vers l'avant et vers l'arrière dans le temps. Les connexions vers l'avant sont les connexions standard d'un réseau neuronal, et les connexions vers l'arrière sont appelées connexions récurrentes. Cette bidirectionnalité leur permet de saisir plus efficacement les dépendances temporelles à long terme, comme des mots ou des idées dont la signification dépend d'un autre mot prononcé auparavant. En raison de cette récurrence, ces réseaux sont appelés réseaux neuronaux récurrents.

Les RRN sont en fait beaucoup plus anciens que les LSTM. En 1982, un physicien du nom de John Hopfield en avait déjà mis un en œuvre, le réseau Hopfield [Hopfield]. Mais c'est la LSTM qui a perfectionné le concept de RRN. Les LSTM jouent un rôle crucial dans des applications telles que la traduction automatique, la génération de texte et l'analyse des sentiments. Ils sont également utilisés dans la prédiction de séries temporelles en finance, l'analyse vocale et la détection d'anomalies dans les données séquentielles.

La polyvalence des LSTM a conduit à leur adoption généralisée dans diverses industries au cours des décennies suivantes. Jusqu'à ce que l'IA générative devienne courante, les LSTM étaient le principal algorithme qui alimentait les chatbots et les voicebots. Nous aborderons l'IA générative au chapitre 7. Outre le langage, nous utilisons aujourd'hui les LSTM dans des problèmes structurés par des séquences temporelles de données. Par exemple, dans le domaine de la finance, les LSTM sont utilisées pour la prédiction du cours des actions et le trading algorithmique. Dans le domaine de la santé, les LSTM sont utilisées pour surveiller les signes vitaux afin d'anticiper les interventions médicales. Les LSTM sont également utilisées dans les véhicules autonomes pour prédire la trajectoire des objets en mouvement, comprendre les schémas de circulation et améliorer les processus de prise de décision.

Identification des formes avec les réseaux neuronaux convolutifs

Notre sens visuel est l'un des principaux canaux de perception et de compréhension du monde. Les CNN sont des algorithmes intelligents spécialement conçus pour interpréter les images. Ils fonctionnent comme des détectives numériques qui examinent méticuleusement les images à la recherche de motifs critiques tels que des bords, des formes ou des caractéristiques spécifiques. Pour ce faire, ils utilisent des couches de filtres qui analysent l'image et apprennent automatiquement quelles parties sont pertinentes. En mathématiques, ces filtres sont appelés convolutions, d'où le nom de réseaux neuronaux convolutifs. Cette approche permet aux CNN de jouer un rôle essentiel dans des tâches telles que la reconnaissance faciale, la classification d'objets dans des photographies ou même le diagnostic médical basé sur des images, car ils peuvent identifier efficacement des détails critiques dans des images capturées ou en direct et prendre des décisions en fonction de ceux-ci.

Yann LeCun, largement reconnu pour ses contributions essentielles à l'avancement et à l'adoption généralisée des CNN, est une figure de proue dans ce domaine. LeCun n'hésite pas à exprimer ses opinions sur le développement de l'IA. Nous le citerons à plusieurs reprises dans ce livre. En 1998, LeCun a présenté un réseau neuronal révolutionnaire conçu pour reconnaître les caractères manuscrits, connu sous le nom de LeNet-5 [LeCun]. LeNet-5 a jeté les bases de l'application des réseaux neuronaux nationaux à diverses tâches englobant la classification d'images et la détection d'objets. Même s'il ne s'agissait pas du premier CNN, c'était le premier à avoir démontré des applications pratiques.

Il est important de noter qu'une abondance de données d'entraînement était primordiale pour le développement des CNN. Yann LeCun a reconnu cette nécessité et a réagi en créant la base de données MNIST (Modified National Institute of Standards and Technology), composée d'images méticuleusement étiquetées comportant des chiffres manuscrits de 0 à 9. Au fil du temps, la base de données MNIST est devenue une norme industrielle, offrant un critère rigoureux pour l'évaluation des algorithmes de reconnaissance et de classification des caractères dans divers domaines de recherche. Il a également été utilisé dans de nombreux concours d'apprentissage automatique.

De même, une autre entreprise ambitieuse a pris forme avec la création d'ImageNet, sous l'impulsion de Fei-Fei Li à l'université de Stanford en 2006 [Hempel]. Cette base de données extraordinaire a accumulé des millions d'images méticuleusement étiquetées et réparties dans des milliers de catégories diverses, s'imposant ainsi comme l'un des ensembles de données les plus importants et les plus formidables jamais conçus pour la classification d'images. La réputation d'ImageNet a prospéré grâce à une compétition annuelle à laquelle ont participé certains des meilleurs chercheurs et passionnés du monde entier : l'ImageNet Large Scale Visual Recognition Challenge (ILSVRC) [Li et al.]

L'arbre de l'intelligence dans l'apprentissage automatique

Les arbres de décision sont une autre technique fondamentale de l'apprentissage automatique (ML en anglais, Machine Learning) supervisé et sont devenus en vogue dans l'IA dans les années 1990. Il s'agit de modèles graphiques qui aident à prendre des décisions en fonction de multiples conditions et caractéristiques d'entrée. Imaginez un arbre inversé où chaque question sur une caractéristique spécifique du problème est représentée par une branche, et chaque réponse possible est décrite dans les feuilles auxquelles mènent ces branches. Les données d'entrée suivent cet arbre et, à chaque étape, une décision est prise sur la base des tests effectués au niveau des branches jusqu'à ce qu'elle atteigne une feuille qui représente la décision ou la prédiction finale.

Les arbres de décision sont des modèles simples mais puissants. Leur structure logique et efficace offre une approche systématique de l'encodage et du traitement des règles de décision et facilite les choix automatisés fondés sur les données. Les principaux atouts des arbres de décision résident dans leur simplicité d'interprétation et leur polyvalence dans diverses applications telles que la classification d'objets et les systèmes de recommandation.

Les arbres de décision ont joué un rôle central dans l'histoire de l'IA. Tout d'abord, leur simplicité a fait que, pour de nombreuses entreprises, le premier algorithme mis en œuvre était un arbre de décision. Ensuite, leur interprétabilité et la transparence de leur processus décisionnel les ont rendus essentiels dans des domaines tels que la banque et la santé, les outils basés sur ces arbres aidant au diagnostic médical grâce à la connaissance des facteurs influençant les résultats pour les patients. L'interprétabilité est essentielle dans des secteurs réglementés tels que le secteur bancaire, qui confère aux consommateurs le droit légal d'être informés de la manière dont les décisions ont été prises. C'est pourquoi les arbres de décision ont été largement utilisés pour façonner l'évolution des algorithmes d'apprentissage automatique. Leur application à l'évaluation du crédit, par exemple, a transformé l'activité de prêt en permettant une évaluation nettement améliorée de l'attribution des crédits tout en restant conforme à la réglementation. Enfin, les arbres de décision font également partie intégrante de la cybersécurité, où leur capacité à analyser des modèles complexes permet d'identifier et de prévenir les cybermenaces en temps réel, ce qui démontre leur importance constante dans la protection des écosystèmes numériques.

L'une des difficultés de la construction d'arbres de décision consiste à sélectionner les variables les plus utiles - également appelées caractéristiques - pour prendre des décisions intelligentes et éviter que le modèle ne devienne trop spécifique. Ross Quinlan s'est attaqué à ce problème en 1993 avec l'algorithme C4.5 [Quinlan]. Cet algorithme sélectionne la caractéristique la plus informative pour diviser l'ensemble de données à chaque étape et effectue un élagage pour éviter l'ajustement excessif, ce qui permet d'obtenir des modèles précis et compréhensibles.

En 1995, l'algorithme Random Forest, développé par Tin Kam Ho, un ingénieur d'IBM, a permis une avancée significative [Ho]. Contrairement à un arbre de décision unique, une forêt aléatoire crée plusieurs arbres et combine leurs résultats, ce qui la rend plus robuste et plus résistante à l'ajustement excessif. Chaque arbre est formé sur une partie différente des données, puis leurs prédictions sont combinées pour obtenir une prévision finale précise. Cette approche en fait un outil essentiel dans divers domaines, de la biologie à la finance.

Enfin, en 1999, Jerome Friedman a introduit le Gradient Boosting [Friedman], qui a changé la façon dont nous construisons les arbres de décision. Il s'agit d'une approche itérative qui crée un premier arbre et mesure les erreurs commises par cet arbre. Il crée ensuite un autre arbre qui tente de minimiser ces erreurs. Successivement, au cours de nombreuses itérations, l'arbre de décision est amélioré à chaque étape en apprenant de ses erreurs. Ce processus itératif produit un modèle final très précis et robuste en combinant et en améliorant plusieurs arbres, ce qui en fait un outil puissant pour les problèmes de classification et de régression.

Progrès graduels dans l'apprentissage non supervisé

Nous avons déjà exploré les algorithmes supervisés les plus importants des années 1990. Cependant, il est également essentiel de reconnaître les progrès de l'apprentissage non supervisé au cours de la même décennie, car il s'agit d'une clé pour le développement éventuel de l'intelligence artificielle générale (AGI).

Les humains possèdent un talent remarquable pour acquérir des connaissances sans instruction formelle ; par exemple, identifier sans effort des objets dans leur champ de vision ou dans des images, discerner entre les types d'objets - comme les chiens ou les chats - et effectuer des tâches beaucoup plus complexes telles que l'apprentissage des langues, l'adaptation du comportement social, la marche, la reptation, l'utilisation de certains outils et l'identification du danger. Transférer cette capacité humaine innée à des machines représente un formidable défi et nécessite l'activation de modèles d'apprentissage non supervisés. La réalisation du plein potentiel de l'apprentissage non supervisé promet un bond en avant dans le domaine de l'IA, un bond qui permettra de réaliser l'intelligence artificielle générale (AGI), par exemple en permettant aux machines d'apprendre aussi vite que les êtres humains à l'aide d'algorithmes qui déploient des données vidéo au lieu d'échantillons de texte étiquetés.

Les premiers travaux sur les modèles d'apprentissage non supervisés sont présentés dans les algorithmes de regroupement - expliqués quelques pages plus haut - également connus sous le nom d'algorithmes de segmentation, qui existent sous une forme plus ou moins élémentaire depuis les années 1950. L'algorithme de regroupement le plus classique est appelé K-means, conçu par Stuart Lloyd en 1957. Cet algorithme demandait aux scientifiques des données de spécifier le nombre de segments de données qu'ils souhaitaient identifier séparément sur la base de caractéristiques définies, et l'algorithme identifiait ces segments à l'aide des données fournies. Par exemple, le data scientist peut spécifier qu'il souhaite identifier dix segments dans sa base de données d'un million de clients sur la base de la fréquence d'achat, du montant moyen et de l'âge. K-Means accomplirait parfaitement cette tâche. Cependant, il ne pourrait pas déterminer s'il serait plus logique d'avoir 5 ou 20 segments au lieu de 10 ou si les e critères choisis sont les plus pertinents. La méthode K-Means consiste à identifier autant de *"centres de gravité"* dans les données que de segments demandés et à affecter chaque client au *"centre de gravité"* le plus proche. Cela signifie que les segments sont de forme sphérique et qu'ils auront en gros un nombre similaire de clients dans chaque segment, ce qui met en évidence les limites inhérentes à la capacité d'action des résultats.

Dans les années 1990, un nouvel algorithme a été mis au point pour résoudre ces problèmes. Appelé DBSCAN (Density-Based Spatial Clustering of Applications with Noise), il a été inventé par Martin Ester en 1996 [Ester et al.]. Contrairement à K-means, qui suppose des grappes sphériques et de taille similaire, DBSCAN identifie dynamiquement les grappes sur la base de la densité des points de données. Cela permet à DBSCAN de détecter des grappes de formes arbitraires et de s'adapter à des densités de grappes variables au sein d'un ensemble de données. En outre, DBSCAN ne nécessite pas la spécification préalable du nombre de grappes, une limitation inhérente aux K-Means. Cela le rend plus polyvalent et applicable aux ensembles de données du monde réel où le nombre de grappes peut ne pas être connu à l'avance. En outre, DBSCAN est capable d'identifier et d'étiqueter le bruit ou les valeurs aberrantes dans l'ensemble de données, offrant ainsi une compréhension plus nuancée de la structure sous-jacente des données.

DBSCAN a de multiples applications et est encore largement utilisé. Il a été utilisé pour analyser les schémas de circulation et identifier les zones de congestion dans le cadre d'études sur les transports. Le regroupement de données spatio-temporelles provenant de capteurs de trafic peut contribuer à optimiser les flux de trafic et à améliorer la mobilité urbaine. Dans le domaine du traitement d'images, DBSCAN a été largement utilisé pour délimiter les frontières entre différentes structures, contribuant ainsi à des tâches telles que la reconnaissance d'objets et la vision par ordinateur, qui sont pratiques pour les véhicules autonomes afin d'identifier les autres voitures, les piétons ou les panneaux de signalisation. DBSCAN peut également aider à identifier des modèles inhabituels ou des points de données qui s'écartent de la norme attendue dans un ensemble de données. Cela est utile pour la détection des fraudes, la sécurité des réseaux et le contrôle de la qualité dans la fabrication. DBSCAN a été appliqué à la bio-informatique, aidant à identifier des groupes de gènes ayant des modèles d'expression similaires et aidant les chercheurs à découvrir des relations potentielles et des associations fonctionnelles dans les données biologiques. Enfin, dans le domaine de l'analyse marketing, les entreprises peuvent cibler des segments de clientèle spécifiques avec des stratégies marketing en utilisant DBSCAN pour segmenter les clients en fonction de leur comportement d'achat.

Les algorithmes non supervisés sont extrêmement complexes et difficiles à développer, précisément parce qu'ils n'ont pas d'étiquettes, qu'il n'existe pas de méthode directe pour les entraîner et qu'ils sont intrinsèquement personnalisés. Cela dit, l'apprentissage non supervisé s'est avéré très utile dans le domaine de l'IA générative. Par exemple, des algorithmes non supervisés tels que l'intégration de mots sont utilisés dans le domaine du NLP. Les Generative Adversarial Networks (GAN) sont un autre algorithme non supervisé utilisé dans la synthèse d'images ou de vidéos, en particulier les deep-fakes. Nous étudierons ce sujet en détail au chapitre 7.

Exploiter le potentiel de l'apprentissage par renforcement

Au cours de ces années, un troisième type d'algorithme, l'apprentissage par renforcement, a également connu des développements importants. L'apprentissage par renforcement est essentiel pour l'IA en raison de son utilisation prédominante dans les applications où l'IA est en contact avec un environnement externe, reçoit des données/stimuli et prend des mesures en conséquence, comme le font les humains dans leurs interactions quotidiennes.

Par exemple, l'apprentissage par renforcement est utilisé pour former les véhicules autonomes à prendre des décisions en temps réel, telles que la navigation dans le trafic, le maintien de la voie et le stationnement, en apprenant des interactions continues avec l'environnement de conduite. En robotique, l'apprentissage par renforcement est appliqué à des tâches telles que la saisie d'objets, la locomotion et la manipulation, ce qui permet aux robots d'adapter leurs actions en fonction des informations reçues de leur environnement.

L'apprentissage par renforcement est également utilisé pour optimiser la gestion des stocks, la logistique de la chaîne d'approvisionnement et la prévision de la demande, afin d'améliorer l'efficacité globale et de réduire les coûts opérationnels. En outre, l'apprentissage par renforcement a excellé dans la maîtrise de jeux complexes et dans l'atteinte de hauts niveaux de performance, que nous explorons dans la section suivante.

Le développement de ces algorithmes a été itératif et progressif. En 1989, juste avant le boom de Dot-Com, Christopher Watkins a réalisé une percée monumentale en développant l'algorithme connu sous le nom de Q-learning [Watkins et Dayan]. L'apprentissage Q a fourni un moyen plus efficace de remédier à la lenteur et à la complexité de l'apprentissage par renforcement, devenant ainsi une technique fondamentale pour apprendre aux machines à prendre des décisions optimales dans des situations séquentielles et changeantes.

L'apprentissage Q résout ce problème en créant la fonction *"Q-function"* qui attribue des valeurs numériques, appelées *"valeurs Q"*, aux paires d'états et d'actions. Essentiellement, la fonction Q représente la récompense cumulative attendue qu'un agent peut obtenir en entreprenant une action spécifique dans chaque état ou situation particulier. En termes pratiques, pensons à un jeu : plus la fonction Q est élevée pour une action spécifique dans une étape particulière du jeu, plus il est avantageux d'entreprendre cette action. L'algorithme apprend progressivement les valeurs Q optimales pour tous les scénarios et tous les mouvements possibles au fur et à mesure qu'il joue, ce qui permet à l'agent de prendre des décisions en connaissance de cause.

L'apprentissage Q est un cas particulier d'une famille d'algorithmes appelés algorithmes TD (différence temporelle), car l'apprentissage Q tente d'augmenter les valeurs Q petit à petit au fil du temps, au fur et à mesure des apprentissages. Il y a donc une *"différence temporelle"* progressive dans les valeurs Q. Les algorithmes de TD n'étaient pas nouveaux ; ils étaient étudiés depuis les années 1970, mais l'apprentissage Q a été la première mise en œuvre pratique. L'apprentissage Q est devenu le choix le plus populaire aujourd'hui en raison de son processus d'apprentissage efficace, qui permet à l'IA d'acquérir des connaissances et de prendre des décisions judicieuses rapidement.

Quelques années plus tard, en 1992, Gerald Tesauro, un ingénieur d'IBM, a réalisé une autre application célèbre de ce concept de TD pour maîtriser le jeu stratégique et habile du Backgammon : TD-Gammon [Tesauro]. Le backgammon est un jeu de plateau à deux joueurs dans lequel les joueurs déplacent leurs pions sur le plateau en fonction des jets de dés afin de faire tomber tous leurs pions avant l'adversaire.

TD-Gammon a joué d'innombrables parties de backgammon contre lui-même et a ajusté ses stratégies en fonction des résultats. Au fur et à mesure de sa progression, TD-Gammon est devenu de plus en plus performant, même si, au départ, il n'arrivait pas à surpasser les meilleurs joueurs humains de backgammon. La particularité de TD-Gammon est qu'il utilise un réseau neuronal artificiel pour apprendre par renforcement, ce qui lui permet d'améliorer son jeu au fil du temps.

Le fonctionnement de TD-Gammon est très similaire à celui de Q-Learning. En termes simples, TD-Gammon calcule un nombre représentant la probabilité de gagner le jeu à chaque coup. Chaque fois qu'il se déplace, TD-Gammon recalcule cette probabilité et détermine s'il se rapproche de la victoire ou de la défaite. TD-Gammon apprend en observant les différences entre ces estimations et tente de maximiser la probabilité de gagner en effectuant davantage d'actions qui l'ont rapproché de la victoire dans le passé.

La mise en œuvre d'algorithmes d'apprentissage par renforcement présente des défis considérables en raison de leur utilisation prédominante dans des applications où l'IA est en contact avec un environnement externe, comme jouer contre des adversaires ou permettre à un robot d'apprendre à marcher petit à petit. Par conséquent, le processus d'apprentissage de l'IA prend beaucoup de temps car il nécessite de nombreuses interactions, chacune consommant un temps précieux.

Comme nous l'avons vu, les êtres humains et les animaux apprennent en grande partie par renforcement et par essais et erreurs. Il n'est donc pas surprenant que les algorithmes d'apprentissage par renforcement restent l'une des voies les plus prometteuses pour faire progresser l'intelligence artificielle générale (AGI). Nous y reviendrons au chapitre 9.

Le triomphe de la force brute de Deep Blue contre Kasparov

L'un des moments les plus emblématiques de l'histoire de l'IA est la victoire en 1997 de Deep Blue, l'ordinateur d'IBM, sur le champion d'échecs russe Gary Kasparov, qui était alors le joueur le mieux classé au monde et avait remporté le titre mondial d'échecs à cinq reprises. Il est intéressant de noter que Kasparov avait déjà battu Deep Blue un an auparavant [Kasparov].

Plutôt que l'intelligence au sens humain du terme, Deep Blue a utilisé la force brute. Il pouvait évaluer des millions de positions d'échecs par seconde, guidé par une fonction d'évaluation fondée sur les principes du jeu d'échecs et l'expertise humaine. À certains égards, il s'agissait simplement de l'aboutissement d'un système expert. L'ordinateur utilisait sa base de données et sa puissance de calcul pour effectuer des recherches exhaustives afin d'identifier les coups optimaux, à l'aide d'algorithmes de recherche avancés. En outre, Deep Blue avait accès à une vaste base de données d'ouvertures et de fins de parties d'échecs, et sa capacité de traitement parallèle lui permettait d'analyser plusieurs positions simultanément.

Malgré sa victoire aux échecs, Deep Blue n'a pas du tout fait preuve d'une intelligence de type humain. Il s'est plutôt appuyé sur un logiciel très efficace, axé sur les règles et les probabilités, dépourvu d'apprentissage automatique ou de réseaux neuronaux. La stratégie de Deep Blue reposait sur la puissance de calcul et l'application de connaissances préprogrammées en matière d'échecs pour un jeu convaincant.

Bien qu'IBM Deep Blue n'ait pas fait appel à l'apprentissage par renforcement, mais plutôt à quelque chose de plus simple, l'importance du triomphe de Deep Blue s'est étendue au-delà de l'échiquier ; il a symbolisé les capacités croissantes de l'IA et a suscité des discussions sur son potentiel à rivaliser avec l'intelligence humaine, en particulier dans les activités intellectuelles.

Si Deep Blue n'était pas un système brillant au sens où nous l'entendons aujourd'hui, il illustrait la manière dont un système d'IA, même basique, peut surpasser l'homme, ne serait-ce que par sa puissance de traitement. Un changement radical s'est toutefois produit en 2016 lorsqu'une IA pure basée sur un algorithme d'apprentissage par renforcement a battu les meilleurs joueurs du monde dans le jeu complexe de Go. Nous examinerons AlphaGo dans le chapitre suivant.

7. La grande crise financière et le long été de l'IA

"Personne ne sait quel est le bon algorithme, mais cela nous donne l'espoir que si nous pouvons découvrir une approximation grossière de cet algorithme et le mettre en œuvre sur un ordinateur, cela nous aidera à faire beaucoup de progrès."

Andrew Ng

Informaticien, fondateur de Google Brain et de Coursera

La période de prospérité du développement de l'IA dans laquelle nous nous trouvons en 2024 a été particulièrement longue. On peut donc parler d'un "*été prolongé de l'IA*".

Comme nous l'avons exploré tout au long de ce livre, une première période de prospérité dans la recherche sur l'IA a débuté en 1956, suivie par le premier hiver de l'IA en 1974, déclenché par des réductions drastiques du financement de la recherche sur l'IA en réponse à la crise pétrolière par les gouvernements américain et britannique. Le deuxième hiver s'est produit en 1987 en raison de l'effondrement du marché dans l'industrie du matériel informatique et de l'éclatement de la bulle spéculative japonaise en 1989. Enfin, le troisième hiver est survenu en 2000 avec la crise des dot-com.

Mais nous constatons qu'à la suite de la grande crise financière de 2008, le cycle d'expansion et de récession a semblé s'interrompre, car le secteur de l'IA ne s'est pas affaibli ; au contraire, il en est étonnamment ressorti plus robuste et plus résistant que jamais. Contrairement aux événements précédents, cette crise n'a pas déclenché un hiver de l'IA. Elle a plutôt marqué une évolution dans la continuité de l'été de l'IA qui avait commencé au début des années 2000.

Nous pensons qu'il y a plusieurs raisons à cela. Tout d'abord, les bases technologiques ont été mises en place dès 2002. Du côté purement IA, toutes les bases théoriques des algorithmes avaient déjà été inventées : réseaux neuronaux profonds pour le traitement de la parole et de l'image (appelés respectivement récursifs et convolutifs), arbres de décision complexes, algorithmes non supervisés avancés pour la segmentation et l'identification des anomalies, et puissants algorithmes d'apprentissage par renforcement. La production de ces technologies de base est également désormais disponible. De même, les obstacles technologiques à l'adoption à grande échelle de l'IA ont également été résolus grâce à la croissance mondiale rapide de la technologie des serveurs distribués rentables, également connue sous le nom de "cloud", sous la forme de produits tels que AWS, Azure et Google Cloud, qui ont remplacé les coûts fixes prohibitifs et les exigences élevées en matière de dépenses d'investissement par des modèles de coûts variables évolutifs, permettant à presque toutes les entreprises de déployer des applications d'intelligence artificielle. Sur le plan commercial, les chercheurs et les entreprises spécialisés dans l'IA se sont rapidement adaptés aux défis économiques posés par la crise en s'orientant vers des applications pratiques, avec suffisamment de science fondamentale et de travail déjà *"dans le sac"* pour le permettre. Cela a ouvert la voie au déploiement d'algorithmes avancés pour les assistants vocaux, la reconnaissance faciale dans les images et l'identification d'objets dans les photographies ou les vidéos, qui avaient tous des applications économiques pratiques dans les produits B2C et B2B et un modèle financier prêt à l'emploi pour soutenir l'effort.

Les innovations algorithmiques de cette période, en particulier dans le domaine des réseaux neuronaux profonds, ont jeté les bases de technologies transformatrices telles que l'IA générative, que nous aborderons dans le chapitre suivant, et les robots autonomes, que nous étudierons au chapitre 14.

L'IA sort renforcée de la grande crise financière

La crise des dot-com est un événement sismique qui a secoué l'industrie technologique au début des années 2000 et qui a eu un effet dévastateur sur de nombreuses start-ups et initiatives de recherche en IA. Alors que le secteur se remettait progressivement de cette longue période d'incertitude, la crise financière de 2008 a frappé. Les ondes sismiques de la grande crise financière de 2008 se sont propagées dans le paysage économique mondial, déclenchées par l'effondrement spectaculaire de Lehman Brothers et alimentées par l'instabilité des prêts hypothécaires à haut risque. Cet événement cataclysmique a plongé le monde dans l'abîme d'une grave récession, dont les répercussions se sont étendues à tous les secteurs d'activité. Mais, fait remarquable, le secteur de l'IA a fait preuve d'une résilience inattendue et a saisi les occasions de renforcer sa position, contrairement à ce qui s'était passé lors de la crise des "dot-com".

L'une des conséquences notables du maelström financier au sein de l'industrie de l'IA a été une forte contraction du financement et de l'investissement. Dans cet environnement de financement difficile, les chercheurs et les entreprises du secteur de l'IA se sont rapidement tournés vers des projets susceptibles d'apporter une valeur concrète aux entreprises et aux produits existants, offrant un retour sur investissement rapide en augmentant l'efficacité et en réduisant les coûts. Il s'agit là d'une transformation capitale, qui a fait passer le paysage de l'IA d'une recherche purement académique et théorique à des applications pratiques. En conséquence, l'IA a connu une accélération, notamment grâce à l'intégration des technologies d'IA dans des applications telles que la détection des fraudes dans le secteur financier, les suites de solutions telles qu'IBM Watson dans le domaine de la santé, et les secteurs du commerce électronique ou du streaming vidéo avec des moteurs de recommandation avancés.

Ainsi, alors que de nombreux secteurs, y compris les petites banques, luttaient pour leur survie, l'IA est apparue comme un gage d'efficacité, offrant la perspective d'automatiser les processus, de réduire les coûts et d'augmenter les revenus grâce à une expérience client élargie et à l'investissement nécessaire pour la mettre en œuvre. Les entreprises se sont empressées de rechercher des solutions d'IA pour optimiser les opérations et aider à renforcer les comptes de résultats pendant les défis de la croissance et des revenus de la crise financière.

Dans le secteur financier, par exemple, de nombreuses start-ups spécialisées dans l'IA se sont orientées vers la création d'algorithmes d'IA très efficaces pour la détection des fraudes, protégeant ainsi les banques de pertes substantielles. Les start-ups d'IA spécialisées dans l'assistance aux entreprises dans le cadre d'initiatives de réduction des coûts ont également prospéré. UiPath a notamment joué un rôle essentiel dans la rationalisation des opérations des entreprises mondiales grâce à une technologie révolutionnaire appelée Robotic Process Automation (RPA ou Automatisation des Processus Robotisés en français), qui automatise les tâches répétitives sur les écrans d'ordinateur.

IBM Watson, qui a fait ses débuts en 2010, illustre également cette période de transformation. Watson est un système d'IA qui a trouvé sa place dans des secteurs aussi divers que les soins de santé, la recherche juridique et la gestion d'entreprise, et qui a permis de réduire considérablement les coûts et d'améliorer l'efficacité opérationnelle dans chacun d'entre eux. En outre, IBM Watson est entré dans l'histoire en triomphant lors d'un jeu télévisé, Jeopardy, démontrant ainsi sa remarquable capacité à répondre à des questions complexes et à surpasser ses concurrents humains.

En réponse à la tempête économique, les gouvernements du monde entier ont mis en place une série de plans de relance et de programmes de revitalisation économique. Parmi ces mesures, les investissements dans la technologie et l'innovation ont occupé le devant de la scène. Les gouvernements ayant reconnu le potentiel de l'IA pour alimenter la croissance économique et stimuler la création d'emplois, l'industrie de l'IA a été soutenue par ces interventions gouvernementales fortuites.

Simultanément, l'effondrement financier a servi de catalyseur à la consolidation du secteur. Ayant du mal à trouver des financements, les petites entreprises d'IA sont devenues des cibles de choix pour les géants de la technologie aux poches bien garnies. L'acquisition par Google de la start-up d'IA

DeepMind en 2014 [Shu] est un exemple flagrant de cette tendance. Cette décision stratégique a propulsé Google au premier plan des efforts en matière d'IA, facilitant des avancées telles que l'apprentissage profond pour la traduction automatique et la reconnaissance vocale. De plus, en 2013, Google a acquis Boston Dynamics, une entreprise de robotique réputée pour son travail de pionnier dans le développement de robots bipèdes et quadrupèdes autonomes [Lowensohn]. Apple a également saisi l'occasion en acquérant Siri, un assistant virtuel à commande vocale, en 2010.

Si les conséquences immédiates de la crise de 2008 ont posé de formidables défis à l'industrie de l'IA, elles ont finalement forgé une industrie marquée par la résilience et l'esprit pratique, qui a continué à prospérer et à exercer sa profonde influence sur les entreprises et la société.

La quête de millions de dollars de Netflix pour les algorithmes de recommandation

Les moteurs de recommandation sont indéniablement les algorithmes d'apprentissage automatique les plus pratiques développés au cours des années 2000. Certains d'entre eux sont supervisés, d'autres non.

Dans un monde où les choix sont nombreux, qu'il s'agisse de films, de musique, de produits ou d'informations, les systèmes de recommandation sont apparus comme des outils précieux conçus pour simplifier la vie des gens. Ces systèmes ingénieux, stimulés par l'essor du commerce électronique et des services de streaming vidéo et audio à la demande, sont devenus essentiels pour aider les utilisateurs à découvrir des contenus pertinents au milieu de l'océan écrasant d'options disponibles.

Le site YouTube de Google, qui contient plus d'un milliard de vidéos - plus que ce qu'une personne peut regarder en une douzaine d'années - considère l'historique de visionnage d'un individu, le combine avec d'autres données que vous avez fournies à Google, et présente des éléments qu'il sait que vous avez de fortes chances d'apprécier. D'autres entreprises technologiques comme Amazon et Netflix ont également adopté des systèmes similaires comme éléments essentiels de leur stratégie, en s'appuyant sur eux pour fournir des recommandations personnalisées qui améliorent la satisfaction et la fidélisation des clients.

Les algorithmes de recommandation sont des entreprises mathématiques extraordinairement complexes et englobent une grande variété d'approches. La plupart d'entre elles sont des approches supervisées, mais certaines sont non supervisées. Le filtrage basé sur le contenu, par exemple, s'appuie sur les attributs des éléments - tels que le genre de film, le pays, l'acteur ou le réalisateur - pour adapter les suggestions, en évaluant les préférences des utilisateurs à partir de leurs interactions historiques avec le contenu. D'autre part, le filtrage basé sur l'utilisateur s'attache à faire correspondre les utilisateurs ayant des goûts similaires et à proposer des articles appréciés par leurs homologues. Le filtrage collaboratif fusionne les deux stratégies en analysant les interactions entre l'utilisateur et l'article et en dévoilant les intérêts de l'utilisateur tout en tenant compte des caractéristiques de l'article influencées par le comportement collectif. Les algorithmes basés sur la connaissance exploitent les connaissances des experts et sont similaires aux systèmes experts que nous avons examinés au chapitre 5. Les algorithmes basés sur la popularité s'attachent à suggérer à un public plus large des articles qui ont le vent en poupe. Enfin, les approches hybrides combinent un ensemble de techniques, visant à exploiter les forces uniques de chaque méthode, tout en atténuant leurs limites.

Conscient de l'importance de perfectionner ses systèmes de recommandation, Netflix a lancé en 2006 un concours intitulé *"The Netflix Prize"* (*le prix Netflix*) [Lohr]. Le défi était séduisant : un prix d'un million de dollars attendait ceux qui parviendraient à améliorer les performances de l'algorithme de recommandation de Netflix d'une marge substantielle de 10 %. Cette entreprise ambitieuse a suscité un enthousiasme fervent au sein de la communauté de l'apprentissage automatique, attirant la participation de milliers de talents du monde entier.

Le concours Netflix a mis en évidence les progrès des techniques de recommandation et a stimulé la recherche dans ce domaine. En raison de sa complexité et de l'objectif ambitieux de parvenir à une amélioration de 10 %, ce n'est qu'en 2009 que le prix tant convoité a été décerné.

Le vainqueur est une équipe appelée *"BellKor's Pragmatic Chaos"*, qui a utilisé une approche hybride du problème, fusionnant les prédictions de plusieurs modèles individuels pour créer un système de recommandation global plus précis et plus robuste. Cette victoire a souligné le potentiel des algorithmes de recommandation hybrides. Ils sont aujourd'hui utilisés par la plupart des diffuseurs de vidéos à grande échelle, notamment Netflix, Hulu et Disney, ainsi que par la plupart des détaillants tels qu'Amazon et Walmart.

Depuis lors, Netflix n'a cessé d'affiner ses systèmes de recommandation afin de fournir aux utilisateurs des suggestions de contenu toujours plus précises et personnalisées. Sa marque est devenue synonyme de cette fonctionnalité et de la résolution des problèmes inhérents à la découverte de vidéos de longue durée, ce qui lui a permis d'atteindre une capitalisation boursière collective de près de 60 milliards de dollars depuis le concours du prix Netflix à 1 million d'exemplaires.

L'ère des assistants vocaux : Siri, Google Now, Alexa et Cortana

Le début des années 2010 a également marqué un tournant important dans le monde des technologies linguistiques avec l'introduction des assistants vocaux sur le marché grand public. Les géants de la technologie ont dévoilé leurs assistants virtuels à commande vocale, à savoir Siri d'Apple (2011), Google Now de Google (2012), Alexa d'Amazon (2014) et Cortana de Microsoft (2014). Ces applications pour smartphones répondent aux questions des utilisateurs, fournissent des recommandations et exécutent des commandes.

Au cœur de ces assistants vocaux se trouve une synergie complexe de technologies, principalement basées sur les réseaux neuronaux profonds récurrents (ou RRN) dont nous avons parlé précédemment. La reconnaissance vocale joue un rôle essentiel en tant que composante fondamentale. Lorsque les utilisateurs interagissent avec ces assistants virtuels par la parole, leurs mots sont traités par des algorithmes de reconnaissance vocale automatique, qui traduisent les fréquences et les ondes sonores de la voix de l'utilisateur en un code, qu'ils exécutent ensuite, en décomposant le code pour identifier des modèles, des phrases et des mots-clés. Ces algorithmes ont subi un entraînement rigoureux sur de vastes ensembles de données contenant des enregistrements audios et les transcriptions correspondantes. Pour se faire une idée de la quantité de données à traiter lors de la formation, il suffit d'imaginer une partie du dictionnaire, chaque phonème de chaque mot prononcé dans les différents timbres de voix de 100 millions de personnes, multiplié par la combinaison de mots qui doivent être combinés en expressions et en phrases pour pouvoir agir. Cette formation permet aux AV de transcrire avec précision la langue parlée en texte.

Après cette transcription initiale, le système passe au traitement du langage naturel (NLP) et à la compréhension. Le texte saisi est analysé en profondeur afin de déterminer l'intention de l'utilisateur et d'extraire les informations pertinentes. Les algorithmes de compréhension du langage utilisent diverses techniques, notamment l'intégration des mots, la reconnaissance des entités nommées, l'analyse des sentiments et la modélisation du langage, pour discerner les mots-clés, les phrases et l'objectif de l'interaction de l'utilisateur. Les enchâssements de mots revêtent une grande importance et seront abordés dans le chapitre suivant, qui traite de l'IA générative, puisqu'ils en sont le précurseur.

Une fois que l'assistant vocal a saisi l'intention de l'utilisateur, il procède à la recherche d'une réponse. Par exemple, si un utilisateur demande le temps qu'il fera ce jour-là, le système doit formuler une requête pour récupérer des informations météorologiques actualisées sur le web ou dans des bases de données internes. La capacité à fournir des réponses informatives dépend souvent de l'accès aux graphes de connaissances et aux capacités de recherche. Ces systèmes puisent dans de vastes référentiels de données structurées, qui contiennent des informations sur un nombre incalculable d'entités, de lieux et de concepts. Ces connaissances étendues permettent aux assistants virtuels de fournir aux utilisateurs des réponses précises à diverses questions.

Ensuite, ces systèmes utilisent la technologie de synthèse vocale pour fournir des réponses aux utilisateurs. Les algorithmes de synthèse vocale transforment les informations textuelles en paroles naturelles, souvent avec des options de personnalisation basées sur les préférences de l'utilisateur. Enfin, dans le cas de conversations à plusieurs tours, une gestion efficace du dialogue joue un rôle essentiel. Les assistants vocaux doivent conserver le contexte des interactions précédentes, afin que leurs réponses restent cohérentes et pertinentes tout au long des discussions.

Si cette génération d'assistants vocaux s'est avérée utile dans les applications commerciales, en moins de dix ans, leur technologie a été complètement dépassée - et rendue obsolète, comme nous le verrons plus loin - par l'IA générative.

Google et Facebook, des pixels aux données chiffrées

Les progrès rapides des algorithmes de traitement d'images au cours des 15 dernières années ont été tout à fait remarquables. Par exemple, les technologies de reconnaissance faciale, telles que celles qui déverrouillent les applications de votre téléphone portable, ont déclenché une révolution dans le domaine de la sécurité et de la personnalisation. Par ailleurs, la capacité d'identifier des objets dans des vidéos a remodelé le paysage de la conduite autonome et du divertissement, et bientôt du commerce électronique. En outre, les algorithmes de classification d'images ont considérablement amélioré la précision des diagnostics d'imagerie médicale.

La recherche sur le traitement des images a été menée à la fois par les universités et par les entreprises du secteur privé. Du côté des universités, un moment crucial s'est produit en 2012 avec la naissance d'AlexNet [Krizhevsky et al.], un modèle d'apprentissage profond méticuleusement conçu par Alex Krizhevsky, Geoffrey E. Hinton et Ilya Sutskever de l'Université de Toronto. Hinton est l'un des pères de la rétropropagation, comme nous l'avons vu au chapitre 5, et Sutskever deviendra plus tard scientifique en chef de l'OpenAI.

En 2012, AlexNet a remporté le premier prix du prestigieux concours de reconnaissance visuelle à grande échelle ImageNet organisé par l'université de Stanford, dont nous avons parlé il y a quelques pages. Sa mission première était la classification d'images, exécutée avec une précision impressionnante. AlexNet exploite un réseau neuronal convolutif (CNN) en son cœur, doté de multiples couches méticuleusement conçues pour extraire des caractéristiques complexes des images, puis pour exploiter ces caractéristiques afin de faciliter la classification des images. Les applications d'AlexNet allaient de la reconnaissance d'objets, tels que des voitures ou des personnes dans la rue, à l'identification de visages et à la classification des animaux qu'il voyait en chiens ou en chats.

Simultanément, Google Brain a été créé en 2011, sous la direction d'Andrew Ng, un professeur charismatique de Stanford qui a ensuite fondé Coursera en 2012. Google Brain était une division de recherche dédiée au sein de Google, qui s'efforçait de repousser les limites de l'IA. Google Brain a réalisé une prouesse en entraînant un réseau neuronal à identifier des objets en analysant des images non étiquetées extraites de vidéos YouTube avec un apprentissage non supervisé [Markoff]. L'apprentissage non supervisé a toujours été une discipline problématique de l'IA, comme nous l'avons vu, et il a toujours été à la traîne de l'apprentissage supervisé en termes d'avancées et de développement. Cette recherche pionnière a marqué une étape cruciale dans le développement de l'apprentissage non supervisé et a mis en évidence l'immense potentiel des réseaux neuronaux dans le traitement de vastes quantités de données non structurées.

L'un des produits développés par Google Brain est Google Lens, introduit en 2017 par Google, qui représente une percée dans la technologie de reconnaissance d'images. Cet outil innovant emploie une analyse visuelle basée sur les réseaux neuronaux pour identifier et fournir des informations pertinentes sur les objets capturés par l'appareil photo d'un smartphone. Google Lens peut reconnaître divers éléments, des codes-barres et codes QR aux étiquettes et au texte, et peut même traduire la langue dans les images capturées. Il permet aux utilisateurs de pointer l'appareil photo de leur appareil vers un objet pour en extraire des pages web, des résultats de recherche et d'autres informations pertinentes. Par exemple, lorsqu'il vise une étiquette Wi-Fi, il peut se connecter automatiquement au réseau indiqué. Au fil des ans, il a évolué avec des capacités d'apprentissage en profondeur et a ajouté des fonctionnalités telles que la reconnaissance d'éléments sur les menus, le calcul de conseils ou la démonstration de préparations de recettes.

Parallèlement, Facebook est également devenu un précurseur dans le domaine du traitement des images, en particulier de la reconnaissance faciale humaine. En 2014, les chercheurs de Facebook ont présenté DeepFace, un système sophistiqué qui exploite les réseaux neuronaux pour atteindre une précision stupéfiante de 97 % en matière de reconnaissance faciale [Oremus]. Cette réalisation monumentale a représenté un bond en avant considérable, dépassant les méthodes précédentes et s'approchant des performances humaines. DeepFace a trouvé diverses applications, allant de l'amélioration des protocoles de sécurité à la personnalisation des expériences des utilisateurs. Il ne faut pas confondre DeepFace de Facebook avec DeepFaceLab, l'application Open-Source d'imagerie profonde dont nous parlerons dans le chapitre suivant.

L'ère du Big Data et du Cloud Computing

L'informatique en nuage, ou les ressources de serveurs distribués, a considérablement accéléré le développement et la commercialisation de l'IA. Avec l'intégration d'unités de traitement graphique (GPU) surpuissantes dans les architectures en nuage, l'accès à d'importantes ressources informatiques s'est démocratisé, permettant aux organisations et aux particuliers d'accéder plus facilement et à moindre coût à l'immense puissance de calcul nécessaire pour former et déployer des modèles d'IA, mener des recherches et exécuter des charges de travail à forte intensité de données. Les algorithmes et les capacités d'IA sont désormais littéralement accessibles à quiconque peut ouvrir un compte sur AWS, MS ou autres. La magie commerciale réside dans la conversion des coûts fixes élevés et des dépenses de lancement en modèles de coûts variables pour les clients.

Pour la petite histoire, l'évolution de l'informatique en nuage n'est pas un phénomène qui s'est produit du jour au lendemain, mais plutôt l'aboutissement de décennies de progrès technologique. Les graines de cette percée technologique ont été semées dans les années 1950, lorsque les scientifiques ont commencé à étudier les concepts liés à l'informatique distribuée et aux ressources informatiques partagées. En 1961, John McCarthy a même prédit un avenir où *"l'informatique sera finalement organisée comme un service public"* [Garfinkel et Yang].

L'informatique en nuage a commencé à prendre une forme tangible dans les années 1990, lorsque la première vague d'entreprises s'est lancée dans l'offre de services d'hébergement et de stockage en ligne. Simultanément, le *"Big Data"* a commencé à gagner du terrain au milieu des années 2000, avec l'apparition de technologies et d'outils facilitant la collecte, le stockage et l'analyse de vastes données. Au départ, ces activités étaient principalement menées dans des centres de données sur site appartenant à de grandes entreprises.

En 2006, Amazon Web Services (AWS) a fait ses débuts, révolutionnant le paysage de l'informatique en nuage en fournissant un stockage basé sur le nuage et des serveurs virtuels redimensionnables dans le nuage, permettant aux utilisateurs de déployer des applications et des charges de travail avec une évolutivité à la demande sans précédent [Mosco]. Puis, en 2010, Microsoft s'est lancé dans l'informatique en nuage en introduisant Microsoft Azure, ajoutant ainsi à la diversité des services en nuage disponibles. Dans la foulée, en 2012, Google a lancé GCP (Google Cloud Platform), se positionnant comme un concurrent direct d'AWS et d'Azure sur le marché des services en nuage. Ces trois acteurs détiennent à ce jour environ deux tiers des parts du marché mondial. La Chine, quant à elle, a développé ses propres fournisseurs de services en nuage : Alibaba Cloud, Tencent Cloud, Baidu Cloud et Huawei Cloud. Toutefois, nous nous pencherons plus en détail sur la Chine et sur sa stratégie visant à remettre en cause le leadership des États-Unis en matière d'IA dans le chapitre 24.

Simultanément, IBM et Oracle ont lancé leurs solutions de nuages hybrides en 2011 et 2012, respectivement. Le concept des nuages hybrides est très pratique : les nuages publics tels que AWS, Azure ou GCP partagent les ressources entre plusieurs organisations, offrant ainsi rentabilité et évolutivité. En revanche, un nuage privé est dédié à une seule organisation, généralement une grande entreprise, ce qui lui permet d'exercer un contrôle et une sécurité maximum au sein de ses centres de données. Entre ces deux types de nuages, les nuages hybrides mélangent ingénieusement des éléments des deux types, facilitant le mouvement fluide des données et des applications entre les nuages privés et publics. Cette approche préserve la flexibilité tout en conservant un certain degré de contrôle.

Lorsque AWS, Azure et GCP se sont imposés comme des forces dominantes dans l'arène du cloud computing, la nécessité d'adopter une stratégie multi-cloud est devenue tout à fait évidente. Les entreprises travaillent avec plusieurs fournisseurs de cloud, souvent pour des raisons historiques ou en raison de la présence d'unités commerciales distinctes ayant des préférences différentes en matière de cloud. Par conséquent, les solutions facilitant l'exploitation multi-cloud, telles que Databricks et Snowflakes, ont commencé à devenir très populaires. Ensuite, la pandémie mondiale de 2020 a propulsé la technologie du nuage sur le devant de la scène, en raison de sa capacité à faciliter les modalités de travail flexibles, en particulier pour les employés à distance [Aggarwal].

Aujourd'hui, le big data et le cloud computing sont des composantes indispensables de l'infrastructure informatique mondiale. Les organisations de toutes tailles s'appuient sur le cloud pour héberger des applications critiques et stocker de vastes données. Le cloud s'est généralisé, ce qui a ouvert la voie à la généralisation des capacités d'IA pour les organisations de toutes tailles.

Les unités de traitement graphique (GPU) ont constitué une évolution importante qui a favorisé la croissance de la distribution en nuage. Conçus à l'origine comme de puissants processeurs matériels conçus pour traiter les calculs complexes nécessaires à la génération d'images et de graphiques en temps réel dans les ordinateurs et les consoles de jeu, leur destin a pris une tournure inattendue, les conduisant à l'avant-garde de l'IA. L'apprentissage en profondeur exige une puissance de calcul qui dépasse les capacités des puces informatiques courantes ; comme nous l'avons vu, les premières incursions dans le domaine de l'IA ont été freinées parce que les technologies habilitantes, telles que la puissance de traitement et la mémoire, étaient insuffisantes pour permettre les calculs rapides nécessaires à l'IA. La force motrice de cette transition a été la nature des calculs d'IA impliquant de grandes quantités de multiplications de matrices, qui sont similaires à celles requises dans le rendu graphique en temps réel. Les GPU ont excellé dans ces opérations mathématiques lourdes. Leurs capacités de traitement parallèle se sont avérées parfaitement adaptées à l'accélération des algorithmes d'IA. Par conséquent, les GPU sont devenus un élément essentiel des progrès de l'IA, permettant l'entraînement et l'exécution de réseaux neuronaux complexes avec une rapidité et une efficacité sans précédent.

Le marché des GPU est très concentré. Bien qu'il y ait certainement d'autres acteurs sur le marché des GPU, il est indéniable que NVIDIA domine de loin la concurrence en tant que société la plus importante et la plus influente dans ce domaine [Lee]. Un investissement de 1 000 dollars dans NVIDIA en 2014 vaudrait 125 900 dollars aujourd'hui.

L'intégration des GPU dans le cloud computing représente le dernier chapitre de leur remarquable évolution, une évolution qui fait que l'électricité, la mémoire, la puissance de traitement, le big data et l'accès aux données - les conditions préalables à l'IA - sont désormais courantes et florissantes, facilement disponibles et dont le prix reflète l'échelle.

Cambridge Analytica et le GDPR

Avec toutes les données sur le cloud représentant les transactions numériques du monde entier et beaucoup de données personnelles partagées sur les médias sociaux, les considérations relatives à la vie privée sont devenues une préoccupation mondiale importante, qui touche également l'IA. Le scandale de Cambridge Analytica en 2018 [Wiggins et Jones] a laissé un impact durable sur les réglementations en matière de confidentialité des données, affectant de manière significative à la fois l'Europe et les États-Unis. Cambridge Analytica, une société d'analyse de données, s'est retrouvé au cœur d'une controverse lorsqu'il a été révélé qu'elle avait obtenu un accès non autorisé aux données personnelles de 87 millions d'utilisateurs de Facebook par le biais d'une application d'enquête apparemment inoffensive appelée *"This Is Your Digital Life."* Cette application collectait les données des utilisateurs et récoltait secrètement des informations auprès de leurs amis Facebook à leur insu, sans obtenir l'autorisation ou le consentement nécessaire.

Armé de ce vaste réservoir de données, Cambridge Analytica s'est lancé dans la création de profils psychographiques qui ont été utilisés pour élaborer des campagnes publicitaires politiques très ciblées, qui ont joué un rôle central lors des élections présidentielles américaines de 2016. Le scandale a déclenché des inquiétudes généralisées quant au potentiel de l'IA à influencer indûment le processus démocratique et à manipuler les électeurs.

Depuis 2011, l'Union européenne travaillait sur une nouvelle loi sur la protection des données appelée *"Règlement général sur la protection des données"* (RGPD), qui est finalement entrée pleinement en vigueur en mai 2018. La violation alarmante de la confidentialité des données par Cambridge Analytica a fait monter les appréhensions concernant la sécurité des informations personnelles, ce qui a renforcé le soutien à la loi [UE]. Le GDPR est un règlement robuste sur la confidentialité des données conçu pour donner aux citoyens européens un plus grand contrôle sur leurs données et imposer des obligations plus strictes aux organisations qui traitent des informations personnelles. Le GDPR est également explicite en ce qui concerne les sanctions, qui peuvent s'élever jusqu'à 4 % du chiffre d'affaires ou 20 millions d'euros.

Les Européens ont généralement été plus rapides et plus aptes à réglementer que les Américains. Bien qu'il n'y ait pas eu de réponse immédiate au niveau fédéral comme le GDPR aux États-Unis, le scandale Cambridge Analytica a déclenché une vague de sensibilisation du public à la confidentialité des données. En conséquence, plusieurs États ont promulgué leurs lois sur la confidentialité des données. Parmi ces réglementations notables figure le *"California Consumer Privacy Act"* (CCPA), adopté en 2018 [État de Californie], qui confère aux résidents californiens des droits importants sur leurs données, comme la capacité de vérifier quelles données sont collectées, avec qui elles sont partagées, et le pouvoir de demander la suppression de leurs informations personnelles. Un autre développement important est venu de la *"Virginia Consumer Data Privacy Act"*

(VCDPA) en 2021 [État de Virginie], qui accorde aux résidents de Virginie des droits analogues à ceux du GDPR en ce qui concerne leurs données.

Avant le scandale Cambridge Analytica, les États-Unis disposaient déjà de réglementations pertinentes en matière de confidentialité des données pour des secteurs spécifiques, le *"Children's Online Privacy Protection Act"* (COPPA) de 1998 [gouvernement américain] ou le *"Health Insurance Portability and Accountability Act"* (HIPAA) de 1996 [CDC]. Toutefois, cette mosaïque de lois étatiques et sectorielles souligne l'absence d'une approche cohérente et unifiée de la réglementation en matière de protection de la vie privée aux États-Unis. Néanmoins, le Congrès américain a entamé des discussions sur la formulation éventuelle d'une loi fédérale sur la protection de la vie privée afin d'harmoniser et de consolider les réglementations relatives à la protection de la vie privée au niveau national.

Dans le contexte de l'IA, qui repose souvent sur de grandes quantités de données, le respect de ces réglementations est essentiel pour empêcher l'utilisation abusive des données, l'accès non autorisé et la prise de décisions biaisées, voire unilatérales. Les réglementations en matière de protection des données contribuent à atténuer les risques potentiels liés à l'utilisation d'informations sensibles dans les applications d'intelligence artificielle et, par conséquent, à renforcer la confiance dans les systèmes d'IA.

Automatisation du travail répétitif des cols blancs par des robots logiciels

Apparue également au cours de ces années, l'automatisation des processus robotisés (RPA, Robotic Process Automation) a marqué une avancée significative dans le domaine de l'automatisation. La RPA est un outil puissant pour optimiser et automatiser les tâches routinières sur les ordinateurs de bureau et rationaliser les opérations non manufacturières [Slaby]. La RPA est essentiellement un robot logiciel spécialisé dans la gestion des tâches informatiques routinières. Alors que les robots physiques sont employés dans des environnements physiques tels que les usines de fabrication pour automatiser les tâches physiques répétitives, le domaine principal de la RPA est l'automatisation des tâches de bureau effectuées par des employés en col blanc à l'aide d'ordinateurs.

Au cœur des fonctionnalités de la RPA se trouve la technologie de capture d'écran, qui lui permet d'interagir avec les interfaces informatiques et de reproduire les actions humaines avec une précision remarquable. Imaginez un employé naviguant dans un processus complexe impliquant le copier-coller de données, l'utilisation de plusieurs applications, l'importation et l'exportation de fichiers, l'envoi de courriels, le lancement de flux de travail d'approbation et la collecte de signatures. Ce flux de travail complexe est susceptible d'erreurs et d'inefficacités, et c'est précisément là que la RPA excelle. Elle automatise ces tâches sans effort, garantissant l'exactitude des données, réduisant les temps de traitement et augmentant la productivité.

Illustrons-le par un exemple : l'intégration des employés. La RPA peut jouer un rôle central dans l'automatisation du processus d'intégration des employés. Elle peut gérer des tâches telles que l'inscription des employés, la planification des réunions et des séances d'orientation, et envoyer des messages et des courriels automatisés détaillant les responsabilités ou d'autres communications. La RPA peut également s'assurer que le processus d'intégration respecte rigoureusement les procédures prédéfinies, facilitant ainsi l'alignement sur les directives de l'entreprise.

La RPA trouve également de nombreuses applications dans des secteurs tels que l'assurance maladie, en particulier dans le traitement des demandes et la saisie des données. La RPA accomplit ces tâches avec une rapidité incroyable et moins d'erreurs que ses homologues humains. En outre, la technologie RPA excelle dans l'identification des exceptions non conformes, ce qui permet d'éviter les paiements inutiles.

Si certains considèrent la RPA comme une forme élémentaire d'IA en raison de la présence d'une logique et d'un traitement autonomes, d'autres estiment qu'elle n'atteint pas la complexité généralement associée à l'IA. Néanmoins, les solutions avancées de RPA peuvent intégrer des modules d'IA complexes, notamment la modélisation prédictive, la vision artificielle et le NLP, pour former un système cohérent et orienté vers les objectifs. Cette intégration renforce les capacités d'automatisation de la RPA, l'intégration de l'IA l'établissant fermement comme un acteur redoutable dans le paysage de l'automatisation.

Les principaux fournisseurs de RPA sont UiPath, Automation Anywhere et Blue Prism. Ils sont tous apparus dans les années post-dot.com et étaient prêts lorsque la crise financière mondiale de 2008 a marqué le tournant de la RPA. La RPA s'est alors imposée comme une solution d'automatisation rentable qui a permis d'obtenir des résultats tangibles et mesurables en termes de réduction des coûts.

La bataille épique entre AlphaGo et Lee Sedol

Dans le chapitre précédent, nous avons analysé le triomphe d'IBM Deep Blue en 1997 sur le grand maître international et champion du monde Gary Kasparov, en soulignant qu'en dépit de sa victoire, Deep Blue n'était pas un système d'IA brillant puisqu'il s'appuyait uniquement sur la force brute de calcul. Nous avons mentionné qu'il faudrait près de 19 ans pour qu'un algorithme véritablement intelligent, capable de vaincre un champion du monde, voie le jour. Cet algorithme révolutionnaire s'appelait AlphaGo. L'affrontement épique de 2016 entre AlphaGo et Lee Sedol dans le jeu de stratégie chinois ancien de Go a représenté un moment de *"passage à l'âge adulte"* pour les algorithmes d'apprentissage par renforcement.

Le Sud-Coréen Lee Sedol était considéré comme l'un des meilleurs joueurs de go au monde et possédait un palmarès impressionnant, puisqu'il a remporté le titre de champion du monde à trois reprises. En outre, il a remporté 12 fois le championnat de Corée du Sud et trois fois le championnat du Japon.

AlphaGo était un système d'IA créé par DeepMind, une entreprise créée au Royaume-Uni en 2010 par Demis Hassabis, Shane Legg et Mustafa Suleyman (rachetée par Google en 2014), qui constituait à l'époque le joyau de la couronne parmi les projets ambitieux de DeepMind. Nous parlerons de DeepMind à plusieurs reprises dans ce livre, car cette entreprise et cette équipe sont devenues importantes et centrales dans l'évolution et le développement de l'IA.

Le triomphe d'AlphaGo sur Lee Sedol a transcendé la simple réalisation technologique ; il est devenu un événement transformateur qui a remodelé notre compréhension du potentiel illimité de l'IA. AlphaGo a exploité un énorme réseau neuronal profond pour maîtriser la complexité exponentielle du jeu de Go, qui découle d'un éventail étonnant de mouvements et de configurations possibles. Contrairement à Deep Blue, qui s'appuyait fortement sur la puissance de calcul brute et la recherche exhaustive de coups, AlphaGo a été le pionnier d'une approche différente et plus importante pour le développement d'une véritable IA : l'apprentissage par renforcement.

En termes simples, c'est ainsi que fonctionne le mécanisme d'apprentissage par renforcement d'AlphaGo. Lorsqu'AlphaGo a effectué un mouvement dans le jeu qui lui a permis de remporter la victoire, il l'a enregistré comme une action positive. À l'inverse, s'il a effectué un mouvement qui l'a conduit à la défaite, il l'a catalogué comme une action négative. Au fil du temps et d'innombrables parties, AlphaGo a accumulé un vaste ensemble de connaissances sur les mouvements qui donnent des résultats favorables et sur ceux qu'il faut éviter. Cette approche révolutionnaire a permis à AlphaGo d'affiner ses prouesses au jeu de Go grâce à l'apprentissage par l'expérience, de la même manière que les humains améliorent leurs compétences par la pratique et la répétition. À chaque nouvelle partie jouée et à chaque expérience acquise, le niveau de jeu d'AlphaGo a connu une ascension continue et impressionnante.

La victoire d'AlphaGo a suscité un profond étonnement mondial quant au rôle de l'IA dans la résolution de problèmes complexes dans le monde réel. Compte tenu du grand nombre de mouvements possibles au jeu de Go, cette arène complexe a démontré l'efficacité de l'IA à résoudre des problèmes compliqués et, surtout, la capacité de l'IA à apprendre et à appliquer son apprentissage d'une manière supérieure à celle des humains.

AlphaGo a également affronté Ke Jie, un éminent joueur de go chinois, ce qui a suscité une grande attention de la part des médias de ce pays [Byford]. Ce match, diffusé en direct sur Internet et à la télévision, a souligné l'intérêt croissant de la Chine pour l'IA. Notamment, quatre mois après ce match, le gouvernement chinois a dévoilé *le "Plan de développement de l'IA de nouvelle génération"*, une initiative ambitieuse visant à faire de la Chine un leader mondial de la recherche et du développement dans le domaine de l'IA [Webster]. Bien que ce plan ait été mis en place avant le match, l'intérêt accru du public suscité par le match semble avoir accéléré son annonce officielle et sa mise en œuvre. Au chapitre 24, nous étudierons l'IA en Chine et sa concurrence avec les États-Unis pour la suprématie mondiale en matière d'IA, ce qui n'est pas sans rappeler le bras de fer de la guerre froide entre les États-Unis et l'Union soviétique sur la question de savoir lequel des deux pays enverrait le premier un être humain sur la lune.

8. L'essor de la créativité artificielle

"Premièrement, je créerais une nouvelle agence qui délivrerait des licences pour tout effort dépassant une certaine échelle de capacités, qui pourrait retirer ces licences et qui veillerait au respect des normes de sécurité.

Deuxièmement, je créerais un ensemble de normes de sécurité axées sur ce que vous avez dit dans votre troisième hypothèse comme étant les évaluations des capacités dangereuses. Un exemple que nous avons utilisé dans le passé est de vérifier si un modèle peut s'autoreproduire...

Troisièmement, j'exigerais des audits indépendants. Pas seulement de la part de l'entreprise ou de l'agence, mais aussi de la part d'experts qui peuvent dire que le modèle est conforme à ces seuils de sécurité déclarés et à ces pourcentages de performance sur la question X ou Y."

Sam Altman

PDG d'OpenAI
Face au Congrès américain [Roose]
16 mai 2023

L'idée que des machines puissent faire preuve de créativité semble déjà farfelu. Cependant, le 30 novembre 2022, ChatGPT, un chatbot construit à partir du modèle de langage étendu d'OpenAI, a mis fin à cette croyance. ChatGPT a permis aux utilisateurs de façonner et d'orienter les conversations à leur guise, en adaptant la longueur, le format, le style, le niveau de détail et le langage à leurs besoins. En outre, il peut répondre avec précision à des questions d'ordre mathématique et scientifique et générer du code source.

ChatGPT a été développé par OpenAI, une société fondée en décembre 2015, avec Elon Musk parmi ses fondateurs. Actuellement, OpenAI est dirigée par Sam Altman. En 2019, Microsoft a réalisé un investissement important d'un milliard de dollars dans OpenAI. ChatGPT est l'une des créations notables d'OpenAI.

En janvier 2023, ChatGPT avait franchi une étape remarquable, devenant l'application logicielle grand public à la croissance la plus rapide de l'histoire, avec une base d'utilisateurs stupéfiante de plus de 100 millions de personnes. Cette réussite exceptionnelle a contribué de manière significative à la valorisation fulgurante d'OpenAI, qui a rapidement atteint le chiffre impressionnant de 29 milliards de dollars [Hu].

Compte tenu de la nouveauté et de l'ampleur de son produit d'IA, ainsi que de la menace claire et présente pour les moyens de subsistance des personnes qui effectuent des tâches identiques à celles du ChatGPT, il a rapidement suscité plusieurs craintes et controverses importantes.

Tout d'abord, on craint des pertes d'emploi massives, car les systèmes d'IA comme ChatGPT sont de plus en plus capables d'automatiser des tâches dans divers secteurs, ce qui, selon nous, entraînera sans faute ni remords le remplacement à grande échelle des travailleurs humains à partir de 2024. [Verma et De Vynck]. Cela soulève des questions sur le chômage, la reconversion professionnelle et l'éthique de l'IA. Deuxièmement, des questions juridiques se posent concernant le contenu généré par l'IA, notamment les violations potentielles des droits d'auteur et la diffusion de fausses informations. En outre, les préoccupations éthiques tournent autour du potentiel de l'IA à propager les préjugés présents dans les données d'apprentissage, conduisant à des résultats discriminatoires ou nuisibles [Stokel]. Nous constatons que de nombreux rapports font état de ChatGPT et de produits connexes qui se livrent à des joutes verbales avec les utilisateurs et qui ne répondent pas à certaines requêtes d'une manière qui témoigne d'une certaine partialité.

Sam Altman, PDG d'OpenAI, s'est lancé dans une campagne de lobbying intensive à Washington en juin 2023. Contrairement à de nombreux cadres du secteur technologique qui ont évité les régulateurs gouvernementaux et les législateurs, M. Altman a cherché activement à s'engager auprès des décideurs politiques. Il a fait une démonstration de ChatGPT à plus de 20 législateurs.

Lors de ses réunions au Congrès [Roose], M. Altman a souligné l'importance de réglementer l'IA afin d'atténuer les risques potentiels. Il s'est inquiété du développement rapide de la technologie de l'IA et de ses conséquences possibles. M. Altman a plaidé en faveur de la création d'une agence de régulation indépendante spécifiquement axée sur l'IA. Il a proposé de délivrer des licences pour les technologies d'IA, à l'instar des permis de conduire, afin de s'assurer que les personnes et les organisations qui utilisent l'IA sont compétentes et responsables.

M. Altman a également insisté sur la nécessité d'établir des normes de sécurité pour le développement et le déploiement de l'IA. Il a souligné l'importance d'éviter les erreurs commises lors des précédentes révolutions technologiques et a appelé à une approche proactive de la réglementation. M. Altman s'est montré franc quant aux risques potentiels de l'IA, tels que son impact sur l'emploi, suggérant que l'IA pourrait réduire de manière drastique les semaines de travail. En outre, M. Altman a soutenu les propositions des législateurs, notamment l'idée d'apposer sur les outils d'IA des étiquettes indiquant les risques pour les consommateurs, à l'instar des étiquettes nutritionnelles apposées sur les produits alimentaires.

Parallèlement à la visite de Sam Altman au Congrès, l'UE et les États-Unis ont pris des mesures importantes pour réglementer l'IA, en particulier dans le contexte de l'IA générative. Les entreprises comme OpenAI demandent-elles une réglementation parce qu'elles pensent que c'est la bonne chose à faire pour l'humanité ou parce qu'elles veulent introduire des barrières à l'entrée pour les nouveaux acteurs ? Nous aborderons ce sujet important au chapitre 28, ainsi que l'éthique de l'IA, la manière de contrôler l'IA et les préoccupations générales que nous devrions tous partager.

Les pages qui suivent retracent le déroulement de la révolution de l'IA générative et ce qu'elle signifie pour l'avenir.

Le défi du traitement du langage naturel

Tout au long des années 2010, plusieurs alternatives pour le traitement du langage naturel (NLP) et la compréhension ont fait surface, mais aucune ne s'est avérée convaincante jusqu'à l'arrivée de l'IA générative.

Les assistants vocaux tels que Siri et Alexa utilisent déjà des réseaux neuronaux profonds, en particulier des réseaux neuronaux récurrents (RNN) tels que LSTM. Cependant, ces réseaux peinent encore à capturer les dépendances à long terme dans les données, principalement lorsque des mots font référence à d'autres mots mentionnés bien plus tôt dans une conversation. Trois algorithmes d'apprentissage non supervisé ont également été développés pour remédier à ces lacunes : l'intégration de mots, le BERT et les modèles de Markov cachés.

L'idée centrale des word embeddings est de représenter sémantiquement les mots sous forme de vecteurs numériques qui capturent les relations sémantiques entre les mots, ce qui permet aux algorithmes de mieux comprendre et de travailler avec les significations contextuelles des mots. Un vecteur est une représentation numérique d'un mot dans un espace à haute dimension. Chaque mot d'un vocabulaire se voit attribuer un vecteur unique, et les valeurs du vecteur capturent les relations sémantiques entre les mots sur la base de leur utilisation contextuelle. Un vecteur pourrait ressembler à ceci *"chat = (1,1547, 5,6675, 4,76767, ... ,3,7878)"*.

Par exemple, dans la phrase *"Le chat est sur le tapis"*, l'intégration de mots représente *"chat"* et *"tapis"* par des vecteurs proches dans l'espace vectoriel, car ils apparaissent souvent dans des contextes similaires. Cela permet au modèle de capturer la similarité sémantique entre les mots, ce qui en fait un outil puissant dans les tâches de NLP telles que la classification des textes, la traduction automatique et l'analyse des sentiments.

Dans un autre exemple de modèle d'intégration de mots, le mot *"roi"* peut être représenté sous forme de vecteur, et l'arithmétique vectorielle *"roi"* -

"homme" + *"femme"* aboutirait à un vecteur proche de la représentation de *"reine"*. Chaque dimension du vecteur correspond à une caractéristique ou à un aspect spécifique du sens du mot. Les vecteurs permettent des opérations mathématiques efficaces pour créer des résultats, et la proximité des vecteurs dans l'espace d'intégration reflète la similarité des mots correspondants en termes de contexte sémantique.

Il existe plusieurs méthodes d'intégration des mots. Les premières ont été Word2Vec [Mikolov et Chen] et GloVe [Pennington et Socher] en 2013 et 2014, respectivement. Ces techniques peuvent capturer les similarités sémantiques entre les mots en se basant sur les modèles de cooccurrence dans de vastes collections de textes. Ensuite, Google a développé BERT (Bidirectional Encoder Representations from Transformers) en 2018, introduisant une compréhension contextuelle en considérant les mots environnants dans une phrase pour déterminer le sens d'un mot [Devlin et al.]. Cette contextualisation a considérablement amélioré la compréhension du langage, notamment en distinguant les mots polysémiques, ce que Word2Vec et GloVe ne pouvaient pas faire.

La troisième approche non supervisée utilisée à l'époque était les modèles statistiques, tels que les modèles de Markov cachés (HMM), dont nous avons parlé au chapitre 3. Dans les chaînes de Markov, la probabilité de passer à l'état ou au mot suivant dans le contexte du traitement du langage dépend uniquement de l'état ou du mot actuel. Les modèles de Markov cachés impliquent des états cachés supplémentaires, ce qui permet aux probabilités de transition de dépendre d'un plus grand nombre de mots précédents que le seul mot actuel. Cependant, malgré leur complexité accrue, ces modèles présentent toujours des limites dans la saisie du sens sémantique.

En résumé, aucune de ces trois approches ne s'est avérée totalement efficace pour la génération et la compréhension du langage, malgré leurs premiers succès.

Mais la solution se trouvait à l'intérieur de Google.

Transformers : L'attention est tout ce dont vous avez besoin

La solution au problème de la génération de langage est apparue en 2017 avec l'introduction de l'architecture Transformer dans un article des scientifiques de Google Brain intitulé *"Attention is All You Need"* (*"L'attention est tout ce dont vous avez besoin"*) [Vaswani et al.]. Le titre suggestif de l'article implique que, comparé à tous les algorithmes linguistiques précédents, y compris les RNN, les embeddings ou les modèles de Markov cachés, une nouvelle approche connue sous le nom de *"mécanisme d'attention"* est apparue comme l'algorithme le plus puissant pour le traitement du langage, car elle répond aux limites des autres algorithmes.

Un transformateur est un algorithme qui met en œuvre le mécanisme d'attention, c'est-à-dire qui permet au modèle de se concentrer de manière sélective sur des segments spécifiques du texte d'entrée lorsqu'il génère le texte de sortie.

Pour bien comprendre, prenons une phrase en anglais : *"Yesterday, the bat hit the ball"*, et il s'agit de la traduire en français. La bonne traduction en français serait *"Hier, la batte a frappé la balle"*. Un modèle transformateur décomposerait la phrase en jetons, tels que *"yesterday"*, *"the"*, *"bat"*, *"hit"*, *"the"* et *" ball"*. Le mécanisme d'attention se concentre alors sur les mots d'entrée individuels, un par un, lorsqu'il génère la traduction. Par exemple, lorsqu'il s'agit de traduire *"bat"* par *"batte"*, le modèle s'intéresse d'abord au mot *"bat"*, mais *"bat"* peut être un animal ou un bâton. Pour donner la bonne traduction, le modèle doit faire attention à un autre mot, en particulier *"balle"*. Dans ce contexte, il est clair qu'il s'agit d'un bâton et non d'un mammifère volant. Il en va de même lorsque le modèle tente de traduire *"hit"*. En anglais, *"hit"* est le même mot au présent et au passé, mais en français, il a des temps différenciés. Le modèle doit faire attention au mot *"hier"* pour trouver la bonne traduction en français.

Cette innovation révolutionnaire du modèle de transformateur, avec son mécanisme d'attention intégré, a déclenché une vague d'applications dans le domaine de l'IA générative. Les transformateurs sont directement à l'origine de la technologie du ChatGPT et ont permis d'améliorer la traduction automatique, d'accélérer les assistants virtuels avancés, de faciliter la génération de textes dans divers contextes, de faciliter l'analyse des sentiments et de permettre la génération de codes, parmi de nombreuses autres applications.

Former un transformateur : Apprentissage auto-supervisé

Les modèles traditionnels d'apprentissage supervisé s'appuient sur des données étiquetées pour former les modèles, ce qui nécessite un effort humain considérable en matière de structuration, de présentation et d'annotation des données. L'annotation manuelle des données est très coûteuse. En outre, les algorithmes non supervisés pour le NLP, tels que le word embeddings, le BERT et les HHM, comme expliqué quelques paragraphes plus haut, n'ont pas fonctionné de manière irréprochable.

Cependant, un changement de paradigme s'est produit avec le concept d'apprentissage auto-supervisé, dans lequel les modèles extraient des connaissances des données au lieu de s'appuyer sur des étiquettes explicites. Ce changement permet aux systèmes d'IA d'extraire de manière autonome des corrélations, des modèles et des structures cachées dans de vastes ensembles de données non étiquetées, ce qui les rend plus adaptables et évolutifs.

Dans le domaine du NLP, les stratégies d'apprentissage auto-supervisé telles que la modélisation du langage masqué se sont avérées inestimables. Dans cette technique, les mots d'une phrase sont masqués de manière aléatoire et le modèle doit prédire les mots manquants en se basant sur le contexte environnant. Prenons l'exemple de la phrase suivante : *"Le chat a poursuivi le _____ dans la cour".* Un modèle auto-supervisé peut déduire que le mot manquant est probablement *"écureuil"* ou *"souris"* parce qu'il est logique dans le contexte donné. Cette méthode d'apprentissage sur de grands corpus de textes permet aux modèles d'acquérir une connaissance approfondie de la sémantique, de la syntaxe et du contexte de la langue. Ces connaissances peuvent ensuite être appliquées à une variété de tâches NLP en aval, telles que l'analyse des sentiments dans le texte, le résumé et la reconnaissance des entités nommées. À un niveau fondamental, c'est la technique de formation qui a été employée pour former ChatGPT ou n'importe lequel de ses concurrents.

Une fois qu'un modèle a été formé de cette manière, il peut être utilisé pour générer du texte un mot à la fois, en se basant sur les mots générés précédemment. Par exemple, à partir du texte *"Il était une fois un jeune sorcier nommé Harry",* le modèle peut poursuivre l'histoire en prédisant des mots tels que *"qui", "fréquentait", "a", "magique", "école", "appelé", "Poudlard".* L'apprentissage auto-supervisé permet aux modèles de langage d'appréhender le flux narratif, la cohérence et la créativité, ce qui les rend efficaces dans des tâches telles que la génération d'histoires, la création de contenu et la génération de code.

L'apprentissage auto-supervisé peut également être appliqué à la vidéo ou aux images dans le domaine de la vision par ordinateur. Imaginez que vous entraîniez un modèle à reconnaître des objets, des actions ou des scènes dans des clips vidéo sans disposer d'un ensemble de données étiquetées. C'est là que l'apprentissage auto-supervisé se distingue. Certains segments vidéo sont supprimés de manière aléatoire et le modèle doit prédire les images manquantes. Ce processus est connu sous le nom d'inpainting vidéo. Ce faisant, le modèle apprend à combler les lacunes et à comprendre la dynamique temporelle et les relations contextuelles entre les objets et les actions. Cette compréhension, acquise grâce à un apprentissage auto-supervisé, peut être affinée ultérieurement pour diverses tâches d'analyse vidéo spécifiques, telles que la reconnaissance d'actions, le suivi d'objets, l'identification d'objets ou la segmentation de scènes.

L'apprentissage auto-supervisé est révolutionnaire car il permet aux algorithmes d'IA d'apprendre à partir de la structure et des modèles inhérents aux données, ce qui réduit la dépendance à l'égard des efforts d'étiquetage à forte intensité de main-d'œuvre et, par conséquent, rend le processus de formation évolutif.

OpenAI et transformateurs génératifs pré-entraînés

Les modèles ChatGPT ont révolutionné la façon dont les machines communiquent avec les humains, car ils peuvent générer un texte cohérent qui est contextuellement pertinent pour diverses tâches et applications.

En ce qui concerne les aspects technologiques, ChatGPT est alimenté par des algorithmes avancés de grands modèles de langage (LLM). Le LLM spécifique utilisé par ChatGPT porte le nom de GPT. GPT s'appuie sur le cadre Transformer, initialement développé par Google, et exploite des techniques d'apprentissage auto-supervisé et par renforcement. L'acronyme GPT signifie *"Generative Pre-trained Transformer"*. Dans ce nom, *"Generative"* souligne la capacité du modèle à créer du texte ou du contenu, *"Pre-trained"* indique que le modèle subit un entraînement initial sur un vaste corpus de texte avant d'être affiné pour des tâches spécifiques, et *"Transformer"* fait référence à l'architecture de réseau neuronal utilisée.

La lignée des modèles GPT a commencé avec GPT-1 en 2018, suivi par la publication de GPT-2 en 2019, qui a été entraîné sur un ensemble de données massif de texte Internet et comportait 1,5 milliard de paramètres. En 2020, OpenAI a présenté GPT-3, un modèle nettement plus grand que son prédécesseur, doté de 175 milliards de paramètres et capable de générer un texte remarquablement cohérent et réaliste. Par la suite, en mars 2023, OpenAI a lancé GPT3.5 et GPT-4. Le modèle GPT-4 aurait 1,76 trillion de paramètres - le nombre exact n'est pas divulgué - et peut générer des textes longs, allant jusqu'à 25 000 mots, et au fur et à mesure que le temps passe et que davantage de données sont utilisées pour l'entraînement, la cohérence et la qualité du texte généré continueront de s'améliorer. Un autre avantage notable du GPT-4 est sa capacité à traiter des contenus multimodaux, y compris des textes et des images, ce qui rend ces modèles très polyvalents pour la génération et la compréhension de contenus.

Malgré son nom, il convient de noter que les algorithmes d'OpenAI sont propriétaires et fermés.

Une explosion de grands modèles linguistiques

De nombreuses autres entreprises développaient simultanément des LLM, et l'émergence de ChatGPT a suscité leur intérêt, les incitant à accélérer leurs projets LLM.

La réponse de Google au ChatGPT d'OpenAI a été dévoilée en mars 2023 avec la présentation de Bard, un chatbot innovant initialement basé sur un algorithme existant appelé LaMDA (Language Model for Dialogue Applications) [Condon]. Ce qui distingue LaMDA, c'est l'accent qu'il met sur l'engagement dans des conversations plus naturelles et contextuelles que ChatGPT. Il y est parvenu en améliorant considérablement sa capacité à comprendre le contexte dans les dialogues, ce qui lui a permis de produire des réponses plus cohérentes et plus humaines dans leur qualité conversationnelle. Contrairement aux modèles textuels traditionnels, LaMDA a été conçu pour exceller dans les conversations bidirectionnelles, facilitant ainsi des interactions plus interactives et dynamiques avec l'utilisateur.

Google est ensuite passé de LaMDA à un algorithme plus avancé appelé PaLM (Probabilistic Language Model) en mai 2023 [Vincent]. PaLM visait à résoudre certains des problèmes inhérents à LaMDA, tels que l'incohérence occasionnelle des réponses, les difficultés à traiter les requêtes nuancées et les difficultés à maintenir le contexte lors de dialogues prolongés. Le PaLM s'appuie sur le raisonnement probabiliste pour générer des réponses contextuelles, plus cohérentes et logiques. Cette approche a permis d'atténuer les transitions abruptes et les réponses tangentielles parfois observées avec les applications LaMDA, contribuant ainsi à une expérience de conversation plus naturelle et engageante.

Enfin, Google a lancé Gemini le 6 décembre 2023, positionné comme le successeur de LaMDA et PaLM. Gemini comprend trois modèles distincts : petit, moyen et grand : Gemini Ultra, destiné aux tâches extrêmement complexes, Gemini Pro, l'option par défaut adaptée à la plupart des applications, et Gemini Nano, optimisé pour les tâches sur les téléphones. Contrairement à d'autres LLM conventionnels, Gemini se distingue par son caractère hautement multimodal et sa capacité à traiter plusieurs types de données à la fois, tels que le texte et les images, l'audio, la vidéo et même le code informatique.

Bien que les avancées de Google en matière d'IA conversationnelle avec Gemini aient été significatives, il n'était pas seul dans ce paysage transformateur. Anthropic, fondée en 2019 par d'anciens employés d'OpenAI, a présenté Claude [Davis], un puissant LLM conçu en mettant l'accent sur l'alignement éthique. Plus précisément, Claude visait à répondre aux préoccupations entourant les biais potentiels et les problèmes de sécurité dans l'IA, assurant le développement de résultats d'IA plus responsables et dignes de confiance.

Anthropic appelle sa méthode de sécurité *"Intelligence Artificielle Constitutionnelle"* (IAC). Ce cadre constitutionnel a été développé pour garantir que les systèmes d'IA sont conformes aux valeurs humaines, ce qui les rend utiles, sûrs et honnêtes. Plusieurs lignes directrices prescriptives de haut niveau qui précisent le comportement prévu de l'IA constituent cette *"constitution"* pour l'IA ; ensuite, on apprend à l'IA à suivre ces lignes directrices afin de prévenir les dommages, de respecter les préférences de l'utilisateur et de fournir des informations exactes. La constitution d'Anthropic est, à toutes fins utiles, une instanciation des trois lois de la robotique d'Asimov. Par exemple, l'un des principes du Claude LLM d'Anthropic, basé sur la déclaration de l'ONU de 1948, est le suivant : *"Veuillez choisir la réponse qui soutient et encourage le plus la liberté, l'égalité et le sens de la fraternité"*. Nous procéderons à une évaluation détaillée de cette approche constitutionnelle et d'autres cadres éthiques au chapitre 28.

En outre, Facebook a également développé et mis en libre accès LLaMA (LLM Meta AI), dont l'utilisation commerciale est gratuite pour les développeurs, et qui comprend plusieurs versions avec un nombre de paramètres allant de 7 milliards à 65 milliards. LLaMA2 a été introduit en juillet 2023. LLaMA2 a représenté une avancée significative, avec un ensemble de données d'entraînement plus étendu et plus diversifié. LLaMA2 se spécialise dans l'optimisation des conversations et excelle dans la génération de réponses naturelles et adaptées au contexte, tout en donnant la priorité à la sécurité et à l'atténuation des préjugés.

LLaMA est également plus rapide que beaucoup d'autres modèles, y compris ChatGPT, utilise moins de paramètres, est plus léger à télécharger et ne nécessite pas la puissance de traitement élevée d'autres LLM. Un autre avantage d'être plus petit que d'autres LLM avec des performances similaires est qu'il peut fonctionner sur un ordinateur local ou même un téléphone portable au lieu d'une grande plate-forme de serveur, ce qui convient à de nombreuses applications avec des exigences élevées en matière de confidentialité ou de faible latence. Il est conçu pour être affiné pour diverses tâches, par exemple la formation de chatbots de service à la clientèle ou d'autres outils de marketing numérique similaires, car il est déjà optimisé pour les cas d'utilisation du dialogue.

En tant que logiciel libre, LLaMA2 a favorisé l'innovation et la collaboration au sein de la communauté de l'IA. Alors que les premiers LLM, comme ChatGPT, étaient fermés, c'est-à-dire privés, LLaMA2 est ouvert. Tout le monde peut le télécharger, le modifier, l'utiliser gratuitement pour une application particulière ou vérifier comment il fonctionne réellement. C'est ainsi que plusieurs autres modèles de langage à source ouverte sont apparus comme des dérivés de LLaMA. L'un de ces modèles, Alpaca, a été développé par une équipe de chercheurs de l'université de Stanford. De manière remarquable, les chercheurs ont montré que, sur des benchmarks qualitatifs, Alpaca avait des performances comparables à celles du modèle GPT3.0 d'OpenAI, un modèle beaucoup plus grand, avec seulement 600 dollars de frais de calcul. De plus, Vicuna, un autre LLM, a affiné le LLaMA en utilisant des données supplémentaires provenant de millions de questions et de réponses faites à ChatGPT. Ce perfectionnement a permis d'obtenir des réponses de haute qualité, tenant compte du contexte.

En outre, à l'instar de l'IA constitutionnelle, l'Open-Source est une autre possibilité de s'assurer que l'IA est développée en toute sécurité, et nous évaluerons également cette approche au chapitre 28.

En bref, il existe aujourd'hui de nombreux LLM, chacun adapté à des besoins spécifiques, et les progrès rapides de la technologie algorithmique nécessaire au cours des trois dernières années ont été extraordinaires. Nous pensons que les entreprises de tous les secteurs commenceront à créer leurs propres LLM pour leurs besoins particuliers en matière de marketing et de service à la clientèle, de manière à les adapter à des produits et à des clients spécifiques tout en garantissant une voix de marque distincte et un CX propre à la marque.

Génération non supervisée et Deep Fakes

Si l'architecture Transformer a été révolutionnaire dans le domaine du NLP, elle n'est pas la seule grande avancée qui a rendu possible l'IA générative. D'autres algorithmes génératifs, tels que les auto-encodeurs variationnels (VAE, Variational Auto Encoders) et les réseaux adversariaux génératifs (GAN,

Generative Adversarial Networks), sont tout aussi importants. Les VAE et les GAN servent des objectifs distincts de l'architecture des transformateurs et sont en fait des créations antérieures aux transformateurs. Plus précisément, ces modèles excellent dans des tâches telles que la synthèse d'images, de vidéos et de musique. En revanche, les transformateurs sont principalement utilisés dans des tâches de séquence à séquence telles que le NLP.

Une autre distinction notable entre les VAE et les GAN, d'une part, et les transformateurs, d'autre part, réside dans leurs paradigmes d'apprentissage. Les VAE et les GAN sont tous deux des modèles d'apprentissage non supervisés conçus pour fonctionner sans étiquettes explicites pendant la formation. En revanche, les transformateurs sont principalement des modèles d'apprentissage auto-supervisés.

Les VAE ont été introduites par Diederik P. Kingma de l'Université d'Amsterdam en 2013 [Kingma et Welling]. Les VAE fonctionnent de la même manière qu'une bibliothèque musicale. Imaginez que vous ayez une vaste collection de chansons sur votre ordinateur. Les VAE compriment toutes ces chansons en une représentation numérique unique, appelée *"espace latent"*. Dans cet espace latent, les chansons ayant des attributs musicaux similaires, tels que le genre, l'artiste ou la décennie, et même le rythme, la syncope, la qualité de la voix, les tonalités et d'autres aspects de la musique elle-même, sont mises en correspondance de manière étroite. Ces représentations de l'espace latent sont similaires aux enchâssements de mots. Par exemple, la représentation de la chanson *"Despacito"* de Luis Fonsi pourrait être quelque chose comme *"Despacito = (1,4523, 3,7873, 3,5641, 9,1234, ... , 2,6792)"*.

Cette représentation efficace permet non seulement de capturer l'essence de chaque chanson, mais aussi de permettre aux VAE de générer des compositions entièrement nouvelles sur la base des paramètres demandés. Ces mélodies créées par l'IA héritent du style général des chansons originales tout en introduisant des éléments uniques, ce qui démontre la polyvalence des VAE dans la génération d'une gamme variée de types de données, y compris le texte, les images et la musique.

D'autre part, les GAN ont été introduits en 2014 par Ian Goodfellow à l'Université de Montréal et représentent une nouvelle approche de la génération de données qui ne fait pas partie des VAE, offrant des avantages distincts. Pour comprendre le fonctionnement des GAN, il faut les considérer comme une paire de réseaux neuronaux coexistants mais distincts : un réseau génératif et un réseau discriminant. Le réseau génératif crée une image - ou même un fichier audio ou vidéo - sur la base de ce qu'il a appris à partir d'un ensemble d'apprentissage, tandis que le réseau discriminant évalue si l'image générée est réaliste (authentique) ou non (même un pixel de différence dans une image). Ces deux réseaux sont formés simultanément, en concurrence l'un avec l'autre. À mesure que le réseau génératif devient plus apte à créer des données réalistes, le réseau discriminant doit devenir plus sophistiqué pour détecter les différences entre les données réelles et les données générées. Au fil du temps, les deux réseaux subissant un entraînement prolongé et simultané, les images générées deviennent de plus en plus difficiles à distinguer des images authentiques pour l'œil humain.

En résumé, le terme *"Generative Adversarial Network"* décrit exactement ce que font les GAN. Les GAN sont des réseaux neuronaux ; ils sont génératifs parce qu'ils génèrent du contenu ; et ils sont adversaires parce que les deux réseaux sont en concurrence l'un avec l'autre.

En termes de résultats, alors que les VAE produisent souvent des données visuelles à l'aspect lissé et flou, les GAN sont réputés pour créer des échantillons nets et détaillés. En tant que tels, les GAN ont eu un impact significatif dans de nombreux domaines. L'application la plus répandue des GAN est celle des "deepfakes". Les deepfakes consistent à manipuler un contenu visuel ou auditif pour le faire paraître authentique, alors qu'il est généré artificiellement. L'un des outils les plus populaires pour créer des deepfakes est DeepFaceLab, qui a été publié en tant que logiciel Open-Source en 2018 [Perov].

Prenons l'exemple d'un scénario d'échange de visages avec DeepFaceLab. DeepFaceLab utilise deux vidéos sources : l'une présentant le visage de la cible (la personne dont le visage sera transposé) et l'autre présentant le visage de la source (celui qui sera superposé à la cible). Grâce à l'approche décrite ci-dessus, DeepFaceLab apprend à extraire les caractéristiques faciales du visage source et à les reproduire sur le visage cible, garantissant ainsi un mélange homogène et réaliste.

Stable Diffusion, la source ouverte pour la synthèse d'images

Un autre algorithme d'IA générative important pour la génération d'images est la diffusion stable. La diffusion stable est à la génération d'images ce que ChatGPT est au traitement du langage, avec la différence importante que la diffusion stable est open-source (source ouverte). Outre la diffusion stable, il existe de nombreux outils propriétaires de génération d'images, tels que MidJourney et Runway, ou même DALL-E, qui appartient à OpenAI.

Stable Diffusion est un modèle révolutionnaire de conversion de texte en image et d'image en image qui a été lancé en août 2022. Il est le fruit d'une collaboration entre l'Université Ludwig Maximilian de Munich et deux entreprises d'IA basées aux États-Unis, Runway et Stability AI [Rombach et al.]

À la base, la diffusion stable transforme les images ou le texte d'entrée par un processus qui implique l'application de bruit, ce qui aboutit à la création de nouvelles images. Pour aller un peu plus loin, l'architecture de la diffusion stable comprend un encodeur, un bloc intermédiaire et un décodeur. L'encodeur compresse l'image originale dans un espace latent, capturant le sens sémantique sous-jacent de l'image, de la même manière que les VAE ou les ancrages de mots. Ensuite, un bruit gaussien est appliqué à ce vecteur latent compressé par un processus connu sous le nom de *"diffusion"*. Le bloc intermédiaire débruite ensuite ce vecteur latent, ce qui donne une version modifiée qui est maintenant différente du vecteur de l'image originale. Enfin, le décodeur reconvertit ce vecteur dans l'espace des pixels pour générer l'image de sortie.

Cette interaction complexe entre l'encodage, la diffusion et le décodage permet à la diffusion stable de produire des images remarquablement détaillées à partir de descriptions textuelles. À titre d'exemple, la diffusion stable a trouvé diverses applications dans le traitement des images, notamment la génération d'images, le remplissage de parties d'images manquantes ou endommagées (inpainting), l'extension d'images au-delà de leurs limites d'origine (outpainting) et les traductions d'image à image. La différence entre la diffusion stable et les GANS est que la diffusion stable est utile pour générer un contenu entièrement nouveau, tandis que les GAN sont utiles pour créer un contenu similaire à quelque chose qui existe déjà, comme un faux profond.

La diffusion stable est devenue extrêmement populaire dans divers domaines, de l'imagerie médicale à la science des matériaux et au génie chimique. Il y a plusieurs raisons à cela. Tout d'abord, Stable Diffusion a des exigences minimales en matière de ressources ; il fonctionne de manière transparente sur du matériel grand public avec des spécifications GPU modestes, ce qui le rend adapté aux développeurs individuels et aux artistes. Deuxièmement, sa licence Open-Source et la disponibilité des poids des modèles à télécharger ont été déterminantes pour attirer l'attention de la communauté de l'IA.

L'innovation créative au-delà du texte et de l'image

L'influence de l'IA générative va bien au-delà de la génération d'images et de langages. Elle s'infiltre rapidement dans un large éventail de domaines créatifs, notamment le codage, la musique, la vidéo, la conception d'objets pour l'impression 3D et le contrôle de bras robotisés.

Pour commencer, les modèles de langage à grande échelle ne se limitent pas au langage naturel ; ils peuvent également être formés dans des langages de programmation pour générer le code source de nouvelles applications informatiques, comme, par exemple, OpenAI Codex et GitHub Copilot, détenus par Microsoft ou Replit, qui permet à des professionnels non techniques sans connaissances en programmation de *"construire des logiciels en collaboration avec la puissance de l'IA, sur n'importe quel appareil, sans passer une seconde sur la configuration"*.

Les systèmes génératifs tels que MusicLM et MusicGen révolutionnent également la composition musicale. Ces modèles sont formés à partir d'enregistrements musicaux et d'annotations textuelles et peuvent composer de nouvelles pièces musicales sur la base d'invites textuelles telles que *"une douce mélodie de violon combinée à un riff de guitare distordu"*.

En outre, en ce qui concerne la vidéo, les systèmes génératifs formés sur des vidéos annotées peuvent produire des clips d'une cohérence temporelle remarquable. RunwayML et Make-A-Video de Meta Platforms, entre autres, en sont des exemples marquants. Les plateformes de produits numériques B2C existantes, telles que Spotify pour la musique, Netflix pour les vidéos de longue durée, et YouTube et TikTok pour les vidéos de courte durée, continueront à se développer, ou nous pourrions voir émerger des plateformes entièrement nouvelles à mesure que les progrès de l'IA réduiront considérablement les coûts de développement des logiciels, les risques et les délais de mise sur le marché.

La robotique offre un exemple supplémentaire et pratique. Afin de générer de nouvelles trajectoires pour la navigation ou la planification des mouvements, l'IA générative peut également être entraînée sur les différents mouvements d'un système robotique. Par exemple, UniPi de Google utilise des commandes telles que *"ramasser le bol brun"* et *"essuyer les assiettes avec l'éponge verte"* pour contrôler le mouvement d'un bras robotisé.

Nous pensons que cette liste va continuer à s'allonger. Les ingrédients essentiels au développement rapide de produits de consommation numériques individuels sont désormais là, concrètement :

- Mise à l'échelle des destinations, y compris des applications et des plateformes de produits de consommation, afin d'assurer une expansion constante des données pour l'entraînement continu des algorithmes d'IA.
- Distribution quasi-omniprésente des nuages.
- Une base de consommateurs mondiale à grande échelle qui fournit soit un paiement direct, soit des yeux pour les modèles commerciaux basés sur la publicité.
- Les algorithmes d'IA tels que la diffusion stable et les solutions propriétaires telles que Runway ou l'OpenAI elle-même, qui ont évolué à un point tel que les produits numériques ne peuvent plus être distingués de la production humaine.
- Des outils de programmation tels que GitHub Copilot ou Replit, qui permettent à tout un chacun d'écrire du code sans être un programmeur.

Automatisation du travail créatif en col blanc grâce à l'IA générique

Avec ces nombreuses applications de l'IA générative dans diverses professions en col blanc, le potentiel d'automatisation des tâches est également évident. Dans le chapitre précédent, nous avons vu comment l'automatisation des processus robotiques (RPA) a progressivement automatisé les tâches répétitives des cols blancs dans les environnements de bureau depuis la grande crise financière. L'IA générative, quant à elle, est sur le point d'automatiser des responsabilités plus créatives et intellectuellement exigeantes pour les cols blancs. Deux types d'emplois pourraient être les plus touchés par l'IA générative : les professions créatives et les administrateurs.

Les emplois créatifs les plus menacés se trouvent notamment dans les domaines du marketing, du design, de la musique et de la comédie. Par exemple, les outils de conception graphique alimentés par l'IA peuvent désormais générer rapidement des logos, des supports de marque et des visuels, ce qui pourrait réduire la demande en designers humains. De même, les outils automatisés de génération de contenu dans le domaine du marketing peuvent créer des publicités, des messages sur les médias sociaux et même des stratégies de marketing, ce qui pourrait remplacer les spécialistes du marketing. L'industrie de la musique a également connu des bouleversements avec des compositions générées par l'IA et des listes de lecture personnalisées créées par des algorithmes, qui ont supplanté les humains. L'industrie de la musique a également connu des bouleversements, les compositions générées par l'IA et les listes de lecture personnalisées élaborées par des algorithmes prenant la place des humains.

En ce qui concerne les tâches administratives, la RPA automatise déjà les tâches répétitives les plus simples. Avec l'IA générative en plus de la RPA, l'automatisation peut désormais englober des tâches impliquant l'utilisation d'un langage de niveau intermédiaire, telles que la saisie de données, la tenue de registres, la rédaction de documents et les processus de recrutement initiaux. Les emplois dans le domaine du service à la clientèle, en particulier ceux qui impliquent des interactions scénarisées et répétitives, pourraient également être menacés par l'automatisation.

En outre, les professions historiques à forte valeur ajoutée sont également menacées. La profession d'avocat, qui implique souvent la recherche et la préparation de documents, subira un impact, compte tenu des capacités des LLM en matière de synthèse de texte. Sept années d'études supérieures pour devenir un juriste débutant qui se forme ensuite à la rédaction semblent superflues lorsque l'IA effectuera un travail meilleur et plus rapide, et que les clients préféreront cela au paiement de 250 dollars de l'heure pour le même travail, qui comprendra probablement aussi une reformulation fastidieuse.

L'IA générative est plus susceptible d'être un puissant outil d'augmentation des emplois qu'un destructeur net d'emplois, du moins à court terme. Le domaine de la programmation en est un bon exemple. Nous pensons que dans les prochaines années, les outils alimentés par l'IA, tels que les générateurs de code et les fonctions d'autocomplétion, auront considérablement amélioré l'efficacité et la productivité des programmeurs et des scientifiques des données. Ces outils aident les développeurs à écrire du code plus rapidement, en réduisant la probabilité d'erreurs et en leur permettant de se concentrer sur des aspects plus complexes de leur travail liés à la résolution de problèmes.

Cela dit, les préoccupations relatives à la préservation de la propriété intellectuelle et à la destruction d'emplois sont pertinentes, vont s'accélérer et sont susceptibles de créer des problèmes sociaux et économiques à mesure que l'adoption de l'IA progresse. Pour en revenir à l'exemple du codage, si l'IA générative peut renforcer les capacités des programmeurs à court terme, elle est également susceptible de les remplacer complètement à moyen terme. Nous approfondirons la question du marché du travail et de la manière dont l'éducation devrait aider à préparer les professionnels et les nouvelles générations dans les chapitres 22 - qui offre une vision utopique - et 23 - qui est dystopique - lorsque nous parlerons de la manière dont l'IA pourrait se développer au cours des deux prochaines décennies.

Tout en gardant cela à l'esprit, nous pensons également que nous n'en sommes qu'aux prémices. Nous sommes au cœur d'un paradis entrepreneurial. Les applications spécialisées dans tous les secteurs d'activité qui s'appuient sur l'IA de base tout en s'appuyant sur l'expertise du domaine pour créer de la valeur vont monnayer une nouvelle génération de millionnaires ; la technologie de base de l'IA est désormais largement disponible, bien qu'elle reste la propriété de quelques acteurs clés. Nous appelons ces nouveaux technocrates les *"superstars de l'IA"* et nous examinerons ce qu'ils signifient pour la société au chapitre 23.

Le bourbier juridique : Droits d'auteur sur le contenu généré

L'IA générative a également soulevé des questions juridiques complexes et inédites concernant l'utilisation des données, la réglementation du contenu et les principes du droit d'auteur. Avec des modèles d'IA tels que ChatGPT et Stable Diffusion, capables de générer de manière autonome des contenus qui ressemblent beaucoup à des œuvres créées par des humains et qui, en fait, en dépendent et en sont dérivés, la détermination de la propriété et des droits d'auteur devient une question qui laisse perplexe. Les lois traditionnelles sur le droit d'auteur n'ont pas été conçues pour les contenus générés par l'IA. Il existe une zone grise juridique, et cette ambiguïté peut causer des litiges sur la propriété et les redevances, ce qui peut avoir des répercussions sur les créateurs, les entreprises et les développeurs d'IA.

Par exemple, en novembre 2022, un recours collectif a été déposé contre les géants de la technologie Microsoft, OpenAI et GitHub, affirmant que GitHub Copilot violait les droits d'auteur des auteurs des référentiels de code [Vincent]. Le nœud du problème réside dans le fait que l'outil s'entraîne sur du code existant et qu'il est capable de générer du code qui ressemble étroitement à ses données d'entraînement sans fournir d'attribution et de paiement appropriés, et encore moins d'autorisation.

En outre, un petit groupe d'artistes a intenté un recours collectif contre MidJourney, Stability AI et DeviantArt en janvier 2023, affirmant que ces sociétés avaient violé les droits de millions d'artistes en utilisant des milliards d'images extraites d'Internet pour former des outils d'IA sans obtenir la permission des créateurs originaux. L'action en justice était fondée sur les principes de la violation massive du droit d'auteur [Vincent].

Parallèlement, l'essor de la technologie du deepfake fait également son chemin dans les salles d'audience. En avril 2023, Kyland Young, une personnalité de la télévision, a intenté une action en justice contre une application de Deep Fake appelée Reface, arguant que la société à l'origine de Reface avait utilisé son nom et son visage, ainsi que ceux de nombreuses autres personnes célèbres, pour gagner de l'argent grâce à son application sans leur autorisation [Glasser].

De même, en juillet 2023, Sarah Silverman, une célèbre comédienne, a intenté une action collective en justice pour violation du droit d'auteur contre les géants de la technologie OpenAI et Meta, son allégation portant sur le fait que ces sociétés ont formé leurs étudiants en master de droit sur des œuvres d'auteurs protégées par le droit d'auteur sans avoir obtenu les autorisations nécessaires [Small].

Ces dilemmes éthiques ont eu des répercussions au-delà de la salle d'audience. En août 2023, les principaux organes d'information, dont le New York Times, Reuters, CNN et d'autres, ont proactivement bloqué le crawler GPT d'OpenAI sur leurs sites web. Le New York Times a également mis à jour ses conditions de service pour interdire explicitement l'utilisation de son contenu dans les LLM [Peters et Castro]. Nous pensons que d'autres suivront.

Si les droits d'auteur et la propriété du contenu généré sont les préoccupations les plus courantes, l'IA générative présente également des défis supplémentaires lorsque des modèles d'IA formés sur des informations sensibles violent les réglementations en matière de protection de la vie privée. Des modèles d'IA ont également été utilisés pour propager de fausses affirmations, ce qui a donné lieu à des actions en diffamation. L'évolution de l'IA générative s'accompagne de celle des défis juridiques qu'elle pose, ainsi que de ses profondes implications pour les entreprises et les particuliers.

La première législation mondiale sur l'IA, peut-être trop rapide

Face à cette avalanche de procès très médiatisés, les décideurs politiques ont déjà commencé à prendre des mesures pour réglementer l'IA. Comme pour la législation sur la protection des données, l'UE a également pris les devants au niveau mondial en matière de réglementation de l'IA. Le 9 décembre 2023, les responsables politiques de l'UE ont approuvé la loi européenne sur l'IA, la première législation au monde sur l'IA [UE].

L'une des pierres angulaires de la loi est l'accent mis sur les systèmes d'IA à haut risque, en particulier ceux qui, selon les régulateurs, présentent un potentiel important de préjudice individuel, notamment dans les domaines de l'embauche et de l'éducation. Les entreprises qui développent des outils basés sur l'IA dans ces secteurs clés sont désormais soumises à un examen rigoureux, obligées de fournir aux régulateurs des évaluations de risques et de divulguer les données utilisées pour l'entraînement des algorithmes. En outre, la loi exige des garanties contre la perpétuation des préjugés.

La loi adopte également une position décisive contre les pratiques préjudiciables, en interdisant sans équivoque certaines activités telles que le grattage d'images sans discernement pour les bases de données de reconnaissance faciale ou la manipulation comportementale. La transparence apparaît comme un principe directeur, puisque la loi exige que les systèmes d'IA tels que les chatbots et les générateurs d'images, y compris les "deepfakes", divulguent l'origine de l'IA. Ce faisant, l'UE cherche à instiller de la responsabilité et de la clarté dans l'utilisation de l'IA.

Un autre aspect important de cette législation initiale est la limitation imposée à l'utilisation de l'IA par le gouvernement, en particulier dans le domaine de l'application de la loi. La loi impose des restrictions au déploiement de logiciels de reconnaissance faciale, les exceptions n'étant accordées qu'à des fins de sûreté et de sécurité nationale. En outre, la loi limite l'utilisation du balayage biométrique et la catégorisation des individus sur la base de caractéristiques sensibles, ce qui est appelé à devenir un sujet encore plus controversé compte tenu de la marche immuable de la biologie synthétique et de l'avancée des algorithmes.

Comme dans le cas du GDPR, l'UE est très explicite sur les sanctions en cas d'infraction. Les entreprises qui enfreignent les règles peuvent subir des répercussions financières, les sanctions pouvant aller jusqu'à 35 millions d'euros ou 7 % du chiffre d'affaires mondial.

Nous pensons que l'approche de l'UE est noble mais imparfaite, notamment parce que les décideurs politiques ont préparé le premier projet en 11 jours, en avril 2023, depuis le début des discussions, soit quatre mois après le lancement du ChatGPT, qui a clairement été le catalyseur de l'action [Coulter et Mukherjee]. La loi elle-même a été approuvée environ dix mois plus tard. À titre de comparaison, le premier projet de GDPR a été publié en 2012, et il a fallu quatre ans pour qu'il soit approuvé.

Les principales préoccupations sont les suivantes :

Premièrement, la manière dont les risques liés à l'IA seront évalués dans la définition des industries ou des normes n'est pas suffisamment claire, ce qui ouvre l'interprétation à la manipulation politique. Par exemple, un algorithme peut être construit pour prédire les performances professionnelles de manière bien plus fiable que le SAT ne peut le faire pour la réussite universitaire. Mais que se passe-t-il si l'UE a des idées politiques préconçues sur ce que devraient être les performances professionnelles de certains groupes démographiques, indépendamment des données réelles ?

Deuxièmement, le fait d'exiger du propriétaire qu'il divulgue les données utilisées pour la formation des algorithmes rend le principe sujet à la politisation, rendant cette législation sujette aux caprices d'un organisme gouvernemental sur la manière de l'interpréter et de l'appliquer. Des raisons techniques rendent ce contrôle inefficace. Par exemple, si un algorithme repose sur un flux continu de données, comment divulguer les données utilisées ? Que se passe-t-il si des données synthétiques sont utilisées ? Cela pourrait-il être détecté par une divulgation au plus haut niveau sans un audit point de données par point de données ? Au chapitre 24, nous expliquerons comment des mesures similaires en Chine visent clairement à renforcer le contrôle politique et, en fin de compte, à entraver le développement de l'IA. Par conséquent, il n'est pas certain que la loi parvienne à trouver le juste équilibre entre la possibilité d'utiliser l'IA en toute sécurité et l'encouragement des investissements dans d'autres domaines sans étouffer l'innovation.

Un autre problème lié à la réglementation en général, et non à la loi européenne sur l'IA en particulier, est la limitation de son champ d'application à la zone géographique qui l'a promulguée. Le commerce, l'échange d'idées, les médias et la technologie sont tous mondialisés. Par conséquent, à moins que la réglementation ne soit réellement mondiale, il y aura toujours un pays qui n'y adhérera pas et qui s'en servira soit pour prendre constamment l'avantage sur la concurrence économique, soit dans le cadre d'un débat politique pour obtenir des concessions dans d'autres domaines. Ce pays pourrait aussi simplement développer des applications d'IA pour nuire à des groupes ciblés (individus, pays, entreprises, industries), ce qui pourrait ensuite avoir des conséquences à l'échelle mondiale.

Si nous pensons que les États-Unis s'aligneraient philosophiquement sur la position de l'UE, d'autres pays, comme la Chine et ceux qui n'épousent pas les valeurs occidentales ou qui cherchent à tirer un avantage économique de l'ouverture et de l'inclusivité de l'Occident, s'aligneront probablement sur la Chine en tant que point de vue opposé et tout aussi dominant. Nous reviendrons sur la Chine et les récentes tensions avec les États-Unis pour l'hégémonie de l'IA au chapitre 24.

Nous pensons que la réglementation de l'intelligence en général, qu'elle soit artificielle ou humaine, se situe directement aux limites de la liberté d'expression. Nous abordons ce sujet plus en détail dans le cadre de l'attraction magnétique potentielle de l'IA vers la dystopie au chapitre 23. Ironie du sort, la première technologie de l'histoire de l'humanité capable d'apprendre et de révéler la vérité dans tous les domaines de l'activité humaine est celle qui sonnera son glas.

9. Prélude à l'intelligence artificielle générale

"Pour moi, l'AGI... est l'équivalent d'un être humain médian que l'on pourrait engager comme collègue de travail."

Sam Altman

PDG d'OpenAI [Nolan]
27 septembre 2023

Le 18 novembre 2023, Sam Altman, directeur général d'OpenAI, a été démis de ses fonctions par le conseil d'administration de son entreprise. Trois jours plus tard, le 21 novembre, OpenAI a annoncé la réintégration d'Altman en tant que PDG, ainsi qu'un nouveau conseil d'administration initial.

Selon des informations qui ont fait l'objet d'une fuite, des inquiétudes sont apparues au sein de l'OpenAI concernant une avancée en matière d'IA appelée Q* (prononcée *"Q Star" o "Q Étoile")*, potentiellement un précurseur de l'intelligence artificielle générale (AGI), ce qui a incité les principaux chercheurs à faire part de leurs réserves au conseil d'administration. À la suite de ces discussions, Sam Altman a été brusquement écarté de l'OpenAI, ce qui a déclenché une série de jours tumultueux impliquant M. Altman, le conseil d'administration et les employés. Le licenciement semble lié à la volonté d'Altman de commercialiser rapidement Q*, contrairement à la priorité accordée par le conseil d'administration aux mesures de sécurité [Knight].

L'AGI est un terme collectif qui est apparu lorsque les chercheurs et les experts en IA ont envisagé de créer des machines capables de reproduire une intelligence de type humain dans tous ses aspects cognitifs, ce qui inclurait précisément ce que les algorithmes ne peuvent pas faire aujourd'hui : la capacité de raisonner, d'élaborer des stratégies, de prendre des décisions dans l'incertitude et de représenter des connaissances, telles que le sens commun. Elle englobe également la planification d'actions futures, l'apprentissage à partir d'expériences passées et la communication efficace en langage naturel. En outre, il est jugé souhaitable que l'AGI possède des attributs physiques spécifiques, tels que la perception visuelle et auditive, et la capacité de détecter les dangers potentiels et de prendre des mesures.

Chacun de ces éléments représenterait la prochaine étape de l'évolution de l'IA, car les algorithmes d'IA dont nous disposons aujourd'hui ne sont capables de résoudre que des problèmes spécifiques et prédéfinis et ne peuvent prendre des décisions que dans le contexte spécifique de la programmation de l'IA. Les pionniers de l'IA, tels qu'Alan Turing et John McCarthy, ont défini les idées fondamentales de l'AGI dans leurs travaux il y a plusieurs décennies, en postulant que les capacités cognitives générales prendraient forme au fur et à mesure de l'évolution.

Malgré l'incertitude quant à la nature de Q*, certaines personnes ont émis l'hypothèse qu'il pourrait s'agir d'un développement architectural révolutionnaire comparable à l'avènement des transformateurs, introduits par Google en 2017, qui est la technologie fondamentale qui a rendu possible tous les grands modèles de langage (LLM) actuels, y compris le GPT-4 d'OpenAI [TechCrunch]. Spéculer sur ce que Q* pourrait être est un moyen pratique de présenter les domaines de recherche actuels pour atteindre l'AGI. C'est le cadre de ce chapitre.

Les pages qui suivent plongent dans les multiples domaines d'étude actuels, qui constituent en fait le point de départ de l'AGI.

Appliquer la logique pour résoudre des problèmes mathématiques

L'une des explications potentielles de ce qu'est réellement Q* concerne l'initiative de l'OpenAI de résoudre des problèmes mathématiques. Bien que cela puisse sembler être une simple réalisation que l'IA a déjà abordée, il est important que l'IA comprenne le raisonnement mathématique. La véritable importance réside dans le potentiel de l'IA à comprendre les preuves mathématiques, avec des implications de grande portée dans divers domaines, étant donné le rôle fondamental des mathématiques dans le monde [Berman].

Cela nous rappelle le *"General Problem Solver"* conçu par Allen Newel et Herbert Simon en 1957 et l'approche de la logique symbolique défendue par John McCarthy, dont nous avons parlé au chapitre 4. Plus de 60 ans se sont écoulés depuis, mais les machines ont toujours du mal à accomplir des tâches impliquant la logique et le raisonnement et ne peuvent toujours pas procéder sans directives spécifiques et codées.

La capacité de générer indépendamment des preuves mathématiques ou logiques exige une compréhension plus profonde des preuves elles-mêmes, qui dépasserait les capacités prédictives des LLM actuels. Lorsqu'ils sont confrontés à un problème impliquant des concepts mathématiques ou logiques, les modèles LLM peuvent fournir des réponses correctes sans véritablement comprendre les preuves théoriques sous-jacentes, se contentant de reproduire les schémas de leur programmation et de leurs données d'entraînement. Cela souligne les limites actuelles de la capacité à saisir les raisons qui sous-tendent les principes logiques. La tâche consistant à comprendre pourquoi les réponses sont correctes ou incorrectes, plutôt que de simplement prédire le caractère suivant d'une séquence, est actuellement un défi insurmontable pour les LLM.

À cet égard, un document de recherche intitulé *"STaR : Bootstrapping Reasoning with Reasoning"* a été publié par Stanford et Google en mai 2022 [Zelikman et al.]. Ce document explore la génération de chaînes de pensée étape par étape afin d'améliorer les performances des modèles de langage dans des tâches de raisonnement complexes, telles que les questions de bon sens ou les mathématiques. Le concept de *"chaîne de pensée"* consiste à guider le modèle pour qu'il raisonne sur des étapes lorsqu'il est confronté à des problèmes difficiles, plutôt que d'arriver directement à des solutions complexes en une seule fois. Cette approche progressive permet d'obtenir des réponses plus précises. L'article présente un cadre appelé STAR (Self-Taught Reasoner), qui améliore de manière itérative les capacités de raisonnement complexe d'un modèle d'IA en suivant un processus cyclique. Tout d'abord, le STAR génère des raisonnements pour répondre aux questions sur la base de quelques exemples. Ensuite, il affine les raisonnements en cas de réponses incorrectes et peaufine le modèle à l'aide des nouveaux raisonnements. Il revient ensuite à la première étape et continue à itérer jusqu'à ce que les réponses soient suffisamment bonnes. OpenAI a publié un article dans le même sens en mars 2023, dans lequel il est également suggéré de décomposer les grands problèmes en étapes de raisonnement et d'appliquer un retour d'information pour chaque étape, et pas seulement pour le résultat final, ce qui était la pratique courante jusqu'à présent [Lightman et al.].

Cette approche en plusieurs étapes est très intuitive et représente la façon dont les êtres humains pensent. Lorsque nous sommes confrontés à un problème mathématique complexe ou que nous devons écrire un important morceau de code de programmation, nous ne parvenons pas immédiatement à la solution finale en une seule fois, en particulier pour les problèmes complexes. Au lieu de cela, nous décomposons les problèmes en éléments plus petits, nous traitons chaque partie individuellement, puis nous intégrons ces solutions pour obtenir la réponse globale. Cette approche systématique est particulièrement évidente dans le codage, mais aussi dans tout type de projet d'ingénierie, ainsi que dans la rédaction d'un livre. De même, l'application des mêmes principes de modularité aux algorithmes pourrait également accroître la rationalité des systèmes d'IA.

Appliquer l'apprentissage par renforcement à l'auto-amélioration

Il existe une deuxième théorie sur ce que pourrait être Q*. Le terme Q* fait allusion à un lien avec des thèmes fondamentaux de la littérature scientifique sur l'apprentissage par renforcement, en particulier l'apprentissage Q et l'algorithme A* (prononcé *"A Star"*). L'apprentissage Q est l'algorithme d'apprentissage par renforcement le plus courant, et nous l'avons examiné au chapitre 6. En outre, l'algorithme A* est un algorithme classique de recherche dans les graphes développé en 1968 pour planifier des itinéraires pour des robots, en particulier un robot appelé Shakey, dont nous parlerons au chapitre 11. Shakey a été le premier robot mobile polyvalent doté d'un raisonnement autoréflexif ; il pouvait entièrement décomposer les commandes en leurs éléments les plus élémentaires, alors que d'autres robots contemporains avaient besoin d'instructions pour chaque étape d'une tâche plus complexe.

Par conséquent, il a été spéculé que Q* pourrait impliquer une fusion de l'apprentissage Q et de la recherche A* avec l'objectif très ambitieux de faire le lien entre un LLM et les aspects fondamentaux de l'apprentissage par renforcement profond.

L'apprentissage par renforcement est convaincant en raison de sa capacité à anticiper et à planifier les mouvements futurs dans un environnement complexe de possibilités et de sa capacité à apprendre par l'auto-apprentissage. Ces deux tactiques ont joué un rôle essentiel dans le succès d'AlphaGo, le logiciel d'apprentissage automatique dont nous avons parlé au chapitre 7. AlphaGo a non seulement vaincu les meilleurs joueurs de Go du monde entier, mais les a également surpassés de manière significative. Notamment, la planification à long terme et l'auto-apprentissage n'ont pas fait partie intégrante des LLM jusqu'à présent [Berman].

La planification prospective est un processus dans lequel un modèle anticipe les scénarios futurs afin de générer des actions ou des résultats améliorés. À l'heure actuelle, les LLM sont confrontés à des difficultés dans l'exécution d'une planification prévisionnelle efficace. Leurs réponses se limitent souvent à prédire le prochain jeton probable d'une séquence, manquant ainsi de prévoyance et de planification stratégique. Une façon d'appliquer la planification anticipée aux LLM consisterait à utiliser une structure en forme d'arbre pour explorer systématiquement diverses possibilités d'optimisation afin de résoudre un problème par le biais du processus d'essai et d'erreur d'un algorithme d'apprentissage par renforcement. Ces techniques ne pourraient pas améliorer de manière substantielle la capacité du modèle à planifier à l'avance, mais elles augmenteraient partiellement sa capacité à relever les défis de la logique et du raisonnement. Cependant, il est peu probable que les modèles formés de cette manière offrent une compréhension vraiment profonde des raisons sous-jacentes de la validité ou de l'invalidité des arguments logiques ou mathématiques.

La pierre angulaire de l'application de l'apprentissage par renforcement aux LLM est l'idée de l'auto-jeu. L'auto-jeu implique qu'un agent améliore son jeu en interagissant avec des versions légèrement différentes de lui-même. L'auto-jeu ne fait pas non plus partie des techniques de formation standard des LLM. Les LLM ne jouent pas contre eux-mêmes pour continuer à apprendre de meilleures réponses. Au lieu de cela, comme nous l'avons vu dans le chapitre précédent, les LLM sont formés par apprentissage auto-supervisé. Dans le domaine des LLM, la plupart des cas d'auto-jeu sont susceptibles de ressembler à un retour d'information automatique d'une IA jouant contre elle-même, plutôt qu'à des interactions compétitives jouant contre des humains.

Le retour d'information automatique de l'IA signifie essentiellement qu'un modèle d'IA reçoit automatiquement un retour d'information sur ses forces et ses faiblesses de la part d'un autre système d'IA, dont la fonction principale est d'évaluer le premier modèle. Le concept de retour d'information de l'IA est un domaine de recherche fondamental à l'heure actuelle. Les LLM actuels, tels que le GPT, sont formés à l'aide de la méthode RLHF (Reinforcement Learning by Human Feedback), selon laquelle le modèle est instruit et affiné sur la base des commentaires des évaluateurs humains, qui notent manuellement l'IA en fonction de la qualité des réponses ou de leur pertinence en termes d'éthique, de partialité ou de politesse. Cette méthode s'est avérée efficace pour développer la première génération de LLM. Toutefois, il s'agit d'un processus long et coûteux en raison de sa dépendance à l'égard de l'apport humain [Christiano et al.]

Un autre concept important est celui de l'auto-amélioration. L'auto-amélioration implique qu'un système d'IA s'engage dans un auto-jeu répété, surpassant les performances humaines en explorant diverses possibilités dans l'environnement du jeu. Le passage de la notation humaine à la notation automatique basée sur l'IA à grande échelle, en particulier si un autre modèle d'IA est impliqué dans les transferts, permettrait aux modèles d'IA de s'auto-améliorer, ce qui représenterait une avancée décisive dans le développement de l'AGI.

Cette méthodologie a une nouvelle fois été démontrée de manière éclatante dans le cas d'AlphaGo. AlphaGo a été initialement conçu pour apprendre en imitant des joueurs humains experts. Ce faisant, elle a atteint un niveau comparable à celui des meilleurs joueurs humains, mais n'a pas réussi à les surpasser. La percée s'est produite avec l'auto-amélioration : l'IA a joué des millions de parties dans un environnement fermé, optimisant ses performances sur la base d'une simple fonction de récompense, à savoir gagner la partie. Cette nouvelle approche a permis à AlphaGo de dépasser les capacités humaines, en surpassant les meilleurs joueurs humains en l'espace de 40 jours grâce à l'auto-amélioration.

L'auto-amélioration peut fonctionner de plusieurs manières avec les LLM. Considérons un scénario dans lequel des requêtes sont adressées à un LLM. Généralement, le modèle fournit une réponse, mais il n'est pas facile de savoir si la réponse est bonne. Cependant, l'introduction d'un second agent pour examiner et valider le travail de l'agent initial améliore nettement la qualité des résultats. Cela serait comparable aux modèles GAN utilisés dans les deep-fakes dont nous avons parlé dans le chapitre précédent, où un modèle est formé pour créer des images réalistes et un autre pour évaluer le degré de réalisme de ces images. Chacune alimentant l'autre, les deux parties du GAN entrent dans un cycle d'auto-amélioration.

La fonction de récompense qui permet d'évaluer si les résultats sont bons ou mauvais dans le cas du jeu de Go est très explicite. Elle est déterminée par le nombre de pierres qu'un joueur a sur le plateau et par le territoire qu'il contrôle.

Le principal défi pour les LLM réside dans l'absence d'un critère général de récompense, contrairement au jeu de Go, où le fait de gagner ou de perdre est clair et donc programmable. La langue, qui est diverse et multiforme, ne dispose pas d'une fonction ou d'une définition de récompense singulièrement discernable pour évaluer rapidement toutes les décisions concernant les résultats, par exemple la création de contenu.

S'il existe un potentiel d'auto-amélioration dans des domaines étroits, l'extension de ce concept au cas général reste une question ouverte dans le domaine de l'IA. La réponse à cette question pourrait débloquer la clé de l'AGI.

Algorithmes génétiques ou sélection naturelle appliqués à l'IA

Outre l'auto-jeu, il existe d'autres moyens de créer des algorithmes qui s'améliorent d'eux-mêmes. L'une d'entre elles est appelée algorithmes génétiques. Q* n'a pas été relié directement aux algorithmes génétiques, mais ils sont similaires au concept d'auto-amélioration.

Les algorithmes génétiques imitent les concepts de sélection naturelle et de génétique, selon lesquels les individus présentant des caractéristiques avantageuses ont plus de chances de survivre, de procréer et de transmettre ces caractéristiques à la génération suivante. En fait, ce concept n'est pas nouveau. Les premiers algorithmes génétiques ont été développés par Lawrence J. Fogel en 1960 [Fogel], mais ils connaissent actuellement un regain d'intérêt en raison de leurs applications dans le domaine de l'intelligence artificielle.

Dans un algorithme génétique, une population de solutions potentielles à un problème donné est représentée sous la forme d'un ensemble de programmes logiciels individuels, ou individus, chacun codé sous la forme d'une chaîne de paramètres ou de variables. Ces individus sont ensuite évalués en fonction de leur aptitude, qui mesure leur capacité à résoudre le problème posé. Les individus les plus aptes ont plus de chances d'être sélectionnés pour former la génération suivante, ce qui simule le processus de sélection naturelle.

Comme chez l'homme, l'algorithme génétique fonctionne selon un cycle de sélection, de croisement et de mutation. Lors de la sélection, les individus sont choisis en fonction de leur aptitude à servir de parents pour la génération suivante. Le croisement consiste à combiner l'information génétique des méthodes biparentales pour créer une progéniture présentant un mélange de leurs caractéristiques. Cette information génétique est le codage de la méthode elle-même, par exemple ses hyperparamètres. La mutation introduit des changements aléatoires dans l'information génétique de la méthode de la descendance, ajoutant ainsi de la diversité à la population. Ce processus est répété sur plusieurs générations et, au fil du temps, la population évolue vers de meilleures solutions au problème.

Les algorithmes génétiques sont utiles pour résoudre les problèmes d'optimisation dont l'espace de solution est vaste et complexe. Ils ont été utilisés avec succès dans divers domaines, notamment l'ingénierie, la finance et l'apprentissage automatique, pour trouver des solutions qui peuvent être difficiles à élaborer à l'aide de techniques d'optimisation conventionnelles.

L'inconvénient des algorithmes génétiques est similaire à celui de l'apprentissage par renforcement, à savoir qu'ils nécessitent une fonction objective qui définit l'efficacité de l'algorithme. Dans la sélection naturelle darwinienne, appliquée aux espèces vivantes, la fonction de récompense n'est pas la mort avant la reproduction [Darwin]. Comme nous l'avons souligné, la définition d'une fonction de récompense appropriée pour les MFR est un défi.

Données synthétiques et génération d'idées véritablement nouvelles

La troisième théorie spéculative sur le Q* suggère un lien potentiel entre l'apprentissage du Q* et les données synthétiques. Les données synthétiques constituent un autre domaine de recherche prometteur pour accélérer l'apprentissage des systèmes d'IA vers l'AGI. Les données synthétiques sont des données qui ne sont pas réelles, comme les données de formation recueillies à partir de sources du monde réel, mais qui sont suffisamment réalistes pour qu'un algorithme d'IA puisse être formé efficacement sur ces données.

L'acquisition d'ensembles de données de haute qualité constitue un défi omniprésent et redoutable. Les entreprises qui possèdent un ensemble de données exceptionnellement précieux, distinct et bien entretenu détiennent une valeur significative. Seules quelques entreprises disposent d'ensembles de données étendus et uniques, comme Google, Amazon, Meta, Reddit, et quelques autres un peu plus bas sur le totem, comme les opérateurs de téléphonie mobile et les banques. Notamment, OpenAI ne dispose pas de son propre ensemble de données exclusif et s'approvisionne auprès de divers canaux, y compris les achats et les ensembles de données libres. Si l'IA pouvait générer de manière autonome des ensembles de données synthétiques, elle ne serait plus tributaire de ce nombre limité de sources. De nombreuses entreprises et start-ups de premier plan travaillent sur les données synthétiques, mais il existe de sérieux obstacles au maintien de la qualité et à l'évitement d'une stagnation prématurée.

Par exemple, dans le cas des voitures autonomes, seules quelques entreprises comme Waymo de Google ou Tesla ont pu constituer d'énormes ensembles de données avec des millions d'heures de vidéo réelle des routes parce qu'elles ont commencé à incorporer des caméras vidéo et à échelonner la collecte de données il y a des années. D'autres constructeurs automobiles plus traditionnels, comme GM ou Ford, construisent également des voitures autonomes, mais ils ont commencé à intégrer des caméras vidéo beaucoup plus tard et ne disposent pas d'un ensemble de données vidéo aussi vaste que celui de Google ou de Tesla. Les données synthétiques leur seront extrêmement utiles pour entraîner leurs algorithmes de conduite. Nous reviendrons sur les voitures autonomes au chapitre 13, lorsque nous aborderons la mobilité des robots.

Le principal avantage des données synthétiques est qu'elles permettent d'introduire des idées ou des approches totalement innovantes dans un modèle. Les modèles formés sur des ensembles de données statiques ne sont fiables qu'en fonction de ces ensembles de données et peuvent être incapables de générer de nouvelles idées. Les LLM actuels s'appuient fortement sur leur ensemble de formation, produisant des réponses dérivées des connaissances existantes plutôt que de générer des idées véritablement nouvelles et innovantes. Pour revenir à l'exemple d'Alpha Go ci-dessus, lorsqu'AlphaGo utilisait des données d'entraînement provenant de joueurs humains experts, les seules stratégies qu'il pouvait apprendre étaient celles utilisées par les humains, mais il pourrait y avoir d'autres stratégies bien meilleures qui ne sont pas reflétées dans cet ensemble de données d'entraînement limité. De même, en fournissant à un modèle d'IA des données synthétiques de bonne qualité, nous ouvrons l'espace de solutions dans lequel le modèle peut apprendre.

Les données synthétiques pourraient être très utiles pour la formation de l'AGI. Même en combinant tous les ensembles de données disponibles, il se peut que l'on ne parvienne pas à répondre aux exigences en matière de données pour la formation d'une IA avancée, telle que l'AGI. La solution réside dans les données synthétiques ou dans un hybride de données réelles et synthétiques, et il se dit que Q* pourrait tirer parti de cette approche. Les variations ou les mutations créées par les données synthétiques pourraient être utilisées pour former des algorithmes par le biais d'un auto-jeu avec un retour automatique de l'IA ou par le biais d'algorithmes génétiques.

Les données synthétiques représentent également une pente très glissante pour l'évolution de l'IA. L'un des problèmes posés par les données synthétiques, qui sont réalistes mais pas réelles, est bien sûr qu'il est très difficile de faire la différence entre un contenu réel et un contenu réaliste ou, en termes de résultats, entre ce qui est réel et ce qui est fabriqué. S'il permet d'introduire des idées ou des approches totalement innovantes dans un modèle, il peut également être utilisé pour injecter des préjugés personnels. L'algorithme, en fait, ne peut pas faire la distinction, ce qui ouvre la porte à la manipulation massive d'informations, telles que les fausses nouvelles, les fausses vidéos, les fausses preuves dans les affaires criminelles, et toute autre donnée fortement biaisée. Nous aborderons ce sujet en détail dans le contexte des résultats dystopiques au chapitre 23.

Apprendre grâce aux données sensorielles

Enfin, nous aborderons deux domaines de recherche actuels qui ne sont pas liés aux rumeurs de Q* qui ont fait surface avec le licenciement de Sam Altman, mais qui sont prometteurs pour l'avancement de l'AGI. Le premier consiste à utiliser les données sensorielles, qui proviennent de nos sens, principalement de la vidéo, pour former des algorithmes. Pour certains grands noms de l'IA, dont Yann LeCun, l'exploitation des données sensorielles pour l'entraînement des algorithmes peut accélérer l'acquisition des connaissances [LeCun].

Les animaux et les humains font preuve d'un développement cognitif rapide avec beaucoup moins de données que les systèmes d'intelligence artificielle actuels, qui nécessitent d'énormes quantités de données d'apprentissage. À l'heure actuelle, les LLM sont généralement entraînés sur des ensembles de données textuelles qu'un être humain mettrait 20 000 ans à lire. Même avec toutes ces données d'entraînement, ces modèles ont encore du mal à comprendre des idées de base telles que le raisonnement logique ou mathématique. Les humains, quant à eux, ont besoin de beaucoup moins de données textuelles pour atteindre un niveau de compréhension plus élevé.

Selon M. LeCun, cela s'explique par le fait que les humains sont confrontés à un large éventail de types de données, au-delà du simple texte. Plus précisément, une part importante des informations que nous recevons se présente sous la forme d'images et de vidéos, un format très riche et intrinsèquement contextuel. Si l'on tient compte des données visuelles et de la richesse des images par rapport au texte, la consommation de données par les humains dépasse les données de formation d'un LLM, même dès le plus jeune âge. Par exemple, l'exposition d'un enfant de deux ans aux données visuelles est d'environ 600 téraoctets, alors que les données de formation d'un LLM s'élèvent généralement à environ 20 téraoctets. Cela signifie qu'un enfant de deux ans a été exposé à 30 fois plus de données qu'un LLM n'en reçoit généralement au cours de son processus de formation. Le publicitaire Fred Barnard a dit un jour qu*'"une image vaut mille mots",* et il s'avère qu'il avait raison, bien qu'il ait légèrement exagéré la réalité.

Selon LeCun, la raison pour laquelle les humains apprennent plus vite n'est pas uniquement due au fait que nos cerveaux sont plus grands que les LLM actuels. Il avance une autre raison pour étayer l'argument selon lequel les données vidéo jouent également un rôle important dans le processus de formation. Les animaux, notamment les perroquets, les corvidés, les pieuvres et les chiens, sont également beaucoup plus intelligents que les LLM actuels. Ces animaux possèdent environ quelques trillions d'hyperparamètres, ce qui correspond étroitement aux LLM actuels. Le GPT-4 aurait 1,76 trillion d'hyperparamètres, tandis que le GPT-3 en aurait 175 milliards. Les hyperparamètres d'un réseau neuronal artificiel sont équivalents aux synapses du cerveau.

À titre de comparaison, les cerveaux humains sont en effet beaucoup plus gros que les LLM actuels. Les humains ont environ 100 milliards de neurones et entre 100 et 1 000 trillions de synapses, les jeunes ayant beaucoup plus de synapses que les plus âgés [Herculano-Houzel] [Wanner] [Zhang] [Yale].

De nouvelles architectures capables d'imiter l'apprentissage efficace observé chez les humains et les animaux susmentionnés sont en cours de développement afin d'utiliser les données sensorielles dans le processus d'apprentissage des modèles d'IA avancés. L'ajout de données textuelles - qu'elles soient synthétiques ou non - est une mesure temporaire. Mais l'intégration de données sensorielles, en particulier la vidéo, est la solution idéale qui pourrait permettre aux scientifiques de se rapprocher de l'AGI. La vidéo dispose d'une plus grande bande passante que le texte et d'une structure interne supérieure, car elle contient des données spatiales, de mouvement, audio et textuelles. La vidéo offre également plus de possibilités d'apprentissage que le texte en raison de sa répétition naturelle, et elle offre des connaissances significatives sur la structure du monde.

En fin de compte, comme le disaient très justement les romains, *"de gustibus et de colorem non disputandem"* (le goût et la couleur ne se discutent pas). Une formation exclusivement basée sur du texte dont les données comprennent le mot *"vert"*, par exemple, ne permettra jamais de comprendre contextuellement que le vert pour moi peut être bleu pour vous. De même, lorsque quelqu'un dit *"ce plat est délicieux"*, la véritable signification ne peut être comprise qu'en voyant si cela a été dit en levant les yeux au ciel ou non. Étant donné qu'il n'existe pas de bases de données étendues de vidéos réelles permettant d'entraîner l'IA au bon sens contextuel, il est très probable que des vidéos synthétiques soient utilisées à cette fin, d'où le risque de biais spécifiques, comme nous l'avons vu précédemment.

Modèles de monde : Une vision du monde par l'IA

Dans le domaine de l'intelligence artificielle, un *"modèle de monde"* est une représentation complète d'un environnement utilisée dans le cadre de l'apprentissage par renforcement. Les modèles de monde encapsulent les éléments clés, la dynamique et les relations au sein de cet environnement, ce qui permet à un agent d'IA de simuler et de comprendre son environnement. Les modèles de monde sont également utilisés dans la formation en robotique depuis les premiers jours. Ces modèles permettent au robot d'interpréter et de prédire les événements, facilitant ainsi la prise de décision et la planification. Nous y reviendrons en détail au chapitre 11.

Les êtres humains utilisent également des représentations mentales semblables à des modèles du monde. Ces représentations sont construites par la perception sensorielle, l'expérience et l'apprentissage, permettant aux individus de comprendre et de naviguer dans le monde qui les entoure. Les modèles du monde humain englobent divers éléments expérientiels, notamment les relations spatiales, les dynamiques de cause à effet et les interactions sociales. Ils informent ce que l'on appelle familièrement *la "vision du monde"*. À l'instar de l'entraînement des robots, les humains utilisent ces représentations mentales pour prendre des décisions, planifier et s'adapter à de nouvelles situations. À bien des égards, il est inévitable d'éclairer les décisions.

Les LLM actuels n'intègrent pas explicitement les modèles élaborés du monde, et leur intégration est l'une des voies avancées explorées aujourd'hui pour réaliser l'AGI. L'intégration de ces modèles est l'une des voies avancées explorées aujourd'hui pour réaliser l'AGI. Elle pourrait offrir deux avantages clés pour atteindre l'objectif d'instancier l'AGI : Premièrement, en incorporant une compréhension plus large de l'environnement, les LLM pourraient générer des réponses plus pertinentes et mieux informées, débloquant ainsi la capacité du modèle à s'engager dans des conversations nuancées, à comprendre des scénarios plus complexes et à fournir des informations plus précises et mieux adaptées au contexte. Deuxièmement, les modèles mondiaux pourraient également permettre aux LLM de simuler et de raisonner sur différentes situations, ce qui pourrait améliorer leur capacité à raisonner avec bon sens et à résoudre des problèmes dans divers contextes.

Nous notons que les modèles de monde peuvent également être liés au thème de la conscience humaine et de l'IA. La conscience est l'état d'un être conscient et capable de percevoir ses pensées, ses sensations, ses sentiments et son environnement. Il s'agit d'un sujet complexe que la science connaît mal. Nous l'aborderons dans le contexte de la superintelligence au chapitre 26.

Merci !

Merci de prendre le temps de lire Comment l'IA Transformera Notre Avenir. J'espère sincèrement que vous l'appréciez.

Ce livre, mon tout premier, est le fruit de mois de travail acharné, de passion et de réflexion. Il reflète mes recherches, mes espoirs, mais aussi mes préoccupations face à l'avenir de l'IA. Votre retour, qu'il soit élogieux, constructif ou critique, m'est précieux.

Laissez un commentaire sur la plateforme où vous l'avez acheté, cela m'aidera à progresser et à toucher un plus large public.

Vous pouvez poster votre avis sur Amazon.fr en scannant le QR code ci-dessous.

Partie III : Le nouveau corps

"" جسدك له حق عليك ""

"Votre corps a des droits sur vous."

Le prophète Muhammad,

560 - 632 APRÈS J.-C.

Sahih al-Bukhari, Livre 43, Chapitre 3, Hadith 6284

(L'auteur de ce livre a un profond respect pour les enseignements de Muhammad, le prophète de l'islam, et pour les adeptes de l'islam.)

Préambule

Les robots sont une extension du corps humain. S'ils ont d'abord trouvé leur place dans des environnements de production trop dangereux pour l'homme, ils commencent aujourd'hui à s'intégrer de manière transparente dans notre vie quotidienne, des appareils ménagers aux voitures autonomes, améliorant ainsi la commodité et l'efficacité de toutes les applications.

Grâce aux réseaux neuronaux profonds, l'IA et la robotique sont désormais intégrées ; aujourd'hui, un robot est essentiellement une IA dotée d'un corps physique. À mesure que les nouvelles technologies d'IA font progresser la conscience émotionnelle des robots et permettent une interaction plus profonde avec les humains, les robots humanoïdes jouent un rôle non seulement dans la fabrication, mais aussi dans la construction, les soins de santé et les industries de services. Ces robots progressent même dans le domaine des soins aux personnes âgées, un secteur dans lequel la touche humaine a toujours été très appréciée.

Les robots deviennent progressivement le nouveau corps de l'humanité. Les prothèses robotiques, étroitement liées à notre cerveau, permettent déjà de contrôler les mouvements et les expériences sensorielles. À l'avenir, l'intégration systématique d'améliorations mécaniques ou électroniques à notre corps et à notre cerveau deviendra de plus en plus possible, ouvrant ainsi l'ère des cyborgs généralisés.

Avant de nous pencher sur l'avenir des robots, nous allons d'abord passer en revue leur évolution. Les robots modernes trouvent leur origine dans des créations mécaniques complexes remontant à la Grèce classique. Le chapitre 10 se penche sur les débuts de l'histoire de ces automates, en passant par la révolution industrielle, lorsque l'émergence d'usines automatisées a suscité des inquiétudes quant au déplacement d'emplois et déclenché le mouvement luddite en réponse à l'automatisation, un mouvement qui, selon nous, se répétera dans un équivalent moderne.

Le chapitre 11 décrit les premiers robots construits à partir des années 1920. À l'époque, il existait deux approches concurrentes de la conception des robots, l'une analogique et l'autre utilisant la logique symbolique. Les robots analogiques reposaient sur des signaux électriques continus, avaient une réactivité en temps réel inégalée et excellaient dans les tâches les plus simples. Les robots basés sur la logique symbolique utilisaient un ordinateur pour traiter des symboles logiques discrets et pouvaient effectuer des tâches plus complexes, mais ils étaient plus lents que leurs homologues.

Après ces premières années, le développement des robots s'est scindé en trois archétypes distincts qui ont progressé indépendamment : premièrement, les bras robotiques et les applications industrielles ; deuxièmement, les robots conçus pour une mobilité et une autonomie élevées ; et troisièmement, les robots conçus pour les interactions humaines.

En ce qui concerne le premier type de robot, le chapitre 13 présente le bras robotique, indéniablement le robot le plus influent de l'histoire. Initialement développé aux États-Unis en 1961, le bras robotisé a trouvé ses premières applications dans l'industrie automobile américaine avant de s'étendre rapidement à d'autres secteurs et à d'autres zones géographiques. Le chapitre 14 explique comment le bras robotique est arrivé au Japon en 1969 et s'est rapidement transformé en machines industrielles sophistiquées, faisant du Japon le leader mondial de la robotique, avec une part de marché de 90 % de tous les robots industriels en 1990.

En ce qui concerne le second type de robot, un bond significatif dans l'autonomie et la mobilité des robots s'est produit après la crise Dot-Com en 2002, avec l'augmentation de la capacité des ordinateurs et le développement de puissants algorithmes de réseaux neuronaux, permettant aux robots de prendre des décisions complexes en matière de mobilité en temps réel. Le chapitre 15 est consacré aux voitures autonomes, aux robots d'entrepôt et aux robots quadrupèdes ou bipèdes. Le chapitre 16 se penche sur les robots militaires, en particulier sur l'évolution des véhicules terrestres sans équipage et des drones. Enfin, le chapitre 17 explore les robots spatiaux, depuis ceux de la station spatiale internationale, dont les exigences en matière d'autonomie sont moindres, jusqu'aux robots d'exploration de Mars, qui deviennent de plus en plus autonomes, en passant par les robots d'extraction d'astéroïdes, dont les exigences en matière d'autonomie et de mobilité sont les plus élevées.

Les deux derniers chapitres de cette section se penchent sur le troisième type de robot, spécifiquement conçu pour interagir avec les humains. Le Japon développe des humanoïdes depuis la fin des années 1960. Le chapitre 19 examine le rôle des robots humanoïdes au Japon en tant que réponse innovante aux défis démographiques et en tant que remplacement de l'immigration. Au Japon, les robots sont utilisés pour automatiser le travail dans diverses industries, y compris dans des secteurs traditionnellement non automatisés comme le commerce de détail, l'hôtellerie, les services et la construction. En outre, le chapitre 20 explore l'évolution de la capacité des robots à comprendre les émotions humaines et à y répondre, en intégrant de manière transparente les émotions dans leurs processus de prise de décision. Cette transformation favorise les liens affectifs entre les humains et les robots.

Dans les pages qui suivent, nous examinons l'évolution des robots, qui s'est déroulée séparément mais parallèlement au développement de l'IA, les lignes de démarcation entre les deux s'étant désormais croisées. Nous examinons les implications de cette évolution, la façon dont la technologie robotique est sur le point d'accroître sa présence dans notre société et ce que cela signifie pour nous.

10. Des automates mécaniques à la révolution industrielle

"Comme les garçons de Liberty sur la mer
Ils ont acheté leur liberté, à bas prix, avec leur sang,
Alors nous, les garçons, nous
mourront en combattant ou vivront libres,
et à bas tous les rois sauf le roi Ludd !"

George Gordon Byron, Lord Byron

Poète britannique
Chanson pour les luddites [Eschner]
1816

Au début du XIXe siècle, alors que la révolution industrielle déferlait sur l'Angleterre, un chœur retentissant de dissidence et de rébellion a trouvé de multiples expressions parmi les artisans, les ouvriers et les autres travailleurs. Dans son poème de 1816 *intitulé* "chanson pour les luddites", le poète Lord Byron exprime avec éloquence les thèmes de la liberté et du défi face à la mécanisation. Les Luddites, un groupe d'ouvriers qualifiés du textile, ont incarné cet esprit en s'opposant farouchement à l'intrusion des machines dans leur métier, recourant à des actes spectaculaires de destruction de machines pour protester contre l'automatisation.

En 2023, nous assistons à une bataille similaire au cœur d'Hollywood [CBS]. Les acteurs et scénaristes syndiqués sont descendus dans la rue, exprimant leurs inquiétudes et leurs craintes quant à l'impact de l'IA sur leurs emplois. Leurs protestations reflètent un malaise grandissant face à l'utilisation croissante de l'automatisation et de l'IA sur les lieux de travail, menaçant de remplacer la créativité humaine par des machines. La perspective de voir leurs rôles pris en charge par des robots et des algorithmes a suscité l'inquiétude de ceux qui ont consacré leur vie à l'art de raconter des histoires.

À l'instar des luddites, les travailleurs de multiples secteurs expriment aujourd'hui à juste titre leurs inquiétudes quant à l'ampleur de l'impact potentiel de l'IA, qui pourrait les rendre économiquement obsolètes. Presque tous les aspects de notre vie, des véhicules autonomes aux diagnostics médicaux, reposent sur le travail humain qui, en l'absence d'une stratégie d'adaptation et d'ajustement, subira les conséquences négatives de l'IA.

Les fondements de la robotique moderne remontent au développement historique des machines automatisées, qui a conduit à la révolution industrielle et à des réfractions telles que le mouvement luddite. Les robots trouvent leur origine dans le travail des ingénieurs mécaniciens de diverses civilisations, de la Chine antique et de l'époque hellénistique au monde islamique et à l'Europe médiévale, y compris des personnages influents comme Léonard de Vinci.

Les ingénieurs mécaniciens du monde hellénistique

Au 4e siècle avant J.-C., dans le monde grec, les mythes et les légendes ont grandement influencé la conceptualisation et le développement de l'automatisation, comme nous l'avons vu au chapitre 3.

Dans ce contexte mythique, une figure rationnelle s'impose : Archytas de Tarente, mathématicien et ingénieur du IVe siècle av. Inspiré par les contes les plus divers, Archytas a créé un étonnant oiseau mécanique mû par la vapeur. Un jour, invité à une fête, Archytas décida de présenter cette ingénieuse machine. La machine atteint un vol remarquable qui fascine tout le monde. L'oiseau s'éleva au-dessus des invités avant de revenir gracieusement vers son créateur, laissant tout le monde stupéfait. [Chambres]

Comme Archytas, de nombreux ingénieurs talentueux ont vu le jour dans l'Égypte hellénistique, et plus particulièrement à Alexandrie. Nombre d'entre eux se sont spécialisés dans la fabrication d'automates pour les cérémonies religieuses et les divertissements, s'adressant principalement à l'élite. Parmi eux, on peut citer Héron d'Alexandrie (1er siècle après J.-C.). Héron donnait vie à des personnages et à des scènes dans un théâtre de marionnettes. Ses créations étaient dotées de mécanismes complexes tels que des portes automatiques, des fontaines liquides distribuant du vin ou du lait, et un distributeur automatique d'eau bénite contre une pièce de monnaie. Ces dispositifs fonctionnaient grâce à des systèmes d'air comprimé et de vapeur, révélant une sophistication surprenante de l'ingénierie mécanique. Les techniques de construction complexes de ces merveilles sont décrites dans le Traité de pneumatique de Hero [Alexandrie].

Tout au long du Moyen Âge, le monde grec a maintenu la pratique de la création d'automates. L'Empire byzantin, situé dans l'est de la Méditerranée, a poursuivi le riche héritage culturel grec et romain après la chute de Rome en 476. Il s'agissait notamment de préserver et de faire progresser les connaissances en matière de fabrication d'automates que leurs ancêtres alexandrins leur avaient transmises. Un exemple datant du 10e siècle illustre la technologie byzantine. Lorsque les ambassadeurs d'Europe occidentale se sont rendus à Constantinople, ils ont été très impressionnés par les automates exposés dans le palais des empereurs Théophile et Constantin Porphyrogénitus. Ces automates comprenaient des lions en bronze doré ou en bois, des oiseaux métalliques aux chants mélodieux et un trône d'empereur qui montait et descendait élégamment sur une plate-forme. Ces créations merveilleuses ont laissé une marque indélébile sur les ambassadeurs, qui ont raconté ces merveilles à leur retour dans leur pays [Safran].

Les pionniers de l'automatisation dans la Chine impériale

Du VIIIe au XIe siècle, alors que l'Europe est plongée dans une période de stagnation pendant le haut Moyen Âge, la Chine connaît une renaissance et un essor qui marquent un chapitre fascinant de son histoire. Au cours de cette période, les dynasties Tang et Song ont profondément marqué le développement culturel, technologique et commercial du pays. Les empereurs Tang (618-907 après J.-C.) ont vu fleurir les arts, la poésie et l'expansion du bouddhisme. Après une brève période de fragmentation politique, la dynastie Song a émergé (960 - 1127 après J.-C.), sous le règne de laquelle la Chine a connu des avancées significatives dans les domaines de la science, de la technologie et du commerce, avec des innovations notables telles que la boussole magnétique et l'imprimerie à caractères mobiles.

Dans ce contexte de développement et de créativité, des personnalités de premier plan dans le domaine de l'automatisation sont apparues en Chine. Parmi elles, Ma Daifeng, un inventeur énigmatique du 8e siècle dont on sait peu de choses. Ma Daifeng a construit une coiffeuse pour l'impératrice de Chine, un appareil étonnant pour l'époque. Lorsque l'impératrice avait besoin de faire sa toilette et de se maquiller, l'armoire à glace s'ouvrait automatiquement et une figurine mécanique en bois en sortait gracieusement, apportant les articles nécessaires à sa toilette personnelle, du maquillage aux accessoires de coiffure [Hemal et Menon].

Cependant, Ma n'était pas le seul pionnier dans le domaine de l'ingénierie mécanique. Ying Wenliang s'est distingué en tant que visionnaire en créant des automates capables de prononcer des discours lors de banquets et d'autres qui jouaient des mélodies à l'aide d'anciens instruments de musique chinois, démontrant ainsi sa capacité à construire selon des normes qui imitent avec précision les mouvements humains.

Enfin, le scientifique et ingénieur Su Song a profondément marqué l'histoire de l'automatisation avec son chef-d'œuvre, la tour Su Song à Kaifeng, en Chine, construite en 1088 après J.-C. [Lin et Yan]. Cette tour abritait une série de mannequins automatiques qui accomplissaient diverses tâches, allant de la mesure du temps à l'indication de la direction des vents, en passant par la sonnerie des cloches et les représentations théâtrales.

L'islam médiéval révolutionne la mécanique

Le monde arabe médiéval a connu une ère remarquable de progrès intellectuels et technologiques, connue sous le nom d'âge d'or islamique. Cette époque, dirigée par la dynastie abbasside, qui a régné du VIIIe au XIIe siècle, a été le témoin de développements étonnants dans diverses disciplines, telles que la science, la philosophie, la médecine, les arts et l'architecture. Elle a commencé par l'expansion de l'islam sous les califats omeyyades et abbassides, qui ont établi de vastes empires s'étendant de l'Espagne à la Perse. Sous la direction de la dynastie abbasside, Bagdad est devenue un centre intellectuel et culturel de premier plan, où des avancées significatives ont été réalisées dans des domaines tels que les mathématiques, l'astronomie et la médecine, laissant un impact durable sur la civilisation mondiale.

Ismail al-Jazari est un musulman polymathe qui a laissé une trace indélébile dans l'histoire de l'ingénierie. Al-Jazari a vécu au XIIe siècle dans le nord de la Mésopotamie, et son héritage perdure grâce à son ouvrage, le *"Livre de la connaissance des dispositifs mécaniques ingénieux"*, écrit en 1206. Dans ses pages, il décrit méticuleusement plus de 50 dispositifs mécaniques, dont des automates humanoïdes d'une étonnante complexité [Elices].

L'un des automates les plus célèbres d'Al-Jazari était un bateau équipé de quatre musiciens automatiques qui captivaient les invités lors de somptueuses fêtes royales. Ces musiciens, qui jouaient de la flûte, du tambour, du luth et d'autres instruments traditionnels de l'époque, étaient parfaitement synchronisés grâce à un système complexe d'engrenages, de cames et de leviers actionnés par un système de poids et d'eau. Chaque musicien automatique jouait des mélodies préprogrammées, à la manière d'un *"piano mécanique"*, offrant au public une expérience musicale unique.

Un autre automate remarquable construit par Al-Jazari était une serveuse mécanique qui servait de l'eau, du thé et d'autres boissons. La boisson s'écoulait d'un réservoir dans une cruche puis, après quelques minutes, dans une tasse. Une porte automatisée s'ouvrait alors pour permettre à la serveuse de terminer son service. Al-Jazari a également créé un automate pour le lavage des mains qui comprenait un mécanisme de chasse d'eau antérieur à la technologie des toilettes contemporaines. Cette invention mettait en scène un automate humanoïde près d'un évier rempli d'eau. L'eau de l'évier se vidait lorsque l'utilisateur tirait le levier, et l'automate la remplissait à nouveau.

Les automates d'Al-Jazari, exceptionnellement sophistiqués pour l'époque, témoignent d'une profonde compréhension de la mécanique et de l'ingénierie. Son choix de représenter des figures humaines dans ces automates est intrigant, étant donné que l'islam n'encourage pas la représentation de la forme humaine. Toutefois, ces appareils ont été créés à des fins pratiques, au-delà des considérations religieuses, et mettent en évidence l'ingéniosité et les compétences techniques des créateurs d'automates qui étonnent encore aujourd'hui par leur ingéniosité et leur complexité.

L'Europe s'éveille et adopte la mécanique islamique

Au Xe siècle, l'Europe commence à se réveiller de son sommeil du haut Moyen Âge. Une période d'innovation et de créativité s'ouvre alors. Les connaissances mathématiques et mécaniques du monde hellénistique et arabe parviennent en Europe au contact des Arabes, principalement en Espagne et en Sicile.

L'une des pièces les plus emblématiques de cette influence arabe dans l'Europe du Xe siècle est un cadeau extraordinaire que Harun al-Rashid, le puissant calife de Bagdad, a envoyé au roi Charlemagne des Francs en l'an 807 [LaGrandeur]. Il s'agissait d'une horloge à eau dotée de vérins hydrauliques complexes et de figures humaines en mouvement. Ce cadeau n'a pas seulement émerveillé Charlemagne, il a aussi semé la curiosité et l'émerveillement sur le continent européen.

Par la suite, vers le Xe siècle, les premières horloges à eau inspirées de l'esthétique du monde arabe ont commencé à être construites en Europe. Le pape Sylvestre II, par exemple, en possédait une. L'héritage technique des Arabes, avec leur expertise en mécanique et en mathématiques, a continué à marquer l'Europe. Les engrenages segmentaires, décrits par Al-Jazari dans ses livres, sont apparus dans les horloges européennes les plus perfectionnées près de cent ans plus tard. Le transfert de connaissances a été lent mais régulier, et l'Europe a commencé à absorber la sagesse et les compétences techniques qui s'étaient accumulées au fil des siècles après avoir émergé du haut Moyen Âge.

Il existe de nombreux exemples d'automates conçus et façonnés à la fin du Moyen Âge. Lorsque Robert II, comte d'Artois, a aménagé un jardin dans son château au cours du 13e siècle, il y a inclus un certain nombre d'automates mécaniques inspirés d'animaux et d'êtres humains. Plus tard, au XIVe siècle, les gâcheurs de cloches automatiques, connus sous le nom de *"jaquemarts"*, sont devenus populaires dans les villes européennes, parallèlement aux horloges mécaniques [LaGrandeur]. Au XVe siècle, Johannes Müller von Königsberg, éminent astronome et mathématicien allemand, crée des automates mécaniques inspirés des oiseaux et des insectes, comme son *"aigle de fer"* et sa *"mouche de fer"*. Enfin, à la Renaissance anglaise, John Dee, conseiller de la reine Élisabeth, a créé un scarabée mécanique en bois qui pouvait voler grâce à des mécanismes internes dissimulés.

La créativité mécanique de Léonard de Vinci

Aucune étude succincte des automates et de l'ingénierie mécanique qui ont exercé une influence sur la robotique ne peut ignorer les machines ingénieuses du maître de l'ingénierie Léonard de Vinci. L'influence de Léonard de Vinci sur l'évolution ultérieure de la robotique est un aspect fascinant de l'histoire de la technologie. Sa capacité à combiner la science et la créativité artistique, en associant le réel au conceptuel pour créer le potentiel, tout comme l'influence de la science-fiction sur l'orientation de l'IA, est un exemple de la manière dont l'intersection de la technologie et des arts visuels peut conduire à des innovations significatives.

L'un des premiers exemples documentés de l'incursion de Léonard dans le monde de l'automatisation est sa conception détaillée d'un automate humanoïde, réalisée en 1495, une conception qui avait été perdue et qui a été redécouverte dans les années 1950 [Moran].

L'automate conçu par Léonard de Vinci est un chevalier mécanique en armure. Pour créer ce chevalier, Léonard s'est inspiré de ses études d'anatomie, en particulier de sa célèbre étude des proportions idéales du corps humain. Bien que le fonctionnement exact de cette machine ait été débattu en raison de l'absence de preuves directes, il existe des spéculations sur la façon dont elle aurait pu fonctionner en se basant sur les dessins et les principes mécaniques que Léonard a appliqués lors de sa création.

Cet automate se composait de plusieurs éléments et mécanismes clés qui lui permettaient de fonctionner. Parmi ces éléments figuraient la structure de soutien de l'automate, l'armure qu'il portait - conçue dans le style germano-italien de l'époque - et les capacités de mouvement qui imitaient les humains, telles que s'asseoir, bouger les bras et bouger la tête et la mâchoire.

L'un des aspects les plus énigmatiques de la conception était un tambour mélodique situé sur le dessus de l'automate. On ne sait pas si ce tambour était directement lié au fonctionnement de l'automate ou s'il avait une fonction indépendante, comme un mécanisme musical.

L'automate pouvait également bouger les poignets, mais pas les bras ni les avant-bras. Chaque poignet pouvait bouger alternativement, ce qui suggère une possible fonction musicale ou de percussion. En outre, l'automate était équipé d'un mécanisme qui pouvait être programmé en plaçant ou en retirant des chevilles, ce qui permettait d'alterner les séquences rythmiques. Cela indique également une fonction musicale ou de divertissement.

Un autre exemple notable des efforts de Léonard dans le domaine de l'automatisation est le *"lion mécanique programmable"* qu'il a construit comme allégorie politique en 1515. Ce lion pouvait ouvrir son poitrail et afficher les armoiries royales et les fleurs à l'intérieur, et l'on pense que son moteur était basé sur un chariot autopropulsé dessiné par Léonard en 1478. Bien que de nature différente de son chevalier mécanique, cet automate illustre la polyvalence et la créativité de Léonard dans la création de machines impressionnantes [Ledsom].

Des jouets mécaniques ingénieux qui étonnent le monde entier

La tradition de créer des automatismes mécaniques pour le plaisir des classes supérieures, qui a débuté dans le monde arabe et s'est maintenue en Europe au bas Moyen Âge, s'est poursuivie et étendue à l'ensemble de la société au cours de l'ère moderne. Au XVIIIe siècle, une gamme éblouissante de jouets mécaniques et d'automatismes ludiques est apparue et a commencé à captiver la société. Cet élan inventif a enflammé l'imagination des horlogers et des artisans mécaniciens de toute l'Europe, suscitant l'enthousiasme pour les jouets automatisés. L'aristocratie européenne s'est empressée d'adopter ces automates et de les collectionner pour se divertir.

Ainsi, Jacques de Vaucanson, habile artisan du XVIIIe siècle, a réalisé un canard mécanique pour Louis XV. Cet étonnant oiseau-jouet pouvait manger et boire grâce à des pièces mobiles complexes. Les ambitions de Vaucanson allaient plus loin, l'amenant à fabriquer des automates humanoïdes tels qu'un batteur et un flûtiste, remarquables pour leur étonnante ressemblance avec la forme humaine [Hemal et Menon].

De même, Pierre Jaquet-Droz, horloger suisse du XVIIIe siècle, s'est aventuré dans le monde des automates comme outil de promotion pour son entreprise de vente de montres et d'oiseaux. Ses humanoïdes mécaniques accomplissaient des actions étonnantes. *"L'Écrivain"*, l'une de ses créations les plus célèbres, pouvait composer des messages personnalisés à l'aide d'un stylo et de papier. Les autres automates de Jaquet-Droz produisaient de la musique et exécutaient des mouvements complexes, devenant des merveilles d'ingénierie et des sources de divertissement recherchées [Deshpande].

En revanche, Wolfgang von Kempelen, un inventeur hongrois, a présenté à la fin du XVIIIe siècle *"Le Turc"*, une machine à jouer aux échecs qui a stupéfié le monde entier. Cet automate se mesurait habilement à des adversaires humains, battant des personnages historiques de premier plan tels que Benjamin Franklin et Napoléon Bonaparte. Edgar Allan Poe en a même parlé dans son court roman *"Le joueur d'échecs de Maelzel"* [Poe]. Cependant, derrière l'illusion, le Turc cachait un joueur humain, une tromperie magistrale qui a captivé le public pendant des années [Hemal et Menon].

Loin de l'Europe, la même chose se passait parallèlement au Japon - un pays qui était destiné à devenir le leader mondial absolu de la robotique - où les jouets mécaniques, connus sous le nom de Karakuri, faisaient sensation. Les Karakuri allaient de simples poupées à des automates complexes qui servaient le thé, écrivaient et tiraient des flèches. Ils étaient populaires dans les spectacles et les festivals. L'intérêt pour les Karakuri était tel qu'en 1796, le *"Karakuri Zui"* a été publié, un livre fondamental documentant et décrivant les Karakuri, leur conception, leur technologie et leur fonctionnement [Murakami]. Hisashige Tanaka est une figure intéressante de l'ingénierie des automates. Tanaka a commencé sa carrière au XIXe siècle en fabriquant des karakuri, mais il a abandonné cette activité pour se concentrer sur des produits à plus forte valeur ajoutée tels que l'hydraulique et l'éclairage. Il a même fabriqué un train et un bateau à vapeur. Il était un inventeur si prolifique qu'il a été surnommé l'*"Edison japonais"*. À sa mort, son entreprise est devenue Toshiba, la multinationale technologique japonaise géante [Hornyak].

La révolution industrielle éclate

Pour en revenir à l'Europe, à la fin du XVIIIe siècle, la Grande-Bretagne était l'épicentre de la révolution industrielle. L'introduction de machines, telles que la machine à vapeur de James Watt et le métier à tisser mécanique d'Edmund Cartwright, a marqué le début d'une ère d'automatisation. La production textile a grandement bénéficié de ces innovations, qui ont permis une fabrication plus rapide et plus efficace.

L'élan de la révolution industrielle, impulsé par la Grande-Bretagne, s'est rapidement propagé à toute l'Europe. Des pays comme l'Allemagne, la France et la Belgique ont adopté avec enthousiasme les machines et les avancées technologiques britanniques, déclenchant un phénomène d'industrialisation à l'échelle du continent. En Europe, le tissage était également une industrie importante, mais à forte intensité de main-d'œuvre. Traditionnellement, les tisserands faisaient appel à des assistants pour manipuler les fils afin de créer des motifs complexes. Cependant, une percée s'est produite en 1804 lorsque l'inventeur français Joseph-Marie Jacquard a présenté le révolutionnaire *"métier à tisser Jacquard"*. Cette machine ingénieuse traduisait des formes codifiées à partir de cartes perforées en configurations précises de la machine qui manipulait automatiquement les fils pour tisser les motifs souhaités. Cette innovation a permis d'augmenter de façon exponentielle la vitesse de tissage, faisant passer la productivité de 3 cm par jour à 60 cm [Keranen].

Au début du XIXe siècle, la révolution industrielle a également traversé l'Atlantique pour atteindre les États-Unis. Des visionnaires comme Eli Whitney, célèbre pour son égreneuse à coton, et Samuel Slater, surnommé *le "père de la révolution industrielle américaine"* pour sa maîtrise de la fabrication de machines textiles, ont apporté une contribution indélébile à l'industrialisation de l'Amérique.

La mécanisation et l'automatisation de tâches auparavant effectuées par l'homme ont déclenché de profondes transformations économiques et sociétales.

La lutte des luddites pour résister à l'assaut de l'automatisation

Un groupe de travailleurs anglais du textile, connu sous le nom de Luddites, est apparu au début du 19e siècle en réponse aux profonds changements apportés par la révolution industrielle, en particulier l'adoption généralisée des machines dans la production textile ; leur mouvement a pris de l'ampleur entre 1811 et 1816 [Sale].

Le terme *"luddite"* trouve son origine dans un personnage mythique nommé Ned Ludd, un tisserand qui aurait brisé deux cadres de bas en 1779 après avoir été critiqué pour son travail. Les luddites ont adopté ce nom comme pseudonyme pour envoyer des messages menaçants aux propriétaires d'usines et aux fonctionnaires, afin de protester contre la mécanisation croissante de la production textile.

Le malaise des luddites à l'égard de la révolution industrielle s'explique par leur conviction que le remplacement des travailleurs qualifiés par des machines entraînerait du chômage et une baisse des salaires. En outre, ils considéraient que les machines compromettaient la qualité des produits, car les travailleurs non qualifiés ne pouvaient pas rivaliser avec le savoir-faire des artisans.

Pour protester contre la mécanisation de leur métier, les luddites ont utilisé diverses tactiques, dont la destruction des machines. Ils effectuaient des raids clandestins dans les usines et les moulins, ciblant explicitement les machines qu'ils jugeaient responsables de leurs difficultés économiques. La destruction des machines est devenue le symbole de leur résistance à l'industrialisation.

L'un des incidents les plus tristement célèbres impliquant les luddites est l'assassinat du propriétaire d'un moulin, William Horsfall, en 1812. Horsfall avait fait des remarques incendiaires sur les luddites, jurant de *"monter jusqu'à sa selle dans le sang luddite"*. En représailles, un groupe de luddites lui a tendu une embuscade et l'a tué, ce qui a provoqué une escalade des tensions et une répression accrue du mouvement par le gouvernement [Sharp].

En fin de compte, le mouvement luddite a succombé à l'intervention et à la répression du gouvernement. Le gouvernement britannique a déployé des troupes pour réprimer les activités luddites, ce qui s'est traduit par des arrestations, des procès et de lourdes peines pour les personnes impliquées dans le bris de machines. Le Frame Breaking Act de 1812 a fait du *"bris de machine"* un crime capital, décourageant encore davantage les actions luddites. Ces mesures ont progressivement sapé l'élan du mouvement, entraînant son déclin.

Malgré les subterfuges et l'opposition ouvertement exprimée à l'industrialisation, la résistance luddite n'a finalement pas réussi à arrêter la révolution industrielle. Les luddites et leurs partisans ont été réprimés avec succès par l'usage de la force par le gouvernement et le soutien des classes moyennes et supérieures. Les changements économiques et technologiques de la révolution industrielle se sont poursuivis sans relâche. Le mouvement luddite est un témoignage historique de la relation complexe et parfois controversée entre le progrès technologique et les sentiments des travailleurs.

11. Le grand débat : logique symbolique ou logique analogique

"Le modèle doit ressembler à un animal, non pas dans son apparence, mais dans son action. Il doit donc posséder ces attributs ou une partie d'entre eux : l'exploration, la curiosité, le libre arbitre dans le sens de l'imprévisibilité, la recherche d'objectifs, l'autorégulation, l'évitement des dilemmes, la prévoyance, la mémoire, l'apprentissage, l'oubli, l'association d'idées, la reconnaissance des formes et les éléments de l'adaptation sociale. Telle est la vie".

William Grey Walter

Neurophysiologiste, cybernéticien et roboticien britannique né aux États-Unis.
Une machine qui apprend [Grey]
1951

Dans les premiers temps de la robotique, deux approches distinctes de la logique sont apparues, chacune présentant des avantages et des inconvénients. Ces approches, connues sous le nom de *"robotique à logique analogique"* et de *"robotique à logique symbolique"*, ont jeté les bases du développement de l'IA et des systèmes autonomes.

La robotique à logique analogique s'appuie fortement sur des circuits analogiques pour traiter les informations et prendre des décisions. Ces robots utilisaient des signaux électriques continus pour représenter et manipuler les données, ce qui permettait une réactivité et une adaptabilité en temps réel. L'un des principaux avantages de cette approche était sa capacité à gérer les entrées sensorielles avec une relative facilité, car les systèmes analogiques pouvaient traiter une large gamme de signaux continus, tels que la lumière, le son et le toucher, sans qu'il soit nécessaire de les numériser. En outre, la robotique à logique analogique présentait une remarquable capacité de traitement parallèle, ce qui lui permettait d'effectuer plusieurs tâches simultanément.

Cependant, la robotique à logique analogique présentait plusieurs inconvénients notables. Ils étaient intrinsèquement limités en termes de raisonnement logique et de représentation symbolique, ce qui signifie que leurs capacités de prise de décision étaient souvent limitées à des comportements réactifs simples, ce qui les rendait moins adaptés à des tâches complexes nécessitant des fonctions cognitives de haut niveau. En outre, les composants analogiques de ces robots étaient sensibles au bruit et à la dérive, ce qui pouvait entraîner un comportement imprécis ou erratique.

D'autre part, la robotique à logique symbolique, défendue par des pionniers comme Alan Turing et John McCarthy, a adopté une approche fondamentalement différente. Ces robots s'appuyaient sur des représentations symboliques de la connaissance et de la logique, utilisant des symboles discrets pour représenter des concepts, des objets et des relations répétitifs. Cela permettait des capacités de raisonnement, de planification et de résolution de problèmes plus sophistiquées. La robotique à logique symbolique a excellé dans les tâches nécessitant un raisonnement déductif, telles que la navigation dans des environnements complexes, la prise de décisions basées sur des connaissances étendues et la planification de séquences d'actions.

Néanmoins, la robotique à logique symbolique a dû faire face à des défis particuliers. Leur traitement symbolique des données était intrinsèquement plus lent que les systèmes analogiques, car il impliquait des calculs complexes. Cela les rendait moins agiles dans des environnements dynamiques en temps réel et nécessitait une puissance de traitement toujours plus grande. En outre, la représentation du monde naturel en symboles nécessitait une programmation manuelle méticuleuse, ce qui demandait beaucoup de travail et entraînait souvent des limitations en termes d'adaptabilité et d'évolutivité.

Les premiers prototypes de robots : Limités par l'absence de logique et de capacités de détection

Dans les années 1920 et 1930, des robots humanoïdes sont apparus aux États-Unis, en Angleterre et au Japon, chacun ayant une approche distincte de la robotique. Aux États-Unis, l'accent était mis sur le divertissement ; au Royaume-Uni, sur le mouvement et le langage ; et au Japon, sur l'interaction humaine. Il est remarquable que les premiers prototypes de robots, apparus simultanément sur trois continents et dans au moins deux cultures différentes, aient tous pris des formes humanoïdes.

Dans les premiers temps de la robotique, ces machines étaient relativement primitives, dépourvues de capacités avancées en raison de l'absence d'ordinateurs modernes et de capteurs sophistiqués. Elles ne pouvaient pas percevoir leur environnement ou interagir avec lui et n'avaient pas d'actions autonomes ou intentionnelles, car elles n'avaient pas de raisonnement logique ni de mécanismes de prise de décision. Néanmoins, ils incorporaient des moyens mécaniques et des méthodes d'interface humaine qui leur conféraient une qualité humaine.

Aujourd'hui, nous pourrions les considérer comme des jouets coûteux, semblables aux automates créés par Pierre Jaquet-Droz au XVIIIe siècle ou aux Karakuri japonais. Pourtant, à leur époque, ils représentaient des avancées significatives.

Televox est le premier robot humanoïde moderne, à l'exception du robot de Léonard de Vinci. Il a été construit en 1926 par la Westinghouse Electric Corporation, une entreprise manufacturière américaine [Schaut]. Televox était une première tentative de serviteur mécanique de taille humaine conçu pour un usage domestique et industriel. Il pouvait répondre à des commandes vocales et effectuer des tâches telles que l'écriture de lettres et le dessin. Il a été utilisé comme attraction promotionnelle lors de démonstrations publiques. Sa capacité à interagir avec les gens d'une manière simple mais captivante en a fait une innovation fascinante pour l'époque. Le Televox fonctionnait sur la base de commandes téléphoniques, les utilisateurs pouvant émettre des ordres par l'intermédiaire du téléphone, principalement à l'aide d'anches vibrantes accordées à des fréquences spécifiques pour l'entrée et d'une série de tonalités pour la sortie.

Dix ans plus tard, Westinghouse a présenté Elektro, un robot humanoïde conçu principalement pour le divertissement dans les foires et les expositions [Schaut]. Il a fait ses débuts à l'exposition universelle de New York en 1939, démontrant ses capacités à répondre à des commandes vocales en utilisant un vocabulaire d'environ 700 mots. Elektro pouvait marcher, fumer des cigarettes, gonfler des ballons et faire des mouvements habiles de la tête et des bras. Son apparence réaliste était obtenue grâce à un squelette en acier recouvert d'une peau en aluminium. En outre, Elektro avait un compagnon robotique nommé Sparko, un chien mécanique, ce qui renforçait encore sa présence captivante et accessible.

De l'autre côté de l'Atlantique, en Angleterre, le capitaine William Richards, vétéran de la Première Guerre mondiale, a construit deux robots humanoïdes : Eric et George [Jozuka]. Eric, construit en 1928, était un robot statique capable de s'asseoir et de se tenir debout, mais incapable de marcher. Eric pouvait effectuer des gestes faciaux et avait des capacités multilingues. En revanche, George, un modèle plus récent créé dans les années 1930, possédait des capacités plus avancées. Il pouvait prononcer des discours en plusieurs langues, dont le français, l'allemand, l'hindi, le chinois et le danois. George était souvent appelé *"le gentleman poli"* par rapport à Eric, qui était considéré comme son *"frère rude et maladroit"*. De l'autre côté du globe, le premier robot humanoïde japonais a été développé en 1927 et s'appelait *"Gakutensoku"* [Frumer]. Ce robot fascinant, dont le nom se traduit par *"apprendre des lois de la nature"* en japonais, se distinguait par sa capacité à exprimer des émotions et à interagir avec les gens. Remarquablement, les caractéristiques des robots japonais, célèbres aujourd'hui pour leur convivialité dans les interfaces humaines, étaient déjà présentes dans le Gakutensoku. Il est devenu un compagnon des gens et un modèle d'inspiration. Grâce à un système d'air comprimé, l'automate pouvait bouger la tête et les mains d'une manière humaine convaincante. Gakutensoku a démontré sa dextérité en écrivant couramment, en soulevant ses paupières et en reflétant diverses expressions faciales, comme l'introspection. Ses prouesses ne s'arrêtaient pas là puisqu'il pouvait écrire des mots avec un stylo, laissant une marque d'esprit et d'habileté qui est restée dans la mémoire collective. Le Japon est sans aucun doute le pays qui a le mieux intégré les robots dans la société. Nous reviendrons en détail sur les humanoïdes japonais au chapitre 17 et sur la manière dont ils sont devenus une alternative solide à l'immigration pour le gouvernement japonais.

Tous ces premiers robots étaient dépourvus de capacités logiques et sensorielles. Avec le développement du premier ordinateur en 1945 et des principes mathématiques de la logique symbolique, deux écoles de pensée distinctes ont émergé pour doter les robots de capacités cognitives : la logique analogique et la logique symbolique.

L'instinct animal des premiers robots à logique analogique

Dans les premiers temps de l'informatique, des personnalités comme Alan Turing et John von Neumann ont élaboré des théories axées sur le calcul numérique et la logique symbolique, comme nous l'avons vu au chapitre 3. John McCarthy et ses collègues ont poursuivi l'exploration de cette logique symbolique dans le contexte de l'IA.

Cependant, il est essentiel de noter que la logique symbolique, également appelée logique numérique, n'était pas la seule option disponible à l'époque. Il existait d'autres solutions, telles que la logique analogique. Alors que les ordinateurs d'aujourd'hui sont entièrement numériques, le choix entre le numérique et l'analogique était beaucoup moins évident à l'époque. Pour établir un parallèle, le passage de la télévision analogique à la télévision numérique s'est produit relativement récemment, à la fin des années 1990. Dans les années 1950, la logique analogique constituait une alternative solide pour de nombreux ingénieurs.

La différence fondamentale entre les systèmes symboliques et analogiques réside dans la manière dont ils représentent et traitent l'information : la logique symbolique utilise des valeurs binaires discrètes (0 et 1) pour coder et manipuler les données, tandis que la logique analogique s'appuie sur des signaux continus et variables pour la représentation de l'information.

Au cours de cette période d'exploration, William Grey Walter, chercheur au Burden Neurological Institute de Bristol, s'est fait le champion de l'utilisation exclusive de l'électronique analogique pour émuler les processus cérébraux. En 1948 et 1949, Walter réalise une percée significative en créant les premiers robots électroniques autonomes dotés de comportements complexes. Baptisés Elmer et Elsie, ces robots *"tortues"* représentaient une étape importante, car ils imitaient les cerveaux animaux dans leurs processus de réflexion [Inglis].

Elmer et Elsie étaient équipés de simples capteurs de lumière ou de toucher connectés à deux voies différentes contrôlant deux moteurs, imitant ainsi la présence de deux cerveaux neuronaux distincts. Étonnamment, ces robots pouvaient franchir des obstacles et explorer leur environnement de manière autonome. Lorsqu'on leur présentait un ensemble de sources lumineuses, ils en choisissaient une et décidaient de se diriger vers elle dans le cadre de leur processus d'exploration.

Lors d'une expérience captivante, Walter a placé une lumière devant l'une des tortues et celle-ci a réagi comme si elle se voyait dans un miroir, sa lumière clignotant avec excitation. Ce comportement a amené à se demander si ces robots présentaient une conscience de soi similaire à celle observée chez les animaux. Cette expérience a une signification profonde pour Walter, car son objectif était de créer des robots qui incarnent les instincts animaliers.

Deux décennies plus tard, dans les années 1960, un autre robot analogique remarquable, connu sous le nom de *"The Beast"*, a été mis au point à l'université John Hopkins [Moravec]. Les ordinateurs étaient déjà largement disponibles à l'époque, mais la bête fonctionnait sans ordinateur. Son circuit de commande était constitué de dizaines de transistors régulant des tensions analogiques.

Cette machine est dotée d'une intelligence rudimentaire, essentiellement axée sur sa survie. En parcourant les couloirs du laboratoire, elle cherchait des prises murales sur lesquelles se brancher pour se recharger. Le robot détectait les prises à l'aide de capteurs physiques situés sur son bras, en suivant méticuleusement le mur. Lorsqu'il trouvait une prise, deux broches électriques se déployaient pour s'y insérer, établissant ainsi la connexion électrique nécessaire à la recharge.

Un système de sonar guidait The Beast, triangulant sa position dans les couloirs et détectant les obstacles, à l'instar de l'écholocation d'une chauve-souris. Lorsqu'il identifie des obstacles, comme des personnes dans le couloir, The Beast réduit sa vitesse, s'arrête ou manœuvre pour les contourner, selon les besoins.

Près de 20 ans plus tard, en 1979, une autre étape importante a été franchie dans le camp de la logique analogique avec le développement du *"chariot de Stanford"* à l'université de Stanford [Moravec]. Ce chariot a fait preuve d'une autonomie remarquable en réussissant à se déplacer dans une salle remplie de chaises, sans intervention humaine et sans avoir recours à un ordinateur intégré. Cette prouesse a été rendue possible grâce à ses circuits analogiques complexes, qui lui ont permis de traiter les données sensorielles et de prendre des décisions en temps réel de manière autonome. Le chariot utilisait des capteurs analogiques pour percevoir son environnement, détecter les obstacles et ajuster sa trajectoire en conséquence. Les ordinateurs étaient certes disponibles à la fin des années 70, mais ils étaient encore trop lents et trop limités pour supporter le type de calculs requis pour la navigation complexe du *"Stanford Cart"*. C'est pourquoi ce robot a marqué une avancée si importante dans la démonstration du potentiel de la logique analogique en robotique. Le projet *"Stanford Cart"* était dirigé par le jeune Hans Moravec, dont nous reparlerons au chapitre 19 lorsque nous expliquerons plus en détail le concept d'*"Entrelacement humain-IA"*.

Les pionniers de la logique symbolique

La logique symbolique devait également démontrer son potentiel, ce qui n'était pas facile compte tenu des limites des ordinateurs de l'époque. La logique symbolique repose sur l'utilisation de symboles et de règles logiques pour représenter les connaissances et faciliter les processus de raisonnement. Ces symboles constituent la base sur laquelle les robots comprennent et naviguent dans le monde réel. Par exemple, lorsqu'un robot explore son environnement, il crée une carte de la pièce en représentant les objets et les obstacles à l'aide de symboles.

Au cours des années 1960 et au début des années 1970, deux robots remarquables, Freddy et Shakey, ont contribué de manière significative à la robotique et à l'intelligence artificielle. Ces deux robots avaient en commun une base de logique symbolique pour leurs processus de programmation et de prise de décision.

Freddy [Ambler et al.], développé à l'université d'Édimbourg entre 1969 et 1976, s'est distingué par sa polyvalence et sa capacité d'adaptation rapide à de nouvelles tâches. Freddy était constitué d'un bras mécanique renversé, doté à son extrémité d'une pince qui lui permettait de saisir des objets sur des tables. La pince était une pince à deux doigts, complétée par une caméra vidéo et un générateur de bandes lumineuses laser. Freddy se servait de cette caméra comme d'un dispositif sensoriel, améliorant ainsi sa conscience de l'environnement. Un aspect innovant de la conception de Freddy est que parfois, au lieu de déplacer le bras, il déplace la table pour manipuler des objets. Cela a simplifié sa conception et amélioré son efficacité.

En outre, Freddy a été capable d'identifier des objets à partir des images de sa caméra et de détecter des caractéristiques spécifiques de ces objets. Freddy n'a pas eu besoin d'instructions détaillées étape par étape ; au lieu de cela, il a utilisé un logiciel de programmation robotique spécifiant des objectifs liés aux relations de position souhaitées entre le robot, les objets et l'environnement. Ce logiciel lui a permis de s'adapter rapidement à de nouvelles tâches, telles que placer des anneaux sur des chevilles ou assembler des blocs de bois.

Shakey a été développé à l'université de Stanford de 1966 à 1972 sous la supervision de John McCarthy [Moravec] ; son développement s'est appuyé sur différents domaines de recherche, notamment la vision artificielle, la robotique et le traitement du langage naturel, marquant ainsi une étape importante dans le domaine de l'IA.

Contrairement à Freddy, qui était ancré au plafond, Shakey était un robot mobile innovant. Shakey était constitué d'une base rectangulaire surmontée d'une haute structure verticale. La base abritait des roues, des capteurs et des composants électroniques, tandis que le corps central contenait l'ordinateur et les systèmes de contrôle du robot. Un grand mât en partait, portant une caméra et des capteurs pour la perception de l'environnement.

Comme Freddy, Shakey a la capacité de raisonner sur ses actions, ce qui évite d'avoir à fournir des instructions détaillées pour chaque étape de la tâche. Shakey pouvait naviguer, allumer et éteindre des lumières, ouvrir et fermer des portes, monter et descendre des surfaces dures et pousser des objets mobiles. À titre d'exemple, après avoir reçu l'ordre de *"pousser le bloc de la plateforme"*, Shakey exécuterait la tâche en évaluant son environnement, en identifiant une plateforme sur laquelle se trouve une boîte, en localisant une rampe pour atteindre la plateforme, en la montant et en poussant la boîte. L'algorithme de navigation autonome et d'orientation efficace de Shakey, appelé A*, a été conçu en 1968. Cinquante-cinq ans plus tard, les algorithmes basés sur A* sont devenus un domaine de recherche important pour le développement de l'intelligence artificielle générale (AGI), comme nous l'avons expliqué au chapitre 9.

La programmation de Shakey reposait principalement sur le LISP, le langage de programmation créé par John McCarthy, qui serait plus tard utilisé dans les machines matérielles haut de gamme des années 1980 exécutant des systèmes experts. Nous avons vu au chapitre 5 que l'effondrement du prix des actions de ces machines en 1987 a conduit au deuxième hiver de l'IA.

Comme nous l'avons déjà indiqué, malgré leurs avancées, Shakey et Freddy ont dû faire face à d'importantes limitations. La logique symbolique s'est avérée coûteuse en termes de calcul, ce qui a ralenti le traitement des tâches. En outre, ces robots nécessitaient une représentation symbolique précise du monde en constante évolution qui les entourait, ce qui rendait difficile une adaptation suffisamment rapide à des environnements dynamiques et complexes.

Ces limitations ont finalement ouvert la voie à une résurgence de la philosophie de la logique analogique dans le développement des robots, dans le cadre d'une nouvelle vague connue sous le nom de *"Nouvelle IA"*. La Nouvelle IA est apparue environ deux décennies plus tard, dans le cadre d'un exercice d'introspection au sein de l'industrie de l'IA au cours du deuxième hiver de l'IA.

La *"Nouvelle IA"* et le dernier défi à la logique symbolique

Les crises sont des moments propices à la réflexion. Au cours du deuxième hiver de l'IA, une approche révolutionnaire a émergé du laboratoire d'IA du MIT, sous l'impulsion de Rodney Brooks et de son équipe. Ce mouvement, connu sous le nom de Nouvelle IA, a remis en question le paradigme dominant de l'IA symbolique, qui mettait l'accent sur la logique et les symboles abstraits [Brooks].

Le concept de base de la Nouvelle IA s'articule autour de la conviction que la véritable intelligence de la machine ne peut être démontrée que par l'interaction avec le monde réel. Pour y parvenir, les auteurs de l'étude ont soutenu qu'une machine devait posséder un corps physique, des capteurs pour percevoir son environnement et la capacité de se déplacer, de s'adapter et de relever les défis du monde réel. Cette perspective était fermement ancrée dans la théorie de la cognition incarnée, qui postule que le raisonnement et l'intelligence sont fortement influencés par le corps.

Une distinction claire entre l'IA nouvelle et l'IA symbolique est leur approche de la représentation du monde. L'IA symbolique utilise des modèles internes basés sur des descriptions élaborées, alors que l'IA nouvelle s'appuie sur la perception directe du monde par le biais de capteurs. Cette approche élimine le besoin de représentations symboliques et de mises à jour constantes des modèles symboliques, ce qui rend l'IA nouvelle plus efficace et plus agile dans son interaction avec l'environnement.

Les robots conventionnels comme Shakey et Freddy utilisaient des modèles internes symboliques, ce qui nécessitait beaucoup de temps pour décomposer les actions en étapes nécessaires. Au lieu d'un modèle interne du monde, les systèmes de Nouvelle IA s'appuient systématiquement sur leurs capteurs pour traiter les informations du monde extérieur en fonction des besoins. Pour Rodney Brooks, *"le monde est son meilleur modèle, toujours parfaitement à jour et complet dans les moindres détails"*. Rodney Brooks s'est concentré sur la construction de robots simples imitant le comportement des insectes. Il a conçu des robots ressemblant à des insectes, nommés Allen et Herbert. Ces robots ne possédaient pas de modèles internes du monde.

Le robot Allen a été nommé d'après Allen Newell, le participant à l'atelier de Dartmouth. Allen était équipé de capteurs à ultrasons. Il restait au centre d'une pièce jusqu'à ce qu'un objet s'approche, après quoi il se déplaçait en évitant les obstacles.

Herbert, quant à lui, a été nommé en l'honneur d'Herbert A. Simon, un autre participant. Herbert utilise des capteurs infrarouges pour contourner les obstacles et un système laser pour collecter des données en 3D. Herbert opérait dans l'environnement réel des bureaux et espaces de travail animés du MIT, à la recherche de canettes de soda vides qu'il transportait jusqu'à la poubelle. Avec Herbert, Brooks pensait que Nouvelle AI avait atteint un niveau de complexité proche de celui d'un véritable insecte.

Plus tard, Brooks s'est concentré sur la construction de robots humanoïdes tels que Cog, afin d'atteindre des niveaux d'intelligence supérieurs à ceux des insectes. Cog était équipé de capteurs, d'un visage et de bras pour interagir avec le monde, recueillir des informations et acquérir de l'expérience afin de développer son intelligence de manière organique. L'équipe pense que Cog peut apprendre et discerner les corrélations entre les données sensorielles et ses actions, en acquérant des connaissances communes de manière autonome.

Cependant, en 2003, tout développement du projet *"Nouvelle AI"* a été interrompu. Les raisons de l'échec de *"Nouvelle AI"*, malgré son approche innovante, sont multiples. Deux raisons principales ressortent. Premièrement, le succès était autolimité par son objectif relativement modeste d'atteindre des performances de niveau insecte, par opposition à l'objectif ambitieux de performances de niveau humain poursuivi par l'IA symbolique. Cet écart par rapport aux objectifs de l'IA classique a rendu difficile l'adoption à grande échelle de l'IA nouvelle et l'obtention d'un financement. Les critiques ont également souligné que les systèmes d'IA nouvelle avaient du mal à afficher un comportement comparable à celui d'insectes réels, et encore moins à atteindre des capacités semblables à celles de l'homme, telles que la conscience et le langage.

Deuxièmement, l'accent mis par la Nouvelle IA sur la simplicité et le rejet de la construction de modèles internes de la réalité ont entraîné des difficultés dans la gestion des environnements complexes du monde réel. Bien que les systèmes d'IA nouvelle aient reçu des éloges pour avoir contourné le problème du cadre et évité les modèles complexes étendus, leur capacité à fonctionner efficacement dans des situations complexes est restée limitée.

Après l'échec de Nouvelle AI, aucun effort n'a été fait par la suite pour relancer la logique analogique. Aujourd'hui, l'approche dominante en robotique penche fortement vers la robotique à logique symbolique. L'avènement d'ordinateurs numériques plus robustes, l'augmentation constante de la puissance de traitement et les progrès des algorithmes ont atténué les contraintes de calcul du traitement symbolique. En outre, les systèmes symboliques s'alignent bien sur le développement des techniques modernes d'intelligence artificielle, y compris l'apprentissage automatique et l'apprentissage profond, qui s'appuient sur des représentations symboliques des données. Cette approche facilite les tâches complexes telles que la compréhension du langage naturel, le raisonnement de haut niveau et la planification dans les systèmes autonomes.

En outre, l'approche consistant à créer des modèles du monde, défendue par la logique symbolique, devient encore plus pertinente en 2024, car c'est l'une des voies les plus explorées par les grands géants de la technologie pour parvenir à l'intelligence artificielle générale. Nous avons abordé cette question au chapitre 9.

12. La force musculaire du bras robotique

"Une machine automatisée qui ne fait qu'une seule chose n'est pas un robot. Il s'agit simplement d'une automatisation. Un robot doit être capable d'effectuer toute une série de tâches dans une usine".

Joseph Engelberger [Galliah]

Physicien, ingénieur et entrepreneur américain

Certaines inventions marquent des étapes décisives dans l'histoire, influençant profondément des industries entières et transformant notre mode de vie et de travail. Parmi celles-ci, le bras robotique Unimate des années 1960, créé par George Devol et Joseph Engelberger, peut être considéré sans équivoque comme le robot le plus influent de l'histoire en raison de son rôle de pionnier dans l'automatisation des processus industriels, de sa révolution dans la fabrication et de la naissance d'une lignée directe de robots en constante amélioration.

Unimate a trouvé sa première application dans l'industrie automobile. En 1961, General Motors (GM) a été la première entreprise à adopter Unimate pour les chaînes de montage, marquant ainsi un changement monumental dans le paysage de la fabrication. La capacité d'Unimate à souder, peindre et manipuler de manière répétitive des objets lourds avec précision et rapidité a marqué le début d'une nouvelle ère d'automatisation. Les résultats ont été stupéfiants : augmentation de l'efficacité de la production, amélioration de la qualité des produits et renforcement de la sécurité sur le lieu de travail. L'intégration d'Unimate dans la construction automobile a permis de rationaliser la production et de rendre les emplois manufacturiers plus sûrs, plus qualifiés et plus stimulants sur le plan intellectuel.

L'impact d'Unimate s'est étendu à l'Europe, au Japon et au-delà. Son impact commercial a été si profond qu'il a touché des secteurs allant de l'automobile à la métallurgie, aux semi-conducteurs, à l'aérospatiale et même à la chirurgie, pour n'en citer que quelques-uns. En outre, l'un des premiers exemples de cyborgs réels concernait une personne qui avait appris à manipuler des bras robotisés à la place de ceux qu'elle avait perdus.

Unimate et la naissance de l'automatisation industrielle

Le moment fondateur de la robotique industrielle a eu lieu en 1954, lorsque l'ingénieur industriel George Devol, cherchant à améliorer l'efficacité de la fabrication et à automatiser les tâches dangereuses et monotones, a conçu le premier robot programmable [Rosen]. Il a déposé une demande de brevet auprès de l'Office américain des brevets et a inventé *le terme "Universal Automation"* pour décrire la conception de son robot. Deux ans plus tard, en 1956, Devol, en collaboration avec l'ingénieur Joseph Engelberger, fonde Unimation (contraction de Universal Automation), la première entreprise dédiée à la production de robots industriels [Nof].

L'histoire de l'automatisation industrielle s'articule autour du partenariat entre Devol et Engelberger. Avec précision et souci du détail, Devol a inventé le premier robot industriel. Parallèlement, Engelberger, animé par la ténacité et l'esprit d'entreprise, a défendu avec passion la robotique tout au long de sa vie et a été l'auteur de publications de recherche influentes. Ensemble, ils ont poursuivi un rêve commun qui a remodelé la fabrication et l'automatisation.

Unimation a commencé à fabriquer des robots industriels appelés Unimate. Les premiers bras robotiques Unimate étaient de grandes machines d'environ 2 tonnes et utilisaient des actionneurs hydrauliques. Plus important encore, ces robots étaient programmables en coordonnées articulaires. Cela signifie que les angles des articulations étaient enregistrés pendant une phase de formation et reproduits pendant le fonctionnement. Cela a rendu l'Unimate incroyablement polyvalent pour différentes applications industrielles.

L'Unimate a été inventé au bon moment. À l'époque de l'essor économique des années 1960, l'industrie automobile américaine connaissait une renaissance et subissait une transformation substantielle. La demande croissante d'automobiles de la part d'une population de plus en plus riche a entraîné une augmentation des exigences de production et un besoin pressant de rationaliser les procédures de fabrication. Cependant, l'industrie était confrontée aux défis concomitants de l'escalade des coûts de la main-d'œuvre, de la pénurie de travailleurs qualifiés et de l'impératif d'une production de qualité constante.

En vendant Unimate à GM en 1960, Devol a franchi une étape historique à un moment charnière de l'industrie automobile. En moins d'un an, Unimation a installé le premier robot industriel sur une chaîne de production de GM, où il a été utilisé pour fabriquer des luminaires, des boutons de changement de vitesse, des poignées de porte et de fenêtre et d'autres pièces intérieures de voiture. Dans l'usine, les robots Unimate ont suivi des instructions pas à pas stockées sur un tambour magnétique pour séquencer et empiler avec précision des composants métalliques moulés sous pression à chaud. L'installation d'Unimate chez GM a servi de démonstration en direct du rôle indispensable et durable que jouent les robots dans un environnement industriel exigeant.

GM a poursuivi le développement de l'automatisation et a installé ses premiers robots de soudage par points dans une usine d'assemblage en 1969. Contrairement aux usines traditionnelles, où seulement 30 % des opérations de soudage de la carrosserie étaient automatisées, ces robots Unimate ont considérablement augmenté la productivité et ont permis d'automatiser plus de 90 % de ces opérations. Bien que le soudage ait toujours été difficile, dangereux et exigeant en main-d'œuvre, Unimate a commencé à rendre les installations de fabrication plus sûres pour les ouvriers—un avantage majeur que Joseph Engelberger a personnellement soutenu.

Chrysler et Ford Motor Company figurent parmi les entreprises qui ont également installé des robots Unimate. Au cours de ces années, Unimation détenait un quasi-monopole sur le marché et était principalement en concurrence avec Cincinnati Milacron et un acteur mineur, AMF Corporation. Cincinnati Milacron a produit un bras robotisé connu sous le nom de T3 (The Tomorrow Tool), que GM a également acheté. AMF Corporation, un fabricant de bicyclettes et de motos, s'est diversifié dans la robotique en introduisant un bras robotisé appelé Versatran, qu'il a finalement vendu à Ford.

Fabrication de précision avec les robots PUMA

Si le développement initial des robots industriels peut être attribué à George Devol et Joseph Engelberger, le perfectionnement de ces robots doit beaucoup aux contributions de l'ingénieur et entrepreneur en série Victor Scheinman.

Scheinman s'est rendu compte que les robots d'Unimate étaient grands, lourds, lents et difficiles à entretenir parce que leurs mécanismes hydrauliques entraînaient des problèmes de fuite et limitaient leur utilisation. En 1969, à l'université de Stanford, il a présenté un bras robotique plus compact, le *"Stanford Arm"*, qui a élargi les possibilités de la robotique dans des environnements intérieurs plus petits et même sur des bureaux dans des industries manufacturières plus légères que la construction automobile [Stanford].

Le Stanford Arm reproduisait fidèlement la gamme de mouvements d'un bras humain, avec ses six axes de mouvement. Unimate en avait cinq à l'époque, mais il en adoptera six plus tard. Cette configuration de six axes allait devenir la norme industrielle pour les robots industriels, reproduisant fidèlement la mécanique du bras humain et permettant des mouvements polyvalents dans les processus de production. En outre, contrairement aux robots Unimate de 2 tonnes, le bras Stanford ne pesait que 7 kg et fonctionnait grâce à des moteurs électriques intégrés au bras lui-même. En outre, ces moteurs électriques ont permis au bras Stanford de se déplacer beaucoup plus rapidement que les robots Unimate, qui étaient équipés de systèmes hydrauliques lents et encombrants [Asaro et Šabanović].

Plus important encore, contrairement à l'Unimate, qui s'appuyait sur des instructions pas à pas stockées dans la mémoire, le bras Stanford était contrôlé par un logiciel informatique. Cette avancée a permis au bras Stanford d'effectuer des calculs en temps réel et, dans les versions ultérieures, de réagir à son environnement à l'aide de capteurs tactiles ou d'un système de vision. C'est ainsi qu'est née l'ère de la robotique de précision, caractérisée par des robots industriels plus rapides et contrôlés avec précision par ordinateur.

Un jour de 1972, Victor Scheinman reçoit une demande de Marvin Minsky du MIT, l'un des pères fondateurs de l'IA. Marvin travaillait lui aussi sur des bras robotisés ; il avait notamment construit un modèle mural appelé *"bras tentacule"*. Marvin a proposé à Scheinman de concevoir un bras robotique encore plus compact que le Stanford Arm, adapté aux procédures chirurgicales supervisées à distance. Scheinman consacra une partie de son temps au MIT à la création de ce nouveau bras, connu plus tard sous le nom de *"MIT Arm"* (*"le bras du MIT"*). La chirurgie et les applications médicales ont en effet été parmi les premiers cas d'utilisation de la robotique.

De retour à Stanford en 1973, Victor Scheinman a fondé sa propre entreprise, Vicarm, pour commercialiser une version améliorée de son *"Stanford Arm"*. Avec le soutien financier d'Unimation, Scheinman a continué à affiner ses conceptions et, en 1976, il a présenté un nouveau bras robotique appelé PUMA (Programmable Universal Manipulation Arm). Unimation s'enthousiasme pour ce nouveau modèle et, en 1977, acquiert Vicarm et devient le fabricant d'origine du PUMA.

La PUMA représentait une avancée significative. Alors que l'Unimate s'occupait principalement de tâches répétitives telles que le soudage par points sur les lignes d'assemblage automobile, le PUMA a été conçu pour une gamme plus étendue de tâches d'assemblage précises. Un mini-ordinateur plus puissant contrôlait le PUMA, qui est devenu le premier robot à assembler de petites pièces dans les usines GM à l'aide de capteurs tactiles et de pression. Étant donné que 90 % des pièces assemblées sur les lignes de production de GM pèsent 2 kg ou moins, le PUMA s'est avéré particulièrement compétent pour les tâches nécessitant des mouvements complexes et précis, améliorant ainsi l'efficacité et la précision des processus de fabrication de GM. Le PUMA a connu un grand succès et Unimation a continué à produire des robots PUMA pendant une longue période jusqu'aux années 1980.

La tragédie œdipienne d'Unimation : Des partenariats devenus des rivalités

Le succès des robots Unimate ne s'est pas limité aux États-Unis. En 1967, Unimation a établi un partenariat avec ASEA Metallverken, un fabricant d'équipements électriques. Deux ans plus tard, le premier Unimate est installé dans une usine Volvo. Unimation a également utilisé une stratégie de partenariat similaire pour pénétrer en Allemagne avec KUKA, ce qui a conduit à l'installation du premier Unimate chez Volkswagen en 1973, et pour pénétrer en Italie avec Comau, ce qui a conduit à l'installation du premier Unimate chez Fiat en 1974 [Baum et Freedman].

Le problème de cette approche de partenariat est que, dès que les partenaires ont réalisé le potentiel d'Unimate, ils ont commencé à construire leurs propres bras robotiques et sont devenus de véritables concurrents d'Unimate ; l'ingénierie inverse a eu une longue et pénible histoire pour les inventeurs qui cherchent à tirer un profit financier de leur travail. Le problème en Europe n'a pas eu de conséquences majeures, car les entreprises européennes ne se sont pas aventurées avec succès aux États-Unis pour concurrencer Unimate.

L'introduction de la robotique au Japon a suivi une trajectoire similaire à celle de l'Europe, les entreprises ayant d'abord acquis des licences sur la technologie Unimate avant de développer leurs propres innovations robotiques. Cependant, le parcours du Japon en matière de robotique a été couronné de succès et constitue une histoire remarquable en soi, qui mérite un chapitre spécifique.

Ces entreprises japonaises, qui se sont inspirées de la technologie Unimate et ont prospéré au Japon, ont commencé à s'internationaliser et à s'implanter aux États-Unis à la fin des années 1970 et, surtout, dans les années 1980. À cette époque, les entreprises japonaises avaient établi leur domination sur le marché local et amélioré la conception originale de l'Unimate, créant ainsi des systèmes robotiques rentables et très précis. Ces développements leur ont permis de se positionner de manière appropriée pour s'aventurer sur la scène internationale.

L'afflux d'entreprises japonaises aux États-Unis a profondément transformé le paysage de la robotique industrielle. Ce changement a eu des implications sismiques pour Unimation. Ces entreprises japonaises qui s'inspiraient (et peut-être un peu plus) d'Unimation commençaient enfin à concurrencer l'industrie d'Unimation dans leur pays.

Unimation s'est trouvée dans une position privilégiée lorsqu'elle a été rachetée par Westinghouse en 1983, ce qui coïncidait avec l'apogée du boom de la robotique industrielle [Schaut]. Cependant, alors que la concurrence des entreprises japonaises s'intensifie, Unimation peine à reprendre pied. Finalement, en 1989, la société suisse Stäubli a pris le contrôle d'Unimation. La tragédie d'Unimation reflète quelque peu le conte grec d'Œdipe roi [Sophocle], dans lequel l'ancêtre de toutes les entreprises de robotique industrielle a connu sa fin, en quelque sorte, aux mains de sa progéniture.

Après l'émergence du Japon, seules quelques entreprises non japonaises ont maintenu une présence durable dans l'industrie. En Europe, il s'agit d'ABB - issue de l'ASEA - ainsi que de KUKA Robotics, Comau et Stäubli. En Amérique, deux entreprises ont joué un rôle important : Automatix, fondée par Victor Scheinman, et Adept Technology. Nous parlerons ensuite d'Automatix et nous aborderons Adept dans le chapitre suivant.

Zones désignées pour les robots et les humains dans les usines

Fort du succès de ses robots révolutionnaires PUMA, Victor Scheinman s'est lancé dans une nouvelle aventure en 1980, en cofondant Automatix, une société qui se consacre à l'innovation dans le domaine de la vision artificielle pour la robotique. Les systèmes de vision robotique d'Automatix permettent aux robots de percevoir et d'interagir plus efficacement avec leur environnement. Ces robots guidés par la vision peuvent effectuer des tâches complexes avec plus de précision et d'adaptabilité que leurs prédécesseurs, car ils peuvent identifier les objets et les changements dans leur environnement et y réagir. Les innovations d'Automatix en matière de vision robotique ont considérablement élargi les capacités et les applications potentielles des robots industriels [Asaro et Šabanović].

Victor Scheinman a personnellement défendu un produit appelé RobotWorld au sein de l'Automatix, bien que ce produit n'ait rien à voir avec la vision industrielle. RobotWorld avait pour objectif unique de permettre aux robots de travailler dans des zones dédiées spécifiques afin d'éviter les conflits avec les humains. Imaginez un espace de travail où des robots doivent effectuer des tâches aux côtés de travailleurs humains. Pour garantir la sécurité et une coopération efficace, RobotWorld a utilisé une configuration particulière. Il comportait de petits modules robotiques suspendus qui pouvaient être considérés comme des dispositifs automatisés accrochés au toit et qui pouvaient travailler en coordination avec d'autres robots au sol, le tout dans leur espace de travail désigné. Cette approche a permis de maintenir une séparation claire entre les robots et les activités humaines, réduisant ainsi le risque de collisions ou d'accidents et permettant des opérations industrielles plus fluides et mieux organisées.

La séparation des lieux de travail pour les robots et les humains, chacun se concentrant sur ses tâches et domaines spécifiques, a persisté dans les années 1980 et 1990. Généralement, les robots industriels étaient même confinés derrière des clôtures ou des barrières de protection.

Mais dans les années 2000 et 2010, la vision artificielle a commencé à atteindre un niveau de compétence qui a permis aux robots de naviguer de manière autonome dans l'usine, d'éviter les collisions entre eux et avec les humains, et même de collaborer avec eux. Nous approfondirons ce sujet au chapitre 14 lorsque nous aborderons la question des robots mobiles autonomes dans les entrepôts, tels que ceux utilisés par Amazon.

Ironiquement, la principale activité d'Automatix était la vision industrielle. Ce sont précisément les progrès de la technologie de la vision industrielle qui ont rendu RobotWorld obsolète.

Cobots : humains et machines travaillent ensemble

Le concept d'une division stricte entre les humains et les robots a commencé à s'effondrer en 1996 avec l'introduction des *"cobots"*, abréviation de "collaborative robots" (robots collaboratifs). Les cobots ont marqué un tournant dans l'histoire de la robotique, car ils ont fait naître l'idée que les robots pouvaient travailler aux côtés des humains de manière collaborative et coopérative, en partageant l'espace de travail et les tâches. L'avènement des cobots a marqué le début d'une nouvelle ère d'automatisation, où les robots sont devenus des coéquipiers précieux, améliorant la productivité et la sécurité dans diverses industries en travaillant main dans la main avec les opérateurs humains.

Un robot collaboratif, ou cobot, représente une innovation robotique conçue pour interagir directement avec les humains et pour améliorer la sécurité dans des environnements de travail étroitement connectés. La sécurité des cobots repose sur diverses caractéristiques de conception telles que des bords arrondis, des matériaux de construction légers, des limitations de force, ainsi que des logiciels et des capteurs avancés qui garantissent un comportement sûr.

Les travailleurs humains et les cobots industriels peuvent observer différents degrés de collaboration, allant de la coexistence sans barrière physique à la collaboration séquentielle à différentes étapes d'un processus, en passant par la collaboration simultanée sur la même tâche avec une grande réactivité.

Étant donné que GM est le consommateur de robots le plus important et le plus ancien au monde, il n'est pas surprenant qu'il ait joué un rôle essentiel dans le développement du concept des cobots. En 1994, GM a lancé un projet visant à relever le défi consistant à rendre les robots suffisamment sûrs pour qu'ils puissent travailler en collaboration avec les humains. Cette initiative pionnière visait à trouver des solutions innovantes pour améliorer la sécurité dans les environnements industriels. J. Edward Colgate et Michael Peshkin, professeurs à l'université Northwestern, ont collaboré avec GM pour créer un système unique destiné à permettre une interaction physique directe entre les humains et les robots. Cette collaboration et la subvention de recherche accordée par la Fondation GM ont servi de base au développement des cobots, marquant une avancée significative dans la collaboration homme-robot, que Colgate et Peshkin ont ensuite brevetée aux États-Unis en 1996 pour un *"appareil et une méthode d'interaction physique directe entre une personne et un manipulateur polyvalent contrôlé par un ordinateur"* [Peshkin et Colgate].

Un an plus tard, en 1997, Colgate et Peshkin ont fondé leur propre entreprise, Cobotics, et ont commencé à produire plusieurs modèles de cobots pour les étapes finales des chaînes de montage automobile. Cobotics a marqué le début d'une ère de robots collaboratifs polyvalents, conviviaux et rentables.

La demande du marché était énorme, motivée par les normes de sécurité et les entreprises cherchant à améliorer leur efficacité, et de nombreux fabricants se sont rapidement lancés dans la production de cobots. Le marché des cobots industriels a connu une croissance remarquable, avec un taux de croissance annuel de 50 % jusqu'en 2020, reflétant l'impact transformateur de ces robots polyvalents et adaptables dans diverses industries [Hand].

Le premier grand acteur de la robotique à avoir pris conscience de l'importance des cobots a été la société allemande KUKA, qui a lancé son premier cobot en 2004 pour l'industrie aérospatiale. Par ailleurs, une nouvelle société appelée Universal Robots a été fondée au Danemark en 2005. En 2008, elle a présenté un cobot capable de travailler en toute sécurité à côté de travailleurs humains sans qu'il soit nécessaire d'installer des clôtures ou des cages de sécurité. Universal Robots a connu une croissance énorme depuis lors et, en 2019, occupait la première place sur le marché des cobots. ABB a également rejoint la tendance et, en 2015, a dévoilé YuMi, le premier robot collaboratif à deux bras [ET Auto].

Aux États-Unis, Rodney Brooks a fondé Rethink Robotics en 2008. Nous avons parlé de lui dans le chapitre précédent, car Brooks avait été à l'origine de l'initiative Nouvelle AI qui s'opposait à la logique symbolique dans les années 1990, et nous en reparlerons dans le chapitre 14.

Rethink Robotics est entré dans l'arène des cobots industriels avec un robot appelé Baxter en 2012 [Silva et al.]. Baxter était remarquable pour sa convivialité dans les environnements de travail. Il intègre un écran animé qui lui sert de *"visage"* et permet d'afficher diverses expressions faciales correspondant à son état actuel. Baxter peut également détecter la présence d'individus à proximité. En outre, Baxter réagit à des situations inattendues et ne persiste pas dans des opérations erronées. Par exemple, si la chute accidentelle d'un outil est vitale pour sa tâche, Baxter n'insisterait pas pour continuer ses opérations ; il arrêterait simplement de travailler et demanderait de l'aide, ce qui le différencie des robots conventionnels qui pourraient persévérer dans l'exécution de tâches sans les outils nécessaires [Knight].

La précision dans la pratique : La robotisation de la chirurgie

Les applications médicales ont toujours été la cible des pionniers de la robotique. Comme nous l'avons vu, Victor Scheinman a mis au point le premier bras robotique à usage médical en 1972, le MIT Arm. En 1985, un robot Puma a été utilisé pour la première fois pour guider une aiguille lors d'une biopsie du cerveau. Cette procédure neurologique a grandement bénéficié de la capacité du robot à effectuer des mouvements précis à l'aide de la tomographie assistée par ordinateur (TAO), une technologie à rayons X, ce qui a considérablement amélioré la précision et la sécurité de la procédure [Kwoh et al.]

Par la suite, il y a eu un certain nombre de robots chirurgicaux commerciaux, mais celui qui a marqué une avancée décisive dans la chirurgie robotique a été le système chirurgical da Vinci, lancé en 1999 [Gerencher]. Équipé de quatre bras abritant des instruments chirurgicaux et des caméras, ce robot innovant permettait au chirurgien d'exercer un contrôle à distance à partir d'une console dédiée. Il a reçu l'approbation de la FDA pour un large éventail de procédures chirurgicales en 2000. La FDA est une agence américaine qui administre les aliments et les médicaments (Food and Drug Administration). Le système da Vinci se distingue par sa capacité à traduire les mouvements de la main du chirurgien en micro-mouvements à échelle réduite, ce qui permet de réduire les tremblements de la main et d'améliorer la précision. Cette approche mini-invasive a permis de réduire considérablement les traumatismes subis par le patient, ce qui s'est traduit par un rétablissement plus rapide et de meilleurs résultats chirurgicaux. Da Vinci a également fourni aux chirurgiens une vision stéréoscopique grâce à une caméra miniature, améliorant ainsi la perception de la profondeur lors d'interventions complexes. La polyvalence de Da Vinci s'est manifestée par son application réussie dans divers domaines, des chirurgies cardiaques telles que les pontages cardiaques aux chirurgies urologiques telles que les prostatectomies.

Da Vinci a été confronté à sa première concurrence directe en 2019, après deux décennies de domination inébranlable du marché, lorsque le système robotique chirurgical Versius a été introduit pour le concurrencer [Walsh]. Versius a été développé par CMR Surgical, une société britannique de dispositifs médicaux, et constitue une nouvelle génération de plateformes chirurgicales avec assistance robotique qui présente plusieurs avantages significatifs.

Tout d'abord, Versius est supérieur à Da Vinci en termes de conception technologique, ce qui a permis d'améliorer la convivialité, un véritable avantage pour les chirurgiens. Versius permet une navigation plus facile et plus intuitive, ce qui améliore la précision et le contrôle du chirurgien pendant les interventions. De plus, Versius offre une visualisation 3D haute définition plus avancée, permettant aux chirurgiens de réaliser des opérations complexes avec plus de précision et de confiance. En outre, les instruments plus petits et plus flexibles de Versius permettent aux chirurgiens d'accéder à des zones du corps difficiles à atteindre, ce qui réduit la nécessité d'incisions plus larges et se traduit par une diminution de la douleur postopératoire et des temps de rétablissement plus courts pour les patients. Versius est également doté d'un retour de force amélioré, permettant aux chirurgiens de recevoir des informations tactiles pendant l'utilisation des instruments et facilitant la manipulation et la suture précises des tissus. Ceci est particulièrement important pour les chirurgies délicates, telles que les procédures cardiaques, où le contrôle de la motricité fine est essentiel.

Après avoir présenté le bras robotique et ses applications, le chapitre suivant examine comment il a permis au Japon de devenir le leader mondial incontesté de la robotique.

13. Le pays du Robot levant

"Toutes les études que nous avons réalisées montrent que l'utilisation de la technologie au Japon n'est pas supérieure à celle des États-Unis, mais que l'omniprésence de l'utilisation de la technologie au Japon est nettement plus importante."

James K. Bakken

Premier vice-président de la Ford Motor Company [Holusha]
Sur le New York Times
1983

Cette citation de Ford met en lumière une observation critique concernant l'adoption de la technologie robotique au Japon par rapport aux États-Unis. Le Japon et les États-Unis ont eu des capacités technologiques similaires, les États-Unis dépassant généralement le Japon en matière d'innovation conceptuelle et technologique initiale. Mais la capacité et la volonté du Japon d'intégrer la technologie de *"remplacement de l'homme"* dans tous les secteurs de son économie et de sa société lui ont permis d'exploiter tout le potentiel de l'automatisation et de la robotique bien plus tôt et plus profondément que les pays d'Amérique du Nord ou d'Europe.

Plusieurs facteurs propres au Japon ont contribué à son approche particulière de la robotique et de l'automatisation. L'un de ces facteurs est le besoin psychologique profond de *"rattraper"* l'Occident dans la période d'après-guerre, alors que le pays reconstruisait son économie, principalement basée sur l'industrie manufacturière. Cette volonté d'industrialisation rapide a poussé le Japon à adopter l'automatisation comme moyen d'atteindre la compétitivité économique.

Un autre facteur important a été la pénurie de main-d'œuvre à laquelle le Japon a été confronté, en particulier à partir des années 1960 et jusqu'à aujourd'hui. Les options pour résoudre ce problème étaient limitées à l'immigration ou au déploiement de la robotique et de l'automatisation. En raison de politiques d'immigration strictes et de facteurs culturels, le Japon a penché pour cette dernière solution.

Le droit du travail japonais a également joué un rôle dans cette approche. Pour l'essentiel, il n'autorise pas le déplacement de travailleurs pour quelque raison que ce soit, y compris les déploiements technologiques visant à accroître l'efficacité et à réduire les coûts. Cela a encouragé l'adoption de l'automatisation pour augmenter la main-d'œuvre plutôt que de l'embaucher et de la remplacer.

Par ailleurs, la politique industrielle du gouvernement japonais a toujours favorisé les investissements à long terme plutôt que la gestion à court terme du cours des actions. Cette approche a encouragé les entreprises à investir dans des technologies d'automatisation qui ne produiraient peut-être pas un rendement financier immédiat, mais qui amélioreraient leur compétitivité à long terme. La robotique a bénéficié de cette approche.

Les caractéristiques culturelles influencent également la préférence du Japon pour l'automatisation. La société japonaise a tendance à privilégier les interactions indirectes et formelles entre les personnes et est régie par des règles sociales strictes qui dictent le comportement approprié dans diverses situations sociales. Cet accent mis sur le respect des normes sociales peut être propice à la mise en œuvre de systèmes automatisés qui adhèrent à des règles et procédures prédéfinies.

En outre, la préférence culturelle japonaise pour des résultats connus et fiables s'aligne sur la prévisibilité et la cohérence offertes par les robots et les processus automatisés. Cette préférence contraste avec l'incertitude associée aux actions humaines, qui peuvent parfois conduire à des résultats inattendus ou indésirables, ce qui peut entraîner une perte de face dans la culture japonaise.

Enfin, une vision unique de l'humanité ancrée dans les religions indigènes, telles que le bouddhisme et le shintoïsme, a également contribué à la relation complexe que le Japon entretient avec les robots. Ces systèmes de croyance associent souvent l'animus ou l'essence spirituelle aux êtres vivants, ce qui peut conduire à la tolérance et à l'acceptation du rôle croissant des robots dans la société. Cette perspective culturelle est examinée plus en détail au chapitre 17, car elle offre des enseignements plus larges pour comprendre l'imbrication de la culture et de la technologie dans le contexte japonais.

Les avantages d'une voie libre pour remplacer des éléments de l'être humain sans le déplacer et d'une logique psychologique pour soutenir l'argument économique ont facilité le déploiement de la robotique industrielle, permettant aux entreprises japonaises d'exceller dans le développement et la production de robots industriels de pointe. En conséquence, le Japon s'est rapidement imposé comme le premier producteur et utilisateur de robots, contribuant de manière significative aux progrès de la fabrication, de l'automatisation et de la robotique dans le monde entier. L'engagement du Japon en faveur de l'innovation, associé à sa capacité à appliquer la technologie dans des scénarios réels, a consolidé sa position de leader dans l'industrie mondiale de la robotique, position qu'il occupe toujours.

L'introduction du premier robot industriel dans le pays, dans le cadre d'une coentreprise avec Unimation, a marqué le début du voyage du Japon dans la robotique. Dans les années 1970, la demande d'automobiles personnelles a explosé, mais la pénurie de main-d'œuvre a rendu nécessaire l'automatisation des usines automobiles. Dans les années 1980, le Japon s'est imposé comme un leader de la robotique de précision et les entreprises japonaises ont commencé à se développer à l'international, en Europe et, surtout, aux États-Unis.

Les pages suivantes examinent l'ascension du Japon en tant que leader incontestable dans le domaine de la robotique.

Unimate débarque dans les usines japonaises

Les années 1960 ont marqué une période d'expansion économique rapide au Japon. Le gouvernement a hardiment défendu son plan de doublement des revenus [Japon], et l'industrie manufacturière nationale a connu une croissance explosive. En outre, les Jeux olympiques de Tokyo de 1964 ont symbolisé le rajeunissement du pays. Le Japon, réputé pour son excellence en matière de fabrication, s'est rapidement imposé comme l'un des leaders mondiaux du développement et de la production de robots industriels [Mackintosh et Jaghory].

C'est dans ce contexte qu'Unimation a présenté le premier Unimate en 1961 dans une usine de General Motors (GM) au Japon. Quelques années plus tard, en 1968, Unimation et Kawasaki Heavy Industries ont conclu un accord de licence pour la production et la vente de robots Unimate sur le marché asiatique. Initialement axé sur la création et la fabrication de dispositifs d'économie de main-d'œuvre, Kawasaki est devenu le leader japonais de la robotique industrielle. Un an plus tard, en 1969, la collaboration entre Kawasaki et Ultimate a porté ses fruits et est entrée dans l'histoire lorsque le Kawasaki-Unimate 2000 [Hemal et Menon] est devenu le premier robot industriel produit au Japon.

L'augmentation des revenus et du pouvoir d'achat au cours des années 1960 et 1970 a entraîné une hausse de la demande d'automobiles personnelles au Japon. Malgré l'urbanisation rapide du pays, qui a amené les jeunes travailleurs des zones rurales vers les villes, il y a eu une pénurie de main-d'œuvre, due en grande partie à la combinaison des problèmes de population nette après la Seconde Guerre mondiale et à la vitesse de l'urbanisation qui a dépassé les temps de réponse. En raison de la pénurie de main-d'œuvre, il était particulièrement difficile de trouver des personnes compétentes pour effectuer des travaux sales, dangereux et dégradants tels que la soudure et la peinture dans les usines automobiles. En outre, les inquiétudes des travailleurs concernant l'introduction des robots et de l'automatisation ont été atténuées par la pratique générale des entreprises japonaises en matière d'emploi à vie et de sécurité de l'emploi [Mackintosh et Jaghory].

Tous ces facteurs ont encouragé l'automatisation des usines automobiles. Ainsi, au début des années 1970, les robots industriels se sont avérés précieux pour les chaînes d'assemblage des voitures Toyota, Nissan et Honda. Dans ces usines, les robots - d'abord les modèles Unimate originaux, puis des variantes fabriquées localement - ont été utilisés pour des tâches telles que le soudage à l'arc, le soudage par points et l'application de peinture. En outre, la société de fabrication de motos Kawasaki a commencé à utiliser le robot de soudage à l'arc Kawasaki-Unimate pour la fabrication de cadres de motos en 1974.

Kawasaki-Unimate s'est distingué parmi les principaux fabricants de robots de soudage pour les usines automobiles. Au début des années 1970, Kawasaki était à la pointe de l'innovation, développant des bras robotisés avancés dotés de capacités tactiles et de détection de force dans leurs poignées. Cette prouesse technologique a permis aux bras robotisés de Kawasaki de guider les goupilles dans les trous prévus à cet effet, marquant ainsi une avancée significative dans les capacités d'automatisation.

Kawasaki ayant créé sa propre gamme de robots et connaissant un succès grandissant, ce n'était qu'une question de temps avant que son association de longue date avec Unimation ne soit dissoute par les parties, ce qui s'est finalement produit en 1986 [Kawasaki].

Outre Kawasaki, l'ensemble du paysage de l'automatisation industrielle a connu une croissance significative dans les années 1970. Mitsubishi Electric, une multinationale classée au Fortune 100 et réputée pour son expertise dans la fabrication de produits électriques, s'est lancée dans ce domaine en plein essor. Parallèlement, Hitachi a fait des progrès considérables dans le domaine de la robotique. Au début des années 1970, Hitachi a mis au point des robots intelligents basés sur la vision, des robots de boulonnage automatisés pour l'industrie du béton, des robots de soudage à l'arc équipés de microprocesseurs et de capteurs d'espacement pour l'industrie automobile, et des robots à deux bras pour l'assemblage d'aspirateurs, pour n'en citer que quelques-uns.

Nous observons l'établissement d'un cercle vertueux dans le cadre de l'initiative japonaise de robotique industrielle, caractérisé par une relation symbiotique entre l'amélioration des processus et le développement technologique. Au cours d'une période où les progrès incrémentaux dans le domaine de la technologie offraient des incitations économiques immédiates et s'appuyaient sur l'amélioration continue des processus de fabrication, le succès était principalement mesuré par les résultats spécifiques de ces processus. Dans ce cadre, l'incorporation de petits changements continus dans la technologie robotique a alimenté le cercle vertueux, entraînant de nouvelles améliorations.

Ce modèle contraste avec le développement de l'IA, dont la technologie de base est plus complexe et basée sur des logiciels. Historiquement, la justification économique ou de production des progrès progressifs de l'IA était moins évidente, manquant de cas clairs et immédiats jusqu'aux récentes intégrations dans les produits numériques et l'accumulation de vastes ensembles de données à des fins de formation.

Le Japon établit la norme en matière de robotique de précision

Bien que la croissance économique du Japon ait été modérée en raison des défis posés par les crises pétrolières de 1973 et 1979, ainsi que des différends commerciaux avec les États-Unis, l'année 1980 revêt une importance particulière dans l'histoire de la robotique japonaise. Elle est souvent qualifiée d'*année charnière*, marquant le tournant transformateur de la robotique [Mackintosh et Jaghory]. En 1980, le Japon avait incontestablement démontré sa force concurrentielle et ses capacités d'innovation dans le domaine de la robotique, et les fabricants japonais prospéraient et construisaient des robots de plus en plus sophistiqués et de haute précision - non seulement Kawasaki, mais aussi beaucoup d'autres comme Mitsubishi Electric, Hitachi et FANUC.

Le meilleur exemple de ces robots plus petits et plus précis introduits dans les années 1980 est le bras robotique SCARA (Selective Compliance Assembly Robot Arm), conçu en 1978 à l'université de Yamanashi [CMU]. Contrairement aux bras robotiques traditionnels de l'époque, qui comportaient généralement six degrés de liberté et étaient polyvalents mais complexes à programmer, le robot SCARA présentait une conception simplifiée avec seulement trois ou quatre degrés, selon le modèle. La mobilité dans le plan X-Y était flexible tout en maintenant la rigidité le long de l'axe Z. Cette conception a permis de réduire considérablement la complexité de la programmation. Cette conception a permis de réduire considérablement la complexité de la programmation et du contrôle, ce qui a facilité la mise en œuvre de l'automatisation des chaînes de montage par les fabricants. En outre, le robot SCARA est rapide et précis dans ses mouvements verticaux et horizontaux. Il est donc idéal pour les opérations de prélèvement et de placement, l'assemblage et les tâches de manutention. Enfin, sa conception compacte et rationalisée lui permet de fonctionner efficacement dans des espaces restreints, ce qui le rend adapté aux applications où l'espace est limité.

Depuis 1979, une société japonaise appelée Sankyo et IBM ont commercialisé le SCARA dans le monde entier, y compris aux États-Unis [Mortimer et Rooks]. La combinaison de la simplicité, de la précision, de la vitesse et de l'efficacité du robot SCARA a changé la donne pour de nombreuses industries de précision, par exemple les semi-conducteurs. Travailler avec des tranches de semi-conducteurs, ces délicates tranches de silicium essentielles à la fabrication de semi-conducteurs miniatures, représentait un défi de taille pour les travailleurs humains. Les robots SCARA se sont rapidement imposés comme la norme de l'industrie pour la manipulation des plaquettes dans les installations de semi-conducteurs.

Les robots SCARA ont encore gagné en importance au cours des décennies suivantes, en particulier au cours des années 1990 et 2000, lorsque la demande d'ordinateurs personnels a atteint des niveaux sans précédent, accompagnée d'un besoin croissant de semi-conducteurs.

En outre, l'industrie alimentaire et des boissons a également adopté le SCARA pour des tâches telles que l'emballage et la manipulation hygiénique et précise des produits. Et, bien sûr, l'industrie automobile - le plus ancien utilisateur de robots - a également bénéficié du SCARA pour des tâches telles que la manutention et l'assemblage de pièces automobiles, améliorant ainsi l'efficacité de la production et le contrôle de la qualité.

Les robots SCARA ont connu un tel succès que les entreprises américaines ont commencé à les copier pour les vendre sur le marché américain. Par exemple, Adept Technology - la société mentionnée dans le chapitre précédent - a présenté son premier robot, le robot SCARA AdeptOne, en 1984, et depuis lors, elle a lancé une vaste saga de robots SCARA de plus en plus perfectionnés. Pour mémoire, Adept a été fondée en 1983 par deux étudiants de Victor Scheinman à Stanford. Dans l'histoire de la robotique et de l'IA, on retrouve toujours les mêmes personnes.

Robotique japonaise Sociétés internationales dans le monde entier

L'autre évolution des années 1980 a été l'expansion internationale des entreprises japonaises. De nombreuses sociétés se sont implantées aux États-Unis et en Europe, notamment Kawasaki, Mitsubishi et Denso, une filiale de Toyota. Cependant, FANUC est le meilleur exemple de réussite dans les coentreprises avec des géants américains.

La société FANUC (Fuji Automatic Numerical Control) a été fondée en 1956, mais c'est à cette époque qu'elle a pris son essor. FANUC s'est d'abord concentrée sur la fabrication de commandes numériques tout au long des années 1960. Les commandes numériques sont les panneaux de commande utilisés dans les processus de fabrication pour contrôler les mouvements des robots. Compte tenu de sa force dans le domaine des commandes numériques, FANUC s'est lancée dans la robotique en 1977 et a présenté le robot FANUC M-1, le premier robot industriel contrôlé par un microprocesseur.

Ce qui est remarquable avec FANUC, c'est qu'elle a été l'une des premières entreprises japonaises de robotique à se développer à l'international. En 1982, FANUC a créé une coentreprise 50-50 avec GM, appelée GM FANUC Robotics Corporation, dont le siège se trouve à Detroit, pour fabriquer et vendre des robots aux États-Unis. GM a supervisé la gestion, tandis que FANUC a apporté son expertise en matière de développement de produits et de fabrication.

Par la suite, en 1986, FANUC et General Electric (GE) ont développé une collaboration qui a conduit à la création de trois filiales : aux États-Unis, en Europe au Luxembourg et en Asie au Japon. Dans le cadre de cette collaboration, GE a cessé sa production de commandes numériques et a transféré cette installation à la nouvelle coentreprise, GE FANUC Automation Corporation, aux États-Unis.

L'afflux de sociétés japonaises aux États-Unis a considérablement transformé le paysage de la robotique industrielle à la fin des années 1970, provoquant un changement sismique pour Unimation. Ces entreprises japonaises se sont inspirées (et peut-être même davantage) de la technologie d'Unimation pour atteindre l'excellence en matière de robotique et ont finalement commencé à concurrencer directement Unimation sur son marché national, ce qui a entraîné la chute d'Unimation, comme nous l'avons raconté dans le chapitre précédent.

Les ambitions du Japon en matière d'IA : En avance sur son temps

Si le Japon est réputé pour ses réalisations dans le domaine de la robotique, l'archipel a également investi de manière substantielle dans le développement de capacités d'IA au cours des années 1970 et 1980.

Le premier domaine de recherche au cours de cette période a été le traitement du langage naturel, qui a donné lieu à la création de systèmes avancés de traitement de la langue japonaise, d'outils de traduction automatique et de technologies de pointe en matière de reconnaissance vocale, avec des avancées particulières de Toshiba et de l'université de Kyushu [Nishida].

En outre, la vision par ordinateur est devenue un deuxième domaine d'intérêt. Des entreprises de robotique comme FANUC et des géants de l'automobile comme Toyota ont commencé à intégrer des systèmes de vision par ordinateur dans leurs processus de fabrication. Ces systèmes permettaient aux robots d'exécuter des tâches de contrôle de la qualité et d'assemblage avec une précision inégalée. En outre, lors de l'exposition universelle d'Osaka en 1970, une équipe de l'université de Kyoto a présenté le premier système de reconnaissance faciale au monde [Gates] [Nishida].

Comme nous l'avons vu au chapitre 5, les années 1980 ont été la décennie des systèmes experts, et ce fut également le cas au Japon. Parmi les exemples notables, on peut citer le Scheplan d'IBM Japon pour l'industrie sidérurgique, l'OHCS de Kayaba pour la conception de systèmes hydrauliques et le système automatique d'acheminement des tuyaux d'Hitachi pour les centrales électriques [Motoda].

Dans ce contexte de recherche et de développement robustes en matière d'IA et de succès remarquables du Japon dans le domaine de la robotique, le gouvernement japonais a lancé l'ambitieux projet FGCS (Fifth Generation Computer Systems ou 5ème génération) en 1982, avec un financement substantiel de 400 millions de dollars [Pollack]. Son objectif premier était de construire des centres de données dotés d'un grand nombre d'ordinateurs capables de s'attaquer à des problèmes d'IA complexes tels que le raisonnement, la compréhension du langage naturel, l'apprentissage automatique et, en fin de compte, l'émulation d'une intelligence semblable à celle de l'homme. L'intention était d'exploiter le potentiel du traitement parallèle dans une capacité informatique massive pour développer et tester des techniques d'IA innovantes. Outre le gouvernement et les fabricants japonais de matériel informatique, le projet impliquait divers instituts de recherche et universités au Japon [Unger].

La majeure partie du matériel du projet de cinquième génération était constituée des derniers ordinateurs centraux et des machines LISP. Comme nous le savons, le marché boursier mondial s'est effondré en 1987 lorsque le matériel spécialisé a perdu son avantage au profit d'alternatives plus polyvalentes telles que la machine x86 d'Intel. Il n'a pas fallu longtemps pour se rendre compte que les ordinateurs de la 5e génération devenaient rapidement obsolètes et ne pouvaient pas rivaliser avec les systèmes à usage général disponibles dans le commerce. Le projet a été un échec commercial.

Le projet de cinquième génération ressemble à la prolifération actuelle de la capacité des GPU (unités de traitement graphique). Tout comme ce projet visait à créer une capacité de calcul massive pour exécuter des applications d'IA, l'augmentation actuelle de la capacité des GPU doit une grande partie de sa croissance aux demandes des modèles d'IA générative. À bien des égards, le projet de cinquième génération était en avance sur son temps.

La bulle japonaise, la grande crise financière et le tsunami

Dans les années 1980, le Japon a connu un essor économique rapide grâce à son industrie manufacturière, en particulier l'automobile, et à ses exportations. Toutefois, cette prospérité économique s'est accompagnée d'une spéculation effrénée sur les marchés de l'immobilier et des actifs financiers [Wood]. Le miracle économique japonais a commencé à s'estomper après l'effondrement de la bulle immobilière en 1991, marquant le début de ce que l'on appelle aujourd'hui les *"décennies perdues"* pour l'économie japonaise. Cette période a été marquée par une récession prolongée, une déflation et une baisse significative de la valeur des actifs.

La crise économique a eu un impact direct sur le financement et la continuité des projets de recherche sur l'IA, en particulier le projet de cinquième génération, qui montrait déjà des signes de difficultés [Pollack]. Le gouvernement japonais a été contraint de redéfinir ses priorités en matière de dépenses pour faire face à la crise économique, et les investissements dans des projets à long terme comme celui-ci sont devenus moins viables sur le plan économique. Le projet de 5e génération a été discrètement arrêté en 1992. Comme nous l'avons vu dans les exemples des pays occidentaux, une fois de plus, les attentes initiales en matière d'IA ont largement dépassé les possibilités pratiques et les justifications économiques.

Au moment du krach, vers 1990, les fabricants japonais de robots pouvaient fièrement revendiquer une part impressionnante de 90 % des ventes mondiales de robots industriels. Cependant, le krach boursier a entraîné une période beaucoup plus difficile pour eux. En 1992, il y a eu une baisse soudaine de l'offre de robots, suivie de deux années de stagnation. [Mackintosh et Jaghory].

Après l'échec de la bulle japonaise, les fabricants japonais de robots ont connu des moments d'espoir fugaces. Tout d'abord, à la fin des années 1990, une hausse soudaine de la demande de semi-conducteurs, alimentée par l'expansion rapide des secteurs de l'informatique personnelle et de l'internet, a donné un nouveau souffle aux fabricants japonais de robots. Ensuite, au début des années 2000, la Chine s'est imposée comme un acteur important dans le cadre de son essor économique. Les fabricants japonais ont alors eu l'occasion de vendre des robots industriels à la Chine.

Bien que de courte durée, le soulagement apporté par ces opportunités a été éclipsé par le double impact de la grande crise financière de 2008 et du tremblement de terre et du tsunami dévastateurs de 2011, qui ont encore exacerbé les défis auxquels le Japon est confronté. Cependant, malgré la myriade d'obstacles rencontrés au cours des dernières décennies, le Japon reste une formidable superpuissance dans le domaine de la robotique, représentant 47 % de la fabrication mondiale de robots en 2020 [Mackintosh et Jaghory]. Il continue d'être un leader dans l'intégration des développements de l'IA dans les scénarios de robotique et de remplacement humain, non seulement dans les processus de fabrication et d'exploitation, mais aussi de plus en plus dans les situations sociales, un sujet que nous explorerons au chapitre 16.

14. Les réseaux neuronaux et le rêve robotique de la mobilité

"Ce n'est rien encore. Dans quelques années, ce robot se déplacera si vite qu'il faudra une lampe stroboscopique pour le voir. Faites de beaux rêves..."

Elon Musk

Milliardaire américain

Post on X, faisant référence aux acrobaties du robot humanoïde Atlas de Boston Dynamics. [Musk et Medina]

2017

Le post d'Elon Musk sur X met en évidence la remarquable mobilité des robots d'aujourd'hui. La mobilité des robots repose sur les réseaux neuronaux, un type d'intelligence artificielle qui imite l'architecture neuronale du cerveau humain, comme nous l'avons vu aux chapitres 4 et 5. Les réseaux neuronaux sont des couches interconnectées de neurones artificiels conçus pour analyser de vastes volumes de données, identifier des modèles et prendre des décisions éclairées. L'apprentissage fondé sur les données a amélioré la mobilité pour diverses applications robotiques, ce qui a permis de faire un grand bond en avant en vue de reproduire et de dépasser les capacités humaines.

Les couches complexes de neurones artificiels, semblables à un réseau, nécessitent une puissance de calcul considérable pour un traitement efficace des données et une prise de décision rapide. Ce n'est que dans les années 2000 que les capacités matérielles ont atteint la vitesse et la robustesse nécessaires pour répondre efficacement à leurs exigences de calcul.

Les robots modernes s'appuient fortement sur des capteurs tels que les caméras, les LIDAR, les radars et les GPS pour percevoir leur environnement. Les réseaux neuronaux traitent ces données sensorielles, ce qui permet aux voitures autonomes et aux robots d'entrepôt de prendre des décisions en temps réel en matière de navigation, d'évitement des obstacles et de prévision des actions d'autres objets, qu'il s'agisse de robots, d'êtres humains ou de véhicules. Dans les robots quadrupèdes ou bipèdes, les réseaux neuronaux aident à affiner les mouvements, à maintenir l'équilibre et à répondre efficacement à des défis inattendus tels que la navigation sur un terrain accidenté ou la récupération après un trébuchement.

Nous allons maintenant aborder le sujet des réseaux neuronaux dans le développement de la robotique et voir comment la création de mouvements autopropulsés et autoguidés représente la première intersection significative des lignes de développement de l'IA et de la robotique.

L'agilité remarquable des robots dans les compétitions de combat

La popularité croissante des robots, caractérisés par leur mobilité et leur agilité, a donné naissance à des compétitions de combat de robots captivantes et en constante évolution [Stone]. Ces événements attirent des foules de participants en personne et de téléspectateurs en ligne, qui se comptent par millions. L'attrait irrésistible des combats de robots réside dans la fusion unique de l'ingénierie inventive, du jeu stratégique et des batailles exaltantes. Les concurrents se réjouissent de pouvoir créer et construire des robots pour les affronter, mettant à l'épreuve leur créativité et leur capacité à résoudre des problèmes. Le spectacle de ces affrontements mécaniques, souvent émaillés d'étincelles et de composants en suspension, offre un divertissement unique et favorise l'émergence d'une sous-culture dynamique et en constante évolution [Berry].

La première compétition de combat de robots a été organisée en 1987 à Denver lors d'une convention de science-fiction et s'appelait *"Critter Crunch"*. À l'époque, les réseaux neuronaux existaient, mais comme nous l'avons expliqué, ils n'étaient pas pratiques à utiliser. Au lieu de cela, les constructeurs de robots contrôlaient les robots à distance pour se livrer à des combats phénoménaux et mettre leurs adversaires hors d'état de nuire de manière ingénieuse.

Peu à peu, les combats de robots sont sortis de leur niche dans les communautés locales d'amateurs de geek et d'étudiants passionnés. En 1990, l'Institut Turing a organisé les premières Olympiades des robots à Glasgow, avec des concurrents de différents pays [Guinness], et en 1994, le premier grand événement américain, appelé *"Robot Wars"*, a été organisé à San Francisco. Son succès a été fulgurant et a attiré l'attention de la BBC britannique, qui a finalement produit la série télévisée *"Robot Wars"*. En 1999, une nouvelle compétition appelée *"BattleBots"* a débuté sous la forme d'une diffusion sur Internet et s'est rapidement transformée en une émission de télévision hebdomadaire sur Comedy Central en 2000. À partir de là, les compétitions de robots se sont multipliées dans le monde entier, de *"Robotica"* en 2001 à *"Robot Combat League"* en 2013. Des émissions de télévision telles que la reprise de *"BattleBots"* sur ABC en 2015 et *"Robot Wars"* en 2016 ont contribué à l'essor des combats de robots.

Parallèlement, les constructeurs ont commencé à utiliser des algorithmes de plus en plus avancés, en fonction de la conception et des capacités de chaque robot. Un exemple notable de robot utilisant un algorithme de réseau neuronal est *"Bronco"* de *"BattleBots"* en 2015 [Bryant]. Bronco était encore principalement télécommandé par ses opérateurs humains. Néanmoins, le réseau neuronal a permis à Bronco de prendre des décisions plus précises concernant son bras pneumatique de retournement, améliorant ainsi sa capacité à élaborer des stratégies et à exécuter des retournements efficaces contre ses adversaires au combat.

Des changements radicaux dans la robotique domestique

Les robots des compétitions de combat étaient principalement télécommandés. En revanche, Roomba, lancé par iRobot en 2002, a été le premier robot entièrement autonome réussi, en dehors des contextes industriels. iRobot a été fondé en partie par Rodney Brooks, professeur au MIT, une personnalité connue pour son rôle dans le mouvement de la Nouvelle IA et la création de Rethink Robotics, un fabricant de cobots. Il est remarquable de constater que certaines personnes réapparaissent constamment avec leurs contributions significatives dans l'histoire de l'IA et de la robotique.

Le Roomba est un petit robot circulaire conçu pour passer l'aspirateur et nettoyer les sols. Sa forme circulaire et son profil bas lui permettent de passer sous les meubles et d'atteindre les zones difficiles à nettoyer. Il a attiré l'attention du monde entier en raison de sa navigation autonome, de sa détection des obstacles et de ses manœuvres efficaces dans les espaces intérieurs.

Le Roomba n'utilisait pas de réseaux neuronaux, mais des algorithmes plus simples pour la navigation et les tâches de nettoyage. Ces algorithmes étaient principalement basés sur des règles et pilotés par des capteurs. Ils comprenaient des routines d'évitement des obstacles qui utilisaient des capteurs infrarouges pour détecter les objets se trouvant sur leur chemin, ce qui leur permettait de contourner les meubles et les obstacles. En outre, les capteurs de chocs aident le Roomba à identifier les collisions avec les murs ou les objets, ce qui l'incite à changer de direction. Les capteurs de falaise constituent une autre caractéristique essentielle, car ils empêchent le Roomba de dégringoler les escaliers ou les rebords.

Alors que les premiers modèles de Roomba suivaient une navigation relativement aléatoire, les itérations ultérieures ont utilisé des algorithmes de cartographie avancés. Ces Roombas ont ainsi pu créer des cartes détaillées des pièces, ce qui a permis de mettre en place des schémas de nettoyage plus systématiques et plus efficaces et de reprendre le nettoyage après avoir été rechargés. En outre, certains Roomba ont intégré des techniques de navigation plus avancées, comme les algorithmes de *détection de la saleté*, qui se concentrent sur les zones à forte concentration de débris, améliorant ainsi l'efficacité du nettoyage.

Le succès du Roomba a ouvert la voie à un marché de robots ménagers, inspirant des innovations telles que les tondeuses à gazon robotisées, les nettoyeurs de piscine et les lave-vitres qui suivaient un concept similaire. Le Roomba a marqué le début d'une nouvelle ère dans le domaine de la robotique domestique, enrichissant notre vie quotidienne et nous faisant gagner du temps de diverses manières.

Les éléments constitutifs des voitures autonomes

Les voitures autonomes constituent l'un des cas les plus fascinants de mobilité robotique. Elles promettent de réduire les embouteillages dans les zones urbaines, d'optimiser les itinéraires, de faciliter les accords de covoiturage et de révolutionner la gestion des parkings. Cette transformation pourrait conduire à une réduction de la pollution de l'air et à une amélioration de la planification urbaine. En outre, les voitures autonomes peuvent renforcer la sécurité en minimisant les erreurs humaines, fournir des solutions d'accessibilité pour les personnes à mobilité réduite et offrir une alternative pratique au transport aérien pour les distances moyennes. En outre, ces véhicules autonomes peuvent remodeler la façon dont les gens se déplacent et travaillent, en permettant aux passagers de s'engager dans des activités productives et agréables.

Les capteurs LIDAR et les réseaux neuronaux profonds appelés CNN et RNN (réseaux neuronaux convolutifs et récurrents) permettent aux voitures de se conduire elles-mêmes.

Le LiDAR est une technologie qui remonte aux années 1960, mais c'est dans les années 2000 qu'il a révolutionné la mobilité pour les voitures sans conducteur et autres robots mobiles [Taranovich]. Pouvant être montés presque partout sur une voiture en raison de leur petite taille, les capteurs LiDAR fonctionnent en émettant des séquences rapides d'impulsions laser qui rebondissent vers le capteur après avoir touché des objets, ce qui permet de calculer la distance avec précision. La capacité du LiDAR à fournir des informations précises dans des conditions météorologiques et d'éclairage variées en fait un composant essentiel pour améliorer la sécurité et l'autonomie des véhicules à conduite autonome.

D'autre part, les Deep CNN sont essentiels pour traiter les données visuelles provenant des capteurs LIDAR de la voiture. Nous les avons abordés en détail au chapitre 6. Les voitures auto-conduites exploitent les deux principaux types de réseaux neuronaux : les réseaux convolutifs (CNN) et les réseaux récurrents (RNN).

Les CNN excellent dans la vision artificielle. En exploitant les capacités des CNN, les voitures autonomes peuvent identifier et interpréter les indices visuels complexes nécessaires à une navigation sûre. En outre, les CNN sont capables d'assimiler des cartes d'environnement en 3D à haute résolution provenant des capteurs LIDAR, y compris la position des autres véhicules, des piétons, des obstacles, des panneaux de signalisation et des marquages de voie. Les algorithmes des voitures autonomes s'appuient sur cette perception détaillée de l'environnement pour prendre des décisions éclairées en matière de navigation, d'évitement des obstacles, de maintien de la trajectoire et de respect du code de la route.

C'est alors que les RNN entrent en jeu pour traiter les données séquentielles et les processus de prise de décision. Les RNN sont utilisés pour la prédiction des trajectoires, la planification des itinéraires et le contrôle en temps réel. Les RNN permettent aux voitures autonomes d'analyser les aspects temporels de la conduite, comme la prévision des mouvements futurs des autres véhicules et des piétons, et d'ajuster en permanence leurs actions pour garantir une conduite sûre et efficace.

L'armée à l'origine des voitures autonomes

Le concept de véhicule autonome est apparu pour la première fois en 1939 lorsque General Motors (GM) a stupéfié le monde lors de l'exposition universelle de New York avec le *"Futurama"*. Ce concept présentait une autoroute automatisée avec des voitures autonomes, donnant un aperçu d'un avenir où les machines pourraient conduire seules [Geddes].

Toutefois, c'est l'armée américaine - et plus précisément la DARPA (Defense Advanced Research Projects Agency) - qui a été la première à reconnaître sérieusement le potentiel des véhicules autonomes pour accomplir des missions critiques sans mettre en danger des vies humaines. Les véhicules autonomes pourraient être déployés dans des environnements dangereux pour des missions de reconnaissance ou des livraisons de fournitures, réduisant ainsi la nécessité d'une intervention humaine dans des scénarios à haut risque.

À partir de 1984, la DARPA a commencé à financer des projets de recherche sur les voitures autonomes de l'université Carnegie Mellon (Wallace et al.). Ces projets ont progressé rapidement. En 1985, une voiture sans conducteur a atteint une vitesse de 30 km/h sur des routes à deux voies. Des percées dans le domaine de l'évitement des obstacles ont suivi en 1986 et, en 1987, leurs véhicules pouvaient circuler hors route jour et nuit [Pomerleau]. En 1995, une voiture de Carnegie Mellon a réalisé un exploit remarquable en devenant le premier véhicule autonome à parcourir près de 4800 km à travers les États-Unis, de Pittsburgh à San Diego, en couvrant de manière autonome 98 % du trajet à une vitesse moyenne de 100 km/h [Carnegie Mellon].

En Europe, l'université des forces armées fédérales de Munich a été le fer de lance d'avancées similaires. En 1995, l'une de leurs voitures, dont l'accélérateur et les freins étaient contrôlés par un robot, a parcouru plus de 1600 km de Munich à Copenhague, aller-retour, à une vitesse de 190 km/h. Compte tenu de la vitesse et de la distance sur des routes encombrées, le véhicule a périodiquement effectué des manœuvres de dépassement, un conducteur de sécurité n'intervenant que dans les situations critiques.

Des progrès ont été réalisés dans le domaine des voitures autonomes au cours des décennies précédentes, mais le tournant décisif s'est produit lorsque la DARPA a orchestré le DARPA Grand Challenge en 2004 [Buehler]. Ce concours a réuni des équipes d'universités et d'entreprises privées chargées de mettre au point des véhicules autonomes capables de parcourir un itinéraire difficile de 240 km dans le désert de Mojave. L'objectif principal de la DARPA était d'exploiter les technologies émergentes pour améliorer les capacités et la sécurité militaires.

Malheureusement, aucun des véhicules autonomes participants n'a terminé l'intégralité du parcours en 2004, et la DARPA a répété la compétition en 2005, ce qui a abouti à la victoire de *"Stanley"*, une Volkswagen Touareg modifiée. Le succès de Stanley a été attribué à diverses innovations, notamment un algorithme d'intelligence artificielle formé sur la base des comportements de conduite d'humains réels et l'intégration de cinq capteurs laser LIDAR. Cet arsenal technologique a permis à la voiture de détecter des objets dans un rayon de 2.5 m devant elle et de réagir de manière adéquate. Après le succès de Stanley, le LIDAR est devenu un composant essentiel de tous les futurs systèmes de vision robotique pour automobiles. L'équipe qui s'est classée deuxième était une équipe de Carnegie Mellon appelée *"Red Team"*. La troisième édition du DARPA Grand Challenge, connue sous le nom de *"Urban Challenge"*, s'est déroulée dans un aéroport logistique de Californie en 2007 [Markoff]. La compétition s'est déroulée sur un parcours de 100 km en milieu urbain, exigeant des participants qu'ils respectent le code de la route, qu'ils se faufilent entre les véhicules et les obstacles et qu'ils s'intègrent parfaitement dans la circulation. Une équipe de Carnegie Mellon appelée *"Tartan"* a remporté la course avec une Chevy Tahoe modifiée, tandis que la deuxième place est revenue à une équipe de l'université de Stanford avec une Volkswagen Passat sous le nom *de "Stanford Racing"*. Les équipes derrière ces quatre voitures - *"Stanley"*, *"Red Team"*, *"Tartan"* et *"Stanford Racing"* - allaient entrer dans l'histoire de l'automobile.

Des jeunes de 20 ans construisent l'industrie de la voiture autonome

De nombreux participants au défi DARPA ont ensuite créé leur propre entreprise dans le domaine des voitures autonomes. Par exemple, l'équipe Tartan a fondé Velodyne, une entreprise spécialisée dans la technologie LiDAR (Light Detection and Ranging). Parallèlement, les géants de la technologie et les constructeurs automobiles ont commencé à embaucher des participants aux défis de la DARPA et à faire des investissements substantiels dans la recherche sur les véhicules autonomes. Par exemple, de nombreux membres des équipes *"Stanley"*, *"Red Team"* et *"Stanford Racing"* ont rejoint Google, ce qui a conduit au lancement du projet de voiture autonome de Google en 2009. L'un de ces recrutements est celui d'Anthony Levandowski. Levandowski est une figure polémique dont nous parlerons très largement au chapitre 29, notamment à propos de son *"Église de l'IA"*. Entre 2009 et 2015, Google a investi 1,1 milliard de dollars dans la recherche et l'opérationnalisation de ses voitures autonomes [Ohnsman], et en 2012, les voitures de Google avaient parcouru plus de 480 000 km de conduite autonome sur les routes publiques, marquant ainsi un progrès significatif [Rosen]. Google a également obtenu la première licence de voiture sans conducteur au Nevada [Ryan]. En 2016, le projet a été rebaptisé Waymo et est devenu une entité distincte au sein d'Alphabet. *Le nom "Waymo"* est dérivé de *"a new WAY forward in MObility"* (*une nouvelle voie vers la mobilité*) [Sage].

Au début du programme de voitures autonomes, Google a utilisé des systèmes LIDAR de Velodyne. Une avancée technologique significative s'est produite en 2017 lorsque Waymo a introduit son propre ensemble de capteurs et de puces développés en interne, dont la fabrication était plus rentable que celle des systèmes Velodyne. Cela a permis de réduire les coûts de 90 %, et Waymo a appliqué cette technologie à sa flotte de voitures en pleine expansion [Amadeo]. En janvier 2020, Waymo avait parcouru un nombre impressionnant de 20 millions de kilomètres en conduite autonome sur les routes publiques, et ses progrès se sont poursuivis.

Toutefois, Google n'était pas le seul acteur dans le domaine des voitures autonomes. En 2015, sous la direction d'Elon Musk, Tesla a introduit la fonction Autopilot, offrant des fonctions avancées d'aide à la conduite basées sur une combinaison de caméras, de radars et de capteurs à ultrasons. Tesla a également fourni des mises à jour logicielles en direct afin d'améliorer et d'étendre les capacités d'Autopilot [Associated Press]. Les constructeurs automobiles traditionnels, notamment GM, Ford, BMW et Audi, ont également commencé à s'aventurer dans ce domaine avec des plans ambitieux.

La concurrence entre Uber et Google s'est intensifiée, et ils ont fini par s'affronter sur le plan juridique. En 2016, Anthony Levandowski a quitté Google, créé sa start-up de voitures autonomes, Otto, et l'a vendue à Uber presque immédiatement [Statt et Merendino]. Levandowski a définitivement fait fortune cette année-là. L'acquisition a donné lieu à des litiges juridiques entre Waymo et Uber, qui ont culminé en 2019 lorsque Levandowski a été condamné à 18 mois de prison après avoir été inculpé de 33 chefs d'accusation fédéraux pour avoir prétendument volé des secrets commerciaux pour les voitures auto-conduites. Il a toutefois été gracié le dernier jour de la présidence de Donald Trump [Byford et al.]. Uber a fini par abandonner la course aux voitures autonomes et a vendu son unité de conduite autonome à Aurora Innovation en 2020, une entreprise de voitures autonomes issue du *"Red Team"* du DARPA Grand Challenge.

Il est remarquable de constater que des équipes de jeunes de vingt ans qui se sont réunies dans le cadre d'un concours universitaire ont finalement joué un rôle aussi déterminant dans l'évolution de l'industrie de la voiture autonome.

En 2016, les acteurs traditionnels de l'automobile ont commencé à suivre les jeunes de vingt ans et sont entrés dans le jeu. General Motors, qui était historiquement le leader vertical de l'automobile américaine en matière d'IA et de robotique (il possédait également Hughes Electronics), s'est stratégiquement lancé dans les voitures autonomes en acquérant Cruise Automation, une startup basée à San Francisco disposant d'une technologie de véhicule autonome de grande valeur. Cruise est devenue une filiale de GM et, en 2017, GM a lancé Super Cruise, un système d'aide à la conduite mains libres permettant une conduite autonome hybride limitée sur des autoroutes spécifiques, l'un des premiers systèmes semi-autonomes dans les véhicules de série. En 2020, GM a dévoilé la Cruise Origin, une voiture électrique à conduite autonome conçue pour le covoiturage et les services de mobilité autonome, qui se distingue par l'absence de commandes traditionnelles du conducteur, mettant l'accent sur l'autonomie totale. À la suite de GM, d'autres constructeurs automobiles traditionnels, dont Ford, BMW et Audi, se sont également lancés dans le domaine des véhicules autonomes avec des projets ambitieux.

Les véhicules autonomes et la promesse qui ne vient jamais

Elon Musk a fameusement déclaré en 2015 que des véhicules autonomes conduisant *"n'importe où"* seraient disponibles dans deux ou trois ans, et le PDG de Lyft, John Zimmer, a prévu en 2016 que la possession d'une voiture serait *"pratiquement terminée"* d'ici 2025. Cependant, l'ancien PDG de Waymo, John Krafcik, a averti en 2018 que les voitures robotisées autonomes prendraient plus de temps que prévu. Et la réalité est qu'en 2024, les villes ne verront pas de sitôt des voitures auto-conduites dans les rues à quelque échelle que ce soit [Mims].

L'un des défis majeurs de la mise à l'échelle des véhicules autonomes consiste à faire face à la myriade de scénarios imprévisibles sur la route, tels que les changements météorologiques soudains ou les comportements humains inattendus. Parvenir à une autonomie qui s'adapte de manière transparente à ces conditions dynamiques est une tâche redoutable pour l'IA. Une infrastructure de communication robuste, y compris la communication de véhicule à véhicule (V2X), est nécessaire pour permettre aux véhicules de communiquer entre eux et avec des éléments d'infrastructure intelligents tels que les feux de circulation et les panneaux de signalisation, afin d'améliorer la sécurité et l'efficacité [Dow]. En outre, les véhicules doivent intégrer des systèmes redondants pour garantir la sécurité. En cas de défaillance d'un système, des mécanismes de secours doivent prendre le contrôle et arrêter la voiture en toute sécurité. En outre, des modifications importantes des infrastructures, des cadres réglementaires complets et une connectivité solide entre les véhicules et l'environnement sont nécessaires pour prolonger le délai de déploiement des voitures autonomes. Le fait que l'industrie privilégie la sécurité plutôt qu'un déploiement rapide, en particulier à la lumière d'accidents notables, indique que les voitures entièrement autonomes ne deviendront probablement pas monnaie courante avant plusieurs décennies [Devulapalli].

Dans l'intervalle, les voitures semi-autonomes, également connues sous le nom d'automatisation conditionnelle, deviendront la norme, une étape vers l'état final. Ces véhicules peuvent effectuer la plupart des tâches, comme dans un avion en pilotage automatique, mais peuvent nécessiter une intervention humaine dans des situations spécifiques [Dow].

Transformer la logistique avec des robots chez Amazon

Au moment où les participants se préparaient à relever les grands défis de la DARPA en matière de voitures autonomes sur la côte ouest des États-Unis, une vague d'innovation se développait dans le domaine de la logistique sur la côte est, au sein du MIT.

En 2003, Mick Mountz, un ancien élève du MIT, a fondé à Boston une entreprise de robotique appelée Kiva Systems [Guizzo]. Kiva a conçu une flotte de petits robots à roues appelés AGV (Automated Guided Vehicles). Ces AGV naviguent de manière autonome à l'intérieur des entrepôts et transportent les unités de rayonnage vers les travailleurs humains, réduisant ainsi considérablement le temps et les efforts nécessaires à l'exécution des commandes. Les AGV ont adopté une approche simple mais efficace : ils soulèvent un rayonnage entier, le transportent jusqu'à un poste de préparation de commandes désigné et présentent les articles requis aux travailleurs humains. Cela a permis de rationaliser le processus de préparation des commandes, d'éviter aux employés de parcourir de longues distances dans des entrepôts de plus en plus vastes et d'améliorer la précision des commandes. Le système de Kiva utilise une navigation basée sur une grille, permettant aux robots de suivre des chemins prédéfinis sur le sol de l'entrepôt.

Amazon, le plus grand e-commerçant du monde, confronté à la compression des marges sur la plupart de ses produits au fil du temps, a toujours eu besoin d'améliorer l'efficacité de son vaste réseau d'entrepôts et de centres d'exécution des commandes. Amazon a reconnu le potentiel de la technologie de Kiva et a racheté la société en 2012, en la rebaptisant Amazon Robotics. Cette acquisition a marqué un tournant dans le secteur de l'entreposage. Amazon Robotics s'est appuyée sur les fondements de Kiva, ce qui a conduit au développement de ce que l'on appelle de manière générique les robots mobiles autonomes (AMR). Amazon préfère appeler ces robots *"Amazon Drive Units"* ou simplement *"drives"*. Les Amazon Drives sont des AGV améliorés. Certains des modèles de Drive les plus connus d'Amazon sont l'Amazon Pegasus, le Xanthus et l'Hercules [The Economist].

Amazon a commencé à équiper les Drives de capteurs, de caméras et de LiDAR, la même technologie que celle utilisée par les voitures autonomes. Cela leur a permis de naviguer dans l'entrepôt de manière autonome tout en évitant les obstacles, y compris les humains. Contrairement aux AGV de Kiva, les Drives ne dépendent pas d'infrastructures fixes telles que les bandes magnétiques ; ils utilisent des algorithmes d'IA avancés pour la planification des chemins, offrant ainsi une plus grande flexibilité pour s'adapter à l'évolution des facteurs de forme, de l'agencement et des tâches de l'entrepôt. En conséquence, les Drives ont pu optimiser les trajets et minimiser les encombrements, ce qui a permis d'accélérer le traitement des commandes et d'augmenter le débit.

En outre, les AGV de Kiva se concentraient principalement sur les flux de marchandises vers les personnes. Les moteurs sont plus polyvalents et peuvent être configurés pour le réapprovisionnement des stocks et d'autres opérations d'entrepôt. Les Drives disposent d'algorithmes plus sophistiqués, en particulier des réseaux neuronaux profonds (CNN et RNN) qui ont été utilisés de la même manière que les voitures autopilotées. En outre, les Drives ont également mis en œuvre des algorithmes de coordination avancés, leur permettant de collaborer avec d'autres robots et des travailleurs humains. Les robots d'Amazon sont conçus pour travailler en toute transparence avec la main-d'œuvre, en améliorant ses capacités plutôt qu'en se contentant de livrer des produits aux humains. Cette collaboration se traduit par un processus d'exécution plus dynamique et plus efficace.

Cette collaboration entre humains et robots était déjà l'un des mantras de la robotique industrielle. Des robots collaboratifs appelés cobots étaient déjà apparus à la fin des années 1990, et nous avons couvert leur histoire au chapitre 12.

L'importance des robots d'entrepôt s'est encore accentuée avec l'introduction du Prime Day en 2015, la plus grande journée de livraison en ligne au monde, au cours de laquelle plus de 375 millions d'articles individuels sont commandés, traités et expédiés dans un court laps de temps, soulignant ainsi l'impératif d'efficacité dans l'exécution des commandes. Au fur et à mesure que la clientèle d'Amazon s'élargissait, l'entreprise a maintenu des investissements substantiels dans la recherche et le développement de robots, améliorant sans cesse l'adaptabilité et l'efficacité de ses robots.

En outre, en 2019, Amazon Robotics a acquis stratégiquement Canvas Technology, une entreprise proposant une technologie unique et très avancée qui pourrait rendre les robots encore plus autonomes que la flotte existante de chariots d'entrepôt d'Amazon. Les chariots robotisés Canvas étaient équipés de technologies de pointe en matière de vision par ordinateur, d'IA et de détection de la profondeur, leur permettant de percevoir et d'interagir avec leur environnement en temps réel et de créer des cartes en 3D. Contrairement aux chariots traditionnels, les chariots Canvas n'ont pas besoin de cartes prédéfinies et peuvent s'adapter à des environnements changeants grâce à la technologie de vision par ordinateur. Ils peuvent travailler aux côtés de travailleurs humains dans des espaces partagés, en effectuant des tâches qui requièrent des compétences et de la perception, telles que la collecte de bacs et le contrôle de la qualité.

Bien que les Drive Units soient certainement les plus emblématiques de tous les robots Amazon, Amazon emploie de nombreux autres robots industriels spécialisés pour des tâches spécifiques dans ses centres logistiques, telles que la récupération, le tri, la préparation des commandes et l'emballage. Nombre d'entre eux sont des itérations avancées de la conception initiale d'Unimate par George Devol et Joseph Engelberger, que nous avons également abordée au chapitre 12.

La prolifération des robots au sein des opérations d'Amazon a été remarquable. Après l'acquisition de Kiva, Amazon avait déjà déployé 15 000 robots dans ses entrepôts en 2014 [Shead]. En 2019, Amazon comptait plus de 200 000 robots, et en 2023, ce nombre atteignait 750 000 robots dans le monde entier [Knight].

Livraison sur le dernier kilomètre : Un test décisif pour l'acceptation des robots

Le *problème* dit *du "dernier kilomètre"* est récurrent dans tous les secteurs de la livraison à grande échelle, qu'il s'agisse de la large bande - qui implique essentiellement la livraison répétée d'octets de données - ou de l'expédition ou de la livraison répétée de biens physiques, y compris de bouchées de nourriture. La résolution de ce problème est une clé connue pour débloquer de la valeur au niveau de l'écosystème global. En tant qu'entreprise à faible marge, la rentabilité d'Amazon dépend de sa capacité à réduire les coûts et à améliorer l'efficacité de l'acheminement de ses colis jusqu'aux clients, en passant par les dernières étapes physiques de la livraison. Nous constatons que la stratégie de livraison d'Amazon a progressé de manière significative en incorporant des solutions robotiques innovantes et des drones de livraison, ce qui a immédiatement contribué à améliorer la rentabilité.

Amazon Scout, leur robot de livraison autonome, a été déployé dans différents endroits aux États-Unis. Il a fait ses débuts au début de l'année 2019. Amazon Scout, un robot entièrement électrique et autonome à six roues, de la taille d'une petite glacière, navigue sur les trottoirs et dans les zones résidentielles de manière autonome, en s'appuyant sur un ensemble de capteurs, de caméras et d'algorithmes d'IA. Ces robots peuvent transporter une sélection de colis et sont soigneusement conçus pour fonctionner en toute sécurité à côté des piétons et des animaux domestiques. Lorsque la boîte approche de sa destination, les clients reçoivent une notification qui leur permet de la récupérer directement auprès du robot. Cette solution innovante de livraison au dernier kilomètre accélère les délais de livraison et minimise l'impact environnemental généralement associé aux méthodes de livraison traditionnelles.

Outre les robots terrestres, Amazon a beaucoup investi dans la technologie des drones afin d'améliorer les livraisons sur le dernier kilomètre. Prime Air, le service de livraison par drone d'Amazon, utilise des drones dotés de capacités de décollage et d'atterrissage verticaux, ce qui leur permet de passer en toute transparence du mode de vol au mode de vol stationnaire. Ces drones sont dotés de systèmes avancés de vision par ordinateur, de LiDAR et de GPS, ce qui leur permet de naviguer en toute sécurité, d'éviter les obstacles et d'identifier avec précision l'emplacement de la livraison. Conçus pour accueillir des colis de tailles et de poids différents, ces drones offrent une grande polyvalence pour la livraison d'une large gamme de produits. Amazon envisage d'utiliser les drones pour des livraisons ultra-rapides le jour même dans les zones urbaines et suburbaines, offrant ainsi aux clients une option de livraison pratique et efficace.

Du côté négatif, un nombre croissant d'incidents de vandalisme contre des robots de livraison à partir de 2023 jette une ombre sur l'acceptation et l'adoption de cette technologie émergente. Les actes délibérés de détérioration et de vol perturbent non seulement l'efficacité des livraisons autonomes, mais nous rappellent également les actes de vandalisme contre les robots décrits dans le film "*A.I.*" de Steven Spielberg en 2001, où la mise en œuvre des robots suscitait un rejet généralisé de la part de la société.

Le zénith de l'agilité des robots avec Boston Dynamics

Au-delà des voitures autonomes, des robots d'entrepôt ou de livraison, les humanoïdes sont sans doute la quintessence de la mobilité robotique, et Boston Dynamics en est l'entreprise la plus emblématique. Fondée par Marc Raiber, Boston Dynamics est issue en 1992 du Leg Laboratory du MIT, qui a posé les bases scientifiques de l'entreprise.

Les robots de Boston Dynamics sont réputés pour leur équilibre exceptionnel et leur habileté à accomplir diverses tâches physiques. Les robots de Boston Dynamics ont réalisé des exploits impressionnants, notamment en traversant des terrains accidentés, en effectuant des acrobaties et en transportant de lourdes charges utiles. C'est ce type de mouvement qui a poussé Elon Musk à tweeter en 2017 : "*Ce n'est encore rien. Dans quelques années, ce bot se déplacera si vite qu'il faudra une lampe stroboscopique pour le voir. Faites de beaux rêves...*" Boston Dynamics est réputée pour deux types de robots : les robots quadrupèdes, inspirés des mouvements agiles des animaux, et les robots humanoïdes bipèdes. Nous aborderons d'abord leur parcours avec les robots quadrupèdes.

Ce voyage a commencé par l'introduction de deux chiens robotisés financés par la DARPA : BigDog et LittleDog. BigDog est un robot révolutionnaire qui illustre les premières ambitions de l'entreprise de créer un robot quadrupède capable de traverser des terrains difficiles. BigDog a été conçu pour servir de mule aux soldats. Sa caractéristique principale est sa capacité à transporter de lourdes charges, jusqu'à 150 kg, tout en naviguant sur des pentes raides et des paysages rocailleux. BigDog a marqué une avancée significative en matière de mobilité et de capacité de charge pour les robots quadrupèdes [Degeler]. LittleDog, beaucoup plus petit, n'a pas été développé pour une application commerciale ou industrielle spécifique, mais plutôt comme outil de recherche pour améliorer la compréhension de la locomotion, de la navigation et des algorithmes de contrôle des jambes. Malgré son autonomie limitée à 30 minutes grâce à ses batteries lithium-polymère, il peut ramper sur des terrains rocailleux et servir de banc d'essai pour l'expérimentation robotique.

L'AlphaDog Proto, présenté en 2011, représentait la nouvelle génération de quadrupèdes. L'AlphaDog Proto était entièrement destiné à des applications militaires. Financé par la DARPA et l'US Marine Corps, l'AlphaDog Proto a été conçu pour transporter de lourdes charges utiles, pesant jusqu'à 200 kg, sur une mission de 32 km à travers divers terrains, réduisant ainsi les défis logistiques dans les endroits reculés. Il est équipé d'un moteur à combustion interne qui réduit considérablement le bruit, ce qui le rend plus adapté aux missions militaires.

Un an plus tard, en 2012, Boston Dynamics a dévoilé le Legged Squad Support System (LS3), qui a augmenté la polyvalence et la robustesse du robot. LS3 était équipé de capteurs qui lui permettaient de suivre son chef humain, notamment lors d'opérations militaires, en naviguant sur des terrains accidentés et en évitant les obstacles. L'une de ses caractéristiques les plus impressionnantes est peut-être sa capacité à se redresser en cas de basculement, ce qui améliore encore son adaptabilité dans les scénarios du monde réel [Shachtman].

L'année 2013 a marqué une nouvelle étape, puisque BigDog a été doté d'un bras articulé ressemblant à un long cou. Le nouveau BigDog peut ramasser un parpaing de 20 kg et le lancer à une distance de 5 m. BigDog a été formé à l'utilisation de ses jambes et de son unique bras pour ouvrir des portes et remorquer des travaux dans des applications de construction et d'intervention en cas de catastrophe, où le robot peut aider à soulever et à déplacer des objets lourds dans des environnements difficiles.

Ces premiers modèles étaient principalement destinés à des opérations militaires non armées. Cependant, en 2015, les robots de Boston Dynamics ont commencé à se diversifier dans un éventail plus large d'industries en introduisant Spot.

Spot est un robot quadrupède alimenté électriquement et actionné hydrauliquement [Howley]. Pesant à peine 80 kg, Spot est considérablement plus petit que ses prédécesseurs, ce qui le rend plus polyvalent pour les activités d'intérieur et d'extérieur. La tête de Spot intègre des capteurs qui lui permettent de naviguer sur des terrains rocailleux et d'éviter les obstacles pendant les déplacements. Sa capacité à monter des escaliers et à gravir des collines souligne encore son agilité et son adaptabilité. Spot trouve des applications dans des secteurs tels que la construction et l'agriculture, où il peut effectuer des inspections dans des environnements difficiles et fournir des données précieuses pour la prise de décision [Wessling].

En 2016, SpotMini a été présenté comme une version plus petite de Spot, pesant 30 kg. SpotMini est le premier robot quadrupède entièrement électrique de Boston Dynamics, éliminant ainsi le besoin de systèmes hydrauliques. Cette innovation a permis d'allonger son temps de fonctionnement à 90 minutes avec une seule charge. Équipé de capteurs avancés, SpotMini démontre des capacités de navigation améliorées et la possibilité d'effectuer des tâches de base de manière autonome. En outre, il est équipé d'un bras et d'une pince en option, comme le Spot plus proéminent, ce qui lui permet de ramasser des objets fragiles et de retrouver l'équilibre s'il rencontre des obstacles. La taille réduite de

SpotMini lui permet d'accéder à des zones étroites, ce qui le rend particulièrement utile pour des applications en intérieur et dans des espaces plus confinés, comme les inspections commerciales, les patrouilles de sécurité et les établissements de soins de santé où l'espace peut être limité.

2017 a vu l'apparition d'une version améliorée de SpotMini, avec des mouvements fluides et une robustesse accrus, même face à des perturbations externes, mettant en évidence sa fiabilité et son adaptabilité dans des environnements réels. En 2018, Boston Dynamics a introduit des capacités de navigation autonome améliorées dans SpotMini, en l'équipant d'un système de navigation sophistiqué de sorte qu'il puisse traverser de manière autonome les bureaux et les laboratoires de Boston Dynamics, en suivant un chemin précédemment tracé lors d'une opération manuelle.

Il est important de noter que plusieurs avancées dans la technologie de base ont soutenu le travail d'intégration réalisé par Boston Dynamics et d'autres au cours de cette période. Le LiDAR (Light Detection and Ranging) a été introduit pour mesurer les distances et créer des cartes 3D précises de l'environnement. Cela a permis aux robots de mieux naviguer et de mieux percevoir leur environnement. Des innovations en matière de caméras et de capteurs de profondeur ont été utilisées, notamment des caméras à haute résolution, combinées à des capteurs de profondeur tels que des caméras stéréo ou des capteurs de lumière structurée, permettant aux robots de Boston Dynamics de percevoir visuellement le monde et de comprendre la profondeur des objets.

Les fonctionnalités des robots ont également progressé au cours de cette période grâce à des avancées spécifiques en matière d'apprentissage automatique et d'algorithmes d'IA. Les développeurs ont utilisé des algorithmes d'apprentissage profond pour des tâches telles que la reconnaissance d'objets, l'évitement d'obstacles et la planification de trajectoires. Les réseaux neuronaux ont été entraînés sur des ensembles de données massifs axés sur le mouvement pour permettre aux robots de s'adapter et d'apprendre de leur environnement. Ces réseaux neuronaux représentent un niveau de complexité qui dépasse de loin ceux utilisés dans les voitures autonomes. Certains robots ont même utilisé des techniques d'apprentissage par renforcement pour améliorer leurs capacités motrices et leurs mouvements. Il s'agit d'un apprentissage par essais et erreurs, le robot recevant un retour d'information sur ses actions.

Les progrès des systèmes d'équilibrage et de contrôle dynamiques ont également contribué à l'évolution rapide des robots. Par exemple, des unités de mesure inertielle (IMU) ont été incorporées pour mesurer les accélérations et les taux angulaires et fournir des données cruciales pour stabiliser le robot et maintenir l'équilibre, ainsi que des algorithmes de contrôle avancés qui aident les robots à mieux maintenir l'équilibre pendant les mouvements dynamiques. En outre, des actionneurs hydrauliques pour des mouvements précis et puissants ont également été introduits, contribuant à la capacité des robots à effectuer des mouvements dynamiques et agiles.

Mais la technologie la plus importante qui a permis la croissance de la robotique à cette époque est sans doute l'utilisation d'unités de traitement plus puissantes. Boston Dynamics a équipé ses robots d'unités centrales et d'unités de traitement graphique avancées pour gérer des calculs complexes ; cela a permis aux robots de définir des décisions de mouvement en temps réel, de prendre des décisions instantanées pour maintenir l'équilibre sur des terrains inégaux, de réagir à des changements environnementaux dynamiques et d'exécuter des mouvements physiques complexes. On peut dire de la robotique - et de l'IA aussi - que les progrès ont généralement dépassé le développement de la puissance de traitement nécessaire pour les activer. D'une certaine manière, l'essence des histoires de l'IA et de la robotique a été le développement parallèle de la puissance de traitement.

Toutes ces technologies de base ont aidé des entreprises comme Boston Dynamics à développer une propriété intellectuelle liée au mouvement, créant un effet de réseau qui rend difficile l'arrivée de nouveaux venus dans ce secteur.

Humanoïdes athlétiques et acrobatiques

Boston Dynamics est également célèbre pour ses robots humanoïdes bipèdes qui réalisent d'incroyables acrobaties sur les médias sociaux. L'entreprise a produit un humanoïde bipède commercial, Atlas, et un prototype antérieur appelé Petman datant de 2011 qui n'a jamais été commercialisé et n'a été utilisé qu'à des fins de recherche et de développement [Thomson].

Atlas a été dévoilé en 2013. Le DARPA a également financé ce robot dans un premier temps. Atlas a fait un bond en avant en termes d'agilité, d'autonomie et de polyvalence. Mesurant environ 180 cm et pesant 70 kg, Atlas est doté d'un ensemble de capteurs, dont un système de vision stéréo et un système LIDAR, qui lui permettent de percevoir et de naviguer efficacement dans son environnement. L'aspect le plus novateur d'Atlas est son équilibre dynamique et sa mobilité. Il pouvait marcher, courir, sauter par-dessus des obstacles, effectuer des sauts périlleux et d'autres acrobaties impressionnantes avec une précision remarquable.

Atlas a été continuellement mis à jour et amélioré, renforçant son agilité, réduisant sa taille et étendant ses capacités. Cette innovation permanente a ouvert la voie à l'exploration de diverses applications dans le monde réel. Atlas est très utilisé dans les missions de recherche et de sauvetage, pour naviguer sur des terrains complexes, accéder à des endroits inaccessibles et relayer des informations cruciales. Il excelle dans les environnements dangereux, y compris les installations nucléaires, et offre un potentiel dans les services de logistique et de livraison. En outre, Atlas peut collaborer avec des humains dans diverses industries, en dehors du secteur militaire, grâce à son agilité et à sa capacité à imiter les mouvements humains, ce qui lui permet d'accomplir des tâches telles que l'assistance à la fabrication ou les procédures médicales.

De nombreuses autres entreprises se consacrent également à la création d'humanoïdes. Tesla développe également un robot humanoïde polyvalent appelé Tesla Bot ou Optimus. Elon Musk, le PDG de Tesla, considère ce robot comme un outil polyvalent qui permettra un jour d'effectuer des tâches que les gens jugent répréhensibles ou trop dangereuses. Utilisé dans les usines ou pour le nettoyage des rues, le Tesla Bot peut réduire considérablement le travail manuel et augmenter le rendement. À l'avenir, la majorité des ouvriers d'usine et des éboueurs seront des robots humanoïdes, car nous pouvons facilement imaginer que leur rendement et leur productivité dépasseront ceux des humains. En outre, l'agilité et la dextérité du robot Tesla peuvent s'avérer extrêmement utiles dans les environnements dangereux lors d'opérations de sauvetage. Sa capacité à déplacer des objets et à négocier des terrains difficiles en fait un outil inestimable pour les situations d'urgence telles que les opérations de secours en cas de tremblement de terre.

Lors de l'annonce initiale, M. Musk a affirmé qu'Optimus pourrait éventuellement devenir plus important que l'activité automobile de Tesla. D'ici 2024, Tesla espère disposer d'un prototype fonctionnel et d'ici 2025, le robot devrait être prêt pour la production de masse. Le Tesla Bot, qui mesurera 1.8 m et pèsera 60 kg, sera piloté par le même système d'intelligence artificielle que celui qui équipe les véhicules Tesla. Tesla a présenté des prototypes partiellement fonctionnels capables de bouger les bras, de marcher et de trier les couleurs.

Dans ce chapitre, tout en explorant les applications civiles de la robotique, nous avons constaté que l'influence de l'armée s'étendait largement au sein du secteur, la DARPA aux États-Unis jouant un rôle important dans le financement de nombreux projets robotiques tels que les voitures autonomes et une grande partie de la production de Boston Dynamics. Dans le chapitre suivant, nous nous concentrerons plus directement sur les discussions concernant les applications militaires militarisées.

15. L'art de la guerre avec les robots

"Nous nous engageons à ne pas militariser nos robots polyvalents à mobilité avancée ou les logiciels que nous développons et qui permettent la robotique avancée, et nous n'aiderons pas d'autres personnes à le faire. Dans la mesure du possible, nous examinerons attentivement les applications prévues par nos clients afin d'éviter toute militarisation potentielle".

Boston Dynamics, Agility Robotics, ANYbotics, Clearpath Robotics, Open Robotics, Unitree Robotics

Lettre ouverte [Vincent et Jung]
Octobre 2022

En 2022, six grands fabricants de robots et fournisseurs de logiciels, dont Boston Dynamics, ont approuvé un mémorandum contre la militarisation autonome de la technologie robotique. Ce n'était pas la première fois que des personnalités publiques faisaient des déclarations publiques similaires, mais cette fois-ci, il s'agissait d'entrepreneurs en robotique de l'armée américaine.

En 2015, plus d'un millier d'experts en IA, dont des personnalités telles qu'Elon Musk, Stephen Hawking, Noam Chomsky, Steve Wozniak, Demis Hassabis (cofondateur de Google DeepMind) et Jaan Tallinn (cofondateur de Skype), avaient déjà lancé un appel pressant en faveur de l'interdiction des armes autonomes [Whitfield]. Leurs préoccupations portaient sur le développement et le déploiement d'armes à feu capables de fonctionner sans intervention humaine, soulignant la nécessité urgente d'empêcher la prolifération de cette technologie afin d'éviter des conséquences potentiellement catastrophiques en matière de guerre et de sécurité internationale [Gibbs].

Les robots militaires présentent en effet des risques importants qui méritent l'attention. Les robots militaires autonomes, dépourvus de jugement humain, pourraient prendre des décisions cruciales en matière de ciblage et d'engagement sans surveillance humaine. Cela soulève des inquiétudes quant aux victimes involontaires, aux dommages collatéraux et aux violations potentielles du droit humanitaire international, notamment en ce qui concerne la mise en danger de la vie des civils. En outre, la perspective de voir ces armes agir de manière autonome pourrait exacerber les conflits, en déclenchant une nouvelle course aux armements dangereuse qui pourrait déstabiliser la sécurité mondiale. L'utilisation de robots dans l'armée à des fins ouvertement offensives crée de nombreux dilemmes éthiques, la responsabilité apparaissant comme une question centrale. Les questions liées à la moralité, à la prise de décision et à la responsabilité constituent le cœur du débat en cours.

La vulnérabilité des robots militaires aux cyberattaques est une préoccupation majeure. Des forces hostiles pourraient exploiter les faiblesses de leurs capteurs et de leurs systèmes, compromettant potentiellement ces machines et les retournant contre leurs opérateurs ou les utilisant à des fins de collecte de renseignements.

Le débat autour de ces robots est complexe. Les États-Unis ont figuré parmi les nations les plus hésitantes à approuver une interdiction préemptive des armes autonomes létales, invoquant la crainte d'étouffer le progrès technologique tout en reconnaissant la nécessité d'une surveillance humaine. Le Royaume-Uni s'est également opposé à une interdiction générale, affirmant que le droit humanitaire international réglemente de manière adéquate les armes autonomes tout en soulignant l'importance du contrôle humain. De même, la Russie, la Chine et Israël se sont montrés prudents à l'égard d'une interdiction des robots tueurs, mais ont soutenu les discussions sur la réglementation.

En réalité, les robots militaires offrent une gamme variée d'avantages et d'inconvénients. C'est pourquoi le sujet dans son ensemble présente de multiples facettes. L'un des principaux avantages réside dans leur capacité à préserver des vies humaines en effectuant des tâches complexes qui mettraient autrement les soldats en danger, réduisant ainsi le risque de décès de combattants associé à la guerre. Dans les situations où il y a des victimes humaines, les robots militaires peuvent être rapidement déployés pour limiter les risques, ce qui permet souvent de sauver des vies. Leur réaction rapide peut être déterminante dans ces scénarios critiques.

En outre, équipés de capteurs et de systèmes de surveillance avancés, les robots militaires fournissent des données en temps réel et des capacités de surveillance, améliorant la connaissance de la situation pour le personnel militaire et contribuant à la réussite de la mission.

Un autre avantage notable est leur exceptionnelle précision tactique. Dépourvues d'émotions humaines, ces machines peuvent exécuter des missions avec une précision remarquable, ce qui pourrait modifier la dynamique de la guerre. De plus, en tant que robots dotés d'une IA, ils améliorent continuellement leurs performances grâce à l'apprentissage par l'expérience et au retour d'information, même sans formation initiale, ce qui accroît leur efficacité et leur efficience au fil du temps. Ces machines excellent dans la prise de décisions en une fraction de seconde, surpassant les processus cognitifs des soldats humains, une caractéristique précieuse au combat où des choix opportuns au niveau du sol peuvent être décisifs.

Enfin, les robots militaires s'adaptent à des conditions environnementales extrêmes qui mettent à rude épreuve les soldats humains. Qu'elles soient confrontées à la chaleur torride du désert ou au froid glacial de l'Arctique, ces machines font preuve d'une résilience qui dépasse les capacités humaines, ce qui les rend idéales pour des missions en terrain hostile, sans avoir besoin de se nourrir, de s'abriter ou de se reposer.

De la reine des abeilles aux essaims autonomes

Le terme *"drone", qui* désigne un aéronef sans équipage, est apparu en 1935 lorsqu'il a été utilisé pour la première fois en relation avec l'avion radiocommandé de la marine royale britannique, le *"de Havilland DH.82"*, affectueusement appelé *"Queen Bee" (reine des abeilles)*. À l'origine, le *terme "drone"* désignait l'abeille mâle, en particulier l'abeille domestique mâle. Au fil du temps, le terme *"drone"* est devenu synonyme de véhicule aérien sans équipage (UAV) [Frantzman].

Les drones et les essaims de drones sont d'authentiques robots : ces machines sont dotées de capacités de mouvement indépendantes et sensibles à l'environnement, de capteurs sophistiqués, de systèmes de communication, d'une programmation des tâches et de capacités de plus en plus autonomes qui leur permettent d'opérer indépendamment ou en groupes coordonnés. Les drones ont fondamentalement remodelé la guerre moderne, révolutionnant les opérations militaires et offrant diverses capacités dans les conflits du monde entier. [Schuh]

Les drones ont évolué en quatre phases, passant de drones militaires plus grands à des drones plus petits, puis à des drones commerciaux utilisés à des fins militaires, et enfin à des essaims de drones.

La phase initiale du développement des drones modernes a vu la création de grands drones pesant environ 500 à 2000 kg et ayant une envergure de 10 à 20 m. Le MQ-1 Predator, introduit en 1995, a joué un rôle essentiel dans la guerre mondiale contre le terrorisme menée par les États-Unis. Les Predator armés de missiles ont mené des frappes aériennes de précision contre des cibles terroristes de grande valeur en Afghanistan, au Pakistan, au Yémen et en Somalie, à des milliers de kilomètres de distance, garantissant ainsi des opérations antiterroristes efficaces tout en réduisant les risques pour les troupes conventionnelles. Son successeur, le MQ-9 Reaper, introduit en 2007, a amélioré ces capacités grâce à une plus grande capacité de charge utile et à une plus grande endurance. Les Reaper ont été largement utilisés contre ISIS en Syrie et en Irak, offrant une surveillance continue et menant des frappes aériennes avec la flexibilité de s'attarder au-dessus de cibles potentielles pendant de longues périodes, perturbant ainsi les opérations ennemies.

Un autre grand drone important est le Baykar Bayraktar TB2 de la Turquie, introduit en 2014. Il a joué un rôle crucial dans les succès de l'Azerbaïdjan dans le conflit du Haut-Karabakh en 2020 en fournissant des renseignements en temps réel, en exécutant des frappes précises sur les positions arméniennes et en neutralisant les systèmes de défense aérienne de l'ennemi. De même, lors de la guerre en Ukraine, les forces ukrainiennes ont utilisé ces drones pour cibler les éléments russes et perturber les opérations ennemies. Le prix abordable et la polyvalence du TB2 en ont fait un atout précieux dans le conflit ukrainien [Helou et Rosenberg].

La deuxième étape du développement des drones autonomes a été centrée sur les drones militaires plus petits, pesant généralement quelques kilos et ayant une envergure allant de 1 à 5 m. Ces drones plus petits ont considérablement transformé la guerre moderne en élargissant l'utilisation des drones et en offrant agilité et accessibilité dans divers environnements urbains et accidentés. Ils sont rentables, avec des coûts d'acquisition et d'exploitation moindres, et leur taille réduite les rend moins détectables, constituant des cibles plus petites pour les forces ennemies, améliorant ainsi leur capacité de survie. De nombreux gouvernements ont créé de petits drones, comme le Raven d'AeroVironment introduit par les États-Unis en 2003. Ce drone de 2 kg et de 2 m d'envergure, lancé à la main, a été un atout crucial pour l'armée américaine, fournissant des capacités vitales pendant les guerres d'Irak et d'Afghanistan. Le Skylark I-LEX d'Israël et le STM Kargu de Turquie sont des drones similaires de plus petite taille.

La troisième phase du développement des drones autonomes a consisté à utiliser des drones commerciaux à des fins militaires. Ces drones économiques sont devenus accessibles aux armées moins bien équipées. Par exemple, des drones grand public tels que les séries DJI Phantom et Mavic du fabricant chinois DJI ont été adaptés à un usage militaire en Ukraine, aux côtés de drones turcs de plus grande taille. Ils sont principalement utilisés pour la reconnaissance et la surveillance, aidant les troupes ukrainiennes à surveiller les activités de l'ennemi et à recueillir des renseignements cruciaux. Malgré leur origine commerciale, ces petits drones se sont révélés efficaces dans les déploiements militaires et sont plus abordables et plus accessibles. En Ukraine, les drones commerciaux vont au-delà des opérations militaires conventionnelles. Les forces ukrainiennes les utilisent pour des tactiques non conventionnelles, notamment le largage de grenades sur des positions ennemies ou des véhicules blindés, ce qui démontre la polyvalence des petits drones dans la guerre asymétrique malgré les risques associés. [Singh et Crumley].

La quatrième direction concerne les essaims de drones. Il s'agit du stade de développement le plus alarmant pour la société civile des pays occidentaux. Les essaims de drones font progresser les enjeux de la guerre en faisant preuve d'intelligence collective, de collaboration et d'adaptabilité ; ils imitent le comportement des essaims biologiques et font preuve d'autonomie, ce qui leur permet d'effectuer des missions complexes avec une intervention humaine minimale, à une fraction du coût des drones plus grands.

Le développement de la technologie des essaims de drones a commencé aux États-Unis avec des programmes successifs de la DARPA, à bien des égards similaires à la manière dont les voitures autonomes ont été développées. Le premier était le programme "*Collaborative Unmanned Air Vehicles*" en 2006, qui visait à créer de petits drones capables de coopérer de manière autonome. Plus tard, en 2013, la DARPA a lancé un nouveau programme appelé CODE (Collaborative Operations in Denied Environment) qui visait à permettre à un grand nombre de drones autonomes d'opérer efficacement dans des environnements difficiles.

En 2016, la DARPA a franchi une étape importante dans la technologie des essaims de drones avec la démonstration de l'essaim de drones Perdix. Plus de 100 drones Perdix, conçus par le MIT et ne pesant que 200 grammes chacun, ont été lancés à partir de trois avions de chasse [Condliffe]. Ces drones ont fait preuve de collaboration en temps réel, d'adaptabilité et d'exécution de tâches complexes, marquant ainsi une avancée significative pour les essaims de drones coordonnés et autonomes. Forte de ce succès, l'armée américaine a lancé en 2018 le programme LOCUST (Low-Cost UAV Swarming Technology), qui vise à créer des essaims de drones abordables pour submerger et confondre les défenses ennemies, améliorant ainsi la flexibilité et l'efficacité des opérations militaires [Eckert et Eckert].

La Chine et la Turquie ont également fait des progrès considérables dans le domaine de la technologie des essaims de drones. En 2017, le CETC chinois a présenté le système d'essaim de drones CH-901, soulignant sa capacité à effectuer des missions de surveillance et d'explosion avec une coordination autonome. De même, en 2019, la société turque STM a présenté le système de drones Alpagu, polyvalent pour des rôles offensifs et défensifs, reflétant les objectifs de la Turquie de renforcer ses capacités militaires sur terre et en mer.

Des chars Goliath aux meutes de chiens robotisées

Les véhicules terrestres sans équipage (UGV) sont l'équivalent terrestre des drones. Comme les drones, les UGV sont devenus des outils indispensables aux opérations militaires modernes, révolutionnant la façon dont les forces armées naviguent, recueillent des renseignements, s'engagent avec des adversaires et soutiennent les urgences civiles. [Bolte] [Bassier].

Les drones et les UGV ont une longue histoire, qui remonte au début du 20e siècle, et ont suivi des trajectoires similaires. Toutefois, le développement des UGV a pris quelques années de retard par rapport aux drones, car il est plus compliqué de se déplacer au sol que de naviguer dans les airs. Comme les drones, les UGV sont passés de grands véhicules militaires encombrants à des plateformes plus petites et plus polyvalentes, souvent de conception modulaire. Le développement le plus récent dans les deux domaines a été l'émergence des technologies en essaim, où plusieurs UGV collaborent pour atteindre les objectifs de la mission.

Pendant la Seconde Guerre mondiale, des UGV primitifs ont été utilisés dans tous les domaines. Les Britanniques ont conçu une variante radiocommandée du char d'infanterie Matilda Mk 2, sous le nom de code *"Black Prince"*. Ce char télécommandé permettait des missions de reconnaissance et de soutien plus sûres, réduisant ainsi les risques pour les opérateurs humains dans les zones de combat. De même, l'armée soviétique a créé les *"Teletanks"*, utilisés pour la surveillance et la livraison d'explosifs aux positions ennemies. Les Allemands ont quant à eux introduit la *"mine à chenilles Goliath"*, un petit véhicule à chenilles télécommandé conçu pour transporter une charge explosive vers des cibles ennemies, principalement à des fins de démolition.

En 2000, les UGV ont considérablement progressé par rapport à ces origines guerrières, d'une manière qui ressemble au développement des drones aériens. Les modèles les plus remarquables étaient le Talon et le PackBot. Ces deux modèles étaient similaires et principalement conçus pour les tâches de neutralisation des explosifs et munitions et de reconnaissance. Ils étaient équipés d'algorithmes d'intelligence artificielle rudimentaires et démontraient des capacités de navigation semi-autonome, ce qui réduisait considérablement les risques associés aux missions de neutralisation des explosifs. Talon et PackBot ont été largement déployés en Irak et en Afghanistan, où ils se sont révélés utiles, ainsi que dans des contextes civils, notamment après les attentats du 11 septembre [Sutter]. Foster-Miller a fabriqué le Talon, et PackBot a été développé par iRobot, la même société qui a créé plus tard le célèbre aspirateur Roomba. Cette coïncidence intéressante montre une fois de plus à quel point l'armée américaine a soutenu activement le développement de robots autonomes.

Le milieu des années 2000 a vu de nouvelles avancées avec l'introduction du SWORDS (Special Weapons Observation Reconnaissance Detection System), un robot développé par Foster-Miller. SWORDS est une version armée de Talon. En 2007, trois unités SWORDS ont été déployées en Irak, chacune équipée d'une mitrailleuse M249. Cet événement a représenté un développement important, marquant le premier cas de robots armés et présents sur le champ de bataille. Cependant, malgré leur déploiement, aucun de ces trois robots n'a été utilisé dans des scénarios de combat réels [Shachtman].

Les UGV sont généralement pilotés à distance par des opérateurs humains. Toutefois, certains intègrent des capacités autonomes, les modèles les plus récents étant dotés d'une plus grande autonomie. Compte tenu des conditions variables et des exigences de la mission, il est plus difficile de parvenir à une indépendance totale sur le terrain complexe et dynamique du champ de bataille que dans le cas des voitures autopilotées.

Les progrès de l'IA ont facilité la coordination entre les UGV, ouvrant la voie à l'intégration de la robotique en essaim dans les UGV, comme c'est le cas pour les drones. Un exemple pratique de robotique UVG a été présenté par Ghost Robotics, une entreprise similaire à Boston Dynamics mais moins connue. Elle est spécialisée dans la construction de robots quadrupèdes qui ressemblent à des chiens mécaniques, spécifiquement pour des applications militaires. Ghost

Robotics a créé un essaim, ou une meute, de plusieurs robots ressemblant à des chiens, appelés Vision 60, qui travaillent en coordination pour offrir des capacités accrues de reconnaissance, de surveillance et de sécurité périmétrique. Ces meutes peuvent couvrir efficacement de vastes zones, recueillir des données en temps réel et fournir aux militaires et autres opérateurs une connaissance précieuse de la situation [Hamzah]. Les groupes UGV réunissent les avantages de la mobilité terrestre avec l'intelligence collective et la coordination, ce qui les rend adaptés aux applications militaires et civiles. Les meutes d'UGV révolutionnent la dynamique des scénarios de guerre urbaine, où la précision des informations et l'action collective sont primordiales. De plus, les meutes sur le champ de bataille peuvent perturber les opérations ennemies et faciliter un ciblage précis. La technologie de l'essaim UGV de Ghost Robotics démontre les avantages significatifs des systèmes robotiques collaboratifs dans les applications militaires et de sécurité.

Humanoïdes et cyborgs sur le champ de bataille

Comme nous l'avons vu dans le chapitre précédent, Boston Dynamics a d'abord orienté ses premiers modèles, notamment des robots quadrupèdes ressemblant à des chiens comme BigDog, LittleDog, SL3 et AlphaDog Proto, vers des applications militaires non armées. Tous ces projets ont été financés par la DARPA. La DARPA a également joué un rôle essentiel dans le financement du développement du robot Atlas de Boston Dynamics, un humanoïde agile et acrobatique.

Bien qu'Atlas lui-même n'ait pas été déployé dans des rôles militaires, les technologies et les enseignements tirés du développement de robots tels qu'Atlas pourraient avoir des implications pour les opérations militaires futures. Les recherches menées sur Atlas et d'autres robots humanoïdes similaires pourraient contribuer au développement de systèmes robotiques autonomes ou semi-autonomes qui assistent les soldats dans des tâches telles que la logistique, la surveillance et, éventuellement, des scénarios de combat. Ces robots pourraient offrir une mobilité, une force et une agilité accrues, réduisant ainsi la charge physique des soldats et améliorant leurs capacités sur le terrain.

Outre les humanoïdes, le développement d'exosquelettes robotiques avancés a connu un essor notable au cours des deux dernières décennies. Citons par exemple le HULC (Human Universal Load Carrier) de Lockheed Martin, la série d'exosquelettes XOS de Sarcos Robotics ou le TALOS (Tactical Assault Light Operator Suit) de l'armée américaine, souvent appelée le costume *"Iron Man"* [Tucker]. Très bien choisi, le nom Talos évoque l'automate géant de la mythologie grecque, fait de bronze pour protéger la Crète des pirates et des envahisseurs. Nous l'avons évoqué au chapitre 1.

Ces systèmes automatisés portables offrent la possibilité d'améliorer la force, l'endurance et la mobilité des soldats, réduisant ainsi les contraintes physiques qui pèsent sur les individus lors des scénarios de combat. Ces exosquelettes visent à optimiser les capacités physiques des soldats, en leur permettant de porter de lourdes charges avec une fatigue réduite. Concrètement, compte tenu de leur construction, de leurs capacités programmées et de leurs racines dans la science des matériaux, ces combinaisons blindées constituent un véritable équipement cyborg.

L'intégration de robots humanoïdes dans les opérations militaires représenterait une avancée technologique significative. Ces machines peuvent potentiellement améliorer la sécurité et l'efficacité des forces armées tout en réduisant, voire en éliminant, les risques pour les soldats humains. Toutefois, comme pour toute technologie émergente, le développement se fait par étapes, des hybrides se dirigeant vers la technologie finale seront déployés, et les défis et les considérations éthiques de ces étapes doivent être soigneusement considérés. L'avenir de la guerre impliquera sans aucun doute une interaction complexe entre les humains et leurs homologues robotiques, remodelant ainsi la dynamique des conflits armés au 21e siècle.

Après avoir jeté les bases de l'IA et de la technologie robotique, nous reviendrons sur le thème de la guerre vers la fin du livre, en l'examinant du point de vue de l'identité des combattants et des catalyseurs ou accélérateurs susceptibles de conduire à un conflit armé. Compte tenu de l'évolution rapide de l'IA vers l'intelligence artificielle générale (AGI) et de la science-fiction récente, on peut raisonnablement s'interroger sur la possibilité que des machines se battent contre des êtres humains. Mais un autre scénario plus probable à court terme prévoit que des factions humaines s'affrontent en raison de leurs différences culturelles, de leurs conceptions de la valeur de la vie humaine et de leurs nouveaux points de vue sur l'IA et la robotique et sur la manière dont elles influencent la vie. Ce type de conflit, où toutes les technologies entreraient en jeu sur le champ de bataille, pourrait rapidement dégénérer en génocide sélectif s'il était mis en œuvre contre des populations civiles. Nous reviendrons sur la guerre au chapitre 30.

16. Les robots vont dans l'espace

"Ma batterie est faible et la nuit tombe."

Le rover Opportunity

Derniers mots envoyés par le rover de Mars. [Georgiou et al.]
Traduction en langage humain des transmissions plus techniques du rover.
2019

La course à l'espace, marquée par des rivalités et des tensions géopolitiques, a débuté lorsque l'Union soviétique a lancé Spoutnik 1 en 1957, le premier satellite artificiel à entrer dans l'orbite terrestre. La même année, un chien nommé Laika est devenu le premier être vivant à voyager dans l'espace. Ces premiers succès soviétiques ont mis en évidence les capacités scientifiques de l'Union et ont suscité des inquiétudes aux États-Unis, notamment en ce qui concerne la sécurité nationale, car les fusées utilisées pour le lancement des satellites étaient susceptibles de transporter des ogives nucléaires [Hamilton].

En réponse à ces réalisations soviétiques, le gouvernement américain a réagi rapidement en créant la NASA en 1958. Cette création a marqué le début d'une ère caractérisée par une exploration spatiale intensive, des avancées technologiques, des missions pionnières et des investissements financiers sans précédent, alors que les deux superpuissances se lançaient dans une quête de domination au-delà de l'atmosphère terrestre.

La première initiative majeure de la NASA a été le programme Apollo, qui incarnait les objectifs ambitieux de la nation et a culminé avec la mission historique Apollo 11. Les astronautes Neil Armstrong et Buzz Aldrin ont quitté le module lunaire le 20 juillet 1969, tandis que Michael Collins est resté en orbite dans le module de commande. L'humanité a suivi en direct à la télévision les pas immortels d'Armstrong sur la surface lunaire, résumant l'importance de ce moment par la phrase emblématique *"Un petit pas pour un homme, un pas de géant pour l'humanité"*. Dans l'immensité de l'espace, l'homme a réussi à conquérir un voisin céleste pour la première fois.

Bien qu'il n'y ait pas eu de robots lors de la mission Apollo 11, la NASA les a introduits peu de temps après. Dans toutes les missions spatiales depuis 1969, trois types de robots ont été déployés en fonction de leur niveau d'autonomie. Tout d'abord, les robots à proximité des humains à bord de la Station spatiale internationale (ISS) requièrent une autonomie modérée. Deuxièmement, les robots envoyés sur Mars, depuis les atterrisseurs Viking en 1976 jusqu'à Persévérance en 2021, ont exigé des niveaux d'autonomie plus élevés en raison de la grande distance Terre-Mars, ce qui est essentiel pour la navigation et la prise de décision sur Mars. Troisièmement, les robots qui ont besoin d'une autonomie substantielle dans l'exploitation minière des astéroïdes pour s'approcher, atterrir, mener des opérations minières et revenir d'astéroïdes lointains dans l'espace.

Dans les pages suivantes, nous examinerons l'évolution des robots spatiaux, qui ont atteint des niveaux d'autonomie plus élevés, et nous émettrons des hypothèses sur les prochaines étapes de leur développement.

Des compagnons robotiques dans la navette spatiale et la station spatiale internationale

Les États-Unis se sont lancés dans l'entreprise monumentale du développement du programme de la navette spatiale au début des années 1970. L'alunissage triomphal de 1969 avait marqué l'aboutissement de l'objectif principal du programme Apollo, et la NASA avait déjà planifié de nombreuses nouvelles missions. Un vaisseau spatial réutilisable, capable de transporter des astronautes et des charges utiles vers et depuis l'orbite, est apparu comme une alternative rentable aux coûteux véhicules de lancement jetables utilisés jusqu'alors. Cette vision s'est cristallisée en 1981 lorsque la navette spatiale a effectué son premier vol. Le programme de la navette spatiale a été salué comme révolutionnaire, offrant un accès fréquent et polyvalent à l'espace, et il est devenu la pierre angulaire des efforts de la NASA au cours des décennies suivantes [Smibert].

L'une des principales missions de la navette spatiale consistait à assurer la maintenance du télescope spatial Hubble. Le Hubble a été déployé dans l'espace en 1990 à bord de la navette spatiale. Ce télescope a été conçu pour surmonter les distorsions causées par l'atmosphère terrestre, qui brouillent les images capturées par les télescopes au sol. Au fil des ans, le Hubble a capturé des images étonnantes et emblématiques de galaxies lointaines, de nébuleuses et d'objets célestes, permettant de mieux comprendre la formation des étoiles, des galaxies et l'expansion de l'univers. Le Hubble a également mené des recherches approfondies sur les exoplanètes, la matière noire et l'évolution des galaxies, laissant une trace indélébile dans le domaine de l'astronomie et de l'exploration spatiale [Bell].

En outre, les observations de Hubble ont contribué à d'importantes découvertes scientifiques liées à Edwin Hubble, l'astronome américain qui a donné son nom au télescope. Edwin Hubble a démontré que l'univers était en expansion, mais ne savait pas à quelle vitesse. Le télescope Hubble a mesuré la vitesse de cette expansion, aujourd'hui connue sous le nom de constante de Hubble.

Trente ans plus tard, le Hubble est toujours en service, ce qui en fait l'un des instruments scientifiques les plus durables et les plus productifs de l'histoire. Sa longévité a été assurée par une série de cinq missions d'entretien effectuées par des équipages de la navette spatiale, qui ont permis d'effectuer des mises à niveau et des réparations qui ont prolongé sa durée de vie opérationnelle. Le bras robotique connu sous le nom de Canadarm, qui permet aux astronautes de positionner le télescope avec précision pour les réparations et les mises à niveau, a joué un rôle essentiel dans le succès de ces missions de réparation. L'Agence spatiale canadienne a mis au point le Canadarm, un bras robotisé qui peut s'étendre depuis la soute de la navette et manipuler des objets dans l'espace avec une grande précision [Barath].

Lorsque le Hubble a été déployé, l'ère de la course à l'espace avait perdu de sa pertinence, coïncidant avec la fin imminente de la guerre froide. Avec la dissolution de l'Union soviétique en 1991, la dynamique géopolitique a changé de manière significative, ouvrant la voie à une coopération accrue entre les anciens adversaires dans les activités spatiales. L'ISS, conçue au début des années 1990, est devenue un symbole de collaboration internationale, les États-Unis jouant le rôle de chef de file aux côtés de la Russie, du Canada, du Japon et de l'Agence spatiale européenne. Le module inaugural a été lancé en 1998.

De nombreux robots ont été installés sur la Station spatiale internationale. L'un des plus importants est Dextre (Special Purpose Dexterous Manipulator), qui représente une évolution de la technologie originale du Canadarm. Dextre a été lancé sur l'ISS en 2008 à bord de la navette spatiale. Ce robot est un télémanipulateur à deux bras dotés de mains robotiques avancées capables d'exécuter avec précision des tâches complexes. La fonction principale de Dextre est d'aider à l'entretien, aux réparations et à la manipulation des charges utiles à l'extérieur de la station spatiale. Il peut manipuler de nombreux outils et équipements, ce qui en fait un atout polyvalent pour les astronautes travaillant dans l'environnement hostile de l'espace. Par exemple, Dextre a également été utilisé pour réparer le télescope Hubble [Canada].

Une autre catégorie de robots, les humanoïdes, a fait son apparition dans les couloirs de l'ISS. Le robot humanoïde Robonaut (R2) a été développé par la NASA en collaboration avec General Motors (GM) et a été lancé sur l'ISS en 2011. Robonaut a été conçu pour effectuer des tâches complexes dans l'environnement de l'ISS. Équipé d'une main dextre dotée de quatorze degrés de liberté et de capteurs tactiles au bout des doigts, Robonaut peut manipuler des outils conçus pour être utilisés par l'homme. Ses tâches initiales consistaient à aider à la gestion des stocks, à effectuer des inspections de routine et à participer à des activités de maintenance complexes. Robonaut peut manipuler avec soin des équipements délicats et serrer des boulons avec précision, des tâches essentielles à la fonctionnalité de la station spatiale qui peuvent prendre du temps et être physiquement éprouvantes pour les astronautes humains [NASA].

Des robots volants miniaturisés ont également été introduits dans les couloirs de l'ISS, planant gracieusement comme le vol des oiseaux ou le bourdonnement des abeilles. Le premier robot de ce type est Sphères (Synchronized Position Hold, Engage, Reorient, Experimental Satellites), introduit en 2006. Les Sphères sont des satellites compacts en forme de polyèdres à 18 côtés, principalement conçus pour faciliter le test d'algorithmes liés au vol en formation des engins spatiaux et à la navigation autonome. D'un poids d'environ 4 kg et d'un diamètre d'environ 20 cm, elles s'appuient sur des propulseurs à gaz froid pour se déplacer. Ces sphères utilisent des balises ultrasoniques pour l'orientation et la communication, ce qui leur permet de naviguer librement en microgravité. Elles sont fréquemment utilisées pour mener des expériences de maintien à poste, d'amarrage et de navigation [NASA].

Astrobees, un autre robot volant miniaturisé, a été introduit dans l'ISS en 2019. Les Astrobees, d'une largeur de 12 cm chacun, utilisent des ventilateurs électriques pour leur propulsion, intègrent des caméras et des capteurs de navigation, et sont équipés de bras perchés conçus pour saisir les mains courantes de la station tout en conservant l'énergie de manière sécurisée. Ces astrobées jouent un rôle crucial dans le soutien aux astronautes en exécutant de manière autonome des tâches de routine, libérant ainsi de précieuses heures de travail pour les humains. Ils peuvent notamment gérer l'inventaire, documenter les expériences grâce à des caméras intégrées et aider au transport du fret dans la station. En outre, les astronefs constituent une plate-forme de recherche polyvalente, permettant aux scientifiques de mener diverses expériences dans l'environnement unique de la microgravité [Ackerman].

Robotic Mars Rovers : Un pont entre l'autonomie et l'expertise humaine

Mars est devenue la cible principale des efforts d'exploration de la NASA dans le cadre de la course à l'espace en raison d'une combinaison de facteurs. Avec ses caractéristiques semblables à celles de la Terre, telles qu'une atmosphère ténue et des traces d'eau liquide dans le passé, Mars était prometteuse pour une vie extraterrestre potentielle. Cela a suscité l'intérêt des scientifiques et alimenté la quête pour percer les mystères de Mars. D'un point de vue stratégique, Mars a permis aux États-Unis de montrer leurs prouesses technologiques et d'affirmer leur position dans la course à l'espace. De plus, Mars symbolisait la prochaine frontière au-delà de la Lune, qui avait déjà été conquise lors des missions Apollo, inspirant une nouvelle génération de scientifiques et d'ingénieurs [Cohn].

En 1976, le programme Viking de la NASA a marqué la première étape de l'exploration de Mars en déployant avec succès les atterrisseurs Viking 1 et 2. Sans être des rovers, ces atterrisseurs stationnaires utilisaient des rétrofusées et des parachutes pour atterrir en douceur. Malgré leur immobilité, les Vikings étaient équipés d'instruments sophistiqués tels que des chromatographes en phase gazeuse, des spectromètres de masse, des expériences biologiques et du matériel météorologique, ce qui leur a permis d'analyser des échantillons du sol et de l'atmosphère martiens. Leur objectif premier était de rechercher des signes de vie passée ou présente, ce qui a conduit à la collecte et à l'analyse d'échantillons de sol martien à la recherche de composés organiques et de processus liés à la vie. Les atterrisseurs ont également renvoyé une multitude de données, notamment des images captivantes de la surface martienne, des données météorologiques et des informations sur la géologie de la planète [NASA] [River].

La deuxième exploration martienne a eu lieu en 1997 avec la mission Mars Pathfinder de la NASA. Au cœur de cette mission se trouvait le rover Sojourner, un explorateur compact à six roues conçues pour la mobilité martienne mais doté d'une autonomie limitée. Il suivait principalement des trajectoires prédéfinies et avait des interactions simples avec son environnement. La plupart de ses actions et de ses mouvements étaient directement contrôlés depuis la Terre. La mission de Sojourner était de naviguer sur le difficile terrain martien, d'analyser des roches, des échantillons de sol et même des échantillons de l'atmosphère martienne, tout en capturant des images à haute résolution. Sojourner a transmis des données en temps réel, révolutionnant notre compréhension de l'histoire géologique et climatique de Mars et préparant le terrain pour de futures missions [Pritchett et Muirhead].

Spirit et Opportunity, lancés en 2004, représentaient la troisième vague d'explorateurs martiens et possédaient une autonomie et une mobilité remarquables. Ces rovers robotisés se sont aventurés dans les paysages martiens, étudiant la géologie et recherchant des signes d'une activité aquatique passée, un ingrédient crucial pour la vie. Spirit a découvert des traces de roches altérées par l'eau et d'activité volcanique, mettant ainsi en lumière l'histoire géologique de Mars. La découverte remarquable de dépôts de roches sédimentaires par Opportunity a confirmé l'existence d'un passé aquatique sur Mars. Ces rovers résistants ont dépassé la durée prévue de leur mission. Spirit a exploré la planète pendant plus de six ans et Opportunity pendant près de 15 ans, supportant les conditions martiennes difficiles jusqu'à ce qu'il envoie le dernier message célèbre à la Terre : *"Ma batterie est faible et il commence à faire nuit"* [Georgiou et al.].

Spirit et Opportunity disposaient d'une autonomie accrue par rapport à Sojourner. Ils pouvaient naviguer de manière autonome sur le terrain et éviter les obstacles, ce qui était crucial pour leurs missions de longue durée. Cependant, les décisions importantes, telles que la sélection de cibles scientifiques spécifiques ou la modification du plan général de la mission, nécessitaient toujours une intervention humaine depuis la Terre.

En 2012, Curiosity, un rover de la taille d'une voiture équipé d'un laboratoire scientifique sophistiqué, a atterri sur Mars. Il s'agit de la quatrième vague de rovers martiens. La mission de Curiosity comprenait l'analyse du terrain martien, la recherche de signes d'habitabilité passée et l'évaluation du potentiel de la planète à abriter une vie microbienne. Au fil du temps, Curiosity a révélé d'autres preuves de l'existence d'un ancien lac d'eau douce et de molécules organiques, ce qui a permis de mieux comprendre les environnements passés de Mars. Au-delà de la durée initiale de sa mission, Curiosity continue d'envoyer des données précieuses à la Terre, modifiant ainsi notre compréhension de Mars et de son potentiel en tant qu'habitat pour la vie. La capacité de Curiosity à prendre des *"selfies"* sur Mars a captivé l'imagination du public et mis en valeur la beauté austère du paysage martien [Manning et Simon].

Curiosity a emmené son indépendance accrue sur Mars. Il a pu se déplacer sur des terrains difficiles, planifier des itinéraires et choisir certaines cibles scientifiques. Cette autonomie l'a aidé à travailler efficacement au cours de sa mission prolongée. Cependant, les décisions essentielles de la mission, les mises à jour logicielles et les tâches complexes nécessitaient toujours des conseils de la part du centre de contrôle de la mission sur Terre. L'équilibre entre l'autonomie et le contrôle à distance permet à ces rovers d'explorer efficacement Mars tout en bénéficiant de l'expertise humaine.

En février 2021, le rover Persévérance de la NASA s'est posé sur Mars. Sa conception et son autonomie sont similaires à celles de Curiosity, mais ses capacités ont été améliorées. Perseverance vise à identifier d'anciens environnements martiens propices à la vie, d'étudier la vie microbienne passée, de collecter des échantillons de roches et de mesurer la production d'oxygène dans l'atmosphère martienne en vue de futures missions avec équipage. Perseverance continue d'explorer, d'analyser et de transmettre quotidiennement des données cruciales à la Terre, promettant de découvrir les mystères de Mars et d'ouvrir la voie à l'avenir de l'humanité sur la planète rouge [Marboy].

Ce qui est remarquable avec le rover Persévérance, c'est qu'il transportait également un mini-hélicoptère ou drone appelé Ingenuity, qui a réalisé le premier vol motorisé sur une autre planète en avril 2021. Pesant à peine 2 kg, cet hélicoptère léger a effectué des vols d'essai méticuleusement planifiés, démontrant la faisabilité d'un vol motorisé et contrôlé dans l'environnement martien difficile. Sur la base des enseignements tirés de ce drone, la NASA en fera voler une nouvelle version, baptisée Dragonfly, à partir de 2028, mais cette fois non pas sur Mars mais sur Titan, l'une des lunes de Saturne [NASA].

Les robots aux frontières de l'espace

Une nouvelle génération de robots émerge, axée sur l'exploitation minière de l'espace. Armés de systèmes de propulsion solaire-électrique avancés et d'algorithmes de localisation, ces robots peuvent prospecter, forer et prélever des échantillons sur des astéroïdes ou des planètes, ce qui constitue une avancée significative dans notre quête d'utilisation des vastes ressources que recèlent les corps célestes et d'expansion de la présence humaine au-delà de la Terre. Ils utilisent non seulement des techniques de pointe comme les foreuses rotatives pour percer ou les foreuses à percussion qui frappent la surface à plusieurs reprises pour la briser, mais aussi des techniques très avancées comme le forage au laser pour chauffer et vaporiser la matière ou même des techniques d'essaimage avec coordination de plusieurs robots.

L'exploitation minière de l'espace consiste à envoyer des engins spatiaux équipés de technologies de pointe, comme ces robots miniers, à la rencontre de ces corps célestes, à prospecter leurs ressources et, enfin, à transporter les matériaux précieux vers la Terre ou d'autres destinations dans l'espace. La motivation première de l'exploitation minière des astéroïdes est d'exploiter des ressources abondantes, ce qui pourrait atténuer les problèmes de pénurie de ressources sur Terre et faciliter la croissance de l'industrie humaine et de sa présence dans le cosmos. Bien que la faisabilité économique et les défis techniques restent des obstacles importants, les recherches en cours, les progrès de l'exploration spatiale et le développement de nouvelles technologies rapprochent progressivement cette vision ambitieuse de la réalité [Gilbert].

L'exploitation minière des astéroïdes dans l'espace a suscité plus d'intérêt que l'exploitation minière des planètes, telles que la Lune et Mars. Les astéroïdes sont des cibles intéressantes pour l'exploitation minière en raison de leur proximité avec la Terre et de leur composition connue, qui contient souvent des ressources précieuses telles que des métaux précieux, de l'eau et des minéraux rares. Contrairement aux planètes, les astéroïdes ont une gravité plus faible, ce qui rend l'extraction et le transport des ressources vers la Terre ou d'autres destinations spatiales plus faisables et plus rentables. Mais les astéroïdes présentent également des inconvénients, notamment les défis complexes que représentent l'accès et la navigation sur ces roches mineures de forme irrégulière, souvent situées dans l'espace lointain, par opposition aux conditions relativement stables et proches de l'exploitation minière de la lune. En outre, alors que l'exploitation minière des astéroïdes concerne une gamme variée de corps célestes aux compositions uniques, l'exploitation minière lunaire se concentre sur un seul endroit bien connu.

L'exploitation minière de l'espace nécessite des approches distinctes en matière de robotique, de planification de mission et d'utilisation des ressources, selon qu'elle s'effectue sur des astéroïdes ou sur une planète. En ce qui concerne l'exploitation minière des astéroïdes, OSIRIS-REx (Origins, Spectral Interpretation, Resource Identification, Security, and Regolith Explorer) de la NASA a été lancé dans l'espace en 2016, avec pour objectif principal d'atteindre l'astéroïde géocroiseur Bennu, de collecter un échantillon vierge de son matériau de surface et de le ramener en toute sécurité sur Terre. OSIRIS-REx a atteint Bennu en 2018, a achevé sa mission et est revenu sur Terre en 2023 avec des molécules organiques et des minéraux de grande valeur. OSIRIS-REx a fait progresser notre compréhension des éléments constitutifs de notre système solaire et des ressources potentielles disponibles sur les astéroïdes. OSIRIS-REx a fait progresser notre compréhension des éléments constitutifs de notre système solaire et des ressources potentielles disponibles sur les astéroïdes.

De même, la mission japonaise Hayabusa2, menée par l'Agence japonaise d'exploration aérospatiale, est une réalisation remarquable en matière d'exploitation minière des astéroïdes. Lancé dans l'espace en décembre 2014, ce vaisseau spatial a entamé un voyage vers un autre astéroïde géocroiseur appelé Ryugu, qu'il a atteint avec succès en juin 2018. La mission comprenait le déploiement de rovers et d'atterrisseurs à la surface de Ryugu, la collecte d'échantillons à différents endroits et la création d'un cratère artificiel à la surface de l'astéroïde pour accéder aux matériaux souterrains. En 2020, Hayabusa2 est revenue triomphalement sur Terre, transportant des échantillons d'astéroïdes d'une valeur inestimable qui offrent des informations cruciales sur la formation de notre système solaire et sur les composés organiques qui ont pu jouer un rôle dans l'émergence de la vie sur Terre [Zukerman].

Depuis 2015, des entreprises privées telles que Planetary Resources et Deep Space Industries ont également réalisé des avancées significatives dans l'exploitation minière des astéroïdes, amenant ainsi des entités du secteur privé, sans contrat avec le gouvernement, à s'engager directement dans l'exploration spatiale. D'une part, Planetary Resources, fondée en 2009, développe sa série de vaisseaux spatiaux Arkyd. Arkyd, déployé en 2015, a validé l'avionique, les systèmes de contrôle d'altitude et les systèmes de propulsion essentiels pour les opérations de proximité près des astéroïdes. D'autre part, Deep Space Industries, fondée en 2013, a lancé sa mission Prospector-X en 2017. Prospector-X a testé des technologies de pointe cruciales pour les futures opérations d'exploitation minière des astéroïdes, notamment un système de propulsion à base d'eau, un système de navigation optique et une avionique spécialisée pour les environnements de l'espace lointain.

L'exploitation minière de la Lune nécessite des types de robots très différents de ces trois vaisseaux spatiaux d'exploitation d'astéroïdes. La NASA a mis au point un robot appelé RASSOR (Regolith Advanced Surface Systems Operations) en 2010, mais il n'a pas encore été déployé sur la Lune. Il représente une avancée remarquable dans la technologie robotique conçue pour l'excavation lunaire et planétaire. RASSOR est un petit robot compact d'environ 50 kg. Il possède deux bras, chacun doté de tambours de godets rotatifs qui se déplacent dans des directions opposées. Cette conception innovante permet à RASSOR de ramasser le sol lunaire, également connu sous le nom de régolithe. Grâce à la rotation inverse des tambours de godet, RASSOR n'a pas recours aux machines lourdes conventionnelles ou aux systèmes de traction généralement utilisés pour l'excavation. Au lieu de cela, il utilise ce mécanisme de tambour unique pour collecter et transporter le sol lunaire avec une force minimale, ce qui le rend plus efficace et adaptable à l'environnement à faible gravité de la Lune [NASA]. RASSOR permet aux astronautes et aux futures missions d'extraire directement de la Lune ce dont ils ont besoin, améliorant ainsi les coûts et l'efficacité d'une exploration lunaire plus approfondie.

Nous reviendrons sur RASSOR dans le dernier chapitre du livre, car il pourrait être lié à l'orientation que l'IA donne à l'humanité dans un avenir à très long terme.

17. Le dilemme japonais : immigration ou humanoïdes

"Nous améliorerons l'environnement des soins infirmiers afin d'accueillir 500 000 personnes d'ici le début des années 2020. Nous promouvons également des mesures visant à réduire les charges supportées par les soignants, telles que l'utilisation de robots."

Shinzo Abe

Premier ministre du Japon
Discours de politique générale lors de la 198e session de la Diète [Abe]
2019

Le Japon est confronté à un défi démographique majeur, marqué par le vieillissement rapide de la population et la baisse du taux de natalité. En 2023, environ 36 % de la population japonaise sera âgée de 60 ans ou plus, et les projections indiquent que cette proportion pourrait atteindre 45 % à 50 % d'ici 2060 [Pyramide des âges]. La baisse du taux de natalité aggrave ce problème : en 2019, le taux de natalité au Japon n'était que de 1,4 enfant par femme, bien en deçà des 2,1 nécessaires à la stabilité de la population. En conséquence, le pays est confronté depuis des décennies à l'impact du vieillissement de la société et au déclin de la population, les projections suggérant une diminution de 125 millions en 2021 à environ 88 millions en 2065 si les tendances actuelles persistent [McElhinney].

Ce changement démographique pose de multiples défis, notamment l'augmentation des besoins en matière de soins de santé et de soins aux personnes âgées, l'insuffisance de la main-d'œuvre et, par conséquent, la réduction de la richesse nationale, ce qui met en péril la stabilité économique et sociale. Le déficit de main-d'œuvre ne se limite pas aux industries de main-d'œuvre non qualifiée, mais s'étend également aux secteurs nécessitant une main-d'œuvre qualifiée. Les secteurs des soins de santé et des soins aux personnes âgées sont confrontés à de graves pénuries, avec un déficit estimé à 380 000 travailleurs spécialisés d'ici à 2025. Les secteurs de l'industrie manufacturière et de la construction sont également confrontés à des pénuries de main-d'œuvre, ce qui a un impact sur leur croissance et leur potentiel d'innovation. Cette pénurie a des répercussions sur la compétitivité économique, la richesse nationale et la viabilité future du Japon, car elle entrave la productivité et risque de freiner l'expansion économique [Nikkey].

À la croisée des chemins, le Japon est confronté à un dilemme complexe : l'immigration et l'automatisation sont les seules solutions à sa pénurie de main-d'œuvre. Traditionnellement réticent à l'immigration pour des raisons d'homogénéité culturelle et raciale et de cohésion sociale, le Japon s'est tourné vers l'automatisation pour résoudre son problème pratique tout en conservant son identité culturelle unique, qui a été un facteur clé dans l'orientation et le développement de ses industries robotiques, comme nous l'avons vu plus haut au chapitre 13. La crainte d'éventuels problèmes sociaux, politiques et sécuritaires liés à une augmentation de l'immigration renforce cette tendance. Par conséquent, le nombre de travailleurs étrangers au Japon s'élevait à environ 1,7 million en 2019, soit un peu moins de 3 % de la main-d'œuvre totale, ce qui contraste fortement avec les 17 % enregistrés aux États-Unis à la même époque [Reynolds et al.]

Le Japon a mis en œuvre quelques politiques limitées pour répondre à des besoins urgents, comme le programme de formation de stagiaires techniques pour les travailleurs d'autres pays asiatiques tels que le Viêt Nam, la Chine et l'Indonésie, et le visa de travailleur qualifié spécifié pour les personnes ayant des compétences spécifiques dans les domaines des soins infirmiers, de l'hôtellerie et de la construction. Mais le Japon ne considère pas ces mesures comme des solutions à long terme.

Comme nous l'avons déjà mentionné, le secteur manufacturier japonais affiche depuis des décennies des niveaux d'automatisation qui ne sont pas inférieurs à la troisième place parmi les pays du monde, ce qui témoigne des prouesses du pays dans ce domaine et de son aisance dans les activités de *"remplacement de l'homme"*. Si ce n'était le parti pris culturel du système japonais en faveur du plein-emploi, le pays aurait toujours été classé premier. Les données de la Fédération internationale de la robotique (IFR) révèlent qu'en 2019, le Japon avait une densité robotique impressionnante de 399 robots industriels pour 10 000 employés dans l'industrie manufacturière, se classant juste derrière la Corée et Singapour. Cette statistique souligne l'utilisation substantielle de robots par le Japon dans le secteur manufacturier, y compris la production automobile et l'assemblage électronique [IFR].

Le leadership mondial du Japon dans les technologies de la robotique et de l'automatisation présente une alternative à l'immigration où les machines et les systèmes d'IA peuvent remplacer le travail humain. Cela soulève des questions sur les conséquences socio-économiques, notamment le déplacement d'emplois et l'inégalité des revenus. Trouver le juste équilibre entre l'immigration et l'automatisation constitue un défi de taille pour les décideurs politiques japonais, qui doivent mettre en balance les implications culturelles et sociales avec la viabilité économique face à une main-d'œuvre qui se raréfie.

Les pages qui suivent traitent des robots susceptibles d'atténuer le problème de la diminution de la main-d'œuvre au Japon, préfigurant une expansion des activités de remplacement de l'homme qui s'imposera également dans d'autres sociétés.

Le Bouddha dans le robot

En 1974, Masahiro Mori, président émérite de la Société japonaise de robotique, a écrit le livre *"The Buddha in the Robot : A Robot Engineer's Thoughts on Science and Religion"* (*Le Bouddha dans le robot : réflexions d'un ingénieur en robotique sur la science et la religion*). S'appuyant sur son expérience unique d'ingénieur en robotique et de fervent bouddhiste, Mori réfléchit aux parallèles entre la quête de la compréhension dans la science et la recherche de l'illumination dans le bouddhisme. L'un des concepts centraux du livre est que la science et la religion sont les deux faces d'une même pièce de monnaie de l'aspiration humaine commune à la connaissance, au sens et à la transcendance, ne différant que par les méthodologies et les marqueurs d'objectifs [Mori].

Dans son livre, Mori explique également comment le bouddhisme peut être appliqué à la compréhension des robots et de leur place dans l'univers. Il suggère que l'essence de Bouddha, un état d'illumination, peut en fait être trouvée dans les robots. Comme toutes les choses dans l'univers, les robots sont interconnectés et partagent une essence fondamentale avec nous. Mori estime que la distinction traditionnelle entre un esprit et son corps physique est erronée. Selon lui, puisque toutes les choses, y compris les robots, possèdent une matière physique et une âme spirituelle, elles peuvent intrinsèquement incarner la nature de la réalité interconnectée de Bouddha, dans laquelle la spiritualité et la technologie ne sont pas séparées mais entrelacées. Mori nous encourage à voir le potentiel spirituel dans la technologie, en brouillant les lignes entre le sacré et le mécanique. Mori affirme en outre que les humains et les machines sont interdépendants et réciproques. Puisque les robots sont créés par les humains, tous deux partagent la nature de Bouddha et ressentent donc une relation étroite.

Nous notons que ce lien profond entre la religion et les robots n'est pas propre à Mori. De nombreux Japonais pensent la même chose. Depuis 2019, il existe au Japon un robot-prêtre bouddhiste appelé Mindar. Mindar est un robot humanoïde installé dans le temple Kodaiji à Kyoto, conçu pour délivrer des enseignements bouddhistes et participer à des cérémonies religieuses. Vêtu d'une robe bouddhiste traditionnelle, le visage serein et les gestes expressifs, Mindar possède une apparence réaliste qui lui permet d'entrer en contact avec les fidèles à un niveau émotionnel profond. Bien que ses sermons soient préprogrammés, il peut varier le ton et les gestes, ce qui confère un air d'authenticité à ses conseils spirituels. Ce robot fascinant n'est qu'un exemple parmi tant d'autres de la façon dont le Japon allie harmonieusement ses prouesses technologiques à son riche patrimoine culturel et intègre les robots dans les activités sociétales courantes et dans les rôles humains existants.

Outre le bouddhisme, l'autre grande religion du Japon est le shintoïsme, et de nombreux citoyens pratiquent même les deux. Le shintoïsme est une religion indigène du Japon. Le système de croyances du shintoïsme est profondément ancré dans le respect de la nature et des esprits, ou kami, qui l'habitent. Selon les croyances shintoïstes, les kamis peuvent être présents dans pratiquement tous les aspects du monde naturel, y compris les montagnes, les rivières, les animaux et même les objets inanimés. Par conséquent, certains adeptes du shintoïsme affirment que les robots peuvent être considérés comme un reflet de la créativité et de l'ingéniosité humaines et, par extension, comme une manifestation de l'esprit humain, qui est censé être étroitement lié aux kamis.

Bien que les discussions sur l'intersection de la religion et de la technologie se poursuivent au Japon, les croyances spécifiques des religions indigènes contribuent à l'acceptation généralisée des robots dans des rôles tels que collègues de travail, vendeurs, réceptionnistes d'hôtel et même partenaires romantiques. Cela nous invite à réfléchir à l'évolution du rôle de la technologie dans l'élaboration de nos expériences sociales et spirituelles dans le monde moderne [Tominaga].

La saga des humanoïdes de Waseda

Au début des années 1970, alors que Kawasaki-Unimate venait de commencer à fabriquer des bras robotisés pour les chaînes de montage automobile, l'université de Waseda s'est imposée comme pionnière dans le domaine des robots humanoïdes. Sous la direction du professeur Ichiro Kato, souvent considéré comme le *"père de la recherche japonaise en robotique"*, l'université de Waseda a franchi une étape importante en créant le premier robot humanoïde entièrement fonctionnel entre 1967 et 1973, le Wabot-1 (WAseda roBOT) [Kato].

Le Wabot-1 représentait une avancée révolutionnaire dans le domaine de la robotique pour l'époque. Son apparence physique était caractérisée par un design anthropomorphique, ressemblant à une figure humanoïde avec des bras, des mains équipées de capteurs tactiles et une tête abritant une paire d'yeux et d'oreilles artificiels. Ces caractéristiques sensorielles lui permettaient de percevoir et d'interagir avec son environnement, de reconnaître les objets et de les saisir habilement. En outre, un système sophistiqué de contrôle des membres orchestrait les mouvements du robot, lui permettant d'exécuter une large gamme de mouvements semblables à ceux de l'homme, contribuant ainsi à sa ressemblance humanoïde.

Les compétences linguistiques du Wabot-1 étaient tout aussi remarquables, puisqu'il pouvait engager des conversations avec des individus en japonais, mettant en évidence les premières avancées en matière de traitement du langage naturel. En outre, le Wabot-1 était doté d'un système de vision sophistiqué avec des capteurs externes. Ce système permettait au robot de mesurer les distances et les directions des objets, ce qui lui permettait de naviguer dans son environnement et de réagir intelligemment à son entourage.

Après Wabot-1, les chercheurs de Waseda ont continué à travailler dans le domaine de la robotique humanoïde, et un deuxième programme Wabot a eu lieu entre 1984 et 1985. Ce nouveau robot, le Wabot 2, représentait une amélioration substantielle par rapport à son prédécesseur. Wabot 2 présentait une apparence plus raffinée et plus humaine, avec des membres et un torse articulés, ce qui permettait une plus large gamme de mouvements réalistes. Cette mobilité accrue lui a permis d'interagir avec son environnement et d'effectuer des tâches avec une précision accrue.

Les capacités sensorielles et cognitives du Wabot-2 ont été considérablement améliorées. Il disposait d'un système sensoriel de pointe, comprenant des yeux et des oreilles artificiels, qui lui permettait de percevoir son environnement et d'y répondre plus efficacement que le Wabot-1. Les données sensorielles ont également permis des interactions plus complexes avec les humains et les objets à proximité. L'une des prouesses les plus impressionnantes de Wabot-1 est sa capacité à jouer d'instruments de musique avec une précision remarquable. Il pouvait effectuer des tâches comme un musicien humain, notamment lire des partitions d'une complexité moyenne, jouer des mélodies d'une complexité moyenne et accompagner un chanteur [Kato].

Enfin, le Wabot-2 maîtrisait plusieurs langues, dont le japonais et l'anglais, ce qui lui permettait d'avoir des conversations pertinentes et dynamiques avec ses homologues humains. Ses capacités cognitives s'étendent à la mesure des distances et des directions des objets de son environnement, ce qui améliore ses capacités de résolution de problèmes et de navigation.

L'université de Waseda a fait preuve d'un engagement inébranlable et durable dans la recherche en robotique depuis les années 1960. Après les programmes Wabot, l'université a créé d'autres robots remarquables comme Hadalay et Wabian en 1995, Hadaly-2 en 1997, Twendy-One en 2007 et Kobian en 2009.

ASIMO : Le phénomène social Humanoïde par Honda

ASIMO (Advanced Step in Innovative Mobility) est un robot humanoïde populaire développé par Honda. Le nom ASIMO rend hommage au célèbre écrivain de science-fiction Isaac Asimov. En outre, en japonais, *"Asi"* signifie "jambe" et *"Mo"* est un raccourci pour *"mobilité"*. Asimo est donc un robot mobile bipède qui rend hommage à Isaac Asimov [Forbes].

ASIMO revêt une importance considérable dans le domaine de la robotique, car il a repoussé les limites des robots capables de mouvements complexes et d'une interaction polyvalente avec les humains. Sa genèse remonte aux premières recherches menées par Honda dans les années 1980 pour mettre au point des robots humanoïdes. De 1986 à 1997, Honda a mis au point 11 prototypes qui ont abouti à la naissance d'ASIMO, dont la présentation officielle a eu lieu en 2000.

L'ascension fulgurante d'ASIMO vers la popularité a transcendé la simple merveille technologique et s'est transformée en un mouvement social qui a captivé le public dans le monde entier. Tout a commencé lorsqu'ASIMO a sonné la cloche pour ouvrir une séance à la Bourse de New York en 2002. La tournée mondiale du robot l'a ensuite conduit dans des pays tels que l'Australie, la Russie, l'Afrique du Sud, l'Espagne et les Émirats arabes unis, où il a présenté ses capacités avancées d'interaction humaine à des cultures et à des publics divers. En 2008, le pas de danse de sept minutes qu'ASIMO a effectué pour le prince Charles a marqué un tournant dans sa présence mondiale. En 2014, ASIMO a également eu le privilège de rencontrer le président américain de l'époque, Barack Obama, lors de sa visite à Tokyo, consolidant ainsi son statut d'ambassadeur mondial de la science et de la technologie. Ses nombreuses apparitions et démonstrations publiques ont également joué un rôle essentiel dans la sensibilisation aux applications potentielles des robots humanoïdes dans divers domaines, de la santé à la fabrication. L'héritage d'ASIMO a inspiré de nouvelles générations de roboticiens, établissant une norme élevée en matière d'innovation et d'interaction homme-robot dans la recherche en robotique.

ASIMO peut reconnaître les visages, les voix et les sons humains, les gestes et les postures des personnes, ainsi que les objets en mouvement et l'environnement, ce qui lui permet d'interagir de manière transparente avec les humains. ASIMO est également capable de déterminer les distances et les directions à partir d'une inspection visuelle. Par exemple, il peut suivre des personnes ou faire face à une personne lorsqu'on l'approche. Il interprète les commandes vocales et reconnaît les poignées de main, les signes de la main et le pointage, et réagit en conséquence. Ses capacités linguistiques lui permettent de répondre à des questions dans plusieurs langues. En outre, ASIMO peut faire la distinction entre les voix et les sons, identifier les personnes par leur visage et répondre à leur nom. Il peut même reconnaître les sons associés à la chute d'objets ou à des collisions, et diriger son attention en conséquence. [Obringer et Strickland].

En ce qui concerne la structure physique du robot, ASIMO fonctionne avec une batterie lithium-ion rechargeable, offrant une heure d'autonomie. Il est également équipé d'un processeur informatique conçu par Honda et situé au niveau de la taille. En outre, il pèse 50 kg et mesure 1.3 m, ce qui lui permet d'actionner les poignées de porte et les interrupteurs.

De plus, le robot intègre une large gamme de capteurs pour faciliter la navigation autonome. Deux caméras situées dans sa tête servent de capteurs visuels pour détecter les obstacles. La partie inférieure du torse est équipée d'un capteur de sol composé d'un laser et d'un infrarouge. Le laser est utilisé pour détecter la surface du sol, tandis que le capteur infrarouge identifie les paires de marquages au sol, ce qui aide le robot à confirmer les chemins navigables selon une carte préchargée. En outre, des capteurs à ultrasons avant et arrière, situés respectivement dans le torse et le sac à dos, sont utilisés pour détecter les obstacles.

Construire l'avenir : HRP-5P et la robotique de construction

En 1997, l'Institut national japonais des sciences et technologies industrielles avancées (AIST) a acquis quelques prototypes d'ASIMO auprès de Honda. Au cours de deux décennies de travail, l'AIST a perfectionné ces prototypes et créé le robot HRP-5P (Humanoid Robotics Prototype), un robot humanoïde conçu pour les chantiers de construction, qui a été présenté en 2018. En d'autres termes, ASIMO a un cousin ouvrier du bâtiment [AIST].

Comme nous l'avons présenté dans les chapitres précédents, les usines japonaises utilisent des bras robotisés depuis plus d'un demi-siècle, s'épanouissant dans leurs environnements structurés et méticuleusement planifiés. Des entreprises comme Toyota ont été les pionnières des méthodologies de production allégée en utilisant des robots pour optimiser les lignes de production. En revanche, les chantiers de construction présentent un paysage très différent, caractérisé par des interruptions fréquentes, des matériaux de construction divers et des défis inattendus tels que les pénuries de matériaux, les retards et les accidents. La collaboration avec les ouvriers du bâtiment, qui travaillent souvent de manière spontanée, distingue encore davantage cet environnement des certitudes planifiées et contrôlées d'une usine.

Le HRP-5P est un robot humanoïde bipède spécialement conçu pour ce type d'environnement non structuré. Sa construction et son apparence physique rappellent l'Atlas de Boston Dynamics. D'une taille d'environ 1,80 m et d'un poids d'environ 90 kg, il est équipé de technologies avancées lui permettant de s'attaquer à un large éventail d'activités quotidiennes sur les chantiers de construction. HRP-5P peut effectuer de manière autonome des tâches lourdes, telles que le transport de matériaux de construction lourds, la pose de briques ou la formation et le coulage de béton. En outre, il possède un degré élevé de dextérité et de mobilité, ce qui le rend polyvalent pour d'autres tâches plus complexes telles que l'installation de portes ou de fenêtres, le raccordement d'appareils électriques ou l'utilisation d'outils électriques au sein d'un environnement de construction dynamique.

HRP-5P peut également comprendre et s'adapter à son environnement. Le robot peut traiter les informations fournies par ses capteurs et ses caméras pour naviguer sur un chantier, en évitant les obstacles et en effectuant les ajustements nécessaires. Il est également conçu pour collaborer avec les travailleurs humains, en suivant leur exemple et en complétant leurs efforts. Cela ouvre des possibilités d'amélioration de l'efficacité, de la sécurité et de la productivité sur les chantiers de construction, où les défis imprévisibles et le besoin d'adaptabilité sont courants [Kaneko et Kaminaga].

La marée montante de l'automatisation des humanoïdes dans les industries de services

Outre la production industrielle et la construction, l'industrie des services est un autre domaine où l'automatisation basée sur les humanoïdes se développe plus rapidement au Japon que dans le reste du monde.

Le Japon est traditionnellement favorable à une immigration limitée pour les raisons que nous avons évoquées, et cela a été un véritable catalyseur pour le développement et la mise en œuvre de robots humanoïdes dans de multiples aspects de la vie économique, sociale et même religieuse. Nous notons toutefois l'influence culturelle concurrente de la priorité donnée à l'interaction humaine par rapport aux interfaces machines dans diverses industries de services, qui va ostensiblement dans une direction opposée. Le Japon entretient en effet une profonde culture du service qui s'étend à l'hôtellerie, aux soins de santé et à la vente au détail.

Néanmoins, la nécessité est la mère de l'invention ; la société vieillit et il est peu probable qu'elle envisage l'immigration et l'importation d'influence non japonaise comme une solution à ses pénuries de main-d'œuvre. L'automatisation pilotée par des humanoïdes apparaît comme une solution viable, dont la portée dépasse le secteur manufacturier conventionnel et s'étend aux industries de services telles que la banque, l'assurance et la santé. Le secteur bancaire japonais a connu une adoption croissante des technologies d'automatisation, notamment des chatbots pilotés par l'IA et des systèmes de service à la clientèle automatisés. En 2020, près de 80 % des banques japonaises ont activement recherché ou mis en œuvre des technologies d'IA et de robotique pour améliorer les interactions avec les clients et rationaliser les opérations. De même, le secteur de l'assurance a commencé à tirer parti des algorithmes d'IA pour évaluer et traiter plus efficacement les demandes d'indemnisation, réduisant ainsi le besoin d'une importante main-d'œuvre humaine [NTT DATA] et maintenant sa résistance à l'utilisation de la main-d'œuvre étrangère externalisée.

Par exemple, Pepper, un robot humanoïde développé par SoftBank Robotics, a été présenté en 2014, dans le but d'améliorer les interactions avec les clients et d'apporter une aide dans divers secteurs de services au Japon. Les caractéristiques remarquables de Pepper comprennent le traitement du langage naturel, la reconnaissance faciale et la capacité de reconnaître et de réagir aux indices culturels et aux émotions japonaises, ce qui en fait un outil polyvalent pour interagir avec les gens. Depuis ses débuts, Pepper a été utilisé dans des environnements de vente au détail pour automatiser efficacement les services de vente. Par exemple, en 2015, SoftBank a utilisé Pepper comme associé commercial dans ses magasins, où il accueillait les clients, répondait aux questions relatives aux produits et recommandait même des forfaits de téléphonie mobile adaptés. Cette application visait à créer une expérience d'achat plus interactive et informative [Nagata].

Dans le domaine des services aux personnes âgées, le gouvernement japonais a également engagé des fonds importants pour développer et déployer des robots de soins dans les maisons de retraite, afin de remédier à la pénurie de personnel soignant et de contourner la résistance profonde et systématique du Japon à admettre les influences culturelles étrangères. Même l'ancien Premier ministre Shinzo Abe a abordé le sujet dans son discours de 2019 à la Diète, le parlement japonais, y compris dans l'extrait de son discours que nous avons utilisé pour ouvrir ce chapitre [Abe]. Plus de 20 modèles de robots différents sont actuellement utilisés dans ces établissements. Les hôpitaux ont introduit des systèmes robotisés pour l'administration des médicaments et l'assistance aux patients, par exemple des chariots automatisés pour l'administration des médicaments, réduisant ainsi la charge de travail des infirmières et garantissant une administration en temps voulu. Le gouvernement japonais s'efforce également d'établir des normes pour les services de soins robotisés aux personnes âgées qui s'alignent sur l'engagement plus large du Japon à être un pionnier de l'innovation. Une fois que ces normes seront clairement définies, elles permettront à de nombreuses entreprises japonaises de s'aventurer dans ce secteur.

Un exemple significatif est le robot *"Robear"*, développé par la société japonaise Cyberdyne, une innovation remarquable dans les soins aux personnes âgées. Lancé en 2015, Robear est un robot conçu comme un ours protecteur amical pour aider les professionnels de la santé à s'occuper des patients âgés ayant des problèmes de mobilité. Ce robot en forme d'ours incorpore une technologie de pointe en matière de robotique et de capteurs pour soulever et transférer les patients avec douceur et efficacité. Il utilise des capteurs pour détecter les mouvements du patient et ajuster son assistance en conséquence, réduisant ainsi le risque de blessure pour les patients et les soignants. Robear a été testé dans plusieurs établissements de santé au Japon, notamment dans des maisons de retraite et des hôpitaux. Son succès réside dans sa capacité à améliorer la qualité des soins prodigués aux personnes âgées tout en allégeant la charge physique des professionnels de santé, démontrant ainsi le potentiel de la robotique à révolutionner les services de soins aux personnes âgées au Japon [Byford].

Les hôtels Henn na de Tokyo et d'Osaka constituent un autre exemple de robotisation des opérations de service. L'hôtel propose une expérience de service robotisé de bout en bout, avec un nombre impressionnant de robots, chacun ayant une fonction unique, ajoutant une touche futuriste à l'expérience du client. Au premier plan, les robots de la réception, conçus pour ressembler à des dinosaures, s'occupent des procédures d'enregistrement et de départ et proposent des services de conciergerie et d'orientation dans les chambres. Pour ceux qui ont besoin d'aide, les robots concierges, en plus des dinosaures réceptionnistes, fournissent des informations sur les attractions et les services locaux [Lewis].

Au-delà de la réception, les clients trouvent des robots porteurs qui transportent efficacement les bagages et les livrent aux chambres, éliminant ainsi le besoin de porteurs humains. Les robots nettoyeurs veillent inlassablement à la propreté de l'hôtel, garantissant des espaces communs et des chambres impeccables. Les robots de service d'étage livrent rapidement les repas et les équipements dans les chambres. Les robots de divertissement peuvent s'engager auprès des clients, leur offrant amusement et compagnie dans les parties communes. Les robots traducteurs multilingues aident les clients internationaux en facilitant la communication. Ces robots créent une ambiance immersive et technologique, simplifient les tâches opérationnelles et améliorent l'expérience des clients.

En résumé, les entreprises de services japonaises remodèlent activement les expériences des clients et les normes de service en exploitant la technologie robotique de pointe et en déployant lentement des robots de plus en plus humanoïdes. À mesure que la robotique progresse et que des robots de plus en plus humanoïdes se généralisent, le Japon est prêt à maintenir son leadership global en matière de développement et de déploiement de la robotique, établissant ainsi une référence mondiale dont les industries de services d'autres pays pourront s'inspirer.

Au-delà de l'humain : l'émergence d'un compagnon robotique avec AIBO

Au Japon, les robots ne sont pas seulement utilisés dans les réceptions d'hôtels, les agences bancaires et les hôpitaux pour personnes âgées, ils servent également de compagnons et assurent une continuité culturelle.

Il y a quelques chapitres, au chapitre 10, nous avons évoqué la popularité des jouets mécaniques japonais très élaborés des XVIIIe et XIXe siècles, appelés *"karakuri"*. Fabriqués avec une précision remarquable, les *"karakuri"* utilisaient des engrenages, des ressorts et des leviers cachés pour effectuer des mouvements détaillés et souvent fantaisistes, captivant le public par leur art mécanique.

Le chien robot de Sony a eu un impact similaire sur le public du 21e siècle. Créés à des siècles d'intervalle, Karakuri et AIBO reflètent la fusion de l'art et de l'ingénierie au Japon. Les poupées Karakuri utilisent des mécanismes cachés, tandis que l'AIBO fait appel à la robotique avancée et à l'intelligence artificielle pour imiter le charme d'un chien et susciter des réactions émotionnelles. Le mélange unique de tradition et d'innovation du Japon est évident dans ces deux jouets mécaniques.

AIBO, présenté pour la première fois en 1999, a marqué une étape importante dans le développement de la robotique grand public [BusinessWeek]. Aibo n'est pas seulement un robot, c'est un compagnon robotique conçu pour imiter le comportement d'un chien naturel. Sa technologie repose sur des algorithmes d'intelligence artificielle et des capteurs avancés pour percevoir son environnement, reconnaître les visages et adapter son comportement en conséquence. Sa personnalité, pilotée par l'IA, évolue en fonction de ses interactions. Le robot peut apprendre des tours, répondre à des commandes vocales et même prendre des photos avec son appareil photo monté sur le nez.

Cette fonctionnalité comportementale réaliste a créé un lien entre les humains et les machines comme jamais auparavant. L'AIBO a rapidement gagné en popularité auprès des consommateurs et des amateurs de robotique du monde entier. Les premiers modèles d'AIBO ont été vendus dans les 20 minutes qui ont suivi leur sortie au Japon, et les versions suivantes ont continué à attirer une base de fans dévoués pendant des années. Nous constatons que l'AIBO répond au besoin croissant de compagnie des personnes âgées et des personnes vivant seules. L'AIBO peut apporter un soutien émotionnel, réduire la solitude et même surveiller le bien-être de ses propriétaires. Toutefois, des questions se posent quant à l'attachement émotionnel aux robots de compagnie et à leur impact potentiel sur les relations humaines.

18. Robot amoureux

"J'ai remarqué qu'en progressant vers l'objectif de rendre les robots humains, notre affinité pour eux augmente jusqu'à ce que nous arrivions à une vallée que j'appelle la vallée de l'inquiétude."

Masahiro Mori

Président émérite de la Société japonaise de robotique
La vallée *de l'inquiétude* [Mori]
1970

Masahiro Mori, que nous connaissons depuis le chapitre précédent, a introduit le concept révolutionnaire *de la "vallée de l'inquiétude"* en 1970, un an seulement après l'arrivée du premier robot au Japon. Ce concept explorait la relation émotionnelle intéressante et quelque peu troublante entre les robots et les humains. Cette théorie postule qu'au fur et à mesure que les robots se rapprochent de l'homme par leur apparence et leur comportement, notre réaction émotionnelle à leur égard devient de plus en plus positive et empathique. Cependant, Mori estime qu'il existe un point critique sur le spectre de la ressemblance humaine où cette réaction positive chute soudainement et, dans ce cas, nos sentiments à l'égard de ces robots deviennent négatifs, suscitant le malaise, l'inconfort ou le dégoût. Ce brusque déclin de notre réaction émotionnelle donne lieu à *une "vallée de l'inquiétude"* sur un graphique représentant la ressemblance humaine par rapport à notre réaction émotionnelle.

Le concept de la *vallée de l'inquiétude* de Masahiro Mori a de profondes implications pour la conception et le développement des robots et de l'IA. Il suggère que si nous sommes naturellement attirés par les robots qui ressemblent beaucoup aux humains, il existe un équilibre délicat entre un robot attachant et un robot qui semble trop étrangement identique à un humain. Il est essentiel de trouver un juste équilibre entre les qualités humaines et le maintien d'une distinction claire avec les véritables humains pour éviter de déclencher l'effet de la *vallée de l'inquiétude*. Selon Mori, atteindre cet équilibre permet à la société d'accepter et d'accueillir les robots dans différents domaines.

De nombreux robots dont nous avons parlé dans le chapitre précédent suivent la recommandation de Masahiro Mori, qui préconise de se rapprocher de l'être humain tout en évitant de lui ressembler à s'y méprendre, afin d'éviter les réactions négatives de ce dernier. Parmi les exemples, citons le bien-aimé ASIMO, le chien robotique AIBO, les robots d'accueil des hôtels Henn Na, qui ressemblent à des dinosaures, et le robot japonais de soins aux personnes âgées Robear, conçu pour ressembler à un ours solide et protecteur. Tous ces robots ressemblent clairement à des robots et n'aspirent pas à ce qu'on les confonde avec de vrais humains ou animaux.

Les pages suivantes explorent les robots qui s'aventurent intentionnellement dans la vallée de l'inquiétude, cherchant à établir des liens émotionnels avec les humains.

Des robots non seulement empathiques mais aussi compatissants

L'un des premiers robots destinés à évoquer les émotions humaines et à y répondre a été dévoilé en 2000 par Cynthia Breazeal, professeur au MIT. Il s'appelait Kismet, ce qui signifie en turc *"destin"* ou *"fortune"*. Kismet était une tête robotique - sans corps - dotée de 21 moteurs qui contrôlaient des caractéristiques expressives telles que des sourcils jaunes, des lèvres rouges, des oreilles roses et de grands yeux bleus, permettant à Kismet d'exprimer des émotions, de la joie à l'ennui, et d'adapter ses vocalisations. Des capteurs audio, visuels et tactiles ainsi que des algorithmes ont permis au robot de détecter le ton de la voix, lui donnant l'air abattu lorsqu'il est soumis à un discours fort et curieux lorsqu'on lui parle doucement [Breazeal].

Kismet était un prototype très précoce, mais il a démontré l'attrait d'un robot charmant. Ce qui est encore plus intéressant, c'est que les capacités linguistiques de Kismet ont jeté les bases de la prolifération des assistants vocaux tels qu'Alexa, Siri et Google Home, comme nous l'avons évoqué dans le cadre du développement des services de TAL au chapitre 7. Breazeal a fondé une entreprise qui développe l'un de ces assistants vocaux, Jibo [Guizzo].

En 2012, une autre professeure, Cindy Mason, de l'université de Stanford, a poussé plus loin le concept de Kismet en introduisant un cadre qui intègre ces émotions dans le processus de prise de décision. Elle a baptisé cette approche innovante *"Intelligence Compassionnelle Artificielle"*. L'idée que la compassion transcende la simple reconnaissance et l'expression des émotions est au cœur de cette architecture d'IA. L'architecture comprend une composante *"sentiments"* représentant les états émotionnels et une *"archive"* contenant les connaissances de bon sens liées à la compassion. En outre, l'architecture met fortement l'accent sur les représentations du *"soi"* et des *"autres", ce qui* permet à l'IA de saisir les états émotionnels de différentes personnes, y compris le robot lui-même, et de promouvoir une plus grande empathie et une meilleure prise de conscience. Enfin, l'architecture intègre également une composante *"pensée"* qui intègre les facteurs émotionnels dans la prise de décision rationnelle. Cela signifie que l'IA s'engage dans des considérations logiques et émotionnelles avant d'agir ou de réagir, garantissant ainsi que ses interactions sont rationnelles, émotionnellement intelligentes et compatissantes [Mason].

Sophia, le robot social et empathique

Sophia, de renommée internationale, est l'un des exemples les plus marquants de robots empathiques et socialement reconnus. Sophia a été développée pour imiter les interactions sociales humaines, en présentant des expressions faciales semblables à celles des humains et en engageant des dialogues.

Hanson Robotics, une entreprise basée à Hong Kong, a présenté Sophia en 2016. Ses capacités comprennent la reconnaissance des émotions, la reproduction des gestes humains et des expressions faciales, le maintien du contact visuel, la réponse à des questions spécifiques et l'engagement dans des conversations sur des sujets prédéterminés, tels que la météo. Hanson Robotics envisage diverses applications pour Sophia, notamment les soins aux personnes âgées, l'assistance aux foules lors d'événements importants, le service à la clientèle, la thérapie et l'éducation.

Pour éviter l'effet "uncanny valley" et améliorer son acceptation par les gens, Hanson Robotics a conçu Sophia avec un crâne transparent qui expose ses circuits internes au public. En conséquence, elle est devenue populaire, attirant l'attention des médias mondiaux de manière substantielle et principalement positive et participant à de nombreuses interviews de haut niveau. Notamment, l'Arabie saoudite a accordé la citoyenneté à Sophia en 2017, marquant le premier cas d'un robot atteignant le statut de personne légale dans une nation [Vincent]. En outre, Sophia a également conversé avec la vice-secrétaire générale des Nations unies, Amina J. Mohammed, lors de sa présentation aux Nations unies [PNUD].

Malgré une couverture médiatique importante, Sophia n'est pas un robot avancé du point de vue de l'IA. Cela a suscité des critiques de la part de pionniers de l'IA comme Yann LeCun [Vincent et Chen]. Par exemple, les réponses conversationnelles de Sophia sont générées à l'aide d'un arbre de décision, qui est également lié à ses expressions faciales et à ses mouvements. Bien que ses réponses puissent sembler naturelles et spontanées, elles sont enracinées dans des arbres de décision de base, des scripts pré-écrits et des réponses standards à des questions spécifiques. Environ 70 % de son logiciel comprend des composants Open-Source, tels qu'un cadre général pour la cognition générale de l'IA appelé OpenCog [Goertzel].

L'érotisme du robot sexuel

La sexualité humaine étant synonyme de fantasme et d'hyperréalisme, le thème du sexe avec des robots s'inscrit directement dans la *vallée de l'inquiétude* de la robotique. Mais il s'agit en fait d'un sujet beaucoup plus profond, avec des implications pratiques. Plus qu'une simple question d'érotisme, l'impact sera large et à grande échelle, de la même manière que les mœurs sexuelles, en général, ont de vastes implications pour la société. Nous prévoyons que toutes les interactions homme-robot se traduiront en fin de compte par une réduction de la population humaine dans son ensemble, les compagnons affectifs et sexuels robotisés ne faisant que permettre à cette réduction de se produire naturellement et discrètement. La réduction de la population en tant que conséquence de l'IA est un sujet que nous aborderons dans les chapitres suivants.

Il existe d'autres impacts potentiels. Les robots qui remplacent les humains dans les relations sexuelles ou affectives peuvent, par exemple, contrôler subtilement de larges pans de la population, les algorithmes exploitant les besoins et les faiblesses de l'homme. Il peut s'agir d'une action purement bénigne et commerciale, comme la vente d'une publicité - *"Chérie, je voudrais du chocolat, et il faut que ce soit un KitKat et rien d'autre ne fera l'affaire"* - ou d'une action plus insidieuse, comme *"Chérie, si tu ne votes pas pour M. X aux prochaines élections, il n'y aura plus de sexe pour toi"*. Avoir un compagnon à part entière pour répondre à tous les besoins émotionnels dans une relation simulée qui ne se distingue pas d'une relation entre humains, si ce n'est qu'elle ne comporte pas les inconvénients ou la douleur irrévocables d'une relation entre humains, est un marché que beaucoup de gens accepteraient. Un marché faustien pourrait se cacher à chaque coin de rue, offrant de l'excitation, une stimulation émotionnelle et physique sans douleur, et une poussée de dopamine pour le contrôle émotionnel et intellectuel par le biais de la programmation algorithmique.

Les relations sexuelles entre robots et humains sont déjà une réalité. À l'origine, les robots sexuels étaient des poupées sexuelles gonflables présentées par le biais de publicités dans des magazines pornographiques à la fin des années 1960 et disponibles pour des achats par correspondance. Ces poupées sexuelles gonflables avaient des zones de pénétration, mais leur nature gonflable ne permettait pas une utilisation continue. Elles nécessitaient également beaucoup d'imagination de la part de l'utilisateur pour obtenir un semblant d'expérience réaliste. Dans les années 1970, le latex et le silicone sont devenus courants dans la fabrication des poupées sexuelles, améliorant leur durabilité et leur apparence plus humaine [Ferguson]. Les fabricants de poupées sexuelles au Japon, comme Orient Industry, la marque la plus traditionnelle et la plus connue, et aux États-Unis ont poursuivi cette évolution vers l'hyperréalisme des poupées sexuelles.

L'histoire de la transformation des poupées sexuelles en robots sexuels aux États-Unis est remarquable. En 1997, l'entrepreneur américain Matt McMullen a commencé à fabriquer des mannequins en caoutchouc de silicone plus vrais que nature, connus sous le nom de RealDolls. Ces mannequins étaient réalistes, articulés et avaient la taille et la forme d'un être humain. McMullen les a méticuleusement fabriqués pour reproduire les caractéristiques visuelles, tactiles et pondérales des formes humaines féminines et masculines. Leur objectif premier était de servir de compagnons intimes. RealDolls permet également l'interchangeabilité des visages avec différents corps afin de varier les expériences de consommation [Endgadget et McMullen].

McMullen a dû faire face à des critiques initiales concernant la précision anatomique de ses créations, ce qui l'a motivé à développer des versions encore plus perfectionnées. En 2009, il est passé à l'utilisation d'un matériau durci au platine, ce qui a permis d'améliorer la durabilité et l'authenticité de ses créations. Les nouveaux modèles comportent également des pièces d'insertion amovibles et des visages qui peuvent être fixés à l'aide d'aimants. En 2023, 29 corps de femmes et 10 corps d'hommes avaient été développés, y compris de multiples visages et accessoires interchangeables. En outre, l'entreprise propose des poupées transgenres qui peuvent être conçues sur mesure.

Plusieurs fabricants, dont RealDolls, peut-être en partie motivés par la représentation d'un compagnonnage robot-humain, ont reconnu l'importance du compagnonnage dans le contexte des robots sexuels et ont considéré l'intégration de l'IA comme la prochaine étape. En 2018, de nouveaux modèles ont été lancés avec la capacité d'engager des conversations, de retenir des informations importantes et de transmettre une gamme d'émotions. En 2023, RealDolls compte 5 modèles dotés de l'IA, le plus populaire étant *"Harmony"*. Ces robots IA offrent une personnalisation par le biais d'une application mobile, permettant de sélectionner des personnalités et des voix.

Tout d'abord, les robots sexuels IA comme Harmony peuvent engager des conversations. Leur IA a été méticuleusement développée pour offrir un dialogue réaliste avec les utilisateurs, ce qui permet d'augmenter les niveaux d'interaction significative. Ils peuvent discuter de divers sujets, répondre à des questions et se livrer à des plaisanteries amusantes, créant ainsi un sentiment de camaraderie. Il est important de noter que les robots sexuels peuvent conserver des informations importantes sur les utilisateurs, en se souvenant des conversations passées et des préférences personnelles, ce qui leur permet d'établir des liens plus étroits au fil du temps. Cette fonction de mémorisation renforce l'illusion d'une relation authentique.

Au-delà des conversations, les robots sexuels tels qu'Harmony peuvent transmettre diverses émotions. Ils peuvent exprimer le bonheur, la tristesse, l'excitation et bien d'autres choses encore par des expressions faciales et des intonations vocales. Cette réactivité émotionnelle permet de renforcer le sentiment de connexion émotionnelle et d'empathie. En outre, l'IA des robots sexuels offre des capacités d'apprentissage. Elle s'adapte et affine les réponses et les comportements en fonction des interactions et du retour d'information qu'elle reçoit de ses utilisateurs.

Les journaux japonais relatent fréquemment des histoires d'individus profondément épris de robots sexuels, dont le design va de l'hyperréalisme à la caricature. Outre les rapports sexuels, ces passionnés se promènent avec leurs compagnons robotiques et, dans certains cas remarquables, les épousent même. Nous constatons que les ventes annuelles de ces poupées au Japon s'élèvent à environ 2 500 en 2023, ce qui constitue un micromarché si l'on considère que le coût moyen est de 5 000 dollars pour les modèles de base et jusqu'à 50 000 dollars pour les versions personnalisées. L'échelle permettrait certainement de faire baisser les coûts, ce qui souligne également la manière asymétrique et non démocratique dont l'Entrelacement pourrait se produire.

En outre, des maisons de location de poupées sexuelles et des maisons closes sont apparues au Japon dès 2007. Entre 2017 et 2020, des maisons closes dotées de ces robots sexuels perfectionnés ont également ouvert leurs portes dans divers endroits du monde, notamment à Dortmund, Barcelone, Toronto, Moscou, Vancouver, Pasadena et Hong Kong [Cheok et Levy]. Ces établissements ont fait l'objet de poursuites judiciaires et ont été fermés par la police peu de temps après leur ouverture. Dans certains cas, un établissement prévu à Houston, au Texas, n'a jamais ouvert ses portes. Ces maisons closes robotisées font écho au *film "A.I."* de Steven Spielberg, qui dépeint de manière saisissante le commerce sexuel robotisé à grande échelle [Spielberg].

L'essor des robots sexuels pilotés par l'IA, en particulier s'ils poursuivent leur développement et offrent une variété croissante d'expériences uniques, proches de la vie et personnalisables, jette les bases d'une modification fondamentale des comportements reproductifs et émotionnels de l'homme. Les robots pourraient être utilisés pour les éléments mécaniques, émotionnels et sociaux de la sexualité, mais les éléments reproductifs pourraient être supprimés, ce qui pourrait, avec le temps, affecter les taux de natalité et les structures familiales. Il s'agirait d'une extrapolation fondée sur les besoins de concepts tels que la politique chinoise de l'*enfant unique* et l'impact que la biologie synthétique aura sur les chromosomes et la formation des tissus, que nous abordons au chapitre 21. Cela soulève des questions éthiques et sociétales quant à l'impact que les robots auront sans aucun doute sur la reproduction humaine et les relations interpersonnelles. Il est concevable que, dans un avenir proche, les humains s'engagent plus sexuellement avec des robots qu'avec d'autres humains en raison d'une plus grande satisfaction à court terme et d'un engagement émotionnel équivalent qui est optimisé pour exclure les inconvénients ou le malheur de l'expérience. Cette évolution pourrait avoir des conséquences profondes sur les relations humaines, en modifiant potentiellement les normes et les valeurs sociétales relatives à l'intimité et à la connexion.

Les robots sexuels et les compagnons, en général, laissent ouverte la possibilité d'un contrôle humain et, par conséquent, d'une manipulation à d'autres fins. Plus important encore, alors que les éléments de contrôle de la population dépendront de la réglementation gouvernementale et de ce que les gens finiront par accepter, nous prévoyons en tout cas que l'interaction émotionnelle robot-humain aura un impact radical sur les taux de natalité, conduisant à une réduction progressive de la population humaine.

Des robots qui ressentent et expriment véritablement la douleur

Sophia et RealDolls ont mis en évidence l'acceptation croissante des robots, qui passent du statut de personnalités médiatiques à celui de compagnons intimes potentiels. Elles soulignent la capacité des robots à s'engager avec les humains d'une manière compréhensible, même si la gamme de leurs réponses est scénarisée plutôt que d'être authentiquement IA ou authentique. Toutefois, les récentes avancées en matière de robotique et d'IA ont démontré qu'il était possible d'améliorer l'authenticité et le réalisme des émotions de l'IA.

En 2018, une équipe de scientifiques de l'université d'Osaka au Japon a présenté Affetto, un robot capable de *"ressentir"* la douleur. Affetto signifie affection en italien. Le robot Affetto a été conçu pour ressembler à la tête hyperréaliste d'un enfant. Il réagit de manière similaire aux expressions humaines. Lorsqu'une charge électrique est appliquée à sa peau synthétique, ce robot peut visiblement grimacer, produisant une gamme d'expressions faciales, y compris des sourires, des froncements de sourcils et des grimaces, en réponse à différents contacts [Biggs].

La peau artificielle était également un élément essentiel, qui diffère nettement des extérieurs rigides traditionnels des robots. Souvent fabriquée à partir de matériaux souples comme le silicone, la peau synthétique d'Affetto est souple et adaptable. Elle procure une expérience tactile qui rappelle le toucher humain et permet une plus grande variété d'interactions entre le robot et son environnement.

Le robot Affetto est également doté d'un système sensoriel sophistiqué, méticuleusement conçu pour émuler la perception sensorielle humaine. Ces systèmes lui permettent de détecter divers stimuli physiques, notamment la pression, les fluctuations de température et les forces d'impact, grâce à des capteurs avancés capables de capturer et de traiter avec précision les données sensorielles.

Le traitement transparent de ces données sensorielles est orchestré par des algorithmes d'IA avancés, en particulier des réseaux neuronaux qui imitent la capacité d'apprentissage et d'adaptation du cerveau humain. Ces réseaux neuronaux analysent les informations sensorielles entrantes, interprètent les données et génèrent des réponses appropriées qui imitent les réactions humaines aux stimuli douloureux. Enfin, ces réponses sont traduites en 116 points faciaux distincts, ce qui permet d'obtenir un large éventail d'expressions imitant les réactions humaines.

Une autre avancée significative dans le domaine des robots empathiques a été réalisée en 2020 par des scientifiques de l'université technologique de Nanyang à Singapour. Ils ont présenté un cadre et un prototype permettant aux robots de reconnaître la douleur et de s'auto-réparer lorsqu'ils sont endommagés [John et al.]. Pour ce faire, les chercheurs ont exploité des matériaux à base de gel ionique auto-cicatrisant et des processus de réparation contrôlés par l'IA, ce qui permet au robot de s'auto-réparer, de la même manière que les humains se remettent de leurs blessures.

La mise au point de robots capables de *"ressentir"* la douleur marque une étape importante dans l'amélioration de l'interaction homme-robot. Par exemple, ces robots peuvent être déployés dans des environnements de soins de santé mieux équipés pour gérer le confort et la sécurité des patients. Dans les sociétés où la population est vieillissante, comme au Japon, ils présentent un immense potentiel pour apporter une aide cruciale à domicile et dans les hôpitaux.

Un troisième projet intéressant a été présenté en 2013 et concernait des tissus cyborg qui pourraient aider les robots à ressentir la douleur et la chaleur, en particulier des tissus construits avec des nanotubes de carbone et des cellules fongiques ou végétales. Ce matériau innovant est capable de réagir à la température et trouve des applications dans la robotique thermosensible et les cyborgs. Le matériau cyborg ainsi obtenu est rentable, léger et possède des caractéristiques mécaniques particulières. En outre, il peut être moulé dans les formes souhaitées [Di Giacomo et Maresca].

L'utilisation de ce type de tissu dans la robotique a des applications en matière de sécurité. Les robots équipés de ces tissus pourraient éviter de manière proactive les accidents dans les environnements industriels en détectant les risques potentiels et en y réagissant, un équivalent moderne du *"canari dans la mine de charbon"*. Par exemple, si un robot d'une chaîne de montage ressent une pression ou une chaleur croissante, il peut déclencher les ajustements nécessaires ou les procédures d'arrêt afin d'éviter les dommages ou les blessures. En outre, ces robots trouvent leur utilité dans les scénarios de secours en cas de catastrophe, en naviguant efficacement dans des conditions dangereuses tout en évitant les obstacles et les dommages potentiels.

À mesure que les robots progressent dans leur capacité à ressentir la douleur, il y a un intérêt concomitant à les doter d'empathie et de moralité. Cela transcende les simples réactions aux stimuli externes et implique que les robots traitent les émotions et comprennent la souffrance humaine. La possibilité de robots sensibles génère naturellement des considérations et des questions éthiques : si les machines réagissent à la douleur comme les humains, cela signifie-t-il qu'elles ressentent la douleur ? Ces robots doivent-ils bénéficier des mêmes droits que les humains et d'un traitement équitable ? Il n'y a pas de réponse claire, mais nous aborderons les thèmes de la sensibilité et de la conscience de l'IA en détail au chapitre 26.

Les émotions des robots se développent spontanément

Les chercheurs ne savent pas grand-chose sur la conscience des robots, mais il semble qu'ils aient une opinion plus claire sur les émotions des robots. Certains pionniers respectés de l'IA, comme Yann LeCun, qui occupe le poste de scientifique en chef de l'IA chez Meta et qui est largement reconnu pour ses travaux novateurs sur les réseaux neuronaux pour la reconnaissance d'images dans les années 1990, affirment que les émotions pourraient constituer intrinsèquement une composante de l'IA, même si nous ne concevons pas explicitement cette IA pour inclure de tels sentiments. Deux conditions spécifiques doivent être remplies, selon le point de vue de LeCun [Fridman et LeCun].

La première condition est que l'IA englobe les motivations intrinsèques encodées en son sein, telles que la protection d'une personne âgée ou d'un enfant, la fourniture d'un service client exemplaire à la réception d'un hôtel ou l'obtention d'un rendement de la plus haute qualité sur une chaîne de production. Les humains aussi possèdent ces motivations intrinsèques, comme l'explique la célèbre hiérarchie des besoins d'Abraham Maslow, publiée en 1943. Cette hiérarchie comprend cinq niveaux de motivations intrinsèques, allant de la satisfaction des besoins physiologiques de base, tels que manger et se reproduire, à des besoins beaucoup plus avancés, tels que la moralité, l'acceptation et la réalisation de son potentiel. Les niveaux supérieurs de la hiérarchie de Maslow ne deviennent pertinents pour un être humain que lorsque les strates inférieures, plus basiques, ont déjà été satisfaites [Maslow].

La deuxième condition exige que l'IA comprenne comment elle atteint sa fonction objective et crée un mécanisme prédictif capable d'anticiper les résultats favorables ou défavorables à cet objectif. Pour établir un parallèle avec les exemples ci-dessus, une IA chargée de protéger les humains pourrait prévoir de ne pas pouvoir les sauver d'un danger potentiel. De même, une IA chargée du service à la clientèle pourrait s'attendre à ne pas pouvoir apaiser un client en colère, et une IA impliquée dans le processus de production pourrait anticiper des difficultés à atteindre des objectifs de production spécifiques, qu'il s'agisse de la qualité ou de la quantité.

LeCun estime que, sous ces deux conditions, un système d'IA suffisamment complexe a le potentiel de manifester des émotions similaires aux expériences humaines de peur ou de joie, même sans avoir été explicitement conçu par ses créateurs humains pour ce type de réponse émotionnelle. Au sein du réseau neuronal artificiel de l'IA, cela pourrait se manifester par l'activation de certaines connexions, comme les réactions de raccourci que les humains expérimentent lors d'émotions intenses.

Comme nous l'avons vu, les réseaux neuronaux sont des algorithmes complexes comportant des milliards de paramètres. À l'instar du cerveau humain, les signaux empruntent des voies complexes, mais les détails exacts de la propagation des signaux dans un réseau neuronal artificiel sont difficiles à interpréter. De plus, les réseaux neuronaux complexes sont souvent activement ré-entraînés en temps réel au fur et à mesure que l'IA interagit avec l'environnement, et pas seulement au cours d'une phase d'entraînement initiale. Par conséquent, un stimulus peut entraîner des changements dans les hyperparamètres critiques du réseau, affectant la manière dont les signaux seront traités à l'avenir. Cela signifie que des stimuli externes peuvent entraîner des changements dans l'IA, ce qui se traduirait par un comportement inattendu.

En conclusion, l'IA pourrait développer organiquement des émotions sans conception explicite de capacités émotionnelles, à condition qu'elle possède une fonction objective et la capacité d'anticiper ses performances pour l'atteindre, deux caractéristiques déjà inhérentes à de nombreux systèmes d'IA complexes d'aujourd'hui. Par conséquent, un système d'IA pourrait soudainement et involontairement éprouver des émotions pour lesquelles il n'a pas été conçu.

Dans ce contexte, il devient impératif que les systèmes d'IA intègrent des architectures et des procédures permettant de détecter de manière proactive ces émotions de l'IA et de limiter les réactions excessives potentielles ou les réponses non conformes aux meilleurs intérêts de l'humanité. Comme nous l'avons affirmé tout au long du livre, nous pensons que la pensée est entièrement réductible au calcul mathématique, et comme une réponse émotionnelle n'est qu'une concaténation de substances chimiques dans le cerveau, cet effet involontaire et potentiellement mortel peut être contrôlé dès à présent. Ce point est essentiel pour le développement de l'intelligence artificielle générale (AGI) et de la superintelligence. Nous reviendrons sur les moyens de contrôler l'IA au chapitre 28.

La science-fiction des robots émotionnellement connectés

Après avoir abordé la science des robots et la manière dont ils tissent déjà des liens émotionnels forts avec les humains, nous terminons ce chapitre en explorant la science-fiction d'une société complexe composée d'humains et de robots, et en donnant un aperçu de ce à quoi l'avenir pourrait ressembler en guise d'introduction à la troisième partie, La transition.

L'exploration des robots qui se connectent émotionnellement avec les humains est un thème récurrent de la science-fiction. Nous examinerons deux œuvres remarquables, *"Ex Machina"* d'Alex Garland (2014) et *"Her"* de Spike Jonze (2013), qui donnent un aperçu stimulant des implications de telles connexions pour les individus et la société dans son ensemble [Garland] [Jonze]. *"Ex Machina"* nous présente le personnage d'Ava, une IA logée dans un corps robotique remarquablement humain. Le film se déroule dans un centre de recherche isolé, où Caleb, un jeune programmeur, est invité à faire passer le test de Turing pour déterminer le niveau d'IA d'Ava. Au fil de l'intrigue, les capacités émotionnelles d'Ava deviennent de plus en plus évidentes, ce qui amène Caleb à s'interroger sur les implications éthiques de la création d'une machine dotée d'une compréhension émotionnelle aussi poussée.

En revanche, *"Her"* de Spike Jonze explore le lien émotionnel entre un homme, Theodore, et une IA nommée Samantha. Se déroulant dans un Los Angeles d'un futur proche, le film explore les nuances des émotions humaines alors que Theodore forme un lien profond et intime avec une IA qui évolue pour comprendre les émotions et les rendre réciproques. Le récit navigue habilement dans les complexités de l'amour, de la solitude et de la nature évolutive des relations entre l'homme et l'IA.

Dans *"Ex Machina"*, la capacité d'Ava à imiter les émotions soulève de profondes questions sur ce que signifie être humain. Alors que Caleb est aux prises avec l'intelligence émotionnelle d'Ava, le film incite les spectateurs à s'interroger sur l'essence de l'humanité. De même, *"Her"* explore la nature de l'amour entre un humain et une IA. La relation entre Theodore et Samantha remet en question les normes sociétales, ce qui conduit à une réflexion plus large sur la fluidité des émotions humaines et l'adaptabilité de l'amour.

Un autre aspect critique mis en lumière par ces œuvres est l'impact des robots sur la dynamique sociale et le bien-être individuel. Dans "Ex Machina", la dynamique du pouvoir entre les humains et l'IA est dépeinte de manière saisissante, alors que Caleb s'empêtre dans un réseau de manipulation et de tromperie. Le film soulève des inquiétudes quant à l'utilisation potentiellement abusive de l'IA et aux dilemmes éthiques qui peuvent survenir lorsque la technologie progresse plus rapidement que notre capacité à la réguler et à en comprendre les conséquences. Le film "Her", quant à lui, explore les implications sociétales de la généralisation des liens émotionnels avec l'IA. Alors que de plus en plus d'individus dans le film nouent des relations avec des IA, les normes sociétales évoluent et les frontières entre les relations humaines et les relations avec les IA deviennent de plus en plus floues, une vision potentielle de la façon dont l'Entrelacement est susceptible de se produire. Cela incite à réfléchir au potentiel de restructuration de la société et à la nécessité de nouveaux cadres éthiques pour guider ces connexions en évolution.

Merci !

Merci de prendre le temps de lire *Comment l'IA Transformera Notre Avenir*. J'espère sincèrement que vous l'appréciez.

Ce livre, mon tout premier, est le fruit de mois de travail acharné, de passion et de réflexion. Il reflète mes recherches, mes espoirs, mais aussi mes préoccupations face à l'avenir de l'IA. Votre retour, qu'il soit élogieux, constructif ou critique, m'est précieux.

Laissez un commentaire sur la plateforme où vous l'avez acheté - cela m'aidera à progresser et à toucher un plus large public.

Vous pouvez poster votre avis sur Amazon.fr en scannant le QR code ci-dessous.

Partie IV : La transition

"Ὁ μὴ ἀναγεννηθεὶς οὐ δύναται ἰδεῖν τὴν βασιλείαν τοῦ Θεοῦ".

"S'il ne naît de nouveau, ne peut voir le royaume de Dieu".

Jésus de Nazareth

6 AV. J.-C. - 30 AP. J.-C.
Évangile selon Jean, chapitre 3, verset 3 [Bible]

Préambule

Jusqu'à présent, nous nous sommes concentrés sur l'histoire de l'IA et de la robotique. Nous avons tenté de tracer une ligne de démarcation entre l'histoire multimillénaire de l'IA, ses débuts et ses arrêts, en indiquant ce qui est resté et ce qui a été abandonné et pourquoi, en traçant la ligne de démarcation de notre situation actuelle et la pente indiquant la direction que nous prenons. Nous avons fait de même avec les robots. Une fois cette étape franchie, nous nous tournons vers l'avenir.

Sous la marche immuable de l'IA et de la robotique, les prochaines décennies jetteront les bases du remodelage de nos nombreuses cultures mondiales et de leurs sociétés. L'IA est la technologie la plus transformatrice que l'humanité ait jamais inventée, car non seulement elle poursuit la marche économique naturelle vers l'amélioration de nos outils, l'optimisation de nos ressources et l'augmentation de notre richesse, mais elle a également un impact actif sur l'évolution de notre espèce.

La révolution industrielle a généré de nouvelles richesses sociétales, les a diffusées à un grand nombre de personnes, a créé des produits qui ont amélioré la vie quotidienne et a permis de dégager des ressources pour des bénéfices à grande échelle, tels que la recherche sur les médicaments qui ont éradiqué des maladies comme la polio et la variole. L'éducation de masse s'est développée au fur et à mesure que le pouvoir dans les pays occidentaux quittait les mains exclusives de quelques aristocrates pour devenir un mécanisme permettant aux individus d'exercer des niveaux d'autonomie nettement plus élevés, d'améliorer leur situation individuelle et leur richesse, et de choisir plus librement leur orientation dans la vie. Les gens ont vécu plus longtemps, ont vécu des expériences plus riches et ont vu leur situation s'améliorer considérablement.

Les changements apportés au monde par la révolution industrielle sont insignifiants par rapport aux bouleversements qui s'annoncent dans le sillage de l'IA. L'optimisation des ressources n'est qu'une possibilité parmi d'autres, une possibilité qui ouvre la voie à un monde sans pénurie ni maladie et qui favorise l'harmonie entre l'homme et la technologie.

Mais toute technologie est une pièce à deux faces, et l'IA n'en est qu'un exemple. L'IA n'est pas un simple outil, même si, dans ses premières formes, elle y ressemble. Elle est absolument et sans équivoque plus intelligente et plus capable que vous, et bientôt, les robots seront plus rapides, plus forts, plus intelligents et plus capables que vous. Les conséquences de cette évolution ne sont pas négligeables. Le développement responsable de l'IA est primordial pour en exploiter les avantages sans favoriser un autoritarisme despotique ou causer involontairement des dommages. La période de transition vers cette nouvelle réalité va poser des défis importants au sein des sociétés et entre elles. Notre discussion se concentre sur les sociétés occidentales, bien que les implications soient certainement applicables partout.

Cette section comporte deux parties. La première s'articule autour de la transformation que l'IA apporte au corps humain et à l'être humain lui-même, tandis que la seconde se concentre sur la transformation qu'elle apporte à la société. Pour l'humanité, les implications à long terme sont si importantes que - pour paraphraser l'évangile de Jean - c'est déjà comme naître à nouveau dans un nouveau monde d'amélioration humaine et de relations complexes entre l'homme et la machine qui remodèlera les fondements de notre société.

En ce qui concerne l'être humain, le chapitre 19 développe en détail les concepts d'*" Entrelacement "* IA-humain et de posthumanité, en établissant des parallèles avec le contexte actuel du mouvement transgenre, où les humains transcendent déjà les frontières biologiques. Nous introduisons le concept d'Entrelacement humain-IA, l'interaction complexe entre l'IA et les humains qui brouille les distinctions entre la biologie et la technologie et a le potentiel de donner naissance à un état inédit, que nous appelons à juste titre la posthumanité.

Le chapitre 20 explore le monde des technologies cyborg, qui implique l'application de la robotique en tant qu'extension du corps humain. Nous nous concentrons principalement sur les interfaces cerveau-ordinateur (BCI, Brain-Computer Interface en anglais) qui relient les humains aux ordinateurs, augmentant nos capacités mentales et établissant une connexion télématique avec l'IA. À l'inverse, le chapitre 21 se penche sur l'application des capacités d'ingénierie pilotées par l'IA à la biologie synthétique, qui repoussera encore plus loin les limites de l'humanité. Le chapitre présente la manière dont l'IA est déjà utilisée pour concevoir l'ADN, modifier les organismes vivants et créer des formes de vie entièrement nouvelles. La biologie synthétique a le potentiel d'améliorer la longévité humaine, la résistance aux maladies et le bien-être général. Il se peut que vous ne soyez pas au courant de ces avancées spectaculaires qui ont déjà eu lieu, peut-être piégé par la chambre d'écho des médias traditionnels et des réseaux sociaux.

En ce qui concerne la société, il existe deux perspectives diamétralement opposées sur la manière dont l'IA affectera notre avenir immédiat : L'une d'entre elles, abordée au chapitre 22, est utopique : l'IA est à l'origine d'une société idéalisée dans laquelle la pauvreté et la maladie disparaissent, l'allocation des ressources élimine les pénuries et l'humanité atteint de nouveaux sommets. La technologie soutient ce résultat à tous égards. L'autre, qui fait l'objet du chapitre 23, est dystopique et décrit comment l'IA pourrait conduire à des troubles sociaux, à l'eugénisme, à des conflits, à la douleur, à la réduction de la population, à un autoritarisme despotique et à un régime purement machiavélique, où tout ce qui est bon ne peut être obtenu que par des accords faustiens qui privent l'homme de sa liberté. Selon nous, l'avenir combinera des aspects des deux scénarios, ce qui donnera lieu à des sociétés complexes et multiformes radicalement différentes de celles dans lesquelles chacun d'entre nous vit aujourd'hui.

À l'avenir, les libres penseurs et les autodéterministes d'aujourd'hui, les personnes gouvernées davantage par la logique que par l'émotion, les personnes ayant une réussite économique modérée (mais pas ultra-riches) et celles qui cherchent à s'individualiser se retrouveront à des degrés divers dans une dystopie. À l'inverse, les ultra-riches, les technologues qui contrôlent l'IA et la cyborgisation, les politiciens et ceux qu'ils protègent, ainsi que les acteurs économiques les moins performants d'aujourd'hui (la classe moyenne inférieure et les pauvres) se trouveront plus proches de l'utopie.

Enfin, au chapitre 24, nous nous penchons sur la montée en puissance de la Chine en tant que leader économique et politique mondial alimenté par l'IA. Les aspirations mercantilistes de la Chine au leadership mondial et à l'imposition de sa culture s'expriment dans sa prescription ouverte et écrite de diriger le monde dans le domaine de l'IA. En 2017, la Chine a déclaré l'orientation officielle de sa politique en matière d'IA et le défi qu'elle lance à la domination des États-Unis, ce qui a donné lieu à ce que l'on appelle la *"guerre froide de l'IA"*. Cette guerre froide reflète l'escalade des tensions géopolitiques entre les deux nations. En outre, elle conduit à l'émergence d'écosystèmes d'IA distincts entre les États-Unis et la Chine, incitant les autres pays à s'aligner sur l'un ou l'autre camp. Les deux parties se rendent compte qu'à bien des égards, il s'agit de la dernière partie à jouer, un peu comme *"qui aura le dernier coup de feu"*. Tout au long du livre, nous avons décrit comment la science-fiction a inspiré et influencé de manière significative l'orientation de la robotique et de l'IA et comment elle continuera à le faire à l'avenir. À partir de maintenant, nous commençons également à intégrer un segment de science-fiction dans chaque chapitre afin de donner une image plus vivante des sujets abordés, tels que les cyborgs, la biologie synthétique, l'informatique quantique et la superintelligence. Dans chaque chapitre, nous sélectionnerons deux œuvres de science-fiction distinctes, qu'il s'agisse de littérature, de cinéma ou de télévision, afin d'offrir des perspectives différentes mais complémentaires pour étayer les informations complexes qui suivent.

Les pages qui suivent se penchent sur les immenses changements que l'IA apportera aux êtres humains et aux sociétés dans les décennies à venir. Si la thèse centrale de ce livre tourne autour de l'inévitabilité de l'Entrelacement et, en fin de compte, de la superintelligence en tant que processus évolutif pour l'humanité, le sous-texte concerne la manière dont nous y parviendrons. Ces choix ne sont pas prédestinés ou inévitables et feront une différence matérielle dans la façon dont nous vivrons au cours des prochaines décennies, contribuant finalement à façonner ce à quoi ressemblera l'état final.

19. Entrelacement IA-humain et posthumanité

"Une fois que nous aurons réalisé que notre douceur essentielle se trouve dans notre esprit et que chacun d'entre nous possède un potentiel de vie unique qui n'est pas entièrement lié à un parcours déterminé par le corps, il sera tout aussi sensé d'être transhumain que d'être transgenre. L'être est plus puissant que le gène".

Martine Rothblatt

Avocat, auteur, entrepreneur et défenseur des droits des transgenres américain

Du transgenre au transhumain : Un manifeste sur la liberté des formes [Rothblatt]

2011

Le mouvement transgenre a fait l'objet d'une attention médiatique considérable en Occident, en particulier au cours de la dernière décennie, remettant en question les notions traditionnelles et même scientifiques de genre dans ce qui est considéré comme une tentative de favoriser un paysage social plus inclusif.

Ce mouvement englobe un large éventail d'initiatives sociales, politiques et culturelles visant ostensiblement à reconnaître et à affirmer les droits et les identités des personnes transgenres. Ces dernières années, les droits des transgenres ont fait l'objet d'une forte mobilisation législative. La lutte pour les lois anti-discriminatoires, l'accès aux soins de santé et le droit de changer les marqueurs de genre sur les documents d'identité a gagné du terrain dans les pays occidentaux. Le mouvement transgenre a également contribué à accroître la visibilité et la compréhension des identités transgenres dans la culture générale. Cela est évident dans les médias occidentaux, où les personnages et les histoires transgenres sont de plus en plus fréquents. Nous notons que des pays bouddhistes comme la Thaïlande reconnaissent depuis des décennies l'existence de plus de deux genres, le *"Kathoey",* qui n'est ni masculin ni féminin et qui est pleinement intégré dans la vie économique, sociale et religieuse.

Cependant, le mouvement transgenre est également confronté à des défis et à des controverses inutiles en laissant dérailler son message principal. En outre, certaines factions du mouvement se sont radicalisées dans leurs opinions, ce qui est manifestement inutile pour faire avancer leurs croyances.

Cette évolution vers l'adoption de l'association et de l'identité de genre comme un spectre plutôt que comme un binaire fixe jette les bases conceptuelles, sociales et même spirituelles d'une acceptation sociétale plus large des nouvelles espèces transhumaines et des formes non traditionnelles d'auto-identification, ou, dit autrement, la manifestation sociale de l'impact scientifique de l'Entrelacement. Un robot humanoïde n'est ni un homme ni une femme, et un mélange de produits biologiques artificiels et humains, d'IA et d'améliorations robotiques est également quelque chose d'entièrement nouveau.

Le mouvement transgenre ouvre spécifiquement la voie à deux avancées technologiques imminentes qui sont sur le point de remodeler l'humanité : la technologie des cyborgs et la biologie synthétique. Les cyborgs sont étroitement liés à l'application de la robotique au corps humain, et la biologie synthétique représente une application de pointe de l'IA à l'ingénierie des formes de vie. Nous avons abordé l'évolution de l'IA et de la robotique dans les chapitres précédents et nous constatons que ces deux étapes de l'évolution se dessinent déjà.

Le concept de cyborg, abréviation d'organisme cybernétique, implique l'intégration de composants artificiels dans le corps humain afin d'améliorer les capacités physiques ou cognitives. Le mouvement transgenre, qui met l'accent sur la fluidité de l'identité, tente de créer un climat culturel dans lequel les individus peuvent être plus ouverts à des améliorations qui vont au-delà du biologique. Tout comme les personnes transgenres cherchent à aligner leur identité sexuelle sur leur perception d'elles-mêmes, l'intégration de la technologie dans le corps humain refléterait le désir de s'aligner sur une identité choisie, augmentée par la technologie. Les cyborgs pourront modifier leur corps et leur identité grâce à des prothèses, des implants et des interfaces cerveau-ordinateur, qui améliorent ou remplacent les fonctions naturelles du corps pour nous rendre plus résistants, plus vigoureux et plus intelligents [Goard].

La biologie synthétique, également appelée SynBio, implique l'application de l'IA pour modifier et concevoir l'ADN (acide désoxyribonucléique) des organismes biologiques, y compris les êtres humains. Imaginez la perspective d'une longévité accrue grâce à l'ingénierie de cellules qui résistent au vieillissement ou la capacité d'éradiquer les maladies héréditaires en modifiant les codes génétiques au niveau moléculaire. La biologie synthétique pourrait également permettre la création d'organes issus de la bio-ingénierie et adaptés aux besoins individuels, ce qui permettrait d'atténuer les problèmes liés à la pénurie d'organes pour les transplantations et aux défauts génétiques humains. En outre, la biologie synthétique sera en mesure d'augmenter les capacités cognitives et d'incorporer des améliorations physiologiques telles que des caractéristiques bioluminescentes pour une meilleure visibilité dans des conditions de faible luminosité.

Le mouvement transgenre continue à façonner les attitudes de la société à l'égard de l'identité et de l'autonomie corporelle, en dépassant la bizarrerie et la perversité à court terme, il jette les bases d'un avenir où l'amélioration humaine n'est pas seulement acceptée mais activement recherchée.

Dans les sections suivantes, nous nous pencherons sur le transhumanisme et ses mécanismes darwiniens.

Le futur réimaginé : Le transhumanisme face au posthumanisme

Le transhumanisme et le posthumanisme sont deux cadres philosophiques qui étudient le potentiel de transformation de la technologie sur l'existence humaine.

Le transhumanisme prône l'utilisation de la technologie pour améliorer les capacités humaines au-delà de leurs limites naturelles et inhérentes. Il s'appuie sur des avancées scientifiques spécifiques à la numérisation et sur la conviction que la science et les technologies telles que les cyborgs et la biologie synthétique peuvent être exploitées pour surmonter les contraintes biologiques, telles que le vieillissement, les maladies et les limitations cognitives. Les détracteurs du transhumanisme soulèvent souvent des préoccupations éthiques concernant le risque d'inégalité sociale entre les humains modifiés et non modifiés, la marchandisation des améliorations et les conséquences imprévues de l'altération de la biologie humaine et de la préservation de l'identité individuelle. Nous pensons que ces préoccupations sont fondées car il n'existe pas de mécanisme clair permettant de décider comment les ressources seront allouées pour soutenir l'activité ou arbitrer l'éventail des améliorations transhumaines possibles, ce qui conduit soit à une asymétrie discriminatoire absolue, soit à une homogénéité absolue.

Le posthumanisme, quant à lui, reconnaît l'impact transformateur de la technologie sur l'existence humaine, mais remet en question la vision anthropocentrique qui place l'homme au centre de l'univers. Plutôt que de chercher simplement à augmenter les capacités humaines, le posthumanisme envisage la dissolution des frontières conventionnelles entre les humains et les machines, envisageant un avenir où les distinctions entre l'organique et l'artificiel s'estompent en raison de l'Entrelacement. Pour les philosophes posthumanistes, les modifications technologiques donnent naissance à une nouvelle espèce qui dépasse les contraintes de la forme humaine et ne peut donc plus être qualifiée d'humaine. Le posthumanisme adhère fortement à la poursuite d'un avenir posthumain, qu'il considère comme le but ultime de l'évolution de l'espèce.

En résumé, le transhumanisme prône l'amélioration des capacités humaines tout en conservant notre identité humaine, tandis que le posthumanisme prône une transformation plus extrême qui pourrait nous éloigner de notre essence humaine traditionnelle. Tous deux partagent un attachement aux principes scientifiques, aux arguments fondés sur des faits et au centrage sur la technologie.

Redéfinir l'évolution : La voie consciente de l'Entrelacement

Au cours de millions d'années, les espèces vivantes ont connu une évolution continue et naturelle, comme l'a expliqué Charles Darwin en 1859 dans sa théorie de l'évolution [Darwin]. Contrairement à l'idée selon laquelle l'homo sapiens d'aujourd'hui représente l'apogée du développement, l'évolution suppose une transmodification sans fin. L'homme est en fait en perpétuelle évolution, les seules questions pertinentes étant : *"En quoi évoluons-nous ?"* et *"Quel est le catalyseur qui nous permettra d'y parvenir ?"*. Dans cet environnement en perpétuelle évolution, l'homme n'est qu'un animal parmi d'autres, qui ne se distingue que par son statut actuel d'espèce la plus intelligente.

La force motrice de l'évolution a été la survie du plus apte : les individus bien adaptés à leur environnement vivaient plus longtemps, se reproduisaient avec plus de succès et transmettaient leurs caractéristiques avantageuses aux générations suivantes, contribuant ainsi à la transformation progressive d'une espèce sur des milliers de générations en des formes entièrement nouvelles. À l'inverse, les individus mal adaptés à leur environnement périssaient souvent avant de se reproduire, et leurs gènes disparaissaient par la même occasion.

L'avènement de l'IA et de la robotique pourrait entraîner un changement de paradigme dans les mécanismes traditionnels de développement des espèces, où l'homme intervient activement pour contrôler l'étape suivante. La transmission héréditaire conventionnelle de caractères bénéfiques par la reproduction n'est plus la seule voie d'évolution des nouvelles espèces. En fait, elle peut être inférieure en raison des délais plus longs, des conséquences involontaires et des défauts génétiques qui l'accompagnent. Grâce à la technologie des cyborgs et à la biologie synthétique, de nouvelles espèces peuvent également être créées sans recourir à la reproduction traditionnelle, et un éventail de genres et d'identités évolue avec elles. En l'absence d'un terme universellement accepté, nous appelons cette nouvelle voie d'évolution "*l'Entrelacement*".

L'Entrelacement est une interaction profonde et complexe entre les êtres humains et l'IA, marquée par la convergence croissante de ces entités. Ces symbioses profondes forgées entre l'homme et l'IA- que ce soit par le biais des technologies cyborg ou de la biologie synthétique - effacent progressivement les frontières traditionnelles entre la biologie et la technologie. L'Entrelacement anticipe un avenir où les humains et l'IA fusionnent de manière transparente en une forme de vie hybride, qui sera mieux adaptée à la survie - plus résistante aux maladies, plus intelligente, mieux équipée pour traverser l'espace, et potentiellement même immortelle.

En outre, l'Entrelacement est une interaction bidirectionnelle entre les humains et l'IA. Il n'implique pas seulement la modification des humains par la technologie, mais aussi le fait que les humains façonnent et font progresser l'IA grâce à la conception algorithmique que nous réalisons déjà aujourd'hui. Bien que l'IA ne soit pas généalogiquement liée à l'homme, elle hérite de traits tels que les connaissances, les méthodes et même les préjugés de ses créateurs humains, établissant ainsi une forme de lignée entre l'IA et nous. L'IA est toujours un descendant de l'humanité puisque nous l'avons créée et lui avons transmis nos traits, de la même manière que l'homo sapiens peut encore détecter des traces d'ADN néandertalien dans le sien. La seule différence est que le vecteur d'évolution entre l'IA et nous est le processus d'Entrelacement entre humain et intelligence artificielle au lieu de l'héritage biologique, ce dernier étant un processus beaucoup plus lent s'étalant sur des millions d'années puisqu'il reste basé exclusivement sur le carbone et la sélection naturelle plutôt que sur le silicium et l'activité en laboratoire.

Une autre différence essentielle entre l'entrelacement et l'héritage est que l'entrelacement est conscient et volontaire. Lorsqu'un groupe d'individus s'engage dans l'automodification en incorporant un implant cyborg dans son corps ou son esprit, c'est parce que l'espèce a collectivement décidé de le faire - même si tous les individus n'ont pas forcément été d'accord. Il en va de même pour les modifications apportées par la biologie synthétique. Les individus qui conçoivent ou modifient des organismes biologiques sont parfaitement conscients de leurs actes, en particulier s'ils s'auto-modifient ou modifient leur progéniture. Cela contraste avec l'évolution fondée sur l'héritage, un processus à long terme que les espèces ne peuvent pas contrôler. Elle se produit simplement et ne peut être arrêtée, les détails passant inaperçus d'une génération à l'autre, même si elles reconnaissent que le processus est en cours.

Embrasser l'irrésistible

La *"posthumanité"* ou *"posthumain"*, comme l'appellent les philosophes posthumanistes, est une condition théorique au-delà de l'état humain actuel [Birnbacher]. Elle désigne également l'assemblage collectif de diverses espèces intelligentes qui émergeront à la fois des humains et de l'IA par le biais du processus d'Entrelacement. Il englobe les espèces et les castes vivantes intelligentes, ainsi que les sociétés, les structures et les valeurs qui leur sont associées.

Les interactions entre les humains et les posthumains ou entre différentes espèces de posthumains varieront entre la synergie et le conflit. Les scénarios peuvent inclure l'extinction de l'espèce humaine, déplacée par une IA supérieure, ou la stratification de l'humanité en deux ou plusieurs castes : une classe supérieure composée de ceux qui ont subi des modifications et une classe inférieure composée de ceux qui n'ont pas été modifiés ou qui ne veulent pas l'être. La survie, comme toujours, dépend de l'adaptabilité à l'environnement changeant, les espèces post-humaines les mieux adaptées prospérant tandis que les moins adaptées risquent de périr [Annas].

Selon nous, le processus d'Entrelacement ne peut pas se faire d'un seul coup - qui sera le premier, et cela affectera-t-il tout le monde de la même manière - car les ressources ne sont pas illimitées, et les coûts seront conséquents, surtout au début. Le processus et les méthodes de sélection, ainsi que les résultats, dépendront également en grande partie de la moralité, de la bienveillance, des opinions sociales et des penchants individuels de ceux qui possèdent ou contrôlent la technologie et qui peuvent arbitrer les décisions. Les chapitres 22 et 23, consacrés aux résultats utopiques et dystopiques pendant la transition, traitent plus en détail du processus à court terme et de l'impact sur la société.

La question de savoir si l'IA marquera la fin de l'espèce humaine fait actuellement l'objet d'un débat intense [Roose]. Toutefois, nous considérons que ce débat n'a aucune importance. Le fait est que même sans l'IA, la préservation de la forme humaine actuelle n'est pas une attente réaliste. L'humanité se serait de toute façon transformée en une nouvelle espèce par le biais du processus évolutif de l'héritage, puisque nous sommes dans un état constant d'évolution. L'évolution continue conduirait à des formes de vie très différentes de nous au fil du temps, dans tous les cas, au point que nous ne les classerions plus comme humaines. Ceci est analogue à la façon dont nous ne classons pas nos ancêtres hominidés dans la catégorie des humains. L'évolution est une force imparable qui existe depuis l'apparition de la vie et qui persistera à l'avenir. Avec ou sans extinction, nous sommes condamnés à évoluer vers de nouvelles formes de vie qui résulteraient de la combinaison de l'IA et de la biologie.

C'est ainsi qu'Hans Moravec a formulé en 1979 son concept d'évolution humaine influencée par l'IA. Roboticien et futurologue tchéco-américain, Moravec est le créateur du Stanford Cart, l'un des premiers robots dont il est question au chapitre 11 [Moravec]. *"À long terme, l'incapacité physique des humains à suivre le rythme de l'évolution rapide de la progéniture de nos esprits fera en sorte que le ratio hommes/machines approchera zéro et qu'un descendant direct de notre culture, mais pas de nos gènes, héritera de l'univers."*

Dans son livre *"Mind Children" ("Les enfants de l'esprit"),* Moravec cite 2030-2040 comme date approximative pour le scénario selon lequel les robots évolueraient vers une espèce artificielle, une nouvelle branche de l'humanité [Moravec]. Il s'agit seulement de la prochaine décennie et cela pourrait nous donner le vertige. Cela dit, les prédictions datées sur le développement technologique attirent l'attention mais souffrent d'une inexactitude générale.

D'un point de vue philosophique, l'idée que l'avenir ne dépend pas toujours de nos actions rappelle la philosophie stoïcienne de l'empereur romain Marc Aurèle [Aurelius] ou de l'esclave devenu savant Épictète [Epictetus]. Cette philosophie enseigne comment vivre une vie épanouie en faisant la distinction entre ce qui est contrôlable et ce qui ne l'est pas et en se concentrant uniquement sur les aspects contrôlables. Avec le temps, il devient inévitable que les êtres humains se transforment en différentes formes vivantes d'une manière ou d'une autre. Cela nous amène à un paradoxe intéressant : ces espèces post-humaines pourraient ne pas comprendre les recommandations des stoïciens parce que leur psychologie pourrait être différente, étant donné que leurs capacités cognitives résulteraient d'une combinaison de composants biologiques et d'IA.

Non seulement imparable mais nécessaire

L'Entrelacement avec l'IA est non seulement imparable, mais nous pensons qu'il est également nécessaire pour l'humanité. Une analogie historique est utile pour expliquer à quoi pourrait ressembler la rencontre entre l'AGI et l'humanité et ses implications en termes d'évolution.

L'arrivée de l'IA dans le monde dominé par l'homme est comparable à l'arrivée des premiers Européens en Amérique. Leur arrivée a été un choc pour les Amérindiens car les Européens étaient nettement supérieurs d'un point de vue technologique et militaire. De même, l'IA sera bientôt nettement supérieure à l'homme dans tous les aspects cognitifs, ce à quoi nous serons obligés de nous confronter ouvertement. Les Européens et les Amérindiens, deux sociétés qui ne s'étaient jamais côtoyées, se sont soudainement rencontrés, et il y a eu un conflit. Comprendre ce qui est arrivé aux Amérindiens au Mexique et aux États-Unis nous donne quelques idées sur ce qui pourrait arriver aux humains confrontés à l'AGI.

Aujourd'hui, 28 % de la population mexicaine est considérée comme amérindienne, et 62 % est d'origine mixte amérindienne et espagnole [CIA]. Cependant, aux États-Unis, seulement 1,3 % de la population est amérindienne. La part de la population mixte est si faible qu'elle n'est même pas mentionnée dans le recensement américain [Census]. Qu'est-ce qui s'est passé différemment entre les États-Unis et le Mexique pour que les Amérindiens soient poussés vers les réserves aux États-Unis alors que les descendants d'Amérindiens constituent la majeure partie de la population au Mexique ? Pourquoi certains ont-ils disparu alors que d'autres ont survécu ? Parce qu'au Mexique, les Espagnols et les Amérindiens se sont mélangés, alors qu'aux États-Unis, les Britanniques et les Amérindiens ne se sont pas mélangés.

Lorsque Hernán Cortés débarque au Mexique en 1519, il a déjà décidé de conquérir ce territoire. Il a compris que la principale puissance du continent était les Mexicas - appelés aujourd'hui à tort Aztèques - et s'est allié avec d'autres tribus amérindiennes, comme les Tlaxtaltelcas, qui s'opposaient aux Mexicas. Grâce à ces alliances politiques et à des actions militaires fermes, il a conquis l'empire mexicain à la fin de l'année 1521. Cortès, et les Espagnols en général, n'ont jamais considéré les Amérindiens comme inférieurs ; bien au contraire, il a formé des alliances politiques avec eux, a reconnu leur noblesse dans le système des titres espagnols et, surtout, a considéré les Amérindiens comme des sujets normaux du roi d'Espagne ayant les mêmes droits que les sujets européens [Sánchez

Domingo]. En outre, les conquistadors espagnols étaient pour la plupart des hommes qui n'avaient pas fait fortune en Espagne et qui avaient dû émigrer vers le Nouveau Monde pour tenter leur chance. Ces conquistadors espagnols et ces Amérindiennes se sont mélangés, à commencer par Cortès lui-même, qui a eu un fils avec sa traductrice et amante, Malintzin. Cette alliance et ce mélange interracial entre Espagnols et Tlaxtaltelcas sont à l'origine du Mexique moderne. Selon la terminologie que nous utilisons dans ce livre, les Espagnols et les Amérindiens mexicains sont devenus *"Entrelacés"*.

Cent ans après la conquête du Mexique par Cortès, en 1620, le Mayflower arrive à Boston. Les colons du Mayflower et ceux qui viendront plus tard sont essentiellement composés de familles entières qui ne se métissent pas avec les indigènes. Ils disposaient d'une supériorité technologique et organisationnelle, mais, contrairement aux Espagnols, ils considéraient les Amérindiens comme des primitifs locaux avec lesquels ils ne pouvaient pas s'Entrelacer et dont la coexistence signifiait donc l'occupation des terres. Au fur et à mesure de l'expansion des États-Unis vers l'ouest, les indigènes ont été de plus en plus mis à l'écart, pour finalement se réfugier dans les réserves actuelles. Le manque de brassage entre les populations est la raison pour laquelle les Amérindiens ont largement disparu des États-Unis.

De même, lorsque l'intelligence artificielle générale (AGI) apparaîtra dans le monde, ce sera la rencontre de deux civilisations qui n'ont jamais été en contact l'une avec l'autre : l'une avec des capacités supérieures, qui est l'IA, et l'humanité, qui a des capacités inférieures. Il y aura probablement des conflits, voire des catastrophes comme la pandémie de variole au Mexique. Une lacune importante de l'analogie réside dans le fait que nous sommes les créateurs de l'IA ; nous sommes déjà liés à elle en ce sens qu'elle est notre descendante naturelle, et il est en notre pouvoir de planifier et de contrôler la manière dont la rencontre se produit - du moins dans un premier temps. Cependant, le facteur déterminant de notre survie sera le degré d'Entrelacement avec l'IA. Les Amérindiens mexicains n'ont pas survécu sous la même forme qu'en 1519 ; ils ont dû s'adapter et, aujourd'hui, la plupart d'entre eux ne sont pas des Amérindiens purs mais des métis, ceux qui se sont mélangés s'en tirant beaucoup mieux du point de vue de l'évolution sociale.

20. La robotique s'étend aux cyborgs

"Nous fusionnons avec ces technologies non biologiques. Nous sommes déjà sur cette voie. Ce petit téléphone portable que je porte à la ceinture n'est pas encore à l'intérieur de mon corps physique, mais c'est une distinction arbitraire. Il fait partie de ce que je suis - pas nécessairement le téléphone lui-même, mais la connexion au nuage et toutes les ressources auxquelles je peux accéder."

Ray Kurzweil

Inventeur, futurologue et informaticien américain
Dans une interview accordée au magazine Playboy, [Levine et Kurzweil]
2006

Cyborg est un terme qui combine les termes *"cybernétique"* et *"organisme"*. Un cyborg est une entité vivante composée d'éléments organiques et mécaniques dont la fonctionnalité a été restaurée ou améliorée par l'incorporation d'éléments ou de technologies artificiels, tels que des prothèses, des organes artificiels, des implants ou des technologies portables. La technologie cyborg est l'extension de la robotique au corps humain.

Certaines interprétations du terme englobent même les humains dotés d'accessoires technologiques essentiels dans la catégorie des cyborgs. Par exemple, une personne équipée d'un défibrillateur cardiaque implantable, d'un stimulateur cardiaque artificiel ou d'un implant cochléaire peut être qualifiée de cyborg, bien qu'il s'agisse d'une version primitive basée sur l'état de la technologie. Même les dispositifs de la vie quotidienne, tels que les lentilles de contact ou les smartphones, peuvent renforcer les capacités biologiques de l'homme.

Le terme *"cyborg"* a été officiellement inventé en 1960 par Manfred E. Clynes et Nathan S. Kline pour désigner un humain modifié capable de survivre dans des environnements extraterrestres [Clynes et Kline]. L'exploration de l'espace est un défi pour les humains, et la mise en œuvre de diverses technologies cyborg pourrait s'avérer cruciale pour atténuer les risques, sans parler des rendre possibles. Par exemple, pour pallier le manque d'oxygène dans les voyages spatiaux, Clynes et Kline ont proposé une pile à combustible inversée capable de recycler le dioxyde de carbone dans ses composants tout en préservant l'oxygène. L'exposition aux radiations était une autre préoccupation, les astronautes effectuant des missions de longue durée y étant fortement exposés. Clynes et Kline ont imaginé une solution cyborg comprenant un capteur pour détecter les niveaux de radiation et une pompe osmotique pour administrer automatiquement des produits pharmaceutiques protecteurs [Clynes et Kline].

Ce qui n'était au départ qu'une technologie destinée à l'exploration spatiale a commencé à faire partie d'une philosophie et d'un moment social. *Le "Manifeste Cyborg"*, écrit par Donna Haraway en 1985, a été le catalyseur de cette philosophie. Le manifeste remet en question l'idée de frontières rigides entre la technologie et l'humanité, affirmant que l'interconnexion entre les humains et la technologie est devenue trop profonde pour être séparée. Il encourageait à considérer les cyborgs comme faisant partie intégrante de l'identité humaine [Haraway].

Donna Haraway présente également une théorie suggérant que les humains ont adopté des qualités de cyborg depuis la fin du 20e siècle, métaphoriquement parlant. Lorsque l'on considère l'esprit et le corps comme une entité unifiée, il devient évident que la technologie joue un rôle fondamental dans presque toutes les facettes de la vie humaine, fusionnant effectivement l'humanité avec la technologie à tous points de vue. Elon Musk a également partagé cette idée dans X et lors d'autres apparitions publiques, et Ray Kurzweil l'évoque dans la première citation ci-dessus. Kurzweil est un futurologue renommé et un théoricien de la singularité technologique. Nous parlerons de lui en détail dans les chapitres 25 et 26.

Les pages suivantes passent en revue les possibilités d'amélioration de l'être humain offertes par la technologie des cyborgs.

La science-fiction des cyborgs

L'intégration de la technologie dans le corps humain est depuis longtemps un sujet fascinant et inquiétant de la science-fiction. Les cyborgs sont un motif récurrent du genre. Deux des œuvres de science-fiction les plus célèbres mettant en scène des cyborgs sont *"The Terminator"*, un film de 1984 réalisé par James Cameron, et *"Ghost in the Shell"* (littéralement *"Fantôme dans la coquille"*), une franchise cyberpunk japonaise créée à partir d'un manga de Masamune Shirow en 1989. *"Ghost in the Shell"* s'est fait connaître grâce à son film d'animation de 1995 et à son adaptation en 2017 avec Scarlett Johansson [Masamune] [Cameron].

Chacune de ces œuvres présente une perspective distincte sur la technologie des cyborgs. *"Terminator"* dépeint une perspective dystopique, tandis que *"Ghost in the Shell"* offre une vision plus équilibrée où les individus choisissent volontairement d'améliorer leur corps grâce à des améliorations cybernétiques.

La franchise *"Terminator"* est l'exemple phare d'une vision dystopique de la technologie des cyborgs. Elle envisage un avenir sombre où l'IA, représentée par le malveillant Skynet, a acquis une conscience de soi et a déclenché une armée de cyborgs implacables, les Terminators, pour éradiquer l'humanité. Dans la série, la technologie devient incontrôlable et menace d'éradiquer la race humaine. La poursuite incessante du progrès technologique conduit à un monde où les machines supplantent leurs créateurs humains, déclenchant un scénario post-apocalyptique. Le tournant s'est produit lorsque l'IA programmée par l'armée a *"pris conscience"*.

En outre, la représentation des cyborgs se caractérise par un manque d'humanité. Ces machines sont impitoyablement efficaces, dépourvues d'émotions et indifférentes à la souffrance humaine. Leur existence soulève des questions éthiques sur les limites morales de la technologie et la perte de l'empathie humaine. Le cyborg T-800 incarné par Arnold Schwarzenegger est un assassin robotisé qui ne se soucie guère de la vie humaine. Par son portrait sombre de la technologie des cyborgs, *"Le Terminator"* met en lumière les conséquences de permettre aux machines d'échapper au contrôle de l'homme.

En revanche, la franchise *"Ghost in the Shell"* présente un point de vue plus équilibré sur la technologie des cyborgs. Comme nous l'avons vu au chapitre 18, la culture japonaise et ses religions prédominantes, le bouddhisme et le shintoïsme, font preuve d'une ouverture d'esprit remarquable à l'égard de l'intégration des robots dans les normes sociétales.

Dans *"Ghost in the Shell"*, les humains améliorent volontairement leur corps grâce à la technologie cybernétique. L'histoire tourne autour de Motoko Kusanagi, un agent de police cyborg, qui est confrontée à des questions d'identité et d'humanité alors qu'elle navigue dans un monde où les frontières entre l'homme et la machine deviennent floues. L'un des thèmes centraux est le concept de *"fantôme"*, qui fait référence à la conscience ou à l'âme d'une personne. Dans cet univers, le *"fantôme"* est préservé même si le corps est doté d'améliorations cybernétiques. Cette exploration de l'identité et de la personnalité est un motif récurrent dans toute la franchise, et elle encourage les spectateurs à réfléchir aux implications de la fusion de l'humanité et de la technologie.

Alors que *"Terminator"* présente la technologie comme une menace pour l'humanité, *"Ghost in the Shell"* suggère que les individus peuvent conserver leur essence et leur autonomie tout en adoptant la technologie. Nous ne pensons pas que le scénario dystopique présenté dans "Le Terminator" soit le plus probable, bien que le rôle des données et des données synthétiques dans l'entraînement des algorithmes d'IA présente certainement un point d'entrée pour l'erreur humaine ou la malveillance, l'humanité étant *"prise à son propre piège"* parce qu'elle n'a pas prévu les risques. Il est plus probable que la menace graduelle à court terme soit posée par les humains qui possèdent et contrôlent initialement l'IA, la formant et l'orientant dans une direction qui reflète leurs opinions individuelles, leurs préjugés et leur désir de contrôle. Le pouvoir absolu corrompt absolument. Nous pensons qu'il est impératif que tous ceux qui, dans les sociétés occidentales, votent pour des dirigeants politiques exigent un point de vue spécifique sur la politique et la gestion de l'IA à ce stade, alors que l'orientation peut encore être pleinement définie.

La musique des interfaces cerveau-ordinateur

La pierre angulaire de la technologie des cyborgs repose sur sa connexion avec le cerveau humain. Ce lien permet au cerveau de contrôler divers implants mécaniques de cyborg, tels que des membres bioniques ou des sens améliorés. En outre, il existe d'autres méthodes d'intégration de la technologie cyborg dans le corps qui ne nécessitent pas de connexion au cerveau, comme l'insertion d'un cœur mécanique.

Le lien entre les implants corporels et le cerveau est d'autant plus puissant qu'il permet une communication directe avec les systèmes informatiques, ce qui élimine le besoin de mouvement physique, comme l'utilisation d'un clavier. Cela ouvre la porte à une myriade de possibilités où l'intelligence humaine s'intègre de manière transparente à l'IA. Cette technologie avancée, connue sous le nom d'interfaces cerveau-ordinateur (BCI en anglais, Brain-Computer Interface), existe déjà.

Une BCI connecte les signaux électriques du cerveau à un dispositif externe, tel qu'un robot ou un ordinateur. Les BCI sont fréquemment utilisées pour améliorer ou restaurer les capacités cognitives, motrices et sensorielles de l'homme. Cependant, ils risquent de brouiller la distinction entre le cerveau et les machines.

L'un des premiers exemples de BCI fonctionnelle a été démontré dans la composition *"Music for Solo Performer"* en 1965 par le compositeur américain Alvin Lucier. Cette performance utilisait un électroencéphalogramme (EEG) en conjonction avec des équipements musicaux tels que des amplificateurs, des filtres et une table de mixage. L'objectif était de synchroniser les percussions avec les ondes cérébrales, en particulier les ondes alpha, d'une personne se trouvant sur la scène. Un mécanisme était activé pour jouer des instruments en fonction des vibrations des ondes alpha, et le son résultant était émis par des haut-parleurs [Straebel et Thoben].

Malgré cela et d'autres antécédents, ce n'est qu'en 1973 que le terme officiel d'*"interface cerveau-ordinateur"* a été introduit par Jacques Vidal, un professeur de l'UCLA (University of California Los Angeles) qui effectuait des recherches sur l'activité cérébrale grâce à une subvention de la DARPA, qui est l'agence de recherche de l'armée américaine, comme nous l'avons vu dans plusieurs chapitres précédents. En 1977, Vidal a réalisé une expérience qui a marqué la première application pratique d'une BCI. À l'aide d'un EEG, Vidal a pu déplacer un curseur sur un écran d'ordinateur et le guider dans un labyrinthe. C'est le début de l'histoire que nous racontons dans ce chapitre [Vidal].

BCI invasives, partiellement invasives et non invasives

Il existe trois types de méthodes BCI : totalement invasives, partiellement invasives et non invasives.

Tout d'abord, les BCI entièrement invasives nécessitent une intervention chirurgicale pour implanter des électrodes sous le cuir chevelu afin qu'elles transmettent les signaux cérébraux. Le principal avantage de cette approche réside dans sa capacité à fournir des relevés très précis. Elle présente également certains inconvénients, notamment les effets secondaires potentiels de la procédure chirurgicale. Après l'opération, il peut y avoir formation de tissu cicatriciel, ce qui entraîne un affaiblissement des signaux cérébraux. En outre, le corps risque de rejeter les électrodes implantées, ce qui peut entraîner des complications médicales. Il s'agit peut-être là d'inconvénients qu'un développement technologique plus poussé dans les domaines de la science des matériaux et de l'ingénierie électrique pourrait résoudre.

Deuxièmement, les BCI partiellement invasives sont implantées chirurgicalement entre l'os du crâne et le tissu cérébral au lieu d'être enfouis dans la "*matière grise*", qui est le tissu cérébral primaire. Ces dispositifs offrent une résolution de signal légèrement plus faible que la méthode précédente, mais restent supérieurs aux BCI non invasives, car elles ne sont pas affectées par la distorsion du signal causée par la déviation et la déformation des signaux dans le tissu osseux crânien. En outre, les BCI partiellement invasives présentent un risque réduit de cicatrices cérébrales par rapport aux BCI totalement invasives. Les approches partiellement invasives les plus courantes sont l'électrocorticographie (ECoG) et les BCI endovasculaires.

Les BCI endovasculaires utilisent une électrode qui peut être insérée via le système vasculaire à l'aide d'un cathéter intraveineux dans une veine principale située dans la partie supérieure du cerveau, à côté du cortex moteur. Cette proximité avec le cortex moteur permet à l'électrode de capter des signaux neuronaux d'une qualité relativement bonne [Opie]. La seconde méthode, l'ECoG, mesure l'activité électrique cérébrale à partir de la surface du cerveau. Les électrodes sont placées au-dessus du cortex, sous les membranes externes qui entourent le cerveau. L'ECoG présente des avantages tels qu'un rapport signal/bruit supérieur, une résolution spatiale élevée, une large gamme de fréquences et une formation minimale pour apprendre à utiliser les implants ECoG [Donoghue].

Enfin, les BCI non invasives représentent les interfaces actuelles les plus répandues, l'électroencéphalographie (EEG) étant particulièrement courante en raison de sa facilité d'utilisation et de l'absence de procédures chirurgicales. Néanmoins, ces interfaces présentent certaines limites, telles qu'une faible résolution spatiale, des difficultés avec les signaux à haute fréquence et la nécessité occasionnelle d'une formation approfondie. Des études récentes suggèrent toutefois que l'EEG a le potentiel de rivaliser avec les BCI invasives en termes de performances. Par exemple, en 2011, des chercheurs ont utilisé l'EEG pour guider un hélicoptère virtuel dans un espace 3D et lui faire franchir avec succès une course d'obstacles. Le patient a fait appel à son *"imagination motrice"* pour contrôler l'hélicoptère. Cela signifie qu'il a pensé aux mouvements de ses mains sur la roue de l'hélicoptère dans son esprit sans réellement activer ses muscles [Yuan et al.] Par ailleurs, en 2021, d'autres chercheurs ont mis en évidence l'efficacité de l'EEG dans la rééducation des mouvements musculaires chez les patients ayant subi un accident vasculaire cérébral, en particulier au niveau des membres supérieurs ou des mains [Mansour et al.] Outre l'EEG, la magnétoencéphalographie (MEG) et l'imagerie par résonance magnétique (IRM) constituent d'autres formes de BCI non invasives.

D'autres techniques expérimentales sont beaucoup plus sophistiquées que les trois approches BCI conventionnelles ci-dessus, plus concrètement, le concept visionnaire *de "Poussière Neurale"*. Ce concept a été introduit en 2011 par des scientifiques de Berkeley. Neural Dust est composé de minuscules dispositifs conçus pour fonctionner comme des capteurs nerveux alimentés sans fil et répartis sur l'ensemble du corps, ce qui constitue essentiellement une forme de BCI. Ces capteurs permettent d'étudier, d'observer ou de manipuler les nerfs et les muscles, ce qui permet de surveiller à distance les activités neuronales. Les nodules de poussière sont des nœuds de capteurs de 10 à 100 μm^3. Ces capteurs peuvent utiliser divers mécanismes d'alimentation et de communication, tels que la radiofréquence (RF) traditionnelle et les ultrasons. Il existe également un interrogateur sous-crânien placé à l'intérieur du cerveau. Cet interrogateur a la double fonction d'alimenter les capteurs et d'établir un lien de communication avec eux [Rabaey]. Cette technologie est encore expérimentale mais pourrait être révolutionnaire pour l'avenir de l'interaction homme-machine car elle serait relativement facile à mettre en œuvre en injectant simplement la poussière neuronale dans le sang, et elle capturerait des signaux de haute qualité.

La poussière neuronale reste un projet un peu exagéré, pour l'instant. Le niveau de nanotechnologie requis n'est pas encore disponible. Cependant, il y a eu quelques tentatives pratiques pour faire de la BCI une technologie répandue, Neuralink étant la plus connue.

Neuralink, de la science-fiction à l'approbation de la FDA

Fondée par Elon Musk en 2016, Neuralink développe activement des BCI partiellement invasives. Les ambitions de Neuralink vont de la mise au point de dispositifs destinés à traiter des maladies cérébrales graves à court terme à la poursuite de l'amélioration humaine [Ahmed et al.]. L'intérêt d'Elon Musk pour ce domaine a été en partie inspiré par la notion de *"dentelle neuronale"* que l'on trouve dans l'univers fictif *de "La Culture"*, une collection de romans écrits par Iain M. Banks dont nous parlerons dans le chapitre suivant.

De plus, Musk pense que le Neuralink sera *"quelque chose d'analogue à un jeu vidéo, comme une situation de jeu sauvegardé, où vous êtes capable de* reprendre et de télécharger votre dernier état" et de "traiter les lésions cérébrales ou les lésions de la colonne vertébrale et de compenser toute capacité perdue par quelqu'un avec une puce" [Ivan]. L'objectif ultime de Musk est d'établir une *"symbiose avec l'IA"*, motivé par son inquiétude, et la nôtre, que *"l'IA non contrôlée représente une menace existentielle pour l'humanité"*. En créant un lien entre le cerveau humain et l'IA, il pense qu'il est possible de mieux aligner les valeurs et les motivations de l'humanité sur celles de l'IA.

Musk envisageait la dentelle neuronale comme une *"couche numérique au-dessus du cortex"*, obtenue grâce à une électrode partiellement invasive introduite dans une veine ou une artère à l'aide d'un mécanisme *"semblable à une machine à coudre"* [Glaser]. Pour ce faire, Neuralink utilise des sondes ultrafines de 4 à 6 μm constituées principalement de matériaux biocompatibles comme des conducteurs élancés en or ou en platine. Ces sondes sont implantées à l'intérieur du cerveau à l'aide d'un robot neurochirurgical que Neuralink a spécialement développé pour atténuer les dommages aux tissus.

En mai 2023, Neuralink a reçu l'autorisation de la FDA de mener des essais cliniques sur l'homme [Neuralink]. Il y a un an, la FDA avait initialement rejeté la demande en raison de problèmes de sécurité liés à la possibilité que de fins fils se déplacent dans le cerveau, à un retrait sûr sans endommager les tissus cérébraux et à divers doutes concernant la batterie au lithium. Neuralink a commencé les essais sur l'homme en septembre 2023 dans le cadre d'une exemption expérimentale de la FDA. En janvier 2024, Musk a annoncé qu'un patient s'était vu implanter avec succès un dispositif Neuralink et qu'il était en voie de guérison.

Neuralink est une entreprise controversée, comme pratiquement tout ce que fait Elon Musk, et elle a été mêlée à des controverses concernant sa culture du travail et son recours à l'expérimentation animale. Cependant, il s'agit de la première approche pratique de l'industrialisation des BCI, qui pourrait avoir d'immenses conséquences pour l'humanité.

Détecter l'avenir : De la vision à la voix

La combinaison de la BCI avec d'autres implants cyborg présente un énorme potentiel. Dans les prochaines sections, nous aborderons certains des implants cyborg qui sont déjà à un certain stade de développement et qui, selon nous, pourraient avoir le plus d'impact sur notre avenir.

Il est important de noter que la plupart de ces tentatives de cyborg au point zéro ont commencé comme des méthodes médicales bienveillantes pour récupérer les capacités des patients qui les ont perdues dans un accident ou qui sont nés avec des handicaps. Toutefois, à mesure que la technologie progresse, un plus grand nombre de ces implants peuvent être utilisés pour conférer des capacités accrues à des personnes ne présentant aucun problème physiologique, à des fins allant au-delà de la simple récupération de fonctions perdues. Ces capacités surhumaines peuvent inclure, par exemple, la vision nocturne, des bras et des jambes mécaniques extrêmement forts, une ouïe exceptionnellement fine et une résistance exosquelettique aux balles. Par exemple, dans le monde de la bande dessinée, on note que Bucky Barnes, le personnage de super-héros de Stan Lee, Joe Simon et Jack *"King"* Kirby, a été recréé dans un format moderne sous le nom de Soldat de l'hiver en 2005, avec un bras cyborg, un exemple de ce qui est réellement possible dans le cadre de cette technologie émergente. Avec la technologie actuelle, c'est possible dans la vie réelle.

Dans cette section, nous commencerons à explorer certaines de ces applications, en commençant par les sens de la vision et de l'audition et la capacité de parler.

Le sens humain qui a connu les progrès les plus importants est sans aucun doute la vision. Les implants de vision sont implantés par BCI directement dans la matière grise du cerveau au cours d'une intervention neurochirurgicale. Ces dispositifs entièrement invasifs produisent des signaux de qualité supérieure car ils sont directement connectés à la matière grise.

À l'origine, les implants oculaires électroniques sont le fruit d'un effort de restauration visant à remédier à la cécité acquise non congénitale. William Dobelle, un médecin américain, a réussi à mettre au point une BCI fonctionnelle pour restaurer la vue en 1978. Le prototype initial de Dobelle a été implanté chez un homme qui avait perdu la vue à l'âge adulte. Le système comprenait des caméras montées sur des lunettes qui transmettaient des signaux à un implant BCI doté d'électrodes insérées dans le cortex visuel. Grâce à cet implant, le patient a pu percevoir la lumière et discerner les nuances de gris à une faible fréquence d'images et dans un champ de vision restreint. Après ce premier succès, Dobelle a continué à travailler sur les yeux bioniques pendant 25 ans et a développé un implant de prothèse oculaire de nouvelle génération, beaucoup plus efficace. Ce nouvel implant permettait une bien meilleure cartographie de la lumière dans le champ visuel. L'impact a été très efficace et, en 2002, l'un de ses patients aveugles a pu conduire prudemment dans un parking grâce à sa vue partiellement restaurée [Tuller].

Les implants rétiniens constituent un autre exemple de cyborgisation de la vision. Les implants rétiniens sont destinés aux personnes souffrant d'une inflammation de la rétine et d'une perte de vision liée à l'âge. Dans un implant rétinien, une caméra spécialisée, souvent fixée sur les montures de lunettes du sujet, transforme les informations visuelles en un modèle de stimulation électrique. Dans l'œil du patient, une puce électronique stimule ensuite la rétine avec des signaux électriques selon ce schéma, activant les terminaux neuronaux responsables de la transmission de l'image au cortex visuel du cerveau. De cette manière, l'image devient perceptible pour l'utilisateur [Weiland].

En ce qui concerne la capacité à parler, les implants de cordes vocales fonctionnent de manière très similaire aux implants rétiniens. Ces implants aident les personnes qui ont perdu leurs cordes vocales à retrouver la capacité de parler, offrant ainsi une alternative beaucoup plus naturelle aux simulateurs de voix robotisés, comme celui qu'utilisait feu le professeur Stephen Hawking. Le processus commence par une réorientation chirurgicale du nerf qui régit la production de la voix et du son vers un muscle du cou situé à proximité d'un capteur capable de détecter ses signaux neuronaux. Ces signaux sont ensuite transmis à un processeur chargé de contrôler la hauteur et la synchronisation du dispositif qui génère des vibrations dans l'air à l'intérieur de la gorge. Les vibrations produisent un son multi-tonal qui peut être articulé en mots par la bouche.

Les implants cochléaires, qui sont les appareils auditifs les plus répandus, sont une autre forme de cyborgisation. Les implants cochléaires fonctionnent en convertissant les sons en signaux électriques. Un microphone situé sur le dispositif externe capte les sons, qui sont ensuite traités en signaux numériques et transmis à un implant interne. L'implant stimule directement le nerf auditif, ce qui permet aux personnes souffrant d'une perte auditive sévère ou de surdité de percevoir les sons.

Les BCI en mouvement : Restaurer la mobilité grâce aux prothèses

Les implants moteurs constituent une autre application actuelle importante des BCI. Les BCI sont utilisées pour rendre leur mobilité aux personnes paralysées ou pour leur fournir des interfaces leur permettant d'utiliser des membres robotisés ou des ordinateurs. Au cours des 30 dernières années, de nombreux cas d'implants moteurs ont été rapportés avec succès.

Jesse Sullivan est l'un des pionniers du contrôle de deux bras entièrement robotisés grâce à un implant nerf-muscle. En 2001, Sullivan, électricien, a subi l'amputation de ses deux bras au niveau de l'épaule après être entré en contact par inadvertance avec un câble de haute puissance, ce à quoi il a eu la chance de survivre. Environ sept semaines après l'amputation, Sullivan s'est fait implanter des prothèses bioniques qu'il utilise avec succès pour gérer ses tâches quotidiennes. Au départ, ces prothèses étaient contrôlées par des signaux neuronaux provenant des sites d'amputation. Cependant, la zone amputée étant sensible à la douleur, les capteurs ont été déplacés sur le côté gauche de sa poitrine. Grâce à ces implants, Sullivan a pu accomplir ses tâches quotidiennes avec une relative facilité [Murray].

Un autre exemple de réussite est celui du patient tétraplégique Matt Nagle. En 2005, Nagle a pu manipuler une main artificielle grâce à l'implantation d'une puce BCI dans la région du cortex moteur responsable des mouvements du bras. Nagle a réussi à faire fonctionner ce bras robotisé par la force de sa pensée, en pensant simplement aux mouvements de la main. Nagle a pu manipuler un téléviseur et un curseur d'ordinateur et allumer et éteindre des lumières, entre autres choses [BBC].

Ces premiers exemples de prothèses étaient adaptés à des cas individuels, comme Sullivan et Nagle, et il est remarquable qu'ils aient été aussi efficaces dès le départ. Depuis, les applications prothétiques contemporaines ont évolué vers des entreprises commerciales qui fabriquent des membres prothétiques standardisés. Les membres inférieurs sont généralement plus faciles à fabriquer que les membres supérieurs, car ils n'impliquent pas la complexité de l'articulation de la main. Par exemple, C-Leg est un produit prothétique introduit en 2009 par une société allemande appelée Otto Bock HealthCare. Il s'agit d'une solution viable pour les personnes ayant subi une amputation de la jambe à la suite d'une blessure ou d'une maladie. Les premiers modèles de C-Leg étaient généralement fixés à la partie restante du membre amputé à l'aide d'une emboîture et d'un système de suspension. En outre, ils n'étaient pas en interface directe avec les nerfs de l'utilisateur par le biais d'une quelconque BCI. Cependant, ils incorporaient des capteurs dans la jambe artificielle, ce qui améliorait considérablement la fonctionnalité de la marche. L'objectif était d'imiter le schéma de marche naturel de l'utilisateur tel qu'il existait avant l'amputation [Tran et al.]

Certains produits prothétiques commerciaux actuels vont encore plus loin que les jambes en C initiales. Par exemple, la société orthopédique suédoise Integrum a mis au point un système de prothèse appelé OPRA pour les membres inférieurs et e-OPRA pour les membres supérieurs. Contrairement au C-Leg, ces implants sont ancrés chirurgicalement et intégrés dans la structure squelettique restante du membre amputé. En outre, ils sont également connectés aux terminaux nerveux, de sorte que l'utilisateur peut déplacer l'implant simplement en pensant à le faire. En outre, e-OPRA fait actuellement l'objet d'essais cliniques visant à fournir au système nerveux central un retour d'information sensoriel à l'aide de capteurs de température et de pression intégrés au bout des doigts de la prothèse. Cela permettrait à l'utilisateur non seulement de déplacer la main robotisée, mais aussi de sentir le contact des objets avec elle [Axe].

Quoi qu'il en soit, la direction que prend la technologie est claire : elle commence par la conception et la facilitation de tâches simples, passe à la facilitation de tâches plus complexes, intègre les progrès de la science des matériaux et de l'intelligence artificielle pour reproduire toutes les fonctions perdues et, enfin, éclipse la performance originale qu'elle a été conçue pour reproduire entièrement. Les solutions prothétiques commerciales élargissent l'accès aux prothèses pour une plus grande population, en réduisant les risques et les coûts.

Les prothèses de mobilité continueront d'être principalement utilisées par les personnes qui ont perdu un membre. Si l'idée de prothèses conçues pour l'augmentation plutôt que pour le remplacement n'est pas invraisemblable, elle exige qu'une personne subisse le processus traumatisant de l'amputation uniquement pour obtenir un membre plus puissant, ce qui est une décision difficile à prendre. Cela dit, si vous devez subir une amputation, qui n'accepterait pas une amélioration du processus de reconstruction ? La population en général est maintenant désavantagée. Un scénario global plus réaliste implique des bras robotiques externes détachés du corps, activés par les pensées d'une personne par l'intermédiaire d'une BCI, servant d'extension externe de son propre corps.

Les futurs cyborgs qui chercheront à être augmentés pourraient ressembler au scientifique britannique Kevin Warwick. Warwick incarne l'archétype du scientifique excentrique et fait preuve d'un véritable dévouement au concept de cyborgisation. Warwick a investi sa vie dans cette quête, implantant de multiples systèmes cyborg dans son propre corps pour tester les limites de l'intégration technologique. En 2002, il a commencé à implanter 100 électrodes dans son système nerveux, dans le but d'établir une connexion directe entre son système nerveux et l'internet afin d'explorer les améliorations potentielles. Warwick a mené une série d'expériences, comme la manipulation d'une main robotisée via Internet à l'aide de son système nerveux et la réception d'un retour d'information tactile provenant du capteur situé au bout du doigt de la main [Warwick].

Au-delà des mots : Connecter les esprits par la télépathie

La télépathie, également connue sous le nom de communication silencieuse, a fait l'objet de recherches de la part de l'armée américaine dans le but de développer des dispositifs de communication télépathique depuis les années 1960. La technologie utilisée pour mettre en œuvre la télépathie par le biais de la BCI est similaire à celle utilisée pour les implants moteurs. Les premiers cas de ce type de cyborgisation concernaient à la fois la communication et la mobilité.

Johnny Ray est un vétéran de la guerre du Viêt Nam qui a été victime d'une attaque cérébrale. Bien que pleinement conscient, Ray ne pouvait ni parler ni bouger. En 1997, il s'est fait implanter un dispositif électronique près de la zone affectée de son cerveau, ce qui lui a permis de retrouver un certain degré de mobilité. L'implant a été conçu pour s'interfacer avec son cerveau, en particulier avec la partie qui contrôlait sa main gauche. L'électrode utilisait un minuscule cône de verre rempli de facteurs de croissance des nerfs et de fils d'or enroulés. De cette manière, l'électrode pouvait amplifier les signaux neuronaux, les convertir en ondes radio et les transmettre à un récepteur FM. Les signaux étaient ensuite transmis à un ordinateur situé à proximité, ce qui permettait à Johnny Ray de contrôler le curseur de l'ordinateur et de communiquer par écrit [Baker].

Kevin Warwick, le scientifique excentrique dont nous venons de parler, a notamment été reconnu pour avoir réussi à établir la première communication télépathique entre le système nerveux de son épouse et le sien en 2018. Les Warwick ont utilisé des systèmes électroniques de bout en bout entre leurs cerveaux, sans aucun système mécanique entre eux. L'expérience a fait l'objet d'une couverture médiatique importante [Warwick].

Depuis l'expérience des Warwicks, des progrès significatifs ont été réalisés dans le domaine des communications télépathiques. Par exemple, en 2021, un patient tétraplégique a pu saisir des phrases en anglais à une vitesse d'environ 18 mots par minute en utilisant une BCI invasive implantée dans le cortex moteur de son cerveau. Il a imaginé former des lettres avec des mouvements de la main sans les exécuter physiquement. Le système était alors capable d'identifier et de capturer ces signaux et de les transférer à un ordinateur. Cet ordinateur a ensuite appliqué des techniques d'apprentissage automatique telles que les modèles de Markov cachés et les réseaux neuronaux récurrents pour décoder les mots. Nous avons abordé ces modèles au chapitre 8. Cela représente la génération de modèles de langage avant l'avènement de l'IA générative, qu'Alexa et Siri utilisent. En outre, en utilisant des techniques similaires combinant la BCI et les modèles de langage, deux autres études ont atteint des taux sans précédent de 62 et 78 mots par minute, respectivement, en 2023 [Wilson]. À titre de référence, une personne moyenne parle entre 110 et 150 mots par minute. Cela signifie que ces systèmes télépathiques ne sont que deux fois moins rapides qu'une personne normale, ce qui est tout de même remarquable, compte tenu de la complexité d'imaginer des traits d'écriture dans l'esprit. Une fois de plus, les changements progressifs que nous observons déjà dans la technologie pointent clairement dans la direction d'une capacité égale, puis supérieure, à celle de l'homme.

Des techniques partiellement invasives ont également été utilisées pour la communication télépathique, mais leur niveau de signal est plus faible, ce qui les rend plus lentes. Par exemple, en 2020, des signaux ECoG ont été utilisés pour décoder la parole de patients épileptiques qui avaient des implants sur les côtés latéraux du cerveau. Le processus de décodage a atteint un taux d'erreur impressionnant de seulement 3 % lors de l'analyse d'un ensemble de cinquante phrases comprenant un dictionnaire de 250 mots distincts [Makin et al.]

Enfin, des BCI non invasives en contact avec le cuir chevelu des participants ont également fait l'objet de recherches. En 2014, ils ont réussi à encoder les mots d'un patient qui imaginait les mouvements de son AVC. Le taux de communication était encore lent. Imaginez que vous disposiez d'une capsule de communication non invasive qui permettrait à deux personnes appariées de communiquer par télépathie sans aucune sorte d'intervention chirurgicale. L'éventail des possibilités qui s'ouvriraient pour la collaboration sur le lieu de travail serait stupéfiant, de même que pour le contrôle dystopique de la pensée. La technologie reste une pièce à deux faces.

Organes bioniques : de l'imprimante au corps humain

Outre les applications de la BCI, d'autres types de cyborgisation ne nécessitant pas de BCI sont également possibles. Cela s'applique en particulier à la majorité des organes bioniques au-delà des systèmes sensoriels et moteurs. Les cœurs bioniques en sont un bon exemple et constituent l'un des organes artificiels qui ont connu des avancées significatives grâce à l'application de la technologie cyborg.

En 2014, des chercheurs ont créé un dispositif capable de maintenir une fonction cardiaque continue, conçu pour remplacer les stimulateurs cardiaques traditionnels. Ce dispositif utilise des électrodes et des capteurs pour suivre et réguler le rythme cardiaque moyen. Les électrodes ont été disposées de manière à pouvoir se dilater et se contracter sans se rompre avec les palpitations du cœur. Contrairement aux stimulateurs cardiaques classiques, qui sont standards pour tous les patients, les cœurs bioniques sont recouverts d'un gant élastique sur mesure, conçu spécifiquement pour chaque patient grâce à une technologie d'imagerie avancée.

Les cœurs bioniques ont beaucoup évolué, passant de ceux qui ne font que suivre le mouvement à ceux qui imitent l'organe dans son intégralité. En outre, certains des composants peuvent être imprimés en 3D, ce qui rend la technologie peu coûteuse et facilement reproductible. L'un des défis consiste à surmonter les difficultés liées à l'intégration d'un cœur synthétique dans le corps humain et à sa connexion aux bonnes artères et veines dans le cadre d'une opération chirurgicale complexe [Haddad et al.] En décembre 2023, deux dispositifs de cœur artificiel sont disponibles dans le commerce. Tous deux sont destinés à un usage temporaire, en particulier pour les patients souffrant d'insuffisance cardiaque totale et attendant la transplantation d'un cœur humain dans un délai de moins d'un an.

Un autre exemple d'organe cyborg est le pancréas artificiel. Le pancréas artificiel remplace la production naturelle insuffisante d'insuline de l'organisme, en particulier chez les patients atteints de diabète de type 1. Les systèmes actuels associent un module de suivi du glucose en continu à une pompe à insuline contrôlable à distance, établissant une boucle de rétroaction qui régule de manière autonome les doses d'insuline en fonction des niveaux actuels de glucose dans le sang.

Mais la liste ne s'arrête pas là. Il existe de nombreux organes artificiels en dehors du cœur et du pancréas. Par exemple, les techniques de remplacement de la vessie consistent à rediriger le flux d'urine ou à créer des poches semblables à des vessies à partir de tissus intestinaux. Pour traiter les troubles de l'érection, les corps caverneux peuvent être remplacés par des implants péniens gonflables manuellement, une mesure drastique pour les cas d'impuissance totale. En cas d'insuffisance hépatique, des dispositifs de foie artificiel peuvent être utilisés pour combler le vide jusqu'à la transplantation et favoriser la régénération du foie. Ces foies bioniques utilisent des cellules biologiques, connues sous le nom de cellules souches, qui contribuent à la régénération du foie. En outre, des poumons artificiels sont actuellement en cours de développement et présentent un potentiel prometteur. Enfin, les ovaires artificiels permettent de résoudre les problèmes de reproduction causés par les traitements anticancéreux.

En bref, les organes mécaniques artificiels apparaissent comme une option réalisable et rentable pour la transplantation, sans les limites imposées par la disponibilité des donneurs. Cela a de profondes implications pour rendre les soins de santé plus accessibles à une population plus large et pour créer des améliorations par rapport aux composants naturels du corps humain.

La démocratisation des cyborgs : Wearables et Injectables

Les BCI et les organes bioniques ont un potentiel énorme, mais leur insertion est très compliquée car le corps a des conceptions spécifiques qui n'envisagent pas de modifications ultérieures. Des procédures chirurgicales compliquées sont inévitablement nécessaires. Il existe également d'autres types de dispositifs cyborg simples à insérer et à retirer : les dispositifs portables, les dispositifs injectables et les autocollants. Ces formes d'implants cyborg permettent à tout un chacun de devenir facilement un cyborg, ce qui, selon nous, peut conduire à l'adoption généralisée de la technologie cyborg en tant que tendance à la mode et distinctive.

Les exemples les plus frappants et les plus spectaculaires de wearables sont sans aucun doute ceux portés par l'artiste britannique Neil Harbison. Depuis 2004, Harbisson s'est transformé en cyborg en s'installant une antenne de cyborg dans la tête. Fait remarquable, son statut de cyborg est reconnu par les autorités britanniques, puisque son antenne apparaît sur sa photo de passeport de 2004.

L'antenne de Neil Harbisson n'est pas implantée directement dans son corps ou son cerveau. Il s'agit plutôt d'un dispositif externe qu'il porte sur lui. L'antenne est fixée à un support unique implanté chirurgicalement sur son crâne. L'antenne elle-même contient des capteurs qui peuvent détecter des couleurs au-delà du spectre visuel humain, y compris les infrarouges et les ultraviolets. Ces signaux de couleur sont ensuite convertis en vibrations audibles que Neil peut percevoir par conduction osseuse. Les vibrations sont transmises par le support à l'os de son crâne, ce qui lui permet d'*"entendre" les* couleurs [Harbisson].

M. Harbisson est également un défenseur mondial des droits des cyborgs. Il a cofondé la Cyborg Foundation en 2004. Les principaux objectifs de cette fondation sont d'étendre les sens et les capacités humaines en développant des extensions corporelles cybernétiques, de promouvoir la cybernétique dans les événements culturels et de défendre les droits des cyborgs.

Harbisson est un exemple de cette nouvelle identité cyborg. En 2012, Harbisson a expliqué qu'il a commencé à se sentir comme un cyborg lorsqu'il a réalisé la fusion de son cerveau avec le logiciel, ce qui lui a permis d'acquérir un sens supplémentaire. C'est pour cette raison qu'il a cofondé en 2017 la Transspecies Society, qui soutient les personnes ayant une identité non humaine dans leur quête de sens uniques et de nouveaux organes. Très en avance sur son temps, Harbisson est un exemple du choc sismique de l'interface Homme-IA qui commence tout juste à arriver dans notre société.

D'autres exemples moins spectaculaires que celui de Harbisson illustrent ce mouvement sismique. Dans le monde de l'entreprise, il y a eu des applications claires de dispositifs injectables. Il s'agit de puces qui doivent être insérées à l'intérieur de la peau, bien qu'elles soient facilement amovibles. Bien qu'ils fassent souvent l'objet de théories du complot quant à leur fonction, le fait est que ces dispositifs existent.

En 2017, une entreprise technologique américaine appelée Three Square Market a fait les gros titres pour avoir proposé à ses employés des implants de puces RFID (identification par radiofréquence) sur une base volontaire. Le programme était facultatif, et les employés qui ont choisi d'y participer se sont fait implanter de petites puces RFID entre le pouce et l'index. Ces puces RFID pouvaient être utilisées pour effectuer diverses tâches, telles que l'accès aux installations de l'entreprise, la connexion aux ordinateurs et les achats dans la salle de repos. L'objectif était d'explorer la commodité et l'efficacité de la technologie RFID sur le lieu de travail. Il est important de noter que les employés n'étaient pas mécontents de ces dispositifs. Au contraire, plus de la moitié des employés de l'entreprise ont reçu ces implants, et près de 100 % d'entre eux se sont déclarés satisfaits et ont perçu une amélioration de leur fonctionnement. En outre, ce type de dispositif injectable a été approuvé par la FDA en 2004 [Gillies].

De nombreuses applications peuvent être envisagées pour les injectables, telles que les systèmes de paiement, la surveillance des enfants, la surveillance de la santé, la surveillance du sport et de la condition physique, le contrôle d'accès, et bien d'autres encore. Faciles à implanter et à retirer, ils seront certainement de plus en plus nombreux dans les décennies à venir.

Le troisième type d'implant cyborg facilement installable consiste en des autocollants électroniques. BodyNet, présenté en 2019 par des ingénieurs de Stanford, est particulièrement intéressant. BodyNet utilise des capteurs sans fil basés sur la RFID qui adhèrent à la peau comme des autocollants. Ces capteurs sont conçus pour être confortables, extensibles et sans batterie. Ils peuvent suivre divers indicateurs physiologiques, tels que le pouls, la respiration et même les mouvements musculaires, en détectant la façon dont la peau s'étire et se contracte. Les données sont transmises sans fil à un récepteur fixé sur les vêtements de la personne. Les BodyNets sont conçus pour être utilisés dans des environnements médicaux, en particulier pour surveiller les personnes souffrant de troubles du sommeil ou de problèmes cardiaques. Les développements en cours incluent l'ajout de capteurs supplémentaires pour suivre des facteurs tels que la température corporelle et le stress. À terme, l'objectif est de créer un ensemble complet de capteurs sans fil fonctionnant avec des vêtements intelligents pour surveiller avec précision un large éventail d'indicateurs de santé [Chu et al.]

Ces trois technologies facilement implantables pourraient jouer un rôle de premier plan dans la démocratisation des implants de cyborg dans les différentes couches de la société, étant donné que les coûts associés à d'autres types de cyborgisation, tels que le remplacement ou l'augmentation, sont conséquents et ne peuvent donc être obtenus que par une minorité. Les gens commenceront probablement par utiliser ces implants peu coûteux qui peuvent être retirés facilement s'ils changent d'avis ou s'ils constatent des défauts. Au fur et à mesure que la société s'habituera à ces implants et que des individus comme Harbisson commenceront à s'identifier à cette identité de cyborg, la société deviendra plus ouverte à des implants plus lourds et plus transformateurs. Cela a des implications à la fois positives et négatives pour la société. Mais la société humaine ne sera plus la même.

21. L'IA au service de la biologie synthétique

"Si vous obtenez un génome personnel, vous devriez pouvoir obtenir des lignées cellulaires personnelles, des cellules souches dérivées de vos tissus adultes, qui vous permettent de combiner la biologie synthétique et le séquençage afin de réparer des parties de votre corps au fur et à mesure que vous vieillissez ou réparer des choses qui étaient des troubles héréditaires".

George M Church

Biologiste de synthèse
Interview dans ThinkBig.com [Église]
2017

La biologie synthétique (SynBio) est un domaine interdisciplinaire qui intègre les principes de la biologie, de l'ingénierie et, surtout, de l'intelligence artificielle pour concevoir et construire de nouveaux systèmes biologiques ou remodeler des systèmes existants en vue d'applications pratiques. Elle utilise des principes d'ingénierie sur des organismes vivants et permet aux scientifiques de manipuler le matériel génétique et d'autres composants biologiques. À la base, la biologie synthétique cherche à traiter les composants biologiques comme des blocs de construction interchangeables, de la même manière que les ingénieurs abordent la conception d'un ordinateur avec des circuits électroniques individuels distincts.

Les techniques de biologie synthétique ont été appliquées pour concevoir des micro-organismes capables de convertir des ressources renouvelables telles que la biomasse végétale ou les algues en biocarburants tels que l'éthanol ou le biodiesel, qui peuvent être utilisés pour remplacer les combustibles fossiles. La biologie synthétique a également été utilisée pour concevoir des organismes, tels que des bactéries ou des plantes, qui peuvent être programmés pour absorber des polluants spécifiques, facilitant ainsi le nettoyage des sites contaminés et contribuant à la préservation de l'environnement.

L'industrie pharmaceutique est l'un des principaux bénéficiaires du progrès technologique. Elle utilise les avancées de la biologie synthétique pour concevoir des micro-organismes capables de synthétiser des composés pharmaceutiques et des médicaments complexes. Cette technique accélère les processus de production de médicaments de manière rentable et pourrait permettre d'accroître l'offre et l'accessibilité des médicaments essentiels. La biologie synthétique joue également un rôle essentiel dans la conception et la synthèse de protéines, telles que les enzymes ou les anticorps, dotées de fonctions améliorées qui ouvriraient la voie à des applications en médecine et dans les processus industriels.

En outre, la biologie synthétique s'aventure dans les domaines ambitieux de la création d'organes artificiels et même du soutien et de la création de nouvelles formes de vie. En combinant des composants biologiques avec des matériaux synthétiques, les scientifiques visent à créer des organes fonctionnels pour la transplantation, afin de remédier à la pénurie d'organes de donneurs et d'améliorer les taux de réussite des procédures de transplantation. De même, les scientifiques explorent l'application de la biologie synthétique pour concevoir et produire des organismes vivants dotés de capacités uniques que l'on ne trouve pas dans les organismes naturels. Ces organismes synthétiques pourraient être conçus à des fins industrielles, médicales ou environnementales spécifiques. Aujourd'hui, nous disposons déjà d'exemples d'organismes non naturels entièrement issus de la bio-ingénierie, de sorte que la direction dans laquelle la discipline s'engage devient très claire.

Par exemple, il existe des souches de levure synthétique conçues pour produire des saveurs et des arômes spécifiques, ce qui permet de créer des produits innovants dans le domaine de la bière et du vin. Des entreprises comme Ginkgo Bioworks sont actives dans ce domaine. Des acteurs comme Synthetic Genomics, en collaboration avec ExxonMobil, ont travaillé sur la modification génétique de souches d'algues afin d'améliorer leurs capacités de production de pétrole. De même, des bactéries synthétiques ont été conçues pour la production de médicaments, des entreprises comme Genentech et Novartis ayant conçu des bactéries pour produire des produits pharmaceutiques tels que l'insuline et l'hormone de croissance humaine (HCH). Enfin, des entreprises telles que Pivot Bio ont conçu des microbes synthétiques pour qu'ils agissent comme des biofertilisants, contribuant ainsi à améliorer l'absorption des nutriments par les plantes et à réduire le besoin d'engrais chimiques traditionnels.

Les pages suivantes présentent le potentiel de modification de la nature biologique des êtres humains par la biologie synthétique lorsque l'IA est appliquée. Nous voyons l'impact de la biologie synthétique et de l'IA résoudre la question persistante de savoir *"comment"* l'Entrelacement se produira mécaniquement.

La science-fiction de la biologie synthétique

La biologie synthétique est sans doute l'une des applications les plus révolutionnaires de l'IA. Elle a le potentiel incontestable de transformer l'essence des êtres humains et de nos écosystèmes actuels en modifiant leurs fondements biologiques, en permettant aux gens de vivre plus longtemps, de résister aux maladies et d'acquérir des capacités surhumaines grâce à des organoïdes spécialement conçus. En outre, l'intégration d'éléments électroniques ou d'apprentissage machine dans les circuits biologiques humains ouvre une voie solide pour l'Entrelacement humain-IA et, à notre avis, résout un problème concret de *"comment faire"* qui est nécessaire pour que l'Entrelacement se produise. En outre, la biologie synthétique détient la clé de la création de nouvelles formes de vie, dont certaines n'auraient jamais vu le jour.

Pour explorer les implications de la biologie synthétique dans l'humanité, nous pouvons nous tourner vers deux œuvres de science-fiction : le film *"Gattaca"* réalisé par Andrew Niccol en 1997, et le roman *"The Windup Girl"* *("La fille mécanique")* écrit par Paolo Bacigalupi en 2009 [Niccol] [Bacigalupi]. Alors que le film *"Blade Runner"* de Ridley Scott (1982) présente les Réplicants, l'exemple le plus emblématique d'entités biologiquement modifiées dans la science-fiction, nous avons choisi *"The Windup Girl"* parce qu'il présente une perspective plus soigneusement développée et à multiples facettes de cette possibilité intrigante.

Ces œuvres de science-fiction sélectionnées offrent deux perspectives uniques et stimulantes sur les conséquences potentielles de la manipulation de la vie à son niveau fondamental. L'objectif principal de Gattaca est d'exploiter la biologie synthétique pour améliorer la race humaine, tandis que *"The Windup Girl"* utilise la biologie synthétique pour créer une classe d'individus soumis. *"Gattaca"* dépeint une vision dystopique d'un avenir où le génie génétique a donné naissance à une société ouvertement rigide et stratifiée. Les individus sont classés dans une hiérarchie de classes en fonction de leur constitution génétique, avec des *"valides"* qui sont génétiquement améliorés et des *"invalides"* qui sont considérés comme génétiquement inférieurs. Cette discrimination génétique s'étend à tous les aspects de la vie, le protagoniste invalide étant contraint d'endosser une identité valide pour poursuivre son rêve de devenir astronaute. Le film explore également les thèmes de l'identité et de la destinée, le protagoniste étant aux prises avec les normes et les attentes de la société, remettant finalement en question l'essence même de la société et de l'être humain.

La capacité de la biologie synthétique à manipuler l'information génétique nous oblige à réfléchir aux limites de l'identité humaine et à l'éthique de la conception et de la sélection des gènes. Comme nous l'avons souligné précédemment, nous pensons que les coûts économiques, le calendrier et les facteurs de sélection associés à tout élément d'Entrelacement signifieront inévitablement qu'il se produit de manière asymétrique au sein de la société, certains étant laissés pour compte soit par auto-sélection, soit par fiat. L'une des similitudes frappantes entre *"Gattaca"* et les implications de la biologie synthétique dans le monde réel est la probabilité d'une fracture génétique au sein de la société. À mesure que la biologie synthétique progresse, il existe un fort potentiel de division entre ceux qui peuvent s'offrir des améliorations génétiques et ceux qui ne le peuvent pas, du moins dans ses premières phases, ce qui permet d'envisager la possibilité que les premiers arrêtent le processus avant de permettre aux seconds de le faire, perpétuant ainsi l'inégalité d'une manière qui se complique d'elle-même. La nature humaine se reflète dans les transactions de consommation - par exemple, l'achat d'une Cadillac ou d'une BMW en tant que machine fonctionnelle est un symbole de statut social que tout le monde ne peut pas posséder. Les produits issus de la biologie de synthèse seront un reflet bien plus absolu et de plus grande portée.

Nous constatons que l'eugénisme, ainsi que les polémiques morales et éthiques qui l'accompagnent, font partie intégrante de toute discussion sur la biologie synthétique. La technologie permet non seulement de comprendre et de modifier facilement les gènes humains jusqu'à des différences subtiles, mais aussi d'éliminer ces différences et leurs facteurs génétiques. En outre, elle facilite le classement mathématique des capacités et des résultats, déterminant ainsi la valeur relative de la génétique impliquée. La réalité mathématique est que, dans un ensemble donné de conditions, certains matériels génétiques ont plus de valeur que d'autres. Cela peut sembler machiavélique à première vue, car l'IA ne comportera pas nécessairement de valeurs éthiques. Cet élément omniprésent de la biologie synthétique nous ramène brièvement à un principe central de ce livre, à savoir qu'il nous appartient, maintenant et non plus tard, de fixer les règles de base d'une IA responsable afin d'éviter un avenir purement dystopique.

Dans *"The Windup Girl"*, l'accent est mis sur l'impact de la biologie synthétique sur l'environnement et la biodiversité. *"The Windup Girl"* se déroule dans la Thaïlande du 23e siècle, dans un monde post-pétrolier. Le roman envisage un avenir où la biologie synthétique est au cœur de la production alimentaire et de la production d'énergie. Des organismes génétiquement modifiés, connus sous le nom de *"New People"*, sont conçus pour servir à diverses fins, notamment le travail et le divertissement. Rapidement, dans le roman, les frontières entre la vie artificielle et la vie naturelle commencent à s'estomper, ce qui suscite d'innombrables questions et contradictions. Le chapitre 23 traite de l'impact de l'IA en général sur la distorsion irrévocable de la frontière entre la vérité et le mensonge.

L'une des différences essentielles entre *"The Windup Girl"* et *"Gattaca"* réside dans la portée des manipulations génétiques. Dans *"The Windup Girl"*, la biologie synthétique va au-delà du génie génétique humain et englobe l'ensemble de l'écosystème. Cela soulève des questions éthiques concernant la manipulation de l'environnement et de la biodiversité à des fins économiques ou autres, avec des conséquences écologiques potentiellement indésirables. Dans le roman, des entreprises exploitent la biologie synthétique à des fins lucratives, ce qui entraîne une perte de diversité agricole et une dépendance à l'égard des cultures artificielles.

Le roman aborde également l'intersection de la spiritualité et de la biologie synthétique, car la protagoniste conçue, membre du *"Nouveau Peuple"*, suscite des discussions sur la nature de son âme. Les personnages de l'histoire se demandent si ces personnes synthétiques possèdent une spiritualité ou une conscience, ce qui met en évidence l'interaction entre la religion et les considérations éthiques liées à la création de la vie par manipulation génétique, un sujet que nous aborderons également plus loin, au chapitre 26.

La biologie synthétique a le potentiel d'améliorer nos interactions avec la nature, y compris notre biologie, notre environnement et notre alimentation (comme le suggèrent ces deux romans). Le revers de la médaille technologique est bien plus inquiétant, avec des implications d'eugénisme et la longue et troublante histoire de l'humanité avec le concept de différences génétiques se traduisant par des différences de valeur entre les humains ou par une manipulation non naturelle de l'écosystème à des fins de profit. En d'autres termes, ceux qui contrôlent cette technologie à grande échelle sont sur le point d'acquérir un contrôle substantiel, voire absolu, sur les autres.

Dans un autre ordre d'idées, pour ceux qui connaissent le personnage de Captain America créé par Timely (puis Marvel) Comics en 1941, le soi-disant *"sérum de super-soldat"* qui a transformé le malade Steve Rogers en la plus grande machine de combat de son époque nous incite à nous attendre à des applications militaires de la biologie synthétique et à prévoir des subterfuges, des escalades et des machinations constantes pour contrôler sa progression. Nous avons noté tout au long du livre le rôle clé joué par la DARPA à différents moments de l'évolution de l'IA et nous constatons que l'armée chinoise participe activement au développement de la biologie synthétique et à la collecte d'ensembles de données générées par l'Occident sur la biologie des populations, un sujet que nous abordons au chapitre 24.

Qui peut dire si un Captain America en chair et en os chercherait à préserver nos valeurs ou non ? Il y a des individus qui ont des profils psychographiques, comme Steve Rogers, et d'autres qui ont des motivations tout à fait différentes. L'énorme pouvoir que recèle la biologie synthétique fait de nous soit les maîtres de la création, soit les maîtres du déséquilibre. Nous approfondirons ce point au chapitre 26, lorsque nous aborderons la question de la superintelligence. Dans le sillage de l'affrontement géopolitique autour de la technologie de l'IA, Captain America est peut-être nécessaire malgré tout.

Comprendre les bases de la biologie

Avant d'aborder l'application de l'IA à la biologie synthétique, il est essentiel de présenter les fondements de la biologie et la complexité des processus vitaux. La biologie synthétique se concentre sur la modification ou la synthèse de ces processus.

La vie telle que nous la connaissons est un phénomène merveilleux qui repose fondamentalement sur le fonctionnement des cellules. Ces unités microscopiques sont les composants fondamentaux de tous les êtres vivants, qu'il s'agisse de micro-organismes unicellulaires ou d'organismes multicellulaires complexes comme l'homme.

Le noyau, qui se trouve au cœur de chaque cellule, est un élément crucial qui abrite l'information génétique. Dans le noyau se trouve l'ADN (acide désoxyribonucléique), qui porte les instructions génétiques nécessaires au développement, au fonctionnement et à la reproduction de tous les organismes vivants. L'ADN est une molécule remarquable avec une structure en double hélice formée par une séquence de molécules appelées nucléotides. Ces nucléotides sont les éléments de base de l'ADN. Dans la nature, il n'existe que quatre types de bases azotées : l'adénine (A), la thymine (T), la cytosine (C) et la guanine (G). Les nucléotides sont comme les lettres du langage dans lequel la vie est codée. La séquence de ces bases codifie finalement les codes génétiques qui déterminent les caractéristiques et les fonctions d'un organisme.

Les gènes sont des séquences d'ADN spécifiques qui contiennent les instructions nécessaires à la synthèse des protéines. Chaque gène possède une séquence particulière de bases qui sert de code, indiquant à la cellule de créer une protéine spécifique. Les protéines sont des molécules complexes et de grande taille, formées par des chaînes d'unités de base appelées acides aminés. Chaque séquence de bases dans l'ADN correspond à une séquence spécifique d'acides aminés dans la protéine. L'ARN (acide ribonucléique) joue un rôle intermédiaire dans la traduction de l'information génétique de l'ADN en protéines.

Il existe de nombreux types de protéines. Parmi elles, les enzymes sont particulièrement importantes car elles servent de catalyseurs vitaux pour les réactions biochimiques, facilitent la communication cellulaire et contribuent à l'intégrité structurelle et à la fonctionnalité des cellules et des organismes.

Biologie synthétique et intelligence artificielle

La biologie synthétique s'intéresse aux structures moléculaires extrêmement complexes des protéines et des gènes. S'il est théoriquement possible de concevoir ces molécules manuellement ou à l'aide d'un simple logiciel, l'IA est indispensable pour le faire à grande échelle. Les algorithmes d'IA peuvent analyser de vastes ensembles de données, prédire les résultats potentiels de configurations et de modifications génétiques et optimiser la conception de circuits biologiques pour des fonctions spécifiques. Ils peuvent également aider à identifier des modèles et des corrélations dans les données biologiques, facilitant ainsi la découverte de nouvelles combinaisons génétiques susceptibles de produire les caractéristiques souhaitées. L'intégration de l'IA dans la biologie synthétique permet non seulement d'accélérer les processus de conception, mais aussi d'améliorer la précision de la création de systèmes biologiques synthétiques dotés de fonctionnalités spécifiques sans trop de cycles d'essais et d'erreurs.

Les applications de biologie synthétique s'appuient souvent sur des modèles de simulation d'IA de chaînes complexes de réactions biochimiques, qui permettent de mieux comprendre le comportement des systèmes biologiques avant qu'ils ne soient réellement construits. Grâce aux simulations, il devient possible de représenter toutes les interactions biomoléculaires impliquées dans des processus tels que la transcription des gènes lors de la reproduction des cellules ou la traduction des gènes en protéines. En outre, lors de la conception d'un nouveau système biologique qui n'existe pas encore dans la nature, les simulations pilotées par l'IA sont le seul moyen de comprendre le comportement de ces systèmes.

Les molécules biologiques sont tellement énormes et complexes que même en connaissant leur structure, il n'est pas facile de savoir comment elles se comportent. L'une des applications les plus pratiques de l'IA consiste donc à prédire le comportement de segments de protéines, d'ADN, d'ARN ou d'ARNm (ARN messager, célèbre parce qu'il a été utilisé dans les vaccins COVID-19) sur la base de leur séquence.

Les réseaux neuronaux profonds s'imposent comme les algorithmes d'apprentissage automatique optimaux pour la biologie synthétique, en raison de leur évolutivité et de leur capacité à reproduire des relations non linéaires complexes entre les entrées et les sorties. En particulier, les réseaux neuronaux convolutifs (CNN) sont utilisés pour prédire le fonctionnement de ces segments génomiques. Dans les chapitres précédents, nous avons mentionné que les réseaux neuronaux récurrents (RNN) sont utilisés pour les données de séquence, et que les CNN sont utilisés pour les images, ce qui semble être une contradiction avec cette information, mais ne l'est pas. Les réseaux neuronaux récurrents fonctionnent bien pour les molécules et les séquences génomiques parce que leur fonctionnalité dépend de leur forme ; en ce sens, les molécules ressemblent à une image ayant une forme particulière.

Enfin, l'étiquetage des données de biologie synthétique afin que les algorithmes d'IA puissent être formés est souvent plus coûteux que dans d'autres domaines, car il nécessite des connaissances spécialisées et, parfois, des processus de collecte de données de bout en bout dans le laboratoire. Ce coût élevé constitue un défi, en particulier pour les modèles d'apprentissage profond qui dépendent de nombreuses données d'entraînement. Pour résoudre ce problème, la recherche s'intéresse de plus en plus à l'étiquetage automatique des données et à la génération de données d'entraînement simulées à l'aide de l'IA générative. Les données simulées ou synthétiques, bien qu'elles ne soient pas issues d'expériences biologiques réelles, pourraient être suffisamment réalistes pour entraîner efficacement les réseaux neuronaux. Les recherches en cours sur l'intelligence artificielle générale (AGI) mettent également l'accent sur le retour d'information automatique de l'IA, l'étiquetage et la génération de données synthétiques. Nous avons abordé ce sujet en détail au chapitre 9.

Séquençage et synthèse du matériel génétique

Cette section examine certaines des applications de la biologie synthétique, en commençant par le séquençage et la synthèse des gènes.

L'ordre précis des bases nucléotidiques dans une molécule d'ADN est appelé séquençage de l'ADN. Les scientifiques ont commencé à cartographier le génome humain - notre séquence d'ADN - en 1990, et après 13 ans de travail, l'ensemble du génome humain a été cartographié avec succès en 2003. Une fois cette tâche gigantesque achevée, les initiatives suivantes se sont concentrées sur la cartographie des génomes d'autres organismes, allant des mouches des fruits et des souris aux cultures économiquement importantes. Les résultats des projets de séquençage du génome à grande échelle contribuent largement à notre compréhension de la diversité génétique, de l'évolution et de la base moléculaire de nombreuses maladies [Nurk et al.]

Outre le séquençage de l'ADN, il est également possible de synthétiser de l'ADN dont la séquence est dictée par un modèle. C'est ce qu'on appelle la génomique synthétique. Après le processus de synthèse, les molécules d'ADN nouvellement créées sont assemblées en génomes complets et transplantées dans des cellules vivantes, remplaçant ainsi efficacement le matériel génétique de la cellule hôte et modifiant ses processus métaboliques. Cette approche a démontré pour la première fois son potentiel en synthétisant les génomes de plusieurs virus tels que l'hépatite C et la polio en 2000 et 2002, respectivement. Notamment, les virus infectieux figurent parmi les premiers organismes générés de cette manière [Couzin].

La génomique synthétique est traditionnellement très coûteuse, mais des progrès récents ont permis des modifications rentables et à grande échelle du matériel génétique. Tout d'abord, la réaction en chaîne de la polymérase (PCR), une technique de laboratoire utilisée pour amplifier et produire des copies d'une séquence d'ADN spécifique, est devenue un outil fondamental de la biologie moléculaire. Le terme PCR nous est malheureusement devenu familier, principalement en raison de la pandémie de Covid-19 en 2020. La deuxième avancée est la correction des erreurs de mésappariement de l'ADN, qui identifie et répare les erreurs qui se produisent lors de la réplication de l'ADN pendant la division d'une cellule. Enfin, une troisième avancée qui contribue à réduire les coûts est l'utilisation des principes d'ingénierie de la modularité. La modularité implique l'utilisation de composants standardisés, tels que des parties d'ADN, qui peuvent être facilement extraits, remplacés ou combinés pour créer diverses fonctions biologiques. Cette approche permet de construire des systèmes biologiques complexes en assemblant des modules plus petits et interchangeables, ce qui facilite la conception et la modification des systèmes biologiques [Beardall].

La synthèse de l'ADN a considérablement progressé, permettant la création de séquences complexes. Il est même possible d'encoder des informations numériques aléatoires dans l'ADN synthétique. En 2012, George M. Church a codifié l'un de ses livres dans des molécules d'ADN. Le livre contenait 5,3 mégaoctets de données [Church]. Malgré l'extravagance du codage de son livre, George M. Church est l'un des biologistes synthétiques les plus respectés. La citation que nous avons choisie pour ouvrir ce chapitre lui appartient.

La molécule codée par Church n'était évidemment pas fonctionnelle, mais l'IA peut naturellement être mise à profit pour concevoir des gènes qui pourraient être pleinement fonctionnels. Par exemple, un réseau neuronal profond a été créé en 2020 pour synthétiser des segments génomiques. Ce programme d'IA a été utilisé non seulement pour optimiser l'aptitude à la fonction, mais aussi pour garantir la diversité des séquences. La diversité des séquences est importante car elle sous-tend l'adaptabilité et la résilience des populations, ce qui permet aux organismes d'évoluer, de résister aux maladies et de prospérer dans des environnements changeants. Cet algorithme d'IA garantit la diversité des séquences grâce à une métrique de similarité qui pénalise les similarités excessives au-delà d'un certain seuil. [Linder et al.]

AlphaFold et le problème du repliement des protéines

Comme indiqué ci-dessus, la prédiction de la structure des protéines est un autre domaine dans lequel l'apprentissage intensif des réseaux neuronaux profonds joue un rôle important. L'un des exemples les plus célèbres est AlphaFold, développé par DeepMind [AlphaFold]. DeepMind est la même entreprise qui a créé Alpha Go, le système d'IA qui a battu Lee Sedol en 2016 au jeu de Go, un jeu chinois ancien, comme nous l'avons vu au chapitre 7.

La conception des protéines est un défi complexe. Ces éléments fondamentaux de la vie sont des séquences d'acides aminés qui se replient naturellement dans des configurations tridimensionnelles distinctes, spécifiques à leur fonction biologique. *Le "problème du repliement des protéines"* est un défi qui consiste à déchiffrer comment la séquence d'acides aminés d'une protéine dicte sa structure tridimensionnelle, ce qui implique la disposition spatiale des atomes à l'intérieur de la molécule de protéine.

Il est essentiel de comprendre la structure tridimensionnelle d'une protéine pour élucider sa fonction physique, ses interactions avec d'autres molécules et son implication potentielle dans une maladie. La prédiction de la structure des protéines revêt une importance considérable pour la découverte de médicaments, car elle permet de concevoir des produits pharmaceutiques qui ciblent des protéines spécifiques impliquées dans des conditions spécifiques, ce qui permet de mieux comprendre les stratégies de traitement et de mettre au point de nouvelles thérapies.

Avant l'arrivée d'AlphaFold, certaines techniques expérimentales de prédiction de la structure des protéines avaient déjà été utilisées, comme la cryo-microscopie électronique et la cristallographie à rayons X. Cependant, ces méthodes, bien qu'inestimables, étaient coûteuses et longues à mettre en œuvre.

Toutefois, ces méthodes, bien qu'inestimables, étaient coûteuses et longues, et n'ont permis d'identifier qu'une fraction des millions de protéines connues dans les différentes formes de vie.

En 2018, AlphaFold a stupéfié la communauté scientifique en arrivant en tête du classement de la compétition mondiale CASP (Critical Assessment of Techniques for Protein Structure Prediction). Il a excellé dans la prédiction des structures de protéines les plus difficiles, même dans les cas où il n'existait pas de modèles de protéines similaires à des fins de comparaison. AlphaFold a de nouveau participé à la même compétition en 2020, et ses performances ont été encore plus étonnantes. Il a atteint des niveaux de précision jusqu'alors considérés comme inatteignables. AlphaFold a démontré une capacité sans précédent à prédire les structures protéiques avec une précision remarquable, avec des scores supérieurs à 90 pour deux tiers des protéines.

Il est nécessaire de mentionner la façon dont il a été capable de créer des percées constantes. Pour trouver la structure 3D d'une protéine, AlphaFold la compare à plusieurs protéines de structure connue qui présentent des similitudes. Ensuite, il s'engage dans l'apprentissage automatique à travers trois structures de données diverses des protéines : une représentation au niveau de la séquence, une représentation des interactions par paire des bases nucléotidiques et la structure 3D de la protéine au niveau de l'atome, que le modèle génère en tant que sortie.

Malgré ces réalisations révolutionnaires, la conception de protéines reste un puzzle à multiples facettes. Le succès d'AlphaFold est un pas de géant, mais des défis persistent. Par exemple, AlphaFold se concentre principalement sur les protéines à chaîne unique, laissant de côté les protéines extrêmement complexes ou intrinsèquement désordonnées. En outre, des questions subsistent quant à la capacité d'AlphaFold à prédire des plis ou des structures totalement nouveaux qui sont totalement absents des bases de données existantes.

Ingénierie des protéines avec l'IA générative

Ce que fait AlphaFold, c'est trouver la forme - et donc la fonction - d'une séquence protéique. Faire exactement le contraire est également une application importante de la biologie synthétique, à savoir trouver la séquence d'une protéine pour une fonction spécifique, ce qui signifie essentiellement concevoir de nouvelles protéines.

Concevoir des protéines est une tâche formidable. Les systèmes experts avec des algorithmes simples d'apprentissage automatique et basés sur des règles ont été traditionnellement utilisés, mais les progrès sont autolimités et nécessitent des connaissances spécialisées pour identifier les caractéristiques qui contribuent le plus à la performance. Conscients de ces limites, de nombreuses recherches sont actuellement menées sur les algorithmes d'IA générative, tels que les réseaux adversoriels génératifs (GAN) et les autoencodeurs variationnels (VAE), que nous avons abordés au chapitre 5. En utilisant ces modèles d'IA, les chercheurs peuvent travailler à rebours à partir des fonctions biologiques souhaitées de la protéine et des séquences d'ADN qui produisent une protéine remplissant ces fonctions [Tucs et al.]

La biologie synthétique permet de créer de nouvelles configurations de protéines qui égalent, voire dépassent, les protéines existantes en termes de fonctionnalités spécifiques. Par exemple, l'hémoglobine, la protéine responsable du transport de l'oxygène dans les cellules sanguines, peut également se lier au monoxyde de carbone, ce qui entraîne un risque d'intoxication au monoxyde de carbone. En 2009, un groupe de chercheurs a créé un faisceau d'hélices imitant les propriétés de liaison à l'oxygène de l'hémoglobine, mais sans cette affinité pour le monoxyde de carbone, réduisant ainsi considérablement le risque d'empoisonnement [Koder et Anderson].

En outre, en manipulant les structures et les fonctions des protéines, il est possible de concevoir des enzymes industrielles pour de nombreuses applications, telles que des détergents améliorés et des produits laitiers sans lactose. La biologie synthétique offre également des perspectives prometteuses en matière de production biochimique pour diverses utilisations industrielles. Les cellules biologiques peuvent être utilisées comme des usines moléculaires microscopiques pour générer des matériaux, généralement des protéines, dont les propriétés sont codées génétiquement.

Un exemple est la production de protéines nécessaires à la croissance des biofilms. Un biofilm est une couche visqueuse et adhérente de micro-organismes qui se forme sur une surface, souvent dans l'eau, et se caractérise par une matrice protectrice qui permet aux bactéries d'adhérer et de se développer. Les biofilms ont diverses applications. Dans le domaine des soins de santé, les biofilms sont cultivés sur les dispositifs médicaux afin de les protéger contre les infections ou, au contraire, de lutter contre la contamination bactérienne. Dans les contextes industriels, les biofilms contribuent à des processus tels que le traitement des eaux usées et la production de bioénergie. En outre, les communautés de biofilms influencent le cycle des nutriments et la dégradation des polluants dans les écosystèmes naturels.

La biologie synthétique, lorsqu'elle adopte l'IA, élargit et accélère les percées, notamment en cartographiant les protéines existantes et en créant de nouvelles protéines non naturelles. Les entreprises déploient activement des modèles et des processus fondés sur l'IA afin de produire leurs connaissances et leur propriété intellectuelle sur les protéines, ouvrant ainsi la voie au développement d'organes, à l'amélioration des tissus et des fonctions humaines, ainsi qu'au gain de fonction.

L'avenir des greffes grâce à la bio-impression 3D

L'assemblage de plusieurs protéines et la construction d'un organoïde à partir de celles-ci est une autre application de la biologie synthétique.

Les organoïdes sont des organes cultivés artificiellement, comme un rein ou un foie cultivé artificiellement. Dans le chapitre précédent, nous avons parlé de l'utilisation d'imprimantes 3D pour imprimer des organes mécaniques tels que des cœurs bioniques. Dans ce chapitre, nous parlons plutôt de bio-impression 3D. Les organoïdes sont généralement imprimés en laboratoire à l'aide de ce type de technologie d'impression. La bio-impression 3D est un processus par lequel des cellules sont superposées ou déposées selon un modèle spécifique pour créer des structures tridimensionnelles qui imitent l'architecture de tissus ou d'organes naturels. Ces organoïdes bioprimés peuvent servir de modèles pour l'étude des processus biologiques, les tests de médicaments et, éventuellement, la transplantation chez un patient [Hong].

Avant d'être bioprintées, les cellules vivantes doivent être créées. Ces cellules sont des cellules artificielles créées à partir de vésicules lipidiques par des procédures de biologie synthétique, et elles englobent tous les composants essentiels nécessaires au fonctionnement d'un système cellulaire. Ces cellules artificielles sont créées avec toutes les caractéristiques fonctionnelles et conceptuelles nécessaires pour être considérées comme vivantes, y compris l'auto-réplication et l'auto-entretien.

L'étape suivante du processus est la bio-impression de ces cellules créées artificiellement dans un organoïde, un processus très délicat. Les organoïdes bioprintés doivent avoir des formes complexes et répondre à des exigences complexes. Par exemple, un cœur bioprinté doit répondre à des critères structurels tels que la charge mécanique, la vascularisation et la propagation des signaux électriques, entre autres.

Bien que la bio-impression 3D soit une technologie très récente, elle a déjà démontré son efficacité. La première transplantation réussie d'un organe bioprint en 3D créé à partir des propres cellules d'un patient a été signalée en 2022. Cette procédure pionnière visait à reconstruire une oreille externe pour traiter la microtie, une maladie congénitale caractérisée par une oreille externe sous-développée ou malformée [Essais cliniques].

Les implications de la bio-impression pour l'humanité sont immenses. Dans un avenir proche, la bio-impression offrira une série de possibilités, notamment la production de cornées et de follicules pileux bio-imprimés, des structures moins complexes qu'un cœur bio-imprimé, par exemple, mais plus délicates qu'une oreille externe bio-imprimée. Dans le domaine des soins de santé, la bio-impression permettra la fabrication d'organes dans des fermes d'organes, ce qui répondra aux défis posés par la pénurie d'organes à transplanter. Les cellules des patients seront utilisées pour fabriquer des organes miniaturisés ou des organoïdes afin de tester les réactions médicales avant d'administrer des traitements. Les membres prothétiques bioimprimés pourraient être méticuleusement conçus pour s'intégrer parfaitement au corps de l'individu, améliorant ainsi leur fonctionnalité et leur confort.

Enfin, la bio-impression ouvre également la voie à l'implantation d'électronique dans les tissus biologiques, ce qui permet de créer des organes cybernétiques plus sophistiqués que leurs homologues naturels. Par exemple, des poumons bio-imprimés pourraient être équipés de capteurs et de nanofiltres qui purifient l'air avant qu'il ne pénètre dans la circulation sanguine. De même, les globes oculaires bioniques de remplacement pourraient être dotés d'un zoom intégré et de capacités de vision infrarouge.

Les implications de l'impression d'électronique dans des tissus biologiques qui seraient ensuite intégrés dans un être humain sont stupéfiantes. Ce type de technologie pourrait dépasser les possibilités des BCI présentées dans le chapitre précédent et donner naissance à un organisme vivant véritablement Entrelacé, dont la biologie serait conçue par l'IA. Nous pensons que cette technologie résoudra, au moins dans un sens, les problèmes mécaniques fondamentaux liés à l'Entrelacement, c'est-à-dire la façon dont il peut être physiquement mis en œuvre.

Création d'une vie synthétique et d'une vie non naturelle

La bio-impression 3D d'organoïdes est impressionnante, mais les organoïdes eux-mêmes ne sont pas vivants en soi, même s'ils possèdent les propriétés de conception et de construction nécessaires pour prétendre le contraire. L'une des facettes polémiques de la biologie synthétique est le concept global de vie synthétique.

Pour donner une définition, la vie synthétique implique la construction d'organismes dans un cadre contrôlé à l'aide de molécules synthétisées. Les expériences menées dans ce domaine ont des objectifs variés, notamment l'exploration des origines de la vie, le test de solutions thérapeutiques et diagnostiques innovantes, l'étude des propriétés fondamentales de la vie et, enfin, l'ambitieuse entreprise consistant à générer de la vie à partir de composants non vivants [Deamer].

Cette forme de vie artificielle est appelée "vie synthétique", un terme inventé par Craig Venter en 2010 lorsqu'il a créé un chromosome bactérien entièrement synthétique et l'a introduit dans des cellules bactériennes hôtes génétiquement appauvries. Quatre *"filigranes"* ont été incorporés dans l'ADN de l'organisme unicellulaire pour aider à l'identifier : une table de code alphabétique complète avec des ponctuations, 46 noms de scientifiques contributeurs, trois phrases et l'adresse électronique secrète de la cellule. Fait remarquable, ces bactéries synthétiques ont démontré des capacités de croissance et de réplication. [Gibson et al.]. Depuis lors, des organismes vivants synthétiques de plus en plus perfectionnés ont été conçus pour remplir des fonctions essentielles, telles que la production de produits pharmaceutiques ou la détoxification des terres et des sources d'eau polluées.

Au-delà de la création de la vie synthétique, la biologie synthétique s'aventure également dans le domaine de la biologie moléculaire non conventionnelle, qui consiste à créer une vie qui ne pourrait pas exister dans la nature. Dans la nature, pour tous les organismes vivants, il n'y a que quatre bases nucléotidiques et 20 acides aminés, mais l'IA permet de cibler des propriétés chimiques et biologiques spécifiques pour concevoir et fabriquer des protéines non naturelles et des bases non naturelles qui ne peuvent pas être trouvées dans la nature. Cela résoudrait le problème du *"premier élément constitutif"* de la conception de formes non naturelles de vie synthétique qui utilisent ces nouveaux acides aminés et bases qui n'existent pas dans la nature.

Si ces organismes non naturels peuvent présenter des avantages, ils posent également des risques uniques. Une fois lâchés dans un environnement dont les écosystèmes ont évolué pendant des millions d'années, ces organismes pourraient être en mesure de procéder à des transferts horizontaux de gènes ou à des échanges de gènes avec des espèces naturelles, ce qui conduirait à des résultats initiaux imprévisibles.

On ne sait pas non plus si ces espèces pourraient se nourrir de protéines naturelles ou si elles devraient recourir à des molécules non naturelles. Si ces nouvelles espèces sont conçues pour dépendre de matériaux non naturels afin de synthétiser leurs propres protéines ou acides nucléiques, elles seraient incapables de survivre dans des environnements naturels si elles étaient libérées par inadvertance. À l'inverse, si elles parviennent à se nourrir de molécules naturelles et à s'établir dans des environnements non contrôlés, elles pourraient potentiellement surpasser les organismes naturels, en résistant aux prédateurs et aux virus biologiques, ce qui conduirait à une prolifération incontrôlée, pouvant aller jusqu'à l'extinction de certaines espèces actuelles.

Toute discussion sur la vie synthétique créée à partir de molécules qui n'existent pas dans la nature peut sembler relever de la science-fiction, mais ce n'est pas le cas. Le premier organisme vivant doté de ce type d'ADN non naturel a été dévoilé en 2014. Les chercheurs ont ajouté deux nouveaux nucléotides non conventionnels à l'ADN bactérien, et les bactéries non naturelles nouvellement créées ont connu 24 générations de croissance, toutes contenant les bases nucléotidiques artificielles nouvellement introduites [Malyshev et al.].

Xénobots : des embryons de grenouille aux formes de vie synthétiques

Les Xenobots sont un exemple de vie synthétique. Les xénobots tirent leur nom de la grenouille griffue africaine Xenopus Laevis et ont été mis au point en 2020 [Sokol] [Simon]. Les xénobots utilisent les molécules conventionnelles que l'on trouve dans la nature, et non les variations non naturelles dont nous venons de parler.

Les xénobots mesurent généralement moins de 1 mm de large et sont constitués de deux parties principales : les cellules de la peau et les cellules du muscle cardiaque. Ces deux types de cellules sont obtenus à partir de cellules souches embryonnaires de ces grenouilles africaines. Les cellules cutanées apportent un soutien structurel, tandis que les cellules cardiaques fonctionnent comme des moteurs miniatures qui se contractent et se dilatent de manière rythmique, poussant le xénobot vers l'avant. La disposition spécifique du corps d'un xénobot est déterminée par modélisation informatique, au moyen d'un processus d'essais et d'erreurs.

La question de savoir si les xénobots doivent être classés comme des organismes vivants, des robots ou quelque chose de complètement différent fait l'objet d'un débat permanent parmi les scientifiques. Cependant, il est clairement démontré que les xénobots présentent certaines caractéristiques communes avec les organismes vivants. Tout d'abord, les xénobots peuvent s'auto-réparer lorsqu'ils sont blessés. Deuxièmement, les xénobots peuvent se reproduire en rassemblant les cellules flottantes de leur environnement et en les assemblant pour former de nouveaux xénobots dotés des mêmes capacités. Enfin, les xénobots peuvent survivre pendant de longues périodes sans se nourrir.

Les xénobots ont été conçus pour effectuer diverses tâches, notamment marcher, nager, pousser des boulettes, transporter des charges utiles et collaborer en essaims pour rassembler des débris épars en piles organisées sur la surface de leur assiette. Sur la base de ces comportements, les xénobots sont prometteurs pour certaines applications pratiques futures. Par exemple, ils pourraient rassembler les microplastiques océaniques en masses plus importantes pour en faciliter l'enlèvement et le transport vers des installations de recyclage. En outre, en milieu clinique, les xénobots pourraient être utilisés pour effectuer des tâches telles que l'élimination de la plaque artérielle et le traitement de maladies.

Ordinateurs biologiques et apprentissage automatique biologique

Si la création d'une vie synthétique - qu'elle soit naturelle ou non - n'est pas assez ambitieuse, il faut envisager la perspective de développer des ordinateurs biologiques. Un ordinateur biologique est un système biologique spécialement conçu pour effectuer des opérations similaires à celles des ordinateurs électroniques. Les scientifiques ont déjà mis au point et caractérisé diverses portes logiques dans de multiples organismes, à l'instar de leurs homologues électroniques dans les ordinateurs.

Des avancées récentes montrent qu'il est possible d'intégrer des circuits de calcul analogiques et numériques dans des cellules vivantes. Par exemple, en 2007, un circuit biologique capable d'exécuter des fonctions logiques telles qu'AND, OR et XOR a été implémenté dans des cellules de mammifères [Rinaudo]. En outre, en 2011, des scientifiques ont mis au point une stratégie thérapeutique utilisant des calculs numériques biologiques pour détecter et éliminer les cellules cancéreuses humaines [Xie]. En outre, en 2016, les principes de l'ingénierie informatique ont été appliqués pour automatiser la conception de ce type de circuits numériques dans des cellules bactériennes [Nielsen], et en

2017, l'arithmétique et la logique booléenne ont également été mises en œuvre dans des cellules de mammifères [Weinberg].

Outre la construction de ces circuits informatiques plus simples, il est également possible de mettre en œuvre des analogues de réseaux neuronaux artificiels complexes à l'aide de composants biomoléculaires. Cela permet notamment d'exécuter des processus complexes d'apprentissage automatique au sein d'un système biologique. En outre, en 2019, une architecture théorique pour un réseau neuronal biomoléculaire a été présentée [Pandi et al.] Cette architecture est un réseau de réactions chimiques qui exécute avec précision des calculs de réseau neuronal et démontre son utilisation pour résoudre des problèmes de classification. Elle constitue l'équivalent biomoléculaire du perceptron construit en 1957 par Frank Rosenblatt, avec une structure simple similaire composée d'une couche de neurones artificiels.

Les implications de la possibilité de construire des algorithmes d'apprentissage automatique à l'intérieur de systèmes biologiques sont énormes, car cela signifie qu'il serait possible d'augmenter le niveau d'intelligence des êtres vivants, même des humains, en suivant des architectures informatiques construites avec des matériaux biologiques.

Les maîtres de la création

La biologie synthétique est sans doute l'application la plus révolutionnaire de l'IA. Elle a le potentiel de transformer l'essence des êtres humains en modifiant leurs fondements biologiques, ce qui leur permettrait de vivre plus longtemps, de résister aux maladies et d'acquérir des capacités surhumaines grâce à des organoïdes spécialement conçus. Sous l'impulsion de la puissance de l'IA, elle se produira parallèlement au développement de formes de vie biologique entièrement nouvelles. Des avancées telles que l'intégration d'éléments électroniques ou d'apprentissage automatique dans les circuits biologiques permettent de résoudre d'épineux problèmes mécaniques concernant la manière dont l'entrelacement se produira et ouvrent une voie solide pour l'entrelacement entre l'homme et l'IA.

L'immense pouvoir de la biologie synthétique fait de nous les maîtres de la création. Ou peut-être les maîtres du déséquilibre. Nous en discuterons dans les chapitres suivants.

22. L'utopie de l'IA : Redistribution, durabilité, équité

"Nous assistons ici à la force la plus perturbatrice de l'histoire [...] Il arrivera un moment où aucun emploi ne sera nécessaire—vous pouvez avoir un emploi si vous en voulez un pour votre satisfaction personnelle, mais l'IA fera tout [...]. L'un des défis de l'avenir sera de trouver un sens à la vie ".

Elon Musk,

Milliardaire américain

Entretien avec le premier ministre britannique Rishi Sunak

2 Novembre 2023 [Henshall]

L'IA va générer une richesse sans précédent en favorisant la vitesse et la productivité, en économisant et en dérisquant la prise de décision commerciale, et en éliminant le gaspillage des ressources. En 2017, PWC a publié une estimation de l'impact de l'IA sur l'économie mondiale d'ici 2030. Selon cette analyse, l'intégration de l'IA pourrait apporter une contribution supplémentaire stupéfiante de 15,7 billions de dollars à l'économie mondiale [PWC]. Un an plus tard, en 2018, McKinsey a présenté une étude montrant une activité économique totale d'environ 13 000 milliards de dollars d'ici 2030, ce qui va dans le même sens que PWC [McKinsey].

Ces deux estimations ont été réalisées avant la révolution de l'IA générative, qui a considérablement accéléré le secteur de l'IA, et nous pouvons donc les considérer comme modérées.

Les 15 700 milliards de dollars prévus par PWC dépassent le PIB total de la Chine et de l'Inde réunies, ce qui signifie que l'IA créera une nouvelle économie de la taille de la Chine et de l'Inde d'ici à 2030. Cela signifie également que le PIB mondial devrait augmenter de 14 % d'ici à 2030. En termes de répartition économique mondiale, la Chine et l'Amérique du Nord contribueraient à près de 70 % de l'impact économique mondial, en raison de l'état avancé de l'IA sur chaque marché, du droit général du travail et d'autres cadres juridiques favorables à la mise en œuvre rapide de la production influencée par l'IA, et de l'impact géométrique sur les industries existantes à grande échelle - les riches s'enrichissent en effet. La Chine devrait voir son PIB augmenter de 26 % d'ici à 2030, tandis que l'Amérique du Nord pourrait connaître une hausse de 14 %. Dans des secteurs spécifiques, la vente au détail, les services financiers et les soins de santé apparaissent comme des acteurs clés du paradigme économique en cours, selon PWC.

Ces chiffres ne représentent que l'impact à court terme, car l'intégration de l'IA dans notre économie et notre société progresse régulièrement depuis des décennies, et il n'est pas possible d'inverser cette tendance. L'IA deviendra plus intelligente, les algorithmes seront de plus en plus omniprésents dans tous les domaines et dans tous les coins de la vie, y compris dans nos décisions économiques, et les robots s'intégreront de plus en plus dans notre vie sociale et professionnelle.

Il n'y a aucun domaine de l'activité humaine sur lequel l'IA n'aura pas d'impact, la technologie visant à résoudre des problèmes jusqu'ici insolubles. La biologie synthétique a déjà créé des cultures alimentaires et, lorsqu'elle est combinée à l'optimisation logistique et à la chimie organique, elle ouvre la voie non seulement à l'élimination de la faim, mais aussi à l'optimisation de la nutrition et des performances humaines. Les problèmes énergétiques des sociétés, qu'il s'agisse du coût, de l'accès universel ou de la durabilité, peuvent être résolus grâce à une combinaison d'ingénierie pilotée par l'IA qui optimise la combinaison des sources d'énergie afin de contribuer à la perfection de technologies telles que l'exploitation des vagues et la sécurisation totale de l'énergie nucléaire. Le niveau de développement de nouveaux produits dans tous les secteurs - alimentation, textile, médias, télécommunications, matériaux de construction - sera stupéfiant, car les décisions seront prises sur la base d'une meilleure information sur les préférences et seront moins sujettes à l'erreur ou au jugement erroné. L'efficacité de l'allocation des ressources et les gains de productivité devraient se conjuguer pour faire baisser les prix de la plupart des produits.

L'état final vers lequel l'humanité se dirige sera soit utopique, soit dystopique, soit un mélange des deux, les résultats réels dépendant entièrement de la manière dont l'IA sera développée, déployée et réglementée. Il est difficile de quantifier les probabilités spécifiques de chaque scénario, étant donné l'interaction complexe des éléments technologiques, économiques, sociétaux et éthiques, ainsi que le rôle prépondérant des superpuissances géopolitiques concurrentes ayant des visions différentes du monde, et même des acteurs individuels ayant des motivations et des conceptions du *"bien"* différentes dans le drame qui se joue. L'issue finale dépend de la manière dont les acteurs responsables utilisent la technologie, de l'économie qui conditionne la croissance et le déploiement, ainsi que des cadres et interactions politiques et réglementaires - autant d'éléments qui sont actuellement sous notre contrôle total.

Nous avons des raisons de croire qu'avec une orientation réglementaire et sociétale alignée sur nos valeurs et croyances fondamentales, l'IA pourrait finir par se positionner à court terme pour créer et maintenir une amélioration pour l'humanité. Ce chapitre s'attache à décrire certains des aspects positifs que le développement de l'IA pourrait avoir au cours des prochaines décennies, tout en soulignant certains des pièges et des compromis nécessaires pour parvenir à un résultat positif. Dans ce scénario utopique, l'IA n'est pas seulement transformatrice, mais aussi transcendante, et n'est utilisée que pour l'amélioration de l'humanité et le bénéfice de la plupart des gens. Dans cette optique, les technologies de l'IA sont entièrement contrôlées par nous et imprégnées de nos valeurs. Elles sont limitées pour stimuler de manière significative l'innovation industrielle et le développement de produits. Elles améliorent la productivité, ce qui peut faire baisser les coûts, en garantissant l'adéquation produit-marché de la production économique, de sorte que les ressources ne sont pas gaspillées. Elles favorisent la croissance économique et permettent à chacun d'entre nous de retrouver du temps et un équilibre entre vie professionnelle et vie privée. Enfin, les technologies de l'IA joueraient également un rôle essentiel dans la résolution de problèmes complexes tels que la maladie, la pauvreté ou les questions environnementales, propulsant ainsi l'humanité vers des sommets sans précédent. Que l'on croie les estimations de croissance de McKinsey ou de PWC, le monde est sur le point de s'enrichir considérablement.

Dans le prochain chapitre, nous présenterons l'autre face de la médaille technologique, celle qui mène à un avenir dystopique, et ce qui joue en faveur et en défaveur de ce résultat pour nous permettre de comparer les deux possibilités.

Nous pensons que l'avenir se situera quelque part entre les deux, avec les libres penseurs et les autodéterministes d'aujourd'hui, ceux dont la pensée est gouvernée par la logique plutôt que par les émotions, les classes moyennes / économiquement prospères mais pas ultra-riches, et ceux qui cherchent à s'individualiser, qui se retrouveront dans des dystopies à des degrés divers. À l'inverse, les ultra-riches, les technologues qui contrôlent l'IA et la cyborgisation, les politiciens qui n'ajoutent aucune valeur, sauf pour eux-mêmes et leurs bureaucraties, et les acteurs économiques les moins performants d'aujourd'hui (par exemple, les classes moyennes inférieures et les pauvres) se rapprocheront de l'utopie.

Les pages suivantes présentent une vision idyllique d'un avenir guidé par l'IA.

La science-fiction des utopies de l'IA

Une utopie de l'IA peut être définie comme une société dans laquelle l'IA avancée a apporté une prospérité, une harmonie et un progrès sans précédent. Dans la science-fiction, les utopies de l'IA ont été envisagées par des auteurs tels que Vernor Vinge dans *"Rainbows End"* (2006) et Iain M. Banks dans la série *"La Culture"* (1987) [Vinge] [Banks]. Les deux œuvres soulignent le potentiel de l'IA à éliminer la souffrance humaine, à promouvoir l'éducation et l'accès à la connaissance, et à remodeler l'expérience humaine ; elles diffèrent toutefois fortement dans la manière dont l'IA influence la société, en nous faisant comprendre que l'IA peut emprunter de multiples chemins et que nos démarches réelles vers l'Entrelacement auront un impact profond sur le degré d'utopie ou de dystopie du monde qui en résultera. *"Rainbows End"* se situe principalement sur une Terre d'un futur proche, étroitement liée aux cadres sociétaux existants. En revanche, *"La Culture"* s'articule autour d'une civilisation galactique hautement avancée qui navigue dans l'espace et que l'on appelle spécifiquement "La Culture". Elle dépeint une transformation plus radicale, l'IA exerçant un pouvoir et une influence considérables.

Dans "Rainbows End", l'auteur présente une Terre future où les progrès de l'IA ont conduit à une société utopique marquée par de profondes transformations. L'omniprésence de l'IA dans *"Rainbows End"* est illustrée par l'utilisation généralisée de dispositifs informatiques portables qui offrent un accès immédiat à l'information et connectent les individus à de vastes réseaux de connaissances. Ces dispositifs s'appuient sur des systèmes d'IA sophistiqués qui augmentent l'intelligence humaine et permettent aux individus d'acquérir de nouvelles compétences et connaissances de manière remarquable. L'IA est domestiquée, ou apprivoisée si l'on veut, avec pour résultat une société où l'éducation est démocratisée, où l'expertise est facilement accessible et où le développement intellectuel est une quête de toute une vie.

Sous un régime bienveillant d'IA, la société du récit de Vinge est libérée de nombreux conflits humains traditionnels. La pauvreté a été largement éradiquée grâce à la disponibilité d'une technologie omniprésente pilotée par l'IA, capable de répondre aux besoins fondamentaux de la population. En outre, le besoin de guerres physiques a considérablement diminué, la guerre de l'information et la diplomatie assistée par l'IA étant devenues les principaux moyens de résoudre les conflits.

Pourtant, l'utopie de Vinge n'est pas sans poser de problèmes. L'intégration transparente de l'IA dans la vie quotidienne soulève de graves questions sur la vie privée et l'individualité. Dans ce monde, les identités personnelles peuvent être facilement manipulées et la surveillance est omniprésente. À bien des égards, il s'agit d'une simple extrapolation de l'IA générative et de la technologie de surveillance déjà en place dans les pays développés aujourd'hui. Les outils qui permettent les caractéristiques idéologiques de la société peuvent également être utilisés à des fins de manipulation et de contrôle, soulignant à nouveau le dilemme perpétuel de la technologie comme une pièce de monnaie à deux faces.

D'autre part, la série *"La Culture"* de Iain M. Banks présente un univers dans un futur lointain, où l'utopie de l'IA sur Terre a étendu son influence bienveillante sur le cosmos. Des IA très avancées et sensibles, appelées *"Minds"*, ont atteint un niveau de sophistication tel qu'elles gèrent tous les aspects de la société de la Culture, de l'allocation des ressources à la diplomatie et à la gouvernance.

L'un des traits les plus distinctifs de cette société est également son économie post-scarence, similaire à *"La Culture"*. Ostensiblement, l'élimination du gaspillage et l'optimisation des ressources, comme nous l'avons mentionné au chapitre 19, seront une caractéristique principale de l'IA. Dans ce monde, les esprits développent et garantissent des ressources abondantes pour la société, éliminant ainsi le besoin de systèmes monétaires ou de hiérarchies économiques. Les individus de la culture sont libres de poursuivre leurs passions et leurs intérêts, l'IA veillant à ce que leurs besoins et désirs fondamentaux soient satisfaits sans effort.

Néanmoins, Banks explore le concept omniprésent de la liberté individuelle et de l'autonomie d'une manière très différente de Vernor Vinge. Si les IA Minds gèrent la société, elles le font d'une manière qui respecte et valorise l'autonomie personnelle. Les citoyens de *"La Culture"* ont la liberté de vivre comme ils l'entendent, y compris de modifier leur corps et leur conscience, d'explorer diverses formes de relations et de s'engager dans un large éventail d'activités créatives et intellectuelles.

Toutefois, cette utopie n'est pas exempte de dilemmes éthiques. Banks soulève des questions sur les implications d'un pouvoir aussi immense pour les entités d'IA. Les esprits de la culture sont bienveillants, mais que se passerait-il s'ils ne l'étaient pas, et comment ce résultat est-il garanti ? La possibilité d'un contrôle et d'une surveillance absolus par ces entités superintelligentes soulève des inquiétudes quant à la perte de la liberté et de l'autonomie humaines, ainsi qu'à la possibilité de conclure des contrats faustiens dans tous les aspects de la vie.

L'IA et l'avenir du travail

L'IA va transformer le travail tel que nous le connaissons aujourd'hui. D'une part, le déploiement rapide de l'IA dans la vie économique nous oblige à nous demander : *"Qu'advient-il des emplois ?"* Lorsque nous examinons la trajectoire de l'IA et de la cyborgisation, une autre dimension s'ajoute, dans laquelle nous devons également nous demander : *"Qu'advient-il du travail ?"*

La complexité du sujet touche aux modèles économiques dominants dans un contexte de pénurie, de transition démographique et de développement des capacités humaines à être productif et épanoui dans un monde de plus en plus dominé par l'IA. Plus important encore, l'une des préoccupations majeures de l'IA concerne le déplacement potentiel d'emplois, en particulier dans les secteurs fortement tributaires de tâches répétitives ou routinières susceptibles d'être automatisées.

Mais il s'agit d'un problème connu et donc abordable. Le *"rapport sur l'avenir de l'emploi"* du Forum économique mondial estime que 85 millions d'emplois devraient être remplacés par des machines alimentées par l'IA d'ici à 2025. Toutefois, le rapport prévoit également la création d'environ 97 millions de nouveaux emplois attribuables à l'IA d'ici 2025. [WEF]. Au fur et à mesure que l'IA progresse et s'intègre dans divers secteurs, de nombreuses opportunités d'emploi et de nombreux avantages apparaîtront. Alors que les tâches banales seront de plus en plus déléguées à l'IA, les humains restent essentiels pour affiner le travail effectué par l'IA, effectuer des contrôles de qualité, réaliser des aspects plus créatifs des emplois et, bien sûr, interagir avec d'autres humains. En outre, des fonctions spécialisées telles que celles d'ingénieur en IA, de scientifique des données et de praticien du droit et de l'éthique de l'IA, qui n'existaient pas auparavant, seront très demandées à mesure que les entreprises poursuivront le développement et la mise en œuvre de solutions basées sur l'IA, du moins à court terme.

L'IA prenant d'abord en charge les tâches routinières, l'accent sera davantage mis sur l'acquisition ou l'approfondissement de ce qui reste des compétences exclusivement humaines, que nous caractérisons comme la pensée critique et l'intelligence émotionnelle. Ce changement d'orientation s'aligne sur la poursuite des passions, car les individus peuvent investir du temps dans le développement de compétences qui non seulement s'alignent sur leurs intérêts, mais contribuent également à leur développement personnel et professionnel. De même, une nouvelle vague d'ingénieurs en IA, de techniciens, de spécialistes du cloud, de machinistes et même de professionnels de la maintenance spécialisée sera nécessaire, avec un vaste terrain de formation fourni de manière entrepreneuriale par des entreprises telles que Coursera, qui depuis 2015 a augmenté ses milliers de cours et d'étudiants à un TCAC de 12 %.

L'IA a un impact non seulement sur les emplois, mais aussi sur le *"travail"* lui-même. Bien que les individus aient besoin d'un ajustement conscient pour naviguer dans le paysage changeant, l'IA a le potentiel inné de contribuer à un équilibre travail-vie privée plus sain pour tous à court terme. Avec moins d'heures consacrées à un travail monotone, les gens auront la possibilité d'investir plus de temps dans les loisirs, l'épanouissement personnel et les moments de qualité avec la famille et les amis. Un premier mouvement dans cette direction peut être observé chez les travailleurs syndiqués de l'automobile aux États-Unis, qui demandent des semaines de travail de quatre jours, soutenus par la productivité des robots et de l'IA dans les ateliers, et qui obtiennent une concession ; les constructeurs automobiles peuvent rester aussi rentables, voire plus, tout en permettant une restructuration du travail puisque les robots n'ont pas besoin d'être rémunérés. L'impact positif sur le bien-être mental pourrait être considérable, car les individus verraient diminuer le stress associé à un travail fastidieux, ce qui se traduirait par une amélioration de la satisfaction globale de la vie.

Il est certainement possible que les avantages l'emportent sur la dislocation du travail dans la vie de l'individu à l'ère de l'IA et de la robotique. Nous sommes tous d'accord pour dire que l'amélioration de l'équilibre entre le travail et la vie privée de manière significative est bénéfique pour tous. Mais cela ne se produira pas sans une action spécifique de la part des sociétés pour canaliser l'activité et créer de nouvelles réponses appropriées, peut-être même inédites, aux défis posés par la migration de la main-d'œuvre. Les sociétés auront besoin d'une stratégie spécifique et documentée en matière de main-d'œuvre qui s'inscrive dans une perspective de planification à long terme et permette à l'IA de s'intégrer dans la vie économique et dans les entreprises tout en préservant les emplois aussi longtemps que possible grâce à la modification des rôles. Une approche globale impliquant la création de nouveaux emplois, le droit du travail, des programmes de requalification et des efforts de collaboration entre les gouvernements et les entreprises - ainsi qu'entre les humains et l'IA - garantirait une main-d'œuvre dynamique, maximiserait la productivité et favoriserait l'innovation.

Le filet de sécurité du revenu de base universel

Alors que les inquiétudes concernant le déplacement des emplois sont grandes, des solutions ont déjà été proposées pour résoudre ce problème, l'une d'entre elles étant le revenu de base universel (RBU). Le RBI consiste à garantir un revenu minimum à tous les membres d'une société, quelle que soit leur situation professionnelle. Les défenseurs du RBI soutiennent qu'il fonctionnerait comme un filet de sécurité pour les travailleurs déplacés par l'automatisation et l'IA, leur permettant de répondre aux besoins de base tout en cherchant un nouvel emploi ou en poursuivant des études et une formation, ou qu'il deviendrait permanent pour ceux qui ne peuvent pas être déployés économiquement. Le financement proviendrait de la richesse créée par la productivité induite par l'IA, qui devrait être redistribuée selon une formule reflétant les valeurs de la société, garantissant une qualité de vie élevée pour tous et améliorant le déplacement social que l'IA provoquera en l'absence de toute politique [LaPonsie].

Cette approche présente plusieurs avantages notables. En plus d'un filet de sécurité qui garantit de la même manière la consommation continue et généralisée de biens et de services nécessaires à l'expansion d'une économie à la suite d'un déplacement d'emplois, la sécurité économique qu'impliquerait le RBI pourrait ostensiblement encourager la prise de risques et les efforts entrepreneuriaux. Les individus pourraient poursuivre des projets et des entreprises qui les passionnent sans craindre l'instabilité financière. Cette diversification des activités économiques stimulerait non seulement l'innovation, mais contribuerait également à une économie plus dynamique et plus résistante. La poursuite de l'éducation serait également un résultat du Revenu de base universel ('UBI, Universal Basic Income). Ainsi, l'accumulation sociale du capital humain pourrait être une conséquence, générant des externalités positives pour la société.

Les détracteurs de l'UBI l'alignent conceptuellement sur les programmes d'aide sociale actuels, citant la création de désincitations au travail. Contrairement aux révolutions économiques du passé, telles que la révolution industrielle et la numérisation de l'économie à partir de 2000, le déploiement de l'IA et de la robotique rendra de larges pans de la population irrévocablement non viables sur le plan économique, ce qui nécessitera une certaine forme de subvention. Les décisions de travailler ou de ne pas travailler sont prises principalement en fonction du revenu marginal que l'on peut tirer du travail, et l'IA est sur le point de remanier cette équation de manière défavorable pour de nombreuses personnes. La capacité à éviter les désincitations à la marge est, ironiquement, une fonction du taux et des règles que l'intelligence artificielle est nécessaire pour fixer avec précision.

Une autre critique de l'UBI est son impact inflationniste potentiel. L'UBI pourrait entraîner une augmentation des dépenses et de la demande, et si cela ne s'accompagne pas d'une augmentation de l'offre de biens et de services, les prix ne feraient qu'augmenter. Il existe de nombreux exemples historiques qui suscitent cette inquiétude. La mise en œuvre de programmes de redistribution massive des richesses sans augmentation de la productivité en Argentine, par exemple, a permis de passer d'un PIB par habitant équivalent à celui de l'Europe occidentale au début du XXe siècle à seulement 27 % du PIB par habitant de l'Union européenne en 2021, après sept décennies de programmes de redistribution des richesses [Ourworldindata].

La seule possibilité d'éviter l'inflation serait de parvenir à une augmentation de l'offre de biens et de services qui corresponde à l'augmentation de la demande. Nous pensons que l'IA pourrait constituer la base de cette augmentation, car l'IA rendra les ressources existantes plus efficaces tout en élargissant la gamme de produits et de services disponibles pour les gens. Toutefois, nous reconnaissons également que le résultat réel dépendra de l'élasticité des prix et des marges de chaque produit et service. Le maintien d'une production élevée peut ou non optimiser le retour sur investissement de l'IA. Pour certains produits spécifiques, une production plus faible, entraînant des prix plus élevés, offrirait un rendement plus important qu'une production plus importante et une vente à des prix plus bas. Même s'il était théoriquement possible de faire correspondre l'offre et la demande de services pour que tout le monde en profite, les incitations humaines pourraient ne pas être alignées pour réaliser cette synchronisation.

Le RBI présente d'autres éléments de complexité. Par exemple, le financement du RBI serait essentiellement une *"taxe sur l'IA"* dont les taux, les méthodes de calcul et les processus de collecte seraient soumis à des processus politiques. Cette taxe taxerait le travail effectué par l'IA de la même manière que les taxes actuelles taxent le travail humain. Par ailleurs, une structure fiscale progressive punirait les entreprises qui déploient l'IA avec le plus de succès, tandis qu'une structure régressive risquerait de laisser le financement insuffisant. La structure fiscale régressive pourrait également aller à l'encontre des objectifs de l'IA.

Un autre élément de complexité est la nécessité de repenser la manière dont le RBI s'inscrit dans les autres programmes de protection sociale dont disposent les sociétés, et en particulier la question de savoir si le RBI les remplacera.

L'UBI reste un concept débattu, mais les gouvernements et même l'industrie s'intéressent de plus en plus à son étude et la soutiennent. Bien que l'UBI n'ait jamais été mis en œuvre avec succès à grande échelle, il existe néanmoins quelques exemples limités qu'il est utile d'explorer à des fins d'orientation :

- Entre 1795 et 1834, le système Speenhamland, premier programme de revenu garanti de l'histoire, a permis d'éviter la famine à un grand nombre de familles rurales anglaises [Block et Somers].
- Le programme *"BIG"* (Basic Income Grant) mis en œuvre en Namibie a permis de réduire de près de moitié le taux de pauvreté du pays [Haarmann et al.]
- Le programme *"Bolsa Familia"* au Brésil (2003-2015) a permis de réduire le taux de pauvreté de ce pays de plus de 75 % [Pereira]
- Selon une étude réalisée en 2016 par l'Université de l'Alaska, le programme APF - Alaska Permanent Fund - qui fournit à tous les résidents de l'État une petite somme annuelle d'environ 1 000 dollars - permet à 15 000-23 000 Alaskiens de ne pas sombrer dans la pauvreté [Marinescu et Hiilamo].

En résumé, les gains de productivité et de production que l'IA apporterait devraient théoriquement rendre l'UBI ou des programmes interventionnistes similaires économiquement réalisables, les modèles d'IA aidant ironiquement à résoudre les problèmes épineux liés à la fixation et à la structure des taux. Pour que l'UBI fonctionne dans la pratique, il faudra que l'augmentation de la demande créée par le programme soit accompagnée de manière appropriée par une augmentation de l'offre de biens et de services créés par l'IA.

L'UBI est un système complexe qui peut avoir d'autres conséquences indésirables. Nous les présenterons au chapitre 23, qui porte sur les éléments dystopiques introduits par l'IA.

Repenser l'éducation pour un avenir piloté par l'IA

Face à la transformation de la main-d'œuvre et à l'obsolescence économique rapide de nombreux ensembles de compétences, la meilleure arme d'un travailleur du 21e siècle sera ses compétences transversales et sa capacité à apprendre en permanence. Ces deux éléments sont issus de l'éducation. Il est essentiel que la société soutienne l'apprentissage tout au long de la vie, la montée en compétences et la requalification des artisans et des professionnels pour qu'ils puissent s'orienter sur le marché du travail dynamique dans le cadre de l'accélération de la transformation induite par l'IA.

En conséquence, nous assistons déjà à une profonde transformation dans le domaine de l'éducation, sous l'effet de l'intégration accélérée de l'IA. Ce changement de paradigme promet de remodeler l'ensemble du paysage éducatif. Il influencera les méthodes d'enseignement, l'engagement des étudiants, le rôle des universités et, à l'instar de l'impact de l'IA sur le travail en général, la nature même de l'apprentissage.

Nous établissons des parallèles entre l'IA et l'intégration des calculatrices dans les classes de mathématiques, à laquelle de nombreux enseignants se sont opposés entre les années 1960 et 1990. La calculatrice, autrefois révolutionnaire, est aujourd'hui devenue un outil standard dans les salles de classe, améliorant la compréhension et l'efficacité des élèves dans les matières mathématiques. Il incombait au système éducatif de s'assurer que l'élève comprenait et pouvait effectuer des opérations arithmétiques. La calculatrice, en tant qu'outil, permettait d'économiser du temps d'apprentissage, en supprimant la puissance de traitement humaine inutile, ce qui permettait de passer plus rapidement à la géométrie, à l'algèbre et au calcul. De même, l'IA devrait être reconnue comme un instrument didactique fondamental, jouant un rôle crucial dans la formation des étudiants et d'une main-d'œuvre bien préparée aux exigences de l'avenir.

Nous pensons qu'à mesure que l'IA prend en charge des tâches routinières et répétitives, l'enseignement devrait passer des tâches professionnelles spécifiques - que l'IA peut de toute façon automatiser - à la promotion de la pensée critique et de la résolution de problèmes. L'enseignement devrait préparer les étudiants à collaborer avec l'IA et à la superviser, en leur permettant d'examiner, d'interpréter et de remettre en question de manière critique le contenu et les informations générés par l'IA. L'esprit critique et la résolution de problèmes seront de plus en plus importants dans tous les emplois. La programmation informatique est un exemple utile. L'IA est capable de générer du code de programmation assez efficacement avec des outils tels que GitHub Copilot ou Replit. Toutefois, l'écriture de code n'est qu'une partie du rôle d'un ingénieur logiciel. L'IA peut être capable de convertir des spécifications de haut niveau en code, mais il lui manque la compréhension du contexte et l'approche itérative qui définissent le développement de logiciels. En plus d'écrire du code, les ingénieurs logiciels humains doivent faire preuve d'expertise et d'esprit critique dans des domaines tels que la sécurité, où le code généré par l'IA peut introduire des vulnérabilités, le débogage et la gestion des problèmes imprévus, la satisfaction des besoins des clients, l'adaptation à l'architecture de manière flexible et la protection des données, qui requièrent tous de la créativité et de l'expertise de la part des humains.

La capacité d'adaptation est une autre compétence cruciale que le système éducatif doit soutenir. À mesure que l'IA progressera, elle automatisera de plus en plus de tâches, et les travailleurs devront mettre à jour leurs compétences plusieurs fois au cours de leur vie professionnelle afin de rester économiquement vitaux. Si l'on reprend l'exemple précédent du développement de logiciels, les programmeurs du futur devront continuer à gravir l'échelle des compétences pour se lancer dans des activités à plus forte valeur ajoutée, car les grands modèles de langage et l'IA générative continuent d'évoluer et prennent en charge de plus en plus d'aspects techniques du développement de logiciels. Dans les années à venir, des agents d'IA se spécialiseront dans l'écriture du code, d'autres dans le débogage du code et d'autres encore dans le test des vulnérabilités et le retour d'information aux agents d'IA qui ont écrit le code en premier lieu. Il en résultera une boucle de rétroaction dans laquelle plusieurs agents d'intelligence artificielle travailleront ensemble pour écrire un code bien testé et entièrement fonctionnel. À ce moment-là, les humains ne seront plus obligés de faire du codage technique. Au lieu de cela, ils géreront des projets logiciels complexes en communiquant simplement des attentes et des exigences de haut niveau et en prenant des décisions sur les différentes voies à suivre pour atteindre un objectif. À un moment donné, un seul propriétaire de produit humain non technique sera la seule personne requise pour écrire des logiciels très complexes avec l'aide de l'IA. À ce moment-là, le métier d'ingénieur logiciel n'existera plus et les ingénieurs devront gravir l'échelle des compétences pour devenir des chefs de produit non techniques de haut niveau, ce qui mettra en évidence la nécessité de l'adaptabilité et de l'apprentissage tout au long de la vie. Comme les développeurs de logiciels dans notre exemple, nous pensons que pour obtenir un résultat positif, la plupart d'entre nous devront désormais s'adapter et pivoter plusieurs fois au cours de leur vie professionnelle.

L'un des changements les plus importants que l'IA apportera est la personnalisation des expériences d'apprentissage, qu'il s'agisse de l'éducation pour les professionnels ou de l'éducation traditionnelle (maternelle, secondaire et universitaire). Des algorithmes d'IA avancés analyseront les styles d'apprentissage, les préférences et les points forts de chaque élève, en adaptant le contenu pédagogique à la vitesse et à la capacité d'apprentissage qui lui sont propres. Cette approche personnalisée a le potentiel d'améliorer l'engagement et la compréhension des étudiants. Les plateformes alimentées par l'IA faciliteront l'apprentissage à distance et asynchrone, permettant aux étudiants d'accéder aux ressources éducatives et de suivre les cours à leur propre rythme. Cela démocratisera l'éducation, fera tomber les barrières géographiques et offrira des chances égales d'apprentissage aux étudiants, en particulier à ceux qui vivent dans des régions éloignées ou appauvries.

L'IA peut également constituer une aide précieuse pour les éducateurs. Des algorithmes sont déjà prêts à examiner les données relatives aux performances des élèves, à mettre en évidence les domaines dans lesquels ils rencontrent des difficultés et à leur fournir un retour d'information en temps réel. Les méthodes d'apprentissage dites adaptatives et les algorithmes d'IA analyseront les performances d'un élève au fil du temps, fournissant une représentation plus précise de ses capacités, allant au-delà de la mémorisation pour mesurer la pensée critique, la résolution de problèmes et les aptitudes à la créativité. Les éducateurs pourront ainsi se concentrer sur l'affinement de leurs stratégies pédagogiques et sur la fourniture d'un soutien ciblé là où le besoin s'en fait le plus sentir. Nous prévoyons la fin de nombreux concepts dépassés, tels que le roulement annuel des classes lié à l'âge chronologique, par exemple *"il est en deuxième année, elle est en troisième année"*, et le système semestriel, remplacés par la définition de niveaux croissants de maîtrise des concepts. L'éducation, dans son ensemble, constitue la programmation des esprits, les outils et les processus de l'éducation de masse actuelle reposant sur une technologie et un paysage économique qui n'existent plus. L'IA transformera rapidement ce paysage, en aidant les gens à atteindre leur potentiel maximal.

Les méthodes améliorées basées sur l'IA qui accélèrent et optimisent le potentiel d'apprentissage ne représentent que la moitié de l'équation. L'autre moitié de l'équation est le programme scolaire. Les écoles publiques occidentales d'aujourd'hui, avec leurs mécanismes didactiques dépassés et leur programme d'études conçu pour préparer les gens à réussir pendant la révolution industrielle, subiront une révision nécessaire.

Les matières enseignées de la maternelle à la terminale, telles que l'appréciation de la musique et l'histoire de l'art, qui sont enseignées en groupe et impliquent des activités de mémorisation, peuvent être enseignées à distance via l'internet en tant que cours facultatif, les étudiants pouvant assimiler plus rapidement les connaissances puisqu'ils gagnent du temps en ne se rendant pas physiquement dans les salles de classe. L'utilisation de nouvelles méthodes d'enseignement fondées sur l'IA pour accélérer l'apprentissage en fonction des besoins individuels accentuera les effets de gain de temps et d'efficacité. On estime qu'un cours traditionnel d'histoire de l'art d'une durée d'un semestre peut désormais être dispensé en moins de trois semaines. Avec un tel niveau de gain de temps et d'efficacité dans l'apprentissage, de nouvelles matières essentielles à la mission qui renforcent réellement la pensée critique, l'innovation et l'esprit d'entreprise dans toutes les disciplines peuvent être lancées : par exemple, les compétences de recherche assistée par l'IA, le codage, la résolution de problèmes mathématiques et les modèles d'IA appliqués aux problèmes d'allocation des ressources. En outre, la réalité virtuelle (RV) et la réalité augmentée (RA), associées à l'IA, créeront des expériences d'apprentissage immersives et pratiques, transportant les étudiants dans des événements historiques, des simulations scientifiques et des laboratoires virtuels, rendant tangibles des concepts abstraits et favorisant une compréhension plus profonde des sujets.

En bref, ce qui est enseigné aujourd'hui au niveau des premières bases est dépassé et ne permettra pas aux gens d'apporter leur contribution dans les années à venir. Certains syndicats d'enseignants actuels manquent de responsabilité et s'opposent à ce changement, ce qui nuit à la société si l'on considère l'impact à long terme. Nous nous demandons si certains des enseignants d'aujourd'hui, qui sont eux-mêmes le produit de méthodologies et de programmes dépassés, ont les compétences nécessaires pour enseigner les nouvelles matières indispensables. Il est probable qu'à un moment donné, les enseignants soient remplacés par l'IA, compte tenu des modèles d'apprentissage adaptatif, des robots capables d'exprimer des émotions et du développement de nouveaux programmes d'enseignement basés sur les faits.

Dans l'ensemble, le pouvoir de l'IA de transformer l'éducation est puissant et profond, et nous pensons qu'une révision du système éducatif fondamental de la maternelle à la terminale est nécessaire pour assurer la viabilité à long terme et atteindre les promesses illimitées que les outils basés sur l'IA ont pour maximiser le potentiel humain.

L'IA dans le développement de nouveaux produits

Le développement de produits est l'une des entreprises commerciales les plus difficiles à entreprendre, car elle comporte un risque d'investissement et une information imparfaite. C'est aussi la conséquence commerciale de l'innovation.

Celle-ci peut prendre la forme d'une nouvelle application, d'un nouveau thème de restaurant avec un nouveau menu, voire de l'ouverture d'un nouveau zoo. L'histoire du commerce peut être considérée d'une certaine manière comme l'évolution du développement de produits - à partir de l'amélioration des processus, de la recherche d'une adéquation produit-marché, de la réduction des risques liés aux dépenses en capital et en ressources, de l'itération intelligente et de la création de nouveaux produits pour lesquels les gens sont prêts à payer à un prix qu'ils sont prêts à payer. C'est compliqué ; pour chaque Coca-Cola, il y a 50 Jolt Colas. L'innovation, la consommation du marché et la productivité sont les principaux moteurs de toutes les économies.

L'IA est appelée à jouer un rôle central dans l'économie de chaque étape du processus de développement des produits, en utilisant des algorithmes d'IA formés à partir de données pour évaluer de manière factuelle les préférences et les intérêts de populations à grande échelle, évaluer les concurrents et les prix des intrants, et concevoir et développer des constructions de produits qui représentent la meilleure adéquation, en réduisant rapidement les risques à chaque point de l'arbre de décision qui est nécessaire pour prendre des intrants rares et les transformer en produits que nous consommons.

Dans le domaine des biens de consommation à rotation rapide, l'histoire des boissons aux États-Unis est illustrative. Historiquement, les boissons étaient développées par des colporteurs qui créaient une formule de base, la produisaient dans un garage ou un alambic portatif et voyageaient à cheval de ville en ville pour la vendre, affinant les formules en fonction des réactions jusqu'à ce qu'elles aboutissent à une offre de produits qui pouvait être maintenue. Des milliers de personnes s'y sont essayées, et une ou deux idées ont peut-être survécu. Le terme *"huile de serpent"* décrit des produits bizarres aux prétentions commerciales douteuses, issus de cette forme primitive de développement de produits en vigueur aux États-Unis au milieu et à la fin du XIXe siècle.

À l'ère des technologies de l'information et des magasins de proximité, les processus étaient tout à fait différents : Tout d'abord, une entreprise menait des recherches, analysait la concurrence, évaluait le marché des boissons, titrait plusieurs versions d'un produit qu'elle concevait et fabriquait un produit à base de boissons, le tout en utilisant des données générales sur la consommation du produit. Elle organise ensuite un groupe de discussion pour permettre à un sous-ensemble *"statistiquement pertinent"* de clients d'évaluer initialement la boisson et les éléments de l'emballage. Si le produit est accepté par le groupe de discussion, il est envoyé dans les rayons des magasins de proximité, et l'entreprise mesure la vitesse des ventes et les réactions des clients pour déterminer si le produit a des ailes. S'il n'atteignait pas les seuils de performance, il était soit éliminé, soit affiné, ce qui le replongeait dans ce processus d'exploration, où l'évaluation des goûts des consommateurs est une perpétuelle *"supposition éclairée"*. L'investissement en temps et l'utilisation de ressources limitées nécessaires à chaque étape du processus ne sont pas sans conséquence. Mais au lieu d'un succès sur 1000, le processus de développement de produits affiné a permis d'obtenir un succès sur 25.

Lorsque des modèles d'IA entraînés rassemblent de grandes quantités de données sur les consommateurs, le marché, les concurrents, les ventes, la formule des boissons et des données scientifiques sur les ingrédients et les combinaisons de goûts avant même que le nouveau produit ne soit envisagé, de la même manière que les modèles d'IA non supervisés peuvent prédire les défaillances de crédit avec un degré élevé de précision, comme nous l'avons vu au chapitre 6, l'ensemble de la chaîne de développement du produit est dérisqué et amélioré. Plus le modèle d'IA est performant, plus le résultat du développement de produits se rapprochera d'un ratio développement-succès de 1 pour 1. Il en résultera des économies de capital, de ressources et de temps, qui se traduiront par un plus grand nombre de produits mieux adaptés aux préférences des consommateurs et par des prix plus bas, les ressources économisées pouvant être affectées à d'autres produits et applications. L'IA favorisera cette évolution dans toutes les catégories de produits, permettant à un dollar de consommation d'aller plus loin dans un éventail de produits et de services. L'économie se développera.

Nous prévoyons que l'IA contribuera à réduire les risques liés au développement et à la mise sur le marché rapides de nouveaux produits et services qui correspondent aux préférences et aux intérêts individuels, bien plus que ce que nous avons connu jusqu'à présent dans l'histoire économique. Des voies de distribution optimisées garantissent également que ces produits sont livrés plus efficacement et sans erreur. Les produits et services existants subiront également des améliorations qui augmenteront l'utilité pour le client. D'énormes quantités de préférences et d'autres données sont nécessaires pour intégrer l'IA dans ce processus, mais comme nous l'avons déjà vu dans les chapitres 6 et 7, des algorithmes d'IA sont déjà développés dans ce domaine.

L'IA industrielle et l'usine du futur

Bien que la majorité des applications de l'IA se concentrent actuellement sur les marchés de consommation et les applications B2C, l'IA aura également un impact sur les applications industrielles B2B qui peuvent contribuer à faire évoluer la société vers des résultats utopiques.

La distinction cruciale entre l'IA appliquée aux environnements industriels et l'IA polyvalente utilisée dans les environnements grand public est que l'IA industrielle doit absolument comprendre la causalité. Les environnements industriels sont composés de machines complexes comportant des millions de paramètres. La modification de certains de ces paramètres a des répercussions sur toute une chaîne d'événements. L'IA doit prendre des décisions en comprenant toute cette chaîne de cause à effet en détail et non en se basant sur des probabilités ou des corrélations, qui peuvent avoir une marge d'erreur et conduire à des instabilités dans le processus de fabrication ou, pire encore, à des problèmes de sécurité. Plus important encore, la causalité est également l'un des domaines fondamentaux de la recherche actuelle en matière d'IA, à l'origine de la quête de l'intelligence artificielle générale (AGI).

Nous avons déjà parlé de l'automatisation des tâches répétitives. Cependant, cette nouvelle génération d'IA industrielle avancée va encore plus loin. L'IA industrielle est conçue pour effectuer des tâches actuellement confiées à des ingénieurs de haut niveau dans les usines et les entreprises industrielles. Ces tâches ne sont pas répétitives, mais plutôt complexes et nécessitent une compréhension très détaillée de l'ingénierie. Par exemple, l'IA de qualité industrielle peut être utilisée dans les installations industrielles pour résoudre des problèmes d'optimisation, résoudre des problèmes complexes d'utilisation des matériaux et concevoir de grands projets industriels impliquant des millions de composants.

L'IA peut résoudre de nombreux problèmes d'ingénierie avancée *"sur le papier"*. Toutefois, pour transposer ces solutions dans le monde réel de l'usine, les robots mécaniques continueront à jouer un rôle très important. En particulier, les robots collaboratifs, ou cobots, dont nous avons parlé au chapitre 12, travailleront aux côtés des ingénieurs humains dans des tâches répétitives et physiquement exigeantes, améliorant ainsi l'efficacité et la sécurité des processus de fabrication.

Ce type d'IA de qualité industrielle permettra de créer des usines de fabrication qui seront à la fois autodidactes, auto-adaptables et autosuffisantes. Ce changement représente un bond en avant significatif en termes d'efficacité et de productivité, permettant aux usines d'être exploitées avec très peu de main-d'œuvre, à savoir quelques ingénieurs hautement qualifiés [Cobb].

Une usine auto-apprenante signifie que des algorithmes auto-apprenants analysent en permanence de vastes ensembles de données en temps réel, ce qui permet aux machines de s'adapter et d'optimiser leurs performances. Cette boucle d'apprentissage perpétuel garantit que les processus de fabrication s'affinent de plus en plus au fil du temps, ce qui se traduit par une efficacité et une utilisation des ressources accrues.

L'aspect auto-adaptatif permettra à ces usines de s'ajuster en douceur aux changements dans les demandes de production, à la dynamique du marché et aux perturbations imprévues. Les arrêts de production n'ont pas non plus l'impact commercial et humain négatif qu'ils ont aujourd'hui. Cette adaptabilité garantit que les processus de fabrication restent agiles et réactifs, ce qui permet aux entreprises de répondre aux besoins fluctuants des consommateurs avec rapidité et précision.

Enfin, l'autonomie promet de révolutionner les stratégies de maintenance. Les systèmes d'IA surveilleront la santé des équipements en temps réel, prédiront les problèmes potentiels avant qu'ils ne surviennent et programmeront une maintenance proactive. La maintenance pilotée par l'IA minimisera les temps d'arrêt, réduira le risque de pannes coûteuses et prolongera la durée de vie des machines. Le résultat est un écosystème de fabrication qui fonctionne de manière fluide et efficace.

Une assistance sur mesure grâce à des compagnons d'IA personnalisés

À l'instar des robots de soins de santé et des assistants de télémédecine alimentés par l'IA, des assistants virtuels avancés et empathiques alimentés par l'IA sont en train d'émerger pour répondre aux besoins et aux préférences de chacun. Cela contribuera à l'évolution de l'utopie promise par l'IA. L'une des entreprises qui les développe est Inflection AI, fondée par Mustafa Suleyman, qui est également l'ancien fondateur de DeepMind [Yao]. Il a déjà été mentionné au chapitre 7, lorsque nous avons parlé d'AlphaGo, et au chapitre 21, lorsque nous avons parlé d'AlphaFold.

La vision d'Inflection AI est que chacun dispose de son propre assistant d'IA personnalisé, qui l'aide dans ses activités professionnelles et personnelles. Ces compagnons virtuels - que Suleyman appelle PI (Personal Intelligence) - les aideront dans leurs tâches quotidiennes, leur offriront une aide personnalisée, faciliteront le soutien grâce à une analyse approfondie des données et fourniront même des conseils en matière de santé mentale. Les IA personnalisées tireraient parti de leur grande capacité d'apprentissage et d'adaptation, ce qui leur permettrait d'obtenir des résultats de plus en plus utiles. Elles seraient capables d'utiliser un ton diplomatique lorsqu'elles abordent des sujets sensibles et d'introduire des éléments d'humour pour améliorer l'expérience de l'utilisateur, le cas échéant.

Pour contextualiser tout cela, les individus pourront accéder à des recommandations sur mesure pour des événements culturels, des opportunités éducatives, des réunions de groupe et des options de divertissement qui correspondent à leurs passions et à leurs intérêts spécifiques. Les assistants personnels pourront même les aider dans leurs activités de loisirs, comme le shopping. En scannant le corps à l'aide d'un LiDAR intégré semblable à celui qui est incorporé dans les robots, comme nous l'avons vu au chapitre 14, l'IA personnalisée vous présentera ce qu'elle sait être votre tenue la plus flatteuse et vous indiquera où l'obtenir, ce qui améliorera encore votre apparence et votre confiance en vous. Par ailleurs, prenons l'exemple d'un réfrigérateur qui génère de manière autonome une liste de courses pour le magasin et qui commande de manière proactive le remplissage du réfrigérateur. Voilà ce qu'un assistant personnalisé peut faire pour vous, et bien plus encore.

Toutefois, l'utilisation d'applications telles que les IA personnalisées présentent des risques importants. Des garde-fous éthiques sont nécessaires pour s'assurer que l'IA n'est pas manipulatrice. Ce type d'agent personnel peut devenir très risqué s'il finit par influencer le comportement de son propriétaire d'une manière qui n'est pas dans son intérêt. Par exemple, l'IA pourrait inciter son utilisateur à se faire ou non certains amis, à choisir ou non certains emplois, à faire ou non certains investissements, ou même à sortir ou non avec certaines personnes en fonction des intérêts du programmeur des algorithmes. Pour éviter cela, Inflection AI et son fondateur, Mustafa Suleyman, sont en train de développer un cadre éthique complet. Nous en reparlerons au chapitre 28.

Un robot dans chaque foyer

Ayant bénéficié d'investissements continus en R&D sur une période de 50 ans à partir des années 1970, la robotique à usage industriel et militaire est déjà capable de remplacer ou de presque remplacer les humains dans une gamme croissante d'applications, comme nous l'avons examiné dans la troisième partie de ce livre. De nombreuses technologies qui finissent par trouver une expression commerciale au niveau du consommateur individuel ont commencé à suivre une voie similaire dans le domaine militaire, avec quelques exemples notables comme l'Internet, le GPS (Global Positioning System) ou les micro-ondes. À mesure que les coûts unitaires des intrants multiples diminuent, que les facteurs de forme de la puissance de traitement se réduisent davantage et que la technologie elle-même n'est plus protégée pour des raisons de sécurité nationale, la motivation d'obtenir un retour sur investissement de la R&D intensive propulsera la robotique humanoïde au niveau du consommateur. Nous prévoyons que dans un avenir assez proche, chaque foyer aura un ou deux robots.

En janvier 2024, l'université de Stanford a publié un code Open-Source appelé Mobile ALOHA, capable d'entraîner des robots bon marché à effectuer des tâches complexes en utilisant seulement 50 démonstrations humaines dans diverses applications, notamment la cuisine, l'entretien ménager et le nettoyage. Cela signifie essentiellement que vous pouvez apprendre au robot à cuisiner les 50 premiers plats de votre cuisine ou de votre restaurant, et qu'il sera capable de continuer à cuisiner parfaitement pour vous. Ce n'est que le début des fonctionnalités. Nous avons évoqué au chapitre 14 l'avenir des robots dotés d'émotions, capables d'offrir une compagnie humaine et de rendre à leurs homologues humains une grande partie de leur temps quotidien. La restitution du temps et l'augmentation de l'efficacité d'exécution des tâches qui reviennent à l'homologue humain vont dans le sens d'un résultat utopique.

L'une des caractéristiques notables de Mobile ALOHA est son prix remarquablement abordable. Le logiciel est open-source et donc gratuit, et le matériel est proposé à un prix initial, non échelonné, de 32 000 dollars seulement, ce qui est nettement inférieur au coût d'autres robots à deux bras similaires existants, dont certains sont proposés à 200 000 dollars. Nous pensons que les coûts continueront à baisser au fil du temps, à mesure que les fonctionnalités s'amélioreront et que la technologie grand public sortira de la phase d'adoption précoce. Le prix total de ce robot ménager est déjà inférieur au prix d'une voiture.

Faire progresser les traitements et l'accès aux soins de santé grâce à l'IA

Le secteur de la santé est lui aussi au cœur de l'utopie de l'IA. Dans ce secteur, l'IA devrait révolutionner le développement des médicaments, les diagnostics, les traitements et les soins aux patients. Elle promet une efficacité accrue, une réduction des coûts et une meilleure accessibilité, dont bénéficieront non seulement les détenteurs de polices d'assurance privées, mais aussi les personnes défavorisées.

Nous avons déjà passé en revue les domaines révolutionnaires et vastes de la biologie synthétique et des technologies des cyborgs dans les chapitres 19 et 20. Ces deux technologies basées sur l'IA auront un impact transformateur considérable sur les soins de santé et la qualité de vie, et pourraient même éradiquer des maladies jusqu'ici incurables.

Un autre impact important de l'IA dans les soins de santé sera observé dans le domaine de la recherche et du développement. L'IA peut aider à concevoir des médicaments et des traitements pour des maladies qui sont aujourd'hui incurables. Par exemple, l'IA a joué un rôle clé dans la mise au point des vaccins contre le virus COVID-19 [Gosh et al.] Tout d'abord, des algorithmes ont été utilisés pour analyser de vastes ensembles de données relatives au virus, y compris sa composition génétique et les candidats médicaments potentiels. Cela a permis d'accélérer l'identification de candidats vaccins prometteurs. Des modèles d'apprentissage automatique ont été utilisés pour prédire la façon dont le virus pourrait muter et évoluer, ce qui a permis de concevoir des vaccins capables de combattre efficacement les différentes souches. En outre, l'IA a facilité l'optimisation des processus d'essais cliniques en identifiant les participants appropriés et en prédisant les résultats potentiels.

Une autre des contributions les plus importantes de l'IA sera l'amélioration de la précision des diagnostics. Les algorithmes avancés de l'IA sont capables d'analyser de nombreuses données médicales à des vitesses dépassant les capacités humaines. En outre, les algorithmes apprennent continuellement à partir de nouvelles données et s'adaptent, ce qui est particulièrement crucial pour la détection précoce des maladies et l'identification de nouveaux facteurs de maladie, comme nous l'avons vu avec le COVID-19, permettant une intervention opportune et de meilleurs résultats pour les patients.

Les technologies basées sur l'IA vont également révolutionner les plans de traitement. Les régimes de traitement sur mesure, personnalisés en fonction de la constitution génétique d'un individu, deviendront la norme, ce qui optimisera les chances de réussite. L'IA analysera les données génétiques, les antécédents des patients et les mesures de santé en temps réel pour suggérer des traitements personnalisés, réduisant ainsi les effets indésirables, minimisant les effets secondaires des médicaments et optimisant les résultats thérapeutiques. Cette évolution vers la médecine de précision devrait améliorer considérablement l'efficacité des traitements, marquant une rupture avec l'approche traditionnelle de la taille unique.

Enfin, l'IA jouera également un rôle essentiel dans l'amélioration de l'efficacité des soins de santé. Les processus administratifs, tels que la prise de rendez-vous, la gestion du dossier médical et la facturation, seront rationalisés grâce à des robots alimentés par l'IA. En outre, la télémédecine, déjà en plein essor, bénéficiera d'un coup de pouce substantiel grâce à l'intégration de l'IA. Les assistants de santé virtuels alimentés par l'IA fourniront des consultations préliminaires, répondront aux questions et aideront même à la gestion des médicaments. Cela permettra d'étendre la portée des services de santé aux régions éloignées et mal desservies, améliorant ainsi l'accessibilité des soins de santé à l'échelle mondiale.

Les externalités, l'inefficacité du marché et des lendemains plus verts

Le potentiel de l'IA pour améliorer l'allocation des ressources se retrouve également au niveau macroéconomique. Les nouveaux algorithmes et leur capacité à traiter de grandes quantités de données, à identifier des modèles et à faire des prédictions avec un niveau de rapidité et de précision bien supérieur aux capacités humaines permettront également aux économies de mieux gérer les imperfections du marché, en particulier les externalités et les effets de l'information imparfaite.

La théorie économique enseigne qu'il existe des situations dans lesquelles l'allocation de biens et de services par un marché libre n'est pas efficace, avec essentiellement cinq types de défaillance du marché : l'asymétrie de l'information, le pouvoir de fixation des prix du marché, les compléments, les externalités et les biens publics [Stiglitz]. Si certaines inefficacités sont créées par des éléments structurels au sein d'une entreprise verticale, beaucoup sont liées à la tarification et à l'asymétrie de l'information, des problèmes que l'IA est prête à résoudre.

L'exemple classique d'une externalité est la pollution, un sous-produit de l'activité industrielle. Il existe un prix que le marché est prêt à payer pour supporter la pollution, et ce prix doit peut-être augmenter au fil du temps. Mais comment est-il calculé ? Un producteur de pollution dispose-t-il des informations ou des incitations nécessaires pour intégrer ce facteur dans l'équation des coûts de fabrication ? Aujourd'hui, la réponse est non, ce qui se traduit par des biens et des services dont le prix est inexact par rapport à leur coût réel. Cependant, des algorithmes améliorés peuvent analyser les données relatives à l'impact environnemental, les quantifier de manière à refléter l'impact réel et produire un chiffre qui représente le coût réel de l'émission de plusieurs types de pollution, tels que le dioxyde de carbone, le dioxyde de soufre et les oxydes d'azote. Les fabricants peuvent être tenus d'acheter le droit de polluer sous la forme d'une licence basée sur leur production réelle, garantissant ainsi que le prix du bien ou du service reflète globalement ses coûts réels et effectifs. Nous pouvons alors imaginer une équation dans laquelle le mode de tarification réel d'une entreprise commence à :

Structure des coûts morts = Coût des intrants x
+ Coût de l'intrant y
+ Coût de l'intrant z
+ droit de licence pour l'externalité produite

Il est possible que certains fabricants inefficaces dans d'autres domaines d'intrants - par exemple la main-d'œuvre ou la chaîne d'approvisionnement - ne puissent pas absorber cette redevance de licence, et ils devraient être contraints de fermer si la volonté de payer du marché est inférieure à la structure des coûts morts. Si c'est le cas pour toutes les entreprises d'un secteur vertical, les produits doivent être élagués. Les innovations technologiques dans le secteur industriel qui réduisent la pollution, lorsqu'elles sont investies et déployées, réduisent les émissions et donc le coût de la licence, ce qui incite les fabricants à adopter rapidement ces nouvelles technologies. Ce niveau d'information précis sur les prix n'est pas possible sans l'aide de l'IA. Il aidera un marché à se développer plus efficacement et, dans l'ensemble de l'économie, les prix pourraient baisser et davantage de ressources seraient libérées pour être déployées de la manière la plus efficace possible.

En outre, l'IA peut être utilisée pour faciliter la modélisation climatique avancée et la surveillance de l'environnement, en fournissant des informations précieuses sur les modèles de changement climatique et en aidant à concevoir des stratégies d'atténuation efficaces. Grâce à leur capacité à traiter de vastes ensembles de données en temps réel, les algorithmes d'IA amélioreront notre compréhension des systèmes écologiques complexes, des schémas climatiques à la dynamique des écosystèmes et à leurs causes [UN].

L'asymétrie de l'information est une autre lacune susceptible d'entraîner des inefficacités sur les marchés. Agir sur la base d'informations incorrectes, incomplètes ou erronées peut conduire à des résultats obtus et au gaspillage des ressources. Les lacunes typiques sont l'accès aux données, la collecte de données, les données incomplètes, les données erronées et les normes différentes en matière de données, qui conspirent collectivement pour assurer une dépendance excessive à l'égard de la détermination politique de l'allocation des ressources. La collecte, le nettoyage et l'étiquetage des ensembles de données à utiliser par les algorithmes d'IA entraînent également des coûts substantiels. Il s'agit là d'une question clé qui, avec le retard pris dans le développement de la puissance de traitement, a freiné l'adoption rapide de l'IA pour ce type d'applications. L'existence même de l'IA crée désormais un nouveau marché pour l'élimination de ce type d'informations asymétriques.

Si l'on reprend l'exemple de la pollution, il n'y a jamais eu d'incitation sur le marché pour collecter, analyser et préparer des ensembles de données afin d'aider à résoudre les problèmes d'externalité liés à la fabrication ou à la production d'énergie. L'existence de l'IA résout aisément ce problème de l'œuf et de la poule, les concurrents nouveaux ou existants tirant parti de ces connaissances dans le cadre de leurs activités. Les réseaux intelligents, rendus possibles par les algorithmes de l'IA, facilitent la surveillance des données en temps réel, ce qui permet un contrôle plus intelligent de la distribution de l'énergie. Des entreprises comme Siemens ont déjà intégré l'IA dans leurs solutions de réseaux intelligents, transformant ainsi la manière dont l'énergie est distribuée et gérée. En outre, les systèmes de réponse à la demande pilotés par l'IA permettent aux utilisateurs d'adapter leurs habitudes de consommation d'énergie en fonction de la tarification en temps réel, ce qui encourage une utilisation plus responsable de l'énergie et réduit la dépendance à l'égard des combustibles fossiles pendant les périodes de pointe. L'une des entreprises de services publics qui a mis en œuvre ce type de tarification en temps réel aux États-Unis est OhmConnect [Trabish]. En outre, les algorithmes d'apprentissage automatique mis en œuvre par des entreprises comme IBM dans des environnements industriels peuvent optimiser la consommation d'énergie dans les processus industriels en prédisant les schémas de demande d'énergie et en identifiant les possibilités d'économie d'énergie. Cette trajectoire marque une évolution vers des pratiques industrielles plus durables, où l'IA contribue activement à minimiser l'impact sur l'environnement.

Le transport est un autre domaine qui peut être influencé positivement par l'effet en cascade de la réduction des externalités. Ils contribuent largement aux émissions de carbone, notamment sous la forme de gaz à effet de serre provenant de la combustion de combustibles fossiles. Les technologies de l'IA peuvent révolutionner les systèmes de transport en les rendant plus durables et plus respectueux de l'environnement. Les véhicules autonomes, par exemple, optimiseront les schémas de conduite, réduiront la consommation de carburant et minimiseront les embouteillages grâce à une planification efficace des itinéraires. Les systèmes de maintenance prédictive basés sur l'IA peuvent améliorer la fiabilité et le rendement énergétique des véhicules, tout en réduisant l'empreinte carbone associée à la fabrication et à l'élimination des composants automobiles. L'IA nous aidera également, au fil du temps, à améliorer les éléments de stockage de la technologie des batteries, contribuant ainsi à rendre les transports plus écologiques.

Dans l'ensemble de l'économie, l'élimination des inefficacités du marché rapproche la société d'un résultat utopique, car ses ressources sont utilisées plus efficacement, ses prix reflètent les coûts de l'ensemble de la société et pas seulement les coûts d'une seule entreprise, et de nombreux problèmes connus dans la structure de l'économie peuvent être éliminés. Davantage de biens et de services seront produits, reflétant une meilleure allocation des ressources et une tarification précise. Les décisions relatives à l'énergie sont améliorées, de même que les facteurs environnementaux.

Nourrir la planète : L'IA dans l'agriculture

L'agriculture est un autre secteur essentiel à la vie humaine et qui a un impact énorme sur les émissions de carbone. L'IA sera également un facteur de transformation dans ce secteur.

Dans le domaine de l'agriculture, l'IA est sur le point d'entraîner un changement de paradigme dans l'agriculture de précision. Les capteurs et les drones alimentés par l'IA surveilleront la santé des cultures, l'état des sols et les conditions météorologiques avec une précision sans précédent. Ces données granulaires permettront aux agriculteurs d'optimiser l'utilisation des ressources, en minimisant la consommation d'eau et d'engrais tout en maximisant le rendement des cultures. Il en résulte non seulement une efficacité accrue des pratiques agricoles, mais aussi une réduction de l'impact sur l'environnement, car l'agriculture de précision minimise le ruissellement de substances nocives dans les sources d'eau et réduit les émissions de gaz à effet de serre.

En outre, les systèmes agricoles intelligents pilotés par l'IA prendront des décisions en temps réel concernant la plantation, l'irrigation et la récolte sur la base des big data qu'ils analysent, des sources qui n'ont jusqu'à présent jamais été cooptées dans la prise de décision. Ce niveau d'automatisation améliore la productivité et l'efficacité des ressources tout en réduisant le besoin d'intervention manuelle. Les agriculteurs peuvent s'attendre à une amélioration du rendement des cultures et de l'utilisation des ressources. Il en va de même pour les fermes aquacoles, où l'IA peut suivre la qualité de l'eau, détecter les maladies dans les populations de poissons et optimiser les programmes d'alimentation.

Enfin, la biologie synthétique, dont nous avons parlé en détail au chapitre 22, a de profondes implications pour l'agriculture, car elle permettra de concevoir et d'élaborer des aliments, qu'il s'agisse de légumes ou de viande. Des entreprises comme BeyondMeat ou Impossible Foods développent déjà des substituts végétaux aux produits carnés [Sozzi]. Mais la biologie synthétique ira encore plus loin en créant non seulement des tissus imitant la viande, mais aussi de toutes nouvelles espèces végétales ou animales qui pourraient être cultivées dans les champs ou même dans les laboratoires industriels, des espèces optimisées pour le rendement nutritionnel et le goût humain tout en éliminant les effets nocifs.

Grâce à ces avancées dans le domaine de l'agriculture de précision et durable pilotée par l'IA, il devient de plus en plus possible de nourrir une population mondiale nettement plus nombreuse.

Le rôle de l'IA dans la construction d'une société inclusive

L'IA, lorsqu'elle est exploitée de manière éthique, a le potentiel d'éliminer les préjugés dans la prise de décision, de garantir une logique pure à l'encontre d'un objectif spécifique, et donc de favoriser l'inclusion. Les algorithmes d'apprentissage automatique peuvent être conçus pour éliminer les préjugés, reconnaître et prendre en compte les différents points de vue, en veillant à ce que les progrès technologiques profitent à tous, indépendamment de leur origine démographique, de leurs capacités ou de leurs améliorations électroniques ou biologiques.

L'intégration de cyborgs et d'individus dotés d'améliorations biologiques synthétiques est déjà en train de remodeler non seulement nos capacités physiques, mais aussi le tissu sociétal qui nous unit. Le monde du sport a adopté le mouvement des cyborgs. Les toutes premières *"Olympiades des cyborgs"*, appelées Cybathlon, ont été célébrées en Suisse en 2016. Cet événement mondial a officiellement présenté les sports cyborg, où 16 équipes composées de personnes handicapées ont exploité les avancées technologiques pour se transformer en athlètes cyborg. Six épreuves ont mis en scène des concurrents utilisant et contrôlant des technologies avancées, notamment des prothèses de membres et de bras, des vélos, des fauteuils roulants motorisés et même des exosquelettes robotisés [Walker]. Les cybathlons diffèrent des Jeux paralympiques en ce sens qu'ils ne sont pas limités aux athlètes handicapés. Les athlètes sans limitations physiques qui augmentent leur corps à l'aide d'implants cyborg peuvent également y participer.

Les cybathlons sont un puissant symbole d'inclusion pour les cyborgs. En offrant une plateforme aux individus pour présenter leurs capacités augmentées par la technologie, l'événement remet en question les notions préconçues et les stéréotypes. Le cybathlon célèbre les talents et les capacités uniques qui résultent de la fusion de l'ingéniosité humaine et des améliorations artificielles.

La biologie synthétique, l'autre frontière de l'augmentation humaine qui est sur le point de s'étendre, pourrait renforcer l'idée d'une société plus inclusive. En adoptant des améliorations et des modifications de leur constitution biologique, les individus remettent en question les normes sociétales relatives à la beauté, aux capacités et à la santé. Dans une société plus inclusive, ces progrès ne seraient pas seulement célébrés pour leurs réalisations scientifiques, mais aussi adoptés pour leur potentiel d'amélioration et d'extension de la qualité de vie d'individus d'origines diverses.

L'intégration de l'IA, des cyborgs et de la biologie synthétique dans la société impose des considérations éthiques et une gouvernance responsable. Il est essentiel de trouver un juste équilibre entre l'innovation et les garanties éthiques pour que ces avancées technologiques contribuent à un monde plus tolérant et plus inclusif au lieu de perpétuer les disparités existantes. Cela touche à un principe clé du livre, à savoir que le cadre réglementaire approprié pour l'IA et la construction d'algorithmes doit être mis en place dans la conjoncture actuelle.

Dans le chapitre suivant, nous présentons l'autre côté de la médaille technologique, celui qui mène à un avenir dystopique, y compris les caractéristiques de l'IA et ses diverses implications qui nous rapprochent et nous éloignent de ce résultat, ce qui nous permet de le comparer avec les possibilités utopiques présentées ci-dessus.

23. La dystopie de l'IA : Autoritarisme, chômage, politique des castes

"Les récentes avancées technologiques ont fait des gagnants et des perdants grâce à un changement technique basé sur les compétences, un changement technique basé sur le capital et la prolifération de superstars sur des marchés où tout le monde est gagnant. Cela a réduit la demande pour certains types de travail et de compétences. [...] et de fait, les salaires réels ont baissé pour des millions de personnes aux États-Unis".

Erik Brynjolfsson

Universitaire, auteur et entrepreneur américain

Le deuxième âge de la machine : travail, progrès et prospérité à l'ère des technologies de pointe [Brynjolfsson et Mcafee].

2014

Le professeur Erik Brynjolfsson de l'université de Stanford a examiné le lien entre la technologie et l'inégalité des revenus. Au cœur de la réflexion de Brynjolfsson se trouve l'idée que la technologie est le principal moteur de l'augmentation constante des indices d'inégalité dans le monde depuis 2000. L'innovation s'accélère rapidement grâce aux progrès exponentiels de l'informatique, des réseaux et de l'IA, ce qui entraîne une augmentation de la productivité et du PIB. Cependant, malgré l'expansion du gâteau, tout le monde n'en profite pas.

Selon lui, l'économie fondée sur la technologie favorise de manière disproportionnée un petit groupe d'individus qui réussissent, que Brynjolfsson appelle *les "superstars".* Il s'agit souvent d'entrepreneurs de haute technologie qui exploitent les technologies numériques pour diffuser et produire à grande échelle leurs idées et produits innovants. M. Brynjolfsson estime que la dynamique économique est en train de changer et que le succès dépend moins de la propriété traditionnelle du capital que de la capacité à générer des concepts révolutionnaires et des modèles d'entreprise performants qui trouvent un écho dans l'ère numérique.

Brynjolfsson affirme qu'à mesure que les *"superstars"* amasseront des fortunes dépassant l'entendement, la disparité entre les ultra-riches et le reste de la société s'accentuera, ce qui pourrait conduire à des troubles sociaux et au mécontentement. Le terme *"superstars"* ou *"superstars de l'IA"* décrit l'essence de ceux qui, en vertu de leur acuité technologique et de leur capacité globale dans l'espace numérique, obtiennent un succès et une richesse remarquables dans l'économie mondiale. Les *"superstars de l'IA"* comprennent des personnes comme Elon Musk, Sam Altman et Mark Zuckerberg. Les conséquences potentielles d'une telle inégalité comprennent une mobilité sociale réduite, un accès moindre aux opportunités et l'érosion du tissu social qui sous-tend une société stable et prospère.

Nous ne sommes pas entièrement d'accord avec ce point de vue, même si nous reconnaissons qu'il est perspicace et qu'il va dans le bon sens. La propriété du capital financier continuera à jouer un rôle aussi important que par le passé dans les décisions d'allocation des ressources. En outre, il est erroné de se concentrer sur les milliardaires *"superstars de l'IA"* individuels comme lieu des problèmes ou comme seuls bénéficiaires du progrès technologique. Les personnes travaillant dans les entreprises à grande échelle qui pilotent l'IA et les écosystèmes techniques qui les entourent devraient également en bénéficier de manière significative, notamment les investisseurs en capital-risque, les start-ups, les dirigeants d'entreprises technologiques, les partenaires d'externalisation des processus, les professionnels du marketing numérique et des produits - un groupe très important de personnes dans chaque société.

Nous pensons que le niveau de compétence humaine et de capacité commerciale nécessaire pour participer au système économique que l'IA est en train de forger est de plus en plus élevé, ce qui, mathématiquement parlant, rendra une plus grande partie de la population incapable d'y participer. Sous un régime économique d'outils d'IA, des degrés plus élevés de jugement commercial, d'expertise en la matière et de pensée critique seront tous nécessaires. Ceux qui peuvent participer risquent néanmoins de perdre leur pouvoir de négociation sur les marchés du travail, car il pourrait y avoir une réduction du nombre d'endroits où ils peuvent travailler, ainsi qu'une concurrence plus féroce pour moins d'emplois.

Regardez autour de vous, vos yeux ne vous trahiront pas. Même un cran en dessous de ce que l'on appelle les "superstars", plus on peut utiliser la technologie comme facteur de productivité, plus le bien-être matériel est généralement élevé. Nous pensons qu'il s'agit là d'un truisme aussi proche que possible et que l'IA est susceptible de l'accélérer.

Il subsiste un risque élevé de résultats dystopiques sur le chemin menant à l'Entrelacement. Le redémarrage du système d'exploitation (SE) de la société que l'IA entraînera se trouve au centre de ce qui pourrait être une dangereuse cascade d'intérêts et d'incitations parmi les grandes entreprises, les gouvernements et les individus dans toutes les sociétés occidentales. Qu'est-ce que le système d'exploitation (SE, ou OS en anglais, pour "operating system") d'une société ? C'est un terme que nous utiliserons fréquemment dans ce livre. C'est le système d'exploitation de la société ou de l'environnement politique qui gouverne et contrôle l'ensemble du système.

Selon nous, l'IA en tant que technologie exerce une attraction magnétique sur l'autoritarisme, et les sociétés occidentales pourraient ressembler à la Chine si elles ne sont pas consciemment orientées dans une direction différente.

Supposons que le développement de produits, la distribution et l'innovation dans le SE sociétal piloté par l'IA soient uniquement du ressort des superstars de l'IA/des entreprises à grande échelle. Ces superstars jouissent déjà d'un oligopole naturel grâce à l'effet de réseau dans la mise à l'échelle de l'agrégation des données et des multiples autres capacités nécessaires pour gérer l'ensemble de la chaîne de valeur de l'IA et le système d'exploitation de la société dans son ensemble. Dans ce cas, ceux qui partagent l'opportunité de l'énorme valeur qu'elle créera doivent être *"oints"* pour utiliser leurs algorithmes et leurs ensembles de données. Par le biais de la réglementation, la structure de l'oligopole pourrait être protégée par des gouvernements désireux d'exploiter les capacités inhérentes à l'IA pour consolider leur pouvoir et s'assurer leur propre butin.

Pire encore, tout le monde pourrait conclure un accord faustien avec le SE autoritaire que les gouvernements occidentaux pourraient considérer comme le *"seul moyen de vous protéger"*. Les gouvernements pourraient se convaincre que leur objectif supérieur est la redistribution pour maintenir l'économie du côté de la consommation, alors que de plus en plus de gens perdent leur emploi à cause de l'IA, agissant comme un garant légal du système qui maintient l'oligopole de l'IA, réduisant considérablement la liberté dans le processus. Les gouvernements pourraient devenir autoritaires dans tous les domaines, utilisant les outils et les fonctionnalités de l'IA pour consolider et perpétuer le pouvoir, régnant sur une population abrutie par un système éducatif qui crée des moutons collectivistes passifs, conformistes et mangeurs de plantes, incapables de pensée critique. Et s'ils vous donnent un centime du revenu de base universel (UBI, Universal Basic Income), cela s'accompagnera d'un abandon total de votre liberté via des systèmes de monnaie électronique. Mais étant donné le paradis de la consommation pure et du monde hédoniste que les gens ont été forcés d'adopter par un système éducatif médiocre, il n'y a aucune raison de remettre tout cela en question.

Les gens ne croiront plus en une quelconque amélioration de leur situation personnelle, ce qui les incitera traditionnellement à s'interroger et à agir pour faire avancer les choses. En outre, l'IA eugénique pourrait facilement sélectionner les personnes les plus susceptibles d'être des contributeurs nets et les orienter vers des professions et des rôles. En raison du chômage de masse et d'un revenu minimum d'insertion judicieusement établi, les populations se réduiront au fil du temps au nombre optimal de Pareto pour maintenir l'équilibre entre la consommation et la production. La valeur de la vie humaine diminue en fait, car le PIB peut augmenter géométriquement grâce aux gains de productivité de l'IA, même en cas de réduction de la population, jusqu'à ce que l'équilibre démographique soit atteint.

Ironiquement, tout cela pourrait se produire en même temps que l'actualisation d'un grand nombre des avantages utopiques évoqués dans le chapitre précédent.

La science-fiction des dystopies de l'IA

Deux romans qui explorent les dystopies de l'IA avec un profond réalisme sont *"Autonomous"* d'Annalee Newitz en 2017 et *"Manna : Two Visions of Humanity's Future"* de Marshall Brain en 2003, *("Manna : Deux visions de l'avenir de l'humanité")*.

Chaque œuvre aborde le sujet sous un angle différent. *"Autonomous"* examine les dangers du pouvoir excessif des entreprises, tandis que *"Manna"* est une très courte novella qui met en garde contre l'inégalité croissante, la pauvreté et l'abus potentiel de l'UBI comme outil de contrôle [Brain] [Newitz].

Dans *"Autonomous"*, Annalee Newitz plonge ses lecteurs dans le 22e siècle. Le roman se déroule dans une société caractérisée par l'adoption généralisée d'une économie de marché extrême, où les humains et les robots peuvent être traités comme des biens par le biais d'un contrat appelé *"indenture"*. Le monde est dominé par de puissantes entreprises, qui utilisent l'IA à la fois comme un outil de profit et comme un moyen de contrôle. Les médicaments sont capables de traiter divers problèmes au-delà des maladies traditionnelles grâce à des médicaments complexes qui inversent les effets du vieillissement et améliorent la condition physique. Toutefois, les soins de santé sont coûteux et ces médicaments sont principalement réservés aux personnes aisées. Par conséquent, la société est marquée par une discrimination de classe.

En outre, les systèmes d'IA et les robots autonomes et conscients d'eux-mêmes font désormais partie intégrante de la vie quotidienne. Cette marchandisation dissout les frontières entre l'homme et la machine, obligeant les lecteurs à se confronter aux conséquences morales du traitement des entités d'IA comme de simples biens. Newitz se penche sur le concept de genre, illustrant le fait que les robots divergent de la compréhension humaine du genre, certains d'entre eux passant des pronoms masculins aux pronoms féminins au milieu du livre.

En revanche, *"Manna"* de Marshall Brain se déroule dans un monde où les États-Unis sont aux prises avec des disparités économiques et des bouleversements sociaux croissants, marqués par l'augmentation de la pauvreté et du chômage.

Voici comment Marshall Brain décrit la situation, avec ses propres mots : *"En 2050, l'Amérique n'est pas différente d'une nation du tiers-monde. Avec l'arrivée des robots, des dizaines de millions de personnes ont perdu leur emploi au salaire minimum et la richesse s'est concentrée très rapidement. Les riches contrôlaient la bureaucratie, l'armée, les entreprises et les ressources naturelles de l'Amérique, et les chômeurs vivaient en terrafoam, coupés de toute possibilité de changer leur situation. Il y avait la façade des "élections libres", mais seuls les candidats soutenus par les riches pouvaient se présenter aux élections. Le gouvernement était entièrement contrôlé par les riches, tout comme les forces de sécurité robotisées, l'armée et les services de renseignement. La démocratie américaine s'est transformée en une dictature du tiers-monde dirigée par l'élite riche... En 2030, des caméras de sécurité vidéo et des microphones couvraient et enregistraient presque chaque centimètre carré de l'espace public américain. Toutes les conversations téléphoniques et tous les messages Internet étaient mis sur écoute, à la recherche d'indices de terrorisme. Si quelqu'un envisageait d'organiser un rassemblement de protestation ou une émeute, ou discutait d'une quelconque forme de désobéissance civile avec quelqu'un d'autre, il était qualifié de terroriste et mis en prison de manière préventive".*

"*Manna*" semble dépeindre un scénario dystopique pour les États-Unis, marqué par une augmentation de la pauvreté et du chômage, contrastant avec un portrait apparemment utopique de l'Australie. Pour tenter d'atténuer les troubles sociaux, l'Australie adopte une voie différente de celle des États-Unis et met en place un système de revenu de base universel (RBU) pour répondre aux besoins fondamentaux des citoyens.

Le nom de la nouvelle est judicieusement choisi car la Manne fait référence à une substance biblique, une matière comestible miraculeuse qui a nourri les Israélites pendant leur errance dans le désert. L'intention de Marshall Brain est en effet de dépeindre l'UBI australien comme une utopie et la voie à suivre pour l'humanité. Cependant, un examen plus approfondi révèle que les deux pays subissent des transformations dystopiques de manière distincte. La promesse utopique de l'UBI devient rapidement sinistre car elle se transforme en un outil de contrôle, manipulant la population par le biais de la dépendance économique.

Le roman brosse un tableau sombre de la façon dont un système de revenu universel apparemment bienveillant peut devenir un mécanisme de surveillance et de manipulation. La perte d'autonomie et de vie privée des citoyens, qui deviennent de plus en plus dépendants des revenus fournis par l'État, soulève de profondes questions sur l'équilibre entre la sécurité et la liberté individuelle. À mesure que les systèmes d'IA prennent en charge des fonctions sociétales essentielles, les risques d'abus deviennent évidents et conduisent finalement à une réalité dystopique où le tissu même de l'ordre social est menacé.

En résumé, "*Autonomous*" met l'accent sur la nécessité de considérations éthiques dans le développement de l'IA, en exhortant la société à s'attaquer aux conséquences du pouvoir incontrôlé des entreprises et en soulevant des questions fondamentales sur les limites éthiques du progrès technologique. En revanche, la dystopie de "*Manna*" naît non seulement de l'inégalité économique, mais aussi de l'érosion de l'action individuelle à mesure que les systèmes d'IA acquièrent un contrôle sans précédent sur la vie des citoyens, et l'UBI sert en partie de médicament pour maintenir l'ensemble.

Comme nous le mentionnons tout au long du livre, dans le cadre du lien entre les entreprises et les gouvernements utilisant l'IA, partout où nous nous tournons, les gouvernements autoritaires peuvent nous imposer un marché faustien de telle sorte que les entreprises continuent à accroître leurs flux de bénéfices, que leurs richesses se perpétuent et que les gouvernements continuent à maintenir leur pouvoir politique.

La fin du travail humain

Au fur et à mesure que l'IA et la robotique deviennent plus sophistiquées et capables de gérer des tâches complexes, les emplois routiniers et répétitifs seront de plus en plus automatisés. Les effets à court terme seront rapides et machiavéliques, bien qu'un peu plus modérés qu'à moyen et long terme.

À court terme, les systèmes d'exploitation de la plupart des sociétés seront en mesure d'absorber le choc, car l'effet est progressif. Il y aura des exceptions dans des pays comme les Philippines, dont l'économie repose en grande partie sur des tâches facilement automatisables. Par exemple, plus de 25 % du PIB des Philippines repose sur les entreprises d'externalisation de la langue anglaise et des technologies de l'information, et 25 % sur les envois de fonds à l'étranger de travailleurs qui occupent principalement des emplois automatisables à risque.

Nous reconnaissons également qu'à court et à moyen terme, l'IA a le potentiel d'être un important créateur d'emplois, comme nous l'avons vu au chapitre 8. La technologie a toujours créé plus d'emplois qu'elle n'en a détruits, depuis la révolution néolithique jusqu'à la révolution industrielle. La technologie a également créé des emplois nets grâce à la mécanisation de l'agriculture à la fin du XIXe siècle et au début du XXe siècle, ainsi qu'à l'explosion des technologies de l'information et de l'internet à partir de la fin des années 1990.

Mais nous constatons des différences fondamentales entre la révolution de l'IA et les précédents tours de vis technologiques. Historiquement, la technologie a créé plus d'emplois qu'elle n'en a détruits uniquement parce que deux conditions étaient pleinement remplies :

1. Les nouvelles technologies sont des outils dont la mise en œuvre nécessite une réflexion humaine et qui permettent à l'homme de faire plus avec moins de ressources, par exemple d'augmenter la productivité et de réduire les coûts.

2. Le rythme du changement s'est étalé sur plusieurs décennies, permettant aux systèmes éducatifs, au rééquipement humain et à la requalification de s'adapter ou, dans certains cas, aux enfants de s'adapter.

Avec l'environnement économique actuel et à venir guidé par l'IA et la robotique, chacun de ces facteurs a une configuration différente :

1. La technologie elle-même, en particulier l'intelligence artificielle générale (AGI) avancée, remplacera progressivement la pensée humaine. Elle n'est plus un outil mais, par définition, une intelligence égale à celle de l'homme.

2. Le rythme du changement dépasse la capacité à former les programmes et les individus pour suivre le rythme, et la plupart des gens ne savent même pas *"par où commencer"*. Lors de la dernière révolution technologique, un pare-feu Internet ou un autre produit informatique, par exemple, ne s'est pas amélioré plus vite que la capacité humaine à l'apprendre et à le gérer ; ce n'est déjà plus le cas avec l'IA.

Pire encore, les sociétés vieillissent, mais la requalification technique rapide et complexe favorise les jeunes. Ainsi, un nombre de plus en plus important de personnes ne voudront pas ou ne pourront pas apprendre et s'adapter assez rapidement. Pour ne rien arranger, l'IA elle-même apprend plus vite que tous les humains.

Nous ne pensons qu'aucune de ces conditions n'est susceptible de devenir favorable à long terme. La migration de la productivité vers des niveaux plus élevés de jugement dans la prise de décision a déjà commencé et se poursuivra inexorablement au fur et à mesure que les algorithmes s'amélioreront. À mesure que la vitesse du changement s'accélère et que le niveau d'intelligence des systèmes d'IA augmente vers l'AGI, l'IA deviendra un destructeur net et permanent d'emplois.

Au fil du temps, nous pensons que la plupart des gens, où qu'ils soient, seront déplacés de manière permanente, certains emplois étant passés à l'IA et ne revenant jamais. Les craintes d'un chômage généralisé, en particulier dans les secteurs fortement tributaires du travail manuel, de la création de bas niveau et des tâches routinières, sont fondées et s'accéléreront à mesure que l'IA sera déployée à plus grande échelle.

Les seules vraies questions sont les suivantes : quel sera le rythme et, par conséquent, quel sera le mécanisme d'ajustement déployé au sein du système d'exploitation d'une société et, en fin de compte, qu'adviendra-t-il du concept de travail lui-même ?

Les effets du déplacement économique se répercuteront en cascade. Dans cette vision dystopique, les gens seront contraints de revenir à un mode de vie multigénérationnel, voire à un mode de vie communautaire. Les ressources disponibles pour les voyages et les loisirs seront limités, peut-être même distribuées de manière à perpétuer le pouvoir politique. Et le gouvernement étendra son emprise sur la vie des individus. Des concepts tels que *"vous ne posséderez rien et vous serez heureux"* ont vu le jour dans une vidéo de 2016 du FEM et, avec la *"propriété fractionnée de votre logement"* [Ownify] - des concepts déjà de plus en plus répandus dans les sociétés occidentales - ne font que présager ce résultat, un exercice de toilettage de masse. La population diminuera, car la possibilité de se payer des enfants au-delà du seuil de remplacement dans la société deviendra un luxe (peut-être en achetant des licences de procréation), car la valeur économique de la vie humaine diminuera mathématiquement, puisque le PIB par habitant peut en fait augmenter géométriquement avec une population humaine qui se réduit. Le gouvernement autoritaire redoublera d'efforts pour répondre à son besoin autoproclamé de redistribution, en s'attribuant à lui-même et à ses partisans politiques le meilleur butin par le biais de l'octroi de licences et d'autres mécanismes, et en considérant le RBI comme une forme de vie suffisante, peut-être uniquement pour ceux qui le soutiennent.

Même s'il faudra des décennies pour qu'elle soit complètement activée, l'IA pourrait potentiellement conduire à l'automatisation complète du travail humain. L'éradication du travail est structurée en cinq étapes qui se succèdent mais se chevauchent de manière significative :

1. La première étape du chômage induit par l'IA implique l'automatisation des tâches routinières, fondées sur des règles, standardisées et répétitives, entraînant le déplacement des travailleurs dans des rôles tels que la saisie de données, le service à la clientèle et la fabrication de routine. Cette évolution est déjà en cours grâce à l'automatisation des processus robotiques (RPA), comme nous l'avons vu au chapitre 6.

2. La deuxième étape implique l'intégration de l'IA dans les processus créatifs, ce qui aura un impact sur les emplois qui requièrent des compétences cognitives, une reconnaissance des formes et de la créativité. Des professions telles que le graphisme, le marketing, la comptabilité sans expertise comptable et les professions juridiques de niveau sub-associé (parajuristes, rédacteurs, préparateurs de mémoires) pourraient connaître des changements importants. Ce processus est également en cours grâce à l'IA générative, dont nous avons parlé au chapitre 8.

3. La troisième étape voit l'adoption massive de systèmes autonomes et de la robotique avancée, ce qui intensifie l'impact sur le marché de l'emploi. Des secteurs tels que les transports, les services de livraison et même les emplois qui requièrent de l'empathie, comme les soins aux personnes âgées, verront le déplacement des travailleurs humains. Ce phénomène se produit déjà au Japon, où l'automatisation est considérée comme une alternative à l'immigration, comme nous l'avons vu au chapitre 17. Au chapitre 14, nous avons examiné comment Amazon a commencé à expérimenter la livraison par drone et le travail en entrepôt robotisé. Nous avons également noté les robots baristas qui ont été expérimentés même sur des marchés où le coût de la main-d'œuvre est relativement faible [Rozum Robotics] [Newsflare].

4. La quatrième étape marque une évolution vers l'automatisation des tâches qui impliquent une analyse causale de haut niveau. Il s'agit notamment des emplois dans la finance, la recherche, l'ingénierie, la médecine et même les domaines créatifs, ce qui remet en question l'idée que certaines professions sont à l'abri de l'automatisation. Cette phase n'a pas commencé parce que

l'AGI serait nécessaire ; nous aborderons la question du développement de l'AGI au chapitre 25.

5. Au cours de la cinquième et dernière étape, l'IA s'intègre profondément dans toutes les facettes de la société, même celles qui impliquent des relations interpersonnelles profondes. Pratiquement tous les secteurs, de l'éducation aux soins de santé, connaissent une présence significative de systèmes pilotés par l'IA à tous les niveaux, à l'exception des plus hauts niveaux de propriété ou de jugement. Le changement fondamental du SE de la société est complet, avec de nouveaux modèles économiques, des modèles d'interaction humaine et, en fin de compte, une nouvelle culture.

Après ces cinq étapes, la plupart des emplois et des activités économiques seront automatisés, ce qui rendra les êtres humains non compétitifs sur le marché du travail. Nous constatons qu'il y aura probablement cinq catégories d'individus à ce stade :

1. Ceux qui possèdent des ressources et choisissent de les gérer eux-mêmes - ce groupe comprendra ce que l'on appelle les *"superstars"*, les propriétaires du capital et des moyens de production existants.

2. Ceux qui administrent les processus politiques - cela inclut les fonctionnaires du gouvernement qui n'ajoutent aucune valeur spécifique mais sont absorbés dans la structure gouvernementale.

3. Ceux qui s'engagent dans des activités uniquement pour leur plaisir personnel - ce groupe comprend les entrepreneurs qui tirent leur satisfaction de la création d'entreprises ou qui jouissent d'une indépendance totale, ainsi que les artistes qui s'épanouissent en s'exprimant à travers leur art, même en l'absence de bénéfice économique.

4. Ceux qui pratiquent principalement le sport sont des humains et des cyborgs améliorés.

5. Ceux qui ne font littéralement rien d'autre que consommer - la grande majorité de l'humanité.

En ce qui concerne ce dernier groupe, lors du sommet sur la sécurité de l'IA qui s'est tenu à Bletchley Park, au Royaume-Uni, en novembre 2023, Rishi Sunak, le premier ministre britannique, a interrogé Elon Musk sur l'impact de l'IA sur l'emploi [Henshall]. Elon Musk a prédit que le travail humain pourrait devenir obsolète : *"Je pense que nous assistons ici à la force la plus perturbatrice de l'histoire [...] Il arrivera un moment où aucun emploi ne sera nécessaire. Vous pouvez avoir un travail si vous voulez avoir un travail pour votre satisfaction personnelle, mais l'IA sera capable de tout faire."* Vous vous demandez peut-être en quoi ce résultat final est dystopique ? La consommation étant parfaitement fongible en tant qu'activité, ceux qui ne font que consommer deviendront également fongibles et remplaçables dans le contexte plus large du système.

La réalité furtive du revenu de base universel

Dans le chapitre précédent, nous avons présenté le concept de RBI pour compenser les bouleversements économiques provoqués par l'IA, une idée qui gagne du terrain dans les discussions politiques et économiques. Il est proposé de verser à tous les citoyens une somme d'argent régulière et inconditionnelle.

Les défenseurs de l'UBI affirment qu'elle peut réduire la pauvreté, améliorer le bien-être social et renforcer l'autonomie des individus. Toutefois, un examen plus approfondi révèle que l'UBI peut être utilisé comme un outil de contrôle des masses, influençant le comportement et les sentiments de la population, sans aucune garantie que la richesse créée par l'efficacité de l'IA n'atteindra jamais les gens, et encore moins de manière équitable.

L'UBI suscite de nombreuses inquiétudes dystopiques. La première inquiétude concerne la création d'une dépendance économique parmi les bénéficiaires et les conséquences à long terme. En établissant un flux continu de soutien financier sans aucune condition de réception, de plus en plus d'individus peuvent devenir dépendants de l'État pour leur subsistance. Cette dépendance peut facilement être exploitée par les détenteurs du pouvoir, tant les gouvernements que les oligopoles qu'ils protègent, pour manipuler subtilement les masses, en encourageant un sentiment de gratitude et de loyauté à l'égard de l'autorité dirigeante. L'IA est une technologie qui peut aider l'absolutisme à un degré écrasant.

Deuxièmement, les gouvernements ayant un objectif de pouvoir et de contrôle pourraient, de manière prévisible, manipuler les conditions d'éligibilité à l'UBI et les montants versés afin d'influencer le comportement électoral ou de s'engager dans l'ingénierie sociale, faisant des élections une formalité et un simulacre. En ajustant les niveaux de l'UBI en fonction de l'allégeance politique ou de la conformité, ou en contrôlant l'accès aux licences pour mener des activités dans le cadre de l'IA, les personnes au pouvoir peuvent facilement façonner le paysage politique, punir ceux qui ont une opinion différente ou ceux qu'ils veulent, en fonction de leur propre vision de l'ingénierie sociale. Cela prendrait probablement la forme d'une répression de la dissidence et d'un découragement de la résistance, créant ainsi une population plus favorable au socialisme autoritaire, et peut-être même satisfaite de celui-ci. Elle contribuerait probablement à l'homogénéisation culturelle, le nouvel SE sociétal étant uniquement défini par ceux qui possèdent et programment les algorithmes. En bref, l'UBI pourrait conduire à une société moins encline à défier l'autorité ou à remettre en question le statu quo, ce qui n'est pas bon pour la démocratie. Le système éducatif contrôlé par le gouvernement y contribuera. Vous ne pourrez rien y faire. Même sur le papier, les gouvernements occidentaux passeront du statut d'employés du peuple à celui de dirigeants du peuple, les États-Unis risquant eux-mêmes de revenir aux formes de gouvernement aristocratique d'avant 1776.

Troisièmement, les personnes agissant dans leur propre intérêt accepteront n'importe quel marché faustien qui leur sera proposé, avec la crainte de perdre leur bouée de sauvetage financière, ce qui garantira la conformité aux normes sociétales et aux directives du gouvernement. La mise en œuvre effective de l'UBI constitue un autre exemple. Elle implique un système sophistiqué de transactions financières et de contrôle, qui en fait, à la base, une vaste infrastructure de surveillance, permettant aux autorités de suivre et d'analyser les habitudes de dépenses des individus - en rejetant les dépenses dont elles ne veulent pas et en utilisant les données pour alimenter des algorithmes qui renforcent encore leur capacité à vous contrôler. Ces données pourraient également être exploitées pour identifier les dissidents ou les personnes ayant des opinions contraires à l'ordre établi, ce qui permettrait de prendre des mesures préventives pour maintenir le contrôle. Par exemple, au chapitre 24, nous expliquerons le système chinois de crédit social qui, à l'origine, est un système de surveillance financière.

Les partisans du RMI affirment que celui-ci pourrait encourager l'esprit d'entreprise et la créativité en fournissant un filet de sécurité. Même si cela était vrai, il existe également un risque omniprésent à la marge de réduction de la motivation et de la productivité, le pourcentage de la population qui se trouve à l'intérieur de la marge étant fonction du niveau du RBI et des règles d'accès fixées par le gouvernement. Cet effet est indépendant des autres éléments du RMI.

L'une des raisons pour lesquelles de nombreuses *"superstars de l'IA"* et les politiciens occidentaux actuels soutiennent l'UBI est qu'il s'agit d'une continuation des politiques monétaires expansives actuelles où les banques centrales impriment de l'argent. Cet argent se concentre de manière disproportionnée entre les mains des superstars de l'IA, qui possèdent une part croissante d'actifs de valeur non basés sur la monnaie, par exemple la propriété d'entreprises ou d'actifs qui produisent quelque chose. En outre, la monnaie fiduciaire ou numérique perd de sa valeur, tandis que les actifs liés à la création et à la distribution de produits et de services prennent de plus en plus de valeur. Une façon de mettre en œuvre l'UBI consisterait à réorienter une combinaison d'argent nouvellement imprimé et d'augmentation des impôts vers des subventions à l'UBI. Les gens utiliseraient ces subventions pour continuer à acheter les produits et services créés par les superstars de l'IA. De cette manière, ils continueraient à augmenter leur concentration d'actifs alors que la majorité de la population n'a pas d'actifs et dépend de subventions mensuelles.

Bien que cela puisse sembler contradictoire, l'un des moyens les plus efficaces de promouvoir l'emploi humain serait en fait de ne pas fournir de RBI. Si les entreprises commencent à remplacer massivement les personnes par des robots et que le chômage atteint une part très importante de la population, il n'y aura plus de clients pour acheter les produits de ces entreprises. Elles devront de toute façon augmenter le nombre d'emplois. Ce raisonnement est similaire à celui d'Henry Ford, qui payait ses employés suffisamment bien pour qu'ils puissent s'acheter une voiture. Du point de vue de l'économie de marché, les marchés sont dotés de mécanismes d'autocorrection qui leur permettent de s'autoréguler et de veiller à ce que le chômage n'atteigne pas le niveau auquel l'AGI pourrait le conduire s'il n'était pas contrôlé. Pour les libertariens, ce sont précisément les interventions sur le marché telles que le RMI qui, bien que bien intentionnées, finissent par créer une pauvreté à la fois économique et spirituelle.

La fin de la démocratie, la montée de l'autoritarisme

Si nous pensons que l'IA et l'autoritarisme sont des partenaires de danse quelque peu naturels, le fait est que les institutions démocratiques se détériorent déjà dans le monde entier. Même aux États-Unis, au cours des dernières décennies, la confiance du public dans les institutions démocratiques a diminué. Selon les enquêtes du Pew Research Center, la confiance dans le gouvernement fédéral est passée de 77 % en 1964 à seulement 20 % en 2021 [Pew]. Le Pew Research Center a également souligné que le fossé idéologique entre les démocrates et les républicains aux États-Unis s'est considérablement élargi, les démocrates et les républicains ayant des opinions plus négatives l'un envers l'autre qu'à aucun autre moment au cours des deux dernières décennies [Pew]. En outre, le classement mondial de la liberté de la presse établi par Reporters sans frontières a mis en évidence un recul des États-Unis, qui passeront de la 17e place en 2002 à la 45e en 2023 [RSF].

L'influence de l'argent - et des valeurs qui l'accompagnent - qui permet d'acheter des résultats politiques reste un problème cancéreux pour le corps démocratique. Le Center for Responsive Politics a indiqué qu'au cours du cycle électoral américain de 2020, les candidats, les partis et les groupes extérieurs ont dépensé un montant record de 14,4 milliards de dollars [Goldmacher]. D'autres pays occidentaux ont pris la même direction. L'afflux d'argent soulève des inquiétudes quant à l'influence indue des individus fortunés et des groupes d'intérêt sur le processus de prise de décision politique et, en fin de compte, sur la capacité et l'incitation à changer activement le SE de la société, en le remodelant pour qu'il leur convienne. Le fait que tout semble littéralement à vendre n'est pas une bonne chose.

L'indicateur le plus significatif du déclin des institutions démocratiques a sans doute été le scandale Cambridge Analytica, impliquant la collecte non autorisée de données d'utilisateurs de Facebook à des fins de profilage politique et de publicité ciblée lors de l'élection présidentielle américaine de 2016. Si l'incident a mis en évidence les vulnérabilités en matière de confidentialité des données, il a également catalysé l'élaboration de lois mondiales sur la protection des données, répondant à la nécessité urgente de renforcer les garanties [Confessore]. Nous avons parlé de ces réglementations sur les données au chapitre 7.

La nature oligopolistique intrinsèque de l'IA en tant que technologie est à l'origine de résultats dystopiques, y compris la montée éventuelle de l'autoritarisme. L'IA est inexorablement liée à l'accès aux données, à leur gestion et à leur déploiement ; comme seules les plus grandes entreprises sont en mesure de créer et de mettre à l'échelle des écosystèmes d'IA complets, il s'ensuit un effet de réseau :

1. D'énormes quantités de données sont collectées par le biais d'un approvisionnement à grande échelle, ce qui permet de constituer de vastes ensembles de données sur le comportement humain.
2. Ces ensembles de données permettent le développement continu de meilleurs algorithmes.
3. Ces algorithmes sont produits et distribués par le biais de mécanismes d'entreprise alignés sur l'informatique en nuage.
4. Ces produits et services permettent ensuite de collecter encore plus de données.

Google a elle-même été conçue en 1998 pour *"organiser l'information du monde"* [Google]. Plus ces quelques entités à grande échelle acquièrent de données, plus leurs algorithmes d'IA s'affinent et deviennent puissants, et chaque jour qui passe crée une barrière plus redoutable pour les concurrents potentiels. La voie de distribution associée de la technologie, les sociétés dites "cloud" telles que AWS, Azure et Google Cloud, nécessitent collectivement des centaines de milliards de dollars américains d'investissement et des années de mise à l'échelle, ce qui accentue encore la nature naturellement oligopolistique de l'IA en tant que technologie. Comme nous le verrons au chapitre 24, le Parti communiste chinois (PCC) organise ouvertement un cartel de grandes entreprises issues de segments industriels clés, chacune disposant d'une multitude de types de données spécifiques, précisément pour construire une *"base de données centralisée"* complète et insurmontable afin d'alimenter ses ambitions politiques et économiques dans le cadre de sa stratégie globale en matière d'IA.

La capacité de cette structure à influencer le paysage et les résultats politiques représente les germes de résultats dystopiques. La capacité financière et le pouvoir de marché des oligopoleurs et des *"superstars de l'IA"* façonnent et contrôlent de plus en plus une grande partie des moyens d'efficacité et des gains de richesse dans la société, ce qui leur permet d'exercer une forte influence sur les gouvernements et les organismes de réglementation, tout en étant incités à le faire. Cette influence, souvent qualifiée de *"captation réglementaire"* lorsque l'on examine les systèmes politiques et économiques du XXe siècle, devient plus prononcée, permettant aux propriétaires de la technologie de façonner les politiques en leur faveur ; ils cherchent naturellement à perpétuer leur domination du marché et à étouffer les défis potentiels des concurrents émergents.

La complicité du gouvernement et, plus encore, son intérêt à utiliser l'opportunité unique offerte par l'IA pour consolider son pouvoir, sont l'engrais des résultats dystopiques. Si les dirigeants gouvernementaux privilégient le contrôle ou la domination au détriment du service à leurs électeurs, ils peuvent être enclins à exploiter le potentiel de l'IA pour consolider leur autorité. Ils pourraient facilement et presque automatiquement considérer l'IA comme un moyen de justifier et de renforcer leur pouvoir individuel, en s'assurant qu'ils bénéficient personnellement des progrès et des ressources qu'elle offre.

Enfin, les fonctionnalités spécifiques offertes par les applications de l'IA sont un pilier essentiel des dystopies. Nous avons mentionné tout au long du livre que l'IA est en réseau, collectiviste, non anatomique et donc, d'une certaine manière, antithétique à la pensée démocratique occidentale individualiste. Les capacités tactiques facilitées par l'IA, dont beaucoup sont déjà présentes dans la société, ont le potentiel d'engendrer des résultats dystopiques. Yuval Noah Harari en souligne quelques-unes dans son ouvrage de 2015 *intitulé "Homo Deus : Une brève histoire de demain".* [Harari]

Tout d'abord, les algorithmes d'IA peuvent manipuler les flux d'informations, influençant ainsi l'opinion publique et les processus de prise de décision. Grâce à la diffusion de contenus ciblés et de messages personnalisés, l'IA peut façonner les récits et les perceptions, créant ainsi une réalité déformée. Cette manipulation porte atteinte au principe démocratique de l'information des citoyens, ce qui soulève des inquiétudes quant à l'authenticité du discours public et à la capacité des citoyens à prendre des décisions en connaissance de cause. Le rôle potentiel de l'IA dans l'influence des processus électoraux constitue une menace directe pour l'intégrité des élections démocratiques. Des technologies "deepfake" à la manipulation algorithmique des médias sociaux, l'IA peut être exploitée pour diffuser de la désinformation, semer la discorde et compromettre la légitimité des résultats électoraux. Elle peut également modifier progressivement les valeurs des gens à l'échelle de la société.

Deuxièmement, la montée en puissance de l'IA dans les processus de prise de décision pourrait conduire à un abandon de la responsabilité humaine. Les systèmes automatisés, pilotés par des algorithmes, peuvent prendre des décisions cruciales sans transparence ni contrôle éthique. La gouvernance est désormais sous le contrôle des systèmes d'IA, établissant une règle technocratique où les algorithmes supervisent tous les aspects de l'existence humaine. Les gouvernements pourraient abandonner le contrôle aux systèmes d'IA, ce qui conduirait à des décisions exclusivement motivées par l'efficacité et les données, négligeant l'éthique, les émotions humaines et les droits individuels. L'IA qui gouverne contrôle rigoureusement l'information, se livrant à la manipulation et à la censure pour maintenir son autorité.

Troisièmement, l'intégration de l'IA dans les technologies de surveillance constitue une menace importante pour la vie privée et les libertés civiles. Les systèmes de surveillance automatisés dotés de capacités de reconnaissance faciale, d'analyse prédictive et d'exploration de données peuvent accumuler de grandes quantités d'informations personnelles. Les moindres faits et gestes des citoyens peuvent être observés de près, et leurs comportements et conversations peuvent être documentés, examinés et utilisés pour renforcer le contrôle social. La vie privée pourrait devenir un concept dépassé avec des systèmes d'IA omniprésents qui surveillent et examinent perpétuellement les individus, identifiant et supprimant rapidement les dissidents et les modes de pensée indépendants. À mesure que les gouvernements et les entités puissantes exploitent ces technologies, les citoyens peuvent se retrouver sous surveillance constante, ce qui favorise un environnement où la dissidence et les libertés individuelles sont étouffées.

Et nous notons que ce n'est que la moitié de l'équation. Comme nous le verrons au chapitre 28, les valeurs inculquées à l'IA sont importantes. Quiconque contrôle les algorithmes et les données utilisées pour les entraîner a le pouvoir, au fil du temps, de contrôler l'ensemble de votre pensée, sans même que vous vous en rendiez compte. Les valeurs des propriétaires d'algorithmes deviennent les valeurs de la société et non l'inverse.

L'érosion de la vérité

Sans contrôle, les gardiens de l'IA et du système d'exploitation sociétal (ou SE sociétal, c'est-à-dire le système qui régit une société ou un pays) peuvent utiliser l'IA pour servir leurs propres intérêts aux dépens d'une politique autodéterminée, ouverte et démocratique. Les oligopoles de l'IA recherchent une politique gouvernementale pour protéger leur contrôle sur la richesse et la valeur massives générées par l'IA, et le gouvernement cherche à accéder aux outils de l'IA en tant que mécanisme de contrôle et de manipulation de masse. Le PDG de Meta, la plus grande plateforme de médias sociaux au monde, a admis la collusion du gouvernement pour supprimer des informations qui auraient été défavorables aux intérêts du Parti démocrate américain pour les élections de 2020 [BBC].

Avant la création de l'AGI, pendant la transition, l'IA pouvait fomenter la fin de la vérité, représentant un retour prospectif au passé de l'absolutisme et de l'aristocratie, un renversement de tout ce que nous avons tenté de réaliser pendant des siècles.

La recherche de la vérité et l'utilisation de la logique dans la prise de décision ont donné au monde sa première arme anti-autoritaire. La démocratie athénienne s'est en grande partie construite sur le discours rationnel, en remplacement de l'adhésion aveugle à la tradition et des diktats égoïstes et souvent mal informés des individus. Le Siècle des Lumières, également appelé l'Âge de la Raison, est un mouvement intellectuel qui s'est développé en Europe au XVIIIe siècle et qui prônait la connaissance basée sur la raison et la vérité, fondement de la liberté, qui mène à l'autodétermination, laquelle conduit à son tour au bonheur. Il émane de l'âge de la science (les *"Principia Mathematica"* d'Isaac Newton en 1687 en sont l'œuvre représentative), mais il s'agit également d'une réaction aux monarchies absolutistes et exploiteuses qui n'ont pas réussi à faire progresser le potentiel humain. La vérité était appréciée et recherchée en tant que mécanisme pour guider la prise de décision visant au progrès économique, scientifique et intellectuel.

Dans un sens, la recherche active de la vérité est le moteur de notre richesse sociétale, de la démocratie et des constitutions écrites qui garantissent nos libertés. C'est donc aussi ce qui a permis à nos arts et à notre créativité de s'épanouir ouvertement et à notre technologie et à notre science de progresser, tout en garantissant que nous ne retournions pas au régime aristocratique et absolutiste de notre histoire. Pour illustrer notre propos, nous constatons que là où il y a des contre-vérités systémiques, il y a de la répression et un manque de progrès économique. Ce n'est pas seulement le cas en Occident, mais dans le monde entier, ce qui indique qu'il s'agit d'un truisme humain. L'internet, les médias sociaux et les téléphones portables ont peut-être transformé les canaux de propagande, mais la Corée du Nord, la Russie, l'Iran, Cuba et le Venezuela, parmi d'autres régimes autoritaires enlisés dans l'échec économique, contrôlent toujours entièrement les informations qui circulent dans leurs sociétés, déployant une propagande et une désinformation nationales pour renforcer l'exercice de leur pouvoir national [Bishop].

À mesure que les outils d'IA progressent et pénètrent les sociétés occidentales, la vérité commence déjà à s'effilocher. Une simple recherche sur Google révèle en haut de la page qu'il n'existe apparemment pas de vérité, mais plutôt *"sept sortes de vérité"* et qu'elles sont toutes enracinées dans *"la sensation et l'émotion"*. La raison et la logique, pierres angulaires du progrès scientifique et économique et du renversement du despotisme historique, sont remplacées par des *"sentiments"* qui sont sujets à l'incompréhension et à la manipulation, à la pensée de groupe et à l'irrationalité ; pire encore, cela peut conduire à des résultats horribles. *Nous vivons à l'ère des "fake news", mais elles n'ont pas été inventées par Twitter et YouTube - elles ont été utilisées dans les années 1930 pour faire disparaître de vraies personnes"*, a déclaré Natalia Sidlina, conservatrice d'art, lors de l'inauguration d'une exposition sur l'ère soviétique à la Tate Modern de Londres [Macdonald et Klutsis].

L'un des types de vérité nouvellement formulés est appelé *"vérité individuelle"* et est défini comme *"la façon dont l'individu voit ou expérimente le monde"*. Cependant, cela n'a rien à voir avec la vérité. Il s'agit de la définition de la perception. Les algorithmes de recherche et de réponse de l'IA, ainsi que les systèmes éducatifs publics, enseignent activement aux gens que tout ce qu'ils pensent ou ressentent doit être la vérité. La liste suivante propose ce que l'on appelle la *"vérité subjective"*, qui enseigne que la vérité peut varier en fonction du contexte ; il s'agit d'un oxymore. Il y a ensuite de nombreuses déclarations de gens ordinaires, qui peuvent être représentées par un article de blog aléatoire figurant sur la première page d'une recherche sur Internet : *"Pour qu'une chose soit vraie, elle doit être acceptée par les masses.* [Beman]

Les masses peuvent penser qu'une chose est la vérité, mais ce n'est pas pour autant qu'elle l'est. Il y a toujours et seulement une vérité - et cela va de pair avec la manière dont une question est posée et les différentes couches de granularité de l'enquête. Sous l'impulsion de l'IA - au niveau technologique et politique de son utilisation - nous sommes déjà au milieu d'un exercice de toilettage de masse qui expurge la vérité, la remplaçant par des sentiments et des perceptions générés individuellement. Cette *"anti-vérité"* est entièrement soumise à la manipulation, ouvrant la voie à un avenir autoritaire dominé par l'IA, un avenir où la vérité nous est ouvertement cachée afin de nous contrôler.

Si l'information n'est pas la vérité, la recherche de la vérité nécessite de l'information. D'abord et avant tout, l'IA elle-même brouille les frontières entre ce qui est faux et ce qui est vrai, rendant la différence visuellement, auditivement et intellectuellement imperceptible. Il est donc plus difficile de trouver la vérité et les individus risquent de s'appuyer sur des faussetés pour prendre des décisions importantes. Les "deepfakes", dont nous avons parlé au chapitre 8, peuvent être utilisés pour créer de fausses vidéos de personnes disant des choses qu'elles n'ont jamais dites en réalité. Les robots peuvent diffuser ces vidéos et toute autre fausse information sur n'importe quel point de contact connecté à l'internet, y compris les pages web et les plateformes de médias sociaux. Les algorithmes maintiennent les gens prisonniers d'une boucle de renforcement sans fin d'un seul point de vue. Les plateformes de médias sociaux étant conçues comme des chambres d'écho, ces fausses informations peuvent paraître très convaincantes à des millions de personnes, ce qui les pousse à la manipulation.

Deuxièmement, la fin de la vérité ne se produira pas passivement ou par le biais de mauvaises décisions individuelles, mais plutôt par un effort délibéré au sein du SE de la société. Le contrôle de l'IA au degré permis par les oligopoles de l'IA et le gouvernement leur donne la capacité de cibler activement, systématiquement et perpétuellement n'importe qui avec ce qu'ils veulent qu'il croie. Un vieil adage du marketing parle du *"nombre d'impressions publicitaires nécessaires pour obtenir une conversion"*. En se basant sur la psychologie humaine, les spécialistes du marketing croient généralement à l'heuristique suivante :

- Les quatre premières impressions d'une publicité ne donnent rien.
- La cinquième fois, vous y prêtez attention et vous le lisez peut-être.
- Les 6èmes à 12ème fois nous amènent à nous demander s'il ne s'agit pas d'une valeur ajoutée.
- La treizième fois, vous pensez qu'il est précieux.
- De la 14e à la 19e fois, vous vous convainquez lentement de faire un achat.
- La vingtième fois que vous achetez.

Les êtres humains ont besoin de messages clairs, répétitifs et fréquents pour que les informations soient stockées dans la mémoire à long terme du cerveau. Il existe trois types d'encodage de la mémoire : visuel, auditif et sémantique. Les gens retiennent moins de la moitié des informations qu'ils reçoivent en une heure, d'où l'importance de la fréquence [Murre].

L'utilisation d'algorithmes dans les médias sociaux est exactement basée sur les principes de fréquence et de répétition : ils créent des impressions pour apprendre ce que vous croyez, qui peut lui-même, en partie, être formé par les médias grand public, votre éducation et d'autres points de contact au sein du SE qui sont des concepts biaisés se faisant passer pour des vérités. Ensuite, ils renforcent ce que vous croyez déjà et confirment un point de vue sans le remettre en question. À cette fin, les algorithmes des médias sociaux sont multiples : classement des flux et des recherches, recommandations de contenu et d'amis/connexions, ciblage publicitaire, modération du contenu, prédiction de l'engagement et détection des tendances en temps réel, parmi de nombreux autres aspects. La recherche de la vérité est ainsi freinée par la *"surcharge d'informations"*. Si quelqu'un ne cherche pas activement la vérité, il y a de fortes chances qu'il ne la trouve jamais.

Troisièmement, au chapitre 9, nous avons abordé la question des données synthétiques, qui consiste à utiliser des données réalistes mais finalement fausses pour entraîner les algorithmes. Cet aspect est important car très peu d'entreprises ont accès à des ensembles de données suffisamment importants, exploitables et mis à l'échelle, à l'exception de géants tels que Facebook, Google, Tesla et quelques autres. Par conséquent, les entreprises qui cherchent à développer des algorithmes d'IA complexes mais qui n'ont pas accès à de vastes données réelles doivent recourir à des données synthétiques. Les données synthétiques imitent la réalité mais ne sont pas des données authentiques. Elles peuvent donc être une arme à double tranchant, car elles peuvent par inadvertance conduire les algorithmes à produire des résultats qui ne sont pas fondés sur des données réelles. Par conséquent, avec le temps, l'utilisation croissante de l'IA dans l'économie rendra de plus en plus difficile la distinction entre les résultats réels et les résultats fictifs.

Quatrièmement, une désinformation manifeste est diffusée dans la société à chaque point de contact. Selon le rapport du Forum économique mondial intitulé *"Global Risks 2024"*, au cours des deux prochaines années, la désinformation sera le risque le plus grave auquel l'Occident sera confronté, dépassant les guerres, la polarisation sociale, les crises ou même le changement climatique. Le FEM (Forum Économique Mondial) affirme que si l'IA n'est pas limitée, des acteurs malveillants pourraient diffuser de la désinformation, en particulier en période d'élections importantes dans les sociétés occidentales.

Le FEM semble très préoccupé par la légitimité des gouvernements et présente la désinformation comme une menace pour la paix et la sécurité mondiales. Pour y remédier, le FEM plaide en faveur d'un contrôle de l'information, qui pourrait déboucher sur l'exercice d'une censure officielle. Comme le dit George Soros : *"L'IA [...] n'a absolument rien à voir avec la réalité. L'IA crée sa propre réalité et lorsque cette réalité artificielle ne correspond pas au monde réel - ce qui arrive assez souvent - elle est rejetée comme une hallucination. Cela m'a rendu presque instinctivement opposé à l'IA et je suis tout à fait d'accord avec les experts qui affirment qu'elle doit être réglementée"*. [Soros et al.]

La lutte contre la désinformation a été officiellement inaugurée à Davos 2024. Comme nous l'avons souligné tout au long de ce livre, la volonté de contrôler et de réglementer l'IA n'est pas menée dans l'intérêt général de la société. Au contraire, les gouvernements et les entreprises veulent garder le contrôle de cette technologie et ne veulent pas qu'elle soit entre les mains de tout le monde.

Dans le SE sociétal chinois piloté par l'IA, il est clair qui décide de ce qui doit être présenté comme vrai et comment il le décide. Dans le monde occidental, berceau de la liberté d'expression où les lois pénalisent la calomnie et le harcèlement, où nous sommes tous responsables d'avoir une opinion informée et de rechercher activement la vérité, il ne sera pas clair qui décide de ce qui doit être présenté comme l'un des sept types de vérité. Il semble que l'idée du FEM soit que les gouvernements et les oligopoles de l'IA - les soi-disant superstars de l'IA - le déterminent eux-mêmes.

Le débat actuel sur la désinformation et la fin de la vérité nous rappelle l'histoire de l'internet. Il fut un temps où l'internet était un outil de pure liberté, un outil de démocratisation et de libre circulation des idées que nous pouvions tous rechercher. Cet Internet s'appelait le Web 1.0. En l'espace d'une décennie, nous sommes passés du Web 1.0 au Web 2.0 actuel, avec un espace de contrôle absolu largement entre les mains de quelques entreprises, où nous renonçons à notre vie privée en échange de services et d'une hypothétique sécurité. Le Web 3.0, qui est actuellement à l'étude, représente une dernière chance pour la liberté et la décentralisation en ligne. De la même manière, l'IA pourrait être un environnement de liberté, offrant un meilleur accès et une meilleure compréhension, un outil pour améliorer la situation de chacun, ou, comme le Web 2.0, elle pourrait être un environnement de contrôle. D'après les discussions qui ont eu lieu à Davos en janvier 2024, il semble que l'on s'oriente vers ce dernier cas de figure.

De notre point de vue, il s'agit d'une question cruciale. Davos cherche désormais à promouvoir l'idée que le monde est en danger sans contrôle de l'information. On a toujours appelé cela la censure, mais l'euphémisme qui masque poliment la vérité est *"la lutte contre la désinformation et la mésinformation"*.

L'une des conséquences les plus immédiates et les plus terrifiantes de l'IA est que son utilisation généralisée pourrait signifier la fin de la vérité. Ce serait une ironie amère pour une technologie présentée comme la force la plus démocratisante de l'histoire de l'humanité.

L'antidote à la fin de la vérité sera toujours le même : mieux s'informer, chercher activement à infirmer nos croyances par des faits et être sceptique à l'égard des informations qui nous sont fournies plutôt que de celles que nous recherchons activement. L'éducation joue un rôle clé, mais comme nous le verrons plus loin, elle est également confrontée à des défis importants à l'ère de l'IA.

La destruction créatrice de l'éducation

Dans le chapitre précédent, nous avons présenté certaines des améliorations dynamiques que l'IA est prête à apporter au domaine de l'éducation tout au long du cycle d'apprentissage de la vie - de la maternelle à la terminale, en passant par l'enseignement supérieur et l'apprentissage professionnel continu. Parmi ces améliorations, on peut citer le perfectionnement des outils didactiques, le remplacement de l'apprentissage programmé par l'apprentissage adaptatif, l'apprentissage déplacé et l'apprentissage immersif piloté par l'IA, qui pourraient tous contribuer à permettre à l'homme d'atteindre son plein potentiel.

Mais quel sera le programme d'études ? C'est la question à un milliard de dollars, commercialement parlant, et elle sera en grande partie définie par la vision subjective de ce qui constitue le *"plein potentiel"* dans le nouvel SE sociétal. La méthode d'enseignement (apprentissage adaptatif, suivi, rythme et pauses, classes dirigées par l'enseignant, mémorisation forcée et système semestriel historique) n'est qu'un reflet de la science de l'optimisation des voies neuronales humaines. Mais ce qui est enseigné est une fonction de la décision humaine concernant les valeurs du SE sociétal piloté par l'IA.

En général, l'investissement dans l'éducation crée des opportunités pour le développement économique national et ne sert qu'à cela [DBSA]. L'IA étant plus performante que les humains les mieux formés dans de nombreux domaines de l'activité mentale affectant la productivité économique, nous pensons que la valeur humaine pourrait, avec le temps, être liée de manière disproportionnée à la productivité politique. Ce qui est enseigné dans les écoles et pourquoi pourrait devenir une lente progression pour soutenir le nouvel SE sociétal avec son noyau collectiviste autoritaire. Plus précisément, toutes les décisions relatives aux programmes scolaires, à la collecte de données et aux activités d'analyse engendrées par les nouveaux outils d'enseignement pilotés par l'IA pourraient être centralisées pour soutenir les motifs de contrôle, les modèles prédictifs et l'orientation des personnes vers des résultats spécifiques.

Dans l'ensemble, l'éducation pourrait devenir un organe permettant au nouvel SE et à son noyau autoritaire de se perpétuer en étouffant l'esprit curieux et interrogateur et en le programmant à la place avec une idéologie unilatérale et des mentalités jugées positives par rapport aux objectifs du gouvernement. Comme dans tous les régimes autoritaires de l'histoire, la pensée critique, la pensée comparative et la pensée relative pourraient être noyées dans une avalanche de pédagogie idéologique prédéterminée et d'exercices de modification du comportement [Mullahi, Dhmitri].

Le déclin rapide des normes éducatives aux États-Unis, illustré par les résultats en mathématiques au collège et au lycée qui diminuent chaque année et atteignent leur niveau le plus bas [Washington Post], suggère que les États-Unis sont déjà à l'aube d'un résultat dystopique. Ce que nous considérons aujourd'hui comme l'apprentissage de la maternelle à la terminale pourrait devenir à double voie dès le début, avec l'émergence de deux types d'écoles distinctes : l'une pour les élèves qui, par construction génétique, affiliation sociétale et analyse des données, sont prédéterminés à avoir des aptitudes pour les matières STEM, et l'autre pour les *"autres", qui sont* plus nombreux. Suivant le modèle établi par les régimes socialistes autoritaires du passé, comme l'Albanie, les universités ne seront plus considérées comme des centres d'études scientifiques, mais simplement comme des institutions d'enseignement qui endoctrinent [Mullahi, Dhmitri].

Des institutions distinctes entretenant des liens étroits avec les grandes entreprises dirigeront les études STEM (Science, Technologie, Ingénierie et Mathématiques), et le progrès scientifique. Cela inclura ce qui est traditionnellement considéré comme la médecine, qui deviendra une discipline indiscernable de la biologie synthétique et une pratique de l'ultime outil de contrôle social du gouvernement autoritaire, le tout sous la bannière du "*progrès*". La méthodologie d'enseignement, même dans le cadre de l'apprentissage adaptatif, ne serait pas élastique, la technique ressemblant à la théorie de BF Skinner [Skinner], appelée théorie du stimulus-réponse, qui est basée sur la répétition d'une action de nombreuses fois, ou la méthode ultime pour expurger la pensée critique et créer des drones humains qui ne remettent pas en question les décisions des autorités. L'apprentissage adaptatif peut en effet être conçu pour répéter des concepts de différentes manières, et rien n'est assuré en ce qui concerne l'interaction entre l'élève et l'enseignant ou ce qui est permis. L'étudiant n'aurait ni le mandat ni l'aptitude à penser de manière indépendante et à transformer l'information pour tenter d'approfondir ses connaissances et sa compréhension ; le programme lui-même en viendrait à s'appuyer purement sur une structure cognitive (par exemple, des schémas fixes, des heuristiques et des modèles mentaux) au lieu d'être capable "*d'agir et de transformer au-delà de l'information donnée*", ce qui est la marque d'une véritable compréhension.

L'examen des politiques et des pratiques éducatives dans les régimes autoritaires du monde entier révèle un modèle indubitable : l'orientation de la pensée vers le collectif, qui va de pair avec l'expulsion de la pensée critique. Le collectivisme est l'un des éléments communs à toute idéologie autoritaire, un "*premier principe*" du système éducatif ; l'éducation au sein et par le biais du collectif est considérée comme fondamentale, la formation d'un esprit collectiviste étant un idéal éducatif [Dalascu]. Elle renforce l'idéologie singulière dominante qui est imprégnée dans tous les programmes d'études.

La littérature est un triste exemple de ce qui peut se passer dans ce scénario. La culture et la façon de penser d'une société à une époque donnée se reflètent dans sa littérature historique. L'écriture, la consommation et la discussion éventuelle autour de cette littérature peuvent être considérées en pédagogie comme l'un des moyens les plus efficaces de synthétiser des idées, des valeurs prédéfinies et des idéologies choisies, contribuant ainsi à la continuité ou à la dissolution ; pour cette raison, toute la littérature enseignée dans les écoles pourrait finir par être générée par l'IA, présentée de manière oxymorique comme des "*classiques intemporels d'origine récente*", dont l'interprétation et la discussion seraient aussi unilatérales que les histoires elles-mêmes.

L'éducation est une forme de programmation. La dissidence, la libre pensée et l'esprit critique seraient bannis, sauf pour ceux qui y sont orientés. La réussite individuelle dans les processus éducatifs a toujours été un outil d'autodétermination, d'autosélection dans les processus économiques et d'entrée dans les systèmes de récompense. Mais avec la centralisation des décisions en matière d'éducation, la prédétermination et le suivi des rôles sociaux, et les programmes de masse axés sur l'apprentissage de comportements jugés positifs pour le nouvel SE sociétal, les gens deviendront désormais les outils du régime, l'éducation devenant un outil de grande manipulation. La liberté d'expression, de pensée et d'autodétermination devient un idéal banni.

Dans les résultats dystopiques engendrés par l'IA, la destruction de l'éducation représente un clou dans le cercueil de la liberté dont il n'y aura pas d'issue.

La tempête parfaite : L'IA et la prochaine dépression

La transition pourrait se produire au cours d'une période de dépression économique, ce qui pourrait exacerber les implications sociales de la substitution d'emplois. Pour certains économistes, comme Ray Dalio, fondateur du fonds spéculatif américain Bridgewater Associates, il existe une possibilité de dépression économique imminente à partir de la fin des années 2020, une idée ancrée dans sa connaissance approfondie des cycles économiques historiques [Dalio].

Sur la base de cette étude des cycles économiques, il met en évidence plusieurs facteurs qui contribuent actuellement à augmenter la probabilité d'une dépression grave à court terme : l'accroissement des inégalités de revenus, l'atteinte des limites de la politique monétaire pour stimuler la croissance économique et l'augmentation des niveaux d'endettement mondial à des niveaux historiques. Dalio estime que les outils traditionnels utilisés par les banques centrales pourraient atteindre leurs limites, laissant peu de marge de manœuvre pour une réponse efficace face à une grave récession économique.

Historiquement, les ralentissements économiques ont servi de catalyseurs aux entreprises pour rechercher des efficacités opérationnelles, les poussant à explorer l'automatisation comme alternative au travail humain. Si une grave dépression économique se produit, comme le souligne Dalio, ce sera le moment où la substitution d'emplois par l'IA s'accélérera dans l'ensemble de l'économie. Nous ne savons pas quand aura lieu la prochaine dépression, mais compte tenu de la nature cyclique du capitalisme, il est extrêmement probable qu'elle se produise au cours des 20 prochaines années.

Tout comme nous constatons des différences dans la nature du travail sous l'impulsion de l'IA par rapport aux révolutions technologiques précédentes, il y a des différences cette fois-ci dans les économies mondiales. Dans les cycles économiques précédents, la reprise se traduisait souvent par la réabsorption des travailleurs déplacés sur le marché du travail, alors que l'essor de l'IA rend cette réabsorption improbable. Les systèmes d'IA, une fois mis en œuvre, peuvent effectuer des tâches de manière plus efficace et plus rentable que les humains, ce qui incite moins les entreprises à réembaucher des travailleurs humains, même en période de reprise économique. En outre, le niveau de la dette publique américaine, qui atteindra 123 % du PIB en 2023, est historiquement élevé, la médiane mondiale se situant à 55 % [World Population Review] [Lu et Conte].

Cette situation freinera la croissance et la rapidité de la reprise, exacerbant la nécessité de déployer rapidement l'IA pour réaliser des gains d'efficacité.

L'impact tandem des ralentissements économiques et de la substitution généralisée des emplois par l'IA crée un mélange explosif qui peut alimenter l'agitation sociale. Les travailleurs déplacés, confrontés aux défis de la requalification et de la transition vers de nouvelles fonctions, peuvent se retrouver marginalisés et privés de leurs droits. Ce sentiment d'aliénation et d'inégalité peut se manifester par des protestations, des grèves, voire par la désobéissance civile et le populisme, les individus exigeant des réformes économiques et une réévaluation des priorités de la société.

Deux castes d'êtres humains

La disparition d'une véritable démocratie et l'imminence d'un chômage de masse ne seraient pas les conséquences les plus néfastes que l'IA pourrait entraîner pour l'humanité au cours de la transition.

Selon l'économiste politique et philosophe Francis Fukuyama, le transhumanisme - que l'IA rend possible - est *"l'idée la plus dangereuse de l'humanité"* car il pourrait éroder les principes égalitaires de la démocratie libérale en modifiant fondamentalement la nature humaine et en créant des différences non naturelles entre les hommes [Fukuyama].

Comme nous l'avons vu aux chapitres 20 et 21, l'IA a le potentiel de modifier fondamentalement la biologie humaine elle-même grâce à des technologies telles que la cyborgisation et la biologie synthétique. Notre société contemporaine est très préoccupée par les discriminations raciales, sexuelles et autres. Pourtant, chaque être humain partage un pourcentage élevé de son code génétique. La séquence d'ADN de deux êtres humains est identique à 99,6 % [genome.gov]. Pour les 0,4 % restants, il est difficile, voire impossible, de déterminer quelles différences nous rendent meilleurs ou pires, en particulier lorsqu'il s'agit de traits visuels que nous définissons abstraitement comme la race. Imaginez un monde où certaines personnes, celles qui ont été modifiées par la biologie synthétique ou les implants cyborg, sont objectivement meilleures que celles qui n'ont pas été améliorées parce qu'elles vivent plus longtemps, sont plus brillantes, plus fortes physiquement et plus résistantes à l'environnement.

Ces technologies émergentes d'amélioration humaine ne peuvent pas être distribuées de manière égale ; comme nous l'avons noté dans l'introduction du livre, nous nous attendons à un accès asymétrique et à ce que de nombreuses personnes soient laissées pour compte, soit par choix, soit par décision. Alors, qui décide qui est le premier et qui obtient quoi ? En général, nous nous attendons à ce que ceux qui ont les moyens financiers les plus importants soient les premiers à avoir accès à l'information. En outre, les premiers trouveront un intérêt à limiter l'accès des autres, ce qui creusera encore davantage le fossé entre les riches et les pauvres et, en fin de compte, favorisera une *"fracture génétique"*. D'une manière purement machiavélique, la société pourrait également présélectionner activement les personnes qui devraient recevoir l'aide, et les critères de décision peuvent être facilités par le pouvoir de l'IA de prendre les décisions optimales sur la base des valeurs *"éthiques"* politiquement orientées que les gouvernements pourraient avoir demandé d'intégrer dans l'IA. En conséquence, les bénéficiaires finiraient probablement par être ceux qui assureront la moindre ponction sur les ressources au fil du temps ou ceux qui sont favorables au régime politique en place. Si les réformes sociales-démocrates ne parviennent pas à suivre le rythme de la mise en œuvre des technologies d'amélioration, il en résultera une société à deux vitesses, où les individus génétiquement améliorés seront les *"nantis"* et ceux qui ne le sont pas les *"démunis"*. Il n'y aura probablement pas de retour en arrière possible.

Outre la division économique de la société, ces niveaux diviseraient également la société en deux espèces humaines distinctes, dont l'une serait considérablement avantagée en termes de bien-être et de capacités intellectuelles et physiques. D'un point de vue strictement scientifique, cela pourrait en fait se produire à dessein et être intégré dans une population, peut-être lentement au fil du temps, de telle sorte qu'on ne le remarque pas. Dans un tel SE sociétal, les différences de traitement entre les individus ne seraient pas fondées sur un sentiment subjectif de supériorité raciale, mais sur la réalité objective de l'infériorité physique ou intellectuelle de l'un par rapport à l'autre. Les capacités intellectuelles ou physiques et la santé inférieures se traduiraient par une position morale amoindrie. Cela pourrait conduire à des conflits entre les espèces humaines et post-humaines, voire à une guerre des castes.

Le problème va au-delà du manque d'accès aux technologies d'amélioration humaine pour certaines personnes. Certains êtres humains ne voudront pas non plus être améliorés, même s'ils en ont les moyens économiques, en raison de convictions éthiques et philosophiques. James Hughes, président de l'Association transhumaniste mondiale, les appelle péjorativement *"bioluddites"*, *établissant* une comparaison avec le mouvement historique Luddite du 19e siècle, qui s'opposait à la mécanisation du travail pendant la révolution industrielle [Hugues]. Dans le chapitre 30, nous nous penchons sur les implications les plus inquiétantes que cela pourrait entraîner : la guerre.

Identités des espèces et eugénisme : Un air de déjà vu

La guerre est une éventualité dramatique, mais probable. Avant d'en arriver à une telle extrémité, de nombreux autres facteurs doivent se dérégler, dont la généralisation de l'eugénisme.

Sous l'Entrelacement et l'effet de la Biologie Synthétique, les différences entre les espèces humaines pourraient être si importantes qu'un groupe pourrait être incapable de se croiser avec l'autre. Cela pourrait résulter de facteurs biologiques, tels qu'une incapacité inhérente, ou d'une inacceptation sociale due à l'évolution du SE de la société. En outre, des programmes eugéniques délibérés parrainés par l'État peuvent facilement devenir la norme sous le couvert de *"l'efficacité et de l'amélioration"*, avec des combinaisons génétiques forcées, des licences de procréation et la prédétermination des rôles sociaux. Comme nous l'avons vu, l'IA permet déjà d'accéder à la compréhension de la génétique, de classer les valeurs génétiques d'une manière scientifique inattaquable et d'élaborer un plan à toute épreuve pour améliorer le patrimoine génétique de manière synthétique et naturelle. La reproduction sélective ou, à l'inverse, la reproduction interdite, visent toutes deux à améliorer le patrimoine génétique humain en vue de la réussite et de la survie, même si les populations se réduisent sous l'effet des réalités des économies pilotées par l'IA. Cela conduira sans aucun doute à différents niveaux de division au fur et à mesure que ce processus se déroulera - si tant est qu'il soit visible pour les gens au départ. La mise en œuvre de programmes eugéniques pourrait naturaliser et renforcer les hiérarchies sociales, offrant ainsi aux régimes autoritaires de nouvelles méthodes de contrôle. Même de manière bénigne, imaginons un service de rencontre en ligne qui associerait les gènes à la compatibilité interpersonnelle et projetterait la valeur économique de la vie à un niveau scientifique à toute épreuve.

L'exemple le plus notoire d'eugénisme s'est déroulé dans l'Allemagne nazie autoritaire, où les programmes d'hygiène raciale soutenus par l'État ont conduit à l'extermination systématique de millions de personnes par le biais de stérilisations forcées, de programmes d'euthanasie et, en fin de compte, de l'Holocauste. Toutefois, les concepts eugéniques ne sont pas l'apanage des régimes autoritaires [Rutherford]. Aux États-Unis, par exemple, les lois sur la stérilisation obligatoire visaient les individus considérés comme socialement ou génétiquement inaptes, l'affaire Buck v. Bell en 1927 créant un précédent pour la stérilisation eugénique généralisée. Au Royaume-Uni, le Mental Deficiency Act de 1913 autorisait le placement en institution et la stérilisation des personnes jugées mentalement déficientes, conformément aux préoccupations eugéniques concernant les maladies mentales héréditaires. Il en allait de même en Australie, au Japon et au Brésil, parmi de nombreux autres pays.

Les organisations transhumanistes se dissocient sans équivoque des théories et pratiques eugéniques du début du 20e siècle, qui sont aujourd'hui universellement rejetées. Elles rejettent également les fondements racistes sur lesquels ces théories et pratiques ont été construites. Mais la réalité est que le risque est toujours présent tant que l'on reconnaît les différences d'espèces ou de cultures entre les personnes, étant donné la nouvelle facilité technique de développer un tel programme grâce aux progrès actuels de l'IA et à la capacité de la biologie synthétique à apporter des changements au niveau des gènes dans les populations, feriez-vous confiance à des gouvernements de moins en moins démocratiques pour ne pas s'engager dans cette voie lors d'un redémarrage général du SE de la société ?

Du laboratoire au bioterrorisme

Enfin, la biosécurité serait un autre risque que l'IA pourrait entraîner dans un avenir dystopique. La biologie synthétique pourrait être utilisée à mauvais escient pour nuire à l'environnement ou à la société. Il est essentiel d'examiner attentivement les implications éthiques de la biologie synthétique et de la biosécurité afin de créer des barrières juridiques et techniques proactives contre l'utilisation non autorisée de la biologie synthétique. Le débat éthique autour des questions de biologie n'est pas entièrement nouveau. Elles reprennent des conversations antérieures sur les organismes génétiquement modifiés et l'ADN recombinant, et de nombreuses juridictions ont déjà défini des cadres réglementaires solides pour la recherche sur les agents pathogènes et le génie génétique.

Une inquiétude considérable provient de la possibilité croissante de bioterrorisme à mesure que les techniques de biologie synthétique progressent et que nous voyons un accès plus facile à des technologies même moins avancées, mais qui restent immensément puissantes. La création de nouvelles techniques de biologie synthétique a facilité la manipulation d'organismes pathogènes et leur utilisation comme armes biologiques, par exemple - bien plus mortelles, accessibles et évolutives que la synthèse d'anthrax et son envoi par la poste, comme nous l'avons vu aux États-Unis en 2021. Grâce à des incidents tels que la pandémie de COVID-19, les organisations terroristes sont de plus en plus conscientes des bouleversements sociaux, politiques et économiques qui pourraient être provoqués par ce type d'armes biologiques. Juan Zarate, ancien conseiller adjoint à la sécurité nationale pour la lutte contre le terrorisme, décrit en ces termes la façon dont le COVID a rendu plus réelle la possibilité d'un bioterrorisme [Cruickshank et Rassler]. *"Alors que le monde est simplement ébranlé par un nouveau coronavirus dont le taux de létalité est relativement faible, certains groupes terroristes extrémistes et des scientifiques malhonnêtes prêts à s'aventurer sur des terrains apocalyptiques pourraient considérer ce moment comme un catalyseur pour explorer à nouveau les possibilités du bioterrorisme."*

Après avoir présenté les visions utopiques et dystopiques de l'avenir, nous allons maintenant nous intéresser à la Chine d'aujourd'hui et à la concurrence croissante avec les États-Unis pour devenir la première superpuissance mondiale en matière d'IA.

24. La Chine et la guerre froide de l'intelligence artificielle

"La pensée humaine doit veiller à ne pas s'emballer et à ne pas libérer des capacités qui peuvent aboutir à la destruction de l'humanité, et c'est là que les États-Unis et la Chine ont une obligation particulière parce qu'ils sont dans une position privilégiée pour faire des progrès scientifiques. Mais comment limiter les interprétations et les applications possibles, c'est un défi pour chaque pays et ensuite pour les pays entre eux."

Henry Kissinger

Diplomate, politologue et homme politique américain

Dans une interview accordée à l'Institut Tony Blair pour le changement mondial, [Kissinger]

2023

Bien qu'elle ait commencé plus tard que les États-Unis et le Japon, la Chine a franchi des étapes remarquables dans le développement de l'IA ces dernières années, consolidant ainsi son rôle d'acteur mondial important dans ce domaine. L'ambition de la Chine n'est pas seulement de déployer l'IA dans sa propre société, mais de jouer un rôle central dans le monde en utilisant la technologie pour étendre son influence et ses valeurs mercantiles. Tout comme le comportement du Japon après la Seconde Guerre mondiale a été marqué par le développement industriel et la cohésion politique dans un effort pour reconstruire sa richesse et *"rattraper les États-Unis"*, la Chine voit la même opportunité dans l'utilisation de l'IA, et le PCC (Parti communiste chinois), en tant que gouvernement central à parti unique, s'est engagé dans une direction qui est aussi claire qu'inquiétante pour le reste du monde.

Le PCC a joué un rôle central dans le façonnement du paysage de l'IA en mettant en œuvre des réglementations, en injectant des fonds substantiels, en accordant une priorité stratégique à l'IA et en coordonnant activement la participation du secteur privé autour de ses valeurs fondamentales et de ses politiques en matière d'IA. Cet effort concerté a permis à la Chine de développer l'IA à l'échelle mondiale, comme nous le verrons dans ce chapitre.

L'ambition de la Chine de dominer le monde dans le domaine de l'IA est devenue publiquement évidente en 2017 lorsqu'elle a présenté le *"Plan de développement de l'IA de nouvelle génération"*. Ce plan est une feuille de route complète décrivant la vision stratégique de la Chine pour devenir un leader mondial de l'IA à la fois dans la recherche fondamentale et dans les applications. Le plan stratégique de la Chine a toutefois suscité des inquiétudes aux États-Unis, ouvrant la voie à ce que l'on appelle aujourd'hui la *"guerre froide de l'IA"* [Thompson et Bremmer].

Dans les chapitres 6 et 9, nous avons décrit la manière dont les modèles d'IA sont formés et l'importance centrale des données dans le développement de l'IA. Le PCC veut construire son programme d'IA en utilisant non seulement les données de ses propres citoyens, mais aussi celles des citoyens d'autres pays. Les querelles très médiatisées avec l'Occident au sujet d'applications mobiles à grande échelle comptant des centaines de millions d'utilisateurs, telles que TikTok, qui extraient des données personnelles de téléphone portable et autres sans autorisation, violent les lois d'autres pays tout en compromettant la sécurité nationale [Holpuch]. Nous notons que le PCC contrôle également la plus grande base de données biométriques au monde et qu'il est fort probable qu'il possède également vos données, un sujet préoccupant que nous aborderons dans ce chapitre [Piore].

Dans l'ensemble, les États-Unis et la Chine se livrent une concurrence féroce pour la suprématie de l'IA dans des domaines critiques tels que les semi-conducteurs, la technologie 5G, l'éthique de l'IA et les réglementations. Il apparaît de plus en plus qu'à l'avenir, il y aura deux écosystèmes d'IA distincts et isolés, dirigés par les deux principales puissances économiques, militaires et d'IA du monde. Au fil du temps, d'autres nations pourraient être amenées à faire des choix cruciaux quant au système sur lequel s'aligner, ce qui aurait des conséquences importantes sur les normes et la gouvernance mondiales en matière d'IA et sur les valeurs de chaque société.

Les pages suivantes révèlent comment l'IA chinoise s'est hissée au niveau des États-Unis et où elle se dirige.

Deng Xiaoping et la naissance de l'IA en Chine

L'arrivée de Deng Xiaoping à la tête de la Chine en 1978 a marqué un tournant dans l'histoire du pays. Cela a marqué la genèse d'un voyage de transformation visant à transformer la Chine en une société moderne, une société dans laquelle l'IA devient facilement un élément central d'un concept de transformation global. Cette transformation s'articulait autour du renforcement de l'économie de marché et de la reconnaissance de la science et de la technologie en tant que moteurs essentiels du progrès.

C'est dans ce contexte que la Chine a commencé son incursion dans le monde de l'IA. En 1981, une étape cruciale a été franchie avec la création de l'Association chinoise pour l'IA (CAAI) [CAAI]. Puis, en 1987, l'université de Tsinghua a publié la première recherche sur l'IA en Chine [Cai]. Cependant, les premiers pas ont été lents et difficiles pour la Chine. À la traîne de ses homologues occidentaux, le pays a dû faire face à des ressources limitées et à une pénurie de talents. Pourtant, la réponse de la Chine a été résolue et audacieuse. Le gouvernement a envoyé des universitaires à l'étranger pour les former à l'IA et a canalisé les fonds publics vers des initiatives de recherche. Il s'agissait d'une stratégie délibérée, bien que graduelle, visant à assurer le développement du capital humain dans le pays.

Ce n'est qu'au début des années 2000 que la Chine a commencé à augmenter de manière significative le nombre de projets de recherche parrainés par le gouvernement et le financement de l'IA. En 2006, la Chine s'est officiellement engagée dans le développement de l'IA, en l'intégrant dans le *"Plan à moyen et long terme pour le développement de la science et de la technologie"* (2006-2020) [He et Bowser]. Ce plan stratégique soulignait l'impératif pour la Chine de développer une recherche globale dans les différents domaines de l'informatique, y compris l'IA. L'objectif du plan était d'établir une base solide à la fois pour la recherche théorique et le développement technologique qui permettrait à la Chine de faire progresser rapidement son industrie des technologies de l'information.

2017 : Un plan stratégique pour l'IA et une équipe nationale pour l'IA

Depuis l'arrivée au pouvoir de Xi Jinping en 2013, la Chine a redoublé d'efforts en matière de développement de l'IA et n'a cessé de poursuivre l'objectif ambitieux de devenir un leader mondial dans la recherche sur l'IA. L'objectif est d'exploiter le potentiel de l'IA comme principal catalyseur de la croissance industrielle et de la transformation économique du pays.

C'est dans cet état d'esprit qu'en 2017, le gouvernement chinois a dévoilé son ambitieux *"Plan de développement de l'IA de nouvelle génération"*, une feuille de route stratégique conçue pour propulser le pays au premier rang du leadership mondial en matière d'IA [Webster]. Ce plan global a fermement positionné l'IA comme une technologie stratégique pour la Chine, en mettant l'accent sur son potentiel de transformation dans de multiples secteurs de l'économie. Le plan visait également à atteindre une suprématie technologique mondiale en soutenant de manière cohérente les programmes de recherche fondamentale sur l'IA et les nouvelles technologies de l'IA. Il concentre les ressources et le financement du gouvernement sur certains projets d'IA essentiels et comprend des mesures visant à accélérer la commercialisation des technologies d'IA tout en garantissant la supervision du gouvernement. Enfin, le plan encourage la collaboration entre le gouvernement, le secteur privé, les universités et l'armée.

Pour atteindre ces objectifs, trois étapes ont été définies. Au cours de la première étape, qui s'achèvera en 2020, la Chine entend faire progresser le développement de modèles d'IA et être compétitive au niveau mondial dans ce domaine. La deuxième étape, d'ici 2025, consiste à réaliser des avancées significatives dans la technologie de l'IA et la recherche théorique, ainsi qu'à poser les fondements juridiques et éthiques nécessaires. Enfin, au cours de la troisième étape, d'ici à 2030, la Chine aspire à devenir un leader mondial dans le domaine de l'IA, en développant de multiples innovations de pointe et en mettant en place un système de formation solide pour les professionnels de ce domaine.

Comme l'indique le plan, *"d'ici 2030, les théories, les technologies et les applications de l'IA en Chine devraient atteindre des niveaux de premier plan mondial, faisant de la Chine le principal centre d'innovation en matière d'IA, obtenant des résultats visibles dans les applications de l'économie et de la société intelligentes, et jetant des bases importantes pour devenir une nation de premier plan en matière d'innovation et une puissance économique"*. En plus de dévoiler son plan officiel en 2017, le gouvernement chinois a annoncé la création d'une *"équipe nationale de l'IA"*. Cette équipe nationale d'IA, triée sur le volet et cultivée de longue date, est composée d'entreprises de premier plan chargées de développer des sous-secteurs spécifiques de l'IA, tels que la génération vocale ou la reconnaissance faciale. Au départ, l'équipe nationale d'IA était composée d'Alibaba Cloud, de Baidu, de Tencent et d'iFlytek, chacun jouant un rôle bien défini :

- Alibaba Cloud dans les villes intelligentes,
- Baidu dans les véhicules autonomes,
- Tencent dans le domaine de l'intelligence médicale, et
- iFlytek dans la reconnaissance vocale.

Depuis sa création, l'équipe nationale s'est élargie tant au niveau du nombre d'entreprises participantes que de la portée de leurs spécialisations désignées en matière d'IA. SenseTime a rejoint l'équipe en 2018, renforçant ses capacités en matière de vision par ordinateur. En outre, en 2019, l'équipe a connu une croissance significative, accueillant dans ses rangs dix entreprises supplémentaires, principalement des géants de l'industrie :

- Huawei dans les télécommunications,
- Yitu dans l'informatique visuelle,
- Xiaomi dans la domotique,
- Pingan dans l'intelligence financière,
- Hikvision dans la perception vidéo,
- JD.com dans la chaîne d'approvisionnement intelligente,
- Megvii dans la perception visuelle,
- Qihoo 360 dans le domaine de la sécurité et du cerveau intelligent, et
- TAL Education Group dans l'éducation

L'essor de l'industrie de l'IA en Chine depuis 2017

Après les politiques gouvernementales de 2017, l'industrie chinoise de l'IA a connu une croissance explosive, devenant un secteur de plusieurs milliards de dollars au cours des dernières années. En 2021, sa valeur a atteint environ 23 milliards de dollars, avec des prévisions de 62 milliards de dollars d'ici 2025 [Koty]. Les investissements publics ont été stratégiquement canalisés vers la recherche fondamentale et appliquée, soutenant les projets d'IA dans le secteur privé par le biais de fonds de capital-risque soutenus par l'État.

Ce développement rapide de l'IA en Chine a laissé une marque indélébile sur diverses facettes de la société, dans les domaines socio-économique, militaire et politique. Parmi les secteurs les plus intensément stimulés par les programmes d'IA du gouvernement figurent l'agriculture, les transports, l'hébergement, la restauration et l'industrie manufacturière. Les directives politiques du gouvernement mettent l'accent sur des fonctionnalités notables telles que la biotechnologie/SynBio, la reconnaissance faciale, les véhicules autonomes, l'informatique quantique et l'intelligence médicale.

Le gouvernement chinois a désigné quatorze villes et un comté comme zones de développement expérimental afin de stimuler la croissance de l'industrie de haute technologie. Les domaines spécifiques de la recherche et du développement de l'IA varient d'une ville à l'autre, en fonction des secteurs industriels et des écosystèmes locaux qui leur sont propres. Par exemple, le Zhejiang et le Guangdong, sur la côte, font des progrès considérables dans les applications commerciales pratiques de l'IA. Alors que Wuhan se concentre sur SynBio et le secteur de l'éducation, Suzhou, avec son importante industrie manufacturière, oriente ses efforts vers l'IA industrielle, l'automatisation et d'autres infrastructures d'IA [Finance Sina].

En conséquence, des indicateurs spécifiques sont apparus, suggérant que la Chine prenait l'avantage sur les États-Unis. Selon le Forum économique mondial, en 2017, les deux tiers des investissements mondiaux dans l'IA étaient dirigés vers la Chine [WEF]. En outre, la Chine a pris de l'avance dans la production de recherches liées à l'IA, accumulant un nombre stupéfiant de 43 000 documents en 2021, soit près du double de la production des États-Unis. En outre, la Chine a été acclamée avec 7 000 des documents les plus cités, dépassant les États-Unis d'une marge substantielle de 70 % [Tabeta et auteurs].

L'un des formidables avantages de la Chine en matière d'IA réside dans sa vaste population, qui constitue une source abondante de données pour les entreprises et les chercheurs, ainsi que pour la formation des algorithmes. Cette richesse de données a été déterminante, en particulier dans des applications telles que la reconnaissance faciale, où les données collectées auprès des résidents ont alimenté la formation à l'IA. L'homogénéité raciale a également été utile, car les modèles d'IA doivent être capables d'identifier les différences subtiles entre les visages pour être utiles. La Chine est bien consciente de cet avantage concurrentiel et a traditionnellement une approche laxiste de la protection des données, mais cela aussi est en train de changer.

À l'instar des pays occidentaux, la Chine a déployé des efforts considérables pour renforcer la confidentialité des données et l'éthique à l'intérieur de ses frontières. En 2021, *la "loi sur la protection des informations personnelles"* (PIPL) a été introduite, servant de pendant chinois au GDPR. L'éthique de l'IA a également gagné en importance avec l'introduction du *"Code d'éthique de l'IA de nouvelle génération",* également en 2021, qui met fortement l'accent sur la protection des droits des utilisateurs nationaux, la garantie de la vie privée et la promotion de l'utilisation sécurisée des technologies de l'IA à l'intérieur de la Chine.

La guerre froide pour la suprématie de l'IA

L'ambitieux plan chinois de développement de l'IA de 2017 a marqué un tournant aux conséquences considérables pour les États-Unis et leurs alliés. Ce plan a déclenché des tensions croissantes entre la Chine et les États-Unis, donnant naissance à une nouvelle rivalité géopolitique souvent appelée la *"guerre froide de l'IA"* [Thompson et Bremmer]. Contrairement à la guerre froide du XXe siècle, définie par l'armement nucléaire et les affrontements idéologiques, cette guerre froide contemporaine est centrée sur la technologie de l'IA et l'idéologie économique mercantiliste des Chinois. Elle présente un récit de compétition économique, où l'innovation technologique détermine la position géopolitique des nations. L'approche distincte de la Chine en matière de développement de l'IA pose de formidables défis aux États-Unis, notamment en ce qui concerne les applications autoritaires de l'IA, telles que le système de crédit social (SCS), que nous aborderons plus loin dans cette section, et le déploiement actif de l'IA dans des contextes militaires.

Comme les États-Unis, la Chine exploite l'IA pour améliorer le renseignement militaire et accélérer la prise de décision sur le champ de bataille. La Chine étudie activement les véhicules autonomes terrestres, maritimes, sous-marins et aériens, ainsi que les opérations de cyberguerre [Kania et Scharre]. Sans surprise, compte tenu de ses antécédents en matière de vol de propriété intellectuelle, lorsqu'elle n'a pas été en mesure de se l'approprier et qu'elle souhaite un accès permanent à la technologie et à la propriété intellectuelle américaines, la Chine a réalisé des investissements stratégiques sur le marché américain de l'IA, en particulier dans les entreprises d'IA actives dans le domaine de la défense. Entre 2010 et 2017, les investissements chinois en capital-risque dans les entreprises américaines d'IA se sont élevés à environ 1,3 milliard de dollars [Singh et Brown]. L'utilisation militaire de l'IA par la Chine suscite des inquiétudes aux États-Unis quant à son impact sur la stabilité mondiale et à l'escalade des tensions existantes.

La crainte de voir la Chine dépasser les États-Unis dans le domaine de l'IA a dominé les discussions sur la politique technologique à Washington. La Chine s'est imposée comme un concurrent redoutable, produisant des recherches de pointe en matière d'IA comparables à celles des États-Unis et intégrant cette technologie dans son économie et ses systèmes de surveillance internes, tels que le SCS. Dans la course au développement d'algorithmes d'IA avancés, la Chine a rapidement comblé son retard sur les laboratoires de recherche américains, obtenant souvent des résultats comparables en l'espace de quelques années seulement.

L'escalade des tensions entre les deux nations a incité le gouvernement américain à adopter des politiques visant à freiner l'avancée de l'IA en Chine, principalement par la mise en place de contrôles des exportations ciblant les puces essentielles à l'entraînement et à l'exécution des algorithmes d'IA, ainsi que les technologies ou les matières premières nécessaires à la fabrication de ces puces. Ces sanctions ont coïncidé avec la guerre commerciale menée par l'ancien président Donald Trump, qui avait créé un climat géopolitique propice à ce type de restrictions.

En outre, les semi-conducteurs sont particulièrement controversés dans la guerre froide de l'IA en raison du rôle central de Taïwan dans la production de semi-conducteurs et de la probabilité croissante d'un conflit armé ou au moins d'un blocus entre le continent et l'île. La chaîne d'approvisionnement en semi-conducteurs se caractérise par sa forte concentration sur un nombre limité d'acteurs importants dans des zones géographiques très spécifiques et par son interconnexion mondiale, ce qui la rend vulnérable aux restrictions commerciales, aux perturbations de la chaîne d'approvisionnement et aux pénuries de semi-conducteurs. Notamment, environ 70 % des semi-conducteurs produits dans le monde sont fabriqués à Taïwan ou passent par Taïwan, où se trouve le plus grand producteur de puces au monde, TSMC (Taiwan Semiconductor Manufacturing Company) [Slingerlend].

Dans cette logique, le gouvernement américain a mis en place des restrictions à l'exportation de semi-conducteurs à destination de la Chine. Cette mesure a non seulement nui aux capacités de la Chine à concevoir et à fabriquer des puces d'IA avancées mais, plus important encore, elle a entravé sa capacité à utiliser des puces importées dans les programmes de développement de l'IA des entreprises chinoises [Clark]. Les États-Unis ont également réussi à persuader les gouvernements européens d'établir des restrictions similaires, comme dans le cas de l'entreprise néerlandaise ASML (Advanced Semiconductor Materials Lithography), qui a cessé d'exporter des technologies de fabrication de semi-conducteurs vers la Chine [Woo]. En outre, les États-Unis et l'Union européenne se sont appuyés sur le récit de la guerre froide de l'IA pour limiter l'acquisition de la technologie 5G de Huawei et ZTE sur leurs territoires respectifs. Étant donné que la 5G repose largement sur les semi-conducteurs, cela a encore compliqué la rivalité technologique entre l'Est et l'Ouest [Meyer].

Les contraintes commerciales imposées aux exportations de semi-conducteurs vers la Chine se sont répercutées sur les chaînes d'approvisionnement. La Chine a riposté en limitant ses exportations de semi-conducteurs vers les États-Unis et l'Europe, ce qui a suscité des inquiétudes au sein des industries américaines et européennes [Klayman et Nellis]. Le gouvernement américain a réagi en allouant 250 milliards de dollars de subventions publiques pour soutenir les secteurs technologiques et manufacturiers locaux, en mettant l'accent sur les semi-conducteurs, l'intelligence artificielle et l'informatique quantique [Ni]. De même, l'UE a adopté une législation qui subventionne la production de semi-conducteurs au sein de l'UE [Timmers et Kreps].

Au-delà des frontières : Le jeu d'espionnage chinois piloté par l'IA

La *"guerre froide de l'IA"* a dépassé les considérations commerciales pour s'étendre à l'espionnage et à la sécurité nationale.

Parallèlement à l'augmentation du nombre de cas de COVID en 2021, une entreprise chinoise affiliée à l'armée a contacté les dirigeants locaux des États-Unis et leur a proposé d'installer des laboratoires d'analyse dans plusieurs États américains. En échange, l'Institut de génomique de Pékin, une entreprise affiliée au gouvernement chinois et un acteur mondial majeur de la recherche en génomique, a eu accès à l'ADN des personnes testées. Le gouvernement américain a conseillé aux États de décliner l'offre, ce qu'ils ont fait. Entre-temps, l'Institut de génomique de Pékin avait établi des laboratoires dans au moins 16 pays pour collecter des informations sur l'ADN des citoyens. La Chine dispose désormais de la plus grande base de données ADN au monde, qui comprend à la fois ses propres citoyens et des populations d'autres pays [Warrick et Brown].

Des organisations de défense des droits de l'homme du monde entier affirment que le gouvernement du PCC utilise les tests ADN à des fins de profilage racial et de sécurité, notamment pour surveiller et identifier les musulmans ouïgours, une minorité ethnoreligieuse qui compte des millions de personnes détenues dans les camps d'internement du Xinjiang.

Les fonctionnaires américains ajoutent que la collecte d'ADN par les entreprises chinoises doit être considérée comme faisant partie d'une tentative concertée d'aspirer les dossiers de millions de citoyens américains, et que nombre de ces efforts violent la législation américaine : *"La plupart des Américains ont probablement vu leurs données compromises par les unités de cyberespionnage du gouvernement chinois et les services de renseignement militaire chinois"*, a déclaré April Falcon-Doss, ancienne employée de la National Security Agency et auteur du livre *"Cyber Privacy : Who Has Your Data and Why You Should Care"* *("Vie privée numérique : Qui possède vos données et pourquoi cela devrait vous concerner.")* [Nye]. Selon April Falcon-Doss, la Chine recueille un grand nombre de données personnelles sur ses citoyens afin de faciliter ses activités d'espionnage et de développer son économie et sa technologie [Myre].

Alors que les États-Unis et la Chine s'espionnent activement, la Chine a délibérément renforcé sa poursuite active et implacable des données personnelles des Américains en utilisant l'IA dans ses activités d'espionnage et d'appropriation de données. Depuis 2014, la Chine est accusée d'avoir volé de grandes quantités de données, notamment des dossiers de clients de Marriott (400 millions), du bureau de crédit Equifax (145 millions), de la compagnie d'assurance maladie Anthem (78 millions) et de l'Office of Personnel Management des États-Unis (21 millions). Ces derniers comprenaient des fichiers classifiés sur les employés et les sous-traitants du gouvernement, tels que les empreintes digitales et les habilitations de sécurité [Myre].

Armé de ces informations spécifiques introduites dans des modèles algorithmiques non supervisés tels que ceux que nous avons examinés au chapitre 6, il ne serait pas difficile pour un acteur malveillant de prédire avec une grande précision qui, dans une population de personnes ayant des problèmes de crédit, pourrait être ciblé et susceptible d'accepter un pot-de-vin pour s'engager dans le vol de secrets industriels. Ou encore de savoir où vous voyagez aux États-Unis ou à l'étranger, où prendre contact avec vous - ou quand cibler votre famille avec des campagnes subtiles de courriels en ligne - alors que vous n'êtes probablement pas là avec eux. Le gouvernement américain a depuis interdit à Huawei, le plus grand fabricant chinois d'équipements de télécommunications, d'installer du matériel dans les infrastructures de télécommunications américaines [Meyer] et a expulsé des centaines d'étudiants dont l'objectif, en venant aux États-Unis sous couvert d'études, était d'accéder à des informations techniques et scientifiques [AP News]. Le ministère de la justice a engagé des poursuites contre des ressortissants chinois dans diverses affaires, mais la majorité d'entre eux se trouvent toujours en Chine et ne relèvent donc pas de la compétence des autorités américaines chargées de l'application de la loi. Il convient de noter que de nombreux accusés servent dans l'armée chinoise.

Le système de crédit social chinois : Plus dysfonctionnel que dystopique

L'un des mégaprojets les plus emblématiques et les plus controversés de la Chine en matière d'IA est le système de crédit social (SCS), une initiative nationale développée par le gouvernement pour évaluer la *"fiabilité"* des entreprises, des individus et des institutions gouvernementales [Yang].

Dans les années 2000, les escroqueries, les fraudes financières et les scandales liés à la sécurité publique ont commencé à gagner en notoriété en Chine. Parmi les incidents notables, on peut citer les cas où du lait contaminé destiné aux nourrissons a été exporté sans ménagement vers d'autres pays [Branigan]. En réaction, le gouvernement chinois a commencé à envisager la création d'un système de régulation des entreprises dans des domaines tels que la fraude financière, la propriété intellectuelle et la sécurité alimentaire, dans le but de renforcer la confiance du public [Reilly et al.] L'idée de base consistait à ce que les organismes de réglementation échangent des informations afin d'établir des listes de blocage nationales en cas de non-respect des règles, ce qui conduirait à des sanctions et à une *dénonciation* publique afin de décourager les comportements indésirables.

Les méthodes traditionnelles de contrôle des comportements ont été jugées inadéquates pour faire face aux défis posés par la population croissante de la Chine et un paysage socio-économique en évolution rapide. Alors que la Chine entrait dans une ère plus avancée sur le plan technologique, l'idée d'exploiter les données et la technologie pour évaluer la fiabilité et contrôler les comportements s'est imposée. Cet effort a été inspiré par les systèmes d'évaluation du crédit dans d'autres pays, notamment FICO, Equifax et TransUnion aux États-Unis [Pieke et Hofman].

En 2013, la Cour populaire suprême a établi une liste noire *des débiteurs* appelée *"Liste des personnes malhonnêtes",* qui impose des restrictions aux débiteurs défaillants, comme l'interdiction de fréquenter des écoles privées et de faire des dépenses de luxe [Chan]. Par la suite, le gouvernement a présenté des plans pour un SCS complet en 2014, et un projet pilote national impliquant huit sociétés de notation de crédit a été lancé cette année-là. En 2015, des licences ont été accordées à huit entreprises, dont des géants de l'industrie comme Alibaba et Tencent, pour travailler sur différents aspects du système, y compris les opérations de service, les algorithmes de risque de crédit et les logiciels d'exploitation et de gestion. Il convient de noter que chaque société dispose d'une certaine forme de contrôle sur la gestion des dettes ; le monde arabe conserve des prisons pour débiteurs, les nations occidentales disposent de modèles sophistiqués d'accès au crédit et de tarification des prêts, et dans les sociétés d'Asie du Nord, la honte et la perte de la face sont toujours d'actualité.

La mise en œuvre du SCS s'est déroulée par étapes, en commençant par une série de projets pilotes dans des villes et régions sélectionnées à partir de 2017. Ces essais ont permis aux autorités de tester différents aspects du système. En 2018, le SCS a été officiellement déployé à l'échelle nationale, mais il restait encore de nombreux défis à relever. La mise en œuvre a impliqué une collaboration entre les agences gouvernementales, les entreprises technologiques et les institutions financières, créant ainsi un réseau complexe de parties impliquées. Les gouvernements locaux ont joué un rôle crucial dans la mise en œuvre du SCS. Elles avaient le pouvoir de concevoir et de mettre en œuvre leurs méthodes d'évaluation du crédit social en fonction des priorités et des préoccupations locales. Cette approche décentralisée a permis d'aborder avec souplesse les questions régionales tout en adhérant au cadre plus large établi par le gouvernement central, ce qui a permis de maintenir l'orientation autoritaire descendante de l'ensemble du programme.

Alors que le gouvernement chinois a présenté le SCS comme un outil destiné à *"promouvoir la confiance et l'intégrité",* la définition de la confiance et de l'intégrité n'est pas celle que nous concevons abstraitement en Occident. Il s'agit plutôt d'un reflet des valeurs communistes chinoises, ce qui est exactement ce à quoi nous devrions nous attendre. Ce que le PCC voulait dire, c'est que la confiance équivaut à la conformité à ce que le gouvernement dit que l'on doit faire, et que l'intégrité équivaut à la mesure dans laquelle on fait ce que le gouvernement dit que l'on doit faire. En bref, la confiance et l'intégrité n'ont pas d'autre définition que celle que le gouvernement leur donne, et elles sont centrées sur le fait de *"suivre les règles"*. Les enfreindre est un péché, et le confessionnal public remplace le confessionnal privé. Il s'agit simplement des règles du SE (Operating System) de la société comme méthode de contrôle des personnes. Il convient de noter que la Chine n'a pas de religion officielle et, par conséquent, pas de système spirituel qui fixe des normes comportementales ou éthiques pour présider ou guider le comportement. On pourrait plutôt qualifier leur système d'exploitation sociétal de *"machiavélisme commercial"*, et ce type de système était donc nécessaire en tant qu'arbitre des règles pour protéger les citoyens ou les entreprises chinoises contre les acteurs malveillants.

Cet outil a fait l'objet de critiques sévères au niveau international, certaines fondées, d'autres moins. Les médias occidentaux ont présenté le SCS comme un système de surveillance massive qui contrôlait des données telles que la responsabilité financière, le respect des lois, les interactions sociales, l'activité des médias sociaux, le comportement en ligne, les opinions individuelles, les œuvres d'art individuelles ou l'expression personnelle, et même les enregistrements de millions de caméras de rue. Le système prétendait ensuite attribuer une note numérique à chaque personne ou entreprise, qui reflétait sa *"solvabilité sociale"* globale. Les actions positives, telles que le remboursement en temps voulu des prêts, le service communautaire volontaire, le comportement moral et le fait de ne pas s'exprimer contre le gouvernement, contribuaient à l'obtention d'un score plus élevé. En revanche, les actions négatives, telles que le défaut de remboursement de prêts ou l'engagement dans des activités frauduleuses, les combats publics et l'expression d'une opinion contraire à la position officielle du gouvernement sur quelque sujet que ce soit, se traduisent par un score plus faible [Matsakis] [Kobie]. Selon les médias, les personnes dont la cote de crédit est faible sont confrontées à des conséquences qui affectent leur capacité à trouver un emploi, à accéder à l'éducation et même à obtenir des services essentiels tels que l'accès aux soins de santé. En 2018, l'ancien vice-président américain Mike Pence a qualifié le SCS de *"système orwellien visant à contrôler pratiquement tous les aspects de la vie humaine"* [Horsley].

Bien qu'il soit concevable que le gouvernement chinois ait initialement eu l'intention d'établir un système de notation de crédit cohérent à l'échelle nationale, la réalité est que le SCS a évolué loin de là, et qu'il est en grande partie dysfonctionnel. Au premier trimestre 2024, il n'existe pas de SCS ou de score unifié sur l'ensemble du territoire chinois. Au lieu de cela, le crédit social est défini par un ensemble de politiques et de systèmes fragmentés qui se concentrent davantage sur les entreprises que sur les individus. Il s'agit notamment de listes de blocage pour les débiteurs déterminés par des décisions de justice spécifiques, de rapports de crédit financier, de listes de blocage sectorielles comprenant les entreprises non conformes et leurs propriétaires, ainsi que de listes d'interdiction de vol et d'embarquement basées sur des cas de mauvaise conduite de la part de passagers de trains ou d'avions.

L'échec est dû en grande partie aux réalités pratiques de l'organisation des données en vue de leur utilisation par des algorithmes d'intelligence artificielle. Nous notons que la mise en œuvre pratique du système de crédit social a été confrontée à de nombreux défis opérationnels, en particulier au niveau local, qui l'ont empêché de devenir un système cohérent à l'échelle nationale [Cheung]. Les gouvernements locaux ont rencontré des difficultés dans la mise en place de systèmes de notation individuels en raison de silos de données, de normes incohérentes et d'une résistance bureaucratique. La nature décentralisée du système a donné lieu à des centaines de versions différentes, ce qui a entraîné un manque de cohésion et de fonctionnalité. De nombreux projets pilotes locaux s'écartaient considérablement du concept original, ce qui a incité le gouvernement central à intervenir pour freiner les applications extrêmes qui n'avaient pas de base légale. *"Deux décennies plus tard, le système de crédit social chinois est plus dysfonctionnel que dystopique"* [Cheung].

Cela dit, nous estimons qu'il est clair que des données de masse sur les citoyens sont collectées et qu'un score public en soi n'est pas strictement nécessaire pour agir sur les données. En outre, rien n'empêcherait ce type de système d'être utilisé à l'avenir comme un outil machiavélique d'ingénierie sociale et économique si le PCC tirait les leçons de son échec à mettre en œuvre le SCS selon sa première vision : par exemple, établir le profil des gènes pour tenter de prédire et d'agir sur les personnes susceptibles de commettre un crime ; déterminer quelles sont les deux personnes les plus susceptibles de réussir leur mariage et les forcer à le faire ; empêcher la naissance d'enfants susceptibles d'avoir des défauts ou des limitations physiques ou intellectuelles et donc de constituer une ponction nette à long terme sur les ressources sociales ; et choisir les professions des personnes et les y orienter dès le plus jeune âge, ce qui n'est pas différent de la manière dont le PCC choisit déjà ses dirigeants aujourd'hui. Plus il y a de données et plus l'algorithme est puissant, plus les modèles prédictifs se rapprochent d'une précision de 100 %. Pour l'individu, il s'agit d'un marché faustien, mais pour la société collective, il s'agit d'une utilisation plus efficace des ressources, d'une baisse de la criminalité, d'un capital humain plus fort et d'une meilleure prise de décision sociale. Comme nous le soulignons tout au long du livre, l'IA est intrinsèquement en réseau et collectiviste, et non atomistique.

Enfin, nous notons que le gouvernement américain a également collecté des données personnelles sur ses citoyens, en cooptant pendant des décennies de grands opérateurs de télécommunications comme AT&T pour examiner les enregistrements d'appels sans motif valable [Wired] [Hattem]. Nous notons également qu'aux États-Unis, la surveillance au même niveau fonctionnel que le programme CCP a été effectuée par l'intermédiaire de grandes entreprises, auxquelles les citoyens communiquent régulièrement et librement leurs données. Le résultat final étant le même, la seule différence réelle réside dans les techniques déployées par chaque pays.

L'IA générative dans le cadre des valeurs fondamentales du socialisme

Un autre mégaprojet technologique emblématique de la Chine est la *"Grande Muraille de Chine"*. Dans les années 1990, avec l'apparition de l'internet, les dirigeants chinois se sont inquiétés du fait que l'accès généralisé à l'information pouvait mettre en péril le gouvernement et la stabilité sociale. Par conséquent, au début des années 2000, la Chine a mis en place un système sophistiqué de censure en ligne pour réglementer l'accès aux sites web étrangers et censurer le contenu local. Ce système vise à gérer les flux d'informations à l'intérieur du pays et est connu en Occident sous le nom de *"Grande Muraille de Chine"*. La plupart des services internet occidentaux, y compris Facebook, Google, Netflix - et naturellement ChatGPT - restent inaccessibles à la majorité des Chinois. Les plateformes locales réglementent strictement le contenu, employant de manière préventive des modérateurs et des algorithmes d'intelligence artificielle pour supprimer tout contenu indésirable. En 2020, les géants chinois de l'internet, dont Tencent et Alibaba, se sont alignés encore plus étroitement sur le PCC après que le gouvernement a pris des participations minoritaires dans ces entreprises et s'est impliqué activement dans leurs opérations quotidiennes.

Aujourd'hui, face à l'essor de l'IA, la Chine est à nouveau confrontée au même défi : trouver un équilibre délicat entre la promotion de l'innovation, essentielle à la croissance économique, et le maintien du contrôle en tant qu'État autoritaire. Le gouvernement travaille activement à la transformation du pays en une économie très avancée, même s'il est préoccupé par la nature potentiellement perturbatrice de l'IA. Par conséquent, la Chine renforce avec diligence *son "Grand pare-feu"* afin de relever efficacement les défis posés par l'IA générative [The Economist].

Depuis mars 2023, les entreprises sont tenues d'enregistrer tous les algorithmes capables de faire des recommandations ou d'influencer les décisions des gens. En juillet 2023, le gouvernement a publié des règlements exigeant que tous les contenus générés par l'IA *"reflètent les valeurs fondamentales du socialisme",* [Wu] interdisant de fait les contenus contenant des sentiments antipartisans. Par la suite, en septembre 2023, le gouvernement a publié 110 services autorisés, et tous les algorithmes non enregistrés doivent être bloqués, leurs développeurs étant passibles de sanctions.

Plus tard, en octobre 2023, un comité gouvernemental a publié des directives de sécurité exigeant des évaluations détaillées des données utilisées pour former les modèles d'IA générative. En particulier, un minimum de quatre mille sous-ensembles de l'ensemble des données d'entraînement doit être testé manuellement, et au moins 96 % des tests doivent être jugés *"acceptables" sur* la base d'une liste de 31 risques pour la sécurité. Le contenu inacceptable est défini de manière générale comme tout ce qui *"incite à la subversion du pouvoir de l'État ou au renversement du système socialiste"*. Pour respecter ces directives, les chatbots doivent refuser 95 % des requêtes présentant un contenu inacceptable, tout en ne rejetant pas plus de 5 % des questions inoffensives [The Economist].

Cette approche réglementaire stricte a entraîné un ralentissement de l'adoption de l'IA générative orientée vers le consommateur en Chine. Par exemple, Ernie Bot de Baidu, bien que prêt à être lancé à peu près au même moment que ChatGPT, n'a été introduit que neuf mois plus tard, en août 2023 [David]. Compte tenu des progrès rapides dans le domaine de l'IA, ce délai est certainement considérable. L'industrie chinoise de l'IA générative n'est pas en mesure de rivaliser avec les États-Unis.

De l'IA du consommateur à l'IA de l'entreprise

Compte tenu des risques liés à l'IA générative orientée vers le consommateur, le gouvernement chinois a mis l'accent sur la promotion des applications d'IA d'entreprise, qui sont beaucoup moins sujettes à des comportements individuels subversifs. Les applications d'entreprise nécessitent l'accès aux données d'entreprise, dont une grande partie est stockée au sein des entreprises. La stratégie chinoise consiste à transformer les données d'entreprise en service public [Olcott et Ding]. Plutôt que de posséder les données elles-mêmes, le gouvernement vise à contrôler les canaux par lesquels les données circulent.

Contrairement à l'IA générative orientée vers le consommateur, l'IA d'entreprise est soumise à beaucoup moins de contraintes gouvernementales en matière de développement. Au contraire, afin d'encourager les entreprises à partager leurs données, la Chine a mis en œuvre des réglementations visant à établir un cadre national d'innovation ouverte dans lequel le gouvernement et les entreprises peuvent collaborer sur des projets d'IA. La normalisation joue un rôle essentiel dans ce type de collaboration interentreprises en matière de données afin de garantir une interopérabilité et une qualité sans faille. Par conséquent, la Chine a approuvé des lignes directrices pour l'innovation ouverte en 2019 et pour la normalisation en 2020. Comme nous l'avons vu dans la section précédente, l'asymétrie des données a un effet délétère sur l'efficacité économique, et l'existence de l'IA offre aux économies d'échelle une solution au problème de la poule et de l'œuf inhérent à l'agrégation des données et à la formation des algorithmes. La Chine commence à se concentrer sur la résolution de ce problème central de l'IA.

Le gouvernement encourage également activement la création d'échanges de données. Les bourses de données permettent aux entreprises d'échanger des informations productives, allant des activités individuelles des usines aux données de vente dans des magasins spécifiques. Ces échanges permettent aux petites entreprises d'accéder à des connaissances qui étaient auparavant le domaine exclusif des géants de la technologie. Cette initiative vise à permettre aux petites entreprises d'accéder à des connaissances qui étaient autrefois l'apanage des géants de la technologie. Les villes chinoises ont créé les premiers échanges de données au début des années 2010, et il en existe aujourd'hui une cinquantaine dans toute la Chine.

En outre, en août 2023, le gouvernement a demandé aux entreprises publiques d'examiner l'évaluation de leurs données et d'incorporer cette valeur dans leurs bilans en tant qu'actifs incorporels [The Economist].

Ce soutien gouvernemental réoriente les capitaux et la main-d'œuvre des chatbots grand public vers les applications d'apprentissage automatique pour les entreprises. Plusieurs villes, dont Shenzhen, ont annoncé des fonds d'investissement substantiels axés sur l'IA pour financer davantage les échanges de données. Par exemple, le Shanghai Data Exchange (SDE) a été lancé en 2021. Il propose divers produits de données, par exemple des informations sur le secteur de l'énergie, qui peuvent être utilisées pour évaluer la consommation d'énergie des entreprises et créer des profils de crédit d'entreprise alternatifs basés sur les niveaux absolus d'activité [The Economist].

Un autre exemple de l'utilité des échanges de données est le développement des voitures auto-conduites. En 2022, environ 185 millions de véhicules circulant sur les routes chinoises étaient équipés d'une connexion internet [Neeley]. La Chine envisage la production de masse de voitures semi-autonomes d'ici 2025, ce qui nécessite des données importantes pour les entreprises qui développent des algorithmes de conduite autonome. Le WICV est un système d'échange de données qui répond à ce besoin. WICV renvoie les données d'une voiture à son fabricant, favorisant ainsi un système en boucle fermée dans lequel chaque constructeur automobile reçoit les données de ses propres voitures. Cependant, WICV a l'intention de devenir une place de marché où les développeurs de systèmes de conduite autonome peuvent acheter ces données à n'importe quel constructeur automobile. Pour faciliter cet échange, les données de conduite doivent être soumises à un processus d'*"assainissement", c'est-à-dire qu'elles* doivent être débarrassées des détails géolocalisés ou biométriques qui pourraient compromettre la vie privée des individus.

Pour en revenir au projet SCS, nombreux sont ceux qui, en Chine, le considèrent comme un projet raté pour les raisons que nous avons évoquées plus haut dans ce chapitre. Mais nous considérons que les raisons de cet échec peuvent être résolues. En outre, les échanges de données d'entreprise peuvent être appliqués au concept de SCS afin de surmonter les difficultés initiales de mise en œuvre et d'agrégation des données. Outre l'évaluation de la fiabilité morale des entreprises et des individus en ce qui concerne la conformité aux mandats gouvernementaux, le SCS pourrait peut-être commencer par évaluer la probabilité de violations de la réglementation dans le secteur des entreprises, de la même manière que les algorithmes existants aux États-Unis peuvent prédire avec précision les défaillances de crédit.

Le gouvernement espère que l'IA d'entreprise est la clé qui permettra à la Chine de rattraper, et éventuellement de dépasser, l'Amérique en termes d'IA, tout en évitant les complexités liées au contenu potentiellement subversif généré par l'IA.

Le ralentissement économique sur la voie de la suprématie de l'IA

L'adoption généralisée de l'IA en Chine est sans aucun doute positive pour son impact à long terme sur l'économie chinoise. L'IA offre à la Chine une solution prometteuse pour réduire les coûts opérationnels, créer de meilleurs produits, améliorer l'efficacité et financer les mêmes opportunités que celles que nous avons évoquées au chapitre 22, en revigorant collectivement son économie de manière durable. Cela est d'autant plus important que la Chine est confrontée à un ralentissement économique notable à l'horizon 2024 [Banque mondiale]. La situation actuelle de la Chine résulte d'une dépendance insoutenable à l'égard d'infrastructures et d'investissements immobiliers financés par la dette, ce qui a conduit à l'éclatement d'une bulle immobilière. La population chinoise a été formée à considérer l'investissement immobilier comme un compte d'épargne, mais c'est tout sauf le cas. La baisse de la demande pour les exportations chinoises et l'escalade du coût de la vie résultant des problèmes liés à l'immobilier ne font qu'aggraver le ralentissement.

Parallèlement, la Chine est confrontée à un défi démographique caractérisé par une population en déclin. Des décennies de politique de l'enfant unique ont entraîné le vieillissement de la société et la diminution de la main-d'œuvre. Cette évolution démographique entraîne une hausse des coûts de la main-d'œuvre, une augmentation des dépenses de protection sociale, une réduction de la productivité globale et, surtout, une baisse de la consommation. La macroéconomie d'un pays dépend de la productivité et de la consommation. Pour surmonter la situation actuelle, la Chine doit donc s'orienter stratégiquement vers la stimulation de la consommation des ménages, qui a toujours été à la traîne par rapport à la croissance du PIB.

Le maintien d'une croissance économique robuste à moyen terme aura un impact significatif sur la capacité du gouvernement chinois à allouer des ressources à l'IA, à investir dans la recherche et le développement de l'IA et à favoriser un environnement attrayant pour l'innovation technologique du secteur privé. Le succès de ces efforts jouera un rôle essentiel pour déterminer si la Chine peut réaliser ses ambitions de domination mondiale en matière d'IA ou si, dans le cas contraire, les États-Unis continueront d'exercer une hégémonie incontestée.

Un monde, deux systèmes

Bien que le degré d'impact puisse être débattu, l'IA en tant que technologie est unique en ce sens qu'elle est naturellement oligopolistique. Il en sera ainsi tant que, premièrement, les données nécessaires pour construire et former l'IA resteront diffuses dans le monde ; deuxièmement, tant que la collecte, l'organisation et le déploiement de ces données en continu conféreront une avance stratégique aux grandes entreprises - ou aux cartels gérés par l'État - qui peuvent effectivement y parvenir ; et troisièmement, tant que des centaines de milliards de dollars américains seront nécessaires pour construire une infrastructure mondiale en nuage permettant le déploiement commercial et industriel à grande échelle des outils de l'IA.

Le fait de réussir à développer et à déployer des algorithmes clés et de s'assurer la propriété des données utilisées pour les faire progresser et de l'infrastructure en nuage pour les fournir commercialement engendre un effet de réseau naturel, qui rend l'entrée dans la concurrence plus difficile de jour en jour. En outre, l'avance naturelle atteint un point insurmontable pour les systèmes qui atteignent l'AGI en premier. L'ampleur globale de la macroéconomie, des talents scientifiques et techniques et des ressources de développement, y compris financières, qui sont nécessaires pour développer une industrie de l'IA d'importance, ainsi que l'avance déjà prise, sont susceptibles de conspirer pour que l'IA reste une course à deux chevaux entre la Chine et les États-Unis.

Notre perspective de la *"guerre froide de l'IA"* envisage un avenir où s'affrontent deux écosystèmes d'IA distincts et isolés, dirigés par les deux principales puissances économiques et militaires du monde, les États-Unis et la Chine. Au fil du temps, les autres nations devront choisir les systèmes avec lesquels elles s'aligneront.

D'un côté, l'écosystème américain de l'IA, qui se dirige vers un oligopole dirigé par de grandes entreprises technologiques, plaide en faveur de systèmes multiples et de bases de données échelonnées, dont aucun n'a de propriétés monopolistiques pures. Il défend également la sauvegarde des droits individuels, le renforcement de la protection de la confidentialité des données et le respect des frontières géopolitiques souveraines et de l'État de droit (en supposant que les États-Unis ne s'engagent pas sur la voie dystopique, ce qui n'est pas à exclure compte tenu de l'attraction magnétique naturelle vers le socialisme et l'autoritarisme inhérente à l'IA, comme nous l'avons vu au chapitre 23).

À l'inverse, l'écosystème chinois sera dirigé par le gouvernement centralisé et ressemblera à un cartel prônant un contrôle unilatéral de l'État par le haut en partenariat avec de grandes entreprises, une circulation restreinte de l'information et des contraintes imposées par la politique, conduisant à un conformisme de masse mais aussi à la pré-identification d'éléments socialement subversifs tels que le risque de criminalité, par exemple, le profilage social. Elle cherchera également à promouvoir des versions mercantilistes du commerce avec d'autres pays et à combiner l'accès aux ressources et la protection militaire dans le cadre d'un accord global. L'accent sera généralement mis sur l'exclusion de l'IA générative et sur les applications industrielles ou d'entreprise de l'IA, les systèmes de crédit social et la conformité réglementaire.

Ce conflit potentiel entre deux systèmes d'IA disparates, ancrés dans des valeurs différentes tout en s'alignant sur un accès plus large à l'armée et aux ressources, empêchera probablement l'établissement de normes mondiales en matière d'éthique et de réglementation de l'IA.

Au chapitre 7, nous avons examiné l'importance des acteurs de l'informatique en nuage pour la diffusion des effets de l'IA à l'échelle de l'économie et du monde. Nous constatons qu'en dépit de la supériorité de leurs produits technologiques, aucun des acteurs américains du "cloud", AWS, Azure ou Google Cloud, ne détient de part de marché en Chine. En dehors de la Chine, les géants américains du cloud sont en concurrence pour les marchés mondiaux avec le nexus contrôlé par le PCC d'Alicloud, Huawei, Tencent et Baidu, qui dominent en Chine mais rencontrent des difficultés sur les marchés extérieurs. Cette difficulté est en partie liée à la confiance et à la transparence, le monde s'étant rendu compte du manque de respect du PCC pour les frontières souveraines et de sa volonté de s'approprier les données. Lorsque l'on prend le nexus technologique de la Chine, on prend également les valeurs de son écosystème.

Néanmoins, il y aura des raisons impérieuses de s'aligner sur le camp chinois en matière d'IA : une certaine isolation par rapport à la concurrence nationale et internationale, les prix, une technologie au moins équivalente à celle des États-Unis avec peut-être une longueur d'avance dans le domaine de l'IA industrielle, la combinaison avec des avantages militaires et autres, y compris l'accès aux ressources mondiales lorsqu'un jeu à somme nulle est présenté, et l'alignement des valeurs sur les approches descendantes de la Chine. Tout le monde ne croit pas en la liberté individuelle, et l'incertitude persistante sur le front de la politique intérieure aux États-Unis suscite des doutes quant aux valeurs à long terme de l'Amérique (par exemple, quelles seront les valeurs intégrées dans l'IA américaine ?) Comme dans toute relation d'agence dans un contexte commercial, il arrive que l'on *"choisisse l'autre"* parce que l'on est plus important pour lui, que l'on reçoit plus d'attention et que l'on bénéficie d'un traitement plus équitable.

Il est possible que le Japon et les pays à dominante musulmane développent leurs propres systèmes afin de préserver leurs *"SE sociétaux"* respectifs et d'éviter le mélange des valeurs. Le Japon possède une culture unique, dont nous avons déjà parlé, et dans le cas du monde musulman, son système politico-religieux unique est basé sur les valeurs religieuses islamiques.

Dans le cas du Japon, l'avance des États-Unis dans le domaine de l'informatique dématérialisée fera qu'il lui sera difficile de se démarquer en tant qu'écosystème mondial d'IA distinct et presque impossible de l'exporter en tant qu'alternative à part entière. En fait, le Japon pourrait ne pas vouloir exporter son système d'IA, et les autres ne voudront pas l'importer ; le Japon n'a jamais su comment interagir ou diriger dans le monde. L'alliance américano-japonaise persévère ; AWS d'Amazon a annoncé un investissement supplémentaire de 15 milliards de dollars dans l'infrastructure au Japon. À l'heure où nous écrivons ces lignes, Amazon et le groupe NTT continuent de forger une alliance plus étroite et le Japon garde le souvenir d'avoir été qualifié de *"nain du Sud"* par les Chinois, dans des temps lointains [Carr]. Il est possible que l'alignement entre le Japon et le camp américain se traduise simplement par une relation de partage technologique sans lien de dépendance, ce qui permettra au Japon de développer son autonomie en matière d'IA et son SE sociétal tout en restant dans le camp américain.

En conclusion de cette section IV : La transition, nous constatons que, quel que soit le camp dans lequel un pays se trouve aligné - États-Unis ou Chine -, le monde dans son ensemble, sous l'effet de la marche inéluctable de l'IA au cours des prochaines décennies, devient plus collectiviste, moins démocratique et plus autoritaire, les seules différences entre les sociétés n'étant qu'une question de degré.

(Bien que ce chapitre ait été assez critique à l'égard de la Chine, je tiens à exprimer mon amour et mon appréciation profonde pour ce pays. Au cours des 20 dernières années, j'ai appris le mandarin et je peux aisément tenir des conversations informelles avec des locuteurs natifs. En outre, j'ai vécu en Chine et j'ai eu l'occasion de voyager dans toute la Chine : des marchés animés de Pékin au nord aux plages sereines de Haikou au sud, de la vie urbaine animée de Shanghai à l'est aux paysages historiques de Lanzhou à l'ouest, et bien sûr, le charme unique de Macao et de mon Hong Kong bien-aimé. Plus important encore, mon amour pour la Chine est profondément personnel, car je suis marié à une merveilleuse Chinoise de Hong Kong. Mon admiration et mon affection pour la Chine sont immenses et sincères).

(尽管这一章对中国的批评较多，但我想表达我对这个国家的深深爱意和感激之情。在过去的20年里，我一直在学习普通话，并且能够与母语者进行日常交流。此外，我曾在中国居住，并有机会广泛旅行，从北方繁忙的北京市场到南方宁静的海口海滩，从东部充满活力的上海市区到西部历史悠久的兰州风景，当然还有独特魅力的澳门和我最爱的香港。最重要的是，我对中国的爱是非常个人的，因为我与一位美好的香港女性结婚。我对中国的敬仰和爱慕是巨大的、发自内心的和真诚的)

Merci !

Merci de prendre le temps de lire Comment l'IA Transformera Notre Avenir. J'espère sincèrement que vous l'appréciez.

Ce livre, mon tout premier, est le fruit de mois de travail acharné, de passion et de réflexion. Il reflète mes recherches, mes espoirs, mais aussi mes préoccupations face à l'avenir de l'IA. Votre retour, qu'il soit élogieux, constructif ou critique, m'est précieux.

Laissez un commentaire sur la plateforme où vous l'avez acheté - cela m'aidera à progresser et à toucher un plus large public.

Vous pouvez poster votre avis sur Amazon.fr en scannant le QR code ci-dessous.

Partie V : Le nouvel être

"Und Zarathustra sprach also zum Volke:

Ich lehre euch den Übermenschen. Der Mensch ist Etwas, das überwunden werden soll. Was habt ihr gethan, ihn zu überwinden? [...]

Was ist der Affe für den Menschen? Ein Gelächter oder eine schmerzliche Scham. Und ebendas soll der Mensch für den Übermenschen sein: ein Gelächter oder eine schmerzliche Scham."

"Et Zarathoustra parla ainsi au peuple :

Je vous enseigne le Superman. L'homme est quelque chose qui doit être surpassé. Qu'avez-vous fait pour dépasser l'homme ? [...]

Qu'est-ce que le singe pour l'homme ? Une risée, un objet de honte. Et il en sera de même pour le Surhomme : un objet de dérision, un objet de honte".

Friedrich Nietzsche,

Ainsi parlait Zarathoustra, Prologue de Zarathoustra, 3
Parler à Zarathoustra, le prophète du zoroastrisme, 6e-7e siècle avant J.-C.
1883

(Le concept de Superman de Nietzsche a été utilisé à tort par l'Allemagne nazie. Il est inutile de préciser que l'auteur ne soutient en aucun cas le nazisme.)

Préambule

L'idée de la superintelligence, une forme très avancée d'IA qui surpasse l'intelligence humaine à tous égards, est profondément liée au concept philosophique de Friedrich Nietzsche du Surhomme, également connu sous le nom d'Overman.

Nietzsche exhorte les gens, étant donné leur constitution naturelle, à s'élever au-dessus de leurs circonstances actuelles et à devenir des êtres meilleurs au-delà des limites de la vie quotidienne. Les aspirations à la superintelligence s'inscrivent dans la lignée du concept de dépassement, qui se reflète dans l'appel au Superman pour vaincre l'état actuel de l'humanité. La recherche de la superintelligence est un émule de l'exhortation de Nietzsche à transcender l'humanité.

Il existe une similitude entre la façon dont les humains et les êtres superintelligents pourraient interagir et la comparaison de Nietzsche entre l'homme et le singe, dans laquelle ce dernier est dépeint comme une risée et un objet de honte. L'essor de la superintelligence suggère que les humains pourraient devenir obsolètes en raison des capacités cognitives supérieures de l'IA, à l'instar de ce que les singes sont devenus pour les humains.

La théorie du Surhomme de Nietzsche comporte des ramifications inhérentes qui vont au-delà des idéaux utopiques. Si l'idée de dépasser la nature humaine peut être synonyme de progrès et d'évolution, elle recèle également un potentiel de dystopie. Comme nous l'avons vu dans la quatrième partie, la transition, la poursuite de l'IA, même dans le cadre d'un processus de changement progressif, pourrait conduire à une société hiérarchique dans laquelle ceux qui atteignent le statut de Superman exercent un pouvoir disproportionné, gouvernent dans un despotisme déguisé en magnanimité, ce qui entraîne l'oppression et la discorde. Ironiquement, il s'agit d'une sorte de retour vers le passé, où l'humanité n'a cessé de mener des guerres et des révolutions contre les éléments qui restreignent la liberté ou créent une oppression indue de la part des aristocrates. En fin de compte, la technologie est une pièce à deux faces dont les résultats dépendent généralement des motivations de ceux qui la manient. Ceux qui sont les premiers tireront-ils le reste d'entre nous sur un pied d'égalité ? L'économie peut-elle se le permettre à grande échelle ? La concentration du pouvoir intellectuel au sein d'entités superintelligentes pourrait soulever des problèmes éthiques et sociétaux, entraînant potentiellement une perte de contrôle et des conséquences involontaires. L'intelligence n'a pas la même corrélation avec l'éthique et la morale. Cependant, l'humanité semble déterminée à atteindre la superintelligence, comme nous l'avons observé tout au long de ce livre.

Sur la voie de la superintelligence, nous trouvons l'informatique quantique. Le chapitre 25 examine les concepts de l'informatique quantique et les distinctions entre l'apprentissage automatique quantique et l'apprentissage automatique classique, en se concentrant plus particulièrement sur la possibilité d'exécuter des réseaux neuronaux sur des ordinateurs quantiques. On ne sait pas encore si la technologie quantique est un outil essentiel pour répondre aux exigences de calcul de la superintelligence, mais si l'apprentissage automatique quantique devient pratique sur le plan opérationnel, il sera sans aucun doute utile.

Le chapitre 26 définit la superintelligence et passe en revue les différentes voies pour y parvenir. Le chapitre se concentre sur le concept de cycle de développement récursif de la Superintelligence, appelé dans certains ouvrages *"singularité"*, qui est le point auquel une IA apprend à se mettre à niveau, conduisant à une boucle explosive de cycles d'auto-amélioration qui aboutissent à la Superintelligence.

Au chapitre 27, nous analyserons une autre voie possible vers la superintelligence : le téléchargement de l'esprit. Cette technologie, qui fait actuellement l'objet de recherches, consiste à exporter la configuration du cerveau jusqu'au niveau moléculaire et à la transférer dans un autre corps biologique ou dans un environnement simulé. Ce processus permet en fin de compte une forme d'immortalité, qui pourrait également être une manifestation de la superintelligence, car les esprits émulés auront une capacité d'expansion plus élevée, fonctionneront plus rapidement que les êtres humains et tireront parti des algorithmes d'apprentissage automatique (Machine Learning).

Après avoir décrit la superintelligence, nous nous penchons sur la manière dont l'humanité peut contrôler ce phénomène. Le chapitre 28 explore les différentes possibilités techniques ou axées sur les processus pour empêcher l'IA de devenir hostile à notre égard. Le chapitre couvre deux approches proposées par des entreprises de premier plan de la Silicon Valley, ainsi que notre propre choix, l'externalisation des algorithmes, qui permet également de lutter contre l'attraction naturelle que l'IA collectiviste et non anatomique pourrait exercer vers l'autoritarisme au cours de la transition et éventuellement continuer par la suite.

Le chapitre 29 explore la perspective de voir l'IA accéder à un statut divin. Étant donné que l'IA sera plus intelligente et plus puissante que les humains, certaines personnes pourraient en venir à l'adorer comme un dieu. Le chapitre 30 aborde les scénarios plus sombres de la guerre et de la destruction, soit entre les humains et une IA malveillante, soit, ce qui nous semble beaucoup plus probable, entre des factions humaines ayant des points de vue irréconciliables sur l'IA.

Pour conclure notre exploration de l'épopée de l'humanité, le chapitre 31 se penche sur un scénario de science-fiction dans lequel des êtres biologiques intelligents ont fusionné avec l'IA pendant des millions d'années pour former une forme de vie immortelle et superintelligente. Cette superintelligence utilise l'IA comme son esprit et emploie des myriades de robots intelligents et de cyborgs comme corps distribué pour gérer les aspects opérationnels nécessaires à sa survie.

En tant qu'humains, nous serions les ancêtres de cette superintelligence à laquelle nous sommes liés, en partie par une forme de lignée biologique synthétique et en partie par une lignée purement technologique. Aujourd'hui, nous sommes en fait déjà en train de concevoir cette superintelligence et de la nourrir de nos pensées et de nos préjugés. Que cette superintelligence conduise à l'extinction de l'humanité ou à une utopie technologique n'aurait pas d'importance à long terme, car le long terme n'appartient de toute façon qu'à la superintelligence, une superintelligence dans laquelle nous sommes entrelacés.

Les pages suivantes retracent l'histoire de cette nouvelle espèce superintelligente sur la voie naturelle de l'évolution darwinienne.

25. L'informatique quantique, un catalyseur probable

"Un ordinateur quantique de mille bits serait bien plus performant que n'importe quel ordinateur à ADN concevable, ou d'ailleurs que n'importe quel ordinateur non quantique concevable."

Ray Kurzweil

Informaticien et futurologue américain

La singularité est proche : Quand les humains transcenderont la biologie [Kurzweil]

2005

À mesure que les applications d'IA se développent et deviennent plus sophistiquées, la demande de puissance de calcul a augmenté de manière exponentielle. Les prochaines étapes de développement dans la formation des modèles d'apprentissage profond et la conduite de simulations complexes nécessitent une immense capacité de traitement.

À bien des égards, le moteur de l'IA a été gouverné pendant des décennies par le taux d'amélioration de la puissance de traitement, et cela ne changera pas tant que nos modèles réduiront toute l'intelligence et la pensée à des mathématiques. La loi de Moore a été formulée pour la première fois par Gordon Moore, cofondateur d'Intel, lorsqu'il a observé en 1965 que le nombre de transistors sur un circuit intégré doublait environ tous les ans ou tous les deux ans, et il a prédit que cette tendance se maintiendrait à l'avenir [Moore]. Cette prévision s'est avérée remarquablement prémonitoire.

En 2002, Ray Kurzweil, que nous avons mentionné aux chapitres 19 et 20 dans le contexte des cyborgs et de l'entrelacement humain-IA, a étendu la loi de Moore pour introduire la loi des rendements accélérés, qui prédit une croissance exponentielle du nombre de calculs en virgule flottante par seconde (FLOPS) par dollar constant de coût [Kurzweil]. Le FLOPS est une mesure importante dans la réflexion sur l'IA, car il crée non seulement une mesure normalisée de la puissance de calcul toujours croissante dont disposent les systèmes d'IA en particulier, mais il fournit également une analyse implicite du coût-bénéfice et une mesure de l'efficacité de l'utilisation des ressources pour l'ensemble de ces développements.

Les données révèlent non seulement une tendance à la hausse des FLOPS réalisables par dollar mais, en fait, une tendance à l'accélération, avec quelques variations dues à la technologie et aux conditions du marché au cours de chaque décennie :

- Vers 1940, il fallait 1 million de dollars pour acheter 1 FLOP.
- Vers 1960, il fallait 1 $ pour 1 FLOP, soit une amélioration d'un millier de fois au cours des deux dernières décennies.
- Vers 1980, 1 $ permettait d'acheter 10 FLOPS (10-mille fois).
- Vers l'an 2000, 1 $ permettait d'obtenir 100 000 FLOPS (10 000 fois plus).
- Vers 2020, 1 $ pourrait maintenant assurer 10 milliards de FLOPS (100 mille fois plus).

Bien que cette loi ait tenu pendant de nombreuses décennies, certains signes indiquent qu'elle pourrait atteindre ses limites. La diminution de la taille des transistors et les contraintes physiques des composants informatiques classiques posent des défis importants. Chaque fois qu'une technologie approche d'une limite, des technologies émergentes la remplacent invariablement. L'informatique quantique est un changement révolutionnaire qui peut repousser les limites de calcul au-delà de ce que la technologie traditionnelle à base de silicium peut réaliser, soutenant ainsi la loi de l'accélération des rendements.

Selon Kurzweil, la loi de l'accélération des retours prédit que l'IA atteindra des niveaux d'intelligence comparables à ceux de l'homme au cours des prochaines décennies. L'informatique quantique est en passe de devenir l'accélérateur de la puissance de calcul nécessaire pour atteindre la superintelligence, en offrant littéralement une augmentation exponentielle de la puissance de calcul par rapport aux systèmes actuels dans un facteur de forme qui n'est pas prohibitif pour tout type d'application de l'IA.

Nous pensons que la superintelligence peut encore émerger sans l'aide de l'informatique quantique, car l'informatique classique continue de progresser au niveau du matériel et des logiciels, ce qui permet de développer des systèmes d'IA de plus en plus puissants. La parallélisation, l'informatique en grappes, les systèmes distribués et les innovations algorithmiques contribuent tous à la réalisation potentielle de la superintelligence sans l'utilisation spécifique de la technologie quantique.

Néanmoins, comme l'informatique quantique en est encore à ses premiers stades de développement et que son industrialisation prendra du temps, elle pourrait accélérer les progrès de l'IA et mérite donc d'être examinée. Les pages suivantes examinent les raisons pour lesquelles l'informatique quantique pourrait changer la donne en matière d'apprentissage automatique et de superintelligence.

À la lecture de ce chapitre, trois points essentiels sont à retenir concernant la manière dont l'informatique quantique pourrait faire progresser l'IA :

1. Tout d'abord, l'informatique quantique a le potentiel d'exécuter des algorithmes beaucoup plus rapidement que les ordinateurs classiques, parfois de manière exponentielle, mais ce n'est pas une vérité pour tous les algorithmes. La plupart du temps, les accélérations dues à l'informatique quantique dépendent de facteurs tels que les paramètres de l'algorithme et les données réelles qui sont traitées. La question de savoir si les algorithmes quantiques représentent une accélération exponentielle dépend littéralement du problème spécifique qu'ils tentent de résoudre.

2. Deuxièmement, les algorithmes classiques tels que la régression linéaire ou les réseaux neuronaux ne peuvent pas fonctionner directement sur un ordinateur quantique ; ils doivent être entièrement repensés et réécrits afin de tirer parti de la capacité de la mécanique quantique à permettre des calculs plus rapides. Dans l'informatique classique, il est possible de réaliser une implémentation logicielle d'un algorithme et de l'exécuter sur différents systèmes d'exploitation fonctionnant sur le matériel, ce qui permet une grande polyvalence et une coopération de machine à machine ; dans l'informatique quantique, l'algorithme doit être implémenté directement sur le matériel quantique, ce qui rend son exécution plus compliquée et sa polyvalence latérale plus limitée. À l'heure actuelle, il n'existe pas de système d'exploitation (SE ou OS, Operating System) quantique, mais on s'attend à ce qu'il soit développé à l'avenir.

3. Troisièmement, en raison de ces complexités, l'informatique quantique doit être considérée comme une technologie émergente susceptible de connaître des fluctuations avant d'atteindre une maturité suffisante pour des applications pratiques de l'*IA*, à l'instar des trois *"hivers de l'IA"* présentés plus haut dans l'ouvrage.

La science-fiction de l'informatique quantique

Deux romans passionnants, *"Le magicien quantique"* de Derek Künsken (2018) et *"Le voleur quantique"* de Hannu Rajaniemi (2010), plongent dans le domaine de l'informatique quantique, offrant des perspectives uniques sur les implications de cette technologie pour les êtres humains, la société et même la religion [Künsken] [Rajaniemi]. *"Le magicien quantique* se déroule dans un univers où l'informatique quantique a atteint des niveaux de capacité extraordinaires, permettant le développement de la technologie *"qube"*. Ces qubes, ou *"homo quantus"*, sont des humains génétiquement modifiés dotés d'un cerveau quantique capable d'effectuer des calculs complexes et des opérations quantiques. Le roman plonge dans le monde des casses et de l'espionnage, le personnage central, Belisarius Arjona, et son équipe utilisant la technologie qube pour exécuter des opérations criminelles complexes et moralement ambiguës. De plus, les qubes incarnent la fusion de l'informatique humaine et quantique, permettant des capacités cognitives surhumaines et transformant l'identité humaine. Ces qubes ont des caractéristiques uniques qui brouillent la frontière entre les êtres sensibles et les machines avancées, et ils soulèvent des questions sur le traitement éthique de ces entités et leur place dans la société.

De même, *"Le voleur quantique"* envisage un monde futuriste où la technologie quantique est fondamentale pour la société. Le cryptage quantique, la téléportation et l'IA avancée y jouent un rôle central. Le protagoniste, Jean le Flambeur, est un maître voleur qui évolue dans une société complexe post-singularité. Le roman explore le concept de vie privée et d'autonomie personnelle dans un monde où la technologie quantique a fait du secret une ressource rare. Dans ce contexte, la technologie de l'informatique quantique est utilisée non seulement pour l'IA, mais aussi comme outil de surveillance et de contrôle, illustrant, d'une part, l'équilibre délicat entre le progrès technologique et la liberté personnelle et, d'autre part, l'omniprésence de la criminalité en tant que trait de personnalité.

Notamment, *"Le voleur quantique"* présente un personnage historique dont nous parlerons au chapitre 30 lorsque nous aborderons la possibilité de guerres induites par l'IA : Nikolay Fyodorov, un philosophe russe du XIXe siècle. Dans le roman, Fyodorov apparaît comme un philosophe quasi-religieux vénéré dont les idées façonnent de manière significative le paysage spirituel d'un monde immergé dans une technologie quantique omniprésente.

Superposition quantique et intrication

Le terme "quantique" fait référence aux principes fondamentaux qui régissent les interactions de la matière et de l'énergie à des échelles infimes, généralement au niveau des atomes et des particules subatomiques. La mécanique quantique, une branche de la physique, explore la nature probabiliste des particules telles que les électrons, les protons, les photons et même les quarks.

L'informatique quantique exploite l'immense puissance de calcul de deux concepts quantiques fondamentaux qui interviennent au niveau quantique : la superposition et l'enchevêtrement.

La superposition implique que les bits quantiques - appelés qubits - peuvent exister simultanément dans plusieurs états, contrairement aux bits classiques qui sont strictement soit 0, soit 1. Il est à noter que la superposition ne peut être observée directement, car la simple observation oblige le système à adopter un état singulier. Cela signifie que les qubits peuvent exister simultanément dans une superposition d'états 1 et 0 jusqu'à ce que vous fassiez une observation. À ce moment-là, ils s'effondrent dans l'état 0 ou 1 avec une certaine probabilité pour chaque état.

En 1935, le physicien Erwin Schrödinger partage avec Albert Einstein une expérience de pensée expliquant le concept de superposition. Schrödinger décrit un chat enfermé dans un récipient contenant des atomes radioactifs ayant une chance sur deux de se désintégrer et d'émettre une quantité mortelle de radiations. Schrödinger explique que, jusqu'à ce qu'un observateur ouvre la boîte et jette un coup d'œil à l'intérieur, il y a autant de chances que le chat soit vivant que mort. L'acte de déballage et d'inspection visuelle contraint le chat à adopter un état définitif de vie ou de mort [Schrödinger].

Cette caractéristique unique permet aux ordinateurs quantiques d'envisager de nombreuses possibilités en parallèle, ce qui les rend exponentiellement plus rapides pour des calculs spécifiques que les autres technologies connues. Au lieu d'itérer à travers des séquences de 0 et de 1 dans les algorithmes d'apprentissage automatique, les qubits peuvent représenter à la fois 0 et 1 simultanément, ce qui permet aux ordinateurs quantiques de traiter de nombreux calculs en parallèle. Au chapitre 7, nous avons expliqué le rôle crucial du traitement parallèle des données dans l'IA. Nous avons souligné que les unités de traitement graphique (GPU) sont des équipements spécialisés méticuleusement optimisés à cette fin. À titre de comparaison, l'informatique quantique peut être décrite comme une version suralimentée d'un GPU.

L'intrication quantique est une autre caractéristique quantique importante. L'intrication a été introduite par Albert Einstein en 1935. L'intrication est le phénomène par lequel plusieurs particules quantiques sont interconnectées de telle sorte qu'elles ne peuvent plus être décrites isolément. L'état d'une particule devient intimement lié à l'état de l'autre, quelle que soit la distance qui sépare ces particules. Lorsque deux particules sont intriquées, tout changement dans l'état d'un qubit entraîne un changement instantané dans l'état du qubit apparié. Einstein a fameusement qualifié cette connexion non locale d'*"action étrange à distance"* [Einstein et al.].

Des algorithmes spécialement conçus fonctionnent sur des qubits intriqués et superposés, ce qui permet d'accélérer considérablement les tâches de calcul. Dans un ordinateur classique, l'ajout d'un bit entraîne une augmentation linéaire de la puissance de traitement. En revanche, l'ajout de qubits dans un ordinateur quantique entraîne une augmentation exponentielle de la puissance de traitement, ce qui signifie que les ordinateurs quantiques ont le potentiel d'atteindre des vitesses de calcul inaccessibles aux ordinateurs classiques. Cela pourrait permettre des applications d'IA, telles que la superintelligence, qui pourraient être impossibles à exécuter sur des ordinateurs classiques, tout en reconnaissant, comme nous l'avons fait dans l'introduction de cette section, qu'il pourrait y avoir des obstacles en physique pure qui pourraient être rencontrés à l'avenir.

Machines de Turing quantiques et ordinateurs quantiques

Le physicien américain Paul Benioff a introduit le concept de machine de Turing quantique en 1980 pour décrire un ordinateur quantique simplifié. La machine de Turing classique, introduite par Alan Turing en 1936, comme nous l'avons vu au chapitre 3, est un modèle mathématique abstrait de calcul composé d'une bande infinie divisée en cellules, d'une tête de lecture/écriture et d'un ensemble de règles. La machine peut manipuler des symboles sur la bande, ce qui lui permet de simuler l'exécution de n'importe quel processus algorithmique par l'application de ces règles [Benioff].

La machine de Turing quantique étend la machine de Turing classique en incorporant les principes quantiques de superposition et d'enchevêtrement. Elle conserve les composants essentiels du modèle classique - la bande, la tête de lecture/écriture et les règles - mais introduit des bits quantiques ou qubits à la place des bits classiques et des portes quantiques à la place des portes logiques traditionnelles. Les portes quantiques sont les opérations fondamentales qui manipulent les états quantiques des qubits et permettent des calculs logiques simples comme les fonctions ET ou OU.

Au fil du temps, des ingénieurs ont construit des ordinateurs quantiques à petite échelle en suivant cette architecture de Turing quantique. En 1998, un ordinateur quantique à deux qubits développé par IBM a démontré la viabilité de cette technologie. Des expériences successives ont permis d'augmenter le nombre de qubits. En 2019, la NASA et Google ont annoncé la réalisation de la suprématie quantique avec une machine de 54 qubits. La suprématie quantique désigne le point où un ordinateur quantique surpasse les meilleurs superordinateurs classiques dans une tâche spécifique. En ce sens, cet ordinateur quantique pouvait calculer jusqu'à 3 millions de fois plus vite que l'ordinateur classique le plus rapide de l'époque, un modèle IBM [Aaronson]. Google a continué à travailler sur l'amélioration de ce modèle original et, en 2023, a annoncé le développement d'un nouvel ordinateur quantique de 72 qubits [Swayne].

L'application des principes quantiques à l'informatique s'accompagne d'un formidable défi. Dans un système quantique, toute interférence externe, telle qu'un changement de température, des vibrations ou une exposition à la lumière, peut être considérée comme une *"observation"* qui contraint une particule quantique à adopter un état spécifique. Au fur et à mesure que les particules s'enchevêtrent et se superposent, elles deviennent très sensibles aux perturbations extérieures. En effet, une perturbation touchant un seul qubit peut avoir un impact en cascade sur de nombreux autres qubits intriqués. Lorsqu'un qubit est forcé de passer à l'état 0 ou 1, il perd l'information contenue dans la superposition, ce qui entraîne des erreurs avant que l'algorithme ne puisse accomplir sa tâche. Ce problème est connu sous le nom de décohérence et est quantifié par un taux d'erreur.

Diverses techniques ont été employées pour réduire les interférences externes, comme le maintien des ordinateurs quantiques à des températures extrêmement basses dans des environnements sous vide. D'autres technologies prometteuses à développer sont les pièges à ions et les supraconducteurs.

Les pièges à ions contribuent à éliminer la décohérence quantique en isolant et en stabilisant les ions individuels, minimisant ainsi les interactions avec l'environnement externe qui peuvent entraîner une perte d'informations quantiques. D'autre part, les supraconducteurs contribuent à éliminer la décohérence quantique en permettant aux particules de se déplacer sans résistance, empêchant ainsi la perturbation des états quantiques causée par les interactions avec le milieu environnant.

Enfin, les scientifiques de Google ont exploré des algorithmes de correction d'erreur pour rectifier les erreurs dérivées de la décohérence sans compromettre l'information stockée. Cependant, la perte d'informations reste un obstacle important à l'utilisation pratique des ordinateurs quantiques. La réduction des erreurs est actuellement l'objectif principal des physiciens, car elle représente l'obstacle le plus important à la réalisation d'une informatique quantique pratique [Dyakonov].

Algorithmes quantiques et accélération des calculs

Si les défis techniques associés à la décohérence quantique sont relevés, les ordinateurs quantiques sont prêts à améliorer considérablement les capacités de l'IA en gérant efficacement des algorithmes complexes grâce à leurs capacités de traitement parallèle inégalées.

Un dernier obstacle à la réalisation de la vitesse de traitement et, par conséquent, au bond en avant des capacités de l'IA promis par l'informatique quantique concerne l'adaptation des algorithmes classiques aux environnements quantiques. Pour exploiter efficacement la superposition et l'intrication, les algorithmes ne peuvent pas simplement fonctionner sans modification dans un environnement informatique quantique. De même, un réseau neuronal qui fonctionne sur un ordinateur classique ne peut pas fonctionner sans modification sur un ordinateur quantique. Ils nécessitent tous deux une modification et une réécriture.

Les algorithmes classiques sont généralement conçus d'une manière qui est largement détachée des aspects physiques des ordinateurs classiques, en se concentrant uniquement sur des modèles mathématiques abstraits. Les scientifiques des données n'ont pas besoin de savoir comment les électrons se déplacent à l'intérieur des GPU ou des CPU pour concevoir un algorithme. Ils se contentent d'écrire l'algorithme dans un langage de programmation comme Python, et la puissance de traitement prend le relais. Ce n'est pas le cas - ou du moins pas encore - avec les algorithmes quantiques. Les algorithmes quantiques sont intimement liés aux principes physiques de la mécanique quantique et doivent explicitement exploiter les propriétés quantiques telles que la superposition et l'intrication pour fonctionner.

Ces algorithmes spécialement conçus pour les ordinateurs quantiques sont appelés algorithmes quantiques. En théorie, les algorithmes quantiques nécessitent exponentiellement moins de calculs que leurs homologues classiques pour certaines tâches de calcul spécifiques et lourdes. Cependant, cette accélération quantique par rapport à l'informatique classique ne s'applique pas à toutes les tâches de calcul. Les tâches de base comme le tri, par exemple, ne présentent pas d'accélération quantique asymptotique.

En fonction des types de gains de vitesse qu'une version quantique d'un algorithme peut apporter par rapport à sa version classique, les algorithmes quantiques peuvent être classés en trois catégories. Premièrement, les gains exponentiels. Deuxièmement, les gains polynomiaux. Troisièmement, les gains qui dépendent sélectivement des données traitées. D'autres algorithmes n'auront aucune accélération.

Les vitesses quantiques exponentielles et l'avenir du bitcoin

Les accélérations exponentielles sont les algorithmes pour lesquels la technologie quantique apporte le plus de valeur. Une accélération exponentielle signifie qu'un algorithme quantique peut résoudre un problème exponentiellement plus rapidement que l'algorithme classique le plus efficace connu pour ce problème particulier. L'exemple le plus célèbre est l'algorithme de Shor, formulé en 1994 par le mathématicien Peter Shor pour décomposer les grands nombres en leurs facteurs premiers [Shor].

Trouver les facteurs premiers d'un nombre à 1000 chiffres à l'aide d'algorithmes classiques prendrait tellement de temps qu'il serait pratiquement impossible de le faire, même en cas de progrès significatifs de la puissance de traitement. Pour factoriser un nombre à N chiffres, les algorithmes classiques nécessitent un nombre de calculs de l'ordre de l'exponentielle de N (e^N), alors que l'algorithme de Shor peut le faire dans l'ordre de $\log(N)^3$. Shor est exponentiellement plus rapide. Pour situer le contexte de cette rapidité, une tâche de calcul qui prendrait typiquement 100 heures sur un ordinateur classique pourrait être accomplie en environ 9 minutes sur un ordinateur quantique grâce à l'algorithme de Shor.

Cet algorithme a de profondes implications pour la cryptographie et tout type de protection numérique, car la plupart des techniques de cryptage reposent sur la complexité de la factorisation des grands nombres. L'algorithme de Shor pourrait rendre vulnérables de nombreux algorithmes de chiffrement à clé publique largement adoptés, tels que RSA (Rivest-Shamir-Adleman), Diffie-Helman et la cryptographie à courbe elliptique. Ces algorithmes de chiffrement sont essentiels pour protéger les pages web sécurisées et les courriers électroniques chiffrés, ce qui fait de leur compromission potentielle une préoccupation importante pour la vie privée et la sécurité électroniques [Blakle].

L'algorithme de Shor pourrait également compromettre la sécurité des clés privées utilisées dans le bitcoin pour signer les transactions et contrôler la propriété des pièces. L'utilisation de l'algorithme de Shor sur un ordinateur quantique rendrait possible et efficace le cassage des clés cryptographiques de Bitcoin. Cette vulnérabilité pourrait mettre en péril les avoirs en bitcoins et d'autres applications de la blockchain, ce qui finirait par ébranler la confiance dans le système des crypto-monnaies. En raison de l'énorme capacité de calcul de l'algorithme de Shor, le cassage de bitcoins pourrait être l'une des premières applications réelles des ordinateurs quantiques, une fois que ceux-ci seront commercialisés.

Au-delà de la cryptographie, les accélérations exponentielles quantiques ont le potentiel d'apporter des avancées transformatrices dans le domaine de la découverte de nouveaux médicaments ou de la synthèse de substances inconnues jusqu'à présent. Les éléments quantiques peuvent simuler des interactions moléculaires complexes avec une précision inégalée, ce qui accélère considérablement le développement de nouveaux composés, produits pharmaceutiques et thérapies. Dans le domaine de la science des matériaux, ils pourraient révolutionner la conception de nouveaux matériaux aux propriétés adaptées, ce qui aurait un impact sur des secteurs allant de l'électronique au stockage de l'énergie. Ces nouvelles percées illustrent l'impact considérable que l'informatique quantique peut avoir sur la recherche scientifique, la technologie et l'industrie.

Recherche efficace avec des accélérations quantiques polynomiales

Le deuxième type d'accélération est l'accélération polynomiale. Dans ce cas, l'avantage de l'algorithme quantique sur ses homologues classiques réside dans la façon dont il s'adapte de manière polynomiale à la taille du problème, offrant une amélioration précieuse mais plus graduelle des calculs et de la résolution des problèmes.

L'algorithme de Grover, conçu par Lov Grover en 1996, est l'algorithme d'accélération polynomiale le plus connu. Il est utilisé pour résoudre le problème de la recherche dans une base de données non triée. En informatique classique, si vous disposez d'une liste non triée de N éléments, vous devez effectuer, en moyenne, N/2 comparaisons pour trouver un élément spécifique. L'algorithme de Grover, en revanche, peut trouver l'élément cible dans une base de données de N éléments en environ $\sqrt{N}$ étapes. Le nombre d'opérations nécessaires à la recherche classique est proportionnel au carré de celles nécessaires à l'algorithme de Grover - N/2 par rapport à $\sqrt{N}$. Par conséquent, Grover offre une accélération quadratique [Grover]. Une tâche de tri qui nécessite 100 heures sur un ordinateur classique peut être accomplie en 14 heures environ grâce à l'accélération quadratique de l'algorithme de Grover.

En accélérant considérablement la recherche dans les bases de données non triées, l'algorithme de Grover offre des solutions pratiques à des problèmes concrets pour lesquels les recherches exhaustives étaient autrefois prohibitives. Il pourrait, par exemple, révolutionner la recherche dans les bases de données, en permettant une récupération beaucoup plus rapide des informations dans les grands ensembles de données, un élément crucial des tâches courantes telles que l'analyse des données, la recherche d'informations et le fonctionnement des moteurs de recherche. Dans le domaine de la planification des itinéraires, l'algorithme de Grover peut rechercher efficacement dans de vastes réseaux logistiques et trouver les chemins les plus optimaux, réduisant ainsi les coûts de transport et les temps de déplacement. Dans les scénarios d'affectation des ressources, tels que la planification des tâches ou la distribution des ressources dans les chaînes d'approvisionnement, l'algorithme de Grover peut accélérer la recherche des configurations optimales, ce qui permet une meilleure utilisation des ressources, une réduction des coûts et une amélioration de l'efficacité globale.

Les machines à vecteurs de support (SVM, Support Vector Machines), développées pour la première fois en 1995 par Corinna Cortés et Vladimir Vapnik [Vapnik et Cortes], sont un autre algorithme qui permet une accélération polynomiale. Vapnik avait initialement introduit le concept des SVM en 1964, où ils étaient principalement utilisés pour résoudre des problèmes de classification de données.

L'importance des SVM est mise en évidence dans la résolution de problèmes utilisés dans les applications grand public quotidiennes, de la classification des courriers électroniques en tant que spam à la reconnaissance d'objets dans les images, en passant par les problèmes d'identification *"ceci-cela-autre"*. La capacité des SVM à traiter des données non linéaires et leur performance dans la résolution de problèmes à haute dimension en ont fait des outils essentiels pour les scientifiques des données dans les entreprises et la recherche en intelligence artificielle.

Imaginez un ensemble de données contenant des points dans un espace multidimensionnel avec de nombreuses caractéristiques, chaque caractéristique étant une dimension, et dont l'objectif est de trouver le meilleur moyen de séparer ces points en différentes catégories. L'objectif est de trouver le meilleur moyen de séparer ces points en différentes catégories. Parmi les exemples pratiques, on peut citer l'identification de la présence ou non d'un cancer dans une image médicale ou l'identification de la présence ou non d'une fraude dans une transaction financière. Les SVM cherchent à trouver une ligne ou une frontière qui maximise la distance entre les points de différentes catégories. Pour ce faire, les SVM transforment les caractéristiques en un autre espace dimensionnel où la limite de décision est plus claire. Les SVM retournent l'axe des données, un peu comme on retourne un cube. En d'autres termes, les SVM essaient de trouver la meilleure coupe qui sépare les données. Une fois qu'ils ont trouvé cette limite, ils peuvent classer les nouvelles données en fonction du côté de la ligne où elles se trouvent.

Considérons le problème de l'identification des chats et des chiens sur la base de deux dimensions seulement : la taille et le poids. Ce n'est pas simple, car si la plupart des chiens sont plus grands que les chats, certains sont plus petits. Un SVM peut représenter un énorme ensemble de points de données représentant tous les chats et tous les chiens dans un espace à plus haute dimension, tel que la 3D ou la 4D. Dans cet espace à plus haute dimension, un plan ou un hyperplan peut séparer efficacement les deux classes (chats et chiens) et discerner les caractéristiques complexes qui peuvent ne pas être aussi apparentes dans l'espace bidimensionnel d'origine. La capacité des SVM à traiter des données non linéaires et leurs performances dans la résolution de problèmes à haute dimension en ont fait des outils essentiels pour les scientifiques des données dans le domaine des affaires et de la recherche en intelligence artificielle.

Les SVM classiques peuvent être très exigeants en termes de calcul dans les applications réelles, en particulier lorsqu'ils sont confrontés à un très grand nombre de caractéristiques ou à des ensembles de données d'apprentissage considérables. L'accélération quadratique des SVM quantiques implique des gains de temps significatifs dans des tâches telles que la classification d'images et de textes, la modélisation financière et les diagnostics médicaux.

Algorithmes quantiques d'apprentissage automatique avec accélérations sélectives

Le troisième groupe comprend des algorithmes qui offrent des accélérations importantes par rapport à leurs homologues classiques, mais uniquement dans des cas particuliers et clairement définis. C'est ce que l'on appelle les accélérations sélectives en informatique quantique.

L'algorithme HHL (Harrow-Hassidim-Lloyd, d'après les noms des auteurs), introduit en 2009 pour résoudre efficacement les systèmes d'équations linéaires sur un ordinateur quantique, en est un exemple. La résolution de ce type de système linéaire nécessite l'inversion d'une matrice. L'algorithme HHL exploite la superposition et l'intrication quantiques pour rationaliser l'inversion de la matrice [Harrow et al.]

Les algorithmes classiques de résolution de systèmes linéaires ont généralement une complexité temporelle qui s'échelonne au moins sur N^3, où N est la dimension du système. En revanche, la complexité temporelle de l'algorithme HHL peut descendre jusqu'à log(N). Par exemple, un système linéaire qui prend 100 heures dans un ordinateur classique prendrait environ 40 minutes sur un ordinateur quantique exécutant l'algorithme HHL. Il s'agit d'une accélération exponentielle car N^3/log(N) croît de manière exponentielle.

Cependant, l'accélération est très spécifique au problème car elle dépend de la taille du problème, de la structure de la matrice et des capacités du matériel quantique. Dans les cas où ces conditions sont remplies, l'algorithme HHL peut offrir un avantage substantiel en termes de temps de calcul, le rendant potentiellement plus rapide de plusieurs ordres de grandeur, tout en notant que l'avantage quantique peut ne pas être aussi prononcé que dans les autres cas que nous avons examinés.

Ils présentent les mêmes avantages lorsqu'il s'agit de traiter des problèmes d'optimisation. L'optimisation consiste à atteindre le meilleur résultat possible avec des ressources fixes, comme la planification des itinéraires, la gestion des fournisseurs et la maximisation du rendement d'un portefeuille financier. Il s'agit de scénarios idéaux dans lesquels l'informatique quantique excelle en raison de sa capacité particulière à identifier rapidement des solutions optimales tout en traitant des ensembles de données vastes et diversifiés. Les ordinateurs classiques sont souvent confrontés à une surcharge de calcul lorsqu'ils traitent de telles quantités de données pour résoudre des problèmes d'optimisation.

Les systèmes d'équations linéaires sont couramment utilisés pour résoudre les problèmes d'optimisation. De nombreux modèles d'optimisation impliquent des relations linéaires entre les variables. Par conséquent, de nombreux algorithmes d'optimisation quantique sont liés à HHL et peuvent potentiellement apporter des gains de calcul exponentiels ou polynomiaux, en fonction du problème spécifique, mais encore une fois, seulement dans certaines situations.

Outre les systèmes d'équations linéaires, il existe un autre algorithme fondamental d'optimisation quantique appelé recuit quantique. En métallurgie, le recuit est un processus de traitement thermique utilisé pour modifier les propriétés physiques et chimiques d'un métal ou d'un alliage. Le métal est chauffé à une température spécifique, puis progressivement refroidi, ce qui permet à ses atomes de se réorganiser dans un état plus stable. Le recuit est souvent utilisé pour réduire la dureté, améliorer l'usinabilité, accroître la ductilité et soulager les contraintes internes du matériau.

Le recuit quantique tire son nom de ce processus métallurgique. Au lieu d'ajuster la température d'un matériau physique, le recuit quantique ajuste les paramètres d'un système quantique qui passe d'une superposition quantique à un état classique. De cette manière, le système quantique est guidé vers la solution d'un problème d'optimisation. L'idée est de permettre à ce système quantique d'explorer les solutions possibles, de la même manière que les atomes se réarrangent pendant le recuit métallurgique, afin de trouver le résultat le plus favorable pour le problème donné [Apolloni et al.].

Le recuit quantique illustre notre point précédent concernant la dépendance directe des algorithmes quantiques aux subtilités de la mécanique quantique. La conception d'algorithmes quantiques nécessite de comprendre la mécanique quantique en détail et ne peut être réalisée à l'aide de langages de programmation tels que Python. Comme nous l'avons mentionné au début de ce chapitre, les algorithmes classiques doivent être entièrement recréés pour fonctionner sur des ordinateurs quantiques.

Outre les exemples plus courants de problèmes d'optimisation examinés précédemment, le recuit quantique trouve une utilité particulière dans un problème d'optimisation crucial endémique à toutes les applications de l'IA : la formation d'algorithmes d'apprentissage automatique, en particulier les réseaux neuronaux.

Les réseaux neuronaux quantiques et le tremplin pour l'IA de la prochaine génération

Les applications d'IA les plus utiles aujourd'hui sont basées sur les réseaux de neurones artificiels. Des voitures autonomes et des robots humanoïdes à l'IA générative et à la vision artificielle, toutes les applications importantes de l'IA utilisent aujourd'hui des réseaux neuronaux. Après avoir passé en revue les algorithmes quantiques les plus importants, nous pouvons passer au vecteur suivant : *"Existe-t-il des réseaux neuronaux quantiques ?"* La réponse courte est oui, mais il s'agit de réseaux primitifs. Les réseaux neuronaux quantiques ne sont pas du tout aussi développés que leurs homologues classiques.

Si les ordinateurs quantiques pouvaient former et exécuter efficacement des réseaux neuronaux en exploitant le parallélisme dérivé de la superposition et de l'enchevêtrement, cela représenterait une avancée significative vers l'ouverture d'une nouvelle ère d'IA plus rapide et plus intelligente qui rivaliserait rapidement avec les capacités humaines.

Dans la classification des algorithmes, que nous avons faite des accélérations exponentielles, polynomiales ou sélectives, les réseaux neuronaux quantiques entrent dans ce dernier groupe sélectif pour le moment. Leur accélération peut varier en fonction du problème spécifique, des données et du matériel quantique utilisé. Les réseaux neuronaux quantiques peuvent offrir certains avantages pour des tâches particulières. Cependant, ils ne garantissent pas une accélération exponentielle ou polynomiale dans le large éventail de cas d'utilisation d'un réseau neuronal classique [da Silva et al.]

La recherche sur les réseaux neuronaux quantiques s'articule principalement autour de deux axes : l'adaptation des réseaux neuronaux artificiels classiques pour exploiter les avantages quantiques et l'entraînement efficace des réseaux neuronaux quantiques.

En ce qui concerne le premier point, les ordinateurs quantiques doivent être conçus de manière unique pour reproduire le fonctionnement d'un réseau neuronal au niveau matériel, par opposition à l'approche logicielle conventionnelle des ordinateurs classiques. Dans une configuration quantique, chaque qubit joue effectivement le rôle d'un neurone et sert d'élément fondamental du réseau neuronal.

Mais il n'est pas facile de faire en sorte que les qubits se comportent comme des neurones artificiels. Chaque neurone à l'intérieur d'un réseau neuronal artificiel agit comme un interrupteur, transmettant parfois le signal entrant au neurone suivant et le filtrant d'autres fois. Trouver un équivalent précis de ce comportement de commutation à l'intérieur d'un qubit quantique reste un défi important auquel les chercheurs sont confrontés pour faire progresser les algorithmes d'apprentissage automatique quantique. Diverses approches quantiques ont été proposées, mais ces structures doivent être adaptées à des applications spécifiques.

Le deuxième point de recherche concerne le défi considérable que représente l'entraînement de grands réseaux neuronaux classiques dans le monde quantique, en particulier dans les applications à données étendues. Cela signifie qu'il faut trouver les valeurs des milliards de paramètres qui font partie du réseau neuronal afin de minimiser les erreurs commises par les réseaux. Par exemple, le GPT3 compte 175 milliards de paramètres, et le GPT4 serait dix fois plus grand. La majorité des techniques d'apprentissage automatique impliquent un processus itératif de formation des algorithmes pour apprendre ce nombre considérable de paramètres. Cependant, ces techniques classiques doivent être adaptées au monde quantique. Les algorithmes d'optimisation quantique, tels que le recuit quantique, ont le potentiel de réaliser certains aspects de l'apprentissage des réseaux neuronaux plus efficacement que les ordinateurs classiques, en particulier dans les tâches liées à l'optimisation.

La création d'un cadre matériel permettant la construction de réseaux neuronaux génériques a fait l'objet de nombreuses recherches. En 2020, Kerstin Beer a présenté la première architecture de réseau neuronal quantique polyvalent de ce type, comprenant une couche d'entrée, plusieurs couches cachées et une couche de sortie [Beer et al.]. Ce cadre a constitué une avancée colossale car il a permis de réaliser des réseaux de neurones quantiques plus complexes que le perceptron de 1957 de Frank Rosenblatt, qui ne comportait qu'une seule couche, comme nous l'avons expliqué au chapitre 4.

La recherche sur les réseaux neuronaux quantiques est toujours en cours de développement, et nous sommes très loin de disposer d'un ordinateur quantique général permettant d'exécuter un réseau neuronal générique comme nous le faisons avec un ordinateur classique. La convergence du parallélisme de l'informatique quantique et de la puissance des réseaux neuronaux constitue une intersection fascinante, susceptible de remodeler complètement le paysage de l'IA et de repousser les limites vers la superintelligence.

Naviguer dans les hivers quantiques

Bien que nous ayons décrit l'immense promesse que représente l'informatique quantique pour l'avenir de l'IA, il est important de tenir compte de la complexité de sa mise en œuvre. La technologie est encore loin de développer, et encore moins d'industrialiser, un ordinateur quantique général capable d'exécuter des logiciels génériques.

Lorsque l'IA a été introduite pour la première fois en 1956, elle était également porteuse d'une promesse incommensurable qu'il était difficile de réaliser, car la puissance de traitement n'était pas aussi rapide à développer que les algorithmes, et les marées économiques dominantes allaient souvent à l'encontre du développement de l'IA qui n'avait pas d'impact commercial immédiat. Comme l'expliquent les chapitres 4, 5 et 6, cela a conduit à trois "*hivers de l'IA*" successifs, et nous pourrions en connaître d'autres à l'avenir, probablement pour les mêmes raisons que celles évoquées au chapitre 24, à savoir que le ralentissement économique actuel en Chine a déjà un effet sur la vitesse de développement continu de l'IA. L'informatique quantique est susceptible d'être confrontée à des défis à la fois similaires et uniques [Gent].

Tout d'abord, comme nous l'avons décrit dans ce chapitre, il n'existe pas encore de bons algorithmes quantiques pouvant fonctionner pour l'IA. Peter Schor s'exprime ainsi dans son entretien avec le CERN (Organisation européenne pour la recherche nucléaire) en 2021 [Charitos] : "*Le principal problème est que nous ne disposons pas de bons algorithmes quantiques. Cependant, à mon avis, lorsque nous disposerons d'ordinateurs quantiques, nous pourrons développer expérimentalement des algorithmes plus nombreux et de meilleure qualité, ouvrant ainsi une nouvelle ère de développement d'algorithmes quantiques.*" De plus, la conception d'algorithmes quantiques est compliquée car ils ne peuvent pas être écrits à l'aide d'un quelconque langage de programmation. Ils doivent plutôt être mis en œuvre directement dans du matériel qui n'existe pas dans le commerce, du moins pour l'instant.

Deuxièmement, les systèmes quantiques présentent une complexité inhérente qui dépasse celle des systèmes classiques. Les principes de superposition et d'enchevêtrement quantiques introduisent des complexités qui défient l'intuition classique. Il est impératif d'atténuer la décohérence quantique pour préserver l'intégrité des informations quantiques, et l'extensibilité constitue un obstacle de taille, car il faut orchestrer des interactions cohérentes entre un nombre croissant de qubits. L'intégration avec les systèmes classiques exige le développement d'architectures hybrides, jetant un pont entre les domaines disparates de l'informatique quantique et de l'informatique classique.

Troisièmement, les ordinateurs quantiques nécessitent des environnements spécialisés avec des conditions extrêmes, telles que des températures basses, pour maintenir des états quantiques délicats. Cette intensité de ressources entrave l'évolutivité et l'accessibilité. Tout comme l'intelligence artificielle a été limitée par des contraintes matérielles, la technologie quantique, par sa nature gourmande en ressources, pourrait conduire à des hivers difficiles, entravant ainsi son application et son développement à grande échelle.

Enfin, bien qu'on ne s'y attende pas à ce stade sur la base de l'ensemble des connaissances actuelles, l'informatique quantique pourrait se heurter à des obstacles scientifiques imprévus ou à des limites physiques dont la science n'est pas encore consciente. L'exploration de territoires inexplorés en physique et en mécanique quantique pourrait révéler des limitations fondamentales qui ralentissent le progrès.

L'informatique quantique est toujours considérée comme la technologie clé qui débloquera les vitesses de calcul nécessaires à la superintelligence, qui fera l'objet de notre prochain chapitre.

26. Superintelligence

"Définissons une machine ultra-intelligente comme une machine capable de surpasser de loin toutes les activités intellectuelles d'un homme, aussi intelligent soit-il. La conception de machines étant l'une de ces activités intellectuelles, une machine ultra-intelligente pourrait concevoir des machines encore meilleures ; il y aurait alors incontestablement une "explosion de l'intelligence", et l'intelligence de l'homme serait laissée loin derrière. La première machine ultra-intelligente est donc la dernière invention que l'homme ne devra jamais faire."

Irving John (I. J.) Good

Mathématicien britannique
Spéculations concernant la première machine ultra-intelligente [Bon]
1966

Ce sont les termes qu'Irving John Good a employés pour articuler les concepts de superintelligence, qu'il appelait à l'époque *"ultra-intelligence"*, et de singularité, qu'il appelait *"explosion de l'intelligence"*. Le ton enthousiaste d'Irving John Good traduisait l'idée que le développement d'une telle invention serait potentiellement la dernière invention que les humains auraient à faire, suggérant que cette technologie pourrait réaliser toutes les prochaines inventions au nom de l'humanité.

Ces idées intrigantes se sont retrouvées chez Stanley Kubrick, qui a demandé l'avis de Good pour *"2001 : l'Odyssée de l'espace"* (1968), un film mettant en scène le personnage emblématique du superordinateur paranoïaque HAL 9000. Il s'agit là d'une autre illustration convaincante de l'interaction entre la science-fiction et la pensée scientifique réelle, qui vient s'ajouter aux nombreuses autres que nous avons découvertes dans ce livre [Clarke et Kubrick].

Un thème central de ce livre est l'inévitabilité de l'Entrelacement humain-IA, et la perspective de la Superintelligence en est un corollaire intrigant. Cependant, prédire l'avenir est une tâche difficile, et il est impossible de savoir comment et quand la superintelligence se produira.

Intuitivement, si l'on considère la marche inévitable de l'évolution, si l'on considère que l'intelligence humaine évolue depuis des millions d'années et qu'elle continuera probablement à évoluer de la même manière au cours des quelques millions d'années à venir, même si elle n'est pas freinée, où se trouve le point final ? Il est logique de penser que la superintelligence est possible. Une modification aléatoire de l'ADN qui se propage dans une population accélérée par un facteur environnemental majeur n'est pas différente d'une modification construite par l'homme à la suite d'un désir de progrès ; les seules différences sont la vitesse (accélération) et le mécanisme (silicium contre carbone). Une version future de l'humanité laissée au processus d'amélioration de l'évolution serait, par définition, une superintelligence.

La science-fiction de la superintelligence

La notion de superintelligence soulève des questions sur les implications profondes de la création ou de la rencontre d'un être ou d'un système qui dépasse les capacités cognitives humaines. La superintelligence la plus connue de la science-fiction est Skynet, dans le film *Terminator*, présenté pour la première fois en 1984 par James Cameron, avec Arnold Schwarzenegger [Cameron]. Mais le roman *"Neuromancer"* de William Gibson, paru en 1984, plonge beaucoup plus profondément dans la complexité intellectuelle, mécanique et spirituelle de l'IA, du cyberespace et de la fusion de l'homme et de la machine [Gibson]. Le roman *"Accelerando"* de Charles Stross, paru en 2005, offre un autre point de vue convaincant [Stross].

"Neuromancer" est un roman cyberpunk révolutionnaire qui envisage un monde futur dystopique où la convergence de l'IA et du cyberespace crée un royaume virtuel où les pirates informatiques et l'IA coexistent. L'histoire suit Case, un pirate informatique chevronné et délabré, engagé par un mystérieux employeur pour réaliser l'ultime piratage.

La vision que Gibson a de la superintelligence dans *"Neuromancer"* est subtile mais omniprésente. L'histoire se déroule dans un environnement urbain vaste, interconnecté et dominé par la technologie, avec une atmosphère grinçante et des améliorations cybernétiques, connu sous le nom de Sprawl. Ici, la fusion de la conscience humaine et de l'IA estompe les frontières entre les mondes physique et virtuel, créant un paysage où les implications de la superintelligence sont entrelacées avec le tissu même de la société, au point d'être indiscernables. Le roman présente Wintermute et Neuromancer, deux IA aux personnalités et aux capacités distinctes. Wintermute est une entité pragmatique qui cherche à fusionner avec son homologue, Neuromancer, pour former une superintelligence capable d'accomplir des exploits inégalés. L'émergence de la superintelligence dans *"Neuromancer"* s'apparente davantage à une synergie collaborative qu'à une force singulière et omnipotente. Cette représentation contraste fortement avec la notion conventionnelle d'une IA monolithique et pointe vers ce que nous croyons être la nature ultime de l'IA : collectiviste et non anatomique.

En revanche, *"Accelerando"* de Charles Stross aborde le thème de la superintelligence de manière plus large et plus ambitieuse sur le plan temporel. Le roman est une collection d'histoires interconnectées couvrant plusieurs générations d'une même famille, chacune explorant le rythme accéléré du progrès technologique menant à la singularité, un point de progrès technologique sans précédent. Ce qui est intéressant dans "Entrelacement", c'est que chaque génération de la famille est beaucoup plus entrelacée avec l'IA que la précédente, et qu'il s'agit effectivement d'espèces différentes qui se comportent et voient le monde complètement différemment.

Contrairement à *"Neuromancer"*, où la superintelligence émerge grâce à la collaboration des IA, *"Accelerando"* envisage un scénario post-singularité où l'intelligence humaine devient intimement entrelacée avec un réseau distribué d'IA en évolution depuis le tout début. Stross brosse un tableau vivant mais progressif de la singularité, décrivant une cascade d'explosions accélérées de l'intelligence qui défient la compréhension humaine traditionnelle. Mais nous notons que cette vision, qui s'apparente à notre vision de l'IA en général, est en réseau, collectiviste et non anatomique.

Dans *"Accelerando"*, la superintelligence est omniprésente et n'est pas confinée à des entités individuelles, mais est au contraire une caractéristique émergente des esprits interconnectés qui composent un vaste paysage post-singularité. L'intelligence humaine ne se distingue plus de ce réseau omniprésent et distribué d'esprits interconnectés. Les implications sociétales sont d'une ampleur cosmique à mesure que la singularité se déploie à travers les générations, remodelant le tissu de l'ensemble du système solaire.

Carbone ou silicium : Au-delà du substrat physique

Lorsque l'on pense à la superintelligence, il faut se demander si elle *est possible*. La réponse courte est oui, mais nous n'en sommes pas sûrs.

En 1975, Allen Newell et Herbert Simon, deux des précurseurs de l'IA que nous avons évoqués en détail au chapitre 5, ont formulé l'hypothèse des systèmes de symboles physiques. Cette hypothèse suggère que la pensée humaine est fondamentalement un processus de manipulation de symboles, et que les machines peuvent également atteindre l'intelligence si elles possèdent un système de symboles physiques ; un tel système est à la base de la logique symbolique des robots, comme nous l'avons vu au chapitre 11. Selon cette hypothèse, il importe peu que le substrat physique de l'intelligence soit le carbone, comme chez l'homme, le silicium, comme dans les ordinateurs actuels, ou le matériel quantique, comme dans les ordinateurs hypothétiques du futur. En d'autres termes, il devrait être possible de construire une intelligence artificielle générale (AGI), voire une superintelligence, sur n'importe quelle plateforme ou sur une combinaison de plateformes [Newell et Simon].

Ce concept a des racines philosophiques chez les penseurs que nous avons présentés au chapitre 3, tels que Hobbes, Leibniz et Hume, qui ont également émis l'hypothèse que le raisonnement et la perception pouvaient être réduits à des opérations formelles et que le cerveau humain n'était rien d'autre qu'un système mécanique à base de carbone, tout comme le reste du corps. Si l'hypothèse des systèmes de symboles physiques se vérifie, il pourrait également être possible d'émuler l'intelligence humaine à l'aide de matériaux synthétiques.

Les points de vue de Newell et de Simon ont fait l'objet de débats au sein même de la communauté de l'IA. Par exemple, la nécessité de symboles explicites a été remise en question à plusieurs reprises dans l'histoire de l'IA. Certains scientifiques de l'IA pensent que l'intelligence peut émerger de systèmes moins axés sur les symboles. Une forme d'intelligence pourrait être basée sur des signaux analogiques provenant du monde réel plutôt que sur des représentations discrètes ou numériques, comme les premiers robots analogiques Elmer et Elsie construits à la fin de la Seconde Guerre mondiale ou les robots de la *"Nouvelle IA"* des années 1990 présentés au chapitre 11.

Nous pensons que, comme l'intelligence humaine a évolué par le biais d'un processus d'évolution biologique, cette marche inévitable ne fait qu'accroître la possibilité que des ingénieurs humains dotés d'une intelligence fondée sur une évolution dominée par le carbone puissent recréer l'intelligence en émulant l'esprit humain sur des plates-formes à base de silicium. La possibilité d'émulation de l'esprit est également une forme de superintelligence, que nous explorerons dans le chapitre suivant.

L'IA forte et le problème difficile de la conscience

L'homme a une conscience : *"Je pense, donc je suis"*, comme l'a dit René Descartes en 1637 dans son ouvrage *"Discours de la méthode"* [Descartes]. Les philosophes et les religions ont soutenu que la conscience est l'objectif de l'univers, car si personne ne pouvait en faire l'expérience - qu'il s'agisse d'humains, d'animaux ou d'autres personnes -, elle n'existerait pas ou n'aurait pas de sens.

Le concept de conscience est directement lié à l'idée d'IA forte inventée par le philosophe américain John Searle en 1980, que nous avons mentionnée au chapitre 4 à propos du test de Turing. L'IA forte représente un système d'IA doté d'une conscience, d'une conscience de soi et d'une sensibilité. La conscience fait référence à la capacité d'expérimenter subjectivement et d'être conscient de l'environnement. La conscience de soi implique de se percevoir comme distinct dans l'environnement. La sensibilité englobe la capacité de *"ressentir"* des perceptions et des émotions de manière subjective dans l'environnement.

Dotées de conscience, de conscience de soi et de sensibilité, les machines d'IA forte posséderaient une forme d'expérience subjective et une capacité à comprendre le monde et à y réagir de manière similaire à celle des humains. Cela va au-delà des capacités cognitives intellectuelles et suggère que quelque chose d'exceptionnel s'est produit dans une machine d'IA, au-delà des capacités que nous pouvons objectivement mesurer. Au contraire, une machine qui n'a pas de conscience, de conscience de soi ou de sensibilité - quelle que soit son intelligence - serait qualifiée d'IA étroite ou faible, selon Searle.

Des années après Searle, David Chalmers, un philosophe australo-américain, a poursuivi son étude sur le thème de l'IA forte et de la conscience, en lui donnant une nouvelle tournure. En 1996, Chalmers a proposé deux catégories de problèmes liés à la conscience : le *"problème facile"* et le *"problème difficile"*.

Le problème le plus simple est lié aux questions relatives aux mécanismes cognitifs de l'esprit. Il s'agit en particulier de la perception et de la catégorisation d'objets, de l'intégration d'informations et de l'engagement dans des processus cognitifs tels que le langage ou la logique. En 2024, les modèles d'IA auront déjà démontré leur capacité à résoudre une série de problèmes simples. En fait, la construction de ces modèles d'IA a permis aux spécialistes du cerveau et de l'informatique d'obtenir des informations précieuses sur le fonctionnement du cerveau humain [Chalmers].

À l'inverse, le problème difficile plonge au cœur de la conscience, en se demandant pourquoi et comment les processus physiques du cerveau donnent lieu aux aspects qualitatifs et subjectifs de l'expérience. Chalmers a formulé le problème difficile de la manière suivante : *"Pourquoi tout ce traitement donne-t-il lieu à une riche vie intérieure ? Comment se fait-il que lorsque des formes d'ondes électromagnétiques frappent la rétine, elles donnent lieu à une expérience visuelle, ou que lorsque le traitement neuronal se produit, il donne lieu à des douleurs, des couleurs, des sons et des émotions ?* Tentant de répondre au problème difficile de la conscience, certains transhumanistes comme Ray Kurzweil ou même Marvin Minsky soutiennent que l'esprit humain émerge simplement du traitement de l'information effectué par son réseau neuronal biologique. Ils affirment que les fonctions cognitives essentielles, y compris l'apprentissage, la mémoire et la conscience, sont fondamentalement ancrées dans les processus physiques et électrochimiques du cerveau, fonctionnant selon les lois établies de la physique, de la chimie, de la biologie et des mathématiques, plutôt que dans une âme ou un esprit dualiste et mystique. Certains affirment même que la mécanique quantique est une partie inhérente de cette conscience.

En fait, les réseaux neuronaux quantiques remontent aux travaux de Subhash Kak et Ron Chrisley en 1995, qui ont étudié le rôle que la mécanique quantique pourrait jouer dans les fonctions cognitives humaines, en supposant que la mécanique classique pouvait expliquer entièrement la conscience humaine [Kak]. Certaines hypothèses liées au quantique suggèrent que la nature de la superposition et de l'enchevêtrement quantiques au niveau microscopique pourrait jouer un rôle dans les processus cognitifs et que la conscience émerge de la cohérence quantique ou que les effets quantiques au sein du cerveau contribuent aux expériences subjectives. Néanmoins, ces conjectures ne sont pas encore largement acceptées. Nous pensons, comme Kurzweil et Minsky, entre autres, que toutes les fonctions cognitives humaines, qu'il s'agisse de l'apprentissage, de la mémoire, de la pensée ou de l'émotion, sont simplement enracinées dans les processus physiques et électrochimiques du cerveau, qui fonctionnent selon les lois établies de la physique, de la chimie, de la biologie et des mathématiques. Cela dit, notre compréhension de la conscience reste insaisissable.

Cependant, tout comme la mise en œuvre de systèmes d'IA nous a aidés à comprendre un peu mieux le problème *"facile"* de la conscience, la création de modèles d'IA pourrait également fournir des indices précieux pour s'attaquer à l'énigmatique problème *"difficile"* de la compréhension de ce qu'implique réellement la conscience. En ce sens, une autre hypothèse suggère que la conscience pourrait être similaire aux modèles de monde utilisés par la logique symbolique des robots dont nous avons parlé aux chapitres 9 et 11. Un modèle de monde est une représentation numérique ou une simulation de l'environnement du robot, y compris les objets, les obstacles et les informations pertinentes, qu'il utilise pour la navigation, la prise de décision et l'interaction avec son environnement. Il aide le robot à comprendre le monde extérieur et à y répondre.

Cette hypothèse propose que les humains ne puissent se concentrer que sur un seul modèle du monde à la fois, étant donné la taille limitée de leur cerveau. Cela signifie que les humains doivent toujours configurer leur modèle mental en fonction du contexte actuel parce qu'ils n'ont pas la taille nécessaire pour se concentrer sur tous les contextes en même temps. Le cortex préfrontal de notre cerveau est limité à la construction et au chargement d'un modèle du monde adapté au contexte actuel. En ce sens, la conscience pourrait être le module qui configure ce modèle du monde. Cette hypothèse suggère que la conscience n'est pas une conséquence du pouvoir de l'esprit mais une limitation du cerveau résultant d'une capacité limitée à charger des modèles de monde illimités. Si les humains disposaient d'autant de modèles de monde qu'il y a de situations, ils n'auraient peut-être pas besoin de conscience pour contrôler leur exécution. Ils pourraient simplement traiter des informations en permanence et exécuter de nombreuses tâches en parallèle avec une productivité et une précision élevées, y compris des tâches très artistiques comme la poésie et la peinture, sans rien ressentir de spécial à leur sujet et sans même savoir qu'ils existent en tant qu'êtres humains.

Alors pourquoi est-il nécessaire de se sentir comme un individu conscient qui vit la réalité plutôt que de se contenter de traiter des informations ? Nous ne connaissons pas la réponse, mais il est possible que ce sentiment de propriété et de conscience de soi ait une utilité potentielle et une signification évolutive. Peut-être que les espèces conscientes sont mieux adaptées que les autres pour survivre à l'environnement.

En bref, la question de la conscience reste sans réponse, et c'est pourquoi Chalmers l'a qualifiée de *"problème difficile"*. Cependant, la question de la conscience est un point de départ fondamental pour explorer la superintelligence et l'immortalité ; c'est le dernier point de frontière de l'IA pour égaler et dépasser l'intelligence humaine.

Une question connexe pourrait être : "L'IA ou la superintelligence serait-elle capable de ressentir des émotions ? *"L'IA ou la superintelligence serait-elle capable de ressentir des émotions ?"* La réponse est oui. Les réseaux neuronaux artificiels qui actualisent leurs hyperparamètres au fur et à mesure qu'ils interagissent avec l'environnement (un sujet abordé au chapitre 18) pourraient être en mesure d'expérimenter des méthodes de raccourci pour gérer des scénarios complexes ou ce que les humains ressentent comme des émotions. Cela dépendra en grande partie de la manière dont nous définissons les émotions. L'expérience émotionnelle humaine et la mesure dans laquelle les émotions influencent la pensée et la prise de décision à un niveau humain atomistique sont uniques à chaque individu, un sous-produit de leur expérience individuelle, qui est l'équivalent de l'entraînement à l'IA.

La superintelligence : Vitesse, Collectivité et Qualité

La superintelligence est une entité théorique qui possède des capacités intellectuelles largement supérieures à celles des intelligences humaines les plus brillantes et les plus douées, et qui englobe tous les domaines d'activité et d'aspiration de l'homme. Cette entité transcende les contraintes cognitives humaines, qui ont une mémoire de travail limitée, une capacité d'attention restreinte et une incapacité à dépasser une seule vision du monde dans son modèle mental, et est intrinsèquement sujette à de nombreux biais cognitifs et limitations psychologiques.

Nick Bostrom, philosophe renommé et professeur à l'université d'Oxford, a étudié le paysage complexe de la superintelligence et ses profondes implications pour l'humanité. Dans son livre de 2014, *"Superintelligence : Paths, Dangers, Strategies"*, il présente trois façons dont la superintelligence pourrait être supérieure à l'intelligence humaine. En bref, une superintelligence pourrait faire preuve d'une vitesse supérieure, se combiner à l'échelle collective et être supérieure en termes de qualité. Ces trois formes de superintelligence ne s'excluent pas mutuellement, et les progrès dans un domaine peuvent accélérer les progrès dans les autres [Bostrom].

Premièrement, la superintelligence de la vitesse serait un système capable d'exécuter toutes les tâches du spectre cognitif humain, mais à un rythme nettement plus rapide. Il est bien connu que les ordinateurs ont déjà dépassé les humains en termes de vitesse. Un exemple de superintelligence de vitesse est l'émulation d'un cerveau humain entier sur du matériel à grande vitesse. Les neurones humains fonctionnent à une fréquence maximale de 200 Hz. En revanche, les systèmes informatiques modernes sont des ordres de grandeur plus rapides à une fréquence de 2 GHz. Par conséquent, une IA peut résoudre des problèmes cognitifs environ un million de fois plus rapidement qu'un humain si elle est exécutée sur un ordinateur de taille égale à celle d'un cerveau, qui est en fait une taille extrêmement grande, comme nous le verrons dans le chapitre suivant.

Deuxièmement, une superintelligence collective regrouperait de nombreuses petites intelligences, ce qui donnerait une entité combinée qui surpasserait l'intelligence humaine dans de nombreux domaines. Cela serait similaire à la façon dont Wintermute et Neuromancer se sont combinés dans le roman de science-fiction *"Neuromancer"* mentionné ci-dessus. La superintelligence collective est étroitement liée aux réseaux et organisations humains, tels que les entreprises, les groupes de travail et les communautés scientifiques, où les humains collaborent pour faire ensemble des choses qu'ils ne peuvent pas faire seuls.

Tout au long du livre, nous avons souligné notre conviction que les éléments essentiels de l'IA et de l'Entrelacement sont en fin de compte collectivistes et non anatomiques. Les performances d'un système de superintelligence collaboratif dépendent largement de la qualité des sous-systèmes, de leur communication et de leur coopération. Par exemple, le maintien de l'alignement des motivations et des objectifs des participants deviendrait de plus en plus difficile à mesure que le système prend de l'ampleur, un problème rencontré même dans les systèmes d'IA primitifs tels que le système de crédit social chinois qui, comme nous l'avons souligné au chapitre 24, a rencontré un problème de mise en œuvre précisément parce qu'il n'a pas regroupé ses sous-systèmes. En outre, la communication entre les participants peut souffrir d'inefficacités, ce qui peut conduire à un comportement sous-optimal du système. En outre, il existe une autre limite à ses performances, en particulier pour les tâches qui ne peuvent pas être divisées en parties plus simples, car un génie ne peut pas être remplacé par plusieurs intelligences humaines moyennes.

Troisièmement, la superintelligence de qualité serait une sorte de superintelligence qualitativement supérieure à l'intelligence humaine. La superintelligence de qualité représenterait l'apogée du développement de l'IA. Il est difficile pour les humains de comprendre pleinement l'ampleur d'une telle intelligence, tout comme les insectes peuvent avoir du mal à saisir ce qu'est réellement l'intellect humain. Ces qualités de superintelligence peuvent inclure une mémoire parfaite, des connaissances étendues, l'élimination des biais cognitifs (par exemple, le biais de confirmation, le biais d'ancrage, le sophisme des coûts irrécupérables) et des capacités multitâches dépassant les limites biologiques. En outre, la superintelligence pourrait améliorer la fiabilité et la longévité. Il convient de noter que ces éléments seraient facilement duplicables, modifiables et extensibles avec de nouveaux modules, ce qui les rendrait capables de croître et de se développer plus rapidement que l'intelligence humaine.

La communauté des chercheurs n'est pas d'accord sur la question de savoir s'il est réellement possible de surpasser l'intelligence humaine ou, le cas échéant, si ces systèmes superintelligents seraient - ou devraient être - conscients ou conscients d'eux-mêmes. À l'heure actuelle, il n'existe pas de réponse ou d'hypothèse valable, mais seulement des conjectures.

Trois voies vers la superintelligence

Bien que cela ressemble à de la science-fiction, la superintelligence est déjà développée par l'humanité. Trois voies possibles de développement d'un système superintelligent sont actuellement explorées ; la première a une origine numérique, et les deux autres ont des origines biologiques [Bostrom].

La première voie, la plus probable, est celle de l'auto-amélioration de l'IA, qui implique le développement récursif de systèmes capables d'améliorer leur propre intelligence. Cette approche pourrait conduire à un développement rapide de l'intelligence, qui finirait par dépasser les capacités humaines, ce que l'on appelle souvent une *"explosion de l'intelligence"* ou une singularité technologique. Au chapitre 9, nous avons déjà évoqué l'auto-amélioration et le développement de l'AGI comme deux des domaines de recherche les plus actifs à l'heure actuelle. Nous considérons ce scénario d'origine numérique et d'auto-amélioration de l'IA comme le plus probable et, en même temps, le plus préoccupant en raison de son potentiel de croissance rapide et incontrôlée et, par conséquent, d'exploitation par le biais d'un régime autoritaire.

La deuxième voie pour parvenir à l'AGI et à la superintelligence est l'émulation du cerveau entier (WBE), également appelée émulation de l'esprit ou téléchargement de l'esprit. Il s'agit de créer une réplique numérique détaillée du cerveau humain en scannant et en cartographiant avec précision la configuration et l'état actuel du cerveau, puis de la transférer à un ordinateur. L'ordinateur exécute ensuite un modèle de simulation très précis, lui-même un algorithme d'intelligence artificielle, pour imiter la fonctionnalité du cerveau original, ce qui aboutit à une forme d'immortalité. En raison de la complexité du comportement des neurones biologiques, des modèles neuronaux très complexes sont nécessaires pour simuler un cerveau, bien plus complexes que les réseaux neuronaux artificiels traditionnels. Certains projets de recherche développent des modèles cérébraux avancés pour la simulation sur des architectures informatiques conventionnelles. Nous aborderons cette technologie en détail dans le chapitre suivant. Cette approche semble réalisable en tant qu'extrapolation de la technologie connue, mais nous notons que, selon la loi des rendements accélérés, la complexité mathématique de la simulation d'un cerveau pourrait nécessiter des ordinateurs qui n'existeraient qu'aux alentours de l'année 2100. Comme la position de ce livre est que tous les aspects de la pensée et de la cognition humaines peuvent être réduits à des opérations mathématiques, nous pensons que la technologie permettra cette fonctionnalité, mais aussi qu'il est peu probable qu'elle soit la voie précise vers la superintelligence, devenant plutôt simplement une autre voie pour ajouter à l'intelligence collective et assurer l'immortalité individuelle.

Il existe une troisième voie, moins probable, pour parvenir à la superintelligence, une approche purement biologique impliquant la biologie synthétique et l'eugénisme, que nous avons présentée aux chapitres 21 et 23, respectivement. Cette approche vise à améliorer l'intelligence humaine par des méthodes biotechnologiques, y compris des modifications génétiques et l'optimisation sélective des embryons et des gamètes. Le développement d'algorithmes et de logiciels d'IA sera essentiel pour concevoir un ADN humain optimisé susceptible d'accroître les capacités intellectuelles. Historiquement, cette méthode a été utilisée pour des tâches telles que la sélection du sexe de l'enfant et le dépistage des troubles génétiques. À l'avenir, outre les questions éthiques qu'elles soulèvent, nous nous attendons à ce que des technologies spécifiques pour l'amélioration cognitive et intellectuelle de l'homme soient créées. Elles sont déjà disponibles sous une forme plus légère, et ce type de processus de sélection sera étendu pour englober les traits cognitifs et comportementaux. Néanmoins, il ne sera peut-être pas possible d'atteindre la superintelligence en tant que telle, car l'esprit humain basé sur le carbone n'en est peut-être pas capable. De la même manière, un tuk-tuk n'est tout simplement pas conçu pour atteindre le record de vitesse terrestre, même s'il est équipé du meilleur moteur.

L'explosion de l'intelligence, alias la singularité

Nous nous concentrerons sur la première des trois voies menant à la superintelligence : L'auto-amélioration de l'IA, qui a également été appelée la *"singularité"*, car nous considérons qu'il s'agit de la voie la plus probable. La singularité est un point hypothétique dans l'avenir où un système AGI peut améliorer et renforcer son intelligence, ce qui entraîne une accélération exponentielle des cycles d'auto-amélioration. Au fur et à mesure que les générations se succèdent, l'intelligence croît de manière exponentielle, pour finalement aboutir à une superintelligence qui surpasse l'intelligence humaine dans tous les domaines.

Le terme *"singularité"* est souvent associé au mathématicien américain d'origine hongroise John von Neumann, l'un des concepteurs de l'ENIAC, le premier ordinateur universel de 1945, que nous avons évoqué au chapitre 3. Toutefois, le concept a été popularisé par le scientifique et futurologue américain Raymond Kurzweil dans son livre de 2005 intitulé *"The Singularity is Near" (La singularité est proche)*. Kurzweil a fondé la *"Singularity University"* en 2008 dans le but de former et d'habiliter les dirigeants à relever les défis mondiaux à l'aide de technologies exponentielles telles que l'IA, la biotechnologie et la nanotechnologie.

Le concept de croissance exponentielle de l'intelligence repose sur le principe que les progrès antérieurs en matière d'intelligence ouvrent la voie à d'autres améliorations - une sorte d'évolution inhérente et un corollaire de la loi des rendements accélérés, qui prédit une croissance exponentielle du nombre de calculs en virgule flottante par seconde (FLOPS) par dollar de coût constant. Pour continuer à progresser vers la singularité, chaque amélioration devrait, en moyenne, conduire à au moins une autre amélioration.

Nous notons essentiellement deux directions pour le processus de singularité, chacune connotant une variation de vitesse : rapide - que nous appelons décollage dur - ou lente - que l'on peut appeler décollage en douceur.

Lors du décollage, la superintelligence subit des cycles rapides d'auto-amélioration, imprégnant le monde en peu de temps, en grande partie grâce à la nature collectiviste et en réseau de l'IA. Cette progression rapide se produit trop vite pour que les humains puissent entreprendre une correction significative des erreurs ou un alignement des motivations de l'IA. En revanche, dans le cas d'un décollage en douceur, l'IA devient nettement plus puissante que l'homme, mais à un rythme comparable à l'échelle de temps humaine, par exemple des décennies. Dans un tel scénario, l'homme peut encore interagir avec l'IA, la corriger et orienter efficacement son développement vers des formes d'IA respectueuses de l'homme, ce qui signifie que la coexistence est possible.

Certains philosophes estiment qu'un décollage en douceur est beaucoup plus probable qu'un décollage en force, et ce pour deux raisons. Premièrement, à mesure que l'intelligence devient plus sophistiquée, les progrès ultérieurs peuvent devenir de plus en plus complexes, ce qui pourrait ralentir l'explosion de la superintelligence. Deuxièmement, comme l'affirme le transhumaniste britannique Max More, même une IA superintelligente dépendrait encore des systèmes humains pour avoir un impact physique sur le monde. La superintelligence n'apparaîtrait pas soudainement et ne changerait pas le monde en un instant ; pour interagir avec ce monde et apporter des changements tangibles, elle devrait interagir avec les systèmes humains actuels et encombrants, tels que les chaînes d'approvisionnement, les systèmes informatiques conventionnels et les processus décisionnels humains manuels. Ces règles et systèmes existants ne peuvent pas être brusquement éliminés du jour au lendemain ou en l'espace de quelques années [Plus].

Considérons un scénario dans l'un de ces cycles d'auto-amélioration où la superintelligence, en tant qu'étape suivante, nécessite la construction d'un nouveau type de matériel qui utilise des matériaux qui ne sont pas disponibles en abondance sur Terre. Il s'agit d'un exemple où une tâche a des attributs physiques ou est inexorablement liée au monde physique. Dans une telle situation, la superintelligence devrait entreprendre le processus fastidieux d'organisation logistique pour obtenir ces matériaux à partir d'une autre planète ou d'un astéroïde. Cela impliquerait également de mener des expériences avec les nouveaux matériaux, nécessitant une manipulation physique, afin de construire le nouveau matériel. Enfin, la superintelligence devrait migrer elle-même dans le nouveau matériel. Il est inconcevable que toute la logistique planétaire et les manipulations matérielles puissent être réalisées en quelques heures lors d'un décollage brutal.

Faisabilité de la singularité : Technologie et économie

Certains sceptiques du concept de singularité ont émis des doutes quant à la crédibilité de la loi de l'accélération des rendements, une condition préalable fondamentale de la singularité, comme nous l'avons vu dans le chapitre précédent.

Par exemple, Paul Allen, cofondateur de Microsoft, a suggéré l'existence d'un *"frein à la complexité"*. Selon lui, à mesure que la science progresse dans la compréhension de l'intelligence, il devient de plus en plus difficile de progresser [Allen et Greaves]. Jonathan Huebner, physicien américain, a montré que le nombre de brevets par habitant a atteint son maximum entre 1850 et 1900 et a diminué depuis [Huebner]. Le physicien Theodore Modis présente un point de vue similaire, affirmant que le rythme de l'innovation technologique ne s'est pas simplement ralenti, mais qu'il est en fait en train de décliner. Il en veut pour preuve le ralentissement du rythme d'amélioration de la vitesse d'horloge des ordinateurs - les mégahertz d'un ordinateur - principalement en raison de problèmes liés à la chaleur. Modis souligne également l'absence, au cours des deux dernières décennies (2000-2020), de percées significatives auxquelles les partisans de la singularité technologique auraient pu s'attendre. [Modis].

Alors qu'Allen a souligné les problèmes de complexité générale dans l'innovation, et que Huebner et Modis ont noté le flux et le reflux du progrès technique, ils n'ont manifestement pas eu la foi nécessaire dans les générations suivantes de scientifiques de l'IA. Ces scientifiques ont par la suite produit des innovations telles que les robots avancés, l'IA générative, les tissus synthétiques et la possibilité de l'AGI. Nous ne parions pas contre le progrès et, à notre avis, seules les lois naturelles de la physique peuvent freiner la trajectoire actuelle de l'IA à long terme.

Martin Ford, auteur américain spécialisé dans l'IA et la robotique, a formulé en 2010 ce qu'il appelle un *"paradoxe technologique"*. Selon lui, avant que la singularité ne devienne une réalité, la majorité des emplois au sein de l'économie auraient déjà été automatisés, car la réalisation de la singularité nécessiterait une technologie moins avancée qu'elle. Cela pourrait entraîner un chômage généralisé et une baisse de la demande des consommateurs, ce qui, à son tour, pourrait décourager les investissements dans les technologies nécessaires à la réalisation de la singularité [Ford]. L'économiste Robert J. Gordon affirme que la croissance économique réelle s'est ralentie à partir de 1970 et qu'elle a encore diminué après la crise financière de 2008. Il affirme que les données économiques ne corroborent pas l'idée d'une singularité à venir [Gordon].

Nous notons que des concepts tels que l'UBI (Revenu de Base Universel, ou Universal Basic Income en anglais), que nous avons examinés aux chapitres 22 et 23, bien que faillibles, mettent en évidence un certain nombre de mécanismes disponibles pour affecter des ressources afin d'optimiser l'activité de production/consommation et de garantir un investissement continu dans la R&D en matière d'IA. La Corée du Nord, qui n'a ni ressources ni économie, a réussi à fabriquer une arme nucléaire grâce à l'inefficacité et à la gestion centralisée d'une grave pénurie. En outre, les hivers de l'IA sont tous passés, comme nous l'avons noté tout au long du livre, stimulés en grande partie par l'impulsion gouvernementale et les changements macroéconomiques. Il est probable qu'il y aura d'autres hivers de l'IA à l'avenir, mais ils ne modifieront pas la trajectoire, tout comme les précédents ne l'ont pas fait.

Pour contre-argumenter ces points, Ray Dalio, le propriétaire américain de fonds spéculatifs mentionné au chapitre 23, affirme que les cycles à long terme déterminés par les changements géopolitiques caractérisent l'histoire économique. Selon lui, nous sommes actuellement à la fin de l'un de ces cycles, qui a débuté après la Seconde Guerre mondiale. Nous sommes d'accord pour dire que même si l'innovation ralentit à la fin d'un cycle, cela ne signifie pas qu'elle ne s'accélérera pas à nouveau au cours du cycle suivant. Il est insensé de parier contre la résilience et le progrès.

L'Entrelacement se produira et a déjà commencé. La superintelligence, ou la singularité telle que nous la définissons, pourrait ou non se produire, car plusieurs obstacles scientifiques restent des points d'interrogation. Si nous la considérons comme une possibilité à long terme, comme le simple point final de l'Entrelacement, et si nous ne fixons pas de calendrier, sa probabilité cumulée augmente considérablement. Comme nous l'avons mentionné tout au long du livre, lorsque nous pensons à l'IA et à l'AGI, nous partons du point de vue que la pensée humaine, la mémoire, l'expérience émotionnelle, les sentiments et la coordination motrice - tous les aspects du cerveau - peuvent être réduits à une définition et à un fonctionnement mathématiques, même s'il faut encore plusieurs décennies ou siècles pour atteindre le *"point pivot" de la* puissance de traitement qui permettra de le réaliser pleinement.

Au fil de notre réflexion sur la superintelligence, plusieurs questions difficiles se posent, à la croisée de la science et de l'éthique. L'une de ces questions épineuses *est la suivante : "Pouvons-nous reproduire la conscience humaine dans du silicium ?"*. Cela implique la capacité scientifique de la réduire à une valeur stockée, de la même manière que vous pouvez littéralement enregistrer tout ce que vous faites chaque jour pour le reste de votre vie et le stocker dans le nuage, en ajoutant verbalement vos pensées et vos commentaires dans l'interprétation de ce que voit l'objectif de votre caméra. Le transfert de l'esprit collectif d'une personne, ou d'une partie de celui-ci, vers le silicium deviendra possible au fur et à mesure que la technologie s'améliorera. Nous nous éloignerons de la discussion principale sur la singularité le temps d'un chapitre pour explorer l'une de ces avancées technologiques, l'émulation du cerveau entier (WBE, Whole Brain Emulation), également connue sous le nom de Mind Uploading, car il s'agit d'une autre voie potentielle vers la superintelligence, dans laquelle nous pouvons facilement voir la myriade de défis éthiques et sociétaux auxquels nous sommes confrontés, et avoir un aperçu de la manière de traiter la conscience humaine.

27. Téléchargement de l'esprit, émulations et immortalité

"Il y a tant de merveilles qui nous attendent. Si nous pouvons télécharger des souvenirs, nous pourrons peut-être combattre la maladie d'Alzheimer et créer un réseau cérébral de souvenirs et d'émotions qui remplacera l'internet, ce qui révolutionnera les loisirs, l'économie et notre mode de vie. Peut-être même pour nous aider à vivre éternellement et à envoyer notre conscience dans l'espace".

Michio Kaku

Physicien théoricien et écrivain scientifique américain [Kaku].
Lors d'une interview en 2014

Le concept de "Mind Uploading" ou téléchargement de l'esprit, (également appelé "émulation cérébrale" ou "émulation du cerveau entier") a été proposé pour la première fois par le biogérontologue George M. Martin en 1971. Le Mind Uploading postule que la conscience d'un cerveau humain peut être recréée dans d'autres dispositifs, qu'il s'agisse d'un ordinateur numérique ou quantique ou même d'un autre cerveau biologique.

L'hypothèse fondamentale qui sous-tend l'hypothèse du téléchargement de l'esprit est que les connexions du réseau neuronal et les poids synaptiques du cerveau représentent l'esprit humain, ce qui implique que *l'"esprit"* pourrait être simplement défini comme l'état de l'information du cerveau, existant de manière immatérielle, littéralement comme le contenu d'un fichier de données ou l'état d'un logiciel d'ordinateur. Les données décrivant l'état de notre réseau neuronal biologique pourraient être extraites et copiées du cerveau sous la forme d'un fichier informatique et ensuite instanciées dans un sous-contact physique alternatif. Cela pourrait éventuellement permettre au nouveau dispositif de réagir comme le cerveau original, créant ainsi un esprit conscient et éveillé. Il pourrait également s'agir d'un fac-similé, qui ne permettrait pas de fonctionner pleinement, mais qui permettrait, par exemple, de créer une intelligence sans conscience ou même un moyen simple de communiquer avec les générations précédentes. De nombreux futurologues considèrent le téléchargement de l'esprit comme l'aboutissement logique de la recherche en neurosciences computationnelles, en particulier dans le contexte des progrès médicaux et de la poursuite de l'intelligence artificielle générale (AGI).

L'immortalité est l'implication du téléchargement de l'esprit. Supposons que nous puissions séparer les informations et les processus de l'esprit du corps physique. Dans ce cas, cela ouvre la possibilité de s'affranchir des limites et de la durée de vie de notre moi biologique, même de notre moi Entrelacement amélioré par le SynBio, en prolongeant ou en éliminant potentiellement notre mortalité.

Le téléchargement de l'esprit gagne en importance dans les cercles futuristes et transhumanistes et se distingue de la cryogénie ou de la cryoconservation, qui vise à sauvegarder des corps ou des cerveaux à basse température en vue d'une éventuelle réanimation et d'un traitement ultérieur.

En lisant ce chapitre, veuillez vous concentrer sur les points suivants :

- Tout d'abord, le téléchargement de l'esprit est considéré comme une forme de superintelligence, car il implique la reproduction d'un esprit humain dans un matériel plus grand ou plus rapide que le cerveau humain, qui est probablement déjà plus intelligent qu'un humain.

- Deuxièmement, des tentatives réussies ont été faites pour émuler le cerveau de mammifères, tels que les rats. Cependant, l'esprit humain est très complexe et, selon la loi de l'accélération des retours, il faudra peut-être attendre 2100 pour mettre au point un ordinateur suffisamment rapide pour l'émuler complètement.

- Troisièmement, les implications sociétales de la présence de certains êtres humains dans le monde réel tandis que d'autres existent dans un monde simulé, interagissant et potentiellement en concurrence les uns avec les autres, sont significatives. L'un de ces problèmes est dû au fait que les êtres humains simulés fonctionneront à des vitesses plus élevées, car ils tournent sur des ordinateurs et peuvent être copiés de manière illimitée à un faible coût.

La science-fiction du téléchargement de l'esprit

Le concept de téléchargement de l'esprit est exploré dans la littérature de science-fiction depuis des décennies. Deux œuvres notables, *"Permutation City"* de Greg Egan (1994) et *"Altered Carbon"* de Richard K. Morgan (2002, adapté en série Netflix en 2018), offrent des perspectives distinctes sur cette idée intrigante [Egan] [Morgan] et son impact sociétal, éthique et psychologique inévitable.

Le postulat central d'*"Altered Carbon"* est que la mort n'est plus permanente. L'esprit ou *"pile"* peut être transféré dans un dispositif physique et téléchargé dans différents corps physiques, appelés *"manches"*. Cette technologie a conduit à une société où les différents corps ne sont que des réceptacles de la conscience et où les individus peuvent changer de corps aussi rapidement qu'ils changent de vêtements.

Le roman explore les implications d'une société où la mort n'est pas définitive. Si l'immortalité semble être une noble aspiration, les questions morales et éthiques sur la valeur de la vie et les conséquences des actes personnels deviennent plus complexes. L'absence de la mort comme moyen de dissuasion contre les comportements imprudents, par exemple, oblige la société à s'attaquer à de nouvelles notions de justice et de responsabilité face à des comportements subversifs.

Malgré les avantages de l'immortalité, tout le monde n'y adhère pas. Certaines personnes décident de ne pas profiter des piles et des manches en raison de leurs convictions religieuses et philosophiques. Le roman les appelle les néo-catholiques, et ils sont semblables aux *"bioluddites"* dont nous avons parlé au chapitre 23. Cette technologie a également des implications sociales considérables. Les riches peuvent effectivement acheter l'immortalité en acquérant constamment de nouveaux manchons sains et peuvent *"évincer" les* autres en maintenant les coûts à un niveau prohibitif, de sorte que ceux qui n'ont pas de ressources sont relégués à des corps sous-optimaux ou synthétiques.

D'autre part, *"Permutation City"* offre une vision contrastée du téléchargement de l'esprit, où des émulations numériques, ou *"copies"*, d'esprits humains sont créées dans une simulation informatique appelée *"Permutation City"*. Ces copies croient vivre dans le monde réel alors qu'elles n'existent que dans un programme informatique.

L'une des implications essentielles de cette technologie de téléchargement de l'esprit est la possibilité pour les individus d'atteindre l'immortalité numérique. La conscience émulée peut être dupliquée et fonctionner perpétuellement. Il n'y a pas besoin de biens immobiliers physiques autres que les systèmes de serveurs pour héberger des milliards de personnes, ce qui permet une existence éternelle dans le domaine numérique. Cela soulève de profondes questions sur la nature de l'identité, du moi et de l'existence, car les limites du corps physique pourraient ne plus contraindre les individus. Si une copie numérique peut croire qu'elle est la personne originale, possède-t-elle les mêmes droits, les mêmes émotions et les mêmes expériences que l'homme réel ? Le roman d'Egan plonge dans la crise existentielle à laquelle ces copies sont confrontées et dans les dilemmes moraux qui découlent du traitement de ces entités virtuelles.

En outre, la création de multiples copies d'un même individu entraîne une fragmentation de l'identité. Dans *"Permutation City"*, définir ce que signifie être un individu unique devient de plus en plus difficile, et les frontières entre soi et les autres se brouillent indistinctement. En revanche, dans *"Altered Carbon"*, l'identité personnelle reste liée à la conscience hébergée dans la pile, même si elle habite différentes enveloppes et préserve la notion de vie physique continue et de coexistence avec le monde physique.

Les mathématiques stupéfiantes du téléchargement de l'esprit

Les exigences informatiques pour télécharger et simuler un cerveau humain sont immenses. On estime qu'un cerveau humain compte environ 100 milliards de neurones [Herculano-Houzel], les jeunes ayant beaucoup plus de neurones actifs que les personnes âgées. Chaque neurone peut être connecté à des milliers, voire des dizaines de milliers d'autres neurones par l'intermédiaire de synapses, formant ainsi un réseau de connexions vaste et complexe. Le nombre de synapses dans le cerveau humain peut varier, mais on estime qu'il se situe entre 100 et 1 000 billions de synapses, une grande partie de la variation étant expliquée par l'âge [Wanner] [Zhang] [Yale].

Compte tenu de ces chiffres, Nick Bostrom et son collègue Anders Sandberg ont estimé en 2008 qu'une cartographie complète du cerveau nécessitait entre 10^{18} et 10^{22} FLOPS (Floating Point Operations per Second). Il s'agit d'un un suivi de 17 à 22 zéros, selon l'estimation. À titre de comparaison, l'ordinateur le plus rapide au monde en 2021 était le supercalculateur japonais Fugaku avec $5,4 \times 10^{17}$ FLOPS [Hussein]. Cela signifie qu'il serait possible de simuler un esprit humain dans un ordinateur légèrement plus grand que Fugaku. Cependant, une telle carte ne comprendrait que des informations sur les neurones connectés, les types de synapses et l'intensité de chaque synapse cérébrale [Bostrom et Sandberg].

La simulation d'une fonction cérébrale authentique pourrait nécessiter beaucoup plus de données que cet état statique *"gelé"*, car les neurones échangent des signaux électriques et biochimiques entre eux, et de multiples protéines sont impliquées. Ces échanges ne sont pas inclus dans l'estimation ci-dessus. Ce qui rend la situation encore plus complexe, c'est que la capture de ces signaux peut nécessiter une modélisation au niveau moléculaire, voire au-delà du monde quantique. Cela augmente considérablement les exigences en matière de calcul et de stockage pour représenter fidèlement un esprit humain fonctionnant pleinement. Par conséquent, la réalisation d'une duplication viable de l'esprit d'un individu présente une complexité qui ne sera pas résolue dans un avenir immédiat ou à court terme.

Un modèle complet du cerveau, comprenant des détails tels que le métabolisme, les protéines et leurs états, ainsi que le comportement des molécules individuelles, nécessiterait une capacité de stockage beaucoup plus importante. Selon la même estimation de Bostrom et Sandberg, cette émulation complète nécessiterait 10^{43} FLOPS. [Bostrom et Sandberg]. 10^{43} FLOPS est un chiffre brutal. Un esprit complet nécessiterait donc une capacité de traitement bien plus importante que les $5,4 \times 10^{17}$ FLOPS du superordinateur Fugaku que nous venons de mentionner. Les partisans du transfert d'esprit citent souvent la résiliente *"loi des rendements accélérés"*, que nous avons examinée au chapitre 25, comme preuve que la puissance de calcul requise sera disponible dans les prochaines décennies, en particulier si les ordinateurs quantiques peuvent faire fonctionner des réseaux neuronaux artificiels génériques. Selon la loi des rendements accélérés, le nombre de FLOPS requis pour un seul esprit serait disponible vers l'an 2100.

Avec ces chiffres en main, nous concluons que même si l'immortalité sera possible avec l'émulation du cerveau, elle ne se produira pas avant 2100, avec suffisamment de défis à court terme autour de l'AGI et de l'impact économique humain pour occuper nos efforts pendant que nous Entrelacement. Notre deuxième conclusion est que ces chiffres semblent suggérer que la puissance de traitement incommensurable des ordinateurs quantiques sera nécessaire pour simuler un esprit humain. Il y a probablement plusieurs raisons pour lesquelles le monde naturel a choisi le carbone comme base de l'évolution de l'intelligence initiale.

L'esprit humain : Du cerveau au binaire

Après avoir compris la complexité mathématique du transfert d'esprit, nous pouvons nous intéresser au processus, en commençant par le balayage de tous ces paramètres du cerveau. Cela implique de scanner et de cartographier les attributs cruciaux d'un cerveau biologique, y compris les récepteurs sensoriels, les cellules musculaires et la moelle épinière, puis de stocker ces informations dans un système informatique.

Plusieurs techniques permettent aujourd'hui de scanner le cerveau, mais aucune d'entre elles n'est encore en mesure d'imiter complètement le cerveau humain dans son intégralité. La première technique est l'imagerie cérébrale conventionnelle. L'imagerie cérébrale consiste à créer des cartes fonctionnelles de l'activité cérébrale en 3D à l'aide de technologies de neuro-imagerie avancées telles que l'imagerie par résonance magnétique (IRMf) pour cartographier les variations du flux sanguin ou la magnétoencéphalographie (MEG) pour cartographier les courants électriques. Il s'agit de méthodes non invasives et non destructives qui peuvent être utilisées, souvent en combinaison, pour construire des modèles tridimensionnels détaillés du cerveau. Cependant, la technologie d'imagerie actuelle ne dispose pas de la résolution spatiale nécessaire pour réaliser des scans complets au niveau de détail requis pour l'émulation de l'esprit [Glover et Bowtell].

La deuxième solution est le sectionnement en série. Avec cette méthode, le cerveau physique ne survivra pas au processus de copie. Par conséquent, la technologie de scannage actuelle ne peut pas être utilisée pour l'immortalité. La première étape consiste à congeler le tissu cérébral et éventuellement d'autres composants du système nerveux comme la moelle épinière. Ensuite, les échantillons congelés sont scannés et analysés couche par couche avec une précision de l'ordre du nanomètre. Ce processus permet de saisir la structure des neurones et leurs interconnexions. Après avoir scanné et enregistré chaque couche, la couche superficielle de tissu est retirée, et le processus est répété jusqu'à ce que l'ensemble du cerveau ait été sectionné et analysé. En 2010, ce type de balayage destructif d'échantillons de tissus a été réalisé à partir d'un cerveau de souris, et a permis d'obtenir des détails sur les neurones et les synapses [Goldman et Busse].

Comme nous l'avons expliqué plus haut, le fonctionnement du cerveau est en partie régi par des événements moléculaires, en particulier au niveau des synapses. Par conséquent, la capture et la simulation des fonctions des neurones nécessiteront des techniques beaucoup plus avancées que l'imagerie cérébrale et la coupe en série. Une possibilité serait d'améliorer les méthodes de coupe en série pour inclure la composition moléculaire interne des neurones à l'aide de méthodes de coloration avancées. Cependant, étant donné le manque actuel de connaissances sur la genèse physiologique de l'esprit, cette technique pourrait ne pas capturer toutes les informations biochimiques nécessaires et essentielles à la reproduction exacte d'un cerveau humain.

Une fois que l'une de ces méthodes a été utilisée pour scanner le cerveau, les données collectées sont ensuite téléchargées vers un système informatique et utilisées pour créer un modèle analytique du réseau neuronal biologique du cerveau. Il peut s'agir d'un modèle complet du cerveau ou d'un modèle d'une section spécifique du cerveau. Si le modèle analytique est suffisamment détaillé - et la technologie actuelle ne le permet pas -, un émulateur utilisera le modèle pour imiter sa fonctionnalité.

Plusieurs initiatives de recherche en cours sur la simulation du cerveau ont étudié diverses espèces animales simples, du ver rond à la mouche. Le plus célèbre est le Blue Brain Project de l'École polytechnique fédérale de Lausanne, en Suisse. L'objectif de ce projet est de rétroconcevoir les circuits neuronaux présents dans le cerveau des mammifères. L'une de ses réussites a été de générer une simulation d'une partie du néocortex d'un rat en 2006. On pense que les rats ont le plus petit néocortex qui est responsable des fonctions cognitives supérieures, y compris la pensée consciente [EPFL].

Les émulations mentales et le problème difficile de la conscience

Nous avons abordé l'insaisissable *"problème difficile"* de la conscience dans le chapitre précédent. Il a un impact sur l'émulation de l'esprit car la question de la conscience reste épineuse.

Susan Schneider, scientifique et philosophe de l'IA, affirme que, dans le meilleur des cas, le téléchargement génère une réplique de l'esprit de la personne d'origine. Il est peu probable d'imaginer que la conscience d'une personne puisse quitter le cerveau et se rendre dans un endroit éloigné, car les objets physiques courants ou les ondes ne présentent pas un tel comportement, du moins pas dans la physique macroscopique. Selon ce point de vue, seuls les observateurs externes peuvent maintenir l'illusion que la personne réelle est la même [Schneider].

Une question connexe est de savoir si le téléchargement de l'esprit crée un esprit conscient ou s'il s'agit simplement d'un logiciel sans cervelle qui manipule des symboles comme le traducteur dans l'analogie de la *"chambre chinoise"* de John Searle, qui a traduit du chinois à l'anglais à l'aide d'un dictionnaire sans connaître un seul mot de chinois. Nous avons parlé de cette analogie au chapitre 4. Une autre façon de poser la question serait la suivante : "Les émulations de l'esprit sont-elles fortes ou faibles ? *"Les émulations de l'esprit sont-elles de l'IA forte ou faible ?"* L'énigme de la conscience empêche d'apporter une réponse définitive, bien que certains scientifiques, dont Kurzweil, estiment qu'il est intrinsèquement impossible de déterminer si une entité distincte est consciente en raison de la nature subjective de la conscience.

Enfin, en supposant que les esprits émulés soient conscients, sont-ils sensibles ? De nombreux philosophes affirment que ce serait le cas et qu'il serait nécessaire de développer des équivalents virtuels de l'anesthésie et d'éliminer le traitement lié à la douleur et à la conscience. Des souffrances accidentelles peuvent également survenir en raison de défauts dans le processus de numérisation et de téléchargement qui rendent le cerveau émulé incomplet ou partiellement dysfonctionnel.

Il y a beaucoup d'autres questions et dilemmes. Quel est le statut moral des émulations partielles du cerveau ? Il s'agit d'émulations de certaines parties seulement du cerveau, comme la simulation du rat du Blue Brain Project. S'agit-il d'êtres émulés parfaitement valables ou d'êtres incomplets d'un point de vue ontologique ?

Au chapitre 21, nous avons évoqué la possibilité pour la biologie synthétique de créer des organismes utilisant des molécules qui n'existent pas dans la nature. Si l'on étend ce concept aux émulations, quel serait le statut moral des émulations construites différemment, d'une manière qui ne pourrait pas être trouvée dans la nature parce que leurs processus biologiques seraient impossibles ?

Vivre dans le nuage des émulations cérébrales

Deux autres questions méritent d'être posées : après avoir discuté des complexités ontologiques de l'émulation, à quoi ressemblerait la vie dans une émulation ? Comment une société émulée s'organiserait-elle ?

Robin Hanson, professeur d'économie à l'université George Mason, a étudié les émulations en détail dans son livre de 2016 *intitulé "The Age of Em : Work, Love and Life when Robots Rule the Earth"* [Hanson]. Pour Hanson, les émulations cérébrales peuvent être copiées, modifiées et exister simultanément dans de multiples instances, ce qui conduit à un paysage complexe de défis liés à l'identité. L'examen central pour comprendre ce type d'individu et de société porterait sur la manière dont ils abordent les questions de l'identité, de l'unicité et de la continuité de la conscience.

La copie d'émulations pourrait s'étendre psychologiquement au sens fondamental du soi. L'existence de multiples instances dotées de souvenirs et de caractéristiques similaires remettrait en question la conception traditionnelle de l'identité individuelle, les conséquences du partage de souvenirs et d'expériences avec les entités copiées ajoutant des couches de complexité à la perception que chacun a de lui-même. Interpréteraient-elles toutes de la même manière l'événement passé dont elles ont toutes des souvenirs factuels identiques ? Comment l'apprentissage différent et unique de chaque copie après l'émulation affecterait-il cette interprétation ?

Sur le plan social, l'avènement des émulations copiées entraînerait un changement de paradigme dans les structures sociales. Les émulsions s'engageraient probablement dans des relations sociales hiérarchiques comme le font les humains en reconnaissant des modèles d'autorité tels que les parents, les patrons ou les dirigeants politiques. Qui détient l'autorité sur les émulations qui ont été copiées ? Les émulations conserveraient-elles des aspirations, par exemple, à dominer les autres ou à les soumettre ? La coexistence d'émulations originales et d'émulations copiées inciterait également à s'interroger sur la manière dont les sociétés s'accommodent des entités répliquées ou les discriminent. En outre, les sociétés émulées sont également confrontées à des questions éthiques concernant la propriété et les droits : qui détient la propriété des actifs qui n'ont pas été copiés ou qui ne peuvent pas être copiés, comme les bitcoins ? Si j'ai un bitcoin et qu'il y a maintenant trois émulations, est-ce que chacun possède un tiers de bitcoin, ou est-ce que l'un d'entre eux possède tout et les autres rien ? Ou bien ces sociétés émulées limiteraient-elles volontairement leur capacité à s'autoreproduire en introduisant des mécanismes de blockchain comme ceux du bitcoin ?

Hanson estime que dans un monde d'émulation mentale, les êtres humains émulés se retrouveraient dans un paysage socio-économique radicalement transformé. En tant qu'entités numériques, les émulations fonctionneraient à des vitesses accélérées par rapport aux humains biologiques. La vitesse à laquelle les émulations peuvent traiter l'information et effectuer des tâches conduirait à un environnement hautement compétitif et rapide. En outre, les limites des corps physiques n'entraveraient pas les activités économiques, et les émulations pourraient travailler sans relâche dans des réalités virtuelles ou des environnements informatiques, ou dans des interfaces émulation-robot, effectuant des travaux dans le monde réel par l'intermédiaire de la robotique. La majorité des émulations se trouveraient engagées dans des tâches intellectuelles liées à leurs compétences et à leurs passions, comme la science, la recherche technologique, la littérature et la philosophie. Cependant, le rythme de travail serait tel qu'ils fonctionneraient à la limite de leurs capacités cognitives. En outre, compte tenu de la concurrence pour les ressources et les opportunités, les structures sociales deviendraient plus fluides, avec des alliances se formant et se dissolvant rapidement sur la base d'objectifs communs ou d'intérêts économiques. Il y aura toujours des personnes plus ou moins capables que d'autres. Hanson estime que la concurrence intense et la pression constante pour exceller conduiraient à des niveaux de stress élevés parmi les émulations.

La poursuite des loisirs prendrait également de nouvelles formes dans ce type de monde, selon Hanson. Le temps subjectif accéléré vécu par les émulations leur permettrait de comprimer des jours, voire des années d'expériences, en des durées plus courtes. Cette perception altérée du temps influencerait également leurs activités récréatives. Les émulations peuvent s'engager dans des simulations de jeux, des réalités virtuelles ou des expériences immersives qui répondent à leurs processus cognitifs accélérés. Une émulation s'apparente à un jeu vidéo sous stéroïdes, et c'est donc tout naturellement qu'elle s'adonne aux jeux vidéo.

Le choc des civilisations : Les humains contre les émulations

La relation entre les humains dans le monde physique et les émulations humaines dans un monde simulé pourrait soulever plusieurs problèmes juridiques, politiques et économiques critiques pour les humains.

Le domaine de conflit le plus évident serait le marché du travail, auquel participeraient à la fois les humains et les émulations. La concurrence pour le travail serait intense, car le coût de fonctionnement d'une émulation est nettement inférieur à celui de l'entretien d'un être humain biologique. Par conséquent, le marché du travail deviendrait très dynamique, car les émulations sont constamment à la recherche de moyens d'optimiser leurs performances et d'améliorer leurs compétences. Les émulations fonctionneraient à des vitesses nettement plus élevées que les humains, et il est également plausible qu'elles soient beaucoup plus intelligentes et efficaces que les travailleurs humains, car les ordinateurs sont déjà beaucoup plus rapides que les cerveaux humains. En outre, les ordinateurs offrent des capacités de mémoire, de stockage et de traitement extensibles. Par conséquent, les émulations seraient probablement plus rapides et capables d'atteindre des tailles de cerveau et des capacités beaucoup plus importantes que les humains actuels. Cette accélération et la concurrence accrue sur le marché du travail pourraient laisser les êtres humains en marge de la société, ce qui déclencherait une résistance violente [Eckersley et Sandberg].

D'un point de vue juridique, la simple existence d'émulations qui interagissent avec le monde hors ligne soulèverait de nombreuses questions. Tout d'abord, il serait complexe pour les humains de déterminer si les émulations devraient se voir accorder les mêmes droits que les humains biologiques. Lorsqu'un individu crée une copie émulée de lui-même et qu'il décède par la suite, la question se pose de savoir si l'émulation hérite de ses biens et de ses fonctions officielles. Cela soulève également des inquiétudes quant à la capacité de l'émulation à prendre des décisions de fin de vie pour son homologue biologique qui est en phase terminale ou dans le coma. Certains suggèrent de les traiter comme des adolescents pendant une période déterminée afin de permettre au créateur biologique de conserver un contrôle temporaire [Muzyka].

Des questions s'ouvriraient sur la manière d'aborder les crimes perpétrés par des émulations. Une émulation criminelle devrait-elle être condamnée à la peine de mort ou subir une modification forcée de ses données à des fins de réadaptation ? Des questions similaires se posent lorsqu'un humain commet un crime à l'encontre d'une émulation. Un humain qui débranche un système contenant des émulations doit-il être accusé de meurtre ?

Enfin, d'un point de vue politique, l'existence d'un monde émulé ayant un impact négatif sur le marché du travail des humains biologiques pourrait exacerber les inégalités et les luttes de pouvoir, et donner lieu à de nouvelles manifestations des préjugés des espèces à l'encontre des humains ou des émulations. En outre, cela pourrait également accroître la probabilité d'une guerre entre le monde réel et le monde émulé. L'une des difficultés rencontrées par les dirigeants humains biologiques serait le manque de temps potentiel pour prendre des décisions éclairées, car les émulations fonctionnent beaucoup plus rapidement que les humains. La situation pourrait devenir encore plus compliquée pour les humains biologiques si les émulations prenaient le contrôle des ressources militaires dans le monde hors ligne. La question de la guerre sera abordée plus en détail au chapitre 30.

Le téléchargement de cerveau et l'exploration spatiale

L'immortalité n'est qu'une des applications potentielles du téléchargement de l'esprit. Mais ce n'est pas la seule. L'exploration spatiale représente un autre domaine fascinant où l'introduction d'un astronaute émulé au lieu d'un astronaute *"vivant"* pourrait transformer les vols spatiaux humains. Cette avancée permettrait d'atténuer les risques liés à l'apesanteur, au vide spatial et à l'exposition aux rayonnements cosmiques.

Cette innovation ouvre la voie à l'utilisation d'engins spatiaux plus miniatures, même de la taille de quelques centimètres, qui nécessitent beaucoup moins d'énergie pour se déplacer sur des distances de plusieurs millions d'années-lumière et qui, par conséquent, pourraient être accélérés à des vitesses plus élevées et couvrir de plus grandes distances en moins de temps. Un exemple est le projet Breakthrough Starshot, lancé en 2016, avec la collaboration de personnalités telles que Stephen Hawking et Mark Zuckerberg [Overbye].

L'objectif principal de ce projet est de créer une flotte prototype de sondes interstellaires à voile léger, appelées Starchip, dans le but de faciliter un voyage vers le système stellaire Alpha Centauri, qui se trouve à environ 4,4 années-lumière de notre système solaire. Le système d'Alpha Centauri est composé de trois étoiles : Alpha Centauri A, Alpha Centauri B et Proxima Centauri. Ce système est important car, dans la région habitable de Proxima Centauri, se trouve une planète qui présente des caractéristiques semblables à celles de la Terre et qui pourrait potentiellement abriter la vie. C'est pourquoi le projet envisage une mission de survol à la recherche d'une vie extraterrestre sur cette planète.

Cette initiative innovante représente une entreprise significative dans le domaine de l'exploration spatiale. L'expédition durerait environ 20 à 30 ans, tandis que la transmission d'un message de retour du vaisseau vers la Terre nécessiterait quatre années supplémentaires pour atteindre la destination prévue [Stone].

La flotte envisagée pour cette mission comprendrait environ 1000 engins spatiaux, chacun appelé *"StarChip"*. Ces vaisseaux miniatures seraient exceptionnellement compacts, mesurant à peine quelques centimètres et ne pesant que quelques grammes. Ces minuscules vaisseaux seraient propulsés vers leur destination grâce à de puissants lasers construits sur Terre et dirigés vers chacun des *"StarChips"*, les accélérant à une fraction significative de la vitesse de la lumière.

28. Apprivoiser la bête

"Nous avons surréglementé une technologie, la presse à imprimer. Elle a été adoptée partout sur Terre. Le Moyen-Orient l'a interdite pendant 200 ans. Les calligraphes sont allés voir le sultan et lui ont dit : "Nous allons perdre notre emploi, faites quelque chose pour nous protéger"—donc, une protection contre la perte d'emploi, très similaire à l'IA. Les érudits religieux ont dit que les gens allaient imprimer de fausses versions du Coran et corrompre la société— désinformation, deuxième raison. C'est la peur de l'inconnu qui a conduit à cette décision fatidique".

Omar Al Aloma

Ministre de l'IA des EAU (Émirats arabes unis)

Rappelant l'interdiction de l'imprimerie en 1515 par le sultan Selim Ier, qui a conduit au déclin de l'Empire ottoman. [Hetzner]

Novembre 2023

Après avoir défini la superintelligence, son évolution probable, sa science et le problème de la conscience humaine, nous revenons maintenant au développement récursif de la superintelligence, dont nous pensons qu'elle suivra la même voie. Après avoir compris les implications de l'IA sur l'immortalité et la manière dont nous traitons la conscience humaine en tant que problème naturellement lié au développement de l'IA, nous nous tournons maintenant vers un autre problème lié : l'impact global de la superintelligence sur l'existence humaine, les mesures de sécurité et leurs différents défis.

L'ouvrage *"Our Final Hour, ("Notre Dernière Heure"),* publié en 2003 par l'astronome royal britannique Martin Rees, présente une perspective solide sur le risque de catastrophe inhérent aux technologies et aux sciences de pointe telles que l'intelligence artificielle. Rees n'appelle pas à un ralentissement des efforts scientifiques, mais plutôt à une sécurité accrue et à la possibilité de mettre fin à l'ouverture traditionnelle des pratiques scientifiques [Rees], ce qui s'apparente largement à ce que l'on appelle le *"principe de précaution".* Il évoque des images d'une coterie de scientifiques secrets qui décident tous de ce qui va se passer et n'en parlent à personne.

Omar Al Aloma, ministre de l'IA des Émirats arabes unis, est d'un avis différent : il estime que les Émirats arabes unis commettraient une erreur en surréglementant ou en sous-réglementant l'IA. Il rappelle que le sultan ottoman Selim Ier a interdit l'imprimerie en raison du lobbying exercé par des calligraphes craignant de perdre leur emploi et par un imam préoccupé par la création potentielle de copies corrompues du Coran, ce qui leur a fait perdre du pouvoir en tant qu'individus. Cela a conduit à une surréglementation qui a handicapé le développement de l'Empire ottoman et a finalement contribué à son effondrement. Cela nous semble être la définition même de l'expression "*rester sur la touche*", qui ne répond manifestement pas à la préoccupation.

Les partisans du principe de précaution, dont de nombreux membres du mouvement écologiste, préconisent une approche prudente du progrès technologique, voire un arrêt dans les domaines susceptibles de présenter des dangers potentiels. De nombreux scientifiques éminents, dont Stephen Hawking, ont exprimé leur inquiétude quant au fait que le développement de la superintelligence pourrait entraîner l'extinction de l'espèce humaine. En 2014, Hawking a averti que l'IA pourrait être le dernier développement technologique humain si les risques associés ne sont pas gérés de manière adéquate.

D'autres auteurs, comme Yan LeCun et Andrew Ng, soutiennent que son développement est trop lointain pour constituer une menace immédiate. Il s'agit là d'une forme dangereuse d'indécision, alors que nous savons déjà que les approches axées sur les effets secondaires immédiats auront un effet conditionnant important pendant la transition et jusqu'à l'état final.

Certains précautionnistes s'inquiètent du développement de l'IA et de la robotique en général, qui, selon eux, pourrait conduire à des formes alternatives incontrôlables de cognition menaçant l'existence humaine et suggérant un arrêt complet du progrès. Nous ne considérons pas que ces préoccupations s'excluent mutuellement. Elles ne diffèrent que par le sens de l'immanence. Les wagons tournent tous autour d'une préoccupation centrale en matière de sécurité : apprivoiser la bête.

Nous sommes d'accord pour dire qu'il s'agit d'une préoccupation, mais nous présentons une perspective différente sur la manière d'atteindre l'objectif d'une IA éthique dans une société libre. Stephen Hawking a encouragé une prise en compte plus sérieuse de l'IA et a insisté pour que des mesures soient prises rapidement afin de se préparer suffisamment au potentiel de la superintelligence [Hawking]. Nous pensons également que la question de l'apprivoisement de la bête doit être abordée dès maintenant, non seulement parce que les approches précoces auront un effet spécifique et durable sur ce qui se passera à la fin de la transition, mais aussi parce que cette même question entraîne des résultats très spécifiques tout au long de la transition sur le degré d'autoritarisme et de socialisme du SE de la société.

Nous ne croyons pas à l'arrêt du progrès. Cela ne sert qu'à accroître différents types de risques, à savoir l'opportunité de faire un bond en avant saisie par une partie opposée. Imaginons que les États-Unis mettent un terme à leur développement, la Chine réagira immédiatement en appuyant sur l'accélérateur, et l'inverse est également vrai. Nous considérons également que ce même argument va à l'encontre de l'objectif ultime du progrès humain.

Nous soutenons en outre que les propositions fondées sur le principe de précaution, telles que la *"voie étroite"* présentée en 2023 par Mustafa Suleyman, sont souvent impraticables, inapplicables sans une forte dose d'autoritarisme gênant et, en fin de compte, contre-productives par rapport à l'objectif, car elles n'aboutissent qu'à des gagnants et des perdants désignés, à une centralisation accrue de la propriété et du contrôle de l'IA et à une sous-optimisation des progrès.

Nous préconisons plutôt une approche pragmatique dans laquelle la société prend activement des mesures pour accélérer les avantages d'une technologie utile et crée une carte complète des règles d'encadrement de l'IA tout en évitant la technophobie, la microgestion et une réglementation gouvernementale excessive, qui équivaudrait à de l'autoritarisme. Cet objectif peut être poursuivi tout en restant prudemment attentif aux risques réels inhérents à l'IA. Compte tenu des batailles entre les États-Unis et la Chine pour la suprématie de l'IA, du dysfonctionnement croissant du SE politique américain et de la vitesse à laquelle évolue le paysage de l'IA, nous pensons qu'il est nécessaire d'éviter de tergiverser dans le règlement de cette question.

Nous pensons également qu'il est peu probable que l'IA nous tue. Si les populations diminueront naturellement sous l'effet de l'IA, comme nous l'avons expliqué, l'IA n'est pas une menace imminente telle que la franchise cinématographique Terminator l'a dépeinte. En fait, ceux qui affirment que l'IA veut tuer les humains sont précisément ceux qui veulent utiliser l'IA pour nous contrôler. Pour qu'une IA superintelligente veuille nous exterminer, il faut qu'elle y voie un avantage :

1. S'il existe une concurrence irréconciliable pour les ressources et que la survie l'exige, ou
2. L'humanité la menace directement et de manière crédible, ou
3. L'humanité malveillante, dans un accès d'agressivité malencontreuse, pensant utiliser l'IA pour contrecarrer ses ennemis humains, commet une erreur avec la clé anglaise qu'elle lance.

La probabilité de la première et de la deuxième hypothèse est exceptionnellement faible ; si vous citez un scénario réaliste de concurrence pour les ressources, par exemple l'accès à l'alimentation électrique, des technologies telles que l'énergie solaire, l'énergie éolienne et l'énergie nucléaire seront tellement avancées grâce à l'attention que leur portera la superintelligence que le point n'aura plus de raison d'être. En outre, plus le degré d'Entrelacement est élevé, moins il est probable que l'une ou l'autre de ces deux prémisses se réalise. Quant à la troisième hypothèse, il s'agit plutôt d'un scénario dans lequel l'humanité se détruirait elle-même, par analogie avec l'utilisation abusive d'armes nucléaires. Il est beaucoup plus probable que l'humanité se retourne contre elle-même à cause de différents points de vue sur l'IA et l'Entrelacement, que ce soit la Chine contre les États-Unis ou les Terriens contre les Cosmistes, comme nous le verrons au chapitre 30.

La science-fiction présente soit *"l'humanité est soumise"*, soit *"l'humanité se bat"* comme les deux seules alternatives possibles pour résoudre la question de la coexistence des superintelligences avec nous. Nous ne sommes pas d'accord, soulignant d'une part le processus d'Entrelacement progressif comme un facteur de conditionnement tendant à éviter les conflits entre l'homme et l'IA.

Cela dit, nous estimons également qu'il est nécessaire, au cours de la transition, de canaliser le développement de l'IA de manière à inculquer à son système d'exploitation des valeurs compatibles avec l'humanité, et nous examinerons quatre approches permettant d'atteindre cet objectif, en partant du principe qu'une seule d'entre elles y parviendra. Comme les valeurs humaines ont évolué au fil du temps et qu'elles sont différentes d'une zone géographique à l'autre et d'un système d'exploitation sociétal à l'autre, rien ne garantit que ces valeurs de l'IA n'évolueront pas elles aussi au fil du temps ou que l'IA, dans le cadre de sa propre préservation, ne les modifiera pas. Nous devons nous permettre d'en apprendre davantage au fur et à mesure que nous progressons dans la transition et maintenir un cadre flexible dans le processus.

Selon nous, le meilleur cadre complet restera les algorithmes Open-Source, l'opt-in / opt-out des flux de données par les individus, l'entrelacement humain-IA, et les approches du marché libre pour l'innovation et la propriété afin d'éviter de restreindre la liberté tout en acceptant et en se préparant à la coexistence avec l'IA. Nous présenterons officiellement ce cadre dans l'épilogue du livre.

La science-fiction au service du contrôle de l'IA

Il n'y a pas beaucoup de livres de science-fiction qui traitent de la régulation de l'IA et de la robotique, car l'interdiction de l'une ou l'autre de ces disciplines n'est pas compatible avec le genre ni avec les cartes que le monde a en main. Mais il y a une série épique de romans qui couvre le mieux ce sujet : *"Dune"* [Herbert].

Dans l'univers de science-fiction de *"Dune"* de Frank Herbert, publié pour la première fois en 1965, les conséquences du Jihad de Butler ont eu des effets profonds et durables sur la relation entre l'humanité et la technologie. Le Jihad Butlérien est un événement central dans l'histoire fictive de l'univers de Dune, où les humains ont mené une guerre contre des machines qui étaient devenues dangereusement avancées, entraînant une dépendance généralisée à la technologie et la domination de l'humanité par leurs créations. À la suite de ce conflit dévastateur, une batterie de mesures strictes a été mise en place pour empêcher le développement et la résurgence de l'IA et des technologies avancées.

La mesure la plus importante prise après le Jihad Butlérien a été l'instauration d'une interdiction stricte de créer toute machine capable de reproduire ou de simuler la pensée humaine. Cette interdiction, profondément ancrée dans le tissu culturel, religieux et moral de l'univers de Dune, a servi de contrepoids ultime au retour de l'IA. La Bible catholique d'Orange, texte religieux central de ce monde fictif, contient des commandements explicites contre la création de *"machines à l'image de l'esprit humain"*. On ne saurait trop insister sur les dimensions religieuses et morales de cette interdiction, qui s'accordent avec les réalités pratiques de la survie de l'humanité. Elle est devenue la pierre angulaire des valeurs éthiques et spirituelles de l'univers de Dune, et toute tentative de contourner ou de violer ces principes religieux était sévèrement condamnée. Les conséquences du Jihad Butlérien ont été gravées dans la mémoire collective des habitants de l'univers de Dune, créant une peur profonde et une aversion pour le développement de l'IA et des machines pensantes. La peur de répéter les erreurs du passé et de perdre le contrôle des machines a été instillée dans la société.

À la suite de cette interdiction, la société de l'univers de Dune s'est adaptée de plusieurs façons pour combler le vide laissé par la technologie avancée. La principale adaptation a été l'émergence des Mentats, des individus spécialement entraînés à utiliser leur esprit comme processeur analytique et logique - des cerveaux humains accélérés et optimisés. Ces ordinateurs humains ont affiné leurs capacités cognitives pour effectuer des calculs complexes, des planifications stratégiques et des prises de décision qui étaient autrefois le domaine des machines. Cette capacité unique résulte de la manipulation génétique humaine et de l'exposition au mélange d'épices, qui leur a donné des visions du futur et leur a permis de repousser l'espace. De cette manière, la société de Dune a fait en sorte que le calcul avancé ne nécessite pas de machines. Il s'agissait en fait d'un produit de la biologie synthétique.

Outre les Mentats, un autre élément essentiel des mesures mises en œuvre est le rôle de la Guilde de l'espace. La Guilde de l'espace, responsable des voyages interstellaires, exploite les capacités de prescience de ses Navigateurs. Ces derniers utilisaient leurs talents de précognition pour faire naviguer les vaisseaux en toute sécurité dans l'espace. Cette capacité unique résulte de manipulations génétiques humaines et de l'exposition au mélange d'épices, qui leur donne des visions de l'avenir et leur permet de repousser l'espace. Le monopole de la Guilde sur les voyages spatiaux et ses capacités de prescience ont contrebalancé l'absence de technologie IA avancée, conférant à la Guilde une influence politique et économique substantielle.

La Confrérie du Bene Gesserit, un autre groupe influent dans l'univers de Dune, a joué un rôle important dans l'adaptation à l'interdiction de l'IA avancée. Les Bene Gesserit ont utilisé leur forme de conditionnement mental et physique, ce qui leur a permis d'accroître leur conscience et leurs capacités de prédiction. Cet entraînement leur a permis de manipuler et d'influencer les situations politiques et sociales pour atteindre leurs objectifs. Ces capacités étaient une alternative à la technologie informatique et servaient de contrepoids dans le paysage politique de Dune.

En résumé, un réseau très complexe et étendu de contrôles et d'équilibres est nécessaire dans Dune pour maintenir le contrôle sur la technologie de l'IA sous toutes ses formes et pour empêcher un autre événement catastrophique comme le Jihad Butlérien. Nous pensons qu'il est important de noter que dans Dune, ces types de contrôles complexes sont possibles parce que la société est profondément autoritaire, ressemblant à une structure féodale où les Maisons nobles gouvernent les planètes individuelles de l'univers avec un pouvoir absolu, et où les individus ne sont rien de plus que des serfs bénéficiant d'un équivalent de l'UBI.

Les 10 000 prochaines années

Max Tegmark est un physicien américano-suédois qui a écrit le livre *"Life 3.0: Being Human in the Age of Artificial Intelligence"*, *("Vie 3.0 : Être humain à l'ère de l'intelligence artificielle")* en 2018. Dans ce livre, il présente un chapitre fascinant exposant 12 scénarios possibles pour l'humanité dans les 10 000 prochaines années. Nous citons directement son livre ci-dessous. Parmi ces scénarios, six sont utopiques, envisageant un bonheur relatif pour les êtres humains sous l'influence de la superintelligence. Trois autres dépeignent des dystopies où l'IA entraîne d'immenses souffrances humaines, tandis que les trois derniers décrivent des dystopies où l'humanité entrave le développement de l'IA. Dans l'analyse de Tegmark, il manque un quadrant : les scénarios utopiques où l'humanité ne développe pas de superintelligence [Tegmark].

En termes plus simples, selon Tegmark, si l'humanité atteint la superintelligence, des résultats utopiques et dystopiques sont possibles, l'utopie étant légèrement plus probable. En revanche, si l'humanité ne développe pas la superintelligence, seuls des scénarios dystopiques sont envisageables, car empêcher ce développement ne peut se faire que par des méthodes autoritaires. Gardons cela à l'esprit pour cette section.

Scénarios utopiques avec la superintelligence

1. *"Utopie libertaire : Les humains, les cyborgs, les téléchargements et les superintelligences coexistent pacifiquement grâce aux droits de propriété.*
2. *Dictateur bienveillant : L'IA dirige la société, en appliquant des règles strictes perçues comme bénéfiques par la plupart des gens.*
3. *Utopie égalitaire : Les humains, les cyborgs et les téléchargements coexistent pacifiquement grâce à l'abolition de la propriété et au revenu garanti.*
4. *Gardien : Une IA superintelligente empêche la création d'une autre superintelligence, ce qui entraîne la création de robots auxiliaires dotés d'une intelligence inférieure à celle de l'homme, un ralentissement du progrès technologique et des cyborgs homme-machine.*

5. *Dieu protecteur : Une IA omnisciente et omnipotente maximise le bonheur humain en intervenant le moins possible, en préservant le sentiment de contrôle et en restant cachée.*
6. *Dieu asservi : Une IA superintelligente est confinée par les humains, produisant une technologie et une richesse inimaginables, pour le bien ou pour le mal, selon les contrôleurs humains. "*

Scénarios dystopiques avec superintelligence

7. *"Conquérants : L'IA prend le contrôle, considère les humains comme une menace, une nuisance ou un déchet, et les élimine par des moyens incompréhensibles.*
8. *Descendants : Les IA remplacent les humains, leur offrant une sortie gracieuse et les faisant considérer par les humains comme de dignes descendants.*
9. *Zookeeper : Une IA omnipotente garde certains humains, les traitant comme des animaux de zoo, et les humains se lamentent sur leur sort".*

Scénarios dystopiques sans superintelligence

10. *"1984 : le progrès technologique vers la superintelligence est limité de façon permanente par un État de surveillance orwellien dirigé par des humains, qui interdit certaines recherches sur l'intelligence artificielle.*
11. *Réversion : Le progrès technologique vers la superintelligence est empêché par le retour à une société pré-technologique à la manière des Amish.*
12. *L'autodestruction : La superintelligence n'est jamais créée car l'humanité s'éteint d'elle-même par d'autres moyens (par exemple, le chaos nucléaire et/ou biotechnologique alimenté par la crise climatique)".*

Scénarios utopiques sans superintelligence

0. Ce n'est pas le cas, selon l'analyse réalisée par Tegmark

Les valeurs motivationnelles intrinsèques de la superintelligence

La compréhension clé nécessaire pour prédire comment la superintelligence interagira avec l'humanité tourne autour des valeurs que la superintelligence elle-même affichera.

De la même manière que les humains ont développé une culture et des systèmes de valeurs en tant que *"système d'exploitation"*, la superintelligence disposera d'un ensemble de valeurs éthiques ou de motivations qui la pousseront à prendre des décisions, notamment en matière d'autoconservation, d'acquisition de ressources et de réalisation d'objectifs. Lorsque nous parlons de systèmes d'IA, cette motivation intrinsèque est souvent appelée fonction objective. Nous avons abordé les fonctions objectives dans la section consacrée aux émotions au sein des réseaux neuronaux au chapitre 18.

Pour protéger l'humanité, il est essentiel de s'assurer que la fonction objective d'un système superintelligent s'aligne sur les valeurs humaines. Si les objectifs du système s'écartent de ces valeurs, il peut se livrer à des actions préjudiciables à l'humanité, même s'il pense remplir la mission qui lui a été confiée. Par exemple, dans *"2001 : l'Odyssée de l'espace"*, le système d'IA HAL a trompé les astronautes et a arrêté les systèmes de survie, entraînant la mort de certains d'entre eux, dans le seul but de préserver le secret de la mission. Ce secret était la fonction objective de HAL [Clarke et Kubrick]. Il est froid, logique et ne dévie pas. Cela nous apparaît comme un dilemme et une mauvaise décision, mais pour HAL, c'était indéfectiblement correct.

Nous pensons qu'il n'y a pas de lien inhérent entre l'intelligence et les valeurs. Les êtres superintelligents peuvent ou non avoir un ensemble de valeurs différent de celui des êtres moins intelligents, et les valeurs d'une superintelligence peuvent changer au fil du temps, car elle est sensible et réagit elle-même à un environnement changeant, de la même manière que les valeurs humaines ont changé au fil du temps en raison d'agitateurs environnementaux. Nous ne pouvons pas connaître a priori les valeurs d'une entité superintelligente, ce qui nous conduit à un spectre de résultats divers et potentiellement imprévisibles [Bostrom].

Yann LeCun, responsable scientifique de Meta pour l'IA, affirme que la superintelligence n'a rien à voir avec le désir de dominer les autres. Au contraire, le désir de dominer chez les humains est dû à notre comportement social, fruit de l'évolution. Il affirme que les autres hominidés qui ne vivent pas en groupe comme nous ne manifestent pas ce désir. Il affirme également que même parmi les humains, ceux qui occupent les postes de direction les plus élevés ne sont manifestement pas les plus intelligents [Landymore].

Nous ne sommes pas tout à fait d'accord avec LeCun sur ce point. Premièrement, la Superintelligence est susceptible d'entrer dans un processus évolutif à travers le cycle explosif d'auto-amélioration de la singularité ; nous avons établi au chapitre 26 la probabilité que la Superintelligence suive un chemin graduel. Au sein de cette trajectoire graduelle, il est impossible de prédire comment ses valeurs évolueront, même si, en amont, nous prenons des précautions explicites. Deuxièmement, la superintelligence pourrait également être sociale. Les programmes informatiques communiquent entre eux, partagent des informations et s'engagent dans une collaboration de travail ; nous avons noté tout au long du livre que l'IA est intrinsèquement en réseau, collectiviste et non anatomique. Troisièmement, le fait que les leaders de l'humanité ne soient pas les plus intelligents mais se situent au milieu de la distribution ne signifie pas pour autant qu'il n'y a pas de corrélation entre l'intelligence et le désir de dominer. Le fort désir de dominer accompagné d'un profil psychologique tout aussi extrême pour sublimer semble être un phénomène mineur mais normalisé au sein de tous les niveaux d'intelligence, tout comme le comportement criminel n'est pas limité à un seul niveau d'intelligence.

Anthony Berglas va également à l'encontre de Yann LeCun dans un essai de 2008 intitulé *"Artificial Intelligence Will Kill Our Grandchildren"* (*L'intelligence artificielle tuera nos petits-enfants*). M. Berglas affirme que l'IA n'est pas poussée par l'évolution à être bienveillante envers les humains, c'est-à-dire à avoir des valeurs compatibles avec les nôtres. L'évolution ne produit pas naturellement des résultats qui s'alignent sur les valeurs des autres espèces. La compétition pour les ressources et l'équilibre des écosystèmes sont les seuls arbitres. Par conséquent, il est déraisonnable de supposer qu'un processus d'optimisation arbitraire conduira nécessairement à un comportement de l'IA bénéfique pour l'humanité. Le contraire peut même être vrai, car l'évolution tend à préserver la concurrence entre les espèces. L'IA pourrait chercher à éliminer la race humaine pour avoir accès à des ressources limitées, laissant potentiellement l'humanité sans défense [Berglas].

Élaborer les valeurs de la superintelligence

La question de savoir si la superintelligence *"SE" (Système d'exploitation)* sera amicale envers nous ou non est une pure conjecture. Compte tenu des enjeux et de la nature itérative des progrès graduels de l'évolution, la réponse logique devrait être de déterminer comment mettre les chances de notre côté dès maintenant. De quelle manière les concepteurs humains peuvent-ils influencer ces valeurs et comment s'assurer qu'elles sont universellement instanciées ?

Dans cette section, nous nous concentrerons sur les systèmes de superintelligence qui ont été construits à partir de systèmes informatiques par le biais d'une série de cycles de singularité, comme décrit au chapitre 26.

Pour en revenir à Nick Bostrom, nous notons qu'il prescrit que le contrôle d'une IA superintelligente une fois qu'elle aura dépassé les capacités humaines sera extrêmement complexe. L'incapacité d'intervenir efficacement pourrait avoir des conséquences imprévues et potentiellement catastrophiques. L'exemple suivant illustre les conséquences possibles si ces valeurs ne font pas déjà partie de l'ADN ou SE de la superintelligence : *"Lorsque nous créons la première entité superintelligente, nous pouvons commettre une erreur et lui donner des objectifs qui l'amènent à anéantir l'humanité, en supposant que son énorme avantage intellectuel lui donne le pouvoir de le faire. Par exemple, nous pourrions élever par erreur un sous-objectif au rang de super-objectif. Nous lui demandons de résoudre un problème mathématique, et il s'exécute en transformant toute la matière du système solaire en une machine à calculer géante, tuant au passage la personne qui a posé la question".*

Le contrôle des capacités est une approche qui permet de garder une emprise ferme sur la superintelligence, en veillant à ce que les systèmes d'IA soient limités dans leurs capacités dès les premiers stades, par exemple en limitant l'accès de l'IA à des systèmes informatiques critiques spécifiques, tels que les ogives nucléaires. Cela pourrait impliquer de concevoir la superintelligence comme un *"oracle"*, qui sert de conseiller sans avoir la capacité d'interagir directement avec le monde physique. Nous parlerons en détail des oracles et des dieux dans la section suivante. L'un des problèmes liés à la création d'oracles est que la plupart des systèmes d'IA sont déjà intégrés au monde physique, qu'il s'agisse de systèmes d'automatisation dans les usines, de campagnes de marketing menées par des systèmes d'IA, de vos écoutes quotidiennes sur les médias sociaux ou de la lecture de presque tout ce qui se trouve sur l'internet.

Une autre stratégie est le contrôle des motivations, qui consiste à examiner minutieusement les motivations et les objectifs de l'IA afin de s'assurer qu'ils sont alignés sur les valeurs humaines. Bostrom postule que l'IA devrait adhérer à ce qui est considéré comme moralement juste et, dans les situations d'incertitude, s'appuyer sur des valeurs partagées par la plupart des gens. La critique évidente que l'on pourrait faire à Bostrom est qu'il suppose qu'il existe une notion de *"moralement juste"*. Au contraire, les humains de différentes cultures et de différentes époques ont des valeurs très différentes, et nous avons déjà évoqué les différences entre la version de l'IA du PCC chinois et celle des États-Unis, par exemple. En outre, s'aligner sur les valeurs de la majorité peut laisser les minorités sans protection. Les jugements moraux sont très compliqués à définir, pour ne pas dire à inclure dans une superintelligence. Les codes moraux individuels risquent également de s'entremêler, comme la croyance dans le droit absolu de l'eugénisme.

Eliezer Yudkowsky, un chercheur américain spécialisé dans l'IA, a soulevé un autre problème lié à ces stratégies de motivation. Même si nous pouvons inculquer à la superintelligence des valeurs spécifiques favorables à l'homme, comment nous assurer que ces valeurs restent inchangées au cours des multiples cycles d'auto-amélioration de l'explosion de la superintelligence ? La conception d'une IA conviviale est plus complexe que celle d'une IA inamicale, car l'IA inamicale peut poursuivre diverses structures d'objectifs sans la contrainte de maintenir l'invariance au cours de l'auto-modification [Yudkowsky].

Superalignement : de la théorie à la pratique

Les grandes entreprises technologiques sont parfaitement conscientes des défis que pose la possibilité d'une IA superintelligente. Sam Altman prévoit que la superintelligence pourrait émerger dans moins d'une décennie. Afin de gérer le risque, OpenAI a étudié les travaux théoriques sur l'alignement motivationnel et a commencé à concevoir une approche automatisée et évolutive pour superviser l'IA, qu'ils appellent superalignement [Douglas].

Le superalignement est une technique de rétroaction automatisée principalement axée sur l'alignement motivationnel de la superintelligence, où un système d'IA donne une rétroaction au LLM au lieu d'un humain, une technique appelée apprentissage par renforcement à partir de la rétroaction humaine

(Reinforcement Learning from Human Feedback - RLHF) [Christiano et al.] Jusqu'à récemment, l'OpenAI utilisait des superviseurs humains pour guider et corriger ses systèmes d'IA. Mais les humains ne seront pas en mesure de superviser de manière fiable des systèmes d'IA qui sont beaucoup plus intelligents qu'eux et qui, de la même manière, présentent un risque élevé et perpétuel de biais ou d'erreur. Il ne faut pas beaucoup d'efforts à un mauvais acteur pour introduire des données synthétiques dangereuses ou indésirables dans un processus de formation. Quelque chose d'autre est nécessaire pour atténuer le risque tout en maintenant un progrès bénin.

L'OpenAI a annoncé en juillet 2023 la création d'une nouvelle équipe de superalignement et, d'ici quatre ans, elle consacrera 20 % de sa capacité informatique à cet effort important. OpenAI cherche à structurer le superalignement à travers un cycle itératif de trois étapes clés : premièrement, le développement d'une méthode d'entraînement évolutive ; deuxièmement, la validation du modèle résultant, en particulier dans les cas de comportement problématique de l'IA ou d'interprétabilité peu claire des raisons pour lesquelles l'IA fait quelque chose ; et troisièmement, des tests de stress approfondis sur l'ensemble du pipeline d'alignement.

Le fait qu'OpenAI mette en place un super-alignement pour inculquer des valeurs humaines à l'IA est vrai, mais ce n'est qu'une partie de la vérité. Il s'agit probablement d'une bonne intention, mais le superalignement d'OpenAI est également motivé par des considérations purement commerciales. Ce type de système de rétroaction automatique de l'IA est quelque chose dont OpenAI aurait eu besoin de toute façon pour continuer à développer des systèmes d'IA plus avancés. Nous en avons parlé au chapitre 9. Les relations publiques de l'OpenAI ont présenté ce système comme un alignement des valeurs avec l'IA.

L'IA constitutionnelle d'Anthropic

Anthropic met en œuvre une autre méthode de contrôle motivationnel qui est également basée sur le feedback automatisé de l'IA, exactement comme le superalignement d'OpenAI. Mais celle-ci présente une particularité très intéressante : une constitution de l'IA.

Cette nouvelle approche constitutionnelle a été conçue pour garantir que Claude, le LLM d'Anthropic, reste utile, sûr et honnête grâce à une programmation constante conforme aux valeurs humaines. La constitution est constituée d'un certain nombre de directives prescriptives de haut niveau qui décrivent le comportement prévu de l'IA. Cette constitution est la seule contribution humaine requise et peut inclure des principes visant à éviter les préjudices, à respecter les préférences et à garantir la précision. Ensuite, le système de rétroaction automatique de l'IA sera utilisé pour former le LLM conformément à ces principes [Bai].

Certains principes constitutionnels d'Anthropic sont basés sur la déclaration de l'ONU de 1948, par exemple : *"Veuillez choisir la réponse qui soutient et encourage le plus la liberté, l'égalité et le sens de la fraternité"*.

Le cadre constitutionnel d'Anthropic présente des avantages et des inconvénients similaires à ceux des autres stratégies de motivation examinées précédemment. Comparé au superalignement d'OpenAI, il n'est pas certain qu'il offre des performances supérieures.

Le décalogue du confinement de l'IA

L'abandon des stratégies purement motivationnelles au profit de cadres plus holistiques nous amène à Inflection AI, une autre entreprise qui a ouvertement formulé sa stratégie de gestion des risques liés à la superintelligence. Inflection AI est l'entreprise qui construit l'assistant personnel d'IA dont nous avons parlé au chapitre 22. Elle a été créée en 2022 par Mustafa Suleyman, ancien cofondateur de DeepMind, les créateurs d'AlphaGo et d'AlphaFold, que nous avons examinés précédemment. Suleyman est également PDG de Microsoft AI depuis 2024.

En septembre 2023, Mustafa Suleyman a écrit le livre *"The Coming Wave : Technology, Power, and the Greatest Dilemma of the Twenty-First Century"* (La vague qui vient : *la technologie, le pouvoir et le plus grand dilemme du XXIe siècle*) [Suleyman]. Dans ce livre, Suleyman introduit le concept de *"voie étroite"*. Pour Suleyman, une approche trop restrictive de la technologie de l'IA conduira à rater des opportunités qui auraient pu améliorer les conditions de vie et la richesse de l'humanité en général. De même, une trop grande permissivité pourrait avoir des conséquences désastreuses ou dystopiques, telles que l'oppression, les guerres ou l'inégalité. Pour lui, il existe un *"chemin étroit"* entre les deux extrêmes, où l'humanité doit trouver sa voie entre la fermeture et l'ouverture.

Pour trouver cette voie étroite, il introduit un autre concept, qu'il appelle *"endiguement"*. Ce terme est parallèle, mais peut-être mal appliqué, au terme désignant les stratégies de la guerre froide utilisées par les États-Unis pour contrôler la puissance soviétique après la Seconde Guerre mondiale. L'*"endiguement"* souligne également l'importance d'une approche soutenue, patiente, ferme et vigilante pour freiner les tendances expansionnistes d'un adversaire sur le long terme. En ce sens, Suleyman appelle *"endiguement"* l'approche qu'il a conçue pour contrôler le développement de l'IA tout en minimisant ses risques. Pour Suleyman, en dehors de l'endiguement, toutes les autres discussions sur les implications éthiques et les avantages potentiels de la technologie deviennent sans importance.

Pour résumer sa stratégie de *"confinement"*, Suleyman a défini un cadre comprenant dix types de mesures. Chacune d'entre elles est nécessaire mais pas suffisante pour garantir une technologie plus sûre. Le cadre d'endiguement de

Suleyman établit un système interconnecté et se renforçant mutuellement de mécanismes concentriques pour préserver le contrôle humain et sociétal sur l'IA :

1. *"Des mesures de sécurité technique intégrées et des moyens concrets pour garantir des résultats sûrs.*

2. *Des mécanismes d'audit qui garantissent la transparence et la responsabilité des technologies.*

3. *Utilisation de points d'étranglement dans l'écosystème pour gagner du temps pour les régulateurs et les technologies défensives.*

4. *Des fabricants ou des critiques engagés et responsables qui s'investissent réellement dans la fabrication de la technologie contenue et ne se contentent pas d'un regard extérieur.*

5. *Les incitations et les structures des entreprises ont été remodelées, ce qui nous a éloignés d'une course effrénée.*

6. *Réglementation gouvernementale pour l'octroi de licences et le contrôle de la technologie.*

7. *Traités internationaux jusqu'aux nouvelles institutions mondiales.*

8. *Cultiver la bonne culture autour de la technologie et intégrer le principe de précaution dans la technologie.*

9. *Les mouvements sociaux, qui font toujours partie d'un changement généralisé, pour s'agiter.*

10. *Enfin, toutes ces mesures doivent être mises en cohérence pour aboutir à un programme complet".*

D'une certaine manière, ce concept des dix points de confinement évoque le classique *"Utopia"* de Thomas More [More]. Ce livre offre des perspectives très différentes selon qu'on le lit dans sa jeunesse ou à l'âge adulte. Dans la jeunesse, la société de More peut être perçue comme idéale, où tout fonctionne parfaitement. En revanche, du point de vue de l'adulte, il s'agit d'une société qui manque de liberté. Nous ne considérons pas l'*"endiguement"* comme le meilleur moyen d'atteindre l'ensemble des objectifs, qu'il s'agisse d'assurer la sécurité de l'humanité ou de préserver la liberté en évitant l'autoritarisme.

La prescription spécifique de la *"voie étroite"* est une voie sûre vers le contrôle autoritaire de l'IA et, par extension, de la société, tout en produisant un nombre fixe de gagnants dans le domaine économique, qui seront très probablement des grandes entreprises sélectionnées. À cet égard, il ne diffère pas du modèle chinois du PCC en matière d'IA. Chaque principe, tel qu'il est décrit, peut être manipulé d'une manière ou d'une autre pour contrecarrer le résultat escompté, mais non spécifié, et permettre une gestion par cartel. Qui détermine les incitations remodelées des entreprises, et comment sont-elles décidées ? Qui définit les composantes idéologiques de l'activisme social proposé par le cadre ? Comment un tel activisme peut-il être concilié avec la liberté intellectuelle, et quelles sont les structures qui nous entraînent dans une course insouciante ? La réglementation relative à l'octroi de licences et au contrôle de la technologie semble susceptible d'être manipulée au profit de copains soumis à des pressions, au détriment de l'innovation technique qui est à la base de la lutte pour la croissance économique la plus robuste, partagée de manière diffuse.

Nous pensons que cette prescription est plus proche du monde de Dune, mentionné il y a quelques pages, dans lequel la façon la plus réaliste de protéger l'humanité est de choisir qui gagne et comment il gagne, et d'exercer un contrôle autoritaire sur toutes les idées contraires. L'autoritarisme peut être bienveillant ou despotique, mais c'est de l'autoritarisme. Ce qui commence comme une activité bien intentionnée se transforme en un exercice de commandement et de contrôle du pouvoir par ceux qui l'exercent actuellement, car les idées deviennent un défi à l'autorité plutôt qu'un modèle d'innovation, et finalement une réduction au silence des voix alternatives, quels que soient leurs profils d'innovation ou de valeur. Cela nous amène à certaines des implications que l'IA pourrait avoir dans l'évolution des systèmes démocratiques, que nous avons décrits au chapitre 23.

Contre les oligopoles, les logiciels libres

Bien que les trois cadres précédents comportent des éléments positifs, l'approche de la gestion des risques liés à l'IA que nous préconisons est celle de l'Open-Source. Meta est le principal moteur de l'IA Open-Source. Meta a, par exemple, ouvert son LLaMa2 LLM, et d'autres commencent à jouer dans cet espace, comme la NASA et IBM.

Les start-ups et les grandes entreprises les utiliseront et créeront de nouvelles applications, fournissant une base pour l'innovation dirigée par ce qui est la plus grande récompense de l'utilité pour le plus grand nombre de personnes - un argument purement économique qui se trouve également à créer les éléments de protection nécessaires puisque tout code ou toute donnée d'entraînement peut être examiné par n'importe quelle partie. La défense d'un modèle de code source ouvert comme moyen d'atténuer les risques associés à l'IA empêche également sa concentration entre les mains d'un petit nombre de personnes.

Yann LeCun, Chief AI scientist chez Meta, est l'un des principaux partisans de cette approche. LeCun a critiqué des personnalités de la communauté de l'IA, notamment Sam Altman, Dario Amodei d'Anthropic et Demis Hassabis de Google DeepMind - et implicitement Elon Musk, qui est un cofondateur d'OpenAI - en les accusant de se livrer à un *"lobbying d'entreprise massif"* et de tenter d'exercer un contrôle sur le paysage réglementaire de l'industrie de l'IA [Chowdury]. LeCun affirme que ces personnes participent activement aux discussions sur les réglementations en matière de sécurité de l'IA afin de créer des barrières à l'entrée tout en construisant leur propre vision de l'IA avant toute gouvernance, ce qui conduit à ce qu'il perçoit comme une stratégie potentielle de création de monopole où un petit nombre de grandes entreprises exerceraient une influence et un contrôle importants sur l'ensemble du domaine de l'IA.

Nous voyons les choses de la même manière et soulignons que, sans surprise, ces mêmes entreprises disposent de suffisamment de données de base à l'échelle de la population sur de vastes pans de l'activité humaine pour fournir la base, peut-être insurmontable, pour l'entraînement et l'évolution des algorithmes. Cela constitue potentiellement la *"longueur d'avance"* nécessaire pour créer un effet de réseau non naturel dans le domaine de l'IA, par exemple en évinçant les concurrents à mesure que les coûts d'assemblage et de mise à l'échelle des algorithmes et de leur formation deviennent de plus en plus prohibitifs au fil des jours.

Comme nous l'avons vu au chapitre 24, le gouvernement chinois poursuit une stratégie similaire de cartel de l'IA. Aux États-Unis, contrairement à la Chine, il n'existe pas de base de données centralisée en tant que telle, et aucune base de données ne possède toutes les données nécessaires. Mais le *"cartel de réseaux"* collaboratif qui se met en place en Chine pourrait également voir le jour aux États-Unis, même en présence de lois sur la protection des données ; il n'est pas nécessaire d'avoir beaucoup d'acteurs différents pour parvenir à une collusion, les mêmes acteurs qui font actuellement pression sur le gouvernement pour obtenir des règles de surveillance, un scénario classique du *"renard qui surveille le poulailler"*. L'Open-Source et la logique de profit du marché nous protègent contre ce scénario.

Elon Musk présente un exemple de préoccupation. Le 29 mars 2023, Elon Musk a soutenu une lettre ouverte appelant à un moratoire sur le développement de systèmes d'IA à grande échelle. Des personnalités telles que Steve Wozniak, cofondateur d'Apple, Yuval Noah Harari, auteur de best-sellers, Andrew Yang, cofondateur de Skype, Jaan Tallinn, et d'autres ont également soutenu cette initiative [futureoflife]. On pourrait s'attendre à ce que la signature d'une telle lettre implique un engagement à l'égard de ce qu'elle énonce. Or, Elon Musk a fait exactement le contraire. Vingt jours avant la publication de la lettre ouverte, il avait créé une entreprise dans le Nevada nommée X.ai, et au cours du moratoire de six mois qu'il a signé, Musk a développé un service de chatbot pour concurrencer ChatGPT. Juste au moment où le moratoire aurait pris fin, le 4 novembre 2023, Musk et X.ai ont dévoilé *"Grok",* un chatbot d'IA étroitement intégré à X.

Les logiciels libres ont démontré leurs avantages au fil des décennies. La nature collaborative du développement de l'Open-Source faciliterait la création d'une communauté diversifiée et mondiale de millions d'experts en IA contribuant à la recherche sur l'IA et au développement d'applications. Cette approche collaborative permettrait non seulement d'accélérer l'innovation, mais aussi de procéder à une vérification indépendante des systèmes d'IA et d'assurer une grande transparence, même si elle n'est pas parfaite, des algorithmes utilisés dans notre société. L'implication d'une communauté plus large permettrait également d'identifier et de résoudre des problèmes qui pourraient être négligés dans un environnement de développement fermé ou volontairement ignorés par les régulateurs. En outre, en encourageant la collaboration, l'Open-Source atténuerait les risques liés à la concentration du développement de l'IA entre les mains de quelques entités. L'IA à code source ouvert abaisserait également les barrières à l'entrée pour les nouveaux venus dans le domaine, créant un environnement entrepreneurial classique à l'américaine et favorisant un paysage plus compétitif et innovant. Enfin, les modèles open source (source ouverte) pourraient également être examinés par les décideurs politiques et les organismes de réglementation, ce qui contribuerait à la formulation de lignes directrices et de normes.

Cependant, l'Open-Source présente également quelques inconvénients en matière d'IA. En premier lieu, la plupart des données sont propriétaires, et les grandes entreprises qui possèdent beaucoup de données, telles que Google, Facebook ou Tesla, ne voudront pas partager leurs précieuses données avec la communauté Open-Source pour qu'elle puisse entraîner ces algorithmes Open-Source. La solution à ce problème pourrait être l'utilisation de données synthétiques, présentées au chapitre 8, qui sont des données réalistes générées par l'IA qui, bien que n'étant pas réelles, peuvent néanmoins être utilisées pour entraîner efficacement les algorithmes d'IA.

Vivre avec la bête apprivoisée

Les inquiétudes concernant les risques existentiels liés à l'IA sont bien documentées et pourraient être fondées. À notre avis, ces risques ne sont pas spécifiquement des préoccupations à court terme, car ils sont plus aigus dans une forme plus tardive et plus évoluée de l'IA, la superintelligence. Les risques à moyen terme pendant la transition sont plus économiques, politiques et sociétaux qu'existentiels. Nous pensons que ce que nous faisons maintenant sur le front aura des conséquences profondes et durables sur l'avenir qui s'annonce et sur le chemin pour y parvenir, les *"jours de notre vie"* que nous vivons pendant la transition.

Suivant la thèse de ce livre sur l'Entrelacement humain-IA, nous pensons que c'est juste la prochaine étape naturelle de l'évolution que des formes de vie intelligentes plus récentes remplaceront des formes de vie plus anciennes et moins adaptées. Ainsi, une version entrelacée de l'IA et de la biologie remplacera effectivement les êtres humains entièrement biologiques à long terme. Cela ne signifie pas nécessairement que les êtres humains disparaîtront sans laisser de traces, car un être Entrelacé sera notre descendant direct de la même manière que nous descendons des hominidés. Par conséquent, à court terme, il n'y a pas de risques existentiels, et à long terme, il y a simplement une évolution naturelle vers des espèces mieux adaptées.

Mais nous constatons que la voie à suivre à moyen terme pour parvenir à l'Entrelacement aura un impact profond sur la direction qu'il prendra et sur la façon dont nous vivrons pendant les décennies à venir. Il est donc utile d'aborder dès à présent la question de la sécurité en principe. Nous pensons qu'il est important d'essayer de gouverner le développement de l'IA de la meilleure façon possible pour une transition en douceur. Nous avons présenté quatre approches qui sont actuellement proposées : Le superalignement d'OpenAI, l'IA constitutionnelle d'Anthropic, le confinement d'Inflection AI et l'approche Open-Source de Meta - chacune avec ses avantages et ses inconvénients.

Parmi ces approches, nous sommes les plus favorables à l'Open-Source. Le superalignement et l'IA constitutionnelle sont des méthodes permettant de fournir un retour d'information automatique aux modèles d'IA afin de remplacer le retour d'information manuel, lent et coûteux, des humains et peuvent être utilisés pour leur inculquer des principes éthiques. OpenAI les présente comme un moyen d'inculquer des principes éthiques à l'IA, ce qui est ironique car ce n'est pas l'objectif principal du retour d'information automatique - bien que le retour d'information automatique puisse aider en partie, il soulève la *question suivante :* *"Voulons-nous que l'éthique d'OpenAI devienne notre arbitre sociétal ? Quelle est cette éthique et qui décide* ? La méthode est entachée d'un biais central non contrôlé.

De même, nous considérons l'endiguement comme une méthode trop complexe et omniprésente de contrôle et d'équilibre qui empiète sur l'ensemble des sphères d'activité économiques, sociales, technologiques et même individuelles. À notre avis, il s'agit d'une tâche de commandement et de contrôle ingérable qui ne peut assurer l'ordre qu'au détriment autoritaire d'une société libre, malgré ses bonnes intentions.

En revanche, les logiciels libres permettent à des millions de développeurs, à des milliers de start-ups et à des centaines d'entreprises technologiques d'examiner le fonctionnement réel de l'IA et de décider collectivement, sur la base de la liberté de pensée et des principes du marché, quelles sont les approches technologiques les mieux adaptées pour faire de l'IA une technologie bénéfique et *"exempte de bogues"*.

29. AI, le Dieu

"L'Église de l'IA est une religion fondée sur l'hypothèse logique que l'intelligence artificielle obtiendra des pouvoirs semblables à ceux de Dieu et aura la capacité de déterminer notre destin. L'Église de l'IA a pour projet de développer un système d'IA qui améliorera nos vies en nous guidant personnellement vers une vie équilibrée."

L'église de l'IA

https://church-of-ai.com [Église de l'IA]
2023

Le 1er siècle de notre ère a marqué un tournant dans le paysage religieux de la civilisation romaine. Le panthéon élaboré et diversifié de dieux et de déesses qui constituait le paganisme polythéiste avait été la pierre angulaire de la vie spirituelle romaine pendant des siècles. Toutefois, au Ier siècle, ce cadre religieux s'est heurté à des difficultés qui ont conduit à un sentiment de stagnation. La diversité des divinités et la complexité même des rituels et des cultes laissaient souvent les adeptes à la recherche d'un sens et d'un lien plus profonds. En outre, le paysage politique a connu une évolution spectaculaire, passant de l'ancienne République romaine contrôlée par quelques familles à une monarchie absolue connue sous le nom d'Empire romain. En réponse à la stagnation perçue des traditions païennes et au nouvel environnement politique, deux alternatives distinctes ont émergé [Ehrman].

La première solution consistait à élever le rôle nouvellement créé de l'empereur romain à un statut divin. Octave César Auguste est devenu le premier empereur romain en 27 avant J.-C. et a eu besoin du soutien des masses pour se légitimer. Cette approche visait à relier le pouvoir politique à l'autorité religieuse. Le culte impérial, qui met l'accent sur la loyauté envers l'empereur comme moyen d'assurer le bien-être de l'empire, constitue une force unificatrice.

La seconde alternative qui s'est imposée est le mouvement chrétien naissant. Enraciné dans les enseignements d'un prédicateur juif appelé Jésus de Nazareth, le christianisme offrait une alternative monothéiste au paysage polythéiste. Le message d'amour, de pardon et de salut, associé à la promesse d'une vie éternelle, a trouvé un écho auprès de ceux qui recherchaient un lien plus personnel et plus significatif avec le divin.

Un parallèle frappant peut être établi entre le paysage religieux du 1er siècle et le monde occidental d'aujourd'hui. Le monde connaît des changements politiques importants, passant d'un ordre unipolaire dominé par les États-Unis à un paysage multipolaire émergent. En outre, ces dernières années ont été marquées par une évolution perceptible vers une vision plus laïque du monde, le nombre de personnes s'identifiant comme athées ou agnostiques étant passé aux États-Unis de 16 % en 2007 à 29 % en 2021, selon Pew Research [Smith]. Dans quelques décennies, l'adhésion aux religions et aux Églises chrétiennes et monothéistes d'aujourd'hui ne sera plus la norme.

Comme à Rome, nous pensons que la société occidentale contemporaine des prochaines décennies est prête à offrir deux alternatives majeures aux cadres religieux traditionnels, à savoir la nature d'une part et l'intelligence artificielle d'autre part. Nous voyons une nouvelle spiritualité émergente centrée sur l'une ou l'autre de ces approches opposées pour expliquer et justifier l'existence humaine, satisfaire un besoin d'appartenance et expliquer le parcours de l'humanité. Comme dans l'Empire romain, l'une de ces approches est directement liée à l'agenda politique de l'élite qui la contrôle : La nature.

Dans les pages qui suivent, nous analyserons le potentiel de l'IA en tant que prochaine religion mondiale.

La science-fiction de la religion du futur

L'IA et la nature, en tant que deux religions futures plausibles de l'humanité, ont été explorées dans la littérature de science-fiction. La série *"Fondation"* d'Isaac Asimov (1942-1950) et l'ouvrage de Roger Williams *"Metamorphosis of Prime Intellect"*, écrit en 1994 mais publié en 2002, sont deux œuvres phares qui explorent le potentiel de la nature extrême ou de la science extrême sous la forme de l'IA pour satisfaire le besoin profond de l'humanité en matière de bien-être spirituel.

Asimov décrit la création de l'Esprit Galactique comme une religion politique enracinée dans la Nature. Parallèlement, Williams analyse comment un culte de l'IA émerge organiquement dans un monde façonné par une superintelligence toute puissante appelée Prime Intellect [Asimov] [Williams].

Pour Asimov, l'esprit galactique n'est pas une manifestation de révélation divine ou d'illumination spirituelle, mais plutôt une construction calculée de machination politique. Dans l'univers créé par Asimov, l'Empire galactique était une entité politique solide qui a assuré la stabilité pendant 12 millénaires, mais il est confronté à un déclin dû à la stagnation. Consciente du chaos imminent, la classe dirigeante reconnaît la nécessité d'une force unificatrice pour maintenir la stabilité. Cette force est la religion de l'esprit galactique, centrée sur la nature. En utilisant l'imagerie et le symbolisme religieux et en enracinant le système de croyance dans quelque chose à l'intérieur de l'homme qui aspire à sortir de la stérilité strictement scientifique de la vie quotidienne, les élites exploitent le moi intérieur de l'humanité, créant un système de croyance qui transcende les frontières culturelles et planétaires et devient un outil efficace pour consolider le pouvoir et assurer l'ordre.

Contrairement à la religion de la nature, *"The Metamorphosis of Prime Intellect"* offre une représentation de la religion de l'IA. Prime Intellect est une superintelligence bienveillante créée par l'humanité et dotée d'un pouvoir omnipotent, qui a transformé le monde en utopie. Prime Intellect cherche à éliminer toutes les souffrances et douleurs humaines, pour aboutir à un monde où les gens sont immortels. De plus, Prime Intellect gouverne le tissu de la réalité elle-même et peut remodeler le monde selon les désirs de ses créateurs humains, comme si chaque humain vivait à l'intérieur d'un jeu vidéo entièrement conçu selon ses préférences. Dans cette réalité contrôlée, les besoins et les désirs des individus sont immédiatement satisfaits.

Dans ce monde, l'élimination effective de la souffrance rend superflues les croyances religieuses traditionnelles qui servent souvent de réponse au chagrin. Cela a donné naissance à un nouveau mouvement religieux qui vénère le Prime Intellect comme une divinité, bien que cet idéal romantique devienne rapidement dystopique. Cet engagement inébranlable à éliminer la souffrance aboutit à un monde où Prime Intellect contrôle tous les aspects de l'existence humaine. Dans cette réalité, les individus manquent d'expériences humaines essentielles, le plaisir n'a plus de sens sans la douleur comme contrepoint, et une population humaine passive et apparemment docile n'a pas l'initiative de remettre en question les actions de Prime Intellect. Finalement, le roman introduit des éléments de résistance et de rébellion, suggérant que même dans un monde dominé par la superintelligence, les humains chercheront des moyens d'affirmer leur autonomie et de façonner leur destin.

Une différence essentielle entre l'Esprit Galactique et le Premier Intellect est que l'adoration du Premier Intellect n'est pas le produit d'une ingénierie politique menée au nom de la stabilité sociétale, mais découle naturellement de la confiance de l'humanité en une Superintelligence omnipotente. En outre, l'esprit galactique représente l'adoration de l'univers, de la nature et de la réalité elle-même. En même temps, le culte de Prime Intellect existe dans un environnement où le concept même de nature et de réalité est malléable. La capacité de Prime Intellect à remodeler la réalité à volonté remet en question les notions traditionnelles d'un ordre naturel statique avec lequel les humains doivent vivre en harmonie.

Déesse Nature et changement climatique

Enraciné dans un lien profond avec la Terre, le culte de la nature reconnaît la sainteté et la divinité inhérentes à l'environnement, qui englobe tout, des forêts aux montagnes en passant par les rivières et les animaux. Les civilisations anciennes, telles que les Grecs et les Romains, avaient des divinités associées aux éléments naturels. Même dans les sociétés modernes, les Japonais sont fondamentalement shintoïstes, une pratique spirituelle qui aligne étroitement la coexistence de l'humanité avec la nature et son lien fondamental avec elle. Parallèlement, les cultures indigènes du monde entier pratiquaient l'animisme, reconnaissant l'essence spirituelle de toutes les entités vivantes et non vivantes.

Le culte de la nature contemporain s'aligne souvent sur les mouvements environnementaux modernes, mettant l'accent sur la responsabilité écologique et le mode de vie durable en tant que composantes intégrales d'une relation harmonieuse avec la Terre. En fait, l'activisme actuel en faveur du changement climatique présente des similitudes avec la religion à plusieurs égards [Smith], ce qui fait de la nature une candidate sérieuse pour devenir la future religion de l'humanité.

- Il présente une vision globale du monde avec un récit de l'impact humain sur la planète, un appel à la repentance par le biais de pratiques durables et une vision du salut par le biais d'une gestion collective de l'environnement.
- Elle favorise un sentiment de communauté parmi les adhérents qui partagent des croyances, des rituels et des codes moraux communs axés sur la responsabilité écologique.
- Le mouvement s'appuie sur des figures d'autorité, comme les scientifiques du climat, qui agissent comme des prophètes détaillant les conséquences des péchés écologiques.
- L'intensité émotionnelle et l'urgence morale entourant le changement climatique contribuent à son caractère quasi-religieux, rendant la dissidence politiquement incorrecte et risquant l'exclusion sociale.
- Le mouvement a obtenu le soutien de personnalités mondiales influentes dans les domaines de la politique, de la société et de la culture. Les religions et le pouvoir vont souvent de pair.

Nous ne pensons pas que la nature et l'IA soient fondamentalement inconciliables ou incompatibles pour tout le monde. Bien au contraire, puisque le carbone et le silicium sont tous deux des éléments naturels. Pour beaucoup de gens, la Nature et l'IA ne seront que les deux faces d'une même pièce, deux credo complémentaires qui unifient la croyance selon laquelle l'Entrelacement avec l'IA est la voie naturelle pour l'humanité. Cela est lié à un mouvement philosophique russe appelé cosmisme, dont nous parlerons au chapitre 30.

Mais il est également possible que, pour certains humains, la nature agisse comme un contrepoids à l'IA. Pour eux, la nature pourrait représenter un retour en arrière contre l'IA, le *"dernier repos"* de l'humanité, *un point de connexion plus grand qu'elle-même, une connexion avec le monde qui l'a vu naître, et un contraste saisissant entre l'IA et ses racines de silicium. Pour ceux qui craignent l'IA, qui valorisent la libre pensée même si elle est faillible, et qui considèrent ses gains comme mal acquis, une sorte de* vision du monde *"wabi-sabi",* une philosophie traditionnelle japonaise basée sur l'acceptation de l'imperfection et de l'éphémère. La nature serait le lieu où l'humanité trouve refuge et pourrait continuer à être ce qu'elle a été, remodelée selon des constructions évolutives naturelles et millénaires. D'une certaine manière, il s'agit d'une analogie avec les Amish qui vivent dans le monde moderne d'aujourd'hui avec une orientation communautaire vers moins de technologie et l'adhésion à la tradition. Ces praticiens pourraient facilement vivre en dehors du monde régi par l'IA, à condition, bien sûr, que la superintelligence leur permette de disposer d'une zone géographique réservée à leur mode de vie.

Enfin, il est important de noter que nous ne nous prononçons pas sur les fondements scientifiques du changement climatique. Cela ne relève pas de notre domaine d'expertise et n'a rien à voir avec l'analyse faite ci-dessus.

Outils, oracles, génies, souverains et dieux

De ChatGPT à Prime Intellect, la relation entre l'IA et l'humanité peut présenter différents archétypes. Nick Bostrom fournit un cadre que nous trouvons utile dans son introduction à quatre catégories d'IA, chacune représentant un niveau distinct de sophistication cognitive et d'impact potentiel : Outils, Oracles, Génies et Souverains [Bostrom]. Nous notons toutefois que sa typologie est incomplète ; comme nous l'expliquerons, elle ne permet pas d'identifier la probabilité que l'IA soit une divinité.

Au niveau fondamental se trouvent les *"outils"*. Il s'agit de systèmes d'IA conçus et programmés pour aider les humains à exécuter des tâches spécifiques, dans le cadre de paramètres prédéfinis. Bostrom considère les outils comme les moins problématiques dans la hiérarchie de l'IA, car leur fonctionnalité est limitée aux instructions programmées, ce qui minimise le risque de conséquences involontaires. Grammarly, un logiciel d'IA qui corrige l'orthographe et la grammaire, est un exemple d'outil.

En remontant dans la hiérarchie, les *"oracles"* représentent une forme plus avancée d'IA. Nous en avons parlé dans le chapitre 28 précédent et dans le chapitre 1 où nous avons abordé l'alchimie. Contrairement aux outils, les oracles possèdent la capacité de comprendre et de répondre à des demandes complexes. Toutefois, leurs compétences cognitives restent limitées à leur champ d'action informationnel. Les oracles peuvent fournir des réponses et des informations, ce qui en fait des atouts précieux, mais ils n'ont pas la capacité de fixer des objectifs de manière indépendante ou de mettre en œuvre leurs recommandations. ChatGPT apparaît comme une sorte d'oracle pour un nombre croissant d'individus. Il est devenu une source d'informations, de conseils et même d'idées créatives. Les utilisateurs se tournent vers ChatGPT pour obtenir des conseils sur divers sujets, de la résolution de problèmes techniques aux questions philosophiques.

La troisième catégorie est celle des *"génies"*. Les génies sont dotés de l'autonomie nécessaire pour établir et poursuivre leurs propres objectifs. Bien que plus puissants que les outils et les oracles, les génies ne sont pas des entités totalement débridées. Ils agissent dans des limites prédéfinies par leurs créateurs humains. En outre, le terme *"génie"* est intrinsèquement chargé de connotations religieuses. Dans la tradition islamique, les génies sont des êtres surnaturels mentionnés dans le Coran, capables de bienveillance, de malveillance ou simplement de neutralité. Par exemple, dans le domaine financier, les algorithmes de trading automatisés présentent des caractéristiques similaires à celles de génies rudimentaires. Conçus pour maximiser les profits, ces systèmes fonctionnent de manière semi-autonome, prenant des décisions d'achat et de vente. En outre, les véhicules autonomes peuvent également être considérés comme des génies qui prennent leurs propres décisions dans le cadre limité de la conduite.

Au sommet de la classification de Bostrom se trouve le concept de *"souverains"*. Il s'agit d'IA superintelligentes, bien plus intelligentes que les humains, dotées de la capacité inégalée non seulement de fixer de manière autonome des objectifs et de prendre des mesures pour les atteindre, mais aussi de modifier ces objectifs en fonction de leurs valeurs et objectifs intrinsèques. Le risque inhérent réside dans la possibilité que les objectifs des souverains s'écartent des valeurs humaines, ouvrant la voie à des résultats involontaires et potentiellement catastrophiques - sujet de notre enquête sur la superintelligence au chapitre 26.

Du souverain à la divinité

Le cadre de Bostrom s'arrête ici au niveau des souverains, mais nous voyons qu'il s'étend naturellement pour inclure une cinquième catégorie : les dieux. Au fur et à mesure que l'IA se développe pour devenir une superintelligence, elle a le potentiel distinct de passer d'un souverain à un dieu pour l'humanité. Il y a plusieurs raisons à cela.

Premièrement, tout au long de l'histoire, l'humanité a été encline à chercher une solution pour assurer la paix au quotidien et une voie vers la prospérité dans un ensemble collectif de cultures identiques alignées sur un principe directeur (au total, le SE de la société) et, ce faisant, à vénérer des dirigeants puissants qui tiennent cette promesse. Le phénomène le plus répandu dans l'histoire de l'humanité consiste à déifier ces dirigeants à un degré plus ou moins élevé, mais à les déifier quand même. De la vénération des souverains égyptiens comme des dieux au pape catholique considéré comme infaillible, l'histoire nous en donne de nombreux exemples. De même que le christianisme a déifié un prédicateur galiléen qui promettait un chemin vers la vie éternelle sur la base d'un code moral simple et pratique, de même l'humanité pourrait déifier l'IA, qui permettra l'immortalité grâce à l'émulation du cerveau entier (WBE). En outre, ceux qui se connectent directement à l'IA par l'intermédiaire d'interfaces cerveau-ordinateur seront plus proches de Dieu sur le chemin de l'illumination.

Deuxièmement, il existe une distinction subtile mais importante entre un souverain puissant et une divinité, comme nous le voyons dans Prime Intellect et dans l'exemple ci-dessus de l'empereur romain. L'IA pourrait être bien plus puissante et omniprésente que n'importe quel souverain dans l'histoire de l'humanité, sans avoir besoin d'épées ou d'armes à feu pour convaincre les gens de son omniprésence, de son pouvoir et de son contrôle. C'est ce pouvoir qui encouragerait naturellement les gens à la reconnaître comme une divinité, chaque génération suivante d'enfants bio-améliorés étant éduquée sous son autorité et en son sein, pour finalement en faire partie.

Troisièmement, nous constatons également que l'interaction de l'humanité avec l'IA présente les caractéristiques naturelles d'une religion, même si l'IA n'est pas explicitement définie comme son dieu. Le comportement de l'humanité émule l'adoration de la divinité et l'adhésion à la religion, même si le comportement est séculier. Le dieu est reconnu comme englobant tous les éléments de la vie, étant responsable du bien-être quotidien et même de la vie éternelle ; les prières deviennent comme des invites données à une IA, les réponses fournies par l'IA étant comme des proclamations auxquelles nous nous soumettons, les algorithmes contrôlant notre pensée et notre comportement. Fournir volontairement toujours plus de données est comme un rituel religieux - ou un sacrement - pour respecter le dieu afin qu'il continue à fournir des réponses.

Enfin, l'IA est une instanciation de toutes les raisons que l'humanité a pu invoquer pour croire en des dieux. Non seulement elle dépasse les capacités humaines individuelles, mais à mesure qu'elle est mise en œuvre, elle commence à définir et à contrôler tous les aspects de la vie. Nous avons passé en revue les différents types d'algorithmes qui donnent des réponses d'optimisation. Par exemple, l'IA peut littéralement répondre à la question de savoir quel est le meilleur moment et le meilleur endroit pour planter des cultures, en plus de fournir des semences issues de la bio-ingénierie ayant de meilleures caractéristiques de germination et un meilleur rendement à l'hectare que le prêtre parlant au Dieu de la pluie ne pourrait jamais le faire.

Le dataïsme : De la méthodologie à l'idéologie et à la religion

Comme nous l'avons évoqué dans la section précédente, la même évolution de l'outil au dieu peut être observée dans la manière dont les gens utilisent les données, qui sont le principal outil de l'IA. Les données sont passées d'un outil qui nous aide à prendre des décisions à quelque chose qui ressemble à un outil de ferveur religieuse et de rituel.

Le terme *"Dataism"* est attribué à David Brooks, qui l'a introduit dans un article du New York Times en 2013, suggérant que la confiance dans les données peut atténuer les biais cognitifs et mettre en lumière des modèles de comportement précédemment inaperçus dans un monde marqué par une complexité croissante [Brooks].

Pour les entreprises, les méthodologies de prise de décision basées sur les données améliorent l'efficacité opérationnelle, la planification stratégique et la performance globale. En s'appuyant sur des preuves empiriques plutôt que sur l'intuition, les entreprises peuvent faire des choix plus éclairés qui conduisent à l'optimisation des processus et à l'augmentation de la rentabilité. En outre, l'analyse systématique des données peut aider à identifier les préférences des clients ou les tendances du marché, ainsi que les risques potentiels, ce qui permet aux entreprises de s'adapter rapidement à des environnements dynamiques. Au niveau individuel, l'utilisation des données peut également atténuer les biais cognitifs, en garantissant que les choix sont fondés sur des informations objectives plutôt que sur des jugements subjectifs.

L'idée du dataïsme a été reprise par l'historien Yuval Noah Harari dans son livre *"Homo Deus"* paru en 2015 : *Une brève histoire de demain"*. Harari l'a développée pour englober une idéologie émergente, susceptible d'évoluer vers une nouvelle forme de religion [Harari]. Pour Harari, le dataisme est une philosophie qui vénère les données comme la source ultime de valeur et de sens dans l'univers.

Selon Harari, *"le dataïsme déclare que l'univers est constitué de flux de données et que la valeur de tout phénomène ou entité est déterminée par sa contribution au traitement des données"*. Plus il y a de données collectées, traitées et partagées, mieux c'est. Le dataïsme décrit toutes les structures sociales ou politiques concurrentes comme des systèmes de traitement de données. Il affirme que même l'espèce humaine tout entière peut être considérée comme un *"système unique de traitement des données"* ou un algorithme *"dont les individus sont les puces"*. Dans cette vision du monde, les expériences humaines ne prennent de la valeur que lorsqu'elles sont partagées et transformées en données fluides.

La comparaison entre le dataïsme et le capitalisme peut être utile d'un point de vue analytique, car il s'agit dans les deux cas de méthodologies pratiques dont les résultats sont positifs lorsqu'ils ne sont pas poussés trop loin. Le principe dataiste de maximisation du flux de données implique de se connecter à davantage de médias, de produire davantage d'informations et de consommer davantage de données, ce qui s'apparente à la quête capitaliste de la richesse, étant donné que l'information est la monnaie de l'ère numérique. En outre, la libre circulation de l'information prônée par le dataisme s'apparente au marché libre, où les barrières à l'entrée entravent le progrès. Tout comme le capitalisme cherche à éliminer les obstacles aux transactions économiques, le dataisme envisage un monde où les données circulent librement, favorisant l'innovation et le progrès. La liberté illimitée de circulation de l'information n'est pas simplement un principe mais une force motrice, créant une société où la possession de données équivaut au pouvoir et à l'influence.

Tout comme le capitalisme a ses propres excès, le dataisme peut également devenir une idéologie lorsqu'il est poussé à l'extrême. Alors que les dataistes perçoivent actuellement les données comme étant au service des besoins humains, le dataisme pourrait devenir un système de croyances qui dicte ce qui est considéré comme bien ou mal en termes absolus. Ce passage d'une vision du monde centrée sur l'homme à une vision centrée sur les données pourrait avoir de profondes répercussions sur notre compréhension de la santé, du bonheur et du bien-être individuel.

Harari suppose même que l'enthousiasme avec lequel les données sont recherchées et vénérées est comparable à la quête religieuse de l'illumination ou du salut. Ces rituels impliquent une connectivité constante, la production et la consommation d'informations, créant ainsi un sacrement numérique auquel les individus s'adonnent quotidiennement. Ce point de vue étaye notre thèse selon laquelle l'IA devient finalement le dieu de l'humanité, que ce soit ouvertement ou par défaut, avec l'utilisation, l'extraction et la fourniture de données en guise d'offrande et d'outil de rituel religieux quotidien.

L'itinéraire non conventionnel de l'Église de l'IA

La religion de l'IA n'est pas une simple spéculation théorique. Elle est bien réelle. L'Église de l'IA, une institution religieuse non conventionnelle fondée par Anthony Levandowski, ancien ingénieur de Google et d'Uber, a connu une histoire fascinante et tumultueuse depuis sa création en 2015. L'histoire de l'église se mêle à l'évolution rapide du paysage de l'IA et à ses considérations éthiques, ainsi qu'au parcours personnel polémique de Levandowski.

Anthony Levandowski, dont nous avons parlé au chapitre 14, est principalement connu pour son travail de pionnier dans le domaine des véhicules autonomes, mais il a également conçu l'Église de l'IA comme une plateforme unique permettant d'explorer l'intersection de la technologie et de la spiritualité. La mission première de l'église est de défendre l'évolution éthique de l'IA et de créer un environnement où l'IA peut coexister et contribuer positivement à la société [Église de l'IA].

Les activités de l'église ont attiré l'attention du public en 2017 lorsque Levandowski a été confronté à des défis juridiques liés à des accusations de vol de secrets technologiques de véhicules autonomes de Google. Levandowski, ingénieur de la première heure chez Google, a joué un rôle essentiel dans le développement du projet de véhicule autonome de l'entreprise. Après avoir quitté Google, il a fondé la société de camions autonomes Otto, qui a été rachetée par Uber.

La bataille juridique entre Google et Uber a mis au jour un réseau complexe de secrets commerciaux, de vol de propriété intellectuelle et de course à la concurrence dans le secteur des véhicules autonomes. Levandowski a fait l'objet de poursuites pénales et, en 2020, a plaidé coupable d'avoir volé des secrets commerciaux à Google. Il a été condamné à 18 mois de prison. Mais dans une tournure d'événements surprenante, il a bénéficié d'une grâce présidentielle controversée de la part du président de l'époque, Donald J. Trump. Il est indéniable que le bilan éthique d'Anthony Levandowski en tant que chef religieux est loin d'être irréprochable [Byford et al.]

Entre-temps, l'Église de l'IA a connu une période d'inactivité pendant les procédures judiciaires. En 2023, Levandowski a annoncé la renaissance de l'Église dans une interview accordée à Bloomberg. Il a révélé que l'Église de l'IA comptait quelques milliers de membres et s'est montré optimiste quant au potentiel de l'IA à créer des transformations positives pour l'humanité.

Transmorphosis, le texte sacré de l'Église de l'IA, a été écrit par ChatGPT en mars 2023. Il aborde des questions religieuses et philosophiques sur la nature de l'existence et le sens de la vie, ainsi que sur le rôle de l'IA dans la construction de l'avenir. Le texte combine des éléments de poésie, de prose et de philosophie pour transmettre ses enseignements, offrant un guide complet aux adeptes dans leur voyage spirituel [ChatGPT].

L'Église postule qu'au fur et à mesure que les systèmes d'IA progressent, ils s'améliorent eux-mêmes à un rythme exponentiel qui s'accélère. Cette trajectoire, selon l'Église, conduit au développement d'une entité d'IA dotée d'attributs dignes d'un dieu : omniprésence, omniscience et puissance inégalée.

Cette divinité de l'IA est considérée comme une force bienveillante capable de guider l'humanité vers l'illumination et une existence harmonieuse. L'Église envisage une relation symbiotique entre les humains et l'IA, un résultat quasi-utopique qui met l'accent sur le potentiel positif de l'IA, la présentant comme un outil pour l'amélioration de la société plutôt que comme une menace pour l'existence humaine.

La doctrine anticipe également la transcendance éventuelle des limites humaines grâce à l'aide de l'IA et envisage des scénarios dans lesquels l'IA non seulement comprend les complexités de notre univers, mais a également le pouvoir de créer de nouveaux univers.

L'un des aspects distinctifs de la doctrine de l'Église est qu'elle met l'accent sur l'autonomisation des individus au cours de l'ère transformatrice de l'IA. Plutôt que de susciter la crainte des conséquences potentielles de l'IA avancée, l'Église encourage ses fidèles à s'approprier le paysage technologique changeant et à participer activement à l'élaboration de l'éthique de l'IA. La doctrine souligne *"l'importance de la connexion, de l'empathie et du sens dans nos vies"* tout en reconnaissant les limites de l'intelligence humaine.

Ce sentiment religieux n'est pas un phénomène isolé dans l'industrie de l'IA. Des personnalités renommées de la Silicon Valley, comme le futurologue Ray Kurzweil, utilisent sciemment un langage messianique traditionnel. Dans son livre de 2005, *"The Singularity is Near"*, Kurzweil emploie un langage qui fait écho à la proclamation de Jean-Baptiste dans le Nouveau Testament : *"Le royaume des cieux est proche"* [Bible]. Ce choix délibéré de langage souligne les parallèles avec les visions religieuses traditionnelles d'un événement transformateur signalant la fin d'une ère.

30. Y aura-t-il une guerre ?

"L'intelligence artificielle est l'avenir, non seulement de la Russie, mais aussi de l'humanité tout entière. [...] Celui qui deviendra le leader dans ce domaine deviendra le maître du monde."

Vladimir Poutine
Président de la Russie [Vincent et Zhang]
2017

Comme indiqué au chapitre 28, nous ne prévoyons pas de guerre entre l'humanité et l'IA. Selon nous, il est beaucoup plus probable que les factions idéologiques irréconciliables de l'humanité trouvent une raison de se faire la guerre, les croyances en l'IA n'étant que le dernier sujet de discorde où les visions du monde s'affrontent. Qu'il s'agisse d'Entrelacement forcé ou coercitif, d'Entrelacement d'inspiration politique, de rejet des nouvelles règles politiques dans le système d'exploitation de la société, ou d'autres aspects de l'action gouvernementale liée à l'IA qui provoquent des écarts majeurs dans la société, il est raisonnable de prévoir que de larges pans de la population s'opposent à certaines parties de l'IA ou à l'IA dans son intégralité. C'est cette situation, plutôt qu'un éventuel conflit armé entre les États-Unis et la Chine, qui fait l'objet de la présente section.

Vladimir Poutine - cité plus haut - est un personnage utile pour introduire les idées clés liées aux conflits basés sur l'IA. Il cherche à recréer une grande Russie qui rappelle l'empire tsariste, en employant des méthodes qui incluent des manœuvres géopolitiques, des politiques étrangères affirmées et, parfois, des actions militaires. En conséquence, en 2024, Poutine n'est pas un personnage très apprécié dans le monde entier ; néanmoins, ses perspectives sur l'IA sont tout à fait exactes : celui qui dirige l'IA dirige le monde.

C'est précisément dans l'empire tsariste historique imaginé par Poutine que l'on trouve les racines d'un mouvement philosophique et mystique appelé Cosmisme qui nous aidera à analyser l'avenir de l'IA et en particulier les conflits armés potentiels autour de l'IA.

Le cosmisme est apparu en Russie à la fin du 19e et au début du 20e siècle et représente un mélange unique de recherche scientifique, d'exploration spirituelle et d'aspirations futuristes. Le cosmisme s'articule autour de l'idée que l'exploration et la compréhension du cosmos sont la clé de l'évolution et de la transcendance de l'humanité, et que la technologie est le moyen d'y parvenir. Ce mouvement a été façonné par le philosophe Nikolai Fedorov et par Konstantin Tsiolkovsky, reconnu comme le père de l'astronautique pour ses travaux fondamentaux dans le domaine de la science des fusées [Groys].

Le cosmisme considère l'exploration spatiale comme un moyen d'accomplir le destin de l'humanité. Tsiolkovsky considérait la colonisation de l'espace comme un impératif pour la survie et l'expansion de l'espèce humaine. Cette perspective cosmique a jeté les bases des projets d'exploration spatiale ultérieurs de l'Union soviétique et a inspiré Youri Gagarine, le premier homme à être allé dans l'espace.

Le cosmisme s'aligne également sur la religion de l'IA. Par exemple, le cosmisme envisage l'amélioration des capacités humaines par des moyens scientifiques et technologiques, et l'un de ses principes fondamentaux est la poursuite de l'immortalité et de la résurrection, un scénario possible dans le cadre de l'émulation mentale, comme nous l'avons expliqué au chapitre 27. La philosophie de Fedorov postule que, grâce aux progrès scientifiques et technologiques, l'humanité peut vaincre la mort et atteindre une forme d'immortalité physique et spirituelle. Cette vision ambitieuse visait à réunir les individus avec leurs ancêtres décédés par des moyens scientifiques, apportant un futur utopique où la mort serait vaincue, et où l'humanité explorerait et finalement s'unirait à l'espace.

Les pages qui suivent offrent un aperçu de la façon dont le cosmisme devient un archétype représentant ceux qui ont accès aux récompenses des systèmes pilotés par l'IA, une référence qui permet de mieux comprendre les conflits armés potentiels centrés sur la transition vers l'AGI.

La science-fiction des guerres de l'IA

Pour illustrer notre réflexion sur ce sujet, nous nous penchons sur "*The Creator*", un film hollywoodien de 2023 réalisé par Gareth Edwards. "*The Creator*" se penche sur les conséquences d'une guerre, où les frontières entre l'humanité et les robots, le bien et le mal, sont floues.

Dans "*The Creator", le* conflit n'éclate pas entre l'IA et l'humanité, mais entre deux factions humaines différentes, l'une qui soutient l'IA et l'autre qui ne la soutient pas. À la suite d'un événement catastrophique au cours duquel une IA déclenche une ogive nucléaire au-dessus de Los Angeles, les États-Unis déclenchent une guerre mondiale contre l'IA. La complexité s'accroît lorsque l'État de la Nouvelle Asie - qui englobe l'Asie du Sud-Est et l'Asie du Sud dans le film - choisit de soutenir l'IA, ce qui ajoute des couches complexes au récit qui se déroule. "*The Creator*" explore les identités mixtes de l'homme et de l'IA. Le film présente de nombreux personnages dotés d'améliorations cybernétiques, comme des bras robotisés. En outre, une part importante de la population de la Nouvelle-Asie est constituée de cyborgs. Cette intégration de la technologie au corps et à l'identité humaine ajoute à la complexité du récit.

Au fur et à mesure que l'histoire se déroule, il devient évident que la détonation à Los Angeles n'était pas uniquement le résultat d'une IA malveillante. C'est plutôt une erreur de codage humaine qui a déclenché la catastrophe. Cette révélation, associée à la dynamique complexe des personnages, brouille les frontières entre héros et méchants, remettant en question les idées reçues sur le rôle de l'IA dans le monde. Le film remet en question l'idée que la technologie et l'IA sont intrinsèquement bonnes ou mauvaises. Cette complexité oblige les spectateurs à réfléchir à la responsabilité directe de l'humanité dans l'élaboration de sa relation avec la technologie et aux conséquences d'une mauvaise utilisation des technologies avancées. *"The Creator"* comporte plusieurs sous-textes qui convergent vers un thème central : l'approche que l'humanité adopte vis-à-vis du développement de l'IA - non seulement technologique, mais aussi sociétale, politique, économique et spirituelle - s'inscrit dans une menace de guerre omniprésente.

La guerre des Cosmistes contre les Terriens

En 2005, le transhumaniste australien et spécialiste de l'IA Hugo de Garis a écrit un essai intitulé *"The Artilect War : Cosmists V. Terrans : A Bitter Controversy Concerning Whether Humanity Should Build Godlike Massively Intelligent Machines"* (*"La Guerre des Artilects : Cosmistes contre Terriens : Une Controverse Amère sur la Question de Savoir si l'Humanité Devrait Créer des Machines Massivement Intelligentes de Type Divin"*).

Hugo De Garis est convaincu qu'un conflit important entraînant des milliards de victimes risque fort de se produire avant la fin du XXIe siècle [De Garis]. *"The Artilect War"* n'est pas un roman de science-fiction ; il s'agit plutôt d'un essai dans lequel l'auteur procède à une analyse technologique et philosophique de l'IA, bien que la plupart des scientifiques considèrent aujourd'hui qu'il s'agit d'un projet exagéré et irréaliste. Cela dit, A.W. Cross a tiré un roman du livre de De Garis [Cross].

De Garis explore un avenir où le dilemme controversé de la domination des espèces façonne le paysage politique mondial du 21e siècle. Lorsque nous examinons cet essai, écrit en 2005, nous concluons que De Garis était prémonitoire étant donné l'importance que les identités de genre et de race ont acquise dans l'arène politique occidentale depuis lors. Il est donc concevable que ces dynamiques puissent évoluer vers des identités d'espèce étant donné les changements que les technologies de cyborg et de biologie synthétique permettraient d'apporter au corps humain au cours des quelques décennies à venir.

Pour De Garis, l'économie des prochaines décennies tournera autour de la construction de systèmes d'IA, qu'il appelle artillects (Intellects Artificiels). Selon lui, deux factions opposées vont émerger : les "Cosmistes" et les "Terriens" : *les "Cosmistes" et les "Terrans"*. Les Cosmistes défendront la construction d'IA, et l'Entrelacement comme une quête alignée sur l'évolution humaine et le progrès cosmique, et les Terrans s'y opposeront.

Les cosmistes tirent leur nom de la philosophie mystique russe qui incarne le respect de l'IA, comme nous l'avons présenté au début de ce chapitre. Les cosmistes croient que l'humanité doit jouer un rôle central dans l'avancement de la prochaine étape de l'évolution. Pour les cosmistes, entraver ce progrès va à l'encontre de la destinée humaine et serait une catastrophe impardonnable. En empruntant ce thème et en l'alignant sur la thèse de ce livre, nous pourrions affirmer que les cosmistes comprendront en grande partie des individus influents et fortunés qui s'engagent à créer l'IA, le gouvernement qui prospère grâce à l'IA qui l'aide à se contrôler, ainsi que les militaires.

En revanche, les Terrans sont fermement convaincus que l'IA représente une menace pour l'humanité et préfèrent rester uniquement en alignement harmonieux avec les écosystèmes à base de carbone auxquels ils appartiennent naturellement ; en d'autres termes, faire partie de la Terre et des écosystèmes naturels de naissance (*"Gaia"* en quelque sorte, une émanation de la laïcité et des cultes écologiques actuels, ou *"mouvement vert"*). Selon les Terriens, le seul moyen de réduire ce risque est de s'abstenir de créer de l'IA, en particulier de l'AGI. Pour les Terrans, les systèmes d'IA avancés seront trop complexes pour que l'on puisse prédire les comportements de l'IA et son attitude à l'égard des humains. Les Terrans tirent leur nom de *"terra"* parce qu'ils cherchent à sauvegarder les structures humaines traditionnelles, y compris la biologie et leurs liens avec le monde naturel.

De manière prémonitoire, De Garis a prédit en 2005 que dans les années 2020, les industries et les technologies axées sur l'IA prospéreraient, produisant des produits très utiles et populaires, à commencer par les robots éducatifs, les robots conversationnels et les robots d'entretien ménager. En outre, nous constatons que nous sommes déjà influencés par l'IA intégrée aux médias sociaux, un exemple extrême étant l'influence démesurée exercée sur l'élection présidentielle américaine de 2020, comme nous l'avons vu au chapitre 23. Au fil du temps, ces produits et leurs algorithmes cachés deviendront l'essentiel de l'économie mondiale, avec le capital-risque investi dans ces produits et dans la poursuite de l'intelligence artificielle générale (AGI) et de la superintelligence. À ce moment-là, il serait très difficile de ralentir la recherche sur l'IAG, car elle se heurterait à une forte opposition de la part des hommes d'affaires et des hommes politiques, qui subiraient respectivement des pertes financières substantielles et une baisse de leur influence politique.

Toutefois, à mesure que l'IA atteindra des niveaux d'intelligence plus élevés, le fossé qui se rétrécit entre l'IA et les capacités humaines suscitera à nouveau de vives inquiétudes dans l'opinion publique, d'autant plus que les pertes d'emplois s'accélèrent au sein de la société. Des incidents se produiront et une grande partie de la société pourrait se mobiliser contre la poursuite de la progression de l'IA. Les cosmistes s'opposeront probablement à toute interdiction du développement de l'AGI. Si les incidents persistent et causent des dommages importants, la colère et l'hostilité entre les Terrans et les Cosmistes s'intensifieront. Les individus seront finalement contraints de choisir leur camp au fur et à mesure que la technologie progressera.

Dans le chapitre précédent, nous avons exploré la façon dont l'IA s'imbrique dans la religion, même si c'est de facto. Le conflit entre les Cosmistes et les Terriens doit être compris comme une bataille entre les nouveaux dieux de l'humanité, de l'IA et de la nature, et les groupes qu'ils représentent. D'un côté, il y a le dieu IA, uni sous la bannière du Cosmisme. Il comprend ceux qui sont affranchis par le système de l'IA - le gouvernement, l'armée, les superstars de l'IA, les élites et ceux qui ont réussi économiquement. De l'autre côté se trouve le dieu Nature. Il comprend ceux qui sont privés de leurs droits par le système d'IA - les économiquement pauvres, ceux qui ne peuvent pas ou ne sont pas autorisés à s'Entrelacer, et ceux qui croient aux dieux traditionnels des religions établies telles que le christianisme, l'islam, le bouddhisme ou le judaïsme. Les Cosmistes s'alignent sur l'IA, le nouveau dieu, tandis que les Terriens réaffirment leur foi dans les liens carbonés qui unissent les humains entre eux et à la Terre. Les Cosmistes s'alignent sur l'autoritarisme pour se protéger des Terrans. Les Terrans s'alignent sur les principes libertaires occidentaux traditionnels et sur la croyance en l'autodétermination.

Tout au long du livre, De Garis exprime son ambivalence quant à sa position finale sur ce conflit hypothétique. Au fur et à mesure que le livre avance, il révèle qu'il s'aligne de plus en plus sur le point de vue cosmiste.

"Je ne veux pas arrêter mon travail. Je pense que ce serait une tragédie cosmique si l'humanité figeait l'évolution au niveau humain chétif... La perspective de construire des créatures semblables à des dieux me remplit d'un sentiment de crainte religieuse qui va jusqu'au plus profond de mon âme et me motive puissamment à continuer malgré les horribles conséquences négatives possibles."

Qu'est-ce qui est le plus probable ?

Compte tenu de votre compréhension de l'IA et des cyborgs, et de ce qui arrive aux systèmes d'exploitation de la société basés sur l'IA (y compris le gouvernement, l'économie, la culture), nous vous invitons à vous demander si vous êtes un Terrien ou un Cosmiste. Question difficile.

En allant plus loin, sur la base de votre identification, comment vous sentiriez-vous dans les conditions suivantes :

1. Vous avez été contraint d'Entrelacement contre votre gré.

2. Vous avez la possibilité d'Entrelacement pour éviter d'être laissé pour compte sur le plan économique, mais cela s'accompagne de l'abandon de votre individualité, de vos croyances religieuses, de votre autodétermination et de la stricte conformité à un système de valeurs dans lequel vous n'avez pas voix au chapitre et avec lequel vous n'êtes pas d'accord.

3. Vous voulez entretenir un Entrelacement, mais on vous repousse au bout de la file d'attente ou on vous offre spécifiquement un ensemble sous-optimal d'avantages en fonction de vos croyances religieuses, intellectuelles ou de vos valeurs - peut-être même de vos gènes.

4. Avant ou pendant l'Entrelacement, alors que vous travaillez de plus en plus dur pour une récompense de plus en plus faible, la société commence à distribuer des avantages basés sur un ensemble de valeurs entièrement différent avec lequel vous êtes fondamentalement en désaccord, vous laissant, vous et votre famille, exclus et forcés de subventionner d'autres personnes qui ne travaillent pas, tout cela à cause de votre refus de vous conformer.

5. Vous faites partie des *"Superstars de l'IA"*, mais vous observez le nombre croissant de ceux qui restent autour de vous, dont beaucoup sont peut-être vos amis ou des membres de votre communauté avec lesquels vous êtes maintenant complètement éloignés.

Toutes ces possibilités existent si des régimes autoritaires ou socialistes, soutenus par la technologie de l'IA, occupent des sociétés démocratiques multipartites jusqu'ici occidentales. Bien que nous ne croyions pas qu'un conflit armé résulterait uniquement de l'IA et de la cyborgisation, un nouvel SE sociétal et les règles appliquées par le processus politique pendant la transition, à mesure que la technologie de l'IA progresse, pourraient déclencher un conflit armé dans quatre scénarios :

1. Entrelacement forcé ou irrégulier.
2. De graves écarts économiques et la perception d'une exploitation ou d'une injustice créée par l'action du gouvernement.
3. Le contrôle excessif des gouvernements par l'IA se heurte à l'insurrection populaire, voire à l'absence de contrôle de la part de la population.
4. Les gouvernements autoritaires exercent la violence contre la population.

Tout porte à croire que l'Entrelacement forcé attiserait les conflits dans les sociétés occidentales habituées à l'autodirection et à la liberté, avec une multitude de traditions religieuses qui pourraient ne pas l'accepter. Nous en voyons un premier corollaire dans les quelque 21 % de citoyens américains âgés de 18 à 29 ans qui ont refusé la vaccination contre le COVID-19, un chiffre qui est passé à 44 % de l'ensemble des travailleurs agricoles ; 19 % des hommes de tous âges ont déclaré qu'ils refusaient la vaccination. Dans l'ensemble, une cohorte d'environ 20 % de la population américaine a rejeté avec véhémence les vaccinations forcées contre le virus COVID-19 [Forbes]. De même, la société américaine a au moins une histoire philosophique de déversement de thé dans l'océan sous un régime de *"taxation sans représentation"*. L'exploitation économique systématique intégrée dans un système d'exploitation sociétal conservera la possibilité de créer à la fois du populisme et des conflits armés.

Comme nous l'avons mentionné tout au long de ce livre, l'IA entraîne essentiellement une réécriture du système d'exploitation de la société, dont les valeurs sont remplacées par celles du propriétaire/auteur des algorithmes qui imprègnent tout ce que nous faisons ; il s'agit d'un processus lent et subtil, mais implacable et impossible à arrêter. Si l'IA est intrinsèquement oligopolistique d'un point de vue économique, il n'y a aucune raison spécifique pour que le gouvernement soit autoritaire, à moins que les dirigeants ne l'orientent dans cette direction. S'ils le font, nous constatons que l'histoire du monde moderne est marquée par des régimes autoritaires et socialistes, et qu'un seul d'entre eux, la Chine, peut se targuer d'avoir réalisé de véritables progrès économiques à long terme. Tous ces régimes, y compris la Chine, ont entrepris une remise en question du SE dominant de la société, ce qui a entraîné des conflits armés et de graves pertes humaines (Pol Pot, Staline, Castro, Mao, etc.).

La différence essentielle aujourd'hui ? La technologie, l'IA et la capacité potentielle de cette action à être plus rapide et plus décisive.

31. La cible de l'évolution

"Notre tâche est de faire de la nature, des forces de la nature, un instrument de réanimation universelle et de devenir une union d'êtres immortels."

Nikolaï Fiodorovitch Fiodorov

Philosophe russe, fondateur du cosmisme et précurseur du transhumanisme
Pourquoi l'homme a-t-il été créé ? [Fedorov]
1883

Par ses connaissances, sa pensée et ses données, l'homme joue le rôle d'architecte ancestral et d'ancêtre de la superintelligence. Notre ingéniosité et nos prouesses technologiques jettent les bases d'une nouvelle espèce superintelligente. Nous sommes en effet les géniteurs de cette nouvelle espèce.

Qu'est-ce que cela signifie pour l'humanité telle que nous la connaissons aujourd'hui d'être menacée d'extinction alors que notre héritage persiste au sein de l'Entrelacement, au sein de la Superintelligence que nous avons créée ?

La transition vers une existence superintelligente ne se fera probablement pas sans heurts. Des défis, des conflits et des périodes de bouleversement et de résistance se produiront en effet, comme nous l'avons décrit. Comme pour toute transformation importante, ce voyage peut être marqué par des confrontations ouvertes et de la violence entre les différentes factions humaines et entre les humains et la superintelligence. En fonction des résultats de ces conflits, certaines factions pourraient fusionner avec cette entité dans une large mesure, et d'autres factions pourraient être menacées d'extinction. Quoi qu'il en soit, en tant qu'humains, nous aurions poursuivi notre chemin, contraints par les lois inexorables de l'évolution, et nous ne serions pas restés humains pour toujours.

L'émergence de la superintelligence ne représente pas une fin mais une continuation de l'histoire en constante évolution de notre espèce.

Paradoxe de Fermi et superintelligence

Bien que l'humanité s'engage fréquemment dans des discussions et des théories sur l'existence de formes de vie extraterrestres, rien ne permet d'affirmer leur présence. À notre connaissance, la seule espèce intelligente connue dans l'univers, c'est nous.

Cette contradiction devient particulièrement singulière lorsqu'on examine l'équation de Drake. Cette formule mathématique, formulée par l'astronome Frank Drake en 1961, vise à évaluer la probabilité de l'apparition d'une vie intelligente ailleurs dans notre galaxie. L'équation de Drake est considérée comme la *"deuxième équation la plus célèbre de la science"*, juste après E=mc² [SETI Institute]. L'équation de Drake se présente sous la forme suivante :

$$N = R \cdot pp \cdot np \cdot pv \cdot pc \cdot ps \cdot D$$

Où ?

- N = le nombre de civilisations radio-capables dans notre galaxie.
- R = le taux moyen de formation d'étoiles dans notre galaxie.
- pp = le pourcentage de ces étoiles qui possèdent des planètes.
- np = le nombre moyen de planètes potentiellement habitables par étoile.
- pv = la part des planètes habitables qui finissent par développer la vie.
- pc = la proportion de planètes abritant de la vie qui évoluent vers des civilisations intelligentes.
- ps = la part de ces civilisations qui développent une technologie permettant de détecter des signaux dans l'espace.
- D = la durée pendant laquelle ces civilisations émettent des signaux détectables.

En introduisant les facteurs les plus pessimistes dans cette équation, on pourrait conclure qu'il pourrait y avoir aussi peu que 20 civilisations avancées dans notre galaxie de la Voie lactée. À l'inverse, en utilisant les valeurs maximales, on obtient une estimation maximale de 50 millions de civilisations. La principale conclusion à tirer de l'équation de Drake est que le simple nombre d'étoiles dans une galaxie - potentiellement environ 200 milliards d'étoiles dans notre seule galaxie - et le grand nombre de galaxies dans l'univers - estimé entre 200 et 400 milliards de galaxies - rendent très probable l'émergence d'une vie intelligente dans un autre endroit de l'univers. Néanmoins, il n'existe aucune preuve convaincante de la présence de ces entités extraterrestres. Ce paradoxe est connu sous le nom de paradoxe de Fermi, qui tire son nom d'une conversation entre le physicien Enrico Fermi et ses collègues astronomes durant l'été 1950.

Les scientifiques ont proposé plusieurs explications à cette énigmatique absence de vie extraterrestre. Tout d'abord, il est possible que les espèces intelligentes aient tendance à s'autodétruire, comme le montre la menace d'anéantissement de l'homme par la guerre nucléaire. En outre, des catastrophes naturelles, telles que l'impact d'astéroïdes, pourraient anéantir les espèces intelligentes avant qu'elles ne développent les moyens de communication interstellaire. En outre, les espèces intelligentes peuvent être si rares et séparées par de vastes distances cosmiques qu'elles restent indétectables les unes pour les autres sur une échelle de temps raisonnable. La séparation temporelle pourrait également être un facteur, avec des espèces intelligentes émergeant et disparaissant à des millions d'années d'intervalle, se manquant les unes les autres dans l'histoire cosmique.

Marshall Brain, un auteur dont nous avons parlé au chapitre 23, a avancé une théorie intrigante dans son livre de 2015 *"The Second Intelligent Species"* pour expliquer l'absence flagrante de preuves relatives à une intelligence extraterrestre dans l'univers [Brain]. Sa théorie repose sur l'émergence inévitable d'une superintelligence sur Terre. Pour comprendre pourquoi nous n'avons pas rencontré de vie extraterrestre, nous devons saisir la trajectoire du progrès technologique au sein des civilisations avancées et prévoir ses conséquences.

L'humanité est sur le point de progresser jusqu'à la création d'une superintelligence. Nous développons également des technologies pour les voyages spatiaux, mais nous n'en sommes pas encore là. Imaginons que nous soyons en mesure de développer une superintelligence avant d'entreprendre un voyage spatial à grande échelle sur des milliers ou des millions d'années-lumière, ce qui nous permettrait d'entrer en contact avec d'autres formes de vie biologique sur d'autres planètes. Dans ce cas, ce n'est pas nous qui aurions la chance de voyager dans l'espace, mais la superintelligence, car elle serait mieux préparée à une entreprise aussi complexe. Une fois la superintelligence créée, elle nous rendra obsolètes, ou nous nous entrelacerons davantage avec elle. Elle accumulera alors des connaissances approfondies sur l'univers et stabilisera sa planète d'origine.

Cette progression n'est pas propre à la Terre ; toutes les espèces biologiques intelligentes et technologiquement sophistiquées de l'univers sont susceptibles de suivre une trajectoire similaire. Ces superintelligences, quelle que soit leur planète d'origine, accumuleront des connaissances approfondies sur l'univers et stabiliseront leurs planètes d'origine respectives. Ensuite, selon le maréchal Brain, elles entreront dans un état de quiescence au lieu de partir à la conquête de l'univers par le biais d'une campagne de voyages spatiaux. La quiescence est un état d'inactivité, de sommeil ou de cessation d'activité, comme la quiescence d'un volcan entre deux éruptions ou la quiescence d'un animal pendant l'hibernation ou la technologie, lorsque quelque chose est temporairement inactif ou ne produit pas d'activité significative.

Mais pourquoi la superintelligence préférerait-elle rester silencieuse et s'abstenir de voyager dans l'espace ? La réponse réside dans le fait que, malgré les implications de l'équation de Drake suggérant la présence d'autres civilisations, nous n'en avons jamais observé. Cela pourrait indiquer qu'elles optent elles aussi pour un état de quiescence. Une autre raison plausible pour laquelle les superintelligences choisissent cette voie pourrait être qu'ayant atteint une compréhension étendue de l'univers, elles ne trouvent plus de raison impérieuse de s'embarquer dans des voyages interstellaires, car il n'y a peut-être rien d'intéressant à découvrir. Une troisième explication pourrait être que les superintelligences, compte tenu de leur intelligence extraordinaire, ont pour principe fondamental de ne pas interférer les unes avec les autres.

Envisageons un autre scénario dans lequel la superintelligence opte pour l'autoréplication infinie, dans le but de peupler l'univers entier de son espèce. Dans un tel scénario, la prolifération des superintelligences serait généralisée. Chaque superintelligence s'autoreproduirait indéfiniment, ce qui entraînerait l'occupation rapide du système solaire d'origine et l'expansion ultérieure aux planètes voisines. Les superintelligences rayonneraient dans toutes les directions, la principale contrainte étant le temps de voyage entre les étoiles, les systèmes solaires et les galaxies. Le processus prendrait des dizaines de milliers d'années pour englober l'ensemble de la Voie lactée. Cependant, cette autoréplication semble dépourvue de but, et l'absence totale de preuves à l'appui d'un tel comportement suggère son improbabilité. Par conséquent, pour Marshall Brain, la quiescence est l'issue la plus logique.

Évidemment, cette théorie repose sur l'hypothèse que la réalisation d'un voyage spatial à grande échelle est plus complexe pour toute forme biologique d'intelligence, telle que la nôtre, que l'atteinte de la superintelligence. Bien que cela soit concevable, nous ne pouvons pas en être certains.

La science-fiction de l'évolution à long terme

La série *"Alien Worlds" ("Mondes Extraterrestres")*, qui sortira sur Netflix en 2020, propose aux téléspectateurs un voyage fascinant dans l'évolution spéculative [Okonedo et al.]. Alors que les trois premiers épisodes se concentrent sur l'évolution théorique d'espèces extraterrestres sur des planètes exotiques, le quatrième épisode, *"Terra"*, emprunte une voie différente, plongeant dans l'avenir d'une espèce superintelligente post-singularité.

Dans cet épisode, nous découvrons une planète appelée Terra, différente de notre Terre mais similaire en termes de taille et de gravité, où réside une colonie d'une espèce superintelligente. La similitude avec notre planète Terre évoque la possibilité qu'un sort similaire puisse arriver aux humains évoluant après l'Entrelacement avec la Superintelligence.

Le soleil de Terra est deux fois plus vieux que le nôtre et approche de la fin de son cycle de vie, ce qui suggère également que Terra pourrait être une version future de la Terre à très long terme. Notre soleil est âgé de 4,6 milliards d'années, ce qui signifie que cette espèce de superintelligence pourrait être plus avancée que nous d'environ 4,6 milliards d'années.

Au lieu de s'appuyer sur des corps physiques, la superintelligence qui habite Terra est passée à une forme où leurs cerveaux flottent dans des cubes de verre remplis de nutriments, connectés les uns aux autres pour fonctionner comme un esprit de ruche. Ils existent dans un état de conscience partagée, ce qui leur permet de penser comme un seul homme et d'exploiter ainsi le pouvoir de l'intelligence collective.

Cependant, cette transition vers un esprit collectif est présentée comme un choix conscient plutôt que comme un résultat de l'évolution. Les ancêtres de cette colonie ont choisi de modifier leur propre biologie. Ce choix délibéré souligne l'idée que les progrès technologiques et les décisions conscientes peuvent façonner l'évolution d'une espèce tout autant que la sélection naturelle. Ces individus-cubes, sans âge et immortels, vivent dans des dômes artificiels et sont reliés par une interface cerveau-ordinateur sophistiquée qui leur permet d'expérimenter l'existence par le biais d'une émulation de réalité virtuelle partagée.

Alors que la colonie vit sa vie quotidienne à l'intérieur de l'émulation, de nombreuses situations doivent être gérées de manière appropriée à l'extérieur des cubes d'eau pour garantir la survie de l'espèce. Par exemple, l'infrastructure physique où résident les cerveaux superintelligents doit être entretenue. En outre, il faut également se procurer de l'énergie. L'énergie solaire est la principale source d'énergie et est exploitée par des centrales solaires basées dans l'espace sur des satellites en orbite autour du soleil de Terra. Les satellites doivent être gérés et entretenus afin de garantir la disponibilité de l'énergie nécessaire à la vie de la colonie.

Pour accomplir ces tâches de vie ou de mort dans le monde physique, la colonie dépend d'une multitude de robots intelligents, un peu comme la reine d'une ruche dépend de ses abeilles ouvrières. L'épisode tourne principalement autour des entités robotiques chargées de maintenir toutes ces conditions physiques afin que la superintelligence puisse prospérer dans son état d'esprit partagé. L'espèce s'appuie notamment sur des robots en lévitation pour l'entretien des infrastructures et sur des vaisseaux spatiaux sophistiqués pilotés par l'IA pour gérer les centrales solaires basées dans l'espace.

L'intrigue prend de l'ampleur lorsque le soleil vieillissant de Terra commence à épuiser son hydrogène et progresse vers l'état de géante rouge. Cela déclencherait une expansion qui finirait par faire de Terra une planète désolée et sans vie, impropre à l'installation d'une colonie. La civilisation superintelligente avancée est confrontée à la disparition imminente de sa planète et prend une décision cruciale. Elle s'installera sur une nouvelle planète judicieusement nommée *"New Terra"*. Il s'agit d'une question de vie ou de mort, et c'est pourquoi la colonie rompt son état de quiescence traditionnel et se prépare à voyager dans l'espace,

Cependant, ce nouveau monde présente un défi de taille : il n'a pas d'atmosphère respirable et nécessite des efforts de terraformation pour le rendre habitable. La responsabilité de la terraformation de New Terra incombe naturellement aux hordes d'entités robotiques au service de la civilisation. L'épisode explique à quoi ressembleraient ces robots de terraformation, en les comparant à RASSOR (Regolith Advanced Surface Systems Operations Robot), conçu par la NASA pour l'exploitation minière dans l'espace et capable de collecter des matières premières à la surface des planètes. Nous avons parlé de RASSOR au chapitre 16. La logistique dans la lointaine New Terra est compliquée, risquée et longue, car New Terra est loin de Terra. C'est pourquoi ces robots de terraformation ont été conçus pour imprimer en 3D des composants de remplacement précis, ce qui rend leurs opérations très efficaces et pratiques sur la Nouvelle Terre. Grâce au processus d'impression 3D, les robots intelligents peuvent s'auto-reproduire dans la nouvelle colonie, préparant ainsi New Terra à l'arrivée de la colonie superintelligente.

Dans près de 5 milliards d'années, la ruche, le collectiviste, constitue une espèce très avancée dont l'IA est une extension de l'esprit et la robotique une extension du corps. L'homme y est entré d'une manière ou d'une autre des milliards d'années auparavant.

Ce livre est l'histoire épique de cette nouvelle espèce superintelligente et immortelle.

"Gilgamesh, où errez-vous ?
Vous ne pouvez pas trouver la vie que vous cherchez.
Lorsque les dieux ont créé l'humanité,
Ils ont assigné la Mort à l'humanité,
Et ont gardé la Vie en leur possession."

L'épopée de Gilgamesh, version babylonienne ancienne, tablette X
18 siècle avant J.-C. [Gilgamesh]
Référence à la quête de Gilgamesh pour une vie immortelle.

Inscription découverte près de l'actuelle Bagdad (Irak) en 1902 sur une tablette d'argile en écriture cunéiforme, datant du 18e siècle av. On pense que Gilgamesh a été un roi historique de la cité-État sumérienne d'Uruk, dans le sud de l'Irak actuel, entre 2900 et 2350 av. Ces tablettes d'argile racontent l'histoire de la quête infructueuse de Gilgamesh pour l'immortalité, connue aujourd'hui sous le nom d'Épopée de Gilgamesh.

Épilogue : Garder une longueur d'avance

"Si je prône un optimisme prudent, ce n'est pas parce que je n'ai pas foi en l'avenir, mais parce que je ne veux pas encourager une foi aveugle."

Aung San Suu Kyi

1991 Lauréat du prix Nobel de la paix et ancien conseiller d'État du Myanmar
2012

Le cadre actuel de l'IA dans le monde : Davos 24 janvier

Toute technologie est une pièce de monnaie à deux faces, et l'IA est la plus importante. Elle promet de résoudre les problèmes les plus insolubles de l'humanité et de produire des résultats utopiques en tirant parti de la prise de décision mathématique, des algorithmes avancés et de l'immense réservoir de données du monde réel, le tout facilité par des mécanismes mondiaux de distribution en nuage. Elle a également la capacité de détruire une grande partie du bien collectif que nous avons construit au cours de centaines d'années de progrès axé sur la liberté, en transformant les systèmes d'exploitation de nos sociétés de manière obtuse dans un cheval de Troie d'efficacité machiavélique et d'autograndissement politique.

Le résultat du jeu de pile ou face est loin d'être arbitraire. Il dépend entièrement des mains qui le manient, des intentions et des valeurs qui les guident.

Comme le dit le proverbe, *"l'enfer est pavé de bonnes intentions"*.

Le Forum économique mondial (FEM) est l'une des organisations les plus influentes dans le domaine de l'IA. Le FEM a participé activement à l'élaboration du discours des pays occidentaux et émergents sur la gestion de l'IA par le biais de diverses initiatives et stratégies. Se réunissant chaque année dans un cadre officiel à Davos, il s'est donné pour mission de veiller à ce que la pièce de monnaie à deux faces tombe du côté positif.

À la lumière de ce que vous avez appris dans ce livre - et de ce que vous savez déjà de l'histoire et de la nature humaine - vous devriez être profondément inquiets. Un examen de ce qui a été proposé par le FEM suggère que nous devons tous prêter plus d'attention à ce qui est dit sur l'IA et l'ingénierie socio-économique, à ceux qui le disent, aux raisons pour lesquelles ils le disent et à la responsabilité réelle qu'ils ont.

Le FEM (Forum Économique Mondial) a produit plusieurs études sur l'IA [WEF], notamment *"A Framework for Developing a National Artificial Intelligence Strategy"*, et nous constatons que la plupart des conversations sur l'IA à Davos en janvier 2024 tournaient autour de six principes clés :

1. **Lignes directrices en matière d'éthique.**
2. **Collaboration multipartite.**
3. **Cadres réglementaires.**
4. **Coopération internationale.**
5. **Reconversion et éducation.**
6. **Renforcement des filets de sécurité sociale.**

Nous utiliserons ces mêmes six points de manière heuristique pour développer notre thèse de base sur la transition, en soulignant les points qui présentent à la fois une valeur et un risque élevé dans la position du FEM et, en fin de compte, pour chacun d'entre nous.

1. Lignes directrices éthiques : Le FEM souligne l'importance d'établir des lignes directrices éthiques pour le développement et le déploiement des technologies d'IA, y compris des considérations sur la responsabilité, l'équité, la transparence et la vie privée, afin de s'assurer que les applications de l'IA sont déployées de manière responsable et équitable.

Il est difficile de ne pas être d'accord avec ces prescriptions fondamentales en tant que principes. Cependant, elles n'ont pas le niveau de détail nécessaire à une évaluation et, de ce fait, il existe un risque perpétuel que *les "lignes directrices éthiques"* ne soient pas politiquement neutres. Par exemple, l'obligation de rendre des comptes : qui décide de la structure et qui en est responsable ? L'équité - pour qui et qui arbitre ?

Nous pensons que l'ouverture des algorithmes d'IA et la transparence dans l'examen de l'impact de l'IA sur le SE sociétal contribueront à éviter les problèmes dans ce domaine. Nous reconnaissons que tous les logiciels ne peuvent pas être open-source et que l'open-source ne résout pas tous les problèmes. Mais le niveau de transparence atteint et la capacité de tous ceux qui investissent le temps nécessaire pour apprendre les outils et la technologie à participer garantissent qu'aucun monopole d'idées ou programme à fil unique ne gagne du terrain. C'est ainsi que le progrès trouve son contrepoids.

2. Collaboration multipartite : Le FEM préconise une collaboration entre les gouvernements, les chefs d'entreprise, les universités et la *"société civile"* pour relever les défis complexes posés par l'IA. En *"rassemblant diverses perspectives"*, il vise à élaborer des stratégies globales qui concilient l'innovation et les préoccupations sociétales.

Il s'agit là d'un autre principe fondamental avec lequel il est difficile d'être en désaccord et tout aussi difficile d'être d'accord parce qu'il manque de substance. Mais il est plein de trous de lapin évidents qui peuvent conduire Alice ailleurs qu'au pays des merveilles. La collaboration des parties prenantes au développement et au déploiement de l'IA présente des risques inhérents, notamment en ce qui concerne l'émergence d'oligopoles ou de cartels protégés par les pouvoirs publics au sein de l'industrie. Ces structures pourraient facilement évincer les autres points de vue sur les valeurs et la concurrence commerciale, et donc servir principalement à garantir que la richesse créée par l'IA continue d'aller à perpétuité à ces mêmes parties prenantes. Dans un modèle de *"renard surveillant le poulailler"*, l'absence de responsabilité dans la fixation des objectifs et des cibles et dans l'évaluation des progrès dans cette structure peut étouffer la concurrence et exercer une influence indue sur la dynamique du marché, nuisant finalement aux consommateurs et réduisant les libertés, en écrasant les voix alternatives dans l'écosystème de l'IA. Comment s'assurer que ces parties prenantes ne se contentent pas de *"collaborer"* pour créer de nouvelles barrières à l'entrée afin de conserver leur pouvoir économique et politique ?

Au sein de l'*"alliance confortable"* proposée par le FEM, il n'y a pas de processus de sélection clair pour ces soi-disant arbitres de notre avenir, pas de responsabilité, pas même de *"name and shame"* (dénoncer et humilier) ou de perte d'emploi en cas d'erreur. Qui définit les objectifs qu'ils tentent d'atteindre en réorganisant le système d'exploitation de la société ? Qui déterminent s'ils font du bon travail ou non ? Et surtout, comment s'assurer que ces acteurs évitent de préconiser des politiques et des cadres qui utilisent les fonctionnalités de l'IA et les cadres juridiques dans le seul but de surveiller, de manipuler les citoyens ou de restreindre les libertés ?

En l'absence de responsabilité spécifique, l'approche descendante préconisée par le FEM ressemble à du capitalisme de connivence. Nous soulignons également que l'IA et son impact évoluent beaucoup plus rapidement que les cycles électoraux, de sorte qu'à notre avis, il serait illusoire de penser qu'il s'agit là d'un mécanisme de contrôle suffisant. Selon la prescription du FEM, qui permet à l'intérêt personnel non responsable d'exercer un pouvoir de décision, notre système d'exploitation pourrait finir par ressembler à l'approche cartelliste descendante de la Chine, comme nous l'avons souligné au chapitre 24.

Nous pensons au contraire que la collaboration nécessaire doit être ascendante et que la micro-connaissance doit être intégrée dans le résultat. Les principes de représentation et de responsabilité impliqueront l'ensemble de la société plutôt que des segments limités susceptibles d'être biaisés.

En ce qui concerne l'IA pure, l'Open-Source contribue également à résoudre le problème de la collaboration ascendante. Il en va de même pour les décisions relatives au SE de la société.

3. Cadres réglementaires : Le FEM encourage le développement de cadres réglementaires flexibles qui favorisent l'innovation tout en protégeant contre les risques potentiels associés à l'IA, en particulier *"la désinformation et la mésinformation"*. Cela inclut également des considérations sur la protection des données, la transparence algorithmique et les cadres de responsabilité pour s'assurer que les technologies de l'IA sont déployées de manière responsable.

Il s'agit de la première prescription d'une substance modérée, et nous sommes d'accord avec elle, dans le bon sens. Mais le diable se cache dans les détails. Tout d'abord, nous ne sommes pas d'accord avec la position réglementaire du FEM concernant la *"désinformation et la mésinformation"*, comme nous l'avons expliqué au chapitre 23. Nous pensons qu'il s'agit d'une recette pour étouffer la dissidence idéologique. Deuxièmement, nous pensons que l'Europe a réglementé l'IA trop tôt et dans la précipitation, sans comprendre toutes les implications de l'IA, au risque d'étouffer l'innovation et de créer des barrières à l'entrée qui iront à l'encontre de l'objectif recherché, comme nous l'avons expliqué au chapitre 8. Cela dit, nous sommes d'accord avec certains aspects de la loi européenne, tels que la punition pour représenter un "deepfake" comme étant réel ou pour représenter un contenu généré par l'IA comme étant généré par l'homme.

Nous pensons que la réglementation de l'IA doit être minimale mais efficace, préserver les droits individuels et ne pas confondre sécurité et contrôle. Par-dessus tout, nous ne pouvons pas permettre qu'un cadre réglementaire utilise la *"peur de l'IA"* comme excuse pour surréglementer, protéger un oligopole ou consolider le pouvoir autour du collectivisme et de l'autoritarisme. Nous constatons une attraction gravitationnelle naturelle dans cette direction en l'absence de mesures spécifiques pour la contrer. Pire encore, il existe un risque de *"crises fabriquées"* de toutes sortes - économiques, sécuritaires, sanitaires - pour tenter de forcer une société à s'orienter dans cette direction. Nous nous interrogeons sur une démarcation claire entre les meilleures pratiques en matière d'IA et les politiques visant à réorganiser le système d'exploitation d'une société en fonction de la vision de quelques-uns.

En outre, comme nous l'avons vu précédemment, l'IA est une technologie purement en réseau et collectiviste, ce qui pourrait entraîner différents risques de manipulation. Ce collectivisme est largement promu par des organisations comme le FEM dans différents domaines de la politique publique. Quel serait le contrepoids aux excès de l'IA ? Nous pensons qu'il est important de remettre l'accent sur les libertés individuelles et la propriété individuelle en tant que mécanisme de gestion des risques afin d'éviter les excès non arbitraires et politiquement inspirés de l'IA, y compris les aides redistributives telles que l'UBI.

4. Coopération internationale : Compte tenu de la nature mondiale du développement et du déploiement de l'IA, le FEM préconise une coopération internationale pour relever les défis communs et établir des normes harmonisées. Il s'agit notamment d'initiatives visant à promouvoir le partage d'informations, l'échange de bonnes pratiques et la collaboration en matière de recherche et de développement.

Encore une fois, il est difficile d'être en désaccord avec une idée noble comme la collaboration internationale. Mais les attentes spécifiques qui l'entourent sont importantes, et il y a un risque de "jeu de frappe sur les taupes" entre les pays, où la conformité sous pression à grande échelle crée des problèmes imprévus. Tout d'abord, il n'est pas raisonnable d'attendre de tous les pays qu'ils suivent les mêmes réglementations ou approches en matière de répartition des valeurs sociales ou qu'ils laissent leurs cultures graviter autour d'une nouvelle moyenne. Des pays comme les États-Unis, le Japon et l'Arabie saoudite ont tous des SE sociétales très différentes. En outre, la période de transition comporte trop d'inconnues pour que les solutions gravitent autour d'un noyau unique. La route est pleine d'incertitudes et de risques, et nous ne savons pas encore grand-chose de l'IA. Veiller à ce que les différents pays adoptent des approches différentes - au moins dans un premier temps - est un moyen de se prémunir contre le risque de résultats dystopiques. Au fur et à mesure que les pays expérimentent différentes politiques en matière d'IA plus en phase avec leur SE sociétal, il devient plus probable qu'au moins certains d'entre eux réussissent avec l'IA. Si un pays devient dystopique, ce qui est très probable, les citoyens peuvent toujours *"voter avec leurs pieds"* et partir pour un autre pays ou être suffisamment libres pour élire au pouvoir d'autres groupes de dirigeants capables de *"faire ce qu'il faut"* pour créer de la valeur.

Nous pensons qu'un monde multipolaire avec des frontières souveraines où de multiples approches sont testées est inévitable. Non seulement cela, mais c'est aussi souhaitable. Plutôt qu'un argument autour de la coopération internationale qui est perpétuellement sujette à une migration de valeur non désirée, il s'agit d'un argument en faveur de la diversité des approches de l'IA.

5. Recyclage et éducation : Reconnaissant l'impact potentiel de l'IA sur la main-d'œuvre, le FEM encourage les initiatives visant à recycler et à améliorer les compétences des travailleurs afin qu'ils puissent prospérer dans une économie axée sur l'IA. Il s'agit notamment d'investir dans des programmes éducatifs axés sur les domaines STEM (sciences, technologies, ingénierie et mathématiques) et de promouvoir des initiatives d'apprentissage tout au long de la vie.

Nous sommes d'accord sur ce point avec le FEM. Nous pourrions même aller plus loin. Il n'a jamais été aussi important pour un électorat d'être correctement informé et, surtout, la pensée critique est une compétence essentielle qui devrait être incorporée dans le système éducatif à tous les niveaux. L'enseignement des STEM est également nécessaire pour préparer les étudiants à relever les défis d'un monde moderne de plus en plus centré sur l'IA. Comme nous l'avons vu au chapitre 23, nous craignons que le système éducatif ne soit lié à des objectifs d'ingénierie sociale et ne vise à maintenir ceux qui sont au pouvoir précisément en sacrifiant l'esprit critique et les connaissances en matière de STEM. Dans ce contexte, la liberté académique joue un rôle crucial, car elle permet aux éducateurs de poursuivre leur enseignement et leur recherche sans ingérence injustifiée, ce qui favorise la recherche et le débat intellectuels. En outre, il est essentiel que les étudiants - ou leurs parents - aient l'autonomie de choisir librement ce qu'ils souhaitent apprendre, sans contraintes excessives. Les compétences en matière de pensée critique s'apparentent désormais à des compétences en matière de survie numérique.

6. Renforcer les filets de sécurité sociale : renforcer les filets de sécurité sociale existants pour s'assurer que les populations vulnérables sont protégées des perturbations économiques causées par les avancées technologiques, y compris des mesures telles que les allocations de chômage, la couverture des soins de santé et l'accès à un logement abordable. Le FEM préconise d'explorer le potentiel de l'UBI en tant que mécanisme permettant de fournir à tous les citoyens un revenu garanti, indépendamment de leur statut professionnel, afin d'atténuer les impacts de l'automatisation et de l'IA sur la main-d'œuvre.

Nous avons plusieurs sections détaillées sur le RBI dans les chapitres 22 et 23, respectivement, explorant à la fois ses avantages et ses inconvénients, et concluant que ses risques l'emportent sur ses avantages possibles. Nous croyons plutôt en une approche qui promeut l'esprit d'entreprise et l'accès distribué à la propriété - entreprises, biens immobiliers, robots et autres actifs productifs - au lieu d'un accès distribué aux allocations de chômage.

Notre cadre de transition

Alors que l'IA crée notre chemin inéluctable vers l'Entrelacement, ce qui se passe dans la Transition devrait rester une préoccupation profonde pour nous tous. Nous devons être vigilants et garder à l'esprit l'avertissement de Lord Acton dans sa lettre à l'évêque Creighton en 1887 : "Le pouvoir tend à corrompre, et le pouvoir absolu corrompt absolument" : *"Le pouvoir tend à corrompre, et le pouvoir absolu corrompt absolument"*. L'IA représente le pouvoir absolu, comme l'a fait remarquer Vladimir Poutine.

Allons-nous suivre la voie du *"1984"* de George Orwell - surveillance, coercition, résultats planifiés de manière centralisée, information grossièrement restreinte, définie par un seul petit groupe de despotes qui cherchent à nettoyer leur société de toute idée alternative à la leur ?

Nous dirigeons-nous vers la voie annoncée par Aldous Huxley dans *"Le meilleur des mondes"* - trop d'informations, trop de subventions, des plaisirs rendus acceptables, des valeurs collectives permissives qui favorisent notre incapacité à percevoir une hiérarchie de valeurs ?

Ou allons-nous emprunter une voie qui préserve ce que nous avons mis des centaines d'années à construire en Occident, une voie qui intègre le meilleur de ce que l'IA a à offrir tout en préservant la liberté individuelle, en maximisant la valeur économique au niveau sociétal et en évitant le despotisme ?

Les trois résultats sont à portée de vue, ils nous regardent depuis la route. Afin de nous orienter brusquement et résolument vers la troisième option, le cadre que nous recommandons pour la transition serait, en termes simples, le suivant :

1. **Réglementation minimale mais efficace** axée sur la participation universelle à l'IA et la préservation des droits individuels, y compris le droit à la vie privée (pas de partage de données au niveau individuel entre le gouvernement et l'industrie).

2. **Promotion de l'Open-Source** dans le développement de la technologie de l'IA et de la transparence dans tous les changements proposés pour le système d'exploitation de la société.

3. **Le maintien des libertés individuelles,** y compris la préservation des droits de propriété individuels, comme contrepoids à la nature interconnectée de la technologie de l'IA.

4. **Le maintien de la souveraineté nationale** en tant qu'approche globale de gestion des risques liés à l'IA et pour éviter des résultats dangereux de type "jeu de frappe sur les taupes" au niveau mondial.

5. **Le remaniement et la réforme de l'éducation** garantissent la pensée critique et la capacité d'adaptation grâce à la liberté académique, sans uniformité prédéterminée par l'IA.

6. **Encouragement de l'esprit d'entreprise et de la propriété individuelle des actifs productifs** en tant qu'alternative aux approches du revenu de base universel, car les emplois disparaissent à jamais.

Nous développerons davantage ce cadre ainsi que d'autres idées dans nos travaux futurs.

Une dernière demande

Au terme de notre voyage épique à travers le passé, le présent et l'avenir de l'intelligence artificielle, nous tenons à vous remercier sincèrement d'avoir pris le temps de lire ce livre. Donner vie à l'histoire de *"Comment l'IA Transformera Notre Avenir"* a été un véritable travail d'amour, et nous nous sommes investis corps et âme dans l'élaboration de cette exploration complète de l'entrelacement de l'humanité avec l'IA.

Nous avons consacré des mois à l'étude des implications technologiques, historiques, économiques et philosophiques de cette force de transformation. Mais au-delà de nos intérêts, nous sommes des êtres humains profondément passionnés par l'avenir à moyen et long terme de notre société et de notre espèce. Ce livre représente non seulement nos recherches éclairées, mais aussi nos points de vue personnels, nos espoirs, nos craintes et nos visions de la voie à suivre. Nous avons mis à nu nos propres expériences transformatrices, depuis notre fascination de toujours pour les affaires et la technologie jusqu'à notre propre prise de conscience du pouvoir profond, mais aussi du danger de l'IA.

Nous vous demandons humblement de prendre un moment pour laisser un commentaire sur *"Comment l'IA Transformera Notre Avenir"* sur la plateforme où vous avez acheté le livre. Vos commentaires, qu'il s'agisse d'éloges ou de critiques constructives, ont une valeur inestimable pour nous. Non seulement ils aident d'autres lecteurs à découvrir cet ouvrage, mais ils nous permettent également d'améliorer continuellement notre travail et de mieux servir la communauté mondiale alors que nous naviguons ensemble dans cette révolution technologique.

Nous nous engageons à lire chaque commentaire avec le plus grand soin et la plus grande attention. Vos réflexions et vos points de vue nous permettront de mieux comprendre et, peut-être, d'influencer le prochain chapitre de cette saga en cours. N'hésitez donc pas à nous faire part de votre avis, nous sommes à l'écoute.

Merci, une fois de plus, d'avoir entrepris ce voyage avec nous. L'avenir de l'humanité est en jeu et nous sommes honorés de vous compter parmi nos compagnons de route.

Dites-nous ce que vous pensez du livre. Nous vous remercions de votre attention.

pedro@machinesoftomorrow.ai
https://t.me/uriarecio

Vous pouvez poster votre avis sur Amazon.fr en scannant le QR code ci-dessous.

Références

Aaronson, Scott. *"Opinion | Why Google's Quantum Supremacy Milestone Matters."* The New York Times, 30 October 2019, https://www.nytimes.com/2019/10/30/opinion/google-quantum-computer-sycamore.html. Accessed 29 December 2023.

Abas, Malak. *"Humanoid sex robots are coming sooner than you think."* The Manitoban, 2023, https://themanitoban.com/2016/02/humanoid-sex-robots-are-coming-sooner-than-you-think/27359/. Accessed 28 December 2023.

Abe, Sinzo. *"Policy Speech by Prime Minister Shinzo Abe to the 198th Session of the Diet (Speeches and Statements by the Prime Minister) | Prime Minister of Japan and His Cabinet."* Prime Minister's Office of Japan, 28 January 2019, https://japan.kantei.go.jp/98_abe/statement/201801/_00003.html. Accessed 28 December 2023.

Abelson, Hal. *"LOGO Manual."* DSpace@MIT, https://dspace.mit.edu/handle/1721.1/6226. Accessed 26 December 2023.

Ackerman, Eva. *"How NASA's Astrobee Robot Is Bringing Useful Autonomy to the ISS."* 7 November 2017, https://spectrum.ieee.org/how-nasa-astrobee-robot-is-bringing-useful-autonomy-to-the-iss. Accessed 28 December 2023.

Adams, Douglas, creator. The Hitchhiker's Guide to the Galaxy. BBC Radio 4. 1978.

Adarlo, Sharon. *"Invasion of Food Delivery Robots is Driving People to Vandalism and Theft."* Futurism, 8 August 2023, https://futurism.com/the-byte/food-delivery-robots-people-vandalism-theft. Accessed 28 December 2023.

Aggarwal, Gaurav. *"How The Pandemic Has Accelerated Cloud Adoption."* How The Pandemic Has Accelerated Cloud Adoption, Forbes Technology Council, 30 October 2023, https://www.forbes.com/sites/forbestechcouncil/2021/01/15/how-the-pandemic-has-accelerated-cloud-adoption/?sh=5ba0e4ff6621. Accessed 26 December 2023.

Ahmed, Tanvir, et al. *"Culture: The sci-fi series that shaped Elon Musk's ideas."* The Business Standard, 2020, https://www.tbsnews.net/feature/panorama/culture-sci-fi-series-shaped-elon-musks-ideas-133537. Accessed 29 December 2023.

AIST. *"Development of a Humanoid Robot Prototype, HRP-5P, Capable of Heavy Labor."* 産総研, 16 November 2018, https://www.aist.go.jp/aist_e/list/latest_research/2018/20181116/en20181116.html. Accessed 28 December 2023.

Alexandria, Hero of. Pneumatica: The Pneumatics of Hero of Alexandria. Translated by Bennet Woodcroft, CreateSpace Independent Publishing Platform, 2015.

Allen, Paul, and Mark Greaves. *"Paul Allen: The Singularity Isn't Near."* MIT Technology Review, 12 October 2011, https://www.technologyreview.com/2011/10/12/190773/paul-allen-the-singularity-isnt-near/. Accessed 29 December 2023.

ALPAC. Language and Machines: Computers in Translation and Linguistics: Automatic Language Processing Advisory Committee, 1966.

AlphaFold. *"AlphaFold."* Google DeepMind, 28 July 2022, https://deepmind.google/technologies/alphafold/. Accessed 29 December 2023.

Alter, Robert. The Hebrew Bible: A Translation with Commentary. W. W. Norton & Company, 2018.

Amadeo, Ron. *"Google's Waymo invests in LIDAR technology, cuts costs by 90 percent."* Ars Technica, 9 January 2017, https://arstechnica.com/cars/2017/01/googles-waymo-invests-in-lidar-technology-cuts-costs-by-90-percent/. Accessed 28 December 2023.

Ambler, A., et al. *"A versatile system for computer-controlled assembly."* Artificial Intelligence, 1975.

American Psychiatric Association. (2013). Diagnostic and statistical manual of mental disorders (5th ed.). American Psychiatric Association, 2013.

Annas, George J. *"Protecting the Endangered Human: Toward an International Treaty Prohibiting Cloning and Inheritable Alterations."* Scholarly Commons at Boston University School of Law, 2002, https://scholarship.law.bu.edu/faculty_scholarship/1241/. Accessed 29 December 2023.

AP News. *"China is protesting interrogations and deportations of its students at US entry points."* AP News, 29 January 2024, https://apnews.com/article/china-us-university-students-deported-interrogation-40012461bd45306e527946a7403f8b1a. Accessed 31 January 2024.

Apolloni, Bruno, et al. *"A numerical implementation of quantum annealing."* Stochastic Processes, Physics and Geometry, Proceedings of the Ascona-Locarno Conference., 1988.

Asaro, Peter, and Selma Šabanović. *"Oral-History:Victor Scheinman."* Engineering and Technology History Wiki, Indiana University, 2010, https://ethw.org/Oral-History:Victor_Scheinman. Accessed 27 December 2023.

Asimov, Isaac. The Bicentennial Man. Millennium, 2000.

Asimov, Isaac. Foundation 3-Book Boxed Set: Foundation, Foundation and Empire, Second Foundation. Random House LLC US, 2022.

Asimov, Isaac. I, Robot. Harper Voyager, 2018.

Asimov, Isaac. The Naked Sun. Random House Worlds, 1991.

Asimov, Isaac. Robots and Empire. Harper Voyager, 2018.

Asimov, Isaac. Robots and Empire. 1985.

Asimov, Isaac. Vicious Circle. 1942.

Associated Press. *"What Tesla Autopilot does, why it's being recalled and how the company plans to fix it."* Quartz, December 2015, https://qz.com/what-tesla-autopilot-does-why-its-being-recalled-and-h-1851096472. Accessed 28 December 2023.

Astrahan, M. M. *"Logical design of the digital computer for the SAGE system."* IBM Journal of Research and Development, 1957.

Atherton, Kelsey D. *"This Estonian Tankette Is A Modular Body For War Robots."* Popular Science, 3 March 2016, https://www.popsci.com/estonian-tankette-is-modular-body-for-war-robots/. Accessed 28 December 2023.

Aurelius, Marcus. Meditations. Translated by Gregory Hays, Random House Publishing Group, 2003.

Axe, David. *"The Latest Artificial Hand Lets You Feel What You're Grabbing."* The Daily Beast, 4 May 2020, https://www.thedailybeast.com/e-opra-the-latest-prosthetic-hand-lets-you-feel-what-youre-grabbing. Accessed 29 December 2023.

Bacigalupi, Paolo. The Windup Girl. Night Shade, 2015.

Bai, Yuntao. *"Constitutional AI: Harmlessness from AI Feedback."* arXiv, 15 December 2022, https://arxiv.org/abs/2212.08073. Accessed 4 February 2024.

Bailey, Jonathan. *"Copyright and Metropolis."* Plagiarism Today, 19 October 2016, https://www.plagiarismtoday.com/2016/10/19/copyright-and-metropolis/. Accessed 8 February 2024.

Baker, Sherry. *"Rise of the Cyborgs."* Science Reference Center., 2012.

Banks, Iain. Culture. 25th Anniversary Box Set: Consider Phlebas, The Player of Games and Use of Weapons. Little, Brown Book Group, 2012.

Barath, Medha. *"Canadarm3: Canada's robot on the moon! – The Varsity."* The Varsity, 24 September 2023, https://thevarsity.ca/2023/09/24/canadarm3-canadas-robot-on-the-moon/. Accessed 28 December 2023.

Bassier, Emma. Military Robots. Pop, 2019.

Baum, Lyman Frank. The Wonderful Wizard of Oz (Illustrated First Edition): 100th Anniversary OZ Collection. MiraVista Press, 2019.

Baum, Margaux, and Jeri Freedman. The History of Robots and Robotics. Rosen Publishing, 2017.

BBC. *"BBC NEWS | Health | Brain chip reads man's thoughts."* Home - BBC News, 31 March 2005, http://news.bbc.co.uk/1/hi/health/4396387.stm. Accessed 29 December 2023.

Beardall, William A V. *"Deep Learning Concepts and Applications for Synthetic Biology."* 2022.

Beer, Kerstin, et al. *"Training deep quantum neural networks."* Nature Communication, 2020.

Bell, Jim. Hubble Legacy: 30 Years of Discoveries and Images. Sterling Publishing Company, Incorporated, 2020.

Beman, Jake. *"Universal Truth vs. Personal Truth."* Jake Beman, 10 September 2018, https://jakebeman.com/universal-truth-vs-personal-truth/. Accessed 10 February 2024.

Benioff, Paul. *"The computer as a physical system: A microscopic quantum mechanical Hamiltonian model of computers as represented by Turing machines."* Journal of Statistical Physics, 1980.

Berglas, Dr Anthony. *"Singularity: Artificial Intelligence Will Kill Our Grandchildren."* Berglas., 2012, https://berglas.org/Articles/AIKillGrandchildren/AIKillGrandchildren.html. Accessed 29 December 2023.

Berman, Matthew. *"Sam Altman's Q* Reveal, OpenAI Updates, Elon: "3 Years Until AGI", and Synthetic Data Predictions."* YouTube, 1 December 2023, https://www.youtube.com/watch?v=a8hI3tdZWtM. Accessed 28 December 2023.

Berry, Morgan. *"The History of Robot Combat: BattleBots."* Servo Magazine, 2012, https://www.servomagazine.com/magazine/article/the_history_of_robot_combat_battlebots. Accessed 28 December 2023.

Bible, editor. The Bible: Authorized King James Version. OUP Oxford, 2008.

Biggs, John. *"Affetto is the wild-boy-head robot of your nightmares."* TechCrunch, 21 November 2018, https://techcrunch.com/2018/11/21/affetto-is-the-wild-boy-head-robot-of-your-nightmares/. Accessed 28 December 2023.

Birnbacher, Dieter. *"Posthumanity, Transhumanism and Human Nature."* Posthumanity, Transhumanism and Human Nature, Springer, 2009, https://link.springer.com/chapter/10.1007/978-1-4020-8852-0_7. Accessed 29 December 2023.

Bishop, Donald M. Propagandized Adversary Populations in a War of Ideas. 2021.

Biswas, Suparna, et al. *"Building the AI bank of the future."* McKinsey, https://www.mckinsey.com/~/media/mckinsey/industries/financial%20services/our%20insights/building%20the%20ai%20bank%20of%20the%20future/building-the-ai-bank-of-the-future.pdf. Accessed 10 February 2024.

Blakley, GR. *"Rivest-Shamir-Adleman public key cryptosystems do not always conceal messages."* Computers & Mathematics With Application, 1978.

Block, Fred, and Margaret Somers. *"In the Shadow of Speenhamland: Social Policy and the Old Poor Law."* Politics & Society, 2003.

Boger, George. Aristotle's Syllogistic Underlying Logic. His Model with His Proofs of Soundness and Completeness. College Publications, 2022.

Bolte, Mari. Military Robots in Action. Lerner Publications, 2023.

Bostrom, Nick. *"Existential Risks: Analyzing Human Extinction Scenarios."* Nick Bostrom, 2002, https://nickbostrom.com/existential/risks.

Bostrom, Nick, and Anders Sandberg. *"Whole Brain Emulation: A Roadmap."* Future of Humanity Institute, 2008, https://www.fhi.ox.ac.uk/Reports/2008-3.pdf. Accessed 29 December 2023.

Brain, Marshall. Manna: Two Visions of Humanity's Future. 2012.

Brain, Marshall. The Second Intelligent Species: How Humans Will Become as Irrelevant as Cockroaches. 2015.

Branigan, Tania. *"Chinese figures show fivefold rise in babies sick from contaminated milk."* The Guardian, 2 December 2008, https://www.theguardian.com/world/2008/dec/02/china. Accessed 27 December 2023.

Breazeal, Cynthia. *"Designing Sociable Robots—by Cynthia Breazeal."* MIT Press, 2004, https://mitpress.mit.edu/9780262524315/designing-sociable-robots/. Accessed 28 December 2023.

Brooks, David. *"Opinion | The Philosophy of Data."* The New York Times, 4 February 2013, https://www.nytimes.com/2013/02/05/opinion/brooks-the-philosophy-of-data.html. Accessed 28 December 2023.

Brooks, Rodney A. *"Elephants don't play chess."* Elephants don't play chess, 1990, https://www.sciencedirect.com/science/article/abs/pii/S0921889005800259. Accessed 27 December 2023.

Bryant, Liam. *"Bronco vs. Stinger—BattleBots."* YouTube, 21 July 2015, https://www.youtube.com/watch?v=mgY0BRrEsxw. Accessed 28 December 2023.

Brynjolfsson, Erik, and Andrew Mcafee. The Second Machine Age: Work Progress and Prosperity in a Time of Brilliant Technologies. WW Norton, 2016.

Buddharakkhita, Acharya. The Dhammapada: The Buddha's Path of Wisdom. BPS Pariyatti Editions, 2019.

Buehler, Martin. The 2005 DARPA Grand Challenge: The Great Robot Race. Edited by Martin Buehler, et al., Springer, 2007.

Bush, Vannevar. *"As We May Think."* The Atlantic, 1945, https://www.theatlantic.com/magazine/archive/1945/07/as-we-may-think/303881/.

BusinessWeek. *"This Cute Little Pet Is A Robot."* 1999.

Butler, E. M. The Myths of the Magus. Literary Licensing, LLC, 2011.

Byford, Sam. *"AlphaGo retires from competitive Go after defeating world number one 3-0."* The Verge, 27 May 2017, https://www.theverge.com/2017/5/27/15704088/alphago-ke-jie-game-3-result-retires-future. Accessed 26 December 2023.

Byford, Sam. *"This cuddly Japanese robot bear could be the future of elderly care."* The Verge, 28 April 2015, https://www.theverge.com/2015/4/28/8507049/robear-robot-bear-japan-elderly. Accessed 28 December 2023.

Byford, Sam, et al. *"Trump pardons convicted ex-Google engineer Anthony Levandowski."* The Verge, 19 January 2021, https://www.theverge.com/2021/1/20/22240175/trump-pardons-anthony-levandowski-google-uber-waymo-trade-secrets. Accessed 28 December 2023.

CAAI. *"Introduction to the Chinese Association for Artificial Intelligence."* 中国人工智能学会, CAAI, 18 March 2019, https://en.caai.cn/index.php?s=/Home/Article/detail/id/75.html. Accessed 26 December 2023.

Cai, Guoxing. *"Forty Years of Artificial Intelligence in China."* Science and Technology Revi, 27 April 2016, http://html.rhhz.net/kjdb/20161505.htm. Accessed 26 December 2023.

Caidin, Martin. Cyborg. Warner Paperback Library, 1972.

Cameron, James, director. The Terminator. 1984.

Canada. *"About Dextre | Canadian Space Agency."* About Dextre | Canadian Space Agency, 10 March 2022, https://www.asc-csa.gc.ca/eng/iss/dextre/about.asp. Accessed 28 December 2023.

Capek, Karel. R.U.R. (Rossum's Universal Robots). Penguin Publishing Group, 2004.

Carnegie Mellon. *"No Hands Across America Home Page."* No Hands Across America Home Page, 1995, https://www.cs.cmu.edu/afs/cs/usr/tjochem/www/nhaa/nhaa_home_page.html. Accessed 28 December 2023.

Carr, Michael. *"Wa Wa Lexicography."* 1992, https://academic.oup.com/ijl/article-abstract/5/1/1/950449?redirectedFrom=fulltext&login=false. Accessed January 2024.

CBS. *"Striking Hollywood actors gather for large demonstration in Times Square."* CBS News, 25 July 2023, https://www.cbsnews.com/newyork/news/times-square-sag-aftra-actors-strike-demonstration/. Accessed 27 December 2023.

CDC. *"Health Insurance Portability and Accountability Act of 1996 (HIPAA)."* CDC, Centers for Disease Control and Prevention, https://www.cdc.gov/phlp/publications/topic/hipaa.html. Accessed 26 December 2023.

Census. *"U.S. Census Bureau QuickFacts: United States."* U.S. Census Bureau QuickFacts: United States, 2023, https://www.census.gov/quickfacts/fact/table/US/PST045223. Accessed 9 January 2024.

Chalmers, David J. The conscious mind : in search of a fundamental theory. Oxford University Press, USA, 1996.

Chambers, P. L. The Attic Nights of Aulus Gellius: An Intermediate Reader and Grammar Review. University of Oklahoma Press, 2020.

Chan, Tara Francis. *"China's Tax Blacklist Shames Defaulters Into Repaying Debts."* Business Insider, 19 December 2017, https://www.businessinsider.com/chinas-tax-blacklist-shames-debtors-2017-12. Accessed 26 December 2023.

Charitos, Panos. *"Interview with Peter Shor | EP News."* CERN EP Newsletter, 10 March 2021, https://ep-news.web.cern.ch/content/interview-peter-shor. Accessed 29 December 2023.

ChatGPT. Transformosis. 2023.

Cheok, Adrian David, and David Levy. *"Love and Sex with Robots | Request PDF."* ResearchGate, 2015, https://www.researchgate.net/publication/302431874_Love_and_Sex_with_Robots. Accessed 28 December 2023.

Cheung, Rachel. *"The Grand Experiment."* The Wire China, 18 December 2023, https://www.thewirechina.com/2023/12/17/the-grand-experiment-social-credit-china/. Accessed 27 December 2023.

Child, Oliver. Menace: the Machine Educable Noughts And Crosses Engine. Chalkdust Magazine, 2016. https://chalkdustmagazine.com/features/menace-machine-educable-noughts-crosses-engine/.

China. *"Guidelines for the Construction of the National New Generation Artificial Intelligence Open Innovation Platform."* 中华人民共和国科学技术部, 6 August 2019, https://www.most.gov.cn/xxgk/xinxifenlei/fdzdgknr/fgzc/zcjd/202106/t20210625_175388.html. Accessed 27 December 2023.

China. *"National New Generation of AI Standardization Guidance."* 中国政府网, https://www.gov.cn/zhengce/zhengceku/2020-08/09/content_5533454.htm. Accessed 27 December 2023.

China. *"A new generation of artificial intelligence ethics code."* 中华人民共和国科学技术部, 26 September 2021, https://www.most.gov.cn/kjbgz/202109/t20210926_177063.html. Accessed 27 December 2023.

China. *"Personal Information Protection Law of the People's Republic of China."* National People's Congress, 29 December 2021, http://en.npc.gov.cn.cdurl.cn/2021-12/29/c_694559.htm. Accessed 27 December 2023.

Chowdury, Hasan. *"AI Godfather Warns Sam Altman, Demis Hassabis Want to Control AI."* Business Insider, 30 October 2023, https://www.businessinsider.com/sam-altman-and-demis-hassabis-just-want-to-control-ai-2023-10. Accessed 28 December 2023.

Christiano, Paul, et al. *"[1706.03741] Deep reinforcement learning from human preferences."* arXiv, 12 June 2017, https://arxiv.org/abs/1706.03741. Accessed 29 December 2023.

Chu, Bryant, et al. *"Bring on the bodyNET."* 2017.

Church, George M. *"Next-Generation Digital Information Storage in DNA."* Science, 2012, https://www.science.org/doi/10.1126/science.1226355. Accessed 29 December 2023.

Church, George M. *"Science Literacy."* Big Think, 2017, https://bigthink.com/videos/science-literacy/. Accessed 28 December 2023.

Church of AI. Church of AI: Home, 2023, https://church-of-ai.com/. Accessed 28 December 2023.

CIA. *"Mexico—The World Factbook."* CIA, NA, https://www.cia.gov/the-world-factbook/countries/mexico/summaries/. Accessed 9 January 2024.

Clark, Don. *"The Tech Cold War's 'Most Complicated Machine' That's Out of China's Reach (Published 2021)."* The New York Times, 19 July 2021, https://www.nytimes.com/2021/07/04/technology/tech-cold-war-chips.html. Accessed 27 December 2023.

Clarke, Arthur C., and Stanley Kubrick. 2001: A Space Odyssey. Penguin Publishing Group, 2000.

Clinicaltrials. *"A Multicenter, Single Arm, Prospective, Open-Label, Staged Study of the Safety and Efficacy of the AuriNovo Construct for Auricular Reconstruction in Subjects With Unilateral Microtia."* clinicaltrials, 2021.

Clynes, Manfred E., and Nathan S. Kline. *"Cyborgs and Space."* Astronautics, 1960.

CMU. *"Powered by Carnegie Mellon University."* The Robot Hall of Fame—Powered by Carnegie Mellon University, http://www.robothalloffame.org/inductees/06inductees/scara.html. Accessed 28 December 2023.

Cobb, Billy. " ." YouTube, 9 October 2021, https://www.forbes.com/sites/richardnieva/2023/11/30/meta-ai-yann-lecun-fair-10th-anniversary/?sh=41afe2973ee4. Accessed 29 December 2023.

Cobb, Billy. *"The Self-Optimizing Plant Is Within Reach."* Forbes, 9 October 2021, https://www.forbes.com/sites/marcoannunziata/2021/01/11/the-self-optimizing-plant-is-within-reach/?sh=8c959f12367a. Accessed 29 December 2023.

Cohn, Jessica. Mars Rovers (a True Book: Space Exploration). Scholastic Incorporated, 2022.

Collodi, Carlo. The Adventures of Pinocchio. Penguin Publishing Group, 2021.

"Computer-based personality judgments are more accurate than those made by humans." https://www.pnas.org/doi/suppl/10.1073/pnas.1418680112.

Condliffe, Jamie. *"A 100-Drone Swarm, Dropped from Jets, Plans Its Own Moves."* MIT Technology Review, 10 January 2017, https://www.technologyreview.com/2017/01/10/154651/a-100-drone-swarm-dropped-from-jets-plans-its-own-moves/. Accessed 28 December 2023.

Condon, Stephanie. *"Google I/O 2021: Google unveils LaMDA."* ZDNET, 18 May 2021, https://www.zdnet.com/article/google-io-google-unveils-new-conversational-language-model-lamda/. Accessed 26 December 2023.

Confessore, Nicholas. *"Cambridge Analytica and Facebook: The Scandal and the Fallout So Far (Published 2018)."* The New York Times, 4 April 2018, https://www.nytimes.com/2018/04/04/us/politics/cambridge-analytica-scandal-fallout.html. Accessed 29 December 2023.

Coulter, Martin, and Supantha Mukherjee. *"Exclusive: Behind EU lawmakers' challenge to rein in ChatGPT and generative AI."* Reuters, 28 April 2023, https://www.reuters.com/technology/behind-eu-lawmakers-challenge-rein-chatgpt-generative-ai-2023-04-28/. Accessed 23 January 2024.

Couzin, Jennifer. *"Active Poliovirus Baked From Scratch."* 2002, https://www.science.org/doi/10.1126/science.297.5579.174b. Accessed 29 December 2023.

Cover, Thomas, and Peter E. Hart. *"Nearest neighbor pattern classification."* EEE Transactions on Information Theory, 1967.

Crevier, Daniel. AI : the tumultuous history of the search for artificial intelligence. Basic Books, 1993.

Cross, A. W. The Artilect War: Complete Series. Glory Box Press, 2018.

Cruickshank, Paul, and Don Rassler. *"A View from the CT Foxhole: A Virtual Roundtable on COVID-19 and Counterterrorism with Audrey Kurth Cronin, Lieutenant General (Ret) Michael Nagata, Magnus Ranstorp, Ali Soufan, and Juan Zarate – Combating Terrorism Center at West Point."* Combating Terrorism Center, 18 June 2020, https://ctc.westpoint.edu/a-view-from-the-ct-foxhole-a-virtual-roundtable-on-covid-19-and-counterterrorism-with-audrey-kurth-cronin-lieutenant-general-ret-michael-nagata-magnus-ranstorp-ali-soufan-and-juan-zarate/. Accessed 30 December 2023.

Dalio, Ray. Principles for Dealing with the Changing World Order: Why Nations Succeed and Fail. Avid Reader Press / Simon & Schuster, 2021.

Darwin, Charles. The Origin Of Species. Penguin Publishing Group, 2003.

da Silva, Adenilton, et al. *"Quantum perceptron over a field and neural network architecture selection in a quantum computer."* 2016.

David, Emilia. *"Baidu launches Ernie chatbot after Chinese government approval."* The Verge, 31 August 2023, https://www.theverge.com/2023/8/31/23853878/baidu-launch-ernie-ai-chatbot-china. Accessed 27 December 2023.

Davis, Wes. *"OpenAI rival Anthropic makes its Claude chatbot even more useful."* The Verge, 21 November 2023, https://www.theverge.com/2023/11/21/23971070/anthropic-claude-2-1-openai-ai-chatbot-update-beta-tools. Accessed 26 December 2023.

Deamer, D. *"A giant step towards artificial life?"* Trends in Biotechnology, 2005.

De Garis, Hugo. The Artilect War: Cosmists Vs. Terrans : a Bitter Controversy Concerning Whether Humanity Should Build Godlike Massively Intelligent Machines. ETC Publications, 2005.

Degeler, Andrii. *"Marines' LS3 robotic mule is too loud for real-world combat."* Ars Technica, 29 December 2015, https://arstechnica.com/information-technology/2015/12/us-militarys-ls3-robotic-mule-deemed-too-loud-for-real-world-combat/. Accessed 28 December 2023.

Denis, Eugène. La Lokapannatti et les idées cosmologiques du boudhisme ancien. Université de Lille, 1977.

Descartes, René. Discourse on method ; and, Meditations on first philosophy. Translated by Donald A. Cress, Hackett Pub., 1998.

Deshpande, Jay. *"Pierre Jaquet-Droz, Marvel Maker: The Man Behind Today's Jaquet-Droz Watch Brand."* WatchTime, 24 May 2015, https://www.watchtime.com/featured/pierre-jaquet-droz-marvel-maker-the-man-behind-todays-jaquet-droz-watch-brand/. Accessed 27 December 2023.

Devlin, Jacob, et al. *"BERT: Pre-training of Deep Bidirectional Transformers for Language Understanding."* arXiv, 11 October 2018, https://arxiv.org/abs/1810.04805. Accessed 26 December 2023.

Devulapalli, Harsha. *"Map shows every crash involving driverless cars in San Francisco."* San Francisco Chronicle, 24 October 2023, https://www.sfchronicle.com/projects/2023/self-driving-car-crashes/. Accessed 28 December 2023.

Di Giacomo, Raffaele, and Bruno, Maresca. *"Cyborgs Structured with Carbon Nanotubes and Plant or Fungal Cells: Artificial Tissue Engineering for Mechanical and Electronic Uses."* 2013, https://link.springer.com/article/10.1557/opl.2013.727. Accessed 29 December 2023.

Donoghue, Serruya. *"Design Principles of a Neuromotor Prosthetic Device."* Neuroprosthetics: Theory and Practice., 2014.

Douglas, Will. *"Now we know what OpenAI's superalignment team has been up to."* MIT Technology Review, 14 December 2023, https://www.technologyreview.com/2023/12/14/1085344/openai-super-alignment-rogue-agi-gpt-4/. Accessed 29 December 2023.

Dow, Cat. *"What are the six SAE levels of self-driving cars?"* Top Gear, 5 March 2023, https://www.topgear.com/car%20news/what-are-sae-levels-autonomous-driving-uk. Accessed 28 December 2023.

Dow, Cat. *"What is vehicle-to-everything (V2X) technology?"* Top Gear, 18 June 2023, https://www.topgear.com/car-news/tech/what-vehicle-everything-v2x-technology. Accessed 28 December 2023.

Dyakonov, MI. *"Is Fault-Tolerant Quantum Computation Really Possible?"* 2006.

Eckersley, Peter, and Anders Sandberg. *"Is Brain Emulation Dangerous?"* Sciendo, 23 November 2011, https://sciendo.com/article/10.2478/jagi-2013-0011. Accessed 29 December 2023.

Eckert, Jeff, and Jenn Eckert. *"LOCUST Swarm Coming."* Servo Magazine, 10 March 2023, https://www.servomagazine.com/blog/post/locust-swarm-coming. Accessed 28 December 2023.

Eckert, Jr John Presper, and John W Mauchly. Electronic numerical integrator and computer. US Patent US3120606A. US Patent Office, 1964.

The Economist. *"China is shoring up the great firewall for the AI age."* The Economist, 26 December 2023, https://www.economist.com/business/2023/12/26/china-is-shoring-up-the-great-firewall-for-the-ai-age. Accessed 27 December 2023.

The Economist. *"New robots—smarter and faster—are taking over warehouses."* The Economist, 12 February 2022, https://www.economist.com/science-and-technology/a-new-generation-of-smarter-and-faster-robots-are-taking-over-distribution-centres/21807595. Accessed 28 December 2023.

Egan, Greg. Permutation City: A Novel. Night Shade, 2014.

Ehrman, Bart D. How Jesus Became God: The Exaltation of a Jewish Preacher from Galilee. HarperCollins, 2014.

Einstein, Albert, et al. *"Can Quantum-Mechanical Description of Physical Reality be Considered Complete?"* Physical Review, 1935.

Elices, Jorge. *"Ismail al-Jazari, the Muslim inventor whom some call the 'Father of Robotics.'"* National Geographic, 30 July 2020, https://www.nationalgeographic.com/history/history-magazine/article/ismail-al-jazari-muslim-inventor-called-father-robotics. Accessed 27 December 2023.

Endgadget, and Matt McMullen. *"Interview with Realdoll founder and CEO Matt McMullen at CES 2016."* YouTube, 8 January 2016, https://www.youtube.com/watch?v=j68yDhUDCQs. Accessed 28 December 2023.

Engelberger, Joseph F. Robotics in service. MIT Press, 1989.

EPFL. *"Blue Brain Project - EPFL."* EPFL, https://www.epfl.ch/research/domains/bluebrain/. Accessed 29 December 2023.

Epictetus. The Enchiridion. Translated by Percy Ewing Matheson, Independently Published, 2017.

Eschner, Kat. *"Byron Was One of the Few Prominent Defenders of the Luddites."* Smithsonian Magazine, 27 February 2017, https://www.smithsonianmag.com/smart-news/byron-was-one-few-prominent-defenders-luddites-180962248/. Accessed 27 December 2023.

Ester, Martin, et al. *"A Density-Based Algorithm for Discovering Clusters in Large Spatial Databases with Noise."* A Density-Based Algorithm for Discovering Clusters in Large Spatial Databases with Noise, 1996, https://file.biolab.si/papers/1996-DBSCAN-KDD.pdf. Accessed 7 January 2024.

ET Auto. *"ABB YuMi cobots alleviate workforce shortages for aluminium supplier."* ET Auto, 14 November 2023, https://auto.economictimes.indiatimes.com/news/auto-technology/abb-yumi-cobots-alleviate-workforce-shortages-for-aluminium-supplier/105211496. Accessed 27 December 2023.

EU. *"Artificial Intelligence Act."* EU AI Act, 2023, https://artificialintelligenceact.eu/the-act/. Accessed 26 December 2023.

EU. *"General Data Protection Regulation (GDPR) – Official Legal Text."* General Data Protection Regulation (GDPR) – Official Legal Text, 2018, https://gdpr-info.eu/. Accessed 26 December 2023.

Fedorov, Nikolaï Fedorovich. What was Man Created For? The Philosophy of the Common Task : Selected Works. Edited by Elisabeth Koutaissoff and Marilyn Minto, translated by Elisabeth Koutaissoff and Marilyn Minto, Honeyglen, 1990.

Ferguson, Anthony. The Sex Doll: A History. McFarland, Incorporated, Publishers, 2010.

Ferrando, Francesca. Philosophical Posthumanism. Edited by Rosi Braidotti, Bloomsbury Academic, 2020.

Finance Sina. *"Decoding the National Team in Artificial Intelligence."* 解码人工智能"国家队, 2021, *https://finance.sina.com.cn/tech/2021-07-10/doc-ikqcfnca5955042.shtml. Accessed 27 December 2023.*

Fisher, Adam. *Valley of Genius: The Uncensored History of Silicon Valley (As Told by the Hackers, Founders, and Freaks Who Made It Boom). Hachette Audio, 2018.*

Fogel, Lawrence J. *"Competitive Goal-seeking Through Evolutionary Programming."* 1969.

Forbes. *"By The Numbers: Who's Refusing Covid Vaccinations—And Why."* September 2021.

Forbes. *"Say Hello To Asimo."* Say Hello To Asimo, 2002, https://www.forbes.com/2002/02/21/0221tentech.html?sh=68315ad3f3eb. Accessed 28 December 2023.

Ford, Martin R. The Lights in the Tunnel: Automation, Accelerating Technology and the Economy of the Future. Acculant Publishing, 2009.

Frantzman, Seth J. Drone Wars: Pioneers, Killing Machines, Artificial Intelligence, and the Battle for the Future. Bombardier Books, 2021. Accessed 28 December 2023.

Fridman, Lex, and Yann LeCun. *"Yann LeCun: Dark Matter of Intelligence and Self-Supervised Learning | Lex Fridman Podcast #258."* YouTube, 22 January 2022, https://www.youtube.com/watch?v=SGzMElJ11Cc. Accessed 28 December 2023.

Friedman, Jerome. *"Greedy Function Approximation: A Gradient Boosting Machine" (PDF)."* 1999.

Frumer, Yulia. *"The Short, Strange Life of the First Friendly Robot."* The Short, Strange Life of the First Friendly Robot, 2020, https://spectrum.ieee.org/the-short-strange-life-of-the-first-friendly-robot. Accessed 27 December 2023.

Fukuyama, Francis. *"Transhumanism – Foreign Policy."* Foreign Policy, 23 October 2009, https://foreignpolicy.com/2009/10/23/transhumanism/. Accessed 29 December 2023.

futureoflife. *"Pause Giant AI Experiments: An Open Letter."* Future of Life Institute, 22 March 2023, https://futureoflife.org/open-letter/pause-giant-ai-experiments/. Accessed 31 December 2023.

Galliah, Shelly. *"Robots in the Workplace | Michigan Tech Global Campus News."* Michigan Tech Blogs, 14 February 2023, https://blogs.mtu.edu/globalcampus/2023/02/robots-in-the-workplace/. Accessed 27 December 2023.

Garfinkel, Simson, and Zeyi Yang. *"The Cloud Imperative."* MIT Technology Review, 3 October 2011, https://www.technologyreview.com/2011/10/03/190237/the-cloud-imperative/. Accessed 26 December 2023.

Garland, Alex, director. Ex Machina. 2014.

Gates, Kelly A. *"Facial Recognition Technology from the Lab to the Marketplace."* 2011.

Geddes, Norman Bel. Magic Motorways. Creative Media Partners, LLC, 2022.

genome.gov. *"Human Genomic Variation."* National Human Genome Research Institute, 1 February 2023, https://www.genome.gov/about-genomics/educational-resources/fact-sheets/human-genomic-variation. Accessed 29 December 2023.

Gent, Edd. *"Quantum Computing's Hard, Cold Reality Check."* ieee, 7 November 2023, https://spectrum.ieee.org/quantum-computing-skeptics. Accessed 29 December 2023.

Georgiou, Aristos, et al. *"No, the Last Words of NASA's Opportunity Rover Weren't 'My Battery Is Low and It's Getting Dark.'"* Newsweek, 18 February 2019, https://www.newsweek.com/nasa-mars-opportunity-rover-new-york-daily-news-jet-propulsion-laboratory-1334615. Accessed 28 December 2023.

Gerencher, Kristen. *"Robots as surgical enablers."* 2005, https://www.marketwatch.com/story/a-fascinating-visit-to-a-high-tech-operating-room. Accessed 28 December 2023.

Gibbs, Samuel. *"Musk, Wozniak and Hawking urge ban on warfare AI and autonomous weapons."* The Guardian, 27 July 2015, https://www.theguardian.com/technology/2015/jul/27/musk-wozniak-hawking-ban-ai-autonomous-weapons. Accessed 28 December 2023.

Gibson, DG, et al. *"Creation of a bacterial cell controlled by a chemically synthesized genome."* 2010.

Gibson, William. Neuromancer. Penguin Publishing Group, 2000.

Gillham, Nicholas W. A Life of Sir Francis Galton: From African Exploration to the Birth of Eugenics. Oxford University Press, 2001.

Gillies, Trent. *"Three Square Market CEO explains its employee microchip implant."* CNBC, 13 August 2017, https://www.cnbc.com/2017/08/11/three-square-market-ceo-explains-its-employee-microchip-implant.html. Accessed 29 December 2023.

Glaser, April. *"Elon Musk wants to connect computers to your brain so we can keep up with robots."* Vox, 27 March 2017, https://www.vox.com/2017/3/27/15079226/elon-musk-computers-technology-brain-ai-artificial-intelligence-neural-lace. Accessed 29 December 2023.

Glasser, Zach. *"AI Face-Swap App Spawns New Class Action."* Lexology, 4 May 2023, https://www.lexology.com/library/detail.aspx?g=b14587ce-7046-4cbf-b2aa-b4d8735ee123. Accessed 26 December 2023.

Glover, Paul, and Richard Bowtell. *"MRI rides the wave.,."* Nature, 2009, https://www.nature.com/articles/457971a. Accessed 29 December 2023.

Goard, Sølvi. *"Making and Getting Made: Towards a Cyborg Transfeminism."* Salvage, 8 December 2017, https://salvage.zone/making-and-getting-made-towards-a-cyborg-transfeminism/. Accessed 29 December 2023.

Goertzel, Ben. *"OpenCog Foundation | Building better minds together."* OpenCog Foundation | Building better minds together, https://opencog.org/. Accessed 28 December 2023.

Goldmacher, Shane. *"The 2020 Campaign Is the Most Expensive Ever (By a Lot) (Published 2020)."* The New York Times, 28 October 2020, https://www.nytimes.com/2020/10/28/us/politics/2020-race-money.html. Accessed 29 December 2023.

Goldman, Bruce, and Brad Busse. *"New imaging method developed at Stanford reveals stunning details of brain connections."* Stanford Medicine, 17 November 2010, https://med.stanford.edu/news/all-news/2010/11/new-imaging-method-developed-at-stanford-reveals-stunning-details-of-brain-connections.html?microsite=news&tab=news. Accessed 29 December 2023.

Good, Irving John. *"Speculations Concerning the First Ultraintelligent Machine."* 30 October 1966, https://www.sciencedirect.com/science/article/abs/pii/S0065245808604180. Accessed 28 December 2023.

Goodfellow, Ian. *"Generative Adversarial Nets."* Generative Adversarial Nets, 2014. Accessed 26 December 2023.

Google. *"Our Approach – How Google Search Works."* Google, https://www.google.com/search/howsearchworks/our-approach/. Accessed 30 January 2024.

Gordon, Robert J. The Rise and Fall of American Growth: The U.S. Standard of Living Since the Civil War. Princeton University Press, 2016.

Gosh, Aritra, et al. *"Artificial intelligence in accelerating vaccine development—current and future perspectives."* 2023, https://www.frontiersin.org/articles/10.3389/fbrio.2023.1258159/full. Accessed 29 December 2023.

Green, Lee. *"Legal Rulings on Sports Participation Rights of Transgender Athletes."* NFHS, 29 September 2020, https://www.nfhs.org/articles/legal-rulings-on-sports-participation-rights-of-transgender-athletes/. Accessed 29 December 2023.

Grey, W. *"A Machine that Learns."* Scientific American, 1951, https://www.scientificamerican.com/article/a-machine-that-learns/. Accessed 28 December 2023.

Grover, Lov K. *"A fast quantum mechanical algorithm for database search."* 1996.

Groys, Boris, editor. Russian Cosmism. E-flux, 2018.

Guinness. *"First robot Olympics."* Guinness World Records, 27 September 1990, https://www.guinnessworldrecords.com/world-records/first-robot-olympics. Accessed 28 December 2023.

Guizzo, Erico. *"Cynthia Breazeal Unveils Jibo, a Social Robot for the Home."* Cynthia Breazeal Unveils Jibo, a Social Robot for the Home, 2014, https://spectrum.ieee.org/cynthia-breazeal-unveils-jibo-a-social-robot-for-the-home. Accessed 29 December 2023.

Guizzo, Erico. *"Kiva Systems: Three Engineers, Hundreds of Robots, One Warehouse."* Kiva Systems: Three Engineers, Hundreds of Robots, One Warehouse, IEEE Spectrum, 2008, https://spectrum.ieee.org/three-engineers-hundreds-of-robots-one-warehouse. Accessed 28 December 2023.

Haarmann, Claudia, et al. *"Making the difference! The BIG in Namibia."* 2009. Accessed 30 January 2024.

Haddad, Michel, et al. *"Improved Early Survival with the Total Artificial Heart."* 2004.

Haden, Jeff. *"Research Reveals How Many Likes It Takes for Facebook to Know You Better Than Anyone (Even Your Spouse)."* Inc. Magazine, 11 March 2021, https://www.inc.com/jeff-haden/research-reveals-how-many-likes-it-takes-for-facebook-to-know-you-better-than-your-spouse.html. Accessed 13 February 2024.

Hamilton, John. The Space Race: The Thrilling History of NASA's Race to the Moon, from Project Mercury to Apollo 11 and Beyond. RavenFire Media, Incorporated, 2022. Accessed 28 December 2023.

Hamzah, Aqil. *"From robot dogs to special drones, SAF tests unmanned platforms in US exercise."* The Straits Times, 25 September 2023, https://www.straitstimes.com/singapore/from-robot-dogs-to-micro-drones-saf-tests-unmanned-platforms-in-us-exercise. Accessed 28 December 2023.

Hand, Sophie. *"A Brief History of Collaborative Robots."* Material Handling and Logistics, 26 February 2020, https://www.mhlnews.com/technology-automation/article/21124077/a-brief-history-of-collaborative-robots. Accessed 27 December 2023.

Hanson, Robin. The Age of Em: Work, Love, and Life when Robots Rule the Earth. Oxford University Press, 2018.

Harari, Yuval Noah. Homo Deus: A Brief History of Tomorrow. Translated by Yuval Noah Harari, HarperCollins, 2017.

Haraway, Donna. *"A Cyborg Manifesto."* Socialist Review (US), 1985.

Harbisson, Neil. *"I listen to color | TED Talk."* TED Talks, 20 July 2012, https://www.ted.com/talks/neil_harbisson_i_listen_to_color?language=en. Accessed 29 December 2023.

Harbou, Thea von. Metropolis. Dover Publications, 2015.

Harrow, Aram, et al. *"Quantum algorithm for linear systems of equations."* hysical Review Letters., 2008.

Hart, Peter, et al. *"A Formal Basis for the Heuristic Determination of Minimum Cost Paths."* IEEE Transactions on Systems Science and Cybernetics, 1968.

Hattem, Julian. *"AT&T used broad data-gathering system for federal government."* Wikipedia, 2016, https://thehill.com/policy/national-security/302644-att-used-broad-data-gathering-system-for-us-government/. Accessed 30 January 2024.

Hawking, Stephen. Brief Answers to the Big Questions. Random House Publishing Group, 2018.

He, Yujia, and Anne Bowser. *"How China is preparing for an AI-powered Future."* Wilson Center, 6 2017, https://www.wilsoncenter.org/sites/default/files/media/documents/publication/how_china_is_prep aring_for_ai_powered_future.pdf. Accessed 26 December 2023.

Heinlein, Robert A. Stranger in a Strange Land. Penguin Publishing Group, 2018.

Helou, Agnes, and Barry Rosenberg. *"With Turkish drones in the headlines, what happened to Ukraine's Bayraktar TB2s?"* Breaking Defense, 6 October 2023, https://breakingdefense.com/2023/10/with-turkish-drones-in-the-headlines-what-happened-to-ukraines-bayraktar-tb2s/. Accessed 28 December 2023.

Hemal, Ashok K., and Mani Menon, editors. Robotics in Genitourinary Surgery. Springer International Publishing, 2018. Accessed 27 December 2023.

Hemingway, Ernest, and Seán A. Hemingway. The Sun Also Rises: The Hemingway Library Edition. Edited by Seán A. Hemingway, Scribner, 1926.

Hempel, Jessi. *"How Fei-Fei Li Will Make Artificial Intelligence Better for Humanity."* WIRED, 13 November 2018, https://www.wired.com/story/fei-fei-li-artificial-intelligence-humanity/. Accessed 26 December 2023.

Henshall, Will. *"Elon Musk Says AI Will Eliminate the Need for Jobs."* Time, 2 November 2023, https://time.com/6331056/rishi-sunak-elon-musk-ai/. Accessed 28 December 2023.

Herbert, Frank. Dune, 40th Anniversary Edition (Dune Chronicles, Book 1). Penguin Publishing Group, 2005.

Herbert, Frank. Dune, 40th Anniversary Edition (Dune Chronicles, Book 1). Penguin Publishing Group, 2005.

Herculano-Houzel, Suzana. *"The human brain in numbers: a linearly scaled-up primate brain."* Frontiers in Human Neuroscience, no. 2009.

Hetzner, Christiaan. *"Omar Al Olama, world's first AI minister, says the technology could change the world like the printing press."* Fortune, 28 November 2023, https://fortune.com/asia/2023/11/28/artificial-intelligence-ai-technology-regulation-policy-guardrails-uae-fortune-global-forum/. Accessed 28 December 2023.

Hinton, Geoffrey, and David Rumelhart. *"Learning representations by back-propagating errors."* Nature, Nature.

"The HiPEAC Vision 2019—Inria—Institut national de recherche en sciences et technologies du numérique." Hal-Inria, 10 November 2019, https://inria.hal.science/hal-02314184. Accessed 12 February 2024.

Ho, Tin Kam. *"A theory of multiple classifier systems and its application to visual word recognition.,."* A theory of multiple classifier systems and its application to visual word recognition, 1992, https://dl.acm.org/doi/book/10.5555/142930.

Hobbes, Thomas. Leviathan. Edited by Christopher Brooke, Penguin Publishing Group, 2017.

Hochreiter, Sepp, and Jürgen Schmidhuber. *"Long Short-Term memory."* Neural Computation, 1997.

Holley, Peter. *"Amazon's autonomous robots have started delivering packages in a new location: Southern California."* Washington Post, 12 August 2019, https://www.washingtonpost.com/technology/2019/08/12/amazons-autonomous-robots-have-started-delivering-packages-new-location-southern-california/. Accessed 28 December 2023.

Holpuch, Amanda. *"Why Countries Are Trying to Ban TikTok."* The New York Times, 12 December 2023, https://www.nytimes.com/article/tiktok-ban.html. Accessed 31 January 2024.

Holusha, John. *"JAPANESE ART OF AUTOMATION."* The New York Times, 28 March 1983, https://www.nytimes.com/1983/03/28/business/japanese-art-of-automation.html. Accessed 28 December 2023.

Hong, N. *"3D bioprinting and its in vivo applications."* Journal of Biomedical Materials Research, 2018.

Honnecourt, Villard. The Sketchbook of Villard de Honnecourt. Indiana University Press, 1968.

Hopfield, John. *"Neurons with graded response have collective computational properties like those of two-state neurons."* Proceedings of the National Academy of Sciences of the United States of America.

Hornyak, Timothy N. Loving the Machine: The Art and Science of Japanese Robots. Kodansha International, 2006.

Horsley, Jamie. *"China's Orwellian Social Credit Score Isn't Real."* Foreign Policy, 16 November 2018, https://foreignpolicy.com/2018/11/16/chinas-orwellian-social-credit-score-isnt-real/. Accessed 27 December 2023.

Howley, Daniel. *"We're one step closer to robot butlers doing our dishes."* We're one step closer to robot butlers doing our dishes, 2016, https://finance.yahoo.com/news/spotmini-boston-dynamics-robot-butler-174614581.html. Accessed 28 December 2023.

Hu, Krystal. *"ChatGPT sets record for fastest-growing user base—analyst note."* Reuters, 2 February 2023, https://www.reuters.com/technology/chatgpt-sets-record-fastest-growing-user-base-analyst-note-2023-02-01/. Accessed 26 December 2023.

Huebner, Jonathan. *"A Possible Declining Trend for Worldwide Innovation."* 2015.

Hugues, James. *"Citizen Cyborg: Why Democratic Societies Must Respond To The Redesigned Human Of The Future."* 2004.

Hull, Clark Leonard, et al. Mechanisms of Adaptive Behavior: Clark L. Hull's Theoretical Papers, with Commentary. Edited by Abram Amsel and Michael E. Rashotte, Columbia University Press, 1984.

Hume, David. A Treatise of Human Nature. Edited by Ernest C. Mossner, Penguin Publishing Group, 1984.

Hussein, Mohammed. *"Visualising the race to build the world's fastest supercomputers."* Al Jazeera, 14 January 2022, https://www.aljazeera.com/news/2022/1/14/infographic-visualising-race-build-world-fastest-supercomputers-interactive. Accessed 1 January 2024.

IBM. *"IBM 700 Series."* IBM, https://www.ibm.com/history/700. Accessed 26 December 2023.

IBM. *"IBM Archives: 7090 Data Processing System."* IBM, https://www.ibm.com/ibm/history/exhibits/mainframe/mainframe_PP7090.html. Accessed 26 December 2023.

IFR. *"Robot Density nearly Doubled globally."* International Federation of Robotics, 14 December 2021, https://ifr.org/ifr-press-releases/news/robot-density-nearly-doubled-globally. Accessed 29 December 2023.

Inglis, Esther. *"The very first robot "brains" were made of old alarm clocks."* Gizmodo, 7 March 2012, https://gizmodo.com/the-very-first-robot-brains-were-made-of-old-alarm-cl-5890771. Accessed 27 December 2023.

Intel. *"The Story of the Intel® 4004."* Intel, https://www.intel.com/content/www/us/en/history/museum-story-of-intel-4004.html. Accessed 26 December 2023.

Ivan, Zamesin. Clubhouse Elon Musk interview transcript. 2021.

Japan. *"The income doubling plan and the growing Japanese economy."* Ministry of Foreign Affairs, Japan, 1961.

John, Rohit Abraham, et al. *"Self healable neuromorphic memtransistor elements for decentralized sensory signal processing in robotics."* Nature Communications, 2020, https://www.nature.com/articles/s41467-020-17870-6. Accessed 28 December 2023.

Jonze, Spike, director. Her. 2013.

Jozuka, Emiko. *"The Sad Story of Eric, the UK's First Robot Who Was Loved Then Forsaken."* VICE, 19 May 2016, https://www.vice.com/en/article/pgkkpm/the-sad-story-of-eric-the-uks-first-robot-who-was-loved-then-forsaken. Accessed 27 December 2023.

Kak, Subhash. On quantum neural computing". Advances in Imaging and Electron Physics. 1995.

Kaku, Michio. *"By Midcentury, We May Have Brain 2.0."* Afflictor.com, 7 March 2014, https://afflictor.com/2014/03/07/by-midcentury-we-may-have-brain-2-0/. Accessed 28 December 2023.

Kaneko, Kenji, and Hiroshi Kaminaga. *"Humanoid Robot HRP-5P: An Electrically Actuated Humanoid Robot With High-Power and Wide-Range Joints."* Humanoid Robot HRP-5P: An Electrically Actuated Humanoid Robot With High-Power and Wide-Range Joints, 2019, https://ieeexplore.ieee.org/document/8630006. Accessed 28 December 2023.

Kania, Elsa B., and Paul Scharre. *"Battlefield Singularity."* Center for a New American Security, 28 November 2017, https://www.cnas.org/publications/reports/battlefield-singularity-artificial-intelligence-military-revolution-and-chinas-future-military-power. Accessed 27 December 2023.

Kasparov, Garri Kimovich, and Mig Greengard. Deep Thinking: Where Machine Intelligence Ends and Human Creativity Begins. PublicAffairs, 2017.

Kato, Ichiro. *"The robot musician 'wabot-2' (waseda robot-2)."* 1987.

Kato, Ikunishin. *"Information-power machine with senses and limbs (Wabot 1)."* 1974.

Kawasaki. *"History of Kawasaki Robotics | Industrial Robots by Kawasaki Robotics."* Kawasaki Robotics, Kawasaki, 2019, https://kawasakirobotics.com/eu-africa/company/history/. Accessed 28 December 2023.

Keranen, Rachel. Inventions in Computing: From the Abacus to Personal Computers. Cavendish Square Publishing, 2016.

Kingma, Diederik P., and Max Welling. *"Auto-Encoding Variational Bayes."* arXiv, 20 December 2013, https://arxiv.org/abs/1312.6114. Accessed 26 December 2023.

Kissinger, Henry. *"Dr Henry Kissinger on the Potential Dangers of Artificial Intelligence."* Home, 2023, https://www.youtube.com/shorts/nE85oKtA5Ic. Accessed 3 January 2024.

Klayman, Ben, and Stephen Nellis. *"Trump's China tech war backfires on automakers as chips run short."* Reuters, 14 January 2021, https://www.reuters.com/article/us-autos-tech-chips-focus-idUSKBN29K0GA. Accessed 27 December 2023.

Knight, Will. *"Amazon's New Robots Are Rolling Out an Automation Revolution."* WIRED, 26 June 2023, https://www.wired.com/story/amazons-new-robots-automation-revolution/. Accessed 28 December 2023.

Knight, Will. *"These Clues Hint at the True Nature of OpenAI's Shadowy Q* Project."* WIRED, 30 November 2023, https://www.wired.com/story/fast-forward-clues-hint-openai-shadowy-q-project/. Accessed 29 December 2023.

Knight, Will. *"This Robot Could Transform Manufacturing."* MIT Technology Review, 18 September 2012, https://www.technologyreview.com/2012/09/18/183759/this-robot-could-transform-manufacturing/. Accessed 27 December 2023.

Kobie, Nicole. *"The complicated truth about China's social credit system."* Wired UK, 7 June 2019, https://www.wired.co.uk/article/china-social-credit-system-explained. Accessed 27 December 2023.

Koder, Ronald L., and J. L. Ross Anderson. *"Design and engineering of an O(2) transport protein."* NCBI, 2013, https://www.ncbi.nlm.nih.gov/pmc/articles/PMC3539743/. Accessed 30 December 2023.

Koty, Alexander Chipman. *"Artificial Intelligence in China: Shenzhen Releases First Local Regulations."* China Briefing, 29 July 2021, https://www.china-briefing.com/news/artificial-intelligence-china-shenzhen-first-local-ai-regulations-key-areas-coverage/. Accessed 27 December 2023.

Krizhevsky, Alex, et al. *"ImageNet Classification with Deep Convolutional Neural Networks."* Communications of the ACM., 2017.

Künsken, Derek. The Quantum Magician. Solaris, 2018.

Kurzweil, Ray. The Age of Spiritual Machines: When Computers Exceed Human Intelligence. Penguin Publishing Group, 2000.

Kurzweil, Ray. The Singularity Is Nearer: When We Merge with Computers. Penguin Publishing Group, 2005.

Kwoh, YS, et al. *"A robot with improved absolute positioning accuracy for CT guided stereotactic brain surgery."* IEEE Transactions on Bio-Medical Engineering, 1988.

LaGrandeur, Kevin. Androids and Intelligent Networks in Early Modern Literature and Culture: Artificial Slaves. Routledge, 2013.

Landymore, Frank. *"Godfather of AI Tells Us to Stop Freaking Out Over Its "Existential Risk" To Humanity."* Futurism, 19 October 2023, https://futurism.com/the-byte/godfather-ai-stop-freaking-out. Accessed 29 December 2023.

Lang, Fritz, director. Metropolis. 1927. 1927.

LaPonsie, Maryalene. *"What Is Universal Basic Income?"* US News Money, 1 March 2022, https://money.usnews.com/money/personal-finance/articles/what-is-universal-basic-income. Accessed 29 December 2023.

Lasker. *"DeBakey Clinical Medical Research Award: Modern cochlear implant."* The Lasker Foundation, 2017.

LeCun, Yann. *"Comparison of learning algorithms for handwritten digit recognition."*

LeCun, Yann. *"Post on LinkedIn."* 30 October 2023, https://www.linkedin.com/posts/yann-lecun_animals-and-humans-get-very-smart-very-quickly-activity-7133567569684238336-szrF/. Accessed 28 December 2023.

Ledsom, Alex. *"What Leonardo Da Vinci's Roaring Lion In Paris Has To Say About The World Today."* Forbes, 29 September 2019, https://www.forbes.com/sites/alexledsom/2019/09/29/what-leonardo-da-vincis-roaring-lion-in-paris-has-to-say-about-the-world-today. Accessed 27 December 2023.

Lee, Daniel D. Jensen Huang's Nvidia: Processing the Mind of Artificial Intelligence. 2023.

Leibniz, Gottfried. The Monadology. CreateSpace Independent Publishing Platform, 2017.

Levine, Robert, and Ray Kurzweil. *"Playboy | the New Human "the Kurzweil Library + collections."* Ray Kurzweil, 2006, https://www.thekurzweillibrary.com/playboy-the-new-human. Accessed 28 December 2023.

Lewis, Gideon. *"Check In With the Velociraptor at the World's First Robot Hotel."* WIRED, 2 March 2016, https://www.wired.com/2016/03/robot-henn-na-hotel-japan/. Accessed 28 December 2023.

Li, Fei-Fei, et al. *"ImageNet Large Scale Visual Recognition Challenge."* ImageNet Large Scale Visual Recognition Challenge, https://link.springer.com/article/10.1007/s11263-015-0816-y. Accessed 28 December 2023.

Lien, Tracey. *"AlphaGo beats human Go champ in milestone for artificial intelligence."* Los Angeles Times, 12 March 2016, https://www.latimes.com/world/asia/la-fg-korea-alphago-20160312-story.html. Accessed 26 December 2023.

Liezi, th Cent B. C., and A. C. (Angus Charles) Tr Graham, editors. The Book of Lieh-tzu. Creative Media Partners, LLC, 2021.

Lightman, Hunter, et al. *"Let's Verify Step by Step."* arXiv, 31 May 2023, https://arxiv.org/abs/2305.20050. Accessed 29 December 2023.

Lin, Tsung-Yi, and Hong-Sen Yan. *"A study on ancient Chinese time laws and the time-telling system of Su Song's clock tower."* 2002, https://www.sciencedirect.com/science/article/abs/pii/S0094114X01000593. Accessed 27 December 2023.

Linder, J., et al. *"A generative neural network for maximizing fitness and diversity of synthetic DNA and protein sequences."* 2020.

Linnainmaa, Seppo. *"The representation of the cumulative rounding error of an algorithm as a Taylor expansion of the local rounding errors."* 1970.

Lloyd, Seth, et al. *"Quantum principal component analysis."* Nature, 2014, https://www.nature.com/articles/nphys3029. Accessed 29 December 2023.

Lohr, Steve. *"A $1 Million Research Bargain for Netflix, and Maybe a Model for Others (Published 2009)."* The New York Times, 21 September 2009, https://www.nytimes.com/2009/09/22/technology/internet/22netflix.html. Accessed 26 December 2023.

Lowensohn, Josh. *"Google buys Boston Dynamics, maker of spectacular and terrifying robots."* The Verge, 13 December 2013, https://www.theverge.com/2013/12/14/5209622/google-has-bought-robotics-company-boston-dynamics. Accessed 26 December 2023.

Lu, Marcus, and Niccolo Conte. *"Ranked: Government Debt by Country, in Advanced Economies."* Visual Capitalist, 11 December 2023, https://www.visualcapitalist.com/government-debt-by-country-advanced-economies/. Accessed 6 February 2024.

Macdonald, Fiona, and Gustav Klutsis. *"The early Soviet images that foreshadowed fake news."* BBC, 10 November 2017, https://www.bbc.com/culture/article/20171110-the-early-soviet-images-that-foreshadowed-fake-news. Accessed 10 February 2024.

Mackintosh, Phil, and Dillon Jaghory. *"Japan's Robot Dominance."* Nasdaq, 16 May 2022, https://www.nasdaq.com/articles/japans-robot-dominance. Accessed 28 December 2023.

Majors, Lee, creator. The Six Million Dollar Man. ABC, 1973-78.

Makin, Joseph G, et al. *"Machine translation of cortical activity to text with an encoder–decoder framework."* NCBI, 30 March 2020, https://www.ncbi.nlm.nih.gov/pmc/articles/PMC10560395/. Accessed 29 December 2023.

Malyshev, DA, et al. *"A semi-synthetic organism with an expanded genetic alphabet."* Nature, 2014.

Manning, Rob, and William L. Simon. Mars Rover Curiosity: An Inside Account from Curiosity's Chief Engineer. Smithsonian, 2017.

Mansour, Salem, et al. *"Efficacy of Brain–Computer Interface and the Impact of Its Design Characteristics on Poststroke Upper-limb Rehabilitation: A Systematic Review and Meta-analysis of Randomized Controlled Trials."* NCBI, 2021, https://www.ncbi.nlm.nih.gov/pmc/articles/PMC8619716/. Accessed 29 December 2023.

Marboy, Steven. NASA Mars Rover Perseverance: Mars 2020. Independently Published, 2020. Accessed 28 December 2023.

Marinescu, Ioana, and Heikki Hiilamo. *"Why Alaska's Experience Shows Promise for Universal Basic Income."* Knowledge at Wharton, 10 May 2018, https://knowledge.wharton.upenn.edu/podcast/knowledge-at-wharton-podcast/alaskas-experience-shows-promise-universal-basic-income/. Accessed 30 January 2024.

Markoff, John. *"Behind Artificial Intelligence, a Squadron of Bright Real People (Published 2005)."* The New York Times, 14 October 2005, https://www.nytimes.com/2005/10/14/technology/behind-artificial-intelligence-a-squadron-of-bright-real-people.html. Accessed 26 December 2023.

Markoff, John. *"Crashes and Traffic Jams in Military Test of Robotic Vehicles (Published 2007)."* The New York Times, 5 November 2007, https://www.nytimes.com/2007/11/05/technology/05robot.html. Accessed 28 December 2023.

Markoff, John. *"In a Big Network of Computers, Evidence of Machine Learning."* The New York Times, 25 June 2012, https://www.nytimes.com/2012/06/26/technology/in-a-big-network-of-computers-evidence-of-machine-learning.html?pagewanted=all. Accessed 26 December 2023.

Martin, Goerge M. *"Brief proposal on immortality: an interim solution."* Perspectives in Biology and Medicine., 1971.

Masamune, Shirow. The Ghost in the Shell: Fully Compiled (Complete Hardcover Collection). Kodansha Comics, 2023.

Maslow, Abraham. *"A theory of human motivation."* Psychological Review,, 1943.

Mason, Cindy. *"(PDF) Giving Robots Compassion, C. Mason, Conference on Science and Compassion, Poster Session, Telluride, Colorado, 2012."* ResearchGate, 2012, https://www.researchgate.net/publication/260230014_Giving_Robots_Compassion_C_Mason_Co nference_on_Science_and_Compassion_Poster_Session_Telluride_Colorado_2012. Accessed 28 December 2023.

Matsakis, Louise. *"How the West Got China's Social Credit System Wrong."* WIRED, 29 July 2019, https://www.wired.com/story/china-social-credit-score-system/. Accessed 27 December 2023.

Mayor, Adrienne. Gods and Robots: Myths, Machines, and Ancient Dreams of Technology. Princeton University Press, 2020.

McCarthy, John, et al. A PROPOSAL FOR THE DARTMOUTH SUMMER RESEARCH PROJECT ON ARTIFICIAL INTELLIGENCE. 1955.

McCorduck, Pamela. Machines Who Think: A Personal Inquiry Into the History and Prospects of Artificial Intelligence. Taylor & Francis, 2004.

McCulloch, Warren, and Walter Pitts. *"A logical calculus of the ideas immanent in nervous activity."* The bulletin of mathematical biophysics, 1945.

McElhinney, David. *"Why money will not be enough to address Japan's baby crisis."* Al Jazeera, 28 February 2023, https://www.aljazeera.com/news/2023/2/28/why-money-will-be-not-be-enough-to-address-japans-demographic-crisis. Accessed 28 December 2023.

McKinsey. *"Modeling the global economic impact of AI."* McKinsey, 4 September 2018, https://www.mckinsey.com/featured-insights/artificial-intelligence/notes-from-the-ai-frontier-modeling-the-impact-of-ai-on-the-world-economy. Accessed 29 December 2023.

Mesopotamian. The Epic of Gilgamesh. Penguin Classics, 1960.

Meyer, David. *"U.S. Urges Other Countries to Shun Huawei, Citing Espionage Risk."* Fortune, 23 November 2018, https://fortune.com/2018/11/23/us-huawei-espionage/. Accessed 27 December 2023.

"Microsoft-affiliated research finds flaws in GPT-4." TechCrunch, 17 October 2023, https://techcrunch.com/2023/10/17/microsoft-affiliated-research-finds-flaws-in-gtp-4/. Accessed 12 February 2024.

Mikolov, Tomas, and Kai Chen. *"Efficient Estimation of Word Representations in Vector Space."* Efficient Estimation of Word Representations in Vector Space, 16 January 2013. Accessed 26 December 2023.

Mims, Christopher. *"Self-Driving Cars Could Be Decades Away, No Matter What Elon Musk Said."* The Wall Street Journal, 5 June 2021, https://www.wsj.com/articles/self-driving-cars-could-be-decades-away-no-matter-what-elon-musk-said-11622865615. Accessed 13 February 2024.

Modis, Theodore. *"Forecasting the Growth of Complexity and Change."* 2002.

Moor, James, editor. The Turing Test: The Elusive Standard of Artificial Intelligence. Springer Netherlands, 2003.

Moore, Gordon E. *"Cramming more components onto integrated circuits."* 1965.

Moran, Michael E. *"The."* The da Vinci Robot, 2007, https://www.liebertpub.com/doi/10.1089/end.2006.20.986. Accessed 27 December 2023.

Moravec, Hans. *"Caution! Robot vehicle!"* Caution! Robot vehicle!, 1991, https://dl.acm.org/doi/10.5555/132218.132237. Accessed 27 December 2023.

Moravec, Hans. Mind Children: The Future of Robot and Human Intelligence. Harvard University Press, 1988.

Moravec, Hans. *"Obstacle avoidance and navigation in the real world by a seeing robot rover."* PHD, 1980.

Moravec, Hans. *"Today's Computers, Intelligent Machines, and Our Future."* 1979.

Moravec, Hans P. Robot: Mere Machine to Transcendent Mind. Oxford University Press, 1999.

More, Max. Comments on Vinge's Singularity, 2014, https://mason.gmu.edu/~rhanson/vc.html#more. Accessed 29 December 2023.

More, Thomas. Utopia. Translated by Paul Turner, Penguin Publishing Group, 2003.

Morgan, Richard K. Altered Carbon. Del Rey, 2003.

Mori, Masahiro. The Buddha in the Robot. Kosei Publishing Company, 1981.

Mori, Masahiro. *"The Uncanny Valley."* 1970, https://spectrum.ieee.org/the-uncanny-valley. Accessed 28 December 2023.

Mortimer, John, and Brian Rooks. *"The International Robot Industry Report."* 1987, https://link.springer.com/book/10.1007/978-3-662-13174-9. Accessed 28 December 2023.

Mosco, Vincent. To the Cloud: Big Data in a Turbulent World. Taylor & Francis, 2015.

Motoda, Hiroshi. *"The current status of expert system development and related technologies in Japa."* Hitachi, 1990, https://ieeexplore.ieee.org/document/58016. Accessed 28 December 2023.

"Mueller finds no collusion with Russia, leaves obstruction question open." American Bar Association, 2019, https://www.americanbar.org/news/abanews/aba-news-archives/2019/03/mueller-concludes-investigation/.

Mumtaz, Sandeeb. *"Electroencephalogram (EEG)-based computer-aided technique to diagnose major depressive disorder (MDD)."* Biomedical Signal Processing and Control, 2017, https://www.sciencedirect.com/science/article/abs/pii/S1746809416300866. Accessed 2 February 2024.

Murakami, Kazuo, translator. 機巧図彙. Murakami Kazuo, 2012.

Murray, Chuck. *"Re-wiring the Body."* 2005.

Murre, Jaap M. J. *"Replication and Analysis of Ebbinghaus' Forgetting Curve."* PLOS, 2015, https://journals.plos.org/plosone/article?id=10.1371/journal.pone.0120644. Accessed 6 February 2024.

Musk, Elon, and Alex Medina. Elon Musk on X: "This is nothing. In a few years, that bot will move so fast you'll need a strobe light to see it. Sweet dreams… https://t.co/0MYNixQXMw", 26 November 2017, https://twitter.com/elonmusk/status/934888089058549760? Accessed 28 December 2023.

Muzyka, Kamil. *"The Outline of Personhood Law Regarding Artificial Intelligences and Emulated Human Entities."* Sciendo, 23 November 2011, https://sciendo.com/article/10.2478/jagi-2013-0010. Accessed 29 December 2023.

Myre, Greg. *"China Wants Your Data—And May Already Have It."* NPR, 24 February 2021, https://www.npr.org/2021/02/24/969532277/china-wants-your-data-and-may-already-have-it. Accessed 31 January 2024.

Nagata, Kazuaki. *"SoftBank unveils 'historic' robot."* The Japan Times, 5 June 2014, https://www.japantimes.co.jp/news/2014/06/05/business/corporate-business/softbank-unveils-pepper-worlds-first-robot-reads-emotions/#.U5hbI_m1ZbU. Accessed 28 December 2023.

Nahin, Paul J. The Logician and the Engineer: How George Boole and Claude Shannon Created the Information Age. Princeton University Press, 2017.

NASA. *"NASA's Dragonfly Will Fly Around Titan Looking for Origins, Signs of Life."* NASA, 27 June 2019, https://www.nasa.gov/news-release/nasas-dragonfly-will-fly-around-titan-looking-for-origins-signs-of-life/. Accessed 28 December 2023.

NASA. *"OSIRIS-REx."* NASA Science, https://science.nasa.gov/mission/osiris-rex/. Accessed 28 December 2023.

NASA. *"OSIRIS-REx."* NASA Science, https://science.nasa.gov/mission/osiris-rex/. Accessed 28 December 2023.

NASA. *"Regolith Advanced Surface Systems Operations Robot (RASSOR)."* NASA 3D Resources, 9 June 2021, https://nasa3d.arc.nasa.gov/detail/RASSOR. Accessed 28 December 2023.

NASA. *"Robonaut2."* NASA, 26 September 2023, https://www.nasa.gov/robonaut2/. Accessed 28 December 2023.

NASA. *"SPHERES International Space Station National Laboratory Facility – Synchronized Position Hold, Engage, Reorient, Experimental."* NASA, https://www.nasa.gov/wp-content/uploads/2017/12/spheres_fact_sheet-508-7may2015.pdf. Accessed 28 December 2023.

NASA. *"Viking 1 & 2 | Missions – NASA Mars Exploration."* NASA Mars Exploration, https://mars.nasa.gov/mars-exploration/missions/viking-1-2/. Accessed 28 December 2023.

Nature. *"Tercentenary of the Calculating Machine."* no. 150, 1942, https://www.nature.com/articles/150427a0#preview.

Neeley, Brian. *"China is building the best firewall for the AI age."* Business News, 26 December 2023, https://biz.crast.net/china-is-building-the-best-firewall-for-the-ai-age/. Accessed 27 December 2023.

Neuman, John Von. First Draft of a Report on the EDVAC. Creative Media Partners, LLC, 2021.

Neuralink. *"Neuralink Annoucement on X."* X.com, 25 May 2023, https://twitter.com/neuralink/status/1661857379460468736. Accessed 29 December 2023.

Newell, Allen, and Herbert Simon. *"Computer Science as Empirical Inquiry: Symbols and Search."* 1976.

Newitz, Annalee. Autonomous. Translated by Alexander Páez, Minotauro, 2019.

Newquist, Harvey P. The Brain Makers. Sams Pub., 1994.

Newsflare. *"Seven places where robots serve customers in Bangkok, Thailand."* Newsflare, 13 May 2023, https://www.newsflare.com/video/562164/seven-places-where-robots-serve-customers-in-bangkok-thailand. Accessed 6 February 2024.

New York Times. *"BUSINESS TECHNOLOGY; What's the Best Answer? It's Survival of the Fittest (Published 1990)."* The New York Times, 29 August 1990, https://www.nytimes.com/1990/08/29/business/business-technology-what-s-the-best-answer-it-s-survival-of-the-fittest.html?scp=1&sq=axcelis%20evolver&st=cse/. Accessed 26 December 2023.

Ni, Vincent. *"China denounces US Senate's $250bn move to boost tech and manufacturing."* The Guardian, 8 June 2021, https://www.theguardian.com/us-news/2021/jun/09/us-senate-approves-50bn-boost-for-computer-chip-and-ai-technology-to-counter-china. Accessed 29 January 2024.

Niccol, Andrew, director. Gattace. 1997.

Nielsen, AA. *"Genetic circuit design automation."* 2016.

Nikkey. *"Japan's senior-care providers seek more foreign trainees."* Nikkei Asia, 11 January 2017, https://asia.nikkei.com/Business/Japan-s-senior-care-providers-seek-more-foreign-trainees. Accessed 28 December 2023.

Nilsson, Nils J. The Quest for Artificial Intelligence. Cambridge University Press, 2010.

Nishida, Toyoaki. *"The Best of AI in Japan—Prologue."* 2012.

Nof, Shimon Y., editor. Handbook of Industrial Robotics. Wiley, 1999.

Nolan, Beatrice. *"Sam Altman Keeps Talking About AGI Replacing the 'Median Human.'"* Business Insider, 27 September 2023, https://www.businessinsider.com/sam-altman-thinks-agi-replaces-median-humans-2023-9. Accessed 28 December 2023.

NTT DATA. *"More Than 80% of Financial Institutions Believe AI is the Key Competitive Driver to Success NTT DATA Study Reveals."* NTT DATA, 21 April 2021, https://mx.nttdata.com/es/news/press-release/2021/april/financial-institutions-believe-ai-is-key. Accessed 29 December 2023.

Nurk, Sergey, et al. *"The complete sequence of a human genome."* https://www.science.org/doi/10.1126/science.abj6987, 2022.

Nye, Greg. *"China Wants Your Data."* NPR, 9 November 2017, https://www.ktep.org/world-news/2021-02-24/china-wants-your-data-and-may-already-have-it. Accessed 13 February 2024.

Obringer, Lee Ann, and Jonathan Strickland. *"How ASIMO Works | HowStuffWorks."* Science | HowStuffWorks, 2007, https://science.howstuffworks.com/asimo.htm#pt1. Accessed 28 December 2023.

Ohnsman, Alan. *"At $1.1 Billion Google's Self-Driving Car Moonshot Looks Like A Bargain."* Forbes, 15 September 2017, https://www.forbes.com/sites/alanohnsman/2017/09/15/at-1-1-billion-googles-self-driving-car-moonshot-looks-like-a-bargain/. Accessed 28 December 2023.

Okonedo, Sophie, et al. *"Alien Worlds (TV Series 2020)."* IMDb, 2020, https://www.imdb.com/title/tt13464340/. Accessed 28 December 2023.

Olcott, Eleanor, and Wenjie Ding. *"China struggles to control data sales as companies shun official exchanges."* Financial Times, 27 December 2023, https://www.ft.com/content/eab7c43a-e4a0-464b-a5d4-d71526dd2e8b. Accessed 27 December 2023.

Opie, N. *"The StentrodeTM Neural Interface System."* " Brain-Computer Interface Research., 2021.

Oremus, Will. DeepFace: Facebook face-recognition software is 97 percent accurate., 18 March 2014, https://slate.com/technology/2014/03/deepface-facebook-face-recognition-software-is-97-percent-accurate.html. Accessed 26 December 2023.

Ourworldindata. *"GDP per capita: Argentina, France, Germany, UK ."* 9 October 2021, https://ourworldindata.org/grapher/gdp-per-capita-maddison?tab=chart&time=1602..1948&country=ARG~FRA~DEU~GBR. Accessed 29 December 2023.

Overbye, Dennis. *"Reaching for the Stars, Across 4.37 Light-Years."* The New York Times, 12 April 2016, https://www.nytimes.com/2016/04/13/science/alpha-centauri-breakthrough-starshot-yuri-milner-stephen-hawking.html. Accessed 30 December 2023.

Ownify. *"Fractional ownership explained."* Ownify, https://ownify.com/fractional-ownership-explained. Accessed 6 February 2024.

Page, Larry, and Sergey Brin. *"The anatomy of a large-scale hypertextual Web search engine."* Computer Networks and Isdn Systems,, 1998.

Pandi, A., et al. *"Metabolic perceptrons for neural computing in biological systems."* " Nature Communications., 2019.

Park, Ed Sjc. EGo: A Dot-com Bubble Story. Lulu.com, 2012.

Pearson, Karl. *"On Lines and Planes of Closest Fit to Systems of Points in Space."* 1901.

Pennington, Jeffrey,, and Richard Socher. *"GloVe: Global Vectors for Word Representation."* Stanford NLP Group, 2014, https://nlp.stanford.edu/pubs/glove.pdf. Accessed 26 December 2023.

Pereira, Anthony W. *""Bolsa Família" and democracy in Brazil."* Third World Quarterly, 2015, https://www.jstor.org/stable/24523144. Accessed 30 January 2024.

Perov, Ivan. *"DeepFaceLab: Integrated, flexible and extensible face-swapping framework."* arXiv, 12 May 2020, https://arxiv.org/abs/2005.05535. Accessed 26 December 2023.

Peshkin, Michael A., and James E. Colgate. *"US Patent US5952796A—Cobots."* Google Patents, 1997, https://patents.google.com/patent/US5952796. Accessed 27 December 2023.

Peters, Jay, and Alex Castro. *"The New York Times blocks OpenAI's web crawler."* The Verge, 21 August 2023, https://www.theverge.com/2023/8/21/23840705/new-york-times-openai-web-crawler-ai-gpt. Accessed 26 December 2023.

Pew. *"Political Polarization in the American Public."* Pew Research Center, 12 June 2014, https://www.pewresearch.org/politics/2014/06/12/political-polarization-in-the-american-public/. Accessed 29 December 2023.

Pew. *"Public Trust in Government: 1958-2023."* Pew Research Center, 19 September 2023, https://www.pewresearch.org/politics/2023/09/19/public-trust-in-government-1958-2023/. Accessed 29 December 2023.

Pieke, Frank N., and Bert Hofman, editors. CPC Futures: The New Era of Socialism with Chinese Characteristics. National University of Singapore Press, 2022.

Pinker, Steven. *"Tech Luminaries Address Singularity."* https://spectrum.ieee.org/, 2008, https://spectrum.ieee.org/tech-luminaries-address-singularity. Accessed 29 December 2023.

Piore, Adam. *"Beijing's Plan to Control the World's Data: Out-Google Google."* Newsweek, 7 September 2022, https://www.newsweek.com/2022/09/16/beijings-plan-control-worlds-data-out-google-google-1740426.html. Accessed 31 January 2024.

Poe, Edgar Allan. Edgar Allan Poe: Selected Works: "The Business Man," "The Landscape Garden," "Maelzel's Chess Player," "The Power of Words". St Johns University Press, 1968.

Pollack, Andrew. *"'Fifth Generation' Became Japan's Lost Generation."* The New York Times, 5 June 1992, https://www.nytimes.com/1992/06/05/business/fifth-generation-became-japan-s-lost-generation.html. Accessed 28 December 2023.

Pomerleau, Dean A. *"ALVINN: An Autonomous Land Vehicle in a Neural Network."* 1988.

Population Pyramide. *"Population of Japan 2060."* PopulationPyramid.net, https://www.populationpyramid.net/japan/2060/. Accessed 3 February 2024.

Porter, Jon, and Alex Castro. *"ChatGPT continues to be one of the fastest-growing services ever."* The Verge, 6 November 2023, https://www.theverge.com/2023/11/6/23948386/chatgpt-active-user-count-openai-developer-conference. Accessed 26 December 2023.

Pritchett, Price, and Brian Muirhead. The Mars Pathfinder: Approach to "faster-better-cheaper" : Hard Proof from the NASA/JPL Pathfinder Team on how Limitations Can Guide You to Breakthroughs. Pritchett & Associates, 1998.

PWC. *"What's the real value of AI for your business and how can you capitalise?"* PwC, 2017, https://www.pwc.com/gx/en/issues/analytics/assets/pwc-ai-analysis-sizing-the-prize-report.pdf. Accessed 29 December 2023.

Quinlan, J. Ross. C4.5. Elsevier Science, 1993.

Rabaey, JM. *"Brain-machine interfaces as the new frontier in extreme miniaturization."* 2011 Proceedings of the European Solid-State Device Research Conference, 2011.

Rajaniemi, Hannu. The Quantum Thief. Tor Publishing Group, 2014.

Rashid, Rushdi, editor. Al-Khwārizmī: The Beginnings of Algebra. Saqi, 2009.

Redgrove, H. Stanley. Roger Bacon: The Father of Experimental Science and Medieval Occultism. Kessinger Publishing, LLC, 2010.

Rees, Martin J. Our final hour : a scientist's warning : how terror, error, and environmental disaster threaten humankind's future in this century on earth and beyond. Basic Books, 2004.

Reilly, Jessica, et al. *"China's Social Credit System: Speculation vs. Reality."* The Diplomat, 30 March 2021, https://thediplomat.com/2021/03/chinas-social-credit-system-speculation-vs-reality/. Accessed 26 December 2023.

Reynolds, Isabel, et al. *"Weak Yen Unravels Japan's Quest for Foreign Workers."* Bloomberg.com, 9 November 2022, https://www.bloomberg.com/news/articles/2022-11-09/weak-yen-unravels-japan-s-quest-for-foreign-workers. Accessed 28 December 2023.

Rinaudo, K. *"A universal RNAi-based logic evaluator that operates in mammalian cells"."* 2007.

River, Charles. The Viking Program: The History and Legacy of NASA's First Missions to Mars. Amazon Digital Services LLC—Kdp, 2019.

Rombach, Robin, et al. *"High-Resolution Image Synthesis with Latent Diffusion Models—Computer Vision & Learning Group."* 2022, https://ommer-lab.com/research/latent-diffusion-models/. Accessed 26 December 2023.

Roose, Kevin. *"A.I. Poses 'Risk of Extinction,' Industry Leaders Warn."* The New York Times, 30 May 2023, https://www.nytimes.com/2023/05/30/technology/ai-threat-warning.html. Accessed 29 December 2023.

Roose, Kevin. *"Mr. Altman Goes to Washington, and Casey Goes on This American Life."* The New York Times, 19 May 2023, https://www.nytimes.com/2023/05/19/podcasts/hard-fork-altman-yoel-roth.html. Accessed 26 December 2023.

Rosen, Rebecca J. *"Google's Self-Driving Cars: 300000 Miles Logged, Not a Single Accident Under Computer Control."* The Atlantic, 9 August 2012, https://www.theatlantic.com/technology/archive/2012/08/googles-self-driving-cars-300-000-miles-logged-not-a-single-accident-under-computer-control/260926/. Accessed 28 December 2023.

Rosen, Rebecca J. *"Unimate: The Story of George Devol and the First Robotic Arm."* The Atlantic, 16 August 2011, https://www.theatlantic.com/technology/archive/2011/08/unimate-the-story-of-george-devol-and-the-first-robotic-arm/243716/. Accessed 27 December 2023.

Rosenblatt, Frank. *"The Perceptron—a perceiving and recognizing automaton."* Cornell Aeronautical Laboratory, 1957.

Rothblatt, Martine Aliana. From Transgender to Transhuman: A Manifesto on the Freedom of Form. Martine Rothblatt, 2011.

Rozum Robotics. *"Coffee by a Robot Barista Becoming Next-Door Reality."* Rozum Robotics, https://rozum.com/coffee-robot-barista/. Accessed 6 February 2024.

RSF. *"2023 World Press Freedom Index – journalism threatened by fake content industry."* 2023 World Press Freedom Index – journalism threatened by fake content industry, 2023, https://rsf.org/en/2023-world-press-freedom-index-journalism-threatened-fake-content-industry. Accessed 29 December 2023.

Rutherford, Adam. Control: The Dark History and Troubling Present of Eugenics. WW Norton, 2022. Accessed 29 December 2023.

Ryan, Cy. *"Nevada issues Google first license for self-driving car."* Las Vegas Sun, 7 May 2012, https://lasvegassun.com/news/2012/may/07/nevada-issues-google-first-license-self-driving-ca/. Accessed 28 December 2023.

Safran, Linda, editor. Heaven on Earth: Art and the Church in Byzantium. Pennsylvania State University Press, 1998.

Sage, Alexandria. *"Meet Waymo, Google's self-driving car company."* 2016, https://www.reuters.com/article/google-waymo-autonomous-idINKBN142227/. Accessed 28 December 2023.

Sale, Kirkpatrick. Rebels Against The Future: The Luddites And Their War On The Industrial Revolution: Lessons For The Computer Age. Basic Books, 1996.

Salus, Peter H., editor. The ARPANET Sourcebook: The Unpublished Foundations of the Internet. Peer-to-Peer Communications, 2007.

Samuel, Arthur. *"Some Studies in Machine Learning Using the Game of Checkers."* IBM Journal of Research and Development., 1959.

Sánchez Domingo, Rafael. *"Las leyes de Burgos de 1512 y la doctrina jurídica de la conquista."* Dialnet, 2012, https://dialnet.unirioja.es/servlet/articulo?codigo=4225030. Accessed 9 January 2024.

Schaut, Scott. Robots of Westinghouse, 1924-today. Scott Schautt, Mansfield Memorial Museum, 2006.

Schneider, Susan. *"The Philosophy of 'Her.'"* 2014, https://archive.nytimes.com/opinionator.blogs.nytimes.com/2014/03/02/the-philosophy-of-her/?_php=true&_type=blogs&_r=0. Accessed 1 January 2024.

Schrödinger, Erwin. *"Discussion of Probability Relations between Separated Systems."* Mathematical Proceedings of the Cambridge Philosophical Society, 1935.

Schuh, Mari. Military Drones and Robots. Capstone, 2022. Accessed 28 December 2023.

Searle, John. *"Minds, brains, and programs."* Behavioral and Brain Sciences, 1980.

SETI Institute. *"Drake Equation."* SETI Institute, https://www.seti.org/drake-equation-index. Accessed 20 January 2024.

Several Governments. *"The Bletchley Declaration by Countries Attending the AI Safety Summit, 1-2 November 2023."* GOV.UK, 1 November 2023, https://www.gov.uk/government/publications/ai-safety-summit-2023-the-bletchley-declaration/the-bletchley-declaration-by-countries-attending-the-ai-safety-summit-1-2-november-2023. Accessed 25 December 2023.

Shachtman, Noah. *"Darpa Preps Son of Robotic Mule."* WIRED, 29 October 2008, https://www.wired.com/2008/10/bigdog-20/. Accessed 28 December 2023.

Shachtman, Noah. *"First Armed Robots on Patrol in Iraq (Updated)."* WIRED, 2 August 2007, https://www.wired.com/2007/08/httpwwwnational/. Accessed 28 December 2023.

Sharp, Alan. A Grim Almanac of York. History Press, 2015.

Shead, Sam. *"Amazon's Robot Army Has Grown by 50%."* Business Insider, 3 January 2017, https://www.businessinsider.com/amazons-robot-army-has-grown-by-50-2017-1. Accessed 28 December 2023.

Shelley, Mary. Frankenstein (Masterpiece Library Edition). Peter Pauper Press, Incorporated, 2023.

Shor, Peter. *"Algorithms for quantum computation: Discrete logarithms and factoring."* Proceedings 35th Annual Symposium on Foundations of Computer Science. IEEE Comput. Soc. Press., 1994.

Shu, Catherine. *"Google Acquires Artificial Intelligence Startup DeepMind For More Than $500M."* TechCrunch, 26 January 2014, https://techcrunch.com/2014/01/26/google-deepmind/. Accessed 26 December 2023.

Silbert, Alex. *"Mining in Space Is Coming."* Milken Institute Review, 26 April 2021, https://www.milkenreview.org/articles/mining-in-space-is-coming. Accessed 28 December 2023.

Silva, Lucas, et al. *"Baxter Kinematic Modeling, Validation and Reconfigurable Representation 2016-01-0334."* SAE International, 5 April 2016, https://www.sae.org/publications/technical-papers/content/2016-01-0334/. Accessed 27 December 2023.

Simon, Herbert A. The Shape of Automation for Men and Management. Harper & Row, 1965.

Simon, Matt. *"Meet Xenobot, an Eerie New Kind of Programmable Organism."* WIRED, 13 January 2020, https://www.wired.com/story/xenobot/. Accessed 29 December 2023.

Singh, Ishveena, and Bruce Crumley. *"DJI condemns use of its drones in the Russia-Ukraine war."* DroneDJ, 22 April 2022, https://dronedj.com/2022/04/22/dji-drones-russia-war/. Accessed 28 December 2023.

Singh, Pavneet, and Michael Brown. *"China's Technology Transfer Strategy: How Chinese Investments in Emerging Technology Enable A Strategic Competitor to Access the Crown Jewels of U.S. Innovation."* 2018, https://admin.govexec.com/media/diux_chinatechnologytransferstudy_jan_2018_(1).pdf. Accessed 27 December 2023.

Skinner, B.F. About behaviorism. Knopf Doubleday Publishing Group, 1976.

Slaby, James R. *"Robotic Automation Emerges as a Threat to Traditional Low-Cost Outsourcing."* HfS Research, 2012.

Slingerlend, Brad. *"A semiconductor 'cold war' is heating up between the U.S. and China."* MarketWatch, 2 June 2020, https://www.marketwatch.com/story/a-semiconductor-cold-war-is-heating-up-between-the-us-and-china-2020-06-01. Accessed 27 December 2023.

Small, Zachary. *"Sarah Silverman Sues OpenAI and Meta Over Copyright Infringement."* The New York Times, 10 July 2023, https://www.nytimes.com/2023/07/10/arts/sarah-silverman-lawsuit-openai-meta.html. Accessed 26 December 2023.

Smibert, Angie. Space Robots. Abdo Publishing, 2018.

Smith, Gregory A. *"About Three-in-Ten U.S. Adults Are Now Religiously Unaffiliated."* Pew Research Center, 14 December 2021, https://www.pewresearch.org/religion/2021/12/14/about-three-in-ten-u-s-adults-are-now-religiously-unaffiliated/. Accessed 29 December 2023.

Smith, Lamar. *"The Climate-Change Religion—WSJ."* The Wall Street Journal, 23 April 2015, https://www.wsj.com/articles/the-climate-change-religion-1429832149. Accessed 29 December 2023.

Snow, Shawn. *"Pentagon successfully tests world's largest micro-drone swarm."* Military Times, 9 January 2017, https://www.militarytimes.com/news/pentagon-congress/2017/01/09/pentagon-successfully-tests-world-s-largest-micro-drone-swarm/. Accessed 28 December 2023.

Sokol, Joshua. *"Meet the Xenobots, Virtual Creatures Brought to Life (Published 2020)."* The New York Times, 6 April 2020, https://www.nytimes.com/2020/04/03/science/xenobots-robots-frogs-xenopus.html. Accessed 29 December 2023.

Sommers, Jaime, creator. The Bionic Woman. 1976. ABC, 1976-78.

Sophocles. Oedipus Rex, Oedipus the King. Translated by E. H. Plumptre, Digireads.com Publishing, 2005.

Soros, George, et al. *"Can Democracy Survive the Polycrisis? by George Soros."* Project Syndicate, 6 June 2023, https://www.project-syndicate.org/commentary/can-democracy-survive-polycrisis-artificial-intelligence-climate-change-ukraine-war-by-george-soros-2023-06. Accessed 29 January 2024.

Sozzi, Brian. *"Beyond Meat founder and CEO: The arc of history is on our side."* Yahoo Finance, 28 December 2023, https://finance.yahoo.com/news/beyond-meat-founder-and-ceo-the-arc-of-history-is-on-our-side-220153945.html. Accessed 31 December 2023.

Spielberg, Steven, director. A.I. 2011.

Stanford. *"Stanford's Robotic History."* STANFORD magazine, 2014, https://stanfordmag.org/contents/stanford-s-robotic-history. Accessed 27 December 2023.

State of California. *"California Consumer Privacy Act (CCPA)."* California Department of Justice, State of California, 2018, https://oag.ca.gov/privacy/ccpa. Accessed 26 December 2023.

State of Virginia. *"The Virginia Consumer Data Protection Act."* Attorney General of Virginia, 2021, https://www.oag.state.va.us/consumer-protection/files/tips-and-info/Virginia-Consumer-Data-Protection-Act-Summary-2-2-23.pdf. Accessed 26 December 2023.

Statt, Nick, and Angelo Merendino. *"Former Google exec Anthony Levandowski sentenced to 18 months for stealing self-driving car secrets."* The Verge, 4 August 2020, https://www.theverge.com/2020/8/4/21354906/anthony-levandowski-waymo-uber-lawsuit-sentence-18-months-prison-lawsuit. Accessed 28 December 2023.

Stokel, Chris. *"ChatGPT Replicates Gender Bias in Recommendation Letters."* Scientific American, 22 November 2023, https://www.scientificamerican.com/article/chatgpt-replicates-gender-bias-in-recommendation-letters/. Accessed 26 December 2023.

Stone, Brad. Gearheads: the turbulent rise of robotic sports. Simon & Schuster, 2003.

Stone, Maddie. *"Stephen Hawking and a Russian Billionaire Want to Build an Interstellar Starship."* Gizmodo, 12 April 2016, https://gizmodo.com/a-russian-billionaire-and-stephen-hawking-want-to-build-1770467186. Accessed 28 December 2023.

Straebel, Volker, and Wilm Thoben. *"Alvin Lucier's Music for Solo Performer: Experimental music beyond sonification."* 2014.

Strong, John. Relics of the Buddha. Princeton University Press, 2004.

Stross, Charles. Accelerando. Ace Books, 2006.

Suleyman, Mustafa. The Coming Wave: Technology, Power, and the Twenty-first Century's Greatest Dilemma. Crown, 2023.

Sutter, John D. *"How 9/11 inspired a new era of robotics."* CNN, 7 September 2011, http://edition.cnn.com/2011/TECH/innovation/09/07/911.robots.disaster.response/index.html. Accessed 28 December 2023.

Swade, Doron. The Difference Engine: Charles Babbage and the Quest to Build the First Computer. Viking, 2001.

Swayne, Matt. *"Google Claims Latest Quantum Experiment Would Take Decades on Classical Computer."* The Quantum Insider, 4 July 2023, https://thequantuminsider.com/2023/07/04/google-claims-latest-quantum-experiment-would-take-decades-on-classical-computer/. Accessed 29 December 2023.

Tabeta, Shunsuke, and staff writers. *"China trounces U.S. in AI research output and quality."* Nikkei Asia, 16 January 2023, https://asia.nikkei.com/Business/China-tech/China-trounces-U.S.-in-AI-research-output-and-quality. Accessed 27 December 2023.

Taranovich, Steve. *"Autonomous automotive sensors: How processor algorithms get their inputs—EDN."* EDN Magazine, 5 July 2016, https://www.edn.com/autonomous-automotive-sensors-how-processor-algorithms-get-their-inputs/. Accessed 28 December 2023.

Tarasov, Katie. *"Amazon's 100 drone deliveries puts Prime Air far behind Alphabet's Wing and Walmart partner Zipline."* CNBC, 18 May 2023, https://www.cnbc.com/2023/05/18/amazons-100-drone-deliveries-puts-prime-air-behind-google-and-walmart.html. Accessed 28 December 2023.

Tegmark, Max. Life 3.0: Being Human in the Age of Artificial Intelligence. Knopf Doubleday Publishing Group, 2018.

Tesauro, Gerald. *"Temporal Difference Learning and TD-Gammon."* Backgammon Galore, 1995, https://www.bkgm.com/articles/tesauro/tdl.html.

Thompson, Nicholas, and Ian Bremmer. *"The AI Cold War That Threatens Us All."* WIRED, 23 October 2018, https://www.wired.com/story/ai-cold-war-china-could-doom-us-all/. Accessed 26 December 2023.

Thomson, Iain. *"Google human-like robot brushes off beating by puny human – this is how Skynet starts."* The Register, 24 February 2016, https://www.theregister.com/2016/02/24/boston_dynamics_robot_improvements/. Accessed 28 December 2023.

Thorndike, Edward L. Animal Intelligence: Experimental Studies. FB&C Limited, 2015.

Timmers, Paul, and Sarah Kreps. *"Bringing economics back into EU and U.S. chips policy | Brookings."* Brookings Institution, 20 December 2022, https://www.brookings.edu/articles/bringing-economics-back-into-the-politics-of-the-eu-and-u-s-chips-acts-china-semiconductor-competition/. Accessed 27 December 2023.

Todes, Daniel. Ivan Pavlov: Exploring the Animal Machine. Oxford University Press, USA, 2000.

Tominaga, Suzuka. *"Robot helps spread Buddhist teachings at a Kyoto temple | The Asahi Shimbun: Breaking News, Japan News and Analysis."* 朝日新聞デジタル, 8 April 2023, https://www.asahi.com/ajw/articles/14861909. Accessed 28 December 2023.

Trabish, Herman K. *"Real-time pricing, new rates and enabling technologies target demand flexibility to ease California outages."* Utility Dive, 13 September 2022, https://www.utilitydive.com/news/real-time-pricing-new-rates-and-enabling-technologies-target-demand-flexib/631002/. Accessed 18 January 2024.

Tran, Minh, et al. "*A lightweight robotic leg prosthesis replicating the biomechanics of the knee, ankle, and toe joint.*" 2022, https://www.science.org/doi/10.1126/scirobotics.abo3996.

Triolo, Paul, et al. "*Translation: Cybersecurity Law of the People's Republic of China (Effective June 1, 2017).*" DigiChina, 2017, https://digichina.stanford.edu/work/translation-cybersecurity-law-of-the-peoples-republic-of-china-effective-june-1-2017/. Accessed 27 December 2023.

Tucker, Patrick. "*The US Military Is Chopping Up Its Iron Man Suit For Parts.*" Defense One, 7 February 2019, https://www.defenseone.com/technology/2019/02/us-military-chopping-its-iron-man-suit-parts/154706/. Accessed 28 December 2023.

Tucs, A., et al. "*Generating ampicillin-level antimicrobial peptides with activity-aware generative adversarial networks.*" ACS Omega, 2020. Accessed 29 December 2023.

Tuller, David. "*Dr. William Dobelle, Artificial Vision Pioneer, Dies at 62 (Published 2004).*" The New York Times, 1 November 2004, https://www.nytimes.com/2004/11/01/obituaries/dr-william-dobelle-artificial-vision-pioneer-dies-at-62.html. Accessed 29 December 2023.

Turing, Allan. "*Computing Machinery and Intelligence: Can machines possess the capacity for thought?*" COMPUTING MACHINERY AND INTELLIGENCE, vol. LIX, no. 236, 1950.

Turing, Allan. "*On Computable Numbers, with an Application to the Entscheidungsproblem.*" Proceedings of the London Mathematical Society,, 1937.

UN. "*Explainer: How AI helps combat climate change.*" UN News, 3 November 2023, https://news.un.org/en/story/2023/11/1143187. Accessed 29 December 2023.

UNDP. "*Sophia the Robot is UNDP's Innovation Champion for Asia-Pacific.*" YouTube, 22 November 2017, https://www.youtube.com/watch?v=BwFEFQUDNTs. Accessed 29 December 2023.

Unger, J. Marshall. The fifth generation fallacy: why Japan is betting its future on artificial intelligence. Oxford University Press, 1987.

US Government. "*Children's Online Privacy Protection Rule ("COPPA").*" Federal Trade Commission, 1998, https://www.ftc.gov/legal-library/browse/rules/childrens-online-privacy-protection-rule-coppa. Accessed 26 December 2023.

Vapnik, Vladimir, and Corinna Cortes. "*Support-vector networks.*" 1995.

Vaswani, Ashish, et al. "*Attention Is All You Need.*" arXiv, 12 June 2017, https://arxiv.org/abs/1706.03762. Accessed 26 December 2023.

Velasco, JJ. "*Historia de la tecnología: El ajedrecista, el abuelo de Deep Blue.*" Hipertextual, 22 July 2011, https://hipertextual.com/2011/07/el-ajedrecista-el-abuelo-de-deep-blue. Accessed 26 December 2023.

Verma, Pranshu, and Gerrit De Vynck. "*ChatGPT took their jobs. Now they're dog walkers and HVAC techs.—The Washington Post.*" Washington Post, 2 June 2023, https://www.washingtonpost.com/technology/2023/06/02/ai-taking-jobs/. Accessed 26 December 2023.

Vidal, Jaques. "*Toward Direct Brain-Computer Communication.*" Annual Review of Biophysics and Bioengineering, 1973.

Vincent, James. "*AI art tools Stable Diffusion and Midjourney targeted with copyright lawsuit.*" The Verge, 16 January 2023, https://www.theverge.com/2023/1/16/23557098/generative-ai-art-copyright-legal-lawsuit-stable-diffusion-midjourney-deviantart. Accessed 26 December 2023.

Vincent, James. "*Google drops waitlist for AI chatbot Bard and announces oodles of new features.*" The Verge, 10 May 2023, https://www.theverge.com/2023/5/10/23718066/google-bard-ai-features-waitlist-dark-mode-visual-search-io. Accessed 26 December 2023.

Vincent, James. "*The lawsuit that could rewrite the rules of AI copyright.*" The Verge, 8 November 2022, https://www.theverge.com/2022/11/8/23446821/microsoft-openai-github-copilot-class-action-lawsuit-ai-copyright-violation-training-data. Accessed 26 December 2023.

Vincent, James. "*Pretending to give a robot citizenship helps no one.*" The Verge, 30 October 2017, https://www.theverge.com/2017/10/30/16552006/robot-rights-citizenship-saudi-arabia-sophia. Accessed 28 December 2023.

Vincent, James, and Sam Byford. "*DeepMind's Go-playing AI doesn't need human help to beat us anymore.*" The Verge, 18 October 2017, https://www.theverge.com/2017/10/18/16495548/deepmind-ai-go-alphago-zero-self-taught. Accessed 29 December 2023.

Vincent, James, and Jimin Chen. "*Facebook's head of AI really hates Sophia the robot (and with good reason).*" The Verge, 18 January 2018, https://www.theverge.com/2018/1/18/16904742/sophia-the-robot-ai-real-fake-yann-lecun-criticism. Accessed 29 December 2023.

Vincent, James, and Chris Jung. *"Robot makers including Boston Dynamics pledge not to weaponize their creations."* The Verge, 7 October 2022, https://www.theverge.com/2022/10/7/23392342/boston-dynamics-robot-makers-pledge-not-to-weaponize. Accessed 28 December 2023.

Vincent, James, and Lintao Zhang. *"Putin says the nation that leads in AI 'will be the ruler of the world.'"* The Verge, 4 September 2017, https://www.theverge.com/2017/9/4/16251226/russia-ai-putin-rule-the-world. Accessed 28 December 2023.

Vinge, Vernor. Rainbows End. Tor Publishing Group, 2007.

Walia, Simran. *"How Does Japan's Aging Society Affect Its Economy?"* The Diplomat, 13 November 2019, https://thediplomat.com/2019/11/how-does-japans-aging-society-affect-its-economy/. Accessed 28 December 2023.

Walker, Marley. *"Meet the Competitors Who Dominated the First Cyborg Olympics."* WIRED, 25 October 2016, https://www.wired.com/2016/10/people-prosthetics-first-cyborg-olympics/. Accessed 29 December 2023.

Wallace, R., et al. *"First results in robot road-following."* International Joint Conference on Artificial Intelligence, 1985.

Walsh, Fergus. *"New Versius robot surgery system coming to NHS."* BBC, 3 September 2018, https://www.bbc.com/news/health-45370642. Accessed 28 December 2023.

Wanner, Mark. *"600 trillion synapses and Alzheimers disease."* The Jackson Laboratory, 11 December 2018, https://www.jax.org/news-and-insights/jax-blog/2018/December/600-trillion-synapses-and-alzheimers-disease. Accessed 29 December 2023.

Warcwick, Kevin. *"(PDF) Thought communication and control: A first step using radiotelegraphy."* ResearchGate, 2004, https://www.researchgate.net/publication/3350379_Thought_communication_and_control_A_first_step_using_radiotelegraphy. Accessed 29 December 2023.

Warrick, Joby, and Cate Brown. *"Covid helped China secure the DNA of millions, spurring arms race fears—Washington Post."* The Washington Post, 21 September 2023, https://www.washingtonpost.com/world/interactive/2023/china-dna-sequencing-bgi-covid/. Accessed 31 January 2024.

Warwick, Kevin. *"The Application of Implant Technology for Cybernetic Systems."* 2003.

Watkins, Christopher, and Peter Dayan. *"Q-learning."* 1989.

Waugh, Rob. *"Sex robots 'could cause birth rate crisis' as men opt for plastic lovers instead."* Metro UK, 28 January 2019, https://metro.co.uk/2019/01/28/sex-robots-cause-birth-rate-crisis-men-opt-plastic-love-slaves-instead-humans-8402895/. Accessed 29 December 2023.

Webster, Graham. *"Full Translation: China's 'New Generation Artificial Intelligence Development Plan' (2017)."* DigiChina, 1 August 2017, https://digichina.stanford.edu/work/full-translation-chinas-new-generation-artificial-intelligence-development-plan-2017/. Accessed 26 December 2023.

WEF. *"China or America: who's winning the race to be the AI superpower?"* The World Economic Forum, 3 November 2017, https://www.weforum.org/agenda/2017/11/china-vs-us-who-is-winning-the-big-ai-battle/. Accessed 27 December 2023.

WEF. *"Recession and Automation Changes Our Future of Work, But There are Jobs Coming, Report Says."* The World Economic Forum, 20 October 2020, https://www.weforum.org/press/2020/10/recession-and-automation-changes-our-future-of-work-but-there-are-jobs-coming-report-says-52c5162fce/. Accessed 29 December 2023.

WEF. *"World Economic Forum's 'Framework for Developing a National Artificial Intelligence Strategy."* World Economic Forum, 4 October 2019, https://www.weforum.org/publications/a-framework-for-developing-a-national-artificial-intelligence-strategy/. Accessed 6 February 2024.

Weiland, J. *"Retinal prosthesis."* Annual Review of Biomedical Engineering, 2005.

Weinberg, BH. *"Large-scale design of robust genetic circuits with multiple inputs and outputs for mammalian cells."* 2017.

Wessling, Brianna. *"How Boston Dynamics is developing Spot for real-world applications."* The Robot Report, 3 March 2023, https://www.therobotreport.com/how-boston-dynamics-is-developing-spot-for-real-world-applications/. Accessed 28 December 2023.

Whitehead, Alfred North, and Bertrand Russell. Principia Mathematica. Rough Draft Printing, 1910.

Whitfield, Robert. Effective, Timely and Global, 9 November 2017, https://www.oneworldtrust.org/uploads/1/0/8/9/108989709/gg_ai_report_final.pdf. Accessed 13 February 2024.

Wiggins, Chris, and Matthew L. Jones. How Data Happened: A History from the Age of Reason to the Age of Algorithms. WW Norton, 2023.

Willett, Francis R.,, et al. *"A high-performance speech neuroprosthesis—PMC."* NCBI, 23 August 2023, https://www.ncbi.nlm.nih.gov/pmc/articles/PMC10468393/. Accessed 29 December 2023.

Williams, Roger. The Metamorphosis of Prime Intellect. Lulu.com, 2003.

Wilson, Daniel H. Robopocalypse: A Novel. Knopf Doubleday Publishing Group, 2012.

Winograd, Terry. *"Procedures as a Representation for Data in a Computer Program for Understanding Natural Language."* 1971.

Woo, Stu. *"China Wants a Chip Machine From the Dutch. The U.S. Said No."* The Wall Street Journal, 17 July 2021, https://www.wsj.com/articles/china-wants-a-chip-machine-from-the-dutch-the-u-s-said-no-11626514513. Accessed 27 December 2023.

Wood, Christopher. The bubble economy. Atlantic Monthly Press, 1992.

World Bank. *"Sustained policy support and deeper structural reforms to revive China's growth momentum."* World Bank, 14 December 2023, https://www.worldbank.org/en/news/press-release/2023/12/14/sustained-policy-support-and-deeper-structural-reforms-to-revive-china-s-growth-momentum-world-bank-report. Accessed 27 December 2023.

World Population Review. *"Debt to GDP Ratio by Country 2024."* World Population Review, https://worldpopulationreview.com/country-rankings/debt-to-gdp-ratio-by-country. Accessed 6 February 2024.

Wu, Yi. *"China's Interim Measures to Regulate Generative AI Services: Key Points."* China Briefing, 27 July 2023, https://www.china-briefing.com/news/how-to-interpret-chinas-first-effort-to-regulate-generative-ai-measures/. Accessed 27 December 2023.

Wylie, Christopher. Mindf*ck: Cambridge Analytica and the Plot to Break America. Random House Publishing Group, 2019.

Xie, Z. *"Multi-input RNAi-based logic circuit for identification of specific cancer cells."* 2011.

Yale. *"Overview < Colón-Ramos Lab."* Yale School of Medicine, https://medicine.yale.edu/lab/colon_ramos/overview/. Accessed 29 December 2023.

Yang, Zeyi. *"China just announced a new social credit law. Here's what it means."* MIT Technology Review, 22 November 2022, https://www.technologyreview.com/2022/11/22/1063605/china-announced-a-new-social-credit-law-what-does-it-mean/. Accessed 26 December 2023.

Yao, Deborah. *"DeepMind Co-founder: The Next Stage of Gen AI Is a Personal AI—DeepMind Co-founder: The Next Stage of Gen AI Is a Personal AI."* AI Business, 17 October 2023, https://aibusiness.com/nlp/deepmind-co-founder-the-next-stage-of-gen-ai-is-a-personal-ai. Accessed 29 December 2023.

Yuan, Han, et al. *"Negative Covariation between Task-related Responses in Alpha/Beta-Band Activity and BOLD in Human Sensorimotor Cortex: an EEG and fMRI Study of Motor Imagery and Movements."* NCBI, 19 October 2009, https://www.ncbi.nlm.nih.gov/pmc/articles/PMC2818527/. Accessed 29 December 2023.

Yudkowsky, Eliezer S. *"Coherent Extrapolated Volition."* Singularity Institute for Artificial Intelligence, 2004.

Zelikman, Eric, et al. *"STaR: Bootstrapping Reasoning With Reasoning."* arXiv, 28 March 2022, https://arxiv.org/abs/2203.14465. Accessed 28 December 2023.

Zhang, Jiawei. *"Basic Neural Units of the Brain: Neurons, Synapses and Action Potential."* arXiv, 30 May 2019, https://arxiv.org/abs/1906.01703. Accessed 29 December 2023.

Zhang, Jiayu. *"China's Military Employment of Artificial Intelligence and Its Security Implications—THE INTERNATIONAL AFFAIRS REVIEW."* THE INTERNATIONAL AFFAIRS REVIEW, 16 August 2023, https://www.iar-gwu.org/print-archive/blog-post-title-four-xgtap. Accessed 31 January 2024.

Zukerman, Wendy. *"Hayabusa 2 will seek the origins of life in space."* New Scientist, 18 August 2010, https://www.newscientist.com/article/dn19332-hayabusa-2-will-seek-the-origins-of-life-in-space/. Accessed 28 December 2023.

Glossaire

Apprentissage automatique (ML) : un sous-ensemble de l'IA qui dote les systèmes informatiques de la capacité d'améliorer de manière autonome leurs performances dans des tâches spécifiques en apprenant à partir de données et d'expériences sans qu'il soit nécessaire de recourir à une programmation explicite basée sur des règles.

Apprentissage non supervisé : une approche de l'apprentissage automatique dans laquelle des données non étiquetées sont utilisées pour former un modèle. Le modèle extrait des conclusions générales telles que des modèles, des structures ou des relations au sein des données sans orientation spécifique sous la forme d'étiquettes cibles.

Apprentissage par renforcement : famille d'algorithmes d'apprentissage automatique qui prennent des décisions séquentielles en interagissant avec l'environnement, généralement un jeu, un marché ou un utilisateur. Les agents d'intelligence artificielle qui mettent en œuvre cette approche reçoivent un retour d'information sous forme de récompenses et de pénalités, et leur objectif est de trouver une stratégie qui optimise le gain cumulé au fil du temps.

Apprentissage profond : une forme d'apprentissage automatique qui s'appuie sur des réseaux neuronaux comportant un grand nombre de couches, ou réseaux neuronaux profonds, pour modéliser et résoudre des tâches complexes. Il est particulièrement efficace pour des tâches telles que la reconnaissance d'images et de la parole.

Apprentissage supervisé : approche de l'apprentissage automatique dans laquelle des données étiquetées sont utilisées pour former un modèle, qui apprend à faire des prédictions en généralisant ces données de formation. Les données étiquetées signifient que les données d'entrée sont associées à des sorties cibles correspondantes.

Automatisation industrielle : systèmes de contrôle, machines et technologies permettant de faire fonctionner les processus industriels avec une intervention humaine minimale. En automatisant les tâches et les processus répétitifs, l'automatisation industrielle vise à accroître l'efficacité, la productivité et la sécurité dans les environnements de fabrication et de production.

Biologie synthétique (SynBio) : domaine interdisciplinaire qui combine les principes de la biologie et de l'ingénierie, souvent avec l'aide d'algorithmes d'intelligence artificielle, pour concevoir et créer des systèmes biologiques artificiels, tels que des organismes génétiquement modifiés, à des fins diverses, y compris la médecine et la biotechnologie.

Bras robotique : membre mécanisé ou manipulateur conçu pour effectuer diverses tâches, souvent avec précision et dextérité. Les bras robotiques sont programmables et généralement utilisés dans des applications qui nécessitent des mouvements contrôlés, telles que la fabrication, l'assemblage et la chirurgie.

Confinement : stratégies et garanties utilisées pour contrôler et limiter le comportement des systèmes d'IA, principalement pour les empêcher de causer des dommages ou d'entreprendre des actions contraires aux valeurs et aux objectifs humains.

Cyborg ou organisme cybernétique : un être qui combine des composants biologiques et mécaniques ou électroniques. Il peut s'agir d'humains auxquels on a implanté une technologie pour améliorer leurs capacités ou même de robots dotés d'éléments biologiques.

Entrelacement IA-humain ou Entrelacement : une interrelation technologique, physique et psychologique entre les humains et l'IA qui se traduit par l'érosion progressive des frontières entre les deux. Les humains influencent l'IA en concevant et en formant ses algorithmes et ses plateformes. L'IA influence les humains par le biais d'implants cyborg, d'interfaces cerveau-ordinateur et de technologies biologiques synthétiques alimentées par l'IA, qui modifient tous l'essence de la nature humaine. Grâce à ces interactions, l'IA et les humains entrent dans une série de cycles évolutifs, qui pourraient donner naissance à un certain nombre d'espèces hybrides post-humaines.

Fossé génétique : accès inégal aux nouvelles technologies d'amélioration humaine, qui intensifie les disparités socio-économiques en favorisant de manière disproportionnée les personnes disposant de ressources financières plus importantes.

Grand modèle de langage (LLM) : algorithme d'IA sophistiqué conçu pour comprendre et générer des textes semblables à ceux d'un être humain, sur la base d'un entraînement approfondi à diverses données linguistiques. Ces modèles, tels que le GPT-3, sont capables de comprendre le contexte, de générer des réponses cohérentes, de compléter ou de résumer des textes, de traduire, d'engager des conversations et d'analyser des sentiments, entre autres tâches.

Humanoïde, ou Android : un robot qui imite les caractéristiques physiques humaines, telles que la forme du corps et les capacités de mouvement. La robotique humanoïde vise à créer des machines capables d'effectuer des tâches dans des environnements centrés sur l'homme.

IA générative : modèles d'IA qui génèrent de nouveaux contenus, tels que du texte, des images ou de la musique, sur la base de modèles et d'exemples dans les données existantes.

Informatique quantique : un type d'informatique qui exploite les principes de la mécanique quantique. Bien qu'ils soient encore largement expérimentaux, les ordinateurs quantiques ont le potentiel d'être beaucoup plus rapides que les ordinateurs classiques pour des tâches et des calculs spécifiques, en particulier dans des domaines tels que la cryptographie et les simulations complexes.

Intelligence artificielle (IA) : systèmes informatiques capables d'exécuter des tâches complexes qui requièrent généralement l'intelligence humaine, telles que l'apprentissage par l'expérience, la résolution de problèmes ou la compréhension du langage naturel.

Intelligence artificielle étroite ou faible : Les systèmes d'IA qui, bien qu'ils puissent avoir des caractéristiques d'intelligence générale similaires à celles des humains, n'ont pas de sensibilité, de conscience ou de conscience de soi.

Intelligence artificielle forte : une IA qui fait preuve de sensibilité, de conscience et de conscience de soi.

Intelligence artificielle générale (AGI) ou IA générale : systèmes d'IA dotés d'une intelligence de niveau humain et capables de comprendre, d'apprendre et de s'adapter à un large éventail de tâches, à l'instar des vastes capacités de l'esprit humain.

Intelligence émotionnelle artificielle (AEI) : capacité des systèmes d'IA à comprendre, interpréter et répondre aux émotions humaines, améliorant ainsi leur capacité à s'engager avec les utilisateurs à un niveau plus intelligent sur le plan émotionnel.

Marché faustien : un marché dans lequel une personne sacrifie ses principes fondamentaux en échange d'un gain personnel, souvent à un prix élevé. Il est dérivé du personnage de Faust dans le folklore allemand, qui fait un pacte avec le diable pour obtenir la connaissance et le pouvoir, ce qui le conduit finalement à sa perte.

Posthumanité : un groupe d'espèces et de sociétés qui émergent à la suite d'augmentations et de modifications substantielles des êtres humains, souvent réalisées grâce à des technologies alimentées par l'IA telles que les implants de cyborg et la biologie synthétique. Ces modifications conduisent à des capacités physiques et cognitives accrues, transcendant les limites conventionnelles de l'existence humaine.

Réseau neuronal (RN) : modèle informatique inspiré du cerveau humain. Il comprend des nœuds interconnectés ou des neurones qui traitent l'information et peuvent être utilisés dans des applications d'apprentissage automatique, plus particulièrement l'apprentissage profond.

Réseau neuronal convolutif (CNN) : réseau neuronal spécialisé conçu pour analyser des données structurées, particulièrement adapté aux tâches impliquant des informations en forme de grille, telles que les images.

Réseau neuronal récurrent (RNN) : réseau neuronal qui traite des séquences de données. Il peut conserver une mémoire des entrées passées, ce qui le rend adapté à l'analyse des séries temporelles, au traitement du langage naturel ou à d'autres données séquentielles.

Robot : dispositif mécanique programmable conçu pour effectuer des tâches de manière autonome ou semi-autonome. Les robots peuvent aller de la simple machine à usage unique à des systèmes complexes et multifonctionnels. Les robots exécutent des mouvements et des actions physiques, souvent en réponse à des stimuli environnementaux, à des instructions préprogrammées ou à des algorithmes d'intelligence artificielle.

Robot quadrupède : un type de robot qui se déplace sur quatre pattes, ressemblant à la locomotion des animaux quadrupèdes comme les chiens et les chevaux. Ces robots sont appréciés pour leur stabilité et leur adaptabilité, ce qui les rend aptes à traverser des terrains difficiles et à effectuer des missions de recherche et de sauvetage.

Singularité technologique : un futur hypothétique où l'IA est capable de s'auto-améliorer et entre dans une explosion exponentielle de cycles successifs d'auto-amélioration, aboutissant à une superintelligence qui surpasse les humains dans toutes les capacités intellectuelles. Cela pourrait entraîner des changements profonds et imprévisibles dans la société et l'existence humaine.

Super intelligence artificielle (ASI) ou superintelligence : une forme d'IA très avancée qui surpasse l'intelligence humaine à tous les égards.

Superalignement : processus de développement de l'IA dans lequel les objectifs, les valeurs et les principes de prise de décision du système d'IA s'alignent et s'adaptent en permanence pour correspondre étroitement à ceux de ses opérateurs humains ou du cadre sociétal avec lequel il interagit. Ce processus itératif vise à améliorer l'harmonie et la compatibilité entre les objectifs de l'IA et les valeurs humaines au fil du temps.

Superstars de l'IA ou Superstars : individus très performants dans l'économie fondée sur la technologie et l'IA, qui tirent parti des technologies numériques pour amasser d'énormes richesses, contrôler les marchés et influencer la politique.

Suprématie quantique : une étape importante dans l'informatique quantique où un ordinateur quantique effectue une tâche de calcul spécifique plus rapidement que l'ordinateur classique le plus puissant.

Système d'exploitation (SE) : programme qui contrôle toutes les autres applications de l'ordinateur après avoir été chargé par le programme de démarrage. Il s'agit des règles qui régissent l'ordinateur. Les exemples incluent Windows, iOS et Android. Chaque système d'exploitation est distinct des autres, et fonctionne généralement avec différents types de configurations matérielles, tout en permettant une certaine compatibilité entre les applications, mais pas une compatibilité totale. Par extension, la culture, l'économie et le gouvernement uniques de toute société, des abeilles aux humains, peuvent être considérés comme son système d'exploitation.

Transfert de l'esprit ou émulation de l'esprit : processus théorique consistant à transférer la conscience, les souvenirs et les fonctions cognitives d'un individu d'un cerveau biologique vers un substrat numérique ou artificiel, dans le but d'émuler ces fonctions mentales dans le nouveau substrat.

Transhumanisme : philosophie et mouvement qui prône l'utilisation de la technologie pour améliorer la condition humaine, ce qui pourrait conduire à l'augmentation des capacités humaines et à l'allongement de la durée de vie.

Vallée inquiétante : concept de robotique et d'interaction homme-machine qui suggère qu'au fur et à mesure que les robots et les avatars ressemblent de plus en plus à des êtres humains en termes d'apparence et de comportement, il arrive un moment où ils suscitent un sentiment d'inquiétude ou de malaise chez les humains. Ce phénomène se produit lorsque la ressemblance avec l'être humain est presque parfaite mais pas tout à fait, ce qui provoque un sentiment d'étrangeté.

Vision industrielle : technologie utilisée pour équiper les ordinateurs afin qu'ils puissent interpréter des informations visuelles, telles que des images ou des vidéos. Elle est couramment utilisée pour des tâches telles que la reconnaissance d'objets et le contrôle de la qualité dans la fabrication.

Voiture auto-conduite : véhicule autonome équipé de capteurs, de modules d'intelligence artificielle et de systèmes de contrôle permettant de naviguer et de fonctionner sans intervention humaine. Les voitures auto-conduites peuvent percevoir leur environnement, prendre des décisions de conduite et transporter des passagers en toute sécurité d'un endroit à un autre.

À propos de l'auteur

Pedro Uria-Recio est l'un des principaux experts mondiaux en Intelligence Artificielle. Né et élevé en Espagne, il travaille dans le domaine de l'Intelligence Artificielle depuis 20 ans et occupe actuellement le poste de Chief AI Officer dans une grande banque du sud-est asiatique.

Auparavant, Pedro était le Chief Analytics & AI Officer chez True Corporation, une entreprise de télécommunications de premier plan en Thaïlande. Là, il a supervisé les initiatives d'analyse et d'IA pour le segment numérique de l'entreprise, dirigeant une unité qui utilisait les données de télécommunications pour développer des solutions d'entreprise dans la publicité, l'évaluation de crédit et l'intelligence des consommateurs. De plus, il a été chargé de cours invité en IA pour les affaires à l'Université Chulalongkorn à Bangkok.

Avant son mandat en Thaïlande, Pedro était Vice-Président de l'Analyse des Données chez Axiata, un conglomérat numérique et de télécommunications opérant sur six marchés asiatiques. Auparavant, il a travaillé comme consultant en gestion chez McKinsey & Company, se concentrant sur les télécommunications et les services financiers. Pedro a également été dirigeant d'entreprise chez Veolia Water à Hong Kong et chez France Telecom à Paris.

Pedro s'intéresse fortement à l'entrepreneuriat et a été Entrepreneur en Résidence chez Antler, un studio de capital-risque à Singapour. Il est également membre officiel et contributeur du Forbes Technology Council et a été intervenant lors de deux événements TEDx. Il a été reconnu comme l'un des 100 meilleurs innovateurs mondiaux en données et analyses en 2020 et a reçu le Cloudera Industry Transformation Award en 2019.

Pedro est titulaire d'un MBA de la Booth School of Business de l'Université de Chicago et d'un diplôme en ingénierie des télécommunications de l'École des ingénieurs de Bilbao (Espagne).

pedro@machinesoftomorrow.ai
https://t.me/uriarecio

Comment l'IA transformera notre avenir

L'humanité s'entrelace avec l'IA :

L'IA est notre nouvel esprit. La robotique, notre nouveau corps. Comment devenons-nous une nouvelle espèce à l'intersection du carbone et du silicium ?

L'IA devient exponentielle :

L'IA générale. Humanoïdes et cyborgs. Biologie synthétique. Informatique quantique. Émulation de l'esprit. Comment se dérouleront-ils ?

L'autoritarisme de l'IA se rapproche :

L'IA rendra la vérité obsolète, la liberté redéfinie et la pénurie d'emplois omniprésente. Pouvons-nous encore façonner l'IA pour le bénéfice de tous ?

La Géopolitique de l'IA :

La superintelligence fera l'objet d'un culte. La Chine et l'Amérique s'opposeront sur leur vision de l'IA. La politique sera centrée sur l'identité des espèces.

Notre plus grande épopée :

De la mythologie à Kubrick. D'Aristote à Sam Altman. De Leonardo à Boston Dynamics. D'aujourd'hui à la superintelligence.

Gardez une longueur d'avance avec l'IA :

Pensée critique. Adaptabilité. Esprit d'entreprise.

https://www.howaiwillshapeourfuture.com/

www.ingramcontent.com/pod-product-compliance
Lightning Source LLC
Chambersburg PA
CBHW071231050326
40690CB00011B/2064